国防科工委"十五"规划专著

火箭燃气射流动力学

张福祥　编著

哈尔滨工程大学出版社
北京理工大学出版社　西北工业大学出版社
哈尔滨工业大学出版社　北京航空航天大学出版社

内容简介

本书系统地阐述了火箭(导弹)燃气射流流动及其对发射装置冲击所遵循的基本规律,燃气射流对发射装置和发射扰动的影响,以及在火箭(导弹)-发射系统设计中的应用。书中着重讨论火箭燃气射流动力学的基本物理概念,该动力学问题的建立过程、数学处理方法和实验研究方法,以及诸多的工程应用问题。本书为设计性能良好的火箭(导弹)发射系统、研究新型发射技术提供了必要的燃气射流动力学方面的知识。全书共分十章。

图书在版编目(CIP)数据

火箭燃气射流动力学/张福祥编著.—哈尔滨:哈尔滨工程大学出版社,2004

ISBN 7-81073-621-3

Ⅰ.火… Ⅱ.张… Ⅲ.火箭-气体动力学:射流-动力学 Ⅳ.V437

中国版本图书馆 CIP 数据核字(2004)第 095886 号

火箭燃气射流动力学

张福祥 编著
责任编辑 宋旭东
哈尔滨工程大学出版社出版发行
哈尔滨市南通大街 145 号 哈工程大学 11 号楼
发行部电话:(0451)82519328 邮编:150001
新华书店经销
黑龙江省教育厅印刷厂印刷

开本:850mm×1 168mm 1/32 印张:17.25 字数:450 千字
2004 年 12 月第 1 版 2004 年 12 月第 1 次印刷 印数:1—2 000 册
ISBN 7-81073-621-3/TH·20 定价:35.00 元

国防科工委“十五”规划专著编委会

总　序

国防科技工业是国家战略性产业，是国防现代化的重要工业和技术基础，也是国民经济发展和科学技术现代化的重要推动力量。半个多世纪以来，在党中央、国务院的正确领导和亲切关怀下，国防科技工业广大干部职工在知识的传承、科技的攀登与时代的洗礼中，取得了举世瞩目的辉煌成就。研制、生产了大量武器装备，满足了我军由单一陆军，发展成为包括空军、海军、第二炮兵和其他技术兵种在内的合成军队的需要，特别是在尖端技术方面，成功地掌握了原子弹、氢弹、洲际导弹、人造卫星和核潜艇技术，使我军拥有了一批克敌制胜的高技术武器装备，使我国成为世界上少数几个独立掌握核技术和外层空间技术的国家之一。国防科技工业沿着独立自主、自力更生的发展道路，建立了专业门类基本齐全，科研、试验、生产手段基本配套的国防科技工业体系，奠定了进行国防现代化建设最重要的物质基础；掌握了大量新技术、新工艺，研制了许多新设备、新材料，以"两弹一星"、"神舟"号载人航天器为代表的国防尖端技术，大大提高了国家的科技水平和竞争力，使中国在世界高科技领域占有了一席之地。十一届三中全会以来，伴随着改

革开放的伟大实践，国防科技工业适时地实行战略转移，大量军工技术转向民用，为发展国民经济作出了重要贡献。

国防科技工业是知识密集型产业，国防科技工业发展中的一切问题归根到底都是人才问题。50多年来，国防科技工业培养和造就了一支以“两弹一星”元勋为代表的优秀的科技人才队伍，他们具有强烈的爱国主义思想和艰苦奋斗、无私奉献的精神，勇挑重担，敢于攻关，为攀登国防科技高峰进行了创造性劳动，成为推动我国科技进步的重要力量。面向新世纪的机遇与挑战，高等院校在培养国防科技人才，生产和传播国防科技新知识、新思想，攻克国防基础科研和高技术研究难题当中，具有不可替代的作用。国防科工委高度重视，积极探索，锐意改革，大力推进国防科技教育特别是高等教育事业的发展。

高等院校国防特色专业教材及专著是国防科技人才培养当中重要的知识载体和教学工具，但受种种客观因素的影响，现有的教材与专著整体上已落后于当今国防科技的发展水平，不适应国防现代化的形势要求，对国防科技高层次人才的培养造成了相当不利的影响。为尽快改变这种状况，建立起质量上乘、品种齐全、特点突出、适应当代国防科技发展的国防特色专业教材体系，国防科工委全额资助编写、出版200种国防特色专业重点教材和专著。为保证教材及专著的质量，在广泛动员全国相关专业领域的专家学者竞投编著工作的基础上，以陈懋章、王泽山、陈一坚院士为代表的100多位专家、学者，对经各单位精选的近550种教材和专著进行了严格的评审，评选出近200种教材和学术专著，覆盖航空宇航科学与技术、控制科学与工程、仪器科学与工程、信息与通信技术、电子科学与技术、力学、材料科学与工程、机械工程、电气工程、兵器科学与技术、船舶与海洋工程、动力机械及工程热物理、光学工程、化学工程与技术、核科学与技术等学科领域。一批长期从事国防特色学科教学和科研工作的两院院士、资深专家和一线教师成为编著者，他们分别来自清华大学、北京航空航天大学、北京理工大学、华北工学院、沈阳航空工业学院、哈尔滨工业大学、哈尔滨工程大学、上海交通大学、南京航空航天大学、南京理工大学、苏州大学、华东船舶工业学院、东华理工学院、电子科技大学、西南交通大学、西北工业大学、西安交通大学等，具有较为广泛的代表性。在全面振兴国防科技工业的伟大事业中，国防特色专业重点教材和专著的出版，将为国防科技创新人才的培养起到积极的促进作用。

党的十六大提出，进入二十一世纪，我国进入了全面建设小康社会、加快推进社会主义现代化的新的发展阶段。全面建设小康社会的宏伟目标，对国防科技工业发展提出了新的更高的要求。推动经济与社会发展，提升国防实力，需要造就宏大的人才队伍，而教育是奠基的柱石。全面振兴国防科技工业必须始终把发展作为第一要务，落实科教兴国和人才强国战略，推动国防科技工业走新型工业化道路，加快国防科技工业科技创新步伐。国防科技工业为有志青年展示才华，实现志向，提供了缤纷的舞台，希望广大青年学子刻苦学习科学文化知识，树立正确的世界观、人生观、价值观，努力担当起振兴国防科技工业、振兴中华的历史重任，创造出无愧于祖国和人民的业绩。祖国的未来无限美好，国防科技工业的明天将再创辉煌。

张华祝

前　言

随着火箭、导弹、航空与航天技术的迅猛发展，各国有关研究单位和高等院校越来越重视火箭燃气射流问题的理论和实验研究。火箭燃气射流动力学是一门新兴的交叉学科，其内容广泛，涉及高温高速气体动力学、紊流力学、辐射气体动力学、化学动力学、燃烧学、火箭发动机气体动力学以及火箭飞行力学等方面的知识。理论分析、实验研究和数值模拟相结合与渗透，不仅推动了火箭燃气射流动力学的发展，而且大大加强了该学科的工程应用。编著本书旨在系统论述该学科内容，反映国内外当前具有代表性的先进研究成果以及我们所做的科研工作和成果。

本书主要讲述从火箭喷管喷入静止大气或伴随流的燃气射流流动与燃气射流对外界环境和实体(如武器、运载体、设备、人员……)冲击流动的一般理论和计算方法，及其在火箭(导弹)－发射装置武器系统设计中的应用、讨论火箭燃气射流动力学的基本物理概念、燃气射流动力学问题的建模过程、数学处理和实验研究方法、以及在实际工程应用中遇到的复杂燃气射流问题的处理方法等。我们希望本书既实用，又能阐明燃气射流动力学问题的物理概念。当前计算流体力学及其相应的 CFD 数值计算软件发展迅速,但是书中无论介绍何种计算方法,都是基于解释和分析物理现象、机理与规律,这也是本书的侧重点。

全书共分 10 章:第 1,2 章概述火箭(导弹)发射装置发射时的燃气射流理论与火箭燃气射流的基本属性;第 3 章介绍超音速燃气射流混合和传质的一般理论和计算方法;第 4 章叙述超音速欠膨胀燃气射流近场激波系的若干理论、近似计算和实验确定;第 5 章介绍火箭非设计状态的超音速燃气射流数学模型与计算分析;第 6 章应用小扰动理论研究低度欠膨胀超音速射流问题;第 7 章研究火箭燃气射流流场的数值方法;第 8 章阐述燃气射流的冲击效应;第 9 章讨论发射管内的冲击流场和二次流特性及其所引起的发射扰动;第 10 章综述火箭燃气射流及其对发射器冲击的实验研究方法与结果。

本书充实了火箭燃气射流的数值计算方法——国际先进的有限体积 TVD 格式,利用这一方法可形象地显示火箭燃气射流及其冲击流场波系,甚至可预估当前实验仍无法显示的真实火箭燃气射流流场的某些非定常发展波系。书中进一步充实了真实火箭燃气射流流场的实验研究内容。高温、高速、多相真实火箭燃气射流测试与实验历来都是难点,这里利用摩尔干涉仪及相关电测技术,测试与分析真实火箭燃气射流激波结构及相应参数,论述实验研究方法。此外，本书还分别介绍了车载、舰载、机载火箭(导弹)武器系统设计时遇到的火箭燃气射流问题，并且列出了众多实例。总之，本书从理论、计算、实验及应用上反映了国内外包括我们单位的科研成果，尽可能反映本学科领域前沿的内容，使读者充分获得清晰的物理概念以及理论与实验研究方法。

火箭燃气射流动力学是从事火箭(导弹)发射技术与发射设备设计工作者的必备知识。本书除了可供从事火箭(导弹)技术和射流技术方面的科研与设计工程技术人员参考之外，还可为研究生在学习了有关基础理论之后提供一本火箭燃气射流运动及其对发射装置冲击和发射扰动影响的书籍。如果删去书中部分章节，本书还可以作为选学本课程的武器专业高年级大学生的教材。

编入本书的科研成果包含了我们实验室、科研组和研究生的辛勤劳动。以编写章节为序，李军博士编写 7.5 节和 7.6 节，李开明博士编写 10.1.6 节和 10.4.7 节，徐强博士编写 10.1.7 节。在本书第 4,8,9 章中列出了编著者结合科研与型号产品应用 CFD 软件仿真的 13 幅流谱图例，另有 2 幅图例分别取自于廉闻宇博士、杨勇博士论文。书中参考了国内外诸多学者的论著，在此一并致以谢忱。

编　者

2004 年 10 月

目　录

第1章 绪 论

在许多军事与民用工程技术领域,诸如火箭与导弹、航空与航天、枪炮武器、涡轮机、锅炉、燃烧室以及化工冶金设备等,都会遇到大量的燃气射流运动和冲击问题。就火箭工程技术来说,发动机内部火药燃烧产生的高温(2 000 ℃ ~ 3 000 ℃)气体经由拉瓦尔喷管以超音速(马赫数为2 ~ 4)射入静止介质或流动(亚音速流动或超音速流动)介质的空间中,使气流脱离了原来限制它流通的喷管壁面而在大气空间中复燃扩散流动,我们把这种燃烧气体的流动称为火箭燃气射流。研究火箭燃气射流运动及其对发射系统和环境冲击的学科称为火箭燃气射流动力学。

1.1 火箭(导弹)发射时的燃气射流动力学问题

在火箭(导弹)发射状态下,必须研究火箭弹在发射装置内滑行时燃气射流对管壁和弹体的干扰,在火箭(导弹)滑离定向器时发射装置迎气面承受燃气射流的冲击以及发射装置后方燃气射流对环境的冲击等(图1－1)。从火箭弹点火开始到燃气射流对发射装置冲击干扰结束的全过程,称为火箭(导弹)"发射阶段"。在这个阶段,火箭燃气自由射流和冲击射流存在着不同的流场。

火箭(导弹)喷入静止空气的射流称为燃气自由射流,在火箭发射初期即属于这种情况。喷入运动空气的燃气射流称为伴随流燃气射流,火箭在空中飞行时后喷燃气射流即属于这种情形。这两种燃气射流的一般结构如图1－2所示。锥形喷管排入内径稍大于喷口直径的发射管的高度欠膨胀,超音速燃气射流是以图1－3所示的管射火箭流场

图1－1 火箭(导弹)发射时的燃气冲击流场

图 1－1 火箭(导弹) 发射时的燃气冲击流场

的典型模型为特征的。当火箭弹定心部与发射管内壁之间有相当大的环形间隙时,加速射出喷管的欠膨胀燃气射流卷入了环形间隙中的空气,形成了“被引射流”。当火箭燃烧室的滞止压力较高时,还会使部分燃气流倒流入环形区,形成“旁泄流”。火箭燃气射流冲击发射装置迎气面和地面的复杂流场如图 1－4 所示。图中表示了火箭点火发射时(时刻 t_1) 所产生的非定常燃气流和冲击波场,之后流场很快为湍流所淹没,即图中时刻 t_1 的无粘结构为时刻 t_2 的湍流云所覆盖。至于多喷管所产生的上述各类流场则含有三维条件下的激波干扰,其流动结构更为复杂。

目前,由于工程技术领域广泛使用数字计算机,火箭燃气射流动力学问题的数值模拟技术水平不断提高,使火箭燃气射流动力学获得迅速发展。图 1－5 为导弹发射时的复杂排气导管模拟流场。

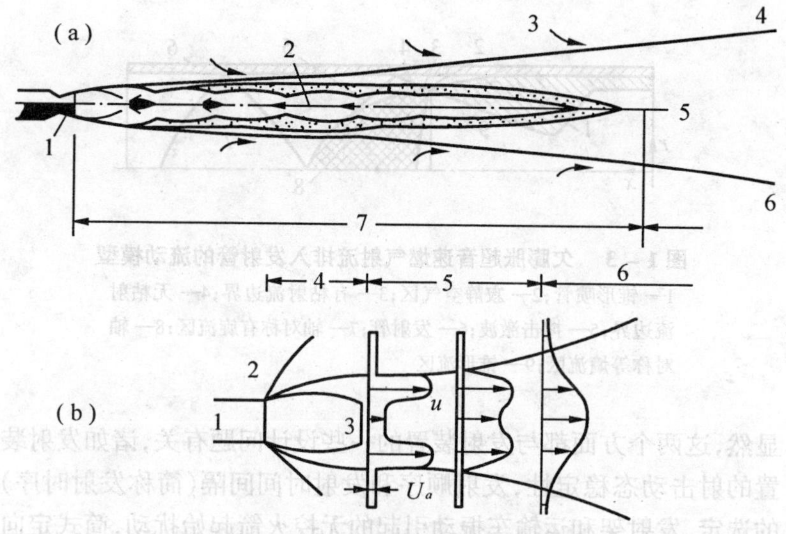

图 1-2　燃气射流的一般结构

(a) 燃气自由射流　1—喷管;2—燃气起始核心;3—卷吸空气;4—空气燃气混合;5—射流轴线;6—亚音速区;7—超音速区

(b) 伴随流燃气射流　1—喷管;2—外激波;3—马赫盘;4—起始段;5—湍流过渡段;6—完全发展段

近一二十年来,无控火箭武器迅速发展,各国都为进一步提高火箭武器系统的射击密集度、火力密度和机动性进行深入研究。要获得良好的射击密集度,就发射装置来说,实质上是采取多种措施限制"发射阶段"的散布(角偏差)根源。其中,特别需要考虑二个根源,一个是火箭弹沿定向器滑行时燃气射流对火箭弹体的干扰;另一个是多管火箭发射装置在前发火箭弹飞离定向器后且在发射架感受到燃气射流影响的范围内所承受的燃气动力干扰(这时火箭发射装置将承受最大最主要的冲击作用,在连射情况下火箭发射装置则产生"脉冲发射效应"),以及无控火箭刚飞离定向器时燃气射流冲击火箭发射装置所引起的"反溅流"对弹尾的二次干扰。

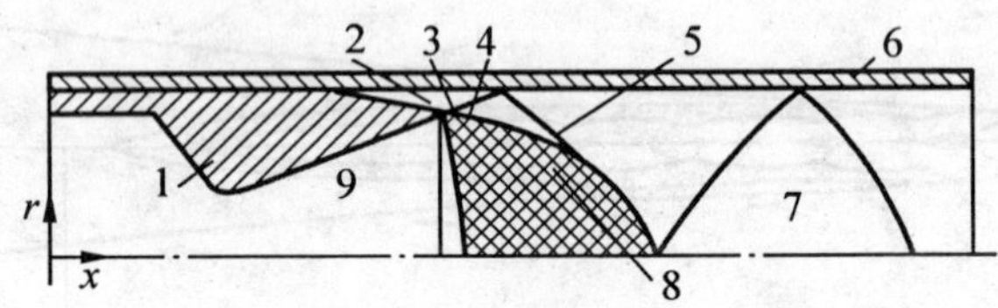

图 1－3　欠膨胀超音速燃气射流排入发射管的流动模型

1— 锥形喷管;2— 寂静空气区;3— 有粘射流边界;4— 无粘射流边界;5— 撞击激波;6— 发射管;7— 轴对称有旋流区;8— 轴对称等熵流区;9— 锥形流区

显然,这两个方面都与发射装置的一些设计问题有关,诸如发射装置的射击动态稳定性,发射顺序和发射时间间隔(简称发射时序)的选定,发射架和运输车振动引起的无控火箭起始扰动,筒式定向器发射大尾翼火箭产生的气动俯仰力矩,气动解脱闭锁,发射装置刚度和强度,发射装置发射大推力火箭时的轻型化问题,火箭导弹武器对运载体的适装性、相容性与“降效能”问题,以及发射环境安全界与污染(含反坦克火箭筒后喷燃气射流的危害)等。同时,它们也都需要应用火箭燃气射流动力学解决有关的技术问题。

其他各军兵种配备的火箭和导弹武器同样会有火箭燃气射流动力学问题。机载火箭导弹(参见图 1－6,翼尖放置导弹,机翼内侧或外侧挂有火箭)发射时燃气射流所形成的压力扰动往往使进气道内增压,它产生的温度与压力畸变都是引起压气机失速或发动机停车的重要因素,燃气射流的吸入与火药燃后产物的再燃烧也对发动机正常工作有影响,因此必须计算火箭燃气射流的压力和温度增量,以确定安全界。至于配置火箭与导弹的直升机,发射时必须考虑冲击波反射压力对机身蒙皮和水平翼面的影响。飞机发射火箭时,它的发射扰动主要是由发射装置的运动以及火箭与发射装置的气动力干扰所造成的,在多管发射装置连射时尤为如

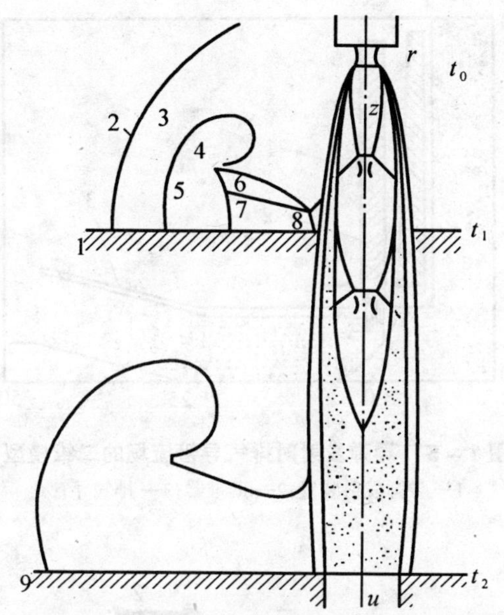

图1－4　火箭燃气射流对发射装置与地面冲击干扰示意图

1— 地面;2— 冲击波;3— 空气;4— 火药气体;5— 接触面;6— 桶形激波;7— 马赫盘;8— 音速线;9— 地面

此。载有火箭(导弹) 武器的舰艇对火箭燃气射流的防护要求较高,因为舰面空间有限,其上层建筑和雷达外接设备等都可能受到燃气射流的危害,所以更需 要考虑燃气射流的压力和温度安全界以及导流等诸多问题。

此外,燃气射流对飞行火箭(导弹) 外部流分离和底压也有影响,能改变它们的空气动力特性(飞行器的稳定性),引起射弹散布,因此弹后尾翼位置的确定等应考虑燃气射流的影响。远程火箭的级间分离以及宇航飞行器等也都受到燃气射流的压力、热和激波对邻近结构干扰的影响;在星际飞行中,由于要求飞行器在星球

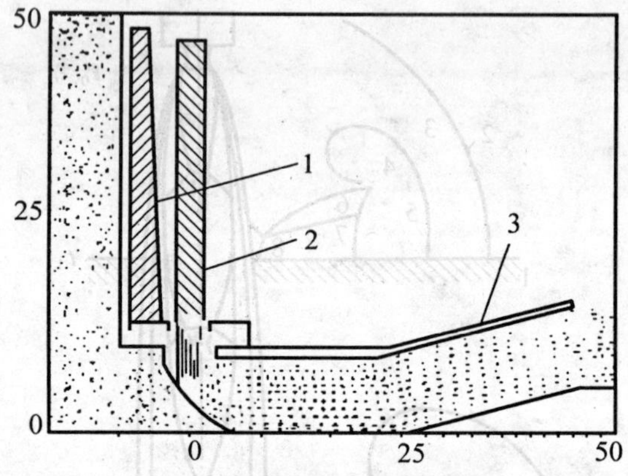

图 1－5　导弹发射时排气导管流场的二维模型

1— 导弹发射装置;2— 助推器;3— 排气导管

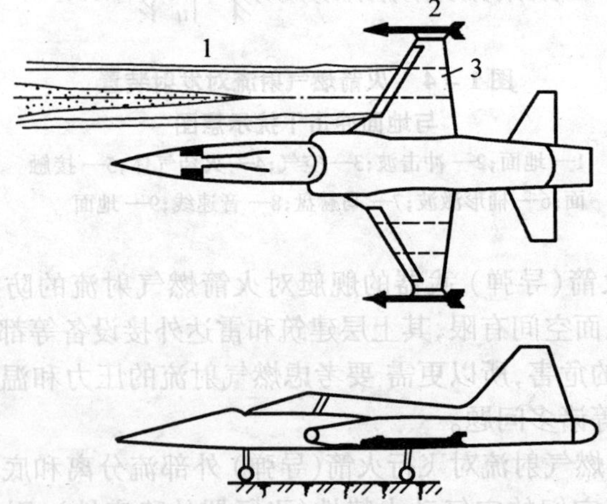

图 1－6　机载火箭与导弹布局及可能影响区

1— 火箭燃气射流影响区;2— 导弹;3— 火箭导弹挂架

上软着落或起飞，必须实验研究燃气射流对着落面积冲刷而形成坑口的可能性；为了估计射流红外辐射、雷达波越过射流截面的可能性，射流电离辐射引起通讯信号阻塞、电磁波衰减和伴生噪声现象间的关系，以及射流有害污染物的生成和扩散等，也都必须考虑燃气射流的热力学参数和气流参数的空间分布。

1.2 基本概念与基本方程

为了顺利阅读本书，这里介绍一些气体动力学的基本概念和方程。

1.2.1 气体动力学基本概念

(1) 连续性 在气体动力学中，大多数情况下都可采用连续介质假设。这是因为在标准状态下，任何气体每立方米约有 2.69×10^{25} 个分子，即使每 $10^{-18}\ \mathrm{m}^3$ 也还有 10^7 个分子。我们一般选取的微元大于 $10^{-18}\ \mathrm{m}^3$，所以连续性假设是适用的。

(2) 可压缩性 可压缩性由压缩系数来定义

$$\beta=\frac{\mathrm{d}\rho}{\rho\mathrm{d}p} \tag{1-1}$$

压缩性通常与气流的速度密切相关。一般认为气流速度超过 68 m/s(在常温、常压下)，压缩性就必须加以考虑。因此，在普通的气体动力学的研究问题中，都认为气流是可压缩的，亦即气流具有可压缩性。

(3) 音速 音速是指微小扰动在气体中的传播速度，通常用 a 表示。对于理想完全气体，音速为

$$a=\sqrt{\gamma RT} \tag{1-2}$$

当流动速度 u 大于 a 时，称为超音速流动；当流动速度 u 小于 a 时，称为亚音速流动。两类流动有着本质的不同。通常用无量纲量

$$Ma = \frac{u}{a}$$

作为参考量,式中 u 是气流速度,Ma 称为马赫(Mach)数。$Ma > 1$ 为超音速,$Ma < 1$ 为亚音速。

(4) 理想、完全气体　我们称无粘气体为理想气体,而称满足气体状态方程

$$p = \rho RT \tag{1-3}$$

且内能仅是温度的函数的气体为完全气体。这两个概念不同,尤其是理想气体概念不能同热力学中的理想气体混淆。一般,真实气体是不符合式(1-3)的气体。

1.2.2　气体动力学基本方程

对于一给定的控制体,积分型气体动力学基本方程为连续方程

$$\int_{CV} \frac{\partial \rho}{\partial t} \mathrm{d}t + \int_{CS} \rho(\boldsymbol{V} \cdot \boldsymbol{n}) \mathrm{d}\sigma = 0 \tag{1-4}$$

动量方程

$$\frac{\partial}{\partial t} \int_{CV} \rho \boldsymbol{V} \mathrm{d}\tau + \int_{CS} \rho(\boldsymbol{V} \cdot \boldsymbol{n}) \boldsymbol{V} \mathrm{d}\sigma = \int_{CV} \rho \boldsymbol{f} \mathrm{d}\tau + \int_{CS} p \boldsymbol{n} \mathrm{d}\sigma \tag{1-5}$$

能量方程

$$\frac{\partial}{\partial t} \int_{CV} \left[\rho \left(e + \frac{V^2}{2} \right) \right] \mathrm{d}\tau = \int_{CS} \boldsymbol{q} \cdot \boldsymbol{n} \mathrm{d}\sigma + \int_{CV} \rho \boldsymbol{f} \cdot \boldsymbol{V} \mathrm{d}\tau + \int_{CS} \boldsymbol{p}_n \cdot \boldsymbol{V} \mathrm{d}\sigma - \int_{CS} \left[\left(e + \frac{V^2}{2} \right) \rho (\boldsymbol{V} \cdot \boldsymbol{n}) \right] \mathrm{d}\sigma \tag{1-6}$$

式中　CV——控制体体积;

$\mathrm{d}\tau$——体积微元;

CS——控制体表面;

$\mathrm{d}\sigma$——曲面微元。

上述方程组只对无源流的气体运动成立。若为有源流,则应在方程中加入源项。

基于连续介质牛顿流假设(即切应力与应变速率成正比)可以得到可压缩流体的基本方程组

$$\begin{cases} \dfrac{\partial \rho}{\partial t} + \dfrac{\partial}{\partial x_i}(\rho u_i) = 0 \\ \rho \dfrac{\partial u_i}{\partial t} + \partial u_i \dfrac{\partial u_i}{\partial x_j} = -\dfrac{\partial p}{\partial x_i} + \dfrac{\partial \tau_{ij}}{\partial x_j} + \rho f_i \\ \rho \dfrac{\partial J}{\partial t} + \rho u_j \dfrac{\partial J}{\partial x_j} = \dfrac{\partial p}{\partial t} - \dfrac{\partial q_i}{\partial x_i} + \dfrac{\partial u_i}{\partial x_j}\tau_{ij} + \rho f_i u_i \end{cases} \tag{1-7}$$

因为是牛顿流,所以

$$\tau_{ij} = \mu\left(\frac{\partial u_i}{\partial x_j} - \frac{\partial u_j}{\partial x_i}\right) + \mu_1 \frac{\partial u_i}{\partial x_j}\delta_{ij} \tag{1-8}$$

其中,$i,j = 1,2,3$;$u_1 = u, u_2 = v, u_3 = w, x_1 = x, x_2 = y, x_3 = z$;$\mu$ 为动力粘性系数;μ_1 为膨胀粘性系数;δ_{ij} 为单位二阶张量的分量,当 $i \neq j$ 和 $i = j$ 时,δ_{ij} 分别为0和1。式(1-7)中的第二式称为 Navier-stokes(简记 N—S)方程。式(1-7)中的第三式表示热力学第一定律,式中 $J = e + \dfrac{u^2}{2} + \dfrac{p}{\rho}$,$q$ 为单位时间流过单位面积的热量。

式(1-7)可改写为守恒形式

$$\begin{cases} \dfrac{\partial \rho}{\partial t} + \dfrac{\partial}{\partial x}(\rho u_i) = 0 \\ \dfrac{\partial}{\partial t}(\rho u_i) + \dfrac{\partial}{\partial x_i}(\rho u_i u_j) = -\dfrac{\partial p}{\partial x_i} + \dfrac{\partial \tau_{ij}}{\partial x_j} + \rho f_i \\ \dfrac{\partial}{\partial t}(\rho J) + \dfrac{\partial}{\partial x_j}(\rho u_i J) = \dfrac{\partial p}{\partial t} + \dfrac{\partial}{\partial x_i}(\tau_{ij} u_i) - \dfrac{\partial q_i}{\partial x_i} + \rho f_i u_i \end{cases} \tag{1-9}$$

若选 $L/U, \rho_0 U, \rho_0 U^2/L, U^2$ 和 $\rho_0 U^3$ 分别为 $t, \tau_{ij}, \rho_0 f_i, e$(或 J)和 q_i 的特征量,其中 L 为气流的特征长度,ρ_0 为气流的特征密度,则方程(1-9)的无量纲形式不变。如果用 $\rho_0 U^2$ 和 $\mu_0 U/L$ 分别作为 p 和 τ_{ij} 的参考值,则本构关系式为

$$\tau_{ij} = \left[\mu\left(\frac{\partial u_i}{\partial x_j} + \frac{\partial u_j}{\partial x_i}\right) + \mu_1 \frac{\partial u_i}{\partial x_j}\delta_{ij} \right]\frac{1}{Re} \tag{1-10}$$

其中，$Re = \rho_0 UL/\mu_0$ 为雷诺(Reynolds)数。

对于完全气体

$$q_i = \frac{\gamma}{RePr} R \frac{\partial e}{\partial x_i} \tag{1-11}$$

$$e = \frac{T}{r(r-1)Ma^2} \tag{1-12}$$

其中，$Pr = \mu_0 c_p / K_0$ 为 Prandtl 数；$Ma = u/\sqrt{\gamma RT}$ 为马赫数。

在许多情况下，我们略去粘性影响，这样就得到了无粘流的基本方程组

$$\begin{cases} \dfrac{\partial \rho}{\partial t} + \dfrac{\partial}{\partial x_j}(\rho u_j) = 0 \\ \dfrac{\partial}{\partial t}(\rho u_i) + \dfrac{\partial}{\partial x_j}(\rho u_i u_j) = -\dfrac{\partial p}{\partial x_i} \\ \dfrac{\partial}{\partial t}(\rho J) + \dfrac{\partial}{\partial x_j}(\rho u_i J) = \dfrac{\partial p}{\partial t} - \dfrac{\partial q_i}{\partial x_i} \end{cases} \tag{1-13}$$

第2章　火箭燃气射流的物理属性

火箭燃气射流属于湍流射流(或称紊流射流),它与层流运动不同之处在于湍流具有一种瞬息变化的杂乱无章的特殊性质(通常称之为湍动或者紊动),这就是燃气射流的一个重要特性。正是由于这一特性,才无法用简单的函数对燃气射流进行全面描述。但是,这种杂乱无章的特性决不意味着燃气射流是完全紊乱的。燃气射流的杂乱无章的特性实际上是其随机性的表现,完全可以用概率理论来描述。应用统计概念,可以给出各种气动参量,诸如流速、温度、压力等准确的平均值,从而有可能对燃气射流的运动规律进行数学上的描述。可见,燃气射流具有随机性,具有准确的统计平均值,完全符合射流力学规律。

2.1　燃气射流结构

就火箭燃气射流结构来说,燃气射流运动的一个基本流动图案是射流边界层,而所有各种不同的复杂燃气射流,则是射流边界层的发展以及与其他条件的结合。

同向(除了制动火箭外,对于一般火箭来说不会逆向)两股流动,在喷管边缘处形成切向间断面(指压力和法向速度连续,而其他参数,如图中所示的速度间断),沿间断面发展成为射流流动。当射流速度不太大时,在相邻射流流股间,发生分子间的动量交换、热量交换和质量交换,从而形成具有一定厚度的层流射流边界层。若是喷管出口上游气流没有扰动,则出口下游气流保持层流。若流动速度增大,则切向间断面不稳定,在该间断面上将出现旋涡,这些旋涡在流动中各处作不规则的运动。由此发生微团间的横向动

量交换、热量交换和质量交换，从而形成湍流射流边界层。超音速燃气射流即为这种湍流情形。

从火箭完全膨胀喷管(出口静压 p_e 等于大气压 p_a) 的出口速度 u_e 至速度 u_a 的运动介质流场中的燃气射流，即无激波伴随流燃气射流(见图 2-1)，是以喷口边缘(假定不计边缘厚度) 为切向间断面，并且形成由 AA' 内边界与 $A'B$ 外边界为界的湍流射流边界层混合区。由于出口射流流动与伴随流流动发生动量交换，从而把伴随流的质量引入射流边界层中，使混合区厚度逐渐增大。最终混合区内边界 $A'A$ 发展相交成为未经扰动的位流核心区。实验表明，在该区域射流中静压不变，速度为定值，所以称之为等速核心区。

射流初始段：包括射流边界层混合区 $A'AB$ 与核心区 $A'AA'$ 的流动区域。

完全发展湍流区：因为射流混合区不断发展，即射流继续引入周围介质的气体质量，所以在核心区终止处的断面 BAB 以后，轴心速度持续下降，射流扩展厚度不断增大，从而形成整个的湍流射流。实验与理论分析表明，在初始段结束一段距离(即截面) 以后的流动，可以设想为相当于离射流出口不太远的一点“O” 处置一无限小半径的小孔(即点源) 喷出的射流流动。CC 截面以后的射流，称为射流基本段。“O” 点称为射流基本段的“极点”。

完全发展湍流过渡区：介于初始段与基本段之间的射流 $BCCB$，称为过渡段。在工程应用中，为简单起见，在相当准确的程度内，可以略去此段，从而过渡段蜕化为过渡截面 BAB。

2.2 燃气自由射流中的自模性

流至静止介质空间的(即 $u_a = 0$) 燃气湍流射流称之为燃气自由射流。超音速燃气自由射流衰减至音速点之后，可看作无激波平行流射流(如图 2-1 使 $u_a = 0$ 的情形)。该射流与周围静止空气发生动量交换，空气就不断被卷入燃气射流混合区，加上火箭往往

采用锥形喷管，使燃气射流呈辐射状喷入大气，因此它具有横向速度。然而，由实验和理论分析表明，与纵向速度相比横向速度很小，因而射流中心线附近的流线接近平行。只要把 x 轴与射流纵向轴心线重合，可以认为沿 x 轴向的射流速度即可表征整个射流的速度特性。

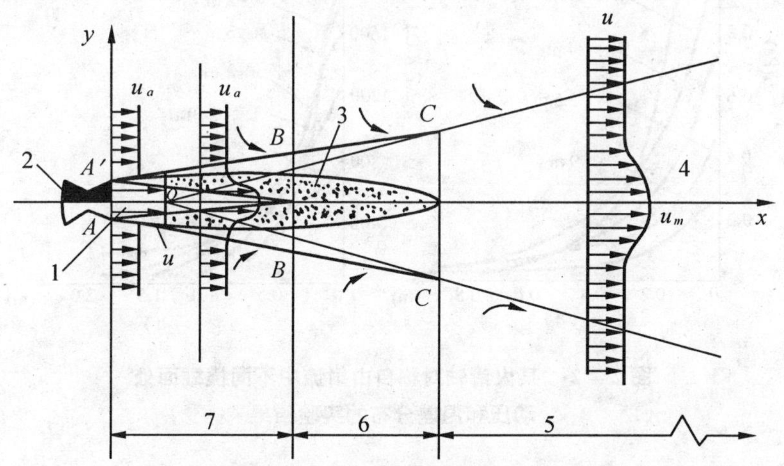

图 2 – 1　超音速无激波伴随流燃气湍流射流

1— 超音速位流核；2— 喷管；3— 超音速湍流锥；4— 亚音速湍流混合区；5— 完全发展湍流区（基本段或主段）；6— 完全发展湍流过渡区（过渡段）；7— 起始混合区（初始段）

关于某火箭轴对称燃气自由射流动压和温差分布规律参见图 2 – 2。射流基本段的轴心动压和温度不断下降，射流参数分布的厚度则不断增大。如果我们取纵坐标为相对速度比$\frac{u}{u_m}$，动压比$\frac{q}{q_m}$，或剩余滞止温度比$\frac{T^{\#} - T_a}{T_m^* - T_a}$（$u_m$，$q_m$，$T_m^*$ 分别为射流轴心速度、动压和滞止温度，T_a 为大气温度），横坐标为相对距离比$\frac{r}{r_{0.5}}$（$r_{0.5}$ 为速

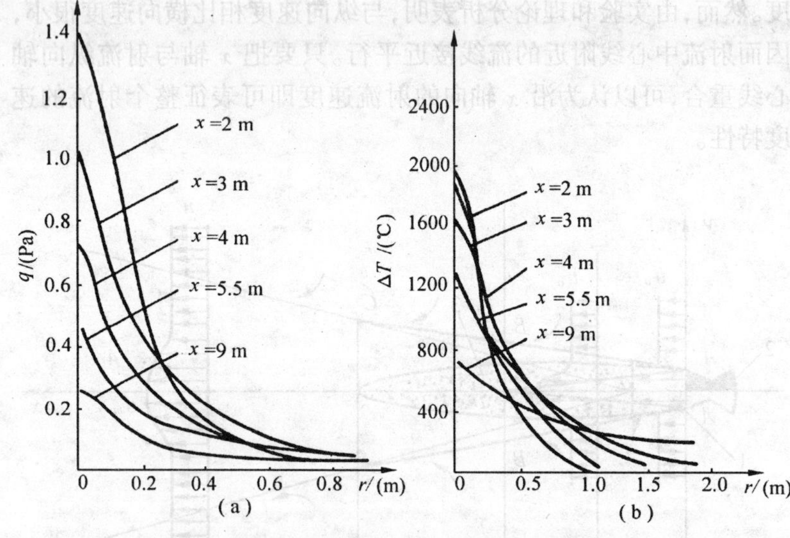

图 2-2　某火箭轴对称自由射流中不同横截面处动压和温差分布的实验结果

度是该横截面内轴心速度的1/2处至轴心线的距离，r为同一横截面内任一点对轴心线的距离)，则可以看到在各类火箭燃气自由射流中不同x处的剖面速度、动压和温差都各自落在一无因次分布曲线上而具有相似性，即各剖面具有一普遍的无因次分布(如图2-3、图2-4和图2-5所示)。由上列各图可见，各类火箭(见表2-1)燃气射流音速点下游的径向衰减只是径向各点与射流基本段极点连线对射流轴心线偏角的函数，而与喷管出口下游距离无关。在图2-6中比较了各分布剖面。如果对于初始段边界层，取纵坐标为

$$\Delta u = \frac{u_e - u}{u_e} \tag{2-1}$$

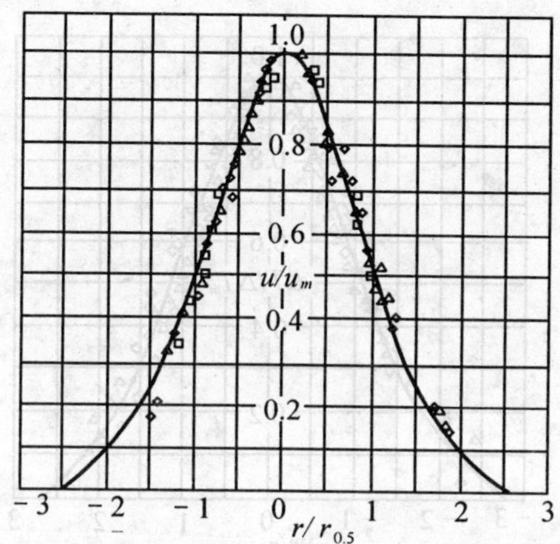

图2－3　径向速度剖面(普朗特动量传递剖面)

△—Ma = 3.53　▽—Ma = 2.82　◇—Ma = 3.42

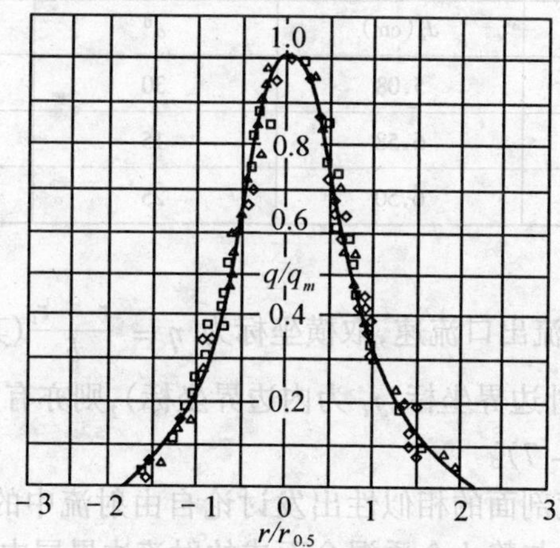

图2－4　径向动压剖面(热空气射流合成剖面)

△—Ma = 3.53　▽—Ma = 2.82　◇—Ma = 3.42

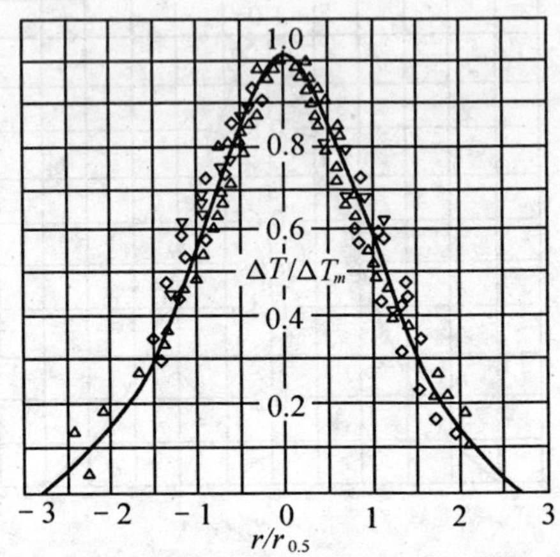

图 2-5　径向温差剖面(热空气射流合成剖面)

火箭 △—Ma_e = 3.53　▽—Ma_e = 2.82　◇—Ma_e = 3.42

表 2-1　各类火箭喷管的若干参数

火箭代号	d_e(cm)	α^0	Ma_e
1	5.08	30	3.53
2	6.58	15	2.82
3	6.50	25	3.42

式中,u_e 为射流出口流速,取横坐标为 $\eta = \dfrac{r - r_i}{b}$(其中 $b = r_b - r_i$,r_b 为射流外边界坐标,r_i 为内边界坐标),则亦有如上所述的相似性(见图 2-7)。

今从速度剖面的相似性出发讨论自由射流中的等速线。在均匀速度的流动与静止介质混合而成的射流边界层中因速度相似则有

$$\frac{r}{b} = \text{const} \qquad (2-2)$$

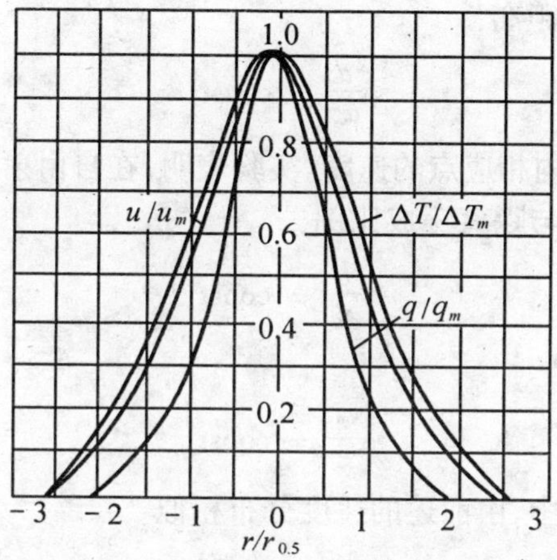

图2-6　径向动压、温差和速度剖面的比较

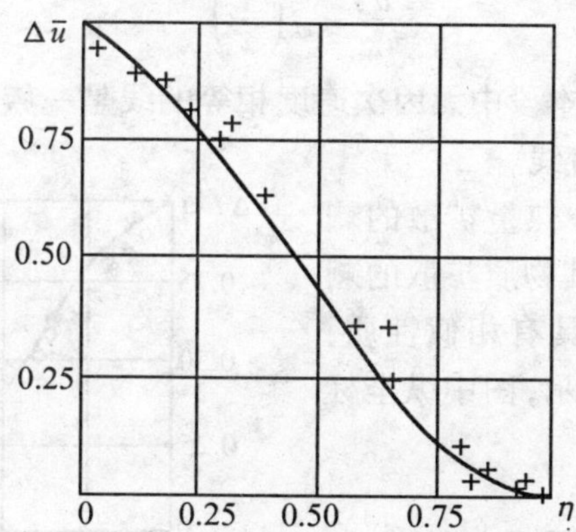

图2-7　超音速燃气射流初始段内无因次速度剖面

$\left(Ma_e = 3, \theta = \frac{T_e}{T_a} = 2, \frac{x}{r_e} = 14\right)$

式中，b 和 r 分别表示某一横截面的射流边界层厚度与该截面上任一点对 x 轴的距离，

$$\frac{u}{u_e} = \text{const} \tag{2-3}$$

u 表示该截面内相应点的速度。实验表明，在自由射流中射流边界层厚度的发展与距离 x 成比例，

$$\frac{b}{x} = \text{const} \tag{2-4}$$

则

$$\frac{r}{x} = \text{const} \tag{2-5}$$

在射流基本段中，由前述的速度分布相似

$$\frac{u}{u_m} = f\left(\frac{r}{b}\right) \tag{2-6}$$

考虑到式(2－4)，则有

$$\frac{u}{u_m} = f\left(\frac{r}{x}\right) \tag{2-7}$$

因此，在射流基本段中无因次速度相等的线是一族通过射流基本段极点“O”的直线。

至于射流中热量扩散的剩余温度分布与其物质扩散的剩余浓度分布也具有相似性质，如图(2－8)所示，图中纵坐标取

$$\Delta\bar{T}^* = \frac{T_e^* - T^*}{T_e^* - T_a} = (1 - \eta^{1.5})^2 \tag{2-8}$$

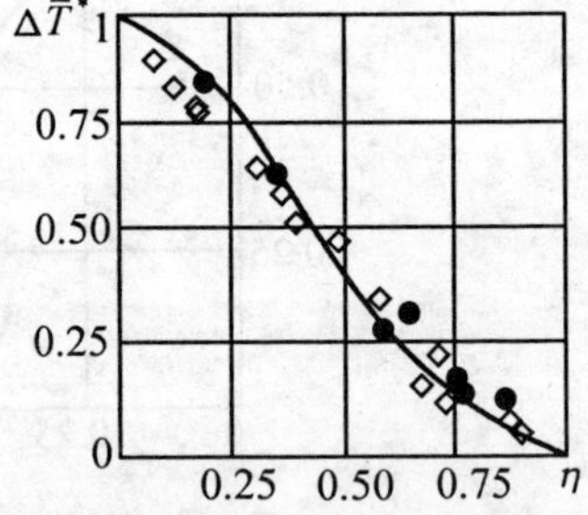

图 2－8　超音速射流初始段内无因次剩余滞止温度剖面

◇ $Ma_e = 3; \frac{x}{r_e} = 6; Ma_e = 3, \frac{x}{r_e} = 14$

在燃气自由射流中，诸参数(速度、温度与浓度等)分布剖面具有相似的性质，这种特

性称为燃气自由射流的自相似或自模性。

尤其值得提出的是我们发现燃气自由射流基本段混合区存在近似动压自模性，其相似剖面十分接近于高斯分布(见图 2 - 4)。

$$\bar{q} = \frac{q}{q_m} = e^{-B\left(\frac{r}{x}\right)^2} \tag{2-9}$$

其中，B 可以分别按照单喷管、多喷管的实验数据经处理得到。参考数值为：对于单喷管 $B \approx 240$；对于多喷管 $B = 140$。

温度剖面也具有高斯分布的相似性(见图 2 - 5)

$$\Delta \bar{T} = \frac{T^* - T_a}{T_m^* - T_a} = e^{D\left(\frac{r}{x}\right)^2} \quad 或 \quad e^{-\frac{\eta^2}{2.5}} \tag{2-10}$$

由于利用了自相似，在半经验湍流射流理论中，可以把湍流切应力用半经验形式表示的湍流射流偏微分方程，化为便于求解的含无因次相似变量的常微分方程。

2.3　燃气射流湍流特性的描述

通过燃气射流测量，可以发现随机性是燃气射流的基本特性。在燃气射流中，流体分子微团作无规则的乱运动，也就是流体中的各点温度、速度、浓度以及压力等参数都随时间不同而变化。但是研究表明，微团的混乱运动在足够长的时间间隔内是服从数学统计规律的，因而用统计的方法来研究燃气射流的规律性是合理的。就随机现象而言，虽然个别试验的结果没有规律性，但大量试验结果的算术平均值有一定的规律性。所以说，由于是随机现象，单独的一次试验得不到肯定的结果，而只有大量试验的统计平均才能给出具有规律性的结果。正因为燃气射流具有随机性，所以统计方法在燃气射流问题的研究中具有重要的意义。为了解决工程实际问题，人为地把瞬时的真正速度用时间平均速度和随时间变化的脉动速度之和来表达，即

$$u = \bar{u} + u'; v = \bar{v} + v' \tag{2-11}$$

式中 $u,\bar{u}$ 和 u'——分别为射流纵向瞬时速度、平均速度和脉动速度；

$v,\bar{v}$ 和 v'——分别为射流横向瞬时速度、平均速度和脉动速度。

2.3.1 时均法

在准定常燃气射流流场的同一空间点上，由不同时刻测出的该点速度随时间 t 的变化如图 2－9 所示。由图可见，每次试验的速度变化都极不规则，但是从两次试验在相当长的时间周期(T) 内来看，u_i 只是围绕相同的平均值 $\bar{u}(x,r,t)$ 脉动。显然，对于具有这种随机性质的燃气射流采用按时间平均的方法较为合适。时均值的定义是

$$\bar{u}(x,r,t) = \lim_{T\to\infty}\frac{1}{T}\int_{t_0-\frac{T}{2}}^{t_0+\frac{T}{2}} u_i(x,r,t)\mathrm{d}t \qquad (2-12)$$

式(2－12)中的 $u_i(x,r,t)$ 是任一次试验结果，积分限中的下限 $t_0 - T/2$ 可以任意取，即在一次试验中，从任何时候开始都不会影响平均值的结果。关于这一点，我们可以这样来理解：同一次试验中取不同起始时刻，相当于同一条件下重复不同试验。既然不同次试验的平均值都相等，那么不同起始时刻的平均值也应相等。式(2－12) 中的积分区域($-T/2$, $+T/2$)，从理论上来说应趋向无限大，但在实用上，只要取足够长的有限时间间隔即可。显然，这里应用时均法需满足平均值与起始时刻和时间间隔 T 无关以及平均值本身不再是时间函数(即 $\bar{u}(x,r)$)，准定常燃气射流流动符合这一要求。

时均值是以任何一次试验结果对时间的平均值来代替大量试验的平均值，因此严格说来，时均法只适用于定常湍流。然而，对于时均法而言，为什么任一次试验结果的平均值会等于大量试验的平均值？我们可以从各态遍历假说来解释。各态遍历假说的思想是：一个随机变量在重复许多次的试验中出现的所有可能状态，能

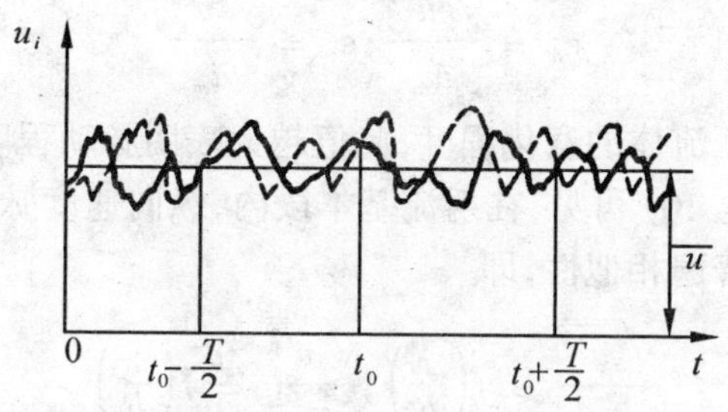

图 2－9　某一点上的瞬时速度

够在一次试验的相当长的时间范围内以相同的概率出现。正是由于这个假说，为以一次试验结果的平均值代替大量试验的平均值提供了理论依据，从而使时均法具有更为普遍的意义。例如，对于非均匀的不定常湍流流场，严格说来时均法不能应用。若不定常湍流的时间尺度 T_k 比湍流本身的时间尺度大得多，则在比 T_k 小的 T 的尺度内平均特性的变化可以忽略不计。而在 T 中包含了湍流的几乎所有状态，即在 T 尺度中是各态遍历的。所以，在各态遍历假说成立的前提下，可以用时均法研究非定常流动。

由于流体微团向正和负的方向脉动的机会是均等的，因而对于脉动速度按不同时间取平均值都等于零，即

$$\bar{u}' = \bar{v}' = 0$$

因此，在工程上为了衡量燃气射流脉动程度的大小，一般采用脉动速度的平方平均开方值即均方根值来表示，这样，今后将各脉动速度分量理解为

$$u' = \sqrt{\overline{u'^2}};v' = \sqrt{\overline{v'^2}}$$

2.3.2　湍流强度

脉动速度的均方根值与流体时间平均速度值之比称为燃气射流湍流强度，即有

$$\varepsilon_n = \frac{\sqrt{\overline{u'^2}}}{\overline{u}_m};\varepsilon_v = \frac{\sqrt{\overline{v'^2}}}{\overline{u}_m} \qquad (2-13)$$

湍流强度表征流体的紊化程度,此值越大表明脉动程度越高。

由图(2-10)可见,在射流基本段内,纵向速度脉动与横向速度脉动存在普遍相似性,即

$$\frac{\sqrt{\overline{u'^2}}}{\overline{u}_m} = f\left(\frac{r}{b}\right),\frac{\sqrt{\overline{v'^2}}}{\overline{u}_m} = f\left(\frac{r}{b}\right) \qquad (2-14)$$

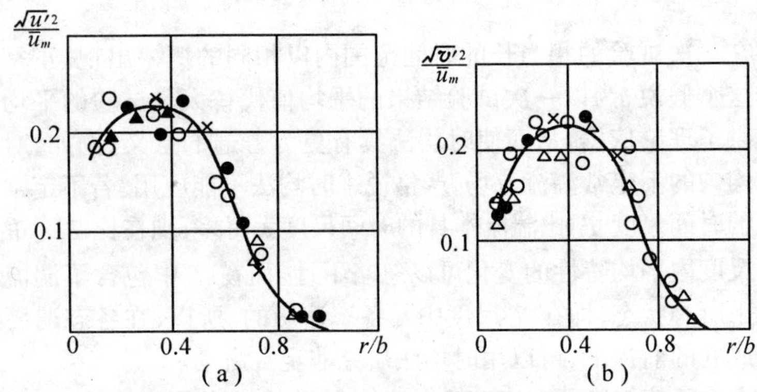

图 2-10　自由射流基本段中的速度脉动

2.3.3　一般时均运算法则

我们已经知道,燃气射流的瞬时速度是随机变量

$$u_i = u_i(x,r,t)$$

而它的平均值 $\overline{u}_i$ 是非随机变量,湍流值与平均值之差称为脉动值,并用"′"注明,即

$$u_i'(x,r,t) = u_i(x,r,t) - \overline{u}_i(x,r,t) \qquad (2-15)$$

在准定常的均匀湍流场中具有以下的时均运算规律。

(1) 时均值的平均值等于原平均值

我们知道 $\bar{u}_i$ 是多次试验的统计平均值，而对任意一次来说，平均值都相同，因此

$$\bar{\bar{u}}_i = \frac{1}{n}\sum_{K=1}^{n}\bar{u}_{ik} = \frac{N\bar{u}_i}{N} = \bar{u}_i$$

即

$$\bar{\bar{u}}_i = \bar{u}_i \tag{2-16}$$

(2) 脉动值的平均值等于零

若对脉动值

$$u_i' = u_i - \bar{u}_i$$

取平均，可得

$$\bar{u}_i' = \overline{u_i - \bar{u}_i} = \overline{u_i} - \bar{\bar{u}}_i = \bar{u}_i - \bar{u}_i = 0$$

因此

$$\bar{u}_i' = 0 \tag{2-17}$$

(3) 湍流值之和的平均值，等于各湍流值的平均值之和

$$\overline{\sum_{K=1}^{N} u_i} = \sum_{K=1}^{N}\bar{u}_i \tag{2-18}$$

(4) 脉动值乘以常数的平均值等于零

$$\overline{cu_i'} = c\bar{u}_i' = 0 \tag{2-19}$$

(5) 脉动值与任一平均值乘积的平均值等于零

$$\overline{u_i'\bar{u}_i} = \bar{u}_i'\bar{u}_i = 0 \tag{2-20}$$

(6) 湍流值对空间和时间坐标的各阶导数的平均值等于时均值对相应坐标的各阶导数

$$\overline{\frac{\partial u_i}{\partial t}} = \frac{1}{N}\sum_{K=1}^{N}\frac{\partial u_{ik}}{\partial t} = \frac{\partial}{\partial t}\left(\frac{1}{N}\sum_{K=1}^{N}u_{iK}\right) = \frac{\partial}{\partial t}\bar{u}_i$$

所以

$$\overline{\frac{\partial u_i}{\partial t}} = \frac{\partial\bar{u}_i}{\partial t} \tag{2-21}$$

同理

$$\overline{\frac{\partial u_i}{\partial x_i}} = \frac{\partial\bar{u}_i}{\partial x_i} \tag{2-22}$$

$$\overline{\frac{\partial^{m+n} u_i}{\partial t^m \partial x_j^n}} = \frac{\partial^{m+n} \overline{u}_i}{\partial t^m \partial x_j^n} \tag{2-23}$$

式中 $j = 1$ 或 2，x_1 和 x_2 分别表示 x 和 r。

(7) 脉动值各阶导数的平均值等于零

利用(2)、(6) 性质可以得到

$$\overline{\frac{\partial^{m+n} u_i'}{\partial t^m \partial x_j^n}} = 0 \tag{2-24}$$

2.4 燃气射流数学模型

2.4.1 物理模型的简化

若要考虑影响燃气射流流场的全部因素，则将使计算无法进行。我们不可能也没有必要计及一切影响因素。因此，如何选择与简化成一个现阶段既可行而又具有一定精度的计算模型，应是值得探讨的问题。为此，我们对各因素的影响程度作一估计。

火箭燃气射流近场是一个复杂的流场。它有着复杂的边界条件、化学反应以及气－固两相流，并且是一个非定常系统。如果忽略加工误差，则火箭燃气射流一般是轴对称流。对于常用的地面固体燃料火箭发动机，燃烧室内火药的稳定燃烧时间在 0.3 ~ 4 s 左右。实验表明，在稳定燃烧阶段，流场具有较好的定常特性。

考察系统的非定常特征量

$$S_t = \frac{L_0}{u_0 t_0}$$

在我们所讨论的问题中取 $L_0 = r = 4.4(\mathrm{cm})$；$u_0 = u_e = 2\,000(\mathrm{m/s})$，$t_0 = 1(\mathrm{s})$。代入上式即可得 $S_t = 0.000\,022$。该值很小，我们可以忽略非定常的影响。因为忽略了热传导，热辐射、粘性及重力的影响，所以我们可以把物理模型简化为二维轴对称含化学反应的两相流定常流动计算模型。

2.4.2　含两相流及化学反应的射流基本方程的推导

首先我们再补充几个假设:

① 气、固两相之间质量互不转化;

② 固相颗粒为等半径球形微粒并在流场中均匀分布(连续模型);

③ 气体的粘性只在不同相的相互作用中才表现出来。

利用积分型控制体输运公式

$$\frac{D}{Dt}\int_{\tau_0(t)} \Phi \mathrm{d}t = \int_{CV} \frac{\partial \Phi}{\partial t}\mathrm{d}\tau + \int_{CS} \Phi(\boldsymbol{V}\cdot\boldsymbol{n})\mathrm{d}s \qquad (2-25)$$

或

$$\frac{D}{Dt}\int_{\tau_0(t)} \Phi \mathrm{d}t = \int_{CV}\left(\frac{\partial \Phi}{\partial t} + \nabla\cdot(\Phi\boldsymbol{V})\right)\mathrm{d}\tau \qquad (2-26)$$

来推导基本方程组。上式 Φ 为空间坐标与时间的标量或向量函数。

(1) 连续方程　对凝固粒子系统,由质量守恒定律知

$$\frac{Dm_p}{Dt} = 0$$

其中,$m_p = \int_{\tau_0(t)} \rho_p \mathrm{d}\tau$,$\rho_p$ 为每单位体积流动介质中凝固粒子的密度。由式(2－26)得等式右边的被积函数恒为零,下标 p 表示凝固系统,即

$$\frac{\partial \rho_p}{\partial t} + \nabla\cdot(\rho_p\boldsymbol{V}) = 0 \qquad (2-27)$$

对于气体,由总质量守恒以及同凝固系统一样取 $\Phi = \rho$,有

$$\frac{\partial \rho}{\partial t} + \nabla\cdot(\rho\boldsymbol{V}) = 0 \qquad (2-28)$$

对每一气体组分系统,设 σ_i 为质量生成率,并与位置无关,$\rho_i = \dfrac{m_i}{m}$ 为组分 i 的分密度,则

$$\frac{D}{Dt}\int_{\tau_0(t)}\rho_i(t)\mathrm{d}\tau = \int_{\tau_0(t)}\frac{D\rho_i}{Dt}\mathrm{d}\tau = \sigma_i\tau_0(t)$$

取 $\Phi = \rho c_i, c_i = \frac{\rho_i}{\rho}$ 为 i 组分气体的质量百分比，得

$$\frac{\partial(\rho c_i)}{\partial t} + \nabla\cdot(\rho c_i \boldsymbol{V}) = \sigma_i \tag{2-29}$$

由式(2－28)和式(2－29)得

$$\rho\frac{Dc_i}{Dt} = \sigma_i \tag{2-30}$$

(2) 动量方程　首先，利用式(2－28)，可将式(2－26)改写为更简洁的形式。设 $\Phi = \rho\varphi$，则

$$\int_{CV}[(\rho\varphi)_t + \nabla\cdot(\rho\varphi\boldsymbol{V})]\mathrm{d}\tau = \int_{CV}\left\{\rho\frac{D\varphi}{Dt} + \varphi\left[\frac{\partial\rho}{\partial t} + \nabla\cdot(\rho\boldsymbol{V})\right]\right\}\mathrm{d}\tau = \int_{CV}\rho\frac{D\varphi}{Dt}\mathrm{d}\tau \tag{2-31}$$

由牛顿定律得

$$\frac{D}{Dt}\int_{\tau_0(t)}\rho\boldsymbol{V}\mathrm{d}\tau = \int_{CS}(-p)\mathrm{d}\boldsymbol{s} - \int_{CV}\boldsymbol{f}_{drag}\cdot\mathrm{d}\tau \tag{2-32}$$

$$\int_{CV}\rho\frac{D\boldsymbol{V}}{Dt}\mathrm{d}\tau = \int_{CV}(-\boldsymbol{f}_{drag} - \nabla p)\mathrm{d}\tau$$

所以，

$$\rho\frac{D\boldsymbol{V}}{Dt} = -\boldsymbol{f}_{drag} - \nabla p \tag{2-33}$$

$\boldsymbol{f}_{drag}$ 是单位质量气体所受凝固粒子的阻力，它由气体动力学经验关系式给出

$$\boldsymbol{f}_{drag} = \frac{1}{2}C_D\pi R_p^2\rho_p(\boldsymbol{V} - \boldsymbol{V}_p)\left|\boldsymbol{V} - \boldsymbol{V}_p\right| = \rho_p A_p(\boldsymbol{V} - \boldsymbol{V}_p) \tag{2-33a}$$

其中 R_p，$\boldsymbol{V}_p$，C_D 和 A_p，分别为凝固粒子的半径、速度、阻力系数和阻力函数，A_p 由实验给定。对凝固粒子同理可得

$$\rho_p \frac{D\boldsymbol{V}_p}{Dt} = \boldsymbol{f}_{drag} \tag{2-34}$$

将式(2-33a)代入式(2-33)与式(2-34)得

$$\rho \frac{D\boldsymbol{V}}{Dt} = -\rho_p A_p(\boldsymbol{V} - \boldsymbol{V}_p) - \nabla p \tag{2-35}$$

$$\frac{D\boldsymbol{V}_p}{Dt} = A_p(\boldsymbol{V} - \boldsymbol{V}_p) \tag{2-36}$$

(3) 能量方程　取式(2-31)中 $\varphi = e + \frac{V^2}{2} + e_p + \frac{V_p^2}{2} = h + \frac{V^2}{2} + h_p + \frac{V_p^2}{2} - \frac{p}{\rho} = \bar{\varphi} + \varphi_p$，$e_p$ 和 h_p 分别为凝固粒子的比内能和比焓，由能量守恒

$$\int_{CV}\left(\rho \frac{D\bar{\varphi}}{Dt} + \rho_p \frac{D\varphi_p}{Dt}\right)\mathrm{d}\tau = -\int_{CS} p\boldsymbol{V}\cdot\mathrm{d}\boldsymbol{s} - \int_{CV}\nabla\cdot(p\boldsymbol{V})\mathrm{d}\tau$$

所以，

$$\rho \frac{D\bar{\varphi}}{Dt} + \rho_p \frac{D\varphi_p}{Dt} = -\nabla\cdot(p\boldsymbol{V}) = -\nabla_p\cdot\boldsymbol{V} - p\nabla\cdot\boldsymbol{V} \tag{2-37}$$

利用式(2-28) $\frac{D\rho}{Dt} = -\rho\nabla\cdot\boldsymbol{V}$ 代入式(2-37)，有

$$\rho \frac{D\bar{\varphi}}{Dt} + \rho_p \frac{D\varphi_p}{Dt} = \frac{p}{\rho}\frac{D\rho}{Dt} - \nabla p\cdot\boldsymbol{V} = -\rho\frac{D}{Dt}\left(\frac{p}{\rho}\right) - \nabla p\cdot\boldsymbol{V} + \frac{Dp}{Dt} \tag{2-38}$$

将 $\bar{\varphi} = h + \frac{V^2}{2} - \frac{p}{\rho}$ 和 $\varphi_p = h_p + \frac{V_p^2}{2}$ 代入式(2-38)，展开后，得

$$\rho\frac{Dh}{Dt} - \frac{Dp}{Dt} = -\rho\frac{D}{Dt}\left(\frac{V^2}{2}\right) - \rho_p\frac{D}{Dt}\left(\frac{V_p^2}{2}\right) - \rho_p\frac{Dh_p}{Dt} - \nabla p\cdot\boldsymbol{V} \tag{2-39}$$

由动量方程(2-35)、(2-36)分别点乘 $\boldsymbol{V}$，$\boldsymbol{V}_p$ 代入式(2-39)，则得

$$\rho \frac{Dh}{Dt} - \frac{Dp}{Dt} = \rho_p A_p (\boldsymbol{V} \cdot \boldsymbol{V} - 2\boldsymbol{V} \cdot \boldsymbol{V}_p + \boldsymbol{V}_p \cdot \boldsymbol{V}_p) \triangleq \Psi_1^* \tag{2-40}$$

因为 $h = h_i c_i = c_i \int c_{pi} \mathrm{d}T$，$c_{pi}$ 为组分 i 的定压比热，所以

$$\frac{Dh}{Dt} = \frac{D\left(c_i \int c_{pi} \mathrm{d}T\right)}{Dt} = \frac{D(c_i c_{pi} T)}{Dt} = c_{pf} \frac{DT}{Dt} + \frac{h_i \sigma_i}{\rho}$$

其中，$c_{pf} = c_i c_{pi}$ 称为冻结定压比热。

将上式代入式(2-40)，得

$$c_{pf} \rho \frac{DT}{Dt} - \frac{Dp}{Dt} = \Psi_1^* - h_i \sigma_i \tag{2-41}$$

又 $c_{pf} = \dfrac{\gamma_f R_f}{\gamma_f - 1}$，$p = \rho T c_i R_i = \rho T R_i$（其中 $R_f = c_i R_i$），将 $T = \dfrac{p}{\rho c_i R_i}$，代入式(2-41)，得

$$\frac{\gamma_f}{\gamma_f - 1} \rho \frac{D \frac{p}{\rho}}{Dt} - \frac{Dp}{Dt} = \Psi_1^* - h_i \sigma_i + \frac{\gamma_f}{\gamma_f - 1} R_i \sigma_i T$$

整理后，得

$$\frac{Dp}{Dt} - a_f^2 \frac{D\rho}{Dt} = (\gamma_f - 1)[\Psi_1^* - h_i \sigma_i] + \gamma_f R_i \sigma_i T \tag{2-42}$$

式中 a_f——冻结音速；

R_i 和 h_i——分别为 i 组分气体的气体常数和比焓。

由实验结果得知 $\dfrac{Dh_p}{Dt} = B_p(T - T_p)$，$B_p$ 为凝固粒子传热函数。代入式(2-42)，有

$$\frac{D\rho}{Dt} - a_t^2 \frac{D\rho}{Dt} = \Psi_1 + \Psi_2 \tag{2-43}$$

其中，

$$\Psi_1 = (\gamma_f - 1)[\rho_p A_p (V^2 - 2\boldsymbol{V} \cdot \boldsymbol{V}_p + V_p^2) + \rho_p B_p (T_p - T)]$$

$$\Psi_2 = (\gamma_f - 1) h_i\sigma_i + \gamma_f R_i \sigma_i T$$

在上述推导过程中我们采用了求和约定。

至此,我们已推出了 Euler 型基本方程组,取封闭方程为

$$p = f(\rho, T, c_i) = R_i c_i \rho T = R_{fl}\rho T$$

则封闭的基本方程组为

$$\begin{cases} \dfrac{D\rho}{Dt} + \rho \nabla \cdot \boldsymbol{V} = 0 \\ \dfrac{D\rho_p}{Dt} + \rho_p \nabla \cdot \boldsymbol{V}_p = 0 \\ \rho \dfrac{Dc_t}{Dt} = \sigma_i \end{cases}$$

$$\begin{cases} \rho \dfrac{D\boldsymbol{V}}{Dt} = - \nabla p - \rho_p A_p (\boldsymbol{V} - \boldsymbol{V}_p) \\ \rho_p \dfrac{D\boldsymbol{V}_p}{Dt} = \rho_p A_p (\boldsymbol{V} - \boldsymbol{V}_p) \end{cases}$$

$$\begin{cases} \dfrac{Dp}{Dt} - a_f^2 \dfrac{D\rho}{Dt} = \Psi_1 + \Psi_2 \\ p = R_{fl}\rho T \end{cases}$$

$$\begin{cases} \Psi_1 = (\gamma_t - 1)\rho_p [A_p (V^2 - 2\boldsymbol{V} \cdot \boldsymbol{V}_p + V_p^2) + B_p (T_p - T)] \\ \Psi_1 = (\gamma_t - 1) h_i \sigma_i + \gamma_t R_i \sigma_i T \\ A_p = \dfrac{1}{2} C_D \pi R_p^2 | \boldsymbol{V} - \boldsymbol{V}_p | \\ C_D = \dfrac{9}{2} C_D^+ \dfrac{\mu}{\rho_{mp} R_p^2} \\ B_p = \dfrac{3\mu N_u^+ c_p}{\rho_{mp} R_p^2 p_r} \end{cases} \tag{2-44}$$

第 3 章　超音速燃气射流的混合与传质

火箭燃气射流的大部分流域为湍流混合层，火箭发射装置、运载体和环境多半受燃气射流湍流混合流场的冲击，因此，研究超音速燃气射流的混合与传质很有必要。

我们知道，当气体流动从层流状态转变为湍流状态时，气体的物理性质并未改变，气体的粘性仍然存在，气体运动的连续性并未破坏，所以气体仍然连续地充满所占有的空间，作用在气体上的力的种类也并无增减，仍然是有势的力、压力及切应力的组合作用。此外，湍动场由不同尺度的湍动所组成，但其长度不可能小到分子自由运动长度的程度，其脉动周期也不可能小到分子相撞时间的数量级，因而在与最小湍动长度尺度相近的距离内和在与最小脉动周期相近的时间内，所有的流速、压力等特征值都将平滑地变化，可以为可导函数所描写。

从雷诺建立湍流时均方程时起，对于 Navier-Stokes 方程是否适用于湍流瞬时流场，人们一直就有不同观点的争论。然而，在尚未出现完整的经过实验证明的一般湍流理论之前，我们认为 N—S 方程是湍流理论的基础，因为由该方程建立起来的湍流理论在很多情况下与实验符合良好。

3.1　可压缩湍流射流混合的数学描述

本节综合运用气体动力学的基本微分方程导出平面或轴对称可压缩燃气湍流射流的连续、动量和能量方程式。

3.1.1　射流时均连续方程

质量守恒定律给出了连续方程，在直角坐标系(x,y,z)内，

$$\frac{\partial\rho}{\partial t}+\frac{\partial}{\partial x}(\rho u)+\frac{\partial}{\partial y}(\rho v)+\frac{\partial}{\partial z}(\rho w)=0 \tag{3-1}$$

式中u,v和w，分别是沿x,y和z的速度分量。

在圆柱坐标系(r,θ,z)内，

$$\frac{\partial\rho}{\partial t}+\frac{\partial}{\partial r}(\rho V_r\gamma)+\frac{1}{r}\frac{\partial}{\partial\theta}(\rho V_\theta)+\frac{\partial}{\partial Z}(\rho V_Z)=0 \tag{3-2}$$

式中，V_r，V_θ和V_Z分别表示微元在$\mathrm{d}r$，$r\mathrm{d}\theta$和$\mathrm{d}z$方向的速度分量。

这里我们主要对平面或轴对称定常流感兴趣，这两种情况的连续方程可以写成

$$\frac{\partial}{\partial x}(\rho u)+\frac{\partial}{\partial y}(\rho v)+\delta\frac{\rho v}{y}=0 \tag{3-3}$$

式中对于平面情形，$\delta=0$；对于轴对称情形，$\delta=1$。x和y表示沿着轴线和垂直轴线的距离，而u和v分别表示上述方向上的速度分量。

我们可以根据式(3－3)定义流函数Ψ，即

$$\frac{\partial\Psi}{\partial y}=\rho u y^\delta,\frac{\partial\Psi}{\partial x}=-\rho u y^\delta \tag{3-4}$$

在某些计算中不用y而用Ψ作为自变量更为方便。

对于湍流情形，可写出

$$u=\bar{u}+u';v=\bar{v}+v';\omega=\bar{w}+\omega' \tag{3-5}$$

式中带横杠的表示变量平均值，带撇的表示脉动值。

将式(3－5)代入式(3－1)，且将它时均化，则有

$$\frac{\partial\bar{\rho}}{\partial t}+\frac{\partial}{\partial x}(\overline{\rho u})+\frac{\partial}{\partial y}(\overline{\rho v})+\frac{\partial}{\partial z}(\overline{\rho\omega})=0 \tag{3-6}$$

应用第2.3.3节的时均运算法则，由式(3－1)得式(3－6)。式(3－6)中，有

$$\overline{\rho u}=\overline{(\bar{\rho}+\rho')(\bar{u}+u')}=\overline{\rho u}+\overline{\rho'\upsilon'} \tag{3-7}$$

同理,可得$\overline{\rho v}$和$\overline{\rho \omega}$的相同表达式。将式(3 - 7)和相同式子代入式(3 - 6),得

$$\frac{\partial \bar{\rho}}{\partial t} + \frac{\partial}{\partial x}(\overline{\rho u}) + \frac{\partial}{\partial y}(\overline{\rho v}) + \frac{\partial}{\partial z}(\overline{\rho w}) + \overline{\frac{\partial}{\partial x}(\rho' u')} + \overline{\frac{\partial}{\partial y}(\rho' v')} + \overline{\frac{\partial}{\partial z}(\rho' \omega')} = 0 \tag{3-8}$$

对于不可压流,$\rho' = 0$,得

$$\frac{\partial \bar{u}}{\partial x} + \frac{\partial \bar{v}}{\partial y} + \frac{\partial \bar{w}}{\partial z} = 0 \tag{3-8a}$$

它与层流的形式一样。

3.1.2 射流混合流的时均湍流动量平衡方程

(1) 粘性可压缩气体的运动方程

根据第二运动定律,即控制体 V 内气体质量动量对时间的变化率等于外力的主矢量,可得粘性可压缩气体的运动方程为

$$\rho \frac{Du_i}{Dt} = \rho\left(\frac{\partial u_i}{\partial t} + u_j \frac{\partial u_i}{\partial x_j}\right) = \rho X_i + \frac{\partial \tau_{ij}}{\partial x_j} \tag{3-9}$$

式中 X_i——单位质量的质量力第 i 个分量;

$\frac{\partial \tau_{ij}}{\partial x_j}$——$V$ 中因内应力引起的力。

式(3 - 9)采取了求和约定,例如,$\frac{\partial u_i}{\partial x_i} = \frac{\partial u_1}{\partial x_1} + \frac{\partial u_2}{\partial x_2} + \frac{\partial u_3}{\partial x_3}$,其中 u_i 为沿 x_i 轴的速度分量,$i = 1,2$ 或 3。

在粘性气体动力学理论中,按照Navier-Stokes假设,应力 τ_{ij} 与应变成正比,则有

$$\tau_{ij} = \tau'_{ij} - p\delta_{ij} \tag{3-10}$$

$$\tau'_{ij} = \mu\left(\frac{\partial u_i}{\partial x_j} + \frac{\partial u_j}{\partial x_i}\right) + \mu\left(\frac{\partial u_j}{\partial x_j}\right)\delta_{ij} \tag{3-11}$$

式中 μ 和 μ_i 为粘性系数,一般它们是 p,ρ 和 T 的函数。$\delta_{ij} = 0, i \neq j$;$\delta_{ij} = 1, i = j$。$i,j = 1,2$ 或 3。通常又假设

$$3\mu_1 + 2\mu = 0 \tag{3-12}$$

即在球对称膨胀或压缩时没有能量损耗，所以只有一个粘性系数。

把式(3－11)或(3－12)代入式(3－9)，得到可压缩流的N—S运动方程，至今，还不可能用该方程解决任何实际流动问题。为了获得具体问题的一些近似解，我们必须作简化方程的假设。

(2) 层流边界层的运动方程

在射流混合区，可以应用边界层假设。在该区域垂直于主流方向的速度变化迅速，边界层的厚度很薄。对于射流，我们考虑两个自变量的情形，即平面射流或轴对称射流。如果沿射流轴线取 x 轴，垂直于射流轴线取 y 轴，则在射流混合区，$v \ll u$，且$\frac{\partial}{\partial y} \gg \frac{\partial}{\partial x}$。

我们可以比较一下射流混合区内N—S方程粘性项的数量级。一般，可以说射流混合区很薄，粘性很小，或者雷诺数较大。根据N—S方程，容易证明射流混合区的厚度为

$$\delta_j \sim \sqrt{\varepsilon_0}$$

因而我们可用 $y = \eta\sqrt{\varepsilon_0}$ 作交换。式中 ε_0 为射流混合问题中对应某一参考流的运动粘性系数，η 和 x 有相同的数量级。此外，还令 $v = v_1\sqrt{\varepsilon_0}$，设 u 和 v_1 具有相同数量级。而且，还设 μ 与 $\rho\varepsilon_0$ 数量级相同。对于射流混合问题$\frac{\partial p}{\partial x}$数量级为0。设 μ 趋于零，得平面或轴对称射流混合的运动方程为

$$\rho\left(u\frac{\partial u}{\partial x} + v\frac{\partial u}{\partial y}\right) = \frac{1}{y^\delta}\frac{\partial}{\partial y}\left(\mu y^\delta\frac{\partial u}{\partial y}\right) = \frac{1}{y^\delta}\frac{\partial}{\partial y}(y^\delta\tau) \tag{3-13}$$

$$\frac{\partial p}{\partial y} = 0$$

式中，τ 为剪切应力。

(3) 无粘流运动方程

对于无粘流情形，式(3－9)中的 $\mu = \mu_1 = 0$。如果不计质量

力，则运动方程成为

$$\rho\left(\frac{\partial \mu_j}{\partial t}+u_j\frac{\partial u_i}{\partial x_j}\right)=-\frac{\partial p}{\partial x_i} \tag{3-14}$$

若将速度矢量写为 $\boldsymbol{V}$，即

$$\boldsymbol{V}=u\boldsymbol{i}+v\boldsymbol{j}+w\boldsymbol{k} \tag{3-15}$$

式中，i,j 和 k 是沿 x,y 和 z 轴的单位矢量。式(3－14)可用矢量形式写为

$$\frac{D\boldsymbol{V}}{Dt}=\frac{\partial \boldsymbol{V}}{\partial t}+\nabla\left(\frac{V^2}{2}\right)-\boldsymbol{V}\times\boldsymbol{\varpi}=-\frac{1}{\rho}\nabla_p \tag{3-16}$$

式中

$$\nabla=\boldsymbol{i}\frac{\partial}{\partial x}+\boldsymbol{j}\frac{\partial}{\partial y}+\boldsymbol{k}\frac{\partial}{\partial z}$$

和

$$\boldsymbol{\omega}=\nabla\times\boldsymbol{v}=\boldsymbol{i}\left(\frac{\partial w}{\partial y}-\frac{\partial u}{\partial z}\right)+\boldsymbol{j}\left(\frac{\partial u}{\partial z}-\frac{\partial w}{\partial x}\partial\right)+\boldsymbol{k}\frac{\partial v}{\partial x}+\boldsymbol{k}\left(\frac{\partial v}{\partial x}-\frac{\partial u}{\partial y}\right)$$

$\boldsymbol{\omega}$ 称为旋度。

使用热力学第一定律，如果 q 是加于每单位质量气体的热，那末

$$T\mathrm{d}s=\mathrm{d}q=\mathrm{d}e+p\mathrm{d}\frac{1}{\rho}=\mathrm{d}h-\frac{1}{\rho}\mathrm{d}p \tag{3-17}$$

式中，s 为单位质量的熵，而 h 为单位质量的焓。

因此，用矢量符号

$$T\nabla s=\nabla h-\frac{1}{\rho}\nabla p \tag{3-18}$$

式(3－16)可写成

$$\frac{D\boldsymbol{V}}{Dt}=T\nabla s-\nabla h$$

式

$$\frac{\partial \boldsymbol{V}}{\partial t}+\nabla\left(\frac{V^2}{2}\right)-\boldsymbol{V}\times\boldsymbol{\omega}=T\nabla s-\nabla h \tag{3-19}$$

为无粘性理想气体的 Crocco 运动方程。

在无粘流计算中，通常所作的假设之一是流动无旋，即 $\omega = 0$。在无旋流中存在速度位 Φ

$$\nabla \Phi = \boldsymbol{V} \tag{3-20}$$

式(3-16)成为

$$\nabla\left\{\frac{\partial \Phi}{\partial t} + \frac{V^2}{2} + \int \frac{\mathrm{d}p}{\rho}\right\} = 0 \tag{3-21}$$

所以

$$\frac{\partial \Phi}{\partial t} + \frac{V^2}{2} + \int \frac{\mathrm{d}p}{\rho} = f(t) \tag{3-22}$$

可把函数 $f(t)$ 代入 Φ 而不改变式(3-20)之关系，这样

$$\frac{\partial \Phi}{\partial t} + \frac{V^2}{2} + \int \frac{\mathrm{d}p}{\rho} = B_0 = \text{常数} \tag{3-23}$$

这就是所谓 Bernoulli 方程。在没有速度位的情形，定常流沿任一条给定流线的 Bermoulli 方程成立，即沿无粘定常流流线的 B_0 为常数。

式(3-23)对 t 取导数，得

$$\frac{\partial^2 \Phi}{\partial t^2} + \boldsymbol{V}\frac{\partial \boldsymbol{V}}{\partial t} + a^2 \frac{1}{\rho}\frac{\partial \rho}{\partial t} = 0 \tag{3-24}$$

式中，$a = \sqrt{\dfrac{\mathrm{d}p}{\mathrm{d}\rho}}$ 为当地音速。

连续方程(3-1)可写成

$$\frac{1}{\rho}\frac{\partial \rho}{\partial t} + \nabla^2 \Phi + \frac{1}{\rho}\boldsymbol{V} \cdot \nabla \rho = 0$$

而 $\boldsymbol{V} \cdot \dfrac{1}{\rho}\nabla \rho = \dfrac{1}{a^2}\boldsymbol{V} \cdot \nabla p = \dfrac{1}{a^2}\boldsymbol{V} \cdot \left\{-\dfrac{\partial \boldsymbol{V}}{\partial t} - (\boldsymbol{V} \cdot \nabla)\boldsymbol{V}\right\}$

最后，进一步运用了式(3-14)。这样，式(3-14)写为

$$\frac{1}{a^2}\frac{\partial^2 \Phi}{\partial t^2} + \frac{2}{a^2}\boldsymbol{V} \cdot \frac{\partial \boldsymbol{V}}{\partial t} = \nabla^2 \Phi - \frac{1}{a^2}\boldsymbol{V} \cdot [(\boldsymbol{V} \cdot \nabla)\boldsymbol{V}] \tag{3-25}$$

或

$$\left(1-\frac{u^2}{a^2}\right)\frac{\partial^2\Phi}{\partial x^2}+\left(1-\frac{v^2}{a^2}\right)\frac{a^2\Phi}{\partial y^2}+\left(1-\frac{w^2}{a^2}\right)\frac{\partial^2\Phi}{\partial z^2}-$$

$$2\frac{uv}{a^2}\frac{\partial^2\Phi}{\partial x\partial y}-2\frac{v\omega}{a^2}\frac{\partial^2\Phi}{\partial y\partial z}-2\frac{u\omega}{a^2}\frac{\partial^2\Phi}{\partial z\partial x}=$$

$$\frac{1}{a^2}\frac{a^2\Phi}{\partial t^2}+\frac{2u}{a^2}\frac{\partial^2\Phi}{\partial x\partial t}+\frac{2v}{a^2}\frac{\partial^2\Phi}{\partial y\partial t}+\frac{2w}{a^2}\frac{\partial^2\Phi}{\partial z\partial t} \tag{3-26}$$

此式是速度势微分方程。这里，由于气体熵和滞止焓值必须为零，即气体在整个流场等熵，所以音速 a 与速度 V 有关。

对于二维定常流，有

$$\left(1-\frac{u^2}{a^2}\right)\frac{\partial^2\Phi}{\partial x^2}-\frac{2uv}{a^2}\frac{\partial^2\Phi}{\partial x\partial y}+\left(1-\frac{v^2}{a^2}\right)\frac{\partial^2\Phi}{\partial y^2}=0 \tag{3-27}$$

对于有旋流，例如弯曲激波后的流动，不存在速度势。在有旋流中，使用式(3－4)所定义的平面或轴对称射流的流函数 Ψ，有时较为方便。

定义滞止焓 $h_0=h+\frac{V^2}{2}$。对于定常平面或轴对称流，式(3－19)变为

$$\bar{V}\times\bar{\omega}=\nabla h_0-T\nabla s$$

或

$$V\omega=T\frac{\partial s}{\partial n}-\frac{\partial h_0}{\partial n} \tag{3-28}$$

式中 n 为流线法向。对于等能流，h_0 为常数，于是有

$$\omega=y^{\delta}\rho T\frac{\mathrm{d}s}{\mathrm{d}\Psi} \tag{3-29}$$

今有

$$\omega=\frac{\partial v}{\partial x}-\frac{\partial u}{\partial y} \tag{3-30}$$

则

$$\rho\omega=\rho\frac{\partial v}{\partial x}-\rho\frac{\partial u}{\partial y}=\frac{\partial\rho v}{\partial y}-\frac{\partial\rho u}{\partial y}-\left\{v\frac{\partial\rho}{\partial x}-u\frac{\partial\rho}{\partial y}\right\} \tag{3-31}$$

在等能有旋流中，熵不均匀，且压力为密度和熵的函数。于是

$$v\frac{\partial\rho}{\partial x}-u\frac{\partial\rho}{\partial y}=\frac{1}{a^2}\left(v\frac{\partial\rho}{\partial x}-u\frac{\partial\rho}{\partial y}\right)+\frac{1}{c_p}\frac{\mathrm{d}s}{\partial\Psi}\left\{\left(\frac{\partial\Psi}{\partial x}\right)^2+\left(\frac{\partial\Psi}{\partial y}\right)^2\right\}\frac{1}{y^\delta}=$$

$$-\frac{1}{y^\delta}\left\{\frac{u^2}{a^2}\frac{\partial^2\Psi}{\partial x^2}+\frac{2uv}{a^2}\frac{\partial^2\Psi}{\partial x\partial y}+\frac{v^2}{a^2}\frac{\partial^2\Psi}{\partial y^2}\right\}+$$

$$\frac{1}{c_p}\frac{1}{y^\delta}\frac{\mathrm{d}s}{\mathrm{d}\Psi}\left\{\left(\frac{\partial\Psi}{\partial x}\right)^2+\left(\frac{\partial\Psi}{\partial y}\right)^2\right\}\tag{3-32}$$

$$a^2=\left(\frac{\partial p}{\partial\rho}\right)_s=\frac{kp}{\rho}\tag{3-33}$$

联立式(3－29)、(3－31)、(3－32)和(3－33)，重新整理后，得

$$\left(1-\frac{u^2}{a^2}\right)\frac{\partial^2\Psi}{\partial x^2}-2\frac{uv}{a^2}\frac{\partial^2\Psi}{\partial x\partial y}+\left(1-\frac{v^2}{a^2}\right)\frac{\partial^2\Psi}{\partial y^2}-\frac{\delta}{y}\frac{\partial\Psi}{\partial y}=$$

$$-\rho^2y^\delta T\frac{\mathrm{d}s}{\mathrm{d}\Psi}-\frac{1}{c_p}\frac{\mathrm{d}s}{\mathrm{d}\Psi}\left\{\left(\frac{\partial\Psi}{\partial x}\right)^2+\left(\frac{\partial\Psi}{\partial y}\right)^2\right\}=$$

$$-\frac{\rho y^\delta}{rR}\frac{a}{Ma}\frac{\mathrm{d}s}{\mathrm{d}n}\left[1+(r-1)Ma^2\right]\tag{3-34}$$

式中，$Ma=\dfrac{V}{a}$。此式是可压缩等能有旋流的流函数Ψ的基本微分方程。若不用式(3－29)而用式(3－28)，则得更一般的情形。

利用判别式

$$c_p=\left(2\frac{uv}{a^2}\right)^2-4\left(1-\frac{u^2}{a^2}\right)\left(1-\frac{v^2}{a^2}\right)=4(Ma^2-1)\tag{3-35}$$

如果$c_r>0$，即$Ma>1$(超音速流)，则式(3－34)属于双曲型；如果$c_r<0$，即$Ma<1$(亚音速流)，则式(3－34)属于椭圆型。

(4)Reynolds湍流运动方程

在湍流中，我们通常假设瞬时速度分量满足N—S方程。把瞬时速度分量式(3－5)代入N—S方程，并且按照时均运算法则取上述方程的平均值，则得到一组新方程——Reynolds方程(具体推导示例见下节)。它与N—S方程的不同点只是增加了附加粘性应力均值项。不可压流的雷诺方程为

$$\begin{cases} \rho \dfrac{D\bar{u}}{Dt} + \dfrac{\partial \rho \overline{u'^2}}{\partial x} + \dfrac{\partial \rho \overline{u'v'}}{\partial y} + \dfrac{\partial \rho \overline{u'w'}}{\partial z} = -\dfrac{\partial \bar{p}}{\partial x} + \mu \nabla^2 \bar{u} \\ \rho \dfrac{D\bar{v}}{Dt} + \dfrac{\partial \rho \overline{u'v'}}{\partial x} + \dfrac{\partial \rho \overline{v'^2}}{\partial y} + \dfrac{\partial \rho \overline{v'w'}}{\partial z} = -\dfrac{\partial \bar{p}}{\partial y} + \mu \nabla^2 \bar{v} \\ \rho \dfrac{D\bar{w}}{Dt} + \dfrac{\partial \rho \overline{u'v'}}{\partial x} + \dfrac{\partial \rho \overline{v'w'}}{\partial y} + \dfrac{\partial \rho \overline{w'^2}}{\partial z} = -\dfrac{\partial \bar{p}}{\partial z} + \mu \nabla^2 \bar{w} \end{cases} \tag{3-36}$$

这些附加项称为涡旋应力，或湍动应力。对于不可压流情形，这些湍动应力也像粘滞应力那样构成二阶对称张量，则有

$$\begin{pmatrix} -\rho \overline{u'^2} & -\rho \overline{u'v'} & -\rho \overline{u'w'} \\ -\rho \overline{u'v'} & -\rho \overline{v'^2} & -\rho \overline{v'w'} \\ -\rho \overline{u'w'} & -\rho \overline{v'w'} & -\rho \overline{w'^2} \end{pmatrix}$$

上述应力中，$-\rho \overline{v_j'^2}$ 为正应力，$-\rho \overline{v_i' v_j'}$（当 $i \neq j$ 时）为切应力。这些由于流速脉动引起的附加应力表征通过相应表面的动量传递速度。

同理，可得可压缩流的湍流运动方程。可压缩流的湍动应力式若考虑了密度脉动就更为复杂。与N—S方程一样，至此，还不可能在具体流动问题上利用雷诺方程获得解。为了对于重要的具体情况获得一些近似解，应补充一些假设，使方程简化。

(5) 射流混合流的 Reynolds 方程

我们只研究二个自变量的情形，即平面或轴对称定常流。根据式(3－13)，完全忽略粘性力的湍流射流混合运动微分方程为

$$\rho u \frac{\partial u}{\partial x} + \rho v \frac{\partial u}{\partial y} = 0 \tag{3-37}$$

将式(3－5)代入式(3－37)，并时均化，得

$$\left(\overline{\rho u}\frac{\partial \bar{u}}{\partial x} + \overline{\rho v}\frac{\partial \bar{u}}{\partial y}\right) + \left(\overline{\rho' u'}\frac{\partial u}{\partial x} + \bar{u}\overline{\rho' \frac{\partial u'}{\partial x}} + \bar{\rho}\overline{u' \frac{\partial u'}{\partial x}}\right) + \left(\overline{\rho' v'}\frac{\partial \bar{u}}{\partial y} + \bar{v}\overline{\frac{\rho' \partial u'}{\partial y}} + \bar{\rho}\overline{v' \frac{\partial u'}{\partial x}}\right) + \left(\rho' v' \frac{\partial u'}{\partial x} + \rho' v' \frac{\partial u'}{\partial y}\right) = 0 \tag{3-38}$$

略去高阶微量以及使用边界层假设,有

$$\overline{\rho u}\frac{\partial \bar{u}}{\partial x}+\overline{\rho v}\frac{\partial \bar{u}}{\partial y}+\overline{\rho' v'}\frac{\partial \bar{u}}{\partial y}+\bar{\rho} v'\frac{\partial u'}{\partial y}+\overline{\bar{\rho} v'\frac{\partial u'}{\partial y}}=0 \tag{3-39}$$

为了求得$\frac{\partial u'}{\partial y}$与平均流的关系,我们运用 Taylor 修正的涡量理论,即

$$\frac{\partial u'}{\partial y}=\Delta\omega=l\frac{1}{y^{\delta}}\frac{\partial}{\partial y}\left(y^{\delta}\frac{\partial \bar{u}}{\partial y}\right) \tag{3-40}$$

式中,$\Delta\omega$ 为 y 方向上时均流的旋度变化,l 为混合长度。此外,取

$$\rho'=l_{\rho}\frac{\partial \bar{\rho}}{\partial y} \tag{3-41}$$

式中,l_{ρ} 为密度分布的混合长度。一般,l_{ρ} 不等于 l,而 $l_{\rho}\geqslant l$。将式(3－40)和(3－41)代入式(3－39),得

$$\overline{\rho u}\frac{\partial \bar{u}}{\partial x}+\overline{\rho v}\frac{\partial \bar{u}}{\partial y}=\varepsilon_t\frac{1}{y^{\delta}}\frac{\partial}{\partial y}\left(y^{\delta}\rho\frac{\partial \bar{u}}{\partial y}\right)+\varepsilon_t(E_i-1)\frac{\partial \bar{\rho}}{\partial y}\frac{\partial \bar{u}}{\partial y} \tag{3-42}$$

式中,$l_{\rho}=E_1 l$,E_1 是一个比例系数,它由实验确定。$\varepsilon_t=-\overline{lv'}$ 是速度分布的湍动变化系数。

在通常计算中,可设 $E_1=1$,而在热传导很大或高超音速流的情形下,E_1 应取大于1的值。

如果 $E_1=1$,那末式(3－42)简化为

$$\overline{\rho u}\frac{\partial \bar{u}}{\partial x}+\overline{\rho v}\frac{\partial \bar{u}}{\partial y}=\varepsilon_t\frac{1}{y^{\delta}}\frac{\partial}{\partial y}\left(y^{\delta}\bar{\rho}\frac{\partial \bar{u}}{\partial y}\right) \tag{3-43}$$

按照 Reichardt 的假设,在射流混合问题中设 ε_i 与 y 无关,因此

$$\overline{\rho u}\frac{\partial \bar{u}}{\partial x}+\bar{\rho}\bar{v}\frac{\partial \bar{u}}{\partial y}=\frac{1}{y^{\delta}}\frac{\partial}{\partial y}\left(y^{\delta}\varepsilon_t\bar{\rho}\frac{\partial \bar{u}}{\partial y}\right) \tag{3-44}$$

此式即是平面或轴对称可压缩湍流射流混合的运动方程。

3.1.3 湍流射流混合的能量方程

(1) 粘性可压缩流的能量方程

体积 V 的控制面 S 固定于空间。能量守恒定律要求对 V 的能量输入率与通过 S 的能量输出率之差必定为 V 里面的能量净增率,则有

$$\int_V \frac{\partial Q}{\partial t}\mathrm{d}V + \int_A u_i(\tau_{ij}n_i)\mathrm{d}A - \int_A U\rho u_j n_j \mathrm{d}A - \int_A \left(-k\frac{\partial T}{\partial x_i}n_i\right)\mathrm{d}A = \frac{\partial}{\partial A}\int_A U\rho \mathrm{d}V \tag{3-45}$$

式中 $\frac{\partial Q}{\partial t}$——$V$ 内每单位体积由外界介质引起的热生成率;

U—— 每单位质量的系统总能量。

$$U = \frac{1}{2}u_i^2 + p + E \tag{3-46}$$

式中 E——V 内单位质量的内能;

p—— 单位质量的位能;

u_i—— 外法线方向的第 i 个分量。

式(3 - 45) 左边前两项分别为外界介质引起的热生成率和外部系统与内部系统接触所产生的能量速率;后面两项表示对流和热传导能量损失率。这里假设忽略辐射能量损失。

由 Gauss 定理

$$\int_A \boldsymbol{A}n_j\mathrm{d}A = \int_A \frac{\partial \boldsymbol{A}}{\partial x_j}\mathrm{d}V \tag{3-47}$$

将面积分变为体积分,则有

$$\int_V \left\{\frac{\partial Q}{\partial i} + \frac{\partial u_i\tau'_{ij}}{\partial x_j} - \frac{\partial u\rho u_j}{\partial x_j} + \frac{\partial}{\partial x_j}\left(k\frac{\partial T}{\partial x_j}\right) - \frac{\partial u\rho}{\partial t}\right\}\mathrm{d}V = 0 \tag{3-48}$$

因为体积 V 是任意的,所以被积函数必定为零,即得能量方程。

经过若干简化后,最终得到粘性可压缩流的能量方程如下

$$\frac{\partial Q}{\partial t}+\tau'_{ij}\frac{\partial u_i}{\partial x_j}+\frac{\partial}{\partial x_j}\left(k\frac{\partial T}{\partial x_j}\right)=\rho\left[\frac{DE}{Dt}+p\frac{D}{Dt}\left(\frac{1}{\rho}\right)\right] \tag{3-49}$$

式中，τ'_{ij} 是由式(3－11)给定的。

(2) 层流边界层的能量方程

要是对式(3－40)应用边界层理论的假定，则平面或轴对称粘性定常可压缩流的能量方程变为

$$\rho\left(u\frac{\partial c_pT}{\partial x}+v\frac{\partial c_pT}{\partial y}\right)=u\frac{\partial p}{\partial x}+u\left(\frac{\partial u}{\partial y}\right)^2+\frac{1}{y^\delta}\frac{\partial}{\partial y}\left(ky^\delta\frac{\partial T}{\partial y}\right) \tag{3-50}$$

式中，$c_p=c_v+R$ 为等压比热。对于燃气射流混合问题$\frac{\partial p}{\partial x}=0$。

(3) 无粘性和无热传导流的能量方程

对于无粘性和无热传导流，在式(3－49)中取 $\mu=k=0$。而且，如果流动绝热，即$\frac{\partial Q}{\partial t}=0$，则能量方程变为

$$\rho\left[\frac{DE}{Dt}+p\frac{D}{Dt}\left(\frac{1}{\rho}\right)\right]=\rho T\frac{Ds}{Dt}=0 \tag{3-51}$$

式中，s 为单位质量的熵。

对于定常流，有

$$u\frac{\partial s}{\partial x}+v\frac{\partial s}{\partial y}+w\frac{\partial s}{\partial z}=0 \tag{3-52}$$

它表明对于等能定常流沿流线的熵不变。在平面或轴对称情形下，用流函数表示，式(3－52)的积分为

$$s=f(\Psi) \tag{3-53}$$

式中，$f(\Psi)$ 为 Ψ 函数。

对于定常流，利用理想气体状态方程 $p=\rho RT$，式(3－51)可写成

$$h+\frac{V^2}{2}=\frac{\gamma}{\gamma-1}\frac{p}{\rho}+\frac{V^2}{2}=\text{常数} \tag{3-54}$$

式中，h 为单位质量的焓，$h = c_p T$，并且利用沿流线 s 的运动方程，即

$$V \frac{\partial V}{\partial s} = -\frac{1}{\rho}\frac{\partial p}{\partial s} \tag{3-55}$$

(4) 湍流射流混合的能量方程

在湍流中将速度分量、压力和密度等的瞬时值代入式(3－48)，按时均运算法可得能量方程。可压缩流的能量方程很复杂，但是对于应用了边界层假设的平面或轴对称射流混合的问题，可把剪切应力写成

$$\tau_{xy} = -\bar{\rho}\,\overline{u'v'} = \varepsilon_t \bar{\rho}\frac{\partial \bar{u}}{\partial y} \tag{3-56}$$

这里忽略了粘性应力和层流热传导，因而，定常运动的能量方程简化为

$$\bar{\rho}\left[\bar{u}\frac{\partial}{\partial x}(c_p\bar{T}) + \bar{v}\frac{\partial}{\partial y}(c_p\bar{T})\right] + \bar{\rho}\left[\bar{u}\frac{\partial}{\partial x}\left(\frac{\bar{u}^2 + \overline{u'^2} + \overline{v'^2}}{2}\right) + \bar{v}\frac{\partial}{\partial y}\left(\frac{\bar{u}^2 + \overline{u'^2} + \overline{v'^2}}{2}\right)\right] = \frac{1}{y^\delta}\frac{\partial}{\partial y}(y^\delta \bar{u}\tau_{xy}) + \frac{1}{y^\delta}\frac{\partial}{\partial y}(y^\delta q_y) \tag{3-57}$$

式中，q_y 为 y 方向上每单位时间通过单位面积的湍流热传导

$$q_y = c_p\bar{\rho}\varepsilon_t\frac{\partial \bar{T}}{\partial y} \tag{3-58}$$

利用运动方程(3－13)，且设湍流脉动速度的时均能 $\overline{u'^2} + \overline{v'^2}$ 为定值之后，能量方程(3－57)变为

$$\bar{\rho}\left(\bar{u}\frac{\partial c_p\bar{T}}{\partial x} + \bar{v}\frac{\partial c_p\bar{T}}{\partial y}\right) = \frac{1}{y^\delta}\frac{\partial}{\partial y}\left(c_p\bar{\rho}\varepsilon_t y^\delta\frac{\partial \bar{T}}{\partial y}\right) + \varepsilon_t\bar{\rho}\left(\frac{\partial \bar{u}}{\partial y}\right)^2 \tag{3-59}$$

此式为平面或轴对称可压缩射流混合的能量方程。

3.2 湍流附加应力的物理模型

N—S 方程的惯性力项经过时均化处理后出现了 $\overline{\rho u_i' u_j'}$ (i, j 分

别代表 x,y 两个坐标方向）项，此项叫做湍流附加应力。前节所述的雷诺方程组(3－38)与连续方程(3－38a)一起共有四个方程，然而未知数却有 10 个，即三个时均速度 $\bar{u},\bar{v},\bar{w}$，1 个时均压力 $\bar{p}$，以及 6 个湍流附加应力。对于平面或轴对称湍流射流而言，方程和未知数个数都相应减少。但是，方程组仍不能封闭。为了求解，必须补充方程。因此，出现了对湍流附加应力的各种假定。

3.2.1　Prandtl 动量传递理论(半经验混合长度理论)

Prandtl 动量传递理论建立起来的湍流物理模型，是将湍流切应力由流体湍动团(或湍动微团）速度脉动引起的纵向动量分量的横向转移来确定。

流体湍动团相邻流动层之间的横向脉动在单位时间内通过流体层分界面上的单位面积流体质量为 $\rho v'$。在混合长度 l 内，流体质点的纵向速度脉动为 u'，那么横向脉动引起的动量转移为

$$\overline{\rho u'v'} = \rho l^2\left(\frac{\mathrm{d}\bar{u}}{\mathrm{d}y}\right)^2$$

由图 3－1 加以说明。图示为简单的平行流动，且 $\bar{u}=\bar{u}(y)$，$\bar{v}=0$，$\bar{w}=0$。在这里画出了 y，$y+l$ 及 $y-l$ 三层流体，各自速度分别为 $u(y)$，$u(y+l)$，$u(y-l)$。在 $y-l$ 层流体微团向 y 层横向脉动一段距离 l，该流体微团保持其在 $y-l$ 层的速度 $u(y-l)$。这两层流体层间的速度差 Δu_1 可按 Taylor 级数展开

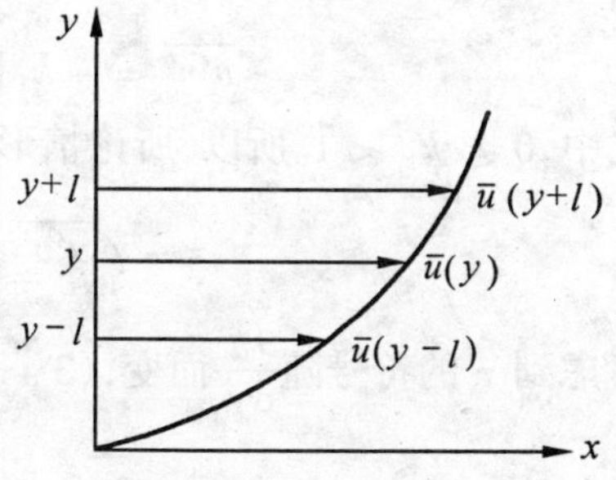

图 3－1　动量传递理论说明图

$$\bar{u}(y-l) = \bar{u}(y) + \frac{\mathrm{d}\bar{u}}{\mathrm{d}y}(-l) + \frac{1}{2!}\frac{\mathrm{d}^2}{\mathrm{d}y^2}(-l)^2 + \frac{1}{3!}\frac{\mathrm{d}^3\bar{u}}{\mathrm{d}y^3}(-l)^3 + \cdots$$

略去高阶无穷小，则得

$$\Delta u_1 = \bar{u}(y) - \bar{u}(y - l) = l\frac{\mathrm{d}\bar{u}}{\mathrm{d}y}$$

此时，横向速度脉动 v' 在图中的坐标系内是正的。同样，从 $y+l$ 层流体微团向 y 层脉动后，两层的速度差为

$$\Delta u_2 = \bar{u}(y + l) - \bar{u}(y) = l\frac{\mathrm{d}\bar{u}}{\mathrm{d}y}$$

此时，横向速度脉动 v' 与 y 坐标方向相反，故为负。这个速度差 Δu 就是流体微团向 y 层横向运动引起的纵向速度脉动 u'，其绝对值为

$$|u'| = \frac{1}{2}(|\Delta u_1| + |\Delta u_2|) = l\left|\frac{\mathrm{d}\bar{u}}{\mathrm{d}y}\right| \tag{3-60}$$

Prandtl 还认为，横向速度脉动 v' 和纵向速度脉动 u' 具有同样的数量级(差不多相等)，即

$$v' = 常数\ u' = 常数 \cdot l\frac{\mathrm{d}\bar{u}}{\mathrm{d}y} = l_1\frac{\mathrm{d}\bar{u}}{\mathrm{d}y} \tag{3-61}$$

常数放入 l_1 中。横向速度脉动 v' 与纵向速度脉动 u' 的符号相反，即

$$\overline{u'v'} = -k_1|\overline{u'}| \cdot |\overline{v'}| \tag{3-62}$$

式中，$0 \leqslant k_1 \leqslant 1$。所以，所论情形的应力张量的惟一切向分量为

$$\tau = -\rho\overline{u'v'} = \rho l^2\left(\frac{\mathrm{d}\bar{u}}{\mathrm{d}y}\right)^2 \tag{3-63}$$

考虑到 τ 的符号随$\frac{\partial\bar{u}}{\mathrm{d}y}$而变，(3-63) 式可写为

$$\tau = \rho l^2\left|\frac{\mathrm{d}\bar{u}}{\mathrm{d}y}\right|\frac{\mathrm{d}\bar{u}}{\mathrm{d}y} \tag{3-64}$$

式(3-64) 中已将常数归入前面尚未确定的距离 l 中，l 就是动量传递理论中的基本参数，称为混合长度。它的物理意义是：若流体湍动团横向脉动在两层之间产生的速度差正好等于纵向速度脉动绝对值的平均值时，则该两流体层之间的距离就是混合长度。

由以上推导可见，流体湍动团邻近流层间横向湍流移动，在单位时间内通过流层分界面单位面积的流体质量为 $m' = \rho v'$，在混合长度 l 距离内产生纵向速度脉动 u'，即产生动量 $m'u'(=\rho u'v')$ 的转移，从而有如式(3 - 64) 所表示的湍流切应力。

求流动混合长度的数值往往是非常困难的，因此一般的方法是：根据经验和试验研究的成果，针对各个不同的具体湍流条件和状况，先假定一个 l 进行计算，最终受实践检验。对于湍流自由射流情况，因为没有固体边壁的限制和阻滞作用，在射流的外边界处及轴心附近，速度梯度都较小，所以可以认为在湍流自由射流基本段的各个断面上，混合长度 $l(y)$ 是一个常数，即 $\frac{\partial l}{\partial y} = 0$。但是，沿着流动的 x 方向，射流轴心速度 u_m 逐渐减小。对轴对称射流 $u_m \propto 1/x$，对平面射流 $u_m \propto 1/\sqrt{x}$。如前所述，实验结果表明射流边界层的厚度 b 与射流发展距离 x 成比例，即 $b/x =$ 常数。但是在边界层内，从外边界到轴心线上的平均速度梯度 u_m/b 愈来愈小，所以混合长度 l 随轴向距离 x 增加，即有

$$\frac{l}{x} = \text{常数} \tag{3-65}$$

$$\frac{l}{b} = \text{常数} \tag{3-66}$$

上式也可认为在流动纵向，从射流参数剖面的相似性出发，混合长度应与某一特征尺寸(如射流厚度) 成比例。式(3 - 64) 可写成

$$\tau = \rho C^2 x^2 \frac{\partial \bar{u}}{\partial y}\left|\frac{\partial \bar{u}}{\partial y}\right| \tag{3-67}$$

式中，C 为自由湍流动量传递理论中的惟一经验常数。

Prandtl 动量传递理论的基本观点和思想在实践中已证明其正确性，因此该理论虽早在 1925 年就已提出来了，但是至今仍旧是湍流理论的基础。

3.2.2 等效湍流粘性力假设

Boussinesq 曾仿照 Newton 内摩擦定律,假定湍流切应力正比于时均横向速度梯度。其表达式为

$$\tau = \mu_t = \frac{\mathrm{d}\bar{u}}{\mathrm{d}y} = \rho\varepsilon_t \frac{\mathrm{d}\bar{u}}{\mathrm{d}y} \tag{3-68}$$

式中 μ_t—— 等效的湍流动力粘性系数(或湍流交换系数);

ε_t—— 等效湍流运动粘性系数。

Boussinesq 的假定与 Prandtl 动量传递理论相比较,可以得到其间的关系是

$$\varepsilon_t = -\frac{\overline{u'v'}}{\dfrac{\partial \bar{u}}{\partial y}} = l^2 \frac{\mathrm{d}\bar{u}}{\mathrm{d}y} \tag{3-69}$$

3.2.3 Prandtl 关于自由湍流的新假定

1942年,Prandtl 又提出了关于自由湍流的新假定。在前述的混合长度理论中,由式(3-69)可以看出,因为射流横向混合长度为定值,所以湍流运动粘性系数在横截面中是变化的,且当$\dfrac{\mathrm{d}u}{\mathrm{d}y}=0$时变为零。而在新假定中,则认为在射流横截面中湍流运动粘性系数为常值。实际上,如果在式(3-69)中设

$$\frac{\mathrm{d}\bar{u}}{\mathrm{d}y} \sim \frac{\bar{u}_m - \bar{u}_a}{b}$$

式中,$\bar{u}_m$,$\bar{u}_a$ 分别表示射流截面内的最大速度与最小速度。同时由式(3-66)和(3-69)可得

$$\varepsilon_t \sim b^2 \cdot \frac{\bar{u}_m - \bar{u}_a}{b} \sim b(\bar{u}_m - \bar{u}_a)$$

或

$$\varepsilon_t = Kb(\bar{u}_m - \bar{u}_a) \tag{3-70}$$

式中,K 为无因次比例系数,即湍流运动粘性系数,在射流每一横截面中为定值,它随流动的发展按射流厚度与射流横截面中最大

和最小速度差的乘积变化。把式(3－70)代入式(3－68),则得到新的自由湍流理论所描述的湍流切应力表达式。对伴随流情形

$$\tau = \rho Kb(\bar{u}_m - \bar{u}_a)\frac{\mathrm{d}\bar{u}}{\mathrm{d}y} \tag{3-71}$$

对射流与周围静止介质混合的情形

$$\tau = \rho Kb\bar{u}_m\frac{\mathrm{d}\bar{u}}{\mathrm{d}y} \tag{3-72}$$

3.3　平面与轴对称射流普遍偏微分方程式和边界条件

我们根据湍流射流混合边界层的特性,用数量级分析的方法,可以得到描述湍流射流动量、热量及质量传递过程的普遍偏微分方程和连续方程

$$\begin{cases}\rho\left(u\dfrac{\partial u}{\partial x} + v\dfrac{\partial u}{\partial y}\right) = \dfrac{1}{y^\delta}\dfrac{\partial}{\partial y}\left(y^\delta\rho\varepsilon_t\dfrac{\partial u}{\partial y}\right) & (3-73)\\ \rho\left(u\dfrac{\partial h}{\partial x} + v\dfrac{\partial h}{\partial y}\right) = \dfrac{1}{y^\delta}\dfrac{\partial}{\partial y}\left(y^\delta\rho a_t\dfrac{\partial h}{\partial y}\right) & (3-74)\\ \rho\left(u\dfrac{\partial c}{\partial x} + v\dfrac{\partial c}{\partial y}\right) = \dfrac{1}{y^\delta}\dfrac{\partial}{\partial y}\left(y^\delta\rho D_t\dfrac{\partial c}{\partial y}\right) & (3-75)\end{cases}$$

$$\frac{\partial}{\partial x}(\rho u y^\delta) + \frac{\partial}{\partial y}(\rho v y^\delta) = 0 \tag{3-76}$$

式中　ε_t——湍流运动粘性系数,如式(3－69);

a_t——湍流热扩散系数;

D_t——湍流扩散系数;

x,y——表示横坐标和纵坐标;

u,v,ρ,h,c——分别表示平均纵向速度、平均横向速度、平均密度、平均热焓与平均质量浓度,这里为简便起见,都已略去了诸平均值上的横杠。

由实验事实知,由于参数分布的渐近性以及射流流动的对称性,射流的纵向速度、温度(或热焓)及浓度在射流轴心与边界处的梯度为零。一般,对于伴随流射流的情况,其边界条件为

当 $y = 0$ 时,$u = u_m, h = h_m$ 及 $c = c_m$,

$$\frac{\mathrm{d}u}{\mathrm{d}y} = 0, \frac{\mathrm{d}h}{\mathrm{d}y} = 0 \text{ 及 } \frac{\mathrm{d}c}{\mathrm{d}y} = 0$$

当 $y = r$ 时,$u = u_a, h = h_a$ 及 $c = c_a$,

$$\frac{\mathrm{d}u}{\mathrm{d}y} = 0, \frac{\mathrm{d}h}{\mathrm{d}y} = 0 \text{ 及 } \frac{\mathrm{d}c}{\mathrm{d}y} = 0$$

下标 m 表示射流轴心线上的参数,a 表示伴随流参数。

3.4 自由射流中的积分守恒条件

在第 2 章中我们已经了解到湍流自由射流任意断面上的横向速度分量与轴向(纵向)速度分量相比,总是小到可以忽略不计。因此,可以认为射流的速度就等于它的轴向分速度。此外,在无限大空间里流动的自由射流,因为其压力梯度很小,故在很多情况下都可以认为自由射流内部的压力是不变的,且等于周围介质的压力。根据上述两个基本特点,我们可以得到在射流的一切断面上射流总动量不变 —— 动量守恒,以及热焓差和浓度差守恒。

为使推导过程的物理意义更为明确起见,我们先不用射流普适偏微分方程来积分,而主要依据射流的基本特点得出积分式。

3.4.1 伴随流射流

轴对称伴随流射流如图 3 - 2 所示。设主射流出口断面尺寸为 $2r_e$,出口速度为 u_e,出口密度为 ρ_e,射流扩展角为 α,伴随流的速度为 u_a。在任一射流断面 $B - B$ 上,射流基本段边界层厚度为 r,速度 u 是坐标的函数,即 $u = u(y)$,混合后的射流密度为 ρ。

我们取控制体 $A'BBA'$ 进行研究。按动量定律,气流动量的变

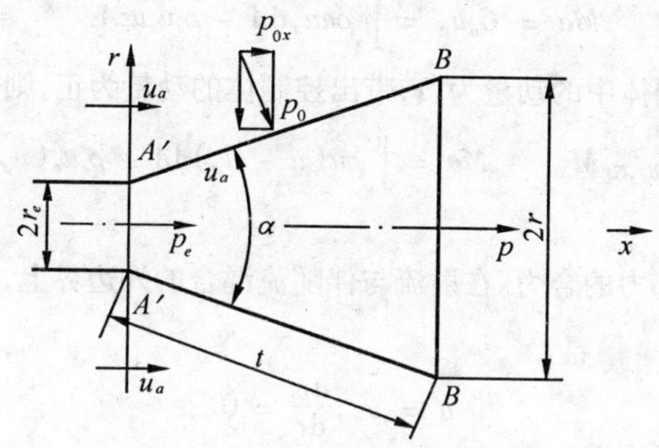

图 3 – 2　伴随流射流的简图

化 ΔM 等于外力的合力 $\sum F$。因为射流的横向速度 $v \approx 0$,所以横向没有动量变化。我们只研究轴向的情况,则有

$$\Delta M = \sum F \tag{3-77}$$

$A'A'$ 断面上的射流动量为

$$M_e = p_e u_e^2 A_e$$

BB 断面上的射流动量为

$$M_{BB} = \int_A \rho u^2 \mathrm{d}A$$

伴随流混合入主射流中的质量流量为

$$G_a = G_{BB} - G_e$$

其中

$$G_{BB} = \int_A \rho u \mathrm{d}A$$

代入上式,则

$$G_a = \int_A \rho u \mathrm{d}A - \rho_e u_e A_e$$

这部分流体带入的动量为

$$Ma = G_a u_a = \int_A \rho u u_a \mathrm{d}A - \rho_e u_e u_a A_e$$

若带入控制体中的动量为负，带出控制体的动量为正，则

$$\Delta M_x = M_{BB} - M_{A'A'} - Ma = \int_\sigma \rho u(u - u_a)\mathrm{d}A - \rho_e u_e(u_e - u_a)A_e \tag{3-78}$$

现在分析外力的合力。在射流与伴随流混合的外边界上，当 $r = r_b$ 时，则

$$u = u_a; \frac{\mathrm{d}u}{\mathrm{d}r} = 0$$

也就是说，射流外边界上的速度梯度为零。因此，控制体 $A'BBA'$ 在周界面上所受的总摩擦切应力为

$$\tau = \mu\frac{\mathrm{d}u}{\mathrm{d}r} + \rho l^2\left(\frac{\mathrm{d}u}{\mathrm{d}r}\right)^2 = 0$$

这样，控制体所受到的外力只有压力一项。设周围介质的压力为 p_a，则 $A'A'$ 断面上的总压力为

$$P_{A'A'} = p_a A_e$$

BB 断面上的总压力为

$$P_{BB} = p_a A$$

控制体 $A'BBA'$ 侧面上所受外压力在 x 方向上的分量为

$$P_{A'BBA'} = p_a S\sin\alpha = p_a(A - A_e)$$

式中，S 为控制体 $A'BBA'$ 的侧面积。其值为

$$S = \frac{A - A_e}{\sin\alpha}$$

所以，外力的总合力为

$$\sum F_x = P_{A'A'} + P_{A'BBA'} - P_{BB} = p_a A_e + p_a(A - A_e) - p_a A = 0 \tag{3-79}$$

把式(3 – 78) 和式(3 – 79) 代入式(3 – 77)，得到

$$\int_{\sigma}\rho u(u-u_a)\mathrm{d}A-\rho_e u_e(u_e-u_a)A_e=0$$

$$\int_{\sigma}\rho u(u-u_a)\mathrm{d}A=\rho_e u_e(u_e-u_a)A_e=常数 \tag{3-80}$$

或者变换成

$$\int_0^{r_b}\rho u(u-u_a)r\mathrm{d}r=\frac{1}{2}\rho_e u_e(u_e-u_a)r_e^2=常数 \tag{3-81}$$

式中　r_b—— 轴对称射流外边界坐标；

r_e—— 射流出口断面的半径。

由此得出，沿伴随流射流的轴线方向，在任意断面上，以射流速度 $u(y)$ 与伴随流速度 u_a 之差 $(u-u_a)$ 计算的动量是一个不变的常数，其值恒等于出口断面上以出口速度 u_e 与伴随流速度 u_a 之差 (u_e-u_a) 计算的射流初始动量。这就叫做伴随流射流中的动量差(或动量) 守恒条件。

同样，我们可以得到伴随流射流和自由射流中的热焓差守恒条件和浓度差守恒条件。我们以热焓差(或温度差) 及浓度差来计算射流所具有的热量和浓度，那么伴随流(或周围介质) 相对它自己的热焓值和浓度值都为零，即 $h_a-h_a=0, c_a-c_a=0$。也就是说，伴随流(或周围介质) 混合入主射流中去的那一部分可以看成不带有热量和浓度。所以，射流任意断面上的热焓差和浓度差值都是不变的常数，且恒等于出口断面上的射流与伴随流(或周围介质) 之间的热焓差或浓度差。因此，热焓差守恒条件可表示为

$$\int_0^{r_b}\rho u(h-h_a)r\mathrm{d}r=\frac{1}{2^{\delta}}\rho_e u_e(h_e-h_a)r_e^2=常数 \tag{3-82}$$

或

$$\int\rho u(h-h_a)\mathrm{d}A=\rho u(h_e-h_a)A_e=常数 \tag{3-83}$$

式中，h_e, h_a, h 分别为射流出口断面、伴随流(或周围介质) 及射流任意断面的焓。

在射流出口温度 T_e 和伴随流温度 T_a 相差不太大时，即 $\frac{T_a}{T_e} \approx 1$，可当作不可压缩流体处理。式(3－82)和式(3－83)又可写成

$$\int_0^{r_b} u(T - T_a) r \mathrm{d}r = \frac{1}{2^\delta} u_e (T_e - T_a) r_e^2 = 常数 \quad (3-84)$$

或

$$\int_A \rho u(T - T_a) \mathrm{d}A = u_e (T_e - T_a) A_e = 常数 \quad (3-85)$$

浓度差守恒条件可表示为

$$\int_0^{r_b} \rho u(c - c_a) r \mathrm{d}r = \frac{1}{2^\delta} \rho_e u_e (c_e - c_a) r_e^2 \quad (3-86)$$

或

$$\int_A \rho u(c - c_a) \mathrm{d}A = \rho_e u_e (c_e - c_a) A_e = 常数 \quad (3-87)$$

式中，c_e，c_a，c 分别为射流出口断面、伴随流及射流任意断面上的浓度。

式(3－80)至(3－87)所示的动量差、热焓差守恒条件就是湍流射流理论中最基本的积分守恒条件。

对于自由射流，有

$$u_a = 0$$

动量差守恒条件为

$$\int_A \rho u^2 \mathrm{d}A = \rho_e u_e^2 A_e = 常数 \quad (3-88)$$

或

$$\int_0^{r_b} \rho u^2 r \mathrm{d}r = \frac{1}{2^\delta} \rho_e u_e^2 r_e^2 = 常数 \quad (3-89)$$

3.4.2　纯数学推导

根据湍流射流动量传递过程的普适偏微分方程，经过变换，式(3－73)成为

$$\rho u y^\delta \frac{\partial(u - u_a)}{\partial x} + \rho v y^\delta \frac{\partial(u - u_a)}{\partial y} = \frac{\partial}{\partial y}\left(y^\delta \rho \varepsilon_t \frac{\partial u}{\partial y} \right) \quad (3-90)$$

式(3 - 76)两边乘以$(u - u_a)$,得到

$$(u - u_a)\frac{\partial}{\partial x}(\rho u y^{\delta}) + (u - u_a)\frac{\partial}{\partial y}(\rho v y^{\delta}) = 0 \quad (3-91)$$

式(3 - 90)与(3 - 91)相加,得

$$\frac{\partial}{\partial x}[\rho u(u - u_a)y^{\delta}] + \frac{\partial}{\partial y}[\rho(u - u_a)v y^{\delta}] = \frac{\partial}{\partial y}\left[y^{\delta}\rho \in_t \frac{\partial u}{\partial}\right] \quad (3-92)$$

式(3 - 92)两边乘以dy,再按射流横截面积分,得到

$$\frac{\partial}{\partial x}\int_0^{\infty}\rho u(u - u_a)y^{\delta}\mathrm{d}y + [\rho(u - u_a)v y^{\delta}]_0^{\infty} = \left[y^{\delta}\rho \in_t \frac{\partial u}{\partial y}\right]_0^{\infty} \quad (3-93)$$

考虑到边界条件有

$$\frac{\partial}{\partial x}\int_0^{\infty}\rho u(u - u_a)y^{\delta}\mathrm{d}y = 0 \quad (3-94)$$

式(3 - 94)两边乘以dx再积分得到

$$\int_0^{\infty}\rho u(u - u_a)y^{\delta}\mathrm{d}y = K_1 \quad (3-95)$$

式中
$$K_1 = \frac{\rho_e u_e(u_e - u_a)r_e^{\delta+1}}{2}$$

此处,r_e为轴对称射流出口半径或平面射流出口高度。

这就是说,沿伴随流射流轴心线x方向各横截面的动量差为一常量,且等于射流出口截面的初始动量差。此即伴随流射流动量差守恒条件。对自由射流($u_a = 0$)而言,则为动量守恒条件。

同样,对热量扩散与混合物扩散情形,可用相同的步骤积分热量扩散方程与混合物质量扩散方程,得到伴随流射流和自由射流热焓差守恒条件下的混合物质量差守恒条件

$$\int_0^{\infty}\rho u(h - h_a)y^{\delta}\mathrm{d}y = K_2 \quad (3-96)$$

式中
$$K_2 = \frac{\rho_e u_e(h_e - h_a)r_e^{\delta+1}}{2}$$

及
$$\int_0^{\infty} \rho u(c - c_a) y^{\delta} \mathrm{d}y = K_3 \tag{3-97}$$

式中
$$K_3 = \frac{\rho_e u_e (c_e - c_a) r_3^{\delta+1}}{2}$$

上列动量守恒、热焓差守恒与混合物质量差守恒条件，即为自由湍流射流理论的积分守恒条件。

3.5 燃气自由射流中的混合与传质

3.5.1 自由射流的内特性

这里，我们忽略真实燃气射流中的化学反应及两相流的影响，将它简化为气体射流模型。应用本章前面几节所给出的基本方程及湍流模型，我们先解几个基本问题：(1) 无限平面平行射流边界层；(2) 窄口平面平行射流；(3) 小圆孔射流。

(1) 无限平面平行射流边界层

考虑低速射流情况。这里我们讨论二维平面定常湍流射流方程组（参见图3－3）。应用混合长度理论，由式(3－13)和式(3－67)可得

$$u \frac{\partial u}{\partial x} + v \frac{\partial u}{\partial y} = 2C^2 x^2 \frac{\partial u}{\partial y} \frac{\partial^2 u}{\partial y^2} \tag{3-98}$$

式中，u 是平均速度。

实验表明，速度 u 仅仅是 $\eta = \dfrac{y}{x}$ 的函数，即

$$u = u_e f(\eta) \tag{3-99}$$

此处，u_e 为未经扰动的速度。

为了方便地求解式(3－98)起见，我们令

$$2C^2 = a^3 \tag{3-100}$$

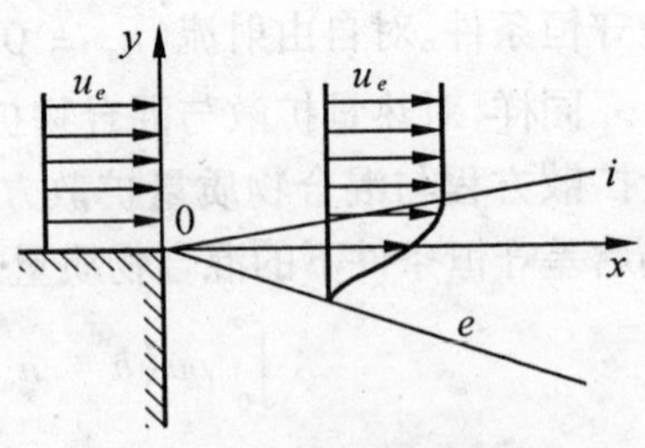

图3－3　射流边界层

并作变换

$$x = x, \varphi = \frac{y}{ax} = \frac{\eta}{a} \tag{3-101}$$

其中，a 为表征射流结构的经验系数。因此，无因次速度 u 可表为 φ 的函数

$$u = u_e F'(\varphi) \tag{3-102}$$

式中，$F'(\varphi)$ 表示 $F(\varphi)$ 的导数。

由式(3－101)和式(3－102)可得流函数

$$\Psi = \int u \mathrm{d}y = au_e x \int F'(\varphi) \mathrm{d}\varphi = au_e x F(\varphi) \tag{3-103}$$

又因为

$$v = -\frac{\partial \Psi}{\partial x} = au_e(\varphi F' - F) \tag{3-104}$$

将式(3－102)和式(3－104)代入式(3－98)，并考虑到

$$a = \sqrt[3]{2C^2},\ \varphi = \frac{y}{ax},\ \frac{\partial \varphi}{\partial x} = -\frac{\varphi}{x},\ \frac{\partial \varphi}{\partial y} = \frac{1}{ax}$$

当 $F'' \neq 0$ 时，经过变换，式(3－98)可简化为

$$F''' + F = 0 \tag{3-105}$$

其特征方程为

$$\lambda^3 + 1 = 0$$

它的三个根为

$$\lambda_1 = -1,\ \lambda_2 = -\frac{1}{2} + i\frac{\sqrt{3}}{2},\ \lambda_3 = -\frac{1}{2} - i\frac{\sqrt{3}}{2}$$

所以，方程(3－105)的通解是

$$F(\varphi) = A_1 \mathrm{e}^{-\varphi} + A_2 \mathrm{e}^{\frac{\varphi}{2}} \cos\left(\frac{\sqrt{3}}{2}\varphi\right) + A_3 \mathrm{e}^{\frac{\varphi}{2}} \sin\left(\frac{\sqrt{3}}{2}\varphi\right) \tag{3-106}$$

其中，A_1, A_2, A_3 由射流边界条件确定。

为了确定系数 A_1, A_2, A_3，我们采用以下边界条件。

① 在射流内边界，即当 $\varphi = \varphi_i$ 时有：

(a) $u = u_e$，即 $F'(\varphi) = 1$；　　(3 - 107)

(b) $v = 0$，即 $F(\varphi_i) = \varphi_i$；　　(3 - 108)

(c) $\dfrac{\partial u}{\partial y} = 0$，即 $F''(\varphi_i) = 0$。　　(3 - 109)

② 在射流外边界，即当 $\varphi = \varphi_e$ 时有：

(a) $u = 0$，即 $F'(\varphi_e) = 0$；　　(3 - 110)

(b) $\dfrac{\partial u}{\partial y} = 0$，即 $F''(\varphi_e) = 0$。　　(3 - 111)

把式(3 - 107) ~ (3 - 111) 代入式(3 - 106) 得

$$\varphi_i = 0.981, \varphi_e = -2.04$$

$$A_1 = -0.017\,6, A_2 = 0.133\,7, A_3 = 0.687\,6$$

因此，式(3 - 106) 可写为

$$F(\varphi) = -0.017\,6\mathrm{e}^{-\varphi} + 0.0133\,7\mathrm{e}^{\frac{\varphi}{2}}\cos\left(\frac{\sqrt{3}}{2}\varphi\right) + 0.687\,6\mathrm{e}^{\frac{\varphi}{2}}\sin\left(\frac{\sqrt{3}}{2}\varphi\right) \tag{3 - 112}$$

从而无因次纵向速度

$$\frac{u}{u_e} = F'(\varphi) = 0.017\,6\mathrm{e}^{-\varphi} + 9.662\,3\mathrm{e}^{\frac{\varphi}{2}}\cos\left(\frac{\sqrt{3}}{2}\varphi\right) + 0.228\mathrm{e}^{\frac{\varphi}{2}}\sin\left(\frac{\sqrt{3}}{2}\varphi\right) \tag{3.113}$$

无因次横向速度

$$\frac{v}{u_e} = a[\varphi \cdot F'(\varphi) - F] = a\left[0.017\,6\mathrm{e}^{-\varphi}(\varphi + 1) + (0.662\,3\varphi - 0.133\,7)\mathrm{e}^{\frac{\varphi}{2}}\cos\left(\frac{\sqrt{3}}{2}\varphi\right) + (0.228\varphi - 0.687\,6)\mathrm{e}^{\frac{\varphi}{2}}\sin\left(\frac{\sqrt{3}}{2}\varphi\right)\right] \tag{3 - 114}$$

及纵向速度梯度

$$\frac{\partial u}{\partial y} = \frac{u_e}{ax}F''(\varphi)$$

由实验知，$a \approx 0.09$。由此系数得射流边界层厚度为

$$b = ax(\varphi_i - \varphi_e) = 0.27x$$

外边界与流动方向的倾角($\varphi_e = -2.04$)

$$a_e = \arctan\frac{y_e}{x} = \arctan(a\varphi_e) = -10°$$

而内边界倾角($\varphi_i = 0.98$)

$$a_i = \arctan(a\varphi_i) = 5°$$

(2) 平面狭缝低速射流

实验表明，自由射流基本段存在自模性，所以无因次等速线为直线。若把诸直线外推到射流基本段外，则它们交于一点。该点称为射流基本段极点。若令极点为坐标原点，则狭缝射流在基本段的流场如同极点处的无限小狭缝源射流一样。

由量纲分析得知，平面平行射流在射流基本段轴心线上的速度与横坐标的平方根成反比，即

$$u_m = \frac{A_m}{\sqrt{x}} \tag{3-115}$$

所以

$$u = u_m f(\eta) = \frac{A_m}{\sqrt{x}}f(\eta) \tag{3-116}$$

其中，$\eta = \frac{y}{x}$。

引入流函数，即 $u = \frac{\partial \Psi}{\partial y}, v = -\frac{\partial \Psi}{\partial x}$，及

$$\Psi = \int u \partial y = A_m\sqrt{x}\int f(\eta)\mathrm{d}\eta \tag{3-117}$$

令

$$F(\eta) = \int f(\eta)\mathrm{d}\eta$$

则有

$$\Psi = A_m \sqrt{x} F(\eta) \tag{3-118}$$

$$u = \frac{A_m}{\sqrt{x}} F'(\eta) \tag{3-119}$$

$$v = -\frac{\partial \Psi}{\partial x} = \frac{A_m}{\sqrt{x}} \left[\eta F'(\eta) - \frac{1}{2} F(\eta) \right] \tag{3-120}$$

将式(3-98)从 y 到 ∞ 积分,并利用连续方程

$$\frac{\partial u}{\partial x} + \frac{\partial v}{\partial y} = 0$$

得

$$uv + \frac{\partial}{\partial x} \int_{\infty}^{y} u^2 \mathrm{d}y + c^2 x^2 \left(\frac{\partial u}{\partial y} \right)^2 = 0 \tag{3-121}$$

利用式(3-119)和式(3-120),可把式(3-121)写为

$$2C^2 [F''(\eta)]^2 = F(\eta) F'(\eta) \tag{3-122}$$

引入变换

$$\varphi = \frac{\eta}{a} = \frac{y}{ax}$$

则有

$$u = \frac{A_m a}{\sqrt{x}} F'(\varphi) = u_m F'(\varphi) \tag{3-123}$$

$$v = \frac{A_m a}{\sqrt{x}} \left(\varphi F'(\varphi) - \frac{1}{2} F(\varphi) \right] \tag{3-124}$$

式(3-122)简化为

$$[F''(\varphi)]^2 = F(\varphi) F'(\varphi) \tag{3-125}$$

引入变换

$$z = \ln F(\varphi), \text{即 } F(\varphi) = \mathrm{e}^z \tag{3-126}$$

并代入式(3-125),有

$$[z'' + (z')^2]^2 = z' \tag{3-127}$$

令 $Q = z'$,代入上式

$$Q' = -Q^2 \pm \sqrt{Q}$$

因为横向速度梯度除射流轴心线和射流外边界处为0外，在所有射流截面各点恒小于0，所以$\sqrt{Q}$前面应取负号

$$Q' = -Q^2 - \sqrt{Q} \tag{3-128}$$

解之，有

$$\varphi = -\int \frac{\mathrm{d}Q}{Q^2 + \sqrt{Q}} + C =$$

$$-\frac{2}{3}\left\{\left[\ln(\sqrt{Q}+1) - \ln\sqrt{Q - \sqrt{Q} + 1}\right] + \right.$$

$$\left.\sqrt{3}\arctan\left(\frac{2\sqrt{Q}-1}{\sqrt{3}}\right)\right\} + C \tag{3-129}$$

我们得到了参数形式的解。下面讨论一下边界条件。在轴线上，即当 $\varphi = 0$ 时，由对称性得 $v = 0$，而$\frac{u}{u_m} = 1$。因此，

$$F(\varphi) = \mathrm{e}^z = 0, F'(\varphi) = \frac{u}{u_m} = z'\mathrm{e}^z = 1$$

所以

$$Q = z' = \infty \tag{3-130}$$

在射流外边界，即当 $\varphi = \varphi_e$ 时，$u = 0, v \neq 0$，因此

$$F(\varphi) = \mathrm{e}^z \neq 0, F'(\varphi) = z'\mathrm{e}^z = 0$$

所以

$$Q = z' = 0 \tag{3-131}$$

将上述条件代入式(3-129)，解得积分常数

$$C = \frac{\pi}{\sqrt{3}} \approx 1.81$$

所以

$$\varphi = -\frac{2}{3}\left\{\ln(\sqrt{Q}+1) - \right.$$

$$\left.\ln(\sqrt{Q + \sqrt{Q} + 1})\sqrt{3}\arctan\left(\frac{2\sqrt{Q}-1}{\sqrt{3}}\right)\right\} + 1.81 \tag{3-132}$$

由此可求解远离轴线的函数 $F(\varphi)$。而 z 可由

$$z = z_0 + \int_{\varphi_0}^{\varphi} Q\mathrm{d}\varphi \tag{3-133}$$

求出。

下面讨论射流轴心线附近 $F(\varphi)$ 的求解问题。当 $\varphi \to 0$ 时，$Q \to \infty$ 及 $z \to -\infty$，这说明式(3-129)和式(3-133)在射流轴心线附近不适用。仍从式(3-129)出发，求近似解。因为 $Q \to \infty$，所以 $\frac{\sqrt{Q}}{Q} = O(0)$。对于大 Q，可在式(3-128)中略去$\sqrt{Q}$。从而式(3-128)近似为

$$\frac{\mathrm{d}Q}{\mathrm{d}\varphi} = -Q^2 \tag{3-134}$$

$$Q = z' + \frac{1}{\varphi} + C_1 \tag{3-135}$$

$$z = \ln\varphi + C_1\varphi + C_2$$

因为在 $\varphi \to \infty$ 时 $z' = 0$，所以 $C_1 = 0$。又因为 $\varphi = 0$ 时，$\frac{u}{u_m} = 1$，所以 $C_2 = 0$。因而

$$z = \ln\varphi \tag{3-136}$$

如果把 z 表为级数，其首项为 $\ln\varphi$，用逐步逼近法可得

$$z' = \frac{1}{\varphi} - 0.4\varphi^{1/2} + 0.01\varphi^2 + \cdots \tag{3-137}$$

因此，

$$z = \ln\varphi - \frac{0.8}{3}\varphi^{3/2} + \frac{0.01}{3}\varphi^3 + \cdots \tag{3-138}$$

由式(3-137)和式(3-138)可计算 $z'(\varphi)$ 和 $z(\varphi)$，从而可计算 $F(\varphi) = \mathrm{e}^2, F'(\varphi) = z \cdot \mathrm{e}^z$。由此得

$$\frac{u}{u_m} = F'(\varphi) \tag{3-139}$$

$$\frac{v}{u_m} = a\left[\varphi F'(\varphi) - \frac{1}{2}F(\varphi)\right] \tag{3-140}$$

射流轴心速度(式(3-115))的具体表达式可由平面自由射流的动量守恒条件式(3-95)来确定

$$\rho\int_0^{y_e} u^2 \mathrm{d}y = \rho u_e^2 b_e$$

式中　b_e——射流初始截面厚度的二分之一；

u_e——出口流速；

y_e——射流边界纵坐标。

上式两端分别除以 u_m，并用 $\varphi = \dfrac{y}{ax}$ 代换 y 后，得

$$\frac{u_m}{u_e} = \frac{1}{\sqrt{\dfrac{ax}{b_e}\int_0^{2.4}[F'(\varphi)]^2 \mathrm{d}\varphi}}$$

上式积分中 $\varphi_e = 2.4, F'(\varphi) = 0$。计算该积分 $\int_0^{2.4} F'^2 \mathrm{d}\varphi = 0.685$，则有

$$\frac{u_m}{u_e} = 1.2\sqrt{\frac{b_e}{ax}}$$

因此，$u_m = u_e$ 处的横坐标为 $\dfrac{ax_1}{b_3} = 1.44$，取 $a = 0.11$。

(3) 小圆孔射流

类似于平面狭缝射流问题，我们可以将小圆孔射流看作无限小圆孔射流源的轴对称流动。该问题的动量守恒条件可写成

$$2\left(\frac{u_m}{u_e}\right)^2\left(\frac{r_b}{r_e}\right)^2\int_0^1 \frac{\rho}{\rho_e}\left(\frac{u}{u_m}\right)^2\left(\frac{r}{r_b}\right)\mathrm{d}\left(\frac{r}{r_b}\right) = 1 \quad (3-141)$$

热焓差守恒条件可写成

$$2\left(\frac{u_m}{u_e}\right)\left(\frac{\Delta T_m}{\Delta T_e}\right)\left(\frac{r_b}{r_e}\right)^2\int_0^1 \frac{\rho}{\rho_e}\left(\frac{u}{u_m}\right)\left(\frac{\Delta T}{\Delta T_m}\right)\left(\frac{r}{r_b}\right)\mathrm{d}\left(\frac{r}{r_b}\right) = 1 \quad (3-142)$$

式中

$$\Delta T = T - T_a$$
$$\Delta T_e = T_e - T_a$$
$$\Delta T_m = T_m - T_a$$

在射流中静压不变，由气体状态方程，得

$$\frac{\rho}{\rho_e} = \frac{T_e}{T}$$

且记 $\eta = \frac{r}{r_b}$，则式(3－141)和(3－142)可写成

$$2\left(\frac{u_m}{u_e}\right)^2\left(\frac{r_b}{r_e}\right)^2\int_0^1 \frac{T_e}{T}\left(\frac{u}{u_m}\right)^2 \eta \mathrm{d}\eta = 1 \tag{3-143}$$

$$2\left(\frac{u_m}{u_e}\right)\left(\frac{\Delta T_m}{\Delta T_e}\right)\left(\frac{r_b}{r_e}\right)^2\int_0^1 \frac{T_e}{T}\left(\frac{u}{u_m}\right)\left(\frac{\Delta T}{\Delta T_m}\right)\eta \mathrm{d}\eta = 1 \tag{3-144}$$

式中，$\frac{T_e}{T}$ 作一变换

$$\frac{T_e}{T} = \frac{T_e}{\Delta T + T_a} = \frac{T_e}{T_a} \cdot \frac{1}{1 + \frac{\Delta T}{T_a}}$$

式中 $\quad \frac{\Delta T}{T_a} = \frac{\Delta T}{\Delta T_m} \cdot \frac{\Delta T_m}{\Delta T_e} \cdot \frac{\Delta T_e}{T_a} = \frac{\Delta T}{\Delta T_m} \cdot \frac{\Delta T_m}{\Delta T_e}\left(\frac{T_e}{T_a} - 1\right)$

且无因次初始温度记为

$$\theta = \frac{T_e}{T_a}$$

则$\frac{T_e}{T}$ 改写成

$$\frac{T_e}{T} = \theta \frac{1}{1 + (\theta - 1)\frac{\Delta T_m}{\Delta T_e} \cdot \frac{\Delta T}{\Delta T_m}}$$

代入式(3－143)和(3－144)得

$$2\theta\left(\frac{u_m}{u_e}\right)^2\left(\frac{r_b}{r_e}\right)^2\int_0^1 \frac{\left(\frac{u}{u_m}\right)^2\eta}{1+(\theta-1)\frac{\Delta T_m}{\Delta T_e}\cdot\frac{\Delta T}{\Delta T_m}}\mathrm{d}\eta = 1 \tag{3-145}$$

$$2\theta\left(\frac{u_m}{u_e}\right)\left(\frac{\Delta T_m}{\Delta T_e}\right)\left(\frac{r_b}{r_e}\right)^2\int_0^1 \frac{\frac{u}{u_m}\frac{\Delta T}{\Delta T_m}\eta}{1+(\theta-1)\frac{\Delta T_m}{\Delta T_e}\cdot\frac{\Delta T}{\Delta T_m}}\mathrm{d}\eta = 1 \tag{3-146}$$

如果射流温度 T_e 与周围介质温度 T_a 相差不大时,即 $\theta\approx 1$,则式(3－145)变成

$$2\theta\left(\frac{u_m}{u_e}\right)^2\left(\frac{r_b}{r_e}\right)^2\int_0^1\left(\frac{u}{u_m}\right)^2\eta\mathrm{d}\eta = 1 \tag{3-147}$$

式(3－146)变成

$$2\theta\left(\frac{u_m}{u_e}\right)\left(\frac{\Delta T_m}{\Delta T_e}\right)\left(\frac{r_b}{r_e}\right)^2\int_0^1\frac{u}{u_m}\frac{\Delta T}{\Delta T_m}\eta\mathrm{d}\eta = 1 \tag{3-148}$$

如果射流温度与周围介质温度相差很大时,即 $\theta\to\infty$,则式(3－145)变成

$$2\left(\frac{\Delta T_e}{\Delta T_m}\right)\left(\frac{u_m}{u_e}\right)^2\left(\frac{r_b}{r_e}\right)^2\int_0^1\left(\frac{u}{u_m}\right)^2\left(\frac{\Delta T_m}{\Delta T}\right)\eta\mathrm{d}\eta = 1 \tag{3-149}$$

式(3－146)变成

$$2(\overline{u_e^m})\left(\frac{r_b}{r_e}\right)^2\int_0^1\left(\frac{u}{u_m}\right)\eta\mathrm{d}\eta = 1 \tag{3-150}$$

我们近似假定炽热燃气射流横断面上的速度和温度分布仍符合自模性,根据 Абрамович 射流理论

$$\frac{\Delta T}{\Delta T_m} = \sqrt{\frac{u}{u_m}} = 1-\eta^{1.5}$$

所以

$$\int_0^1\left(\frac{u}{u_m}\right)^2\eta\mathrm{d}\eta = 0.046\,4$$

$$\int_0^1 \left(\frac{u}{u_m}\right) \eta \mathrm{d}\eta = 0.098\,5$$

$$\int_0^1 \left(\frac{u}{u_m}\right)\left(\frac{\Delta T}{\Delta T_m}\right) \eta \mathrm{d}\eta = \int_0^1 \left(\frac{u}{u_m}\right)^2 \left(\frac{\Delta T_m}{\Delta T}\right) \eta \mathrm{d}\eta = \int_0^1 \left(\frac{u}{u_m}\right)^{1.5} \eta \mathrm{d}\eta = 0.064 \tag{3-151}$$

把式(3－151)代入式(3－147)和(3－148),得到

$$\theta \left(\frac{u_m}{u_e}\right)^2 \left(\frac{r_b}{r_e}\right)^2 = 10.8$$

$$\theta \left(\frac{u_m}{u_e}\right)\left(\frac{\Delta T_m}{\Delta T_e}\right)\left(\frac{r_b}{r_e}\right)^2 = 7.81$$

两式相除后得到无因次初始温度 $\theta \approx 1$(等温情况)时的无因次温度$\dfrac{\Delta T_m}{\Delta T_e}$与无因次速度$\dfrac{u_m}{u_e}$的关系为

$$\frac{\Delta T_m}{\Delta T_e} = 0.72\frac{u_m}{u_e} \tag{3-152}$$

再把式(3－151)代入式(3－149)和(3－150)后,得到

$$\left(\frac{\Delta T_e}{\Delta T_m}\right)\left(\frac{u_m}{u_e}\right)^2 \left(\frac{r_b}{r_e}\right)^2 = 7.81, \left(\frac{u_m}{u_e}\right)\left(\frac{r_b}{r_e}\right)^2 = 5.1$$

两式相除得到 $\theta \to \infty$(严重非等温情况)时的无因次温度与无因次速度的关系为

$$\frac{\Delta T_m}{\Delta T_e} = 0.65\frac{u_m}{u_e} \tag{3-153}$$

综合关系式为

$$\frac{\Delta T_m}{\Delta T_e} = A\frac{u_m}{u_e} \tag{3-154}$$

式中,在 $\theta = 1 \sim \infty$ 时,$A = 0.72 \sim 0.65$。在一般计算中系数 A 相差不大于 10%,近似采用不可压缩流体的 A,即 0.72,所以

$$\frac{\Delta T_m}{\Delta T_e} = \frac{\Delta c_m}{\Delta c_e} = 0.72\frac{u_m}{u_e} \tag{3-155}$$

由上列各式可见,它们都与所论横截面至极点的距离、射流中

的湍流强度以及喷口处的初始速度分布等无关。我们按 Prandtl 动量传递理论近似得到的 $p_r \approx 1$ 的关系，可以假定炽热射流的外边界线仍为直线，并与温度边界线相重合。射流断面的混合边界层厚度仍与轴向距离成正比，即射流扩展角 α 与射流的加热情况 θ 无关，而有

$$r_b = 3.4ax \tag{3-156}$$

或

$$\frac{r_b}{r_e} = 3.4\frac{ax}{r_e} \tag{3-157}$$

记

$$B = \theta\left(\frac{u_m}{u_e}\right)^2\left(\frac{ax}{r_e}\right)^2 \text{ 及 } E = (\theta - 1)\frac{u_m}{u_e} \tag{3-158}$$

把式(3－154)、(3－157)和(3－158)代入(3－145)，得

$$\frac{1}{B} = 2\times 3.4^2\int_0^1 \frac{\left(\frac{u}{u_m}\right)^2\left(\frac{r}{r_b}\right)}{1 + 0.72E\sqrt{\frac{u}{u_m}}}\mathrm{d}\left(\frac{r}{r_b}\right) \tag{3-159}$$

对于不同的 E 值，可得对应的 B 值，经过回归分析知道，B 和 E 为直线关系

$$B \approx 0.5E + 0.935$$

把 B 和 E 代入，最后得到

$$\frac{ax}{r_e} = 0.96\frac{u_e}{u_m}\sqrt{\frac{1 + 0.535(\theta - 1)\frac{u_m}{u_e}}{\theta}} \tag{3-160}$$

或

$$\frac{u_m}{u_e} = \frac{0.96}{\frac{ax}{r_e}}\sqrt{\frac{1 + 0.535(\theta - 1)\frac{u_m}{u_e}}{\theta}} \tag{3-161}$$

按上式作曲线于图 3－4。由图可见，射流出口的无因次温度 θ 愈大，则速度沿射流轴心线下降得愈快，射流的初始段愈短。说明炽热射流射入冷空间，射流越炽热，则速度衰减越快，射程越短。

把式(3－155)代入式(3－160)得到炽热射流轴心线上无因次

剩余温度$\frac{\Delta T_m}{\Delta T_e}$和无因次剩余浓度$\frac{\Delta c_m}{\Delta c_e}$的变化

$$\frac{ax}{r_e} = \frac{0.70\Delta T_e}{\Delta T_m}\sqrt{\frac{1 + 0.735(\theta - 1)\frac{\Delta T_m}{\Delta T_e}}{\theta}} \tag{3-162}$$

$$\frac{ax}{r_e} = \frac{0.70\Delta c_e}{\Delta c_m}\sqrt{\frac{1 + 0.735(\theta - 1)\frac{\Delta c_m}{\Delta c_e}}{\theta}} \tag{3-163}$$

且作曲线于图 3 – 5。

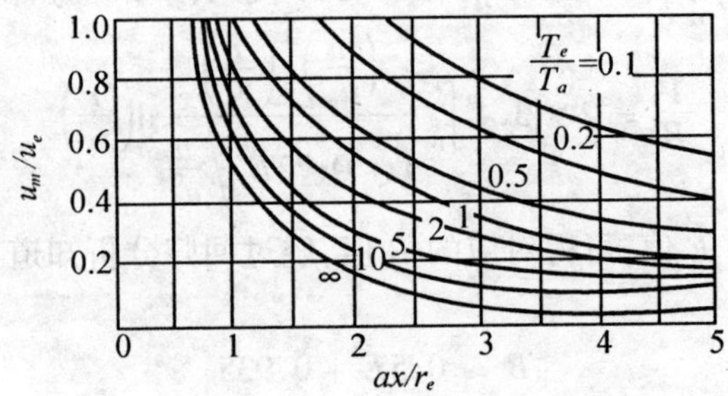

图 3 – 4　沿炽热射流轴心线无因次速度的变化

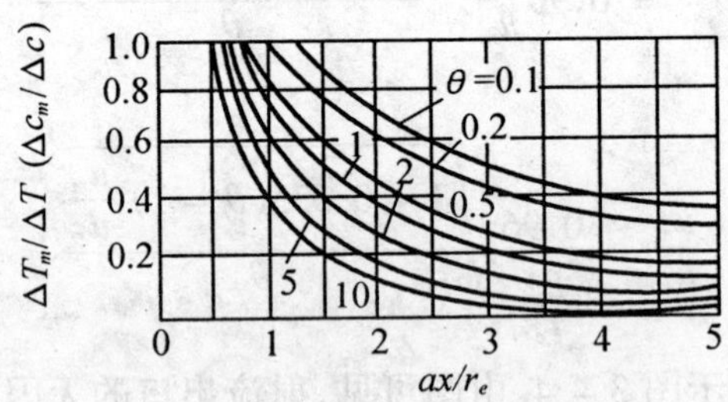

图 3 – 5　沿炽热射流轴心线无因次剩余
温度及无因次剩余浓度的变化

从图3－5中可知，降低炽热射流的无因次初始温度 θ（或减小 T_e），则沿轴心线的无因次剩余温度和浓度的变化减慢，无因次温度和浓度保持定值的核心区增长，射流与周围介质的质量、热量交换减慢。

3.5.2　燃气射流本身因复燃而不断升温时的混合

非等温情况是指射流在某一初始温度与不变的外界温度 T_a 之间对于 $\theta = \dfrac{T_e}{T_a} \neq 1$ 情况的混合与传质。然而，事实上，燃气一出喷管后因复燃（二次燃烧）会放出大量热量。此时就应该考虑射流本身因复燃而引起温度的升高对混合和传质的影响。

现以轴对称喷管排出的射流来分析。为简单起见，我们假定射流中的燃烧过程是在很短的一段距离内（见图3－6），即 $e \to 1$ 段内完成的。喷口断面的尺寸和参数分别为 r_e, u_e, ρ_e, T_e 和 p_e。断面1－1的射流温度 T_1 也已知。实验表明，射流中静压不变，则由状态方程可知

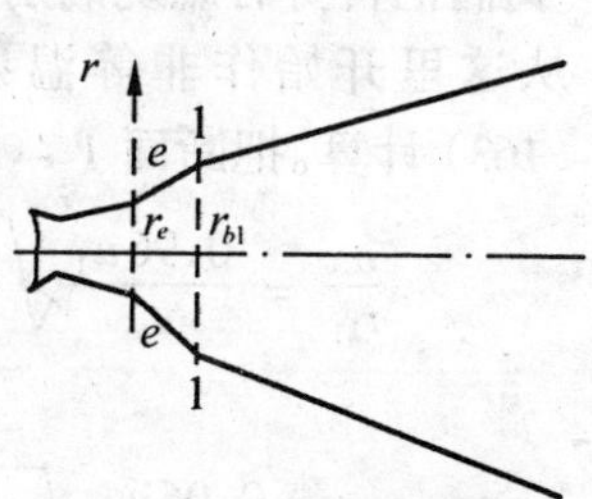

图3－6　射流本身因燃烧升温示意图

$$\frac{\rho_e}{\rho_1} = \frac{T_1}{T_e} \tag{3-164}$$

$e-1$ 段较短，可以近似认为该段射流流体质量不变，$\dot{m}_1 = \dot{m}_2$。从动量守恒条件可知，射流在断面 $e-e$ 和 $1-1$ 上的流速相等，即

$$u_e = u_1$$

代入连续方程

$$\rho_e u_e A_e = \rho_1 u_1 A_1$$

得

$$\rho_e A_e = \rho_1 A_1$$

或

$$\frac{T_1}{T_e}=\frac{\rho_e}{\rho_1}=\frac{A_1}{A_e}=\left(\frac{r}{r_e}\right)^2$$

利用式(3 - 164)可由温度比$\frac{T}{T_e}$算出断面 1 - 1 上的几何尺寸 r_{b1}。

如是，则断面 1 - 1 上的各参数为：

$$\begin{cases} w_1 = w_e \\ \dot{m}_1 = \dot{m}_e \\ p_1 = p_e \\ r_{b1} = r_e\sqrt{\dfrac{T_1}{T_e}} \end{cases}$$

我们把自身有燃烧的射流，在断面 1 - 1 处作为一个假想的喷口，从这里开始作非等温射流流动，即可应用式(3 - 160)至(3 - 163)计算。把断面 1 - 1 的参数代入式(3 - 160)得

$$\frac{ax}{r_{b1}}=\frac{0.96u_1}{u_m}\sqrt{0.535\left(1-\frac{T_a}{T_1}\right)\left(\frac{u_m}{u_1}\right)+\frac{T_a}{T_1}} \quad (3-165)$$

或

$$\frac{ax}{r_e}=\frac{0.96u_e}{u_m}\sqrt{{}^{*}0.535\left(\frac{T_1-T_a}{T_e}\right)\left(\frac{u_m}{u_e}\right)+\frac{T_a}{T_e}} \quad (3-166)$$

为更明显地体现复燃的影响，先设射流初始温度 $T_e = T_a$，则式(3 - 166)又变成

$$\frac{ax}{r_e}=\frac{0.96u_e}{u_m}\sqrt{{}^{*}0.535\left(\frac{T_1}{T_e}-1\right)\frac{u_m}{u_1}+1} \quad (3-167)$$

根据式(3 - 167)作出曲线图 3 - 7。由该图可见，射流离开喷管后，因燃烧温度不断升高，使射流沿轴线的速度衰减减慢。反之，若提高出口温度 T_e，则衰减加快。此外，也说明了燃烧段中射流横截面的猛然增加。

我们再把断面 1 - 1 上的参数代入式(3 - 162)和式(3 - 163)得

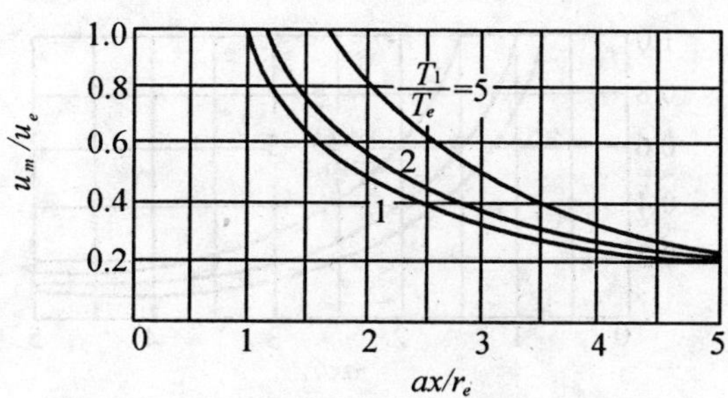

图3－7　射流本身有燃烧时，沿轴心线上无因次速度的变化

$$\frac{ax}{r_{b1}} = 0.70\frac{\Delta T_1}{\Delta T_m}\sqrt{\frac{T_a}{T_1} + 0.735\left(1 - \frac{T_a}{T_1}\right)\frac{\Delta T_m}{\Delta T_1}} \quad (3-168)$$

或
$$\frac{ax}{r_e} = 0.70\frac{\Delta T_1}{\Delta T_m}\sqrt{\frac{T_a}{T_e} + 0.735\left(\frac{T_1 - T_a}{T_e}\right)\frac{\Delta T_m}{\Delta T_1}} \quad (3-169)$$

以及
$$\frac{ax}{r_{b1}} = 0.70\frac{\Delta c_1}{\Delta c_m}\sqrt{\frac{T_a}{T_1} + 0.735\left(1 - \frac{T_a}{T_1}\right)\frac{\Delta c_m}{\Delta c_1}} \quad (3-170)$$

或
$$\frac{ax}{r_e} = 0.70\frac{\Delta c_1}{\Delta c_m}\sqrt{\frac{T_a}{T_e} + 0.735\left(\frac{T_1 - T_a}{T_e}\right)\frac{\Delta c_m}{\Delta c_1}} \quad (3-171)$$

若 $T_e = T_a$，则式(3－169)或式(3－171)变成

$$\frac{ax}{r_e} = 0.70\frac{\Delta T_1}{\Delta T_m}\sqrt{1 + 0.735\left(\frac{T_1}{T_a} - 1\right)\frac{\Delta T_m}{\Delta T_1}} \quad (3-172)$$

及
$$\frac{ax}{r_e} = 0.70\frac{\Delta c_1}{\Delta c_m}\sqrt{1 + 0.735\left(\frac{T_1}{T_a} - 1\right)\frac{\Delta c_m}{\Delta c_1}} \quad (3-173)$$

根据式(3－172)和式(3－173)作出曲线图3－8。

3.5.3　含固体微粒燃气射流(两相流)的混合和传质

(1) 轴心线上速度的变化

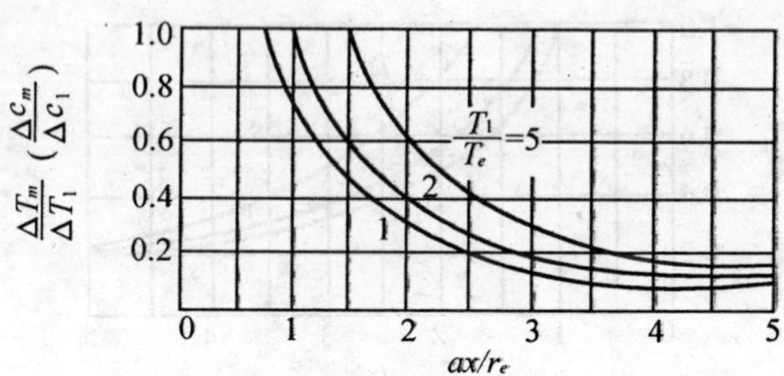

图 3－8　射流本身有燃烧时,沿轴心线无因次温度和浓度的变化

讨论带有固体微粒的燃气射流流动,如含铝颗粒复合装药和未燃尽药粒的燃气射流。由于这些颗粒很小(铝粒径小于 100 微米),可以认为它们随同燃气射流以同样的速度运动。这样,也可把它们当作自由射流来处理,不过周围介质不带有该种颗粒。根据动量守恒条件

$$\int_{\sigma}\rho(1+c)u^2\mathrm{d}A=(\dot{m}_g u_e+\dot{m}_s u_e)$$

对于轴对称射流,则

$$2\pi\rho u_m^2 r^2\left[\int_0^1\left(\frac{u}{u_m}\right)^2\eta\mathrm{d}\eta+\int_0^1 c\left(\frac{u}{u_m}\right)^2\eta\mathrm{d}\eta\right]$$

$$\dot{m}_g u_e\left(1+\frac{\dot{m}_s}{\dot{m}_g}\right)=\dot{m}_g u_e(1+c_e) \qquad (3-174)$$

式中　ρ—— 燃气密度,kg/m^3;

$\dot{m}_g$—— 燃气(或燃气与空气混合)质量流量,kg/s;

$\dot{m}_s$—— 颗粒的质量流量,kg/s;

$c_e=\frac{\dot{m}_s}{\dot{m}_g}$—— 颗粒在出口截面上的浓度,kg/kg;

u_e—— 燃气(或颗粒)在出口截面上的速度,m/s;

c—— 射流任意横截面上颗粒的浓度,kg/kg。

颗粒随气流一道运动,可以假定颗粒对射流横截面上的速度分布几乎没有影响,即射流横截面上的速度分布仍遵守无因次速度和无因次浓度分布的自模性。

$$\frac{u}{u_m} = \frac{c}{c_m} = f(\eta)$$

轴对称射流外边界发展呈线性关系 $r = 3.4ax$,代入式(3 - 174)左端之后,得

$$\int_0^1 \left(\frac{u}{u_m}\right)^2 \eta \mathrm{d}\eta = 0.353, \quad \int_c^1 \left(\frac{u}{u_m}\right)^2 \eta \mathrm{d}\eta = 0.415 c_m$$

再将式(3 - 155)代入,得

$$2\pi\rho u_m^2 (ax)^2 \left(0.535 + 0.3 c_e \frac{u_m}{u_e}\right) = \rho(\pi r_e^2) w_e^2 (1 + c_e)$$

结果有

$$\frac{ax}{r_e} = 0.96 \frac{u_e}{u_m} \sqrt{\frac{1 + c_e}{1.056 c_e \left(\frac{u_m}{u_e}\right)}} \qquad (3 - 175)$$

对于无固体微粒的单相自由射流,$c_e = 0$,则有

$$\frac{u_m}{u_e} = 0.96 \frac{r_e}{ax} \qquad (3 - 176)$$

根据式(3 - 175)作出曲线图3 - 9。由该图可见,随着射流出口截面上固体颗粒浓度的增加,整个射流沿轴心线的速度衰减减慢。若初始截面上的浓度 $c_e = 0$,则速度衰减最快。

(2) 燃气射流火焰长度

通过式(3 - 155),把式(3 - 175)改为无因次浓度$\frac{c_e}{c_m}$与无因次距离$\frac{ax}{r_e}$的关系,则有

$$\frac{ax}{r_e} = 0.70 \frac{c_e}{c_m} \sqrt{\frac{1 + c_e}{1 + 0.77 c_e \left(\frac{c_m}{c_e}\right)}} \qquad (3 - 177)$$

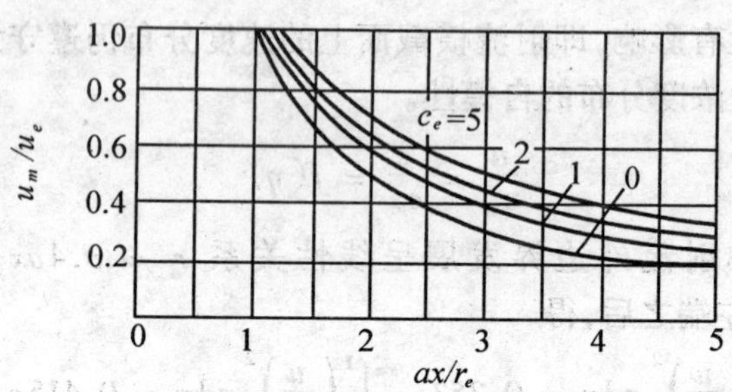

图 3－9　两相射流中,无因次速度随射流轴心线的变化

并绘制曲线图 3－10。

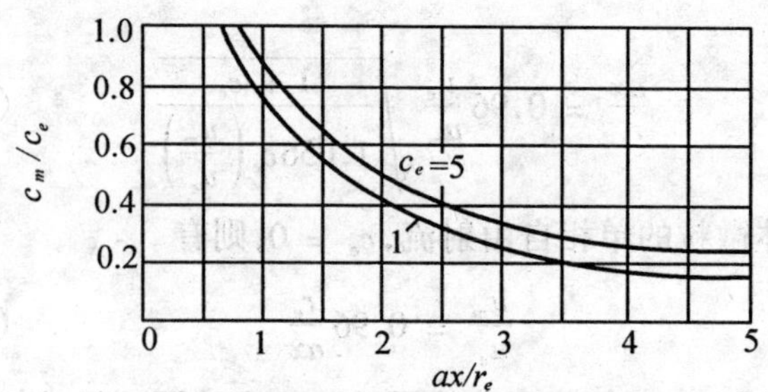

图 3－10　两相射流中无因次浓度随射流轴心线的变化

在只带有箭药固体颗粒的射流中,在喷口断面上,相对来说颗粒较多,即颗粒浓度比可以完全燃烧的理论颗粒浓度 $c_t=\dfrac{G_t}{G_g}$ 要高,随着射流的不断发展,周围空气介质将与燃气射流混合,使空气量增加和射流复燃,颗粒浓度也沿轴线方向不断下降。在任一横截面上,浓度最大处必在轴心上,所以只有当某一横截面轴心线上的颗粒浓度等于完全燃烧的理论颗粒浓度时,那么从理论上讲,该截面上的燃烧才能完全。我们从式(3－177)可知,当 $c_t=c_m$ 时,该

横截面到射流极点的距离叫做理论燃尽火焰长度。

$$\left(\frac{ax}{r_e}\right)_t = 0.70\frac{c_e}{c_t}\sqrt{\frac{1+c_e}{1+0.77c_t}} \tag{3-178}$$

即喷口初始颗粒浓度 c_e 愈大,或理论燃尽的颗粒浓度 c_t 愈小时,都会使理论燃尽的火焰长度拖长。

(3) 减小火焰长度的措施

先推导以质量流量计算的平均速度 $\bar{u}$、平均剩余温度 $\Delta\bar{T}$ 和平均剩余浓度 $\Delta\bar{c}$ 之间的关系。从动量、热焓差及浓度差守恒条件知

$$\dot{m}\bar{u} = \dot{m}_e u_e \text{ 或} \frac{\dot{m}_e}{\dot{m}} = \frac{\bar{u}}{u_e}$$

$$\dot{m}\Delta\bar{T} = \dot{m}_e\Delta T_e \text{ 或} \frac{\dot{m}_e}{\dot{m}} = \frac{\Delta\bar{T}}{\Delta T_e}$$

$$\dot{m}\Delta\bar{c} = \dot{m}_e\Delta c_e \text{ 或} \frac{\dot{m}_e}{\dot{m}} = \frac{\Delta\bar{c}}{\Delta c_e}$$

比较上面三式,得

$$\frac{\bar{u}}{u_e} = \frac{\Delta\bar{T}}{\Delta T_e} = \frac{\Delta\bar{c}}{\Delta c_e} \tag{3-179}$$

已知射流横截面上按质量流量计算的平均速度 $\bar{u}$ 等于轴心线上速度 u_m 的 0.48 倍,代入式(3-155)得到

$$\frac{\Delta\bar{c}}{\Delta c_e} = \frac{0.48u_m}{u_e} = 0.48\left(\frac{1}{0.72}\frac{c_m}{c_e}\right) = \frac{2}{3}\frac{c_m}{c_e}$$

燃气射流带有箭药颗粒,而周围介质不带有该种颗粒时,则有

$$\frac{\Delta\bar{c}}{\Delta c_e} = \frac{\bar{c}}{c_e} = \frac{2}{3}\frac{c_m}{c_e}$$

$$\bar{c} = \frac{2}{3}c_m$$

或

$$c_m = 1.5\bar{c} \tag{3-180}$$

即由质量流量计算的任意横截面上的平均浓度等于该截面轴心线上浓度 c_m 的 2/3 倍。换句话说,即轴心线上的箭药颗粒浓度 c_m 是

平均浓度 $\bar{c}$ 的1.5倍。为保证整个断面上都完全燃尽箭药颗粒，那么所需要的燃气空气混合量(即满足 c_m 燃尽的条件：$c_m = c_t$)是箭药颗粒在整个断面上均匀分布时(即 $c = \bar{c}$)所需燃气空气混合量的1.5倍。对于大功率火箭弹，单喷管尺寸增大，则集中在轴心线上的颗粒浓度相应降低得慢了，为保证中心部分的箭药颗粒燃尽，理论燃尽火焰长度就要增长。为保证复燃尽早停止，把大尺寸单喷管分成若干个小喷管是有益的。

一般来说，火箭燃气射流火焰形状和范围(见图3－11)是喷管几何形状、欠膨胀程度、大气压、燃气化学成分、火箭飞行速度以

图3－11　某飞行火箭弹燃气射流中的可见火舌

及火箭靠近喷管处的空气动力外形的函数。对于普通推进器和在海平面上接近最佳膨胀的喷管，其射流中的可见火舌长度的经验式为

$$x_f = \frac{\sqrt{F}}{7}(\mathrm{m}) \tag{3-181}$$

式中，F 为推力(N)。此式的计算值与我们代号为P7804的实验数据比较于表3－1。

表3－1　可见火舌长度

发动机类型	实测推力(N)	可见火舌长度(m)	
		计算值	实测值
静止试验火箭1	9.17×10^3	4.4	4.5
静止试验火箭2	1.96×10^4	6.4	6.5
某飞行中的火箭	2.28×10^4	6.9	6.7

3.6 多喷管射流组的混合

单喷管自由射流尚属较简单的一种射流,有关它的实验和理论分析较为齐全,并能够定量计算其特性。然而有很多射流运动比单喷管自由射流要复杂得多,进行理论分析也较困难。在这里只介绍几种特殊的情况。

当两股射流轴心线相互平行,也就是其交角为零时,我们称为平行射流。多直喷管火箭产生的燃气射流组即属于这种情况。

3.6.1 平行射流混合和传质的动力参数

设两股平行射流,其平均速度分别为 u_1 和 u_2。在其混合边界层内,因为湍流运动扩散引起湍动团的横向转移,所以可以用湍流切应力 τ 的大小来表征这个混合过程的强烈程度。从 Prandtl 动量传递理论出发,考虑到他在 1942 年提出的在射流横截面中不仅混合长度 l 为一常数,而且湍流运动粘性系数 ε_t 也为常数,这样,我们可以用两股射流混合边界层上的平均速度梯度来反映 $\frac{\mathrm{d}u}{\mathrm{d}y}$,即

$$\frac{\mathrm{d}u}{\mathrm{d}y} \sim \frac{u_1 - u_2}{b} \tag{3-182}$$

式中,b 为平行射流混合边界层的发展厚度。由式(3 – 182)和(3 – 66),可把湍流切应力表示为

$$\tau = \rho_1 l^2 \left(\frac{\mathrm{d}u}{\mathrm{d}y}\right)^2 = K\rho_1 (u_1 - u_2)^2 = K(\rho_2 u_2^2)\left[\frac{\rho_1 u_1^2}{\rho_2 u_2^2} - 2\frac{\rho_1 u_1}{\rho_2 u_2} - \frac{\rho_1}{\rho_2}\right] \tag{3-183}$$

式中,K 为表征湍流运动粘性的经验常数。

从动力参数上看,由式(3 – 183)可知,两股平行射流混合的强弱取决于两者动压头的比值 $\frac{\rho_1 u_1^2}{\rho_2 u_2^2}$,同时也正比于射流本身动压头

绝对值的大小 $\rho_2 u_2^2$。当 u_1 与 u_2 很接近时，平行射流间的混合是非常微弱的。当 $u_1 = u_2$ 时，流体微团间因速度差引起的湍流扩散过程不再进行。这时混合过程进行的动力来源于射流本身所具有的初始湍动度和引射作用。

3.6.2　多股平行射流混合

多直喷管排出的射流是轴心线相互平行的多股平行射流流动。其流动情况较为复杂，特别对于可压缩流的多股平行射流的情况更是如此。这里仅讨论不可压流情况，对于可压缩流情况只能近似地应用。

由于多股平行射流间的相互混合和影响（见图 3－12），使其中各射流的流动规律与单股自由射流的情况不同。特别是相邻两

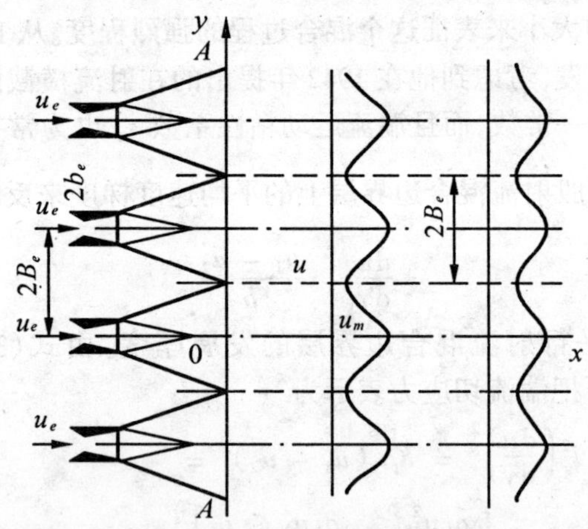

图 3－12　多股平行射流

股射流在离喷管一定距离相汇合后，由于相互混合和动量交换，使速度分布发生变化。虽然在多股射流初始段仍取各股射流轴心速度保持喷口速度的区段，但是多股射流基本段则难以区分，有的采

用相邻射流相汇合的相当截面。如果把图 3 – 12 中的 $A-A$ 截面定为射流基本段的开始截面，则在初始段和基本段之间有个过渡区域。此过渡区域的大小和排出多股射流的相邻喷管间的距离有关。

试验表明，在各股射流汇合前，射流发展相互独立，然而多股射流的初始段长度比单股自由射流缩短 30% 左右。这是由于多股射流相互引射的结果。射流初始段边界层也存在自模性。对于某多股平行射流，在距离喷口 8,20,40,60,80 mm 五个截面上测得的速度，按无因次坐标整理后绘制成图 3 – 13。图中的无因次速度分布曲线用经验式表示

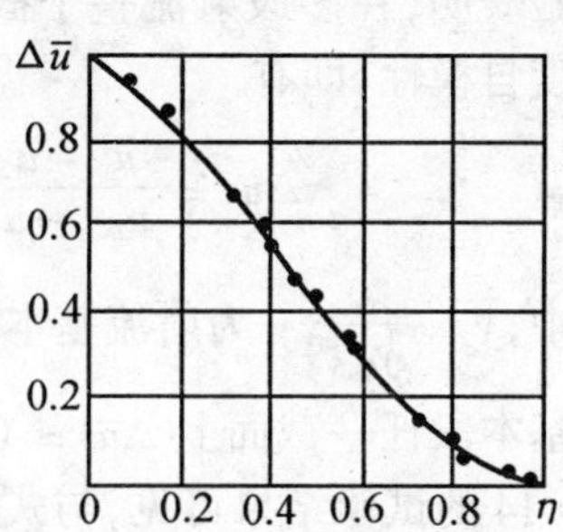

图 3 – 13 多股射流初始段无因次速度分布

$$\Delta\bar{u}=\frac{u_e-u}{u_e}=(1-\eta^{3/2})^2 \tag{3-184}$$

式中 $\eta=\dfrac{r-b_e}{b}$；

u_e——喷口速度；

u——射流初始段边界层任意一点处的速度；

r——射流初始段边界层任意一点离轴心线的距离；

b——射流边界层混合区厚度；

b_e——喷口半径或厚度之半。

式(3 – 184)虽然与单股自由射流边界层无因次速度分布式类似，但多股射流的边界层厚度发展较快。譬如平面自由射流增长速度为 $b=2.4ax=0.264x$(取 $a=0.11$)，通过多股射流试验可知 $b=0.315x$。我们知道，边界层厚度的发展速度与射流横向脉动速度成比例。由于多股射流间形成较强烈的旋涡区，其湍流脉动比单股自由射流大，因而多股射流边界层厚度的发展速度要快些。

在多股射流基本段，射流汇合后，在各个截面上各喷管轴心线的速度 u_m 仍为最大，而在两个喷管之间的速度 u_2 为最小。越向射流下游，u_m 值下降，u_2 值上升，使速度分布的起伏程度趋于减小。试验表明，在多股射流整个截面上的速度分布中各峰谷间仍存在速度自模性，即有

$$\Delta\bar{u} = \frac{u - u_2}{u_m - u_2} = \left[1 - \left(\frac{\bar{y}}{2.27}\right)^{3/2}\right]^2 \tag{3-185}$$

式中，$\bar{y} = \dfrac{y}{y_{0.5}}$，$y$ 为射流基本段某一点离轴心线的距离，$y_{0.5}$ 为射流基本段任一截面上 $\Delta\bar{u} = 0.5$ 的点对射流轴心线的距离。由图 3－14 的试验结果可见，与式(3－185) 的计算曲线相当符合。

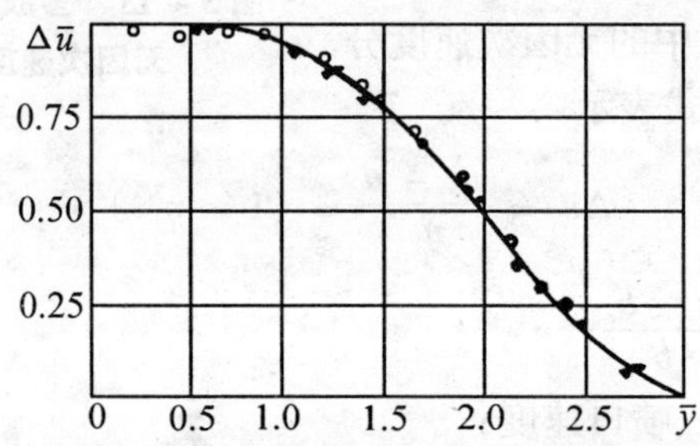

图 3－14　多股射流基本段无因次速度分布

试验证明，在多股射流中各射流初始段吸入周围介质的流体流量与喷口下游距离 x 成正比，即

$$\frac{\Delta Q}{Q_e} = 0.05\frac{x}{b_e} \tag{3-186}$$

式中　Q_e——各股射流喷出的流量；

ΔQ——各股射流吸入的流体量。

但在多股射流基本段，引射抽吸作用消失。

3.6.3　多股真实燃气射流混合的远场特性

为了比较单股和多股真实燃气射流混合的远场特性，探究其共同的规律，我们在燃烧室压力、燃气工质以及射流起始气动条件都相同的条件下，把与单喷管出口总截面面积相等的多喷管，按环形密集排列的方式组成若干个平行喷管簇和若干个倾斜喷管簇。在这里，将上列各类喷管的燃气射流的远场特性集中比较于图3－15中。

我们通过大量实验证明，真实燃气射流远场具有如下的内特性规律。

(1) 不论是单股射流还是多股环形密集排列的平行射流，或多股环形密集排列的旋转射流，把沿其完全发展流动的轴心动压和剩余滞止温度的变化绘于对数坐标纸上，基本上都是只有负斜率的直线(图3－15(a)和(b))。由此可以得到形如

$$\frac{q_m}{q_e} = \frac{C'}{\left(\frac{x}{r_e}\right)^m},\frac{\Delta T_m^*}{\Delta T_e^*} = \frac{C'_T}{\left(\frac{x}{r_e}\right)^n} \tag{3-187}$$

的经验式。此外，还有如图3－15(c)和(d)所示的近似自模性。

(2) 就流场各点的动压来说，单股与多股平行燃气射流大致有相同的变化规律(即图3－15(a)和(c)中的曲线1和2基本重合)。然而，剩余滞止温度的变化并不一致。在相同的无因次下游距离$\frac{x}{r_e}$或相同$\frac{r}{x}$的情况下，多股平行燃气射流的轴心无因次剩余滞止温度或无因次剩余滞止温度剖面(见图3－15(b)和(d)中的曲线2)要比单股燃气射流高，这可能是由于燃气射流平行分股后的扩散使燃烧更充分的缘故。

(3) 在我国炮兵火箭系列中有很大一部分火箭喷射多股环形密集排列的燃气射流。在相同的$\frac{x}{d_e}$或$\frac{r}{x}$情形下，其轴心无因次动压或动压剖面都要高于其他类型的燃气射流。

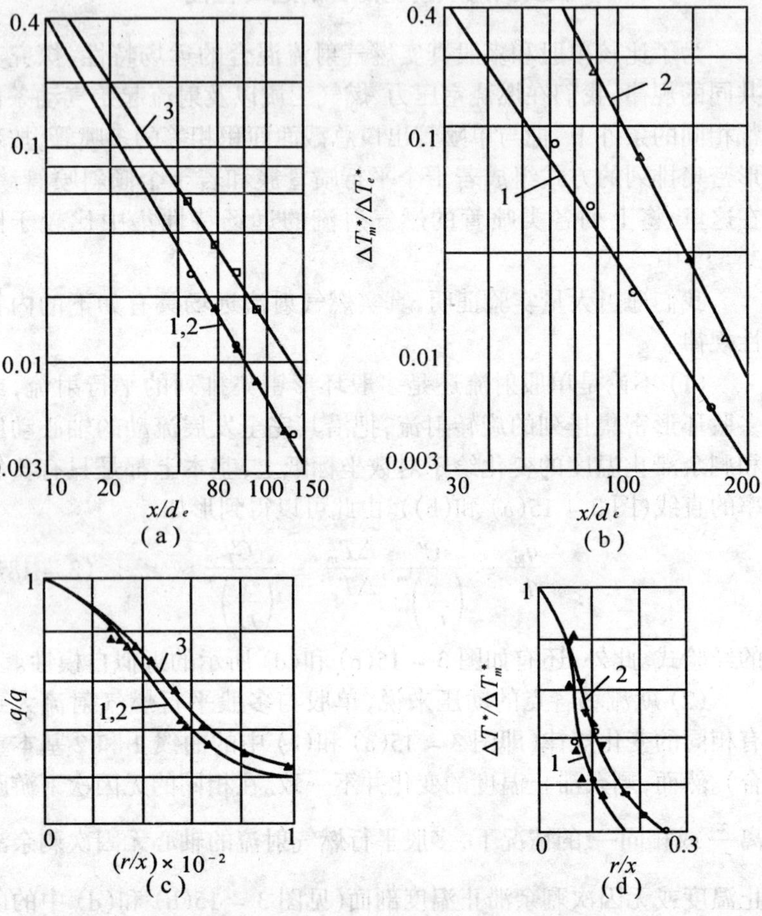

图 3－15　真实火箭燃气射流远场特性规律

(a) 轴心动压；(b) 轴心剩余滞止温度；(c) 动压剖面；(d) 剩余滞止温度剖面

1— 单股射流；2— 密集多股环形分布的平行射流；

3— 密集多股环形分布的旋转射流

至于真实燃气射流近场压力和马赫数的变化规律将在后一章第4.9节中予以阐述，中场压力和马赫数的变化规律将在第五章第5.4节中讨论。

第4章 欠膨胀超音速燃气射流的近场激波系

实际上，所有超音速燃气射流都具有静止激波系。当然，精心设计的在设计状态下工作的喷管，可以产生无激波流动。然而，对于中、高空火箭喷管，通常在一特定环境压力即特定空中高度下使之处于设计工作状态，这样，在发射台架发射火箭的初期，因环境压力较高，喷管在过膨胀状态下工作。至于地面或低空火箭，则基本上都在欠膨胀状态下工作。

4.1 超音速射流中的激波

本节先考察过膨胀和欠膨胀两种燃气射流流场的一般情况。图4－1表示了燃烧室压力从低值增至和超过设计状态值时的激波系的变化。该图描绘了虽受环境空气影响但还未与其混合的理想轴对称射流，表示了无限波系的最初几个周期。图4－1(e)为完全膨胀、平行、无激波流动，图4－1(a)、4－1(b)为过膨胀流动，而图4－1(f)到4－1(i)为欠膨胀流动。

图4－1(f)是喷管压力比稍大于其设计值的情况。因喷口静压刚超过大气压，所以气流先少许膨胀，之后过膨胀，使 CBC' 波下游的静压小于大气压，射流边界向内收缩。同时，在 C，C' 点产生互相穿插的（或各自在轴线上反射的）压缩波，以制止过膨胀情况的持续出现。然而，这时静压复又增至和超过环境压力，实际上它又返回到喷管出口工况。这一循环可以无限重复下去。

当压力比增大时，激波就扩展和增强，最终在射流轴线上相遇，形成锥形。这种状况示于图4－1(g)中。若压力进一步增大，则

使激波在轴线上反射,如图 4 – 1(h) 所示。

当压力比仍然进一步增高时会出现过度反射的情况,即另有一个垂直于轴线的激波使相交激波分离。由于气流是轴对称的,垂直激波呈盘形,故称之为马赫盘(见图 4 – 2),对于平面射流称之为黎曼波。在较大压力比下,激波系基本形状不会再发生进一步变化,只是马赫盘的直径增大,射流边界的曲率增大。

当喷管出口静压向低于设计状态减小时,出现了相反的情况,这时波节长度减短。激波形状经历极为相似的变化系列。主要差别只是外界大气压使射流边界更加凹陷,而且平均气流直径大为减小。图 4 – 1 清楚表明气流直径随压力比从最低值的增高而增大。过膨胀射流结构的另一个差别是,第一个相交激波下游并没有按照喷管与第一个激波干扰(或马赫盘、黎曼波) 之间的形状作规则的循环。在欠膨胀情况下喷管向外喷出的射流近似呈周期性。

上述射流形状特点的讨论只考虑与环境大气没有发生混合且保持其动量不变的“理想化” 了的射流。实际上燃气射流与这两个条件有差别。气流与大气介质相互作用,形成了湍流混合区,它使位流核耗散,最终使之完全消失。激波结构本身是在射流中以热的形式、以稍许减小轴向平均速度的方式获得能量。在图 4 – 2 中更逼真地描绘了典型的射流结构,它与无激波射流比较,主要差别是除了存在激波系外还有各射流流域的边界变形。它与“理想化” 射流极不相同之处是超音速区长度有限,激波形状随平均流速降低而变形,最终在下游某点流速变成亚音速时消失。值得注意的是,位流核尖端下游轴向平均速度衰减迅速,同时激波结构也以同样迅速的速度不断崩解。

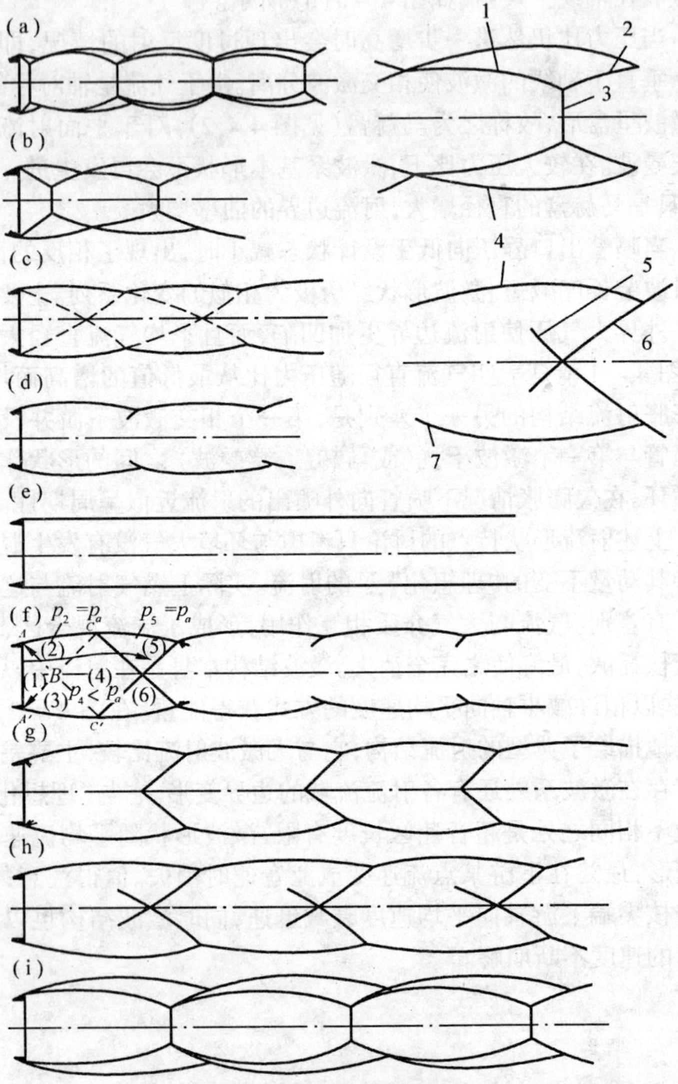

图 4－1　激波形状变化图

1— 相交激波反射；2— 压缩波；3— 马赫盘或黎曼波；4— 燃气射流边界；5— 反射波；6— 压缩波；7— 扇形膨胀波束

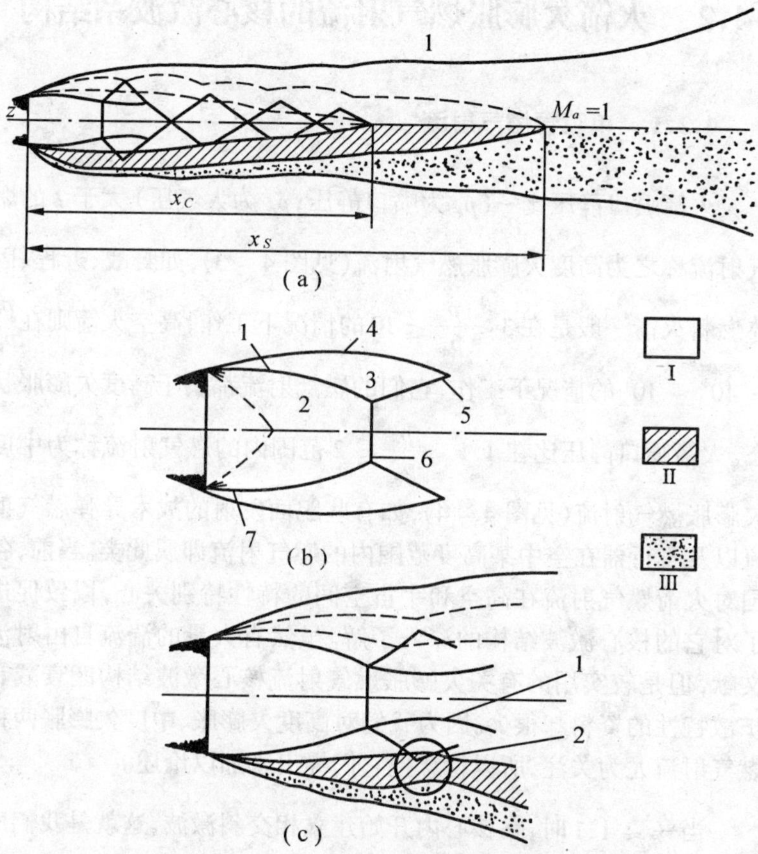

图 4－2　高度欠膨胀燃气射流结构

Ⅰ— 超音速位流核；Ⅱ— 超音速混合流区；Ⅲ— 亚音速混合流区

(a)1— 整个边界因存在激波系而成浪弯形；2— 喷管

(b)1— 相交激波；2— 交叉膨胀波区(高低压场)；3— 高压场；4— 理论边界；5— 反射激波；6— 马赫盘；7— 扇形膨胀波族

(c)1— 喉形滑移流线；2— 波面在剪切层变形

4.2 火箭欠膨胀燃气射流的核心激波系结构

4.2.1 单喷管燃气射流

火箭喷口静压比$\frac{p_e}{p_a}$(p_e 为喷口静压,p_a 为大气压)大于 2 的燃气射流称之为高度欠膨胀燃气射流(见图 4 - 3),如野战、近程、固体燃料火箭一般是在$3 \leqslant \frac{p_e}{p_a} \leqslant 10$的情况下工作,高空火箭则在$\frac{p_e}{p_a} = 10^4 \sim 10^5$的情况下工作,它们的燃气射流都属于高度欠膨胀状态。火箭喷口静压比在$1.1 \leqslant \frac{p_e}{p_a} \leqslant 2$范围内的燃气射流称为中度欠膨胀燃气射流(见图 4 - 4),如有些舰面发射的战术导弹燃气射流以及飞行器在空中某高度范围内的燃气射流即属此类。当前,各国对火箭燃气射流在高空和宇宙空间的特性特别关心,以致促进了对它的核心激波结构的深入了解。虽然有大量的湍流自由射流文献,但是较实用的有关欠膨胀燃气射流核心激波结构区衰减和扩散特性的资料却很少。因为我们对高度欠膨胀、中度欠膨胀两种燃气射流尤为关注,所以特意把它们提出来加以论述。

当$\frac{p_e}{p_a} \approx 1.1$时,在核心内开始建立相交斜激波,这就是我们所熟悉的“菱形激波”(或栏截激波)。除了射流压力比增加使最初的几个波节变长变宽外,上述结构直至$\frac{p_e}{p_a} \approx 2$时仍然存在。这时,通过喷管唇部的燃气流膨胀到环境压力,在喷管唇部发散成一束扇形膨胀波族,形成 Prandtl-Meyer 流。超音速燃气流所受到的喷管唇部的扰动不会逆流上传,它遵循所谓卡门超音速流禁讯法则,具体地说,在喷管唇部扇形膨胀波族的内表面即起始特征面上游的气

流不受扰动。

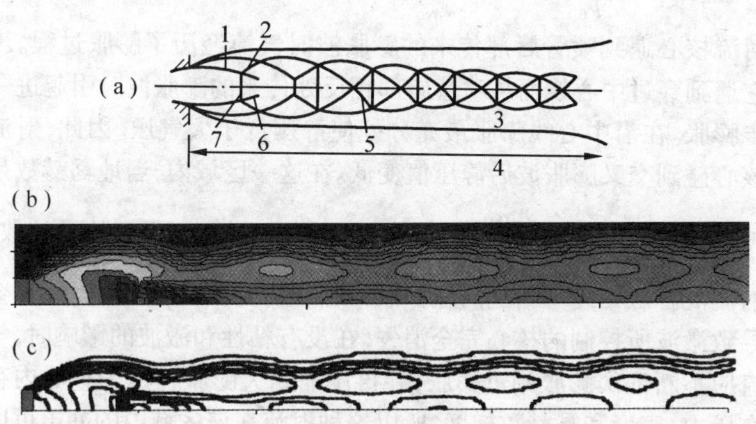

图4-3　高度欠膨胀燃气射流$\frac{p_e}{p_a}>2$

1—相交斜激波;2—反射斜激波;3—混合区;4—核心;5—斜激波;6—滑移流线;7—正激波

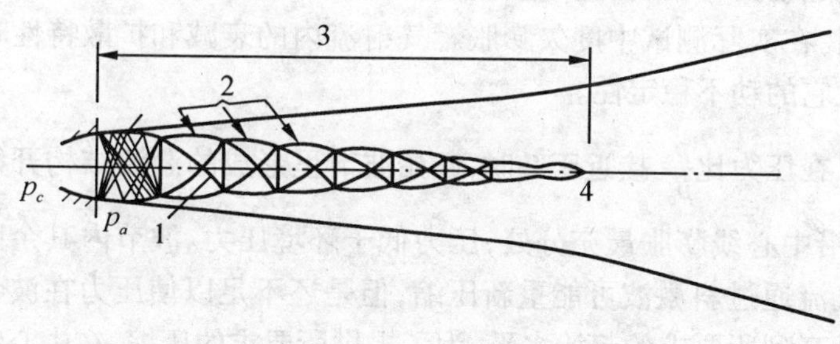

图4-4　中度欠膨胀燃气射流$1.1\leqslant\frac{p_e}{p_a}\leqslant 2$

1—斜激波;2—波节;3—核心;4—混合区

在$1.1\leqslant\frac{p_e}{p_a}\leqslant 2$范围内,即在中度欠膨胀情况下,起始波节内射流核心遇到喷管唇部传来的膨胀波时气流经历了膨胀过程。当它遇到穿过中心线而从喷管唇部相反处传来的膨胀波时引起进一步膨胀。在沿中心线膨胀最充分处使静压低于大气压。因此,射流核心碰到交叉膨胀波后静压值变低。在这一区域内,当地马赫数是可以超过同一压力比$\frac{p_e}{p_a}$情形下的完全膨胀射流所得到的马赫数。射流混合区始终不断地向里扩散,虽然起初扩散较少,但是终究会导致激波所控制的核心完全消失(在没有粘性和激波的影响时,气流应不断依次膨胀到过膨胀,并再压缩到欠膨胀)。因为核心内存在压力、密度和马赫数梯度,所以这种射流在该区域内的冲击可以预料会产生对冲击距离极为敏感的表面压力分布。该射流变成亚音速流之后,核心下游的冲击特性应与完全亚音速射流相同。

在上述中度欠膨胀范围内,通常可以发现整个射流流场的动不稳定性。所谓动不稳定性主要是以整个射流流场的横向振荡或摇摆运动为特征的,它与湍流混合流场的不稳定性所引起的剪切不同。在实际测试中度欠膨胀燃气射流内的衰减和扩散特性时将增大它的动不稳定性。

在压力比$\frac{p_e}{p_a}$接近于2时,起始波节里形成的激波结构开始变化。沿中心线膨胀最充分处,压力低于环境压力。波节内其余区域的气流通过斜激波可能重新压缩,但是还不足以使压力在波节末端升高到所要求的起始水平。为了提供所要求的压缩,在中心线上形成马赫盘(或正激波盘)。当压力比$\frac{p_e}{p_a}$进一步增高时,即在高度欠膨胀情况下,这一正激波在强度和直径上也将增大。虽然因为需要再膨胀以及因正激波的存在而引起原来斜激波强度和形状稍有改变,但是仍然保持斜激波结构。在很高压力比的情况下,马赫盘

决定了第一个波节的结构，例如，在$\frac{p_e}{p_a}=20$的情况下，马赫盘占射流边界内总截面的40%。此外，还可以知道使马赫盘出现的喷口压力比是随出口马赫数和喷管扩张角的变化而变化的。

在所研究的高度欠膨胀燃气射流的轴对称平面内，气流沿着某一条线可以同时碰到两种状态流场(图4-2(b))：一种是斜激波和马赫盘包络的高低压场；另一种为高压场，它不受边界扰动的影响。因为气流边界就是流线，所以可以认为它内部的主要流向平行于轴心线。至于其间的斜激波则起到了连接两个不同流场的作用。

紧挨正激波下游，气流为亚音速气流。因为斜激波区的外围流动为超音速流，所以共轴流区的交界处存在滑移流线(图4-2(c))。对于十分高度欠膨胀的情况，比如，$\frac{p_e}{p_a}\approx 4$，中心亚音速区很快加速，在第二个波节开始的附近，趋于音速情况。在这一情况下，第二个波节类似于第一个波节，甚至需要其自身的正激波。在极高压力比时不易确定第一个波节下游的结构，然而，第一个波节的极强正激波也许决定着下游某段距离的射流，并且终于衰减为只有斜激波的结构。至于射流混合区照例围绕着核心，但是起始扩散速率很小，因而，高度欠膨胀射流的实际核心长度可以很长。应当注意，任何一种欠膨胀射流的核心长度可以严格定义为激波结构消失之点。然而动不稳定性的影响使真实射流的上述特定点难以确定。因此，在这种情况下最好把下游特性用核心影响中止点表示，正像在其他射流强度下，可以把核心影响中止点取为速度剖面自相似的开始点。

4.2.2　斜切喷管燃气射流

对于钟形或锥形喷管，出口平面一般与轴线垂直，它们的燃气射流轴心线与喷管共轴。对于钻成式斜喷管(见图4-5)，其出口

平面与轴线不垂直，且呈椭圆状。若由排气面上椭圆长轴的两端点

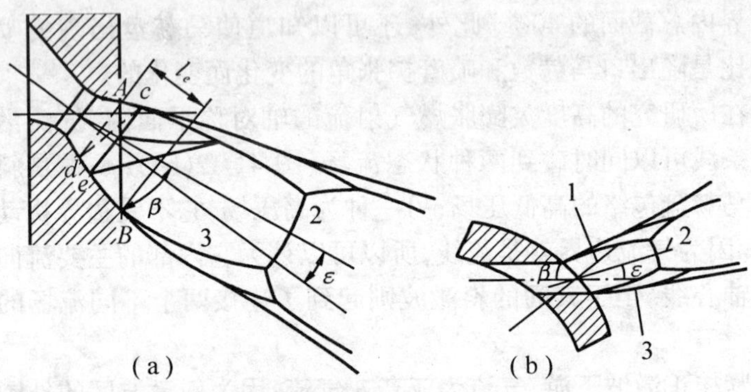

图 4－5　从斜切喷管喷入静止大气的自由射流

1— 斜激波；2— 马赫盘；3— 相交激波

A 和 B 分别向喷管轴线作垂直面，则两垂直面间的距离就是未被斜切管壁的最大外伸长度 l_e。自点 A 射出的膨胀波被长度为 l_e 的侧壁 d 点反射回膨胀波，然后又在射流边界 c 点至侧壁 e 点反射为压缩波。由于在真实流动中扇形膨胀区的扩散性质，使侧壁反射的众多弱压缩波会聚成斜激波。不同族膨胀波在偏轴上相交，气流向斜切去管壁的方向偏转。且上下两侧自由压力边界的反射压缩波会聚成的相交激波不对称，马赫盘也与管轴不垂直，并朝射流的同一方向偏转。射流轴线的偏转角按照下式计算

$$\cos(\beta-\varepsilon)=\frac{c+\sqrt{c^2-1}}{\dfrac{c^2}{\cos\varepsilon}+\sqrt{\dfrac{c^2}{\cos^2\varepsilon}-1}}\times \left[\frac{\gamma-(r-1)c(c+\sqrt{c^2-1})}{\gamma-(\gamma-1)\dfrac{c}{\cos^2\varepsilon}(c+\sqrt{c^2-\cos^2\varepsilon})}\right]^{\frac{1}{\gamma-1}}\sin\beta \tag{4-1}$$

式中　$c = \dfrac{F_u(\zeta_e) + F_u^{-1}(\zeta_e)}{2}$；

$F_u(\zeta_e)$—— 喷口流速系数；

$\zeta_e = \dfrac{d_e}{d_t}$—— 喷口扩张比；

γ—— 燃气比热比；

β—— 喷管斜切角；

d_e—— 喷口直径。

当喷管斜切角为 60° ~ 75° 时，由该式算得的值都比我们在冷射流纹影图上的测量结果大 1° ~ 2°。当然，真实火箭斜切喷管燃气射流的偏转角也可以利用精度较高的六分力推力试验台来测定。因为炮兵火箭弹为获得高速旋转而采用的喷管斜切角一般不超过 20°，燃气射流的偏转角约在 3° 以下，其值很小，所以在工程计算燃气射流的内特性参数时，可以忽略其影响。

4.2.3　多喷管燃气射流的激波干扰机理

多喷管燃气射流流场的结构具有复杂的三维空间激波形状。多喷管燃气射流流场有三个主要激波，除了射流未受扰动的轴对称部分形成桶形激波，以及多股射流相互碰撞形成撞击激波之外，还有向侧面展开的再压缩激波。当射流膨胀到边界压力以下时，再压缩激波可以增高压力。

现以平行双喷管欠膨胀超音速射流为例，图示桶状激波、撞击激波以及再压缩激波波系。图 4 - 6 中各激波结构决定于撞击激波的强度，也就是取决于喷管欠膨胀的程度，即静压比（或非计算度）n。以下讨论按静压比的不同增值分为三种不同状况的激波系。

当 $n > 1$ 且较小时，近场激波属于弱干扰情况（图 4 - 6(a)）。最初为两个独立射流流谱，之后撞击激波只使第一个马赫波节稍许畸变。双喷管对称面上马赫盘下游产生楔形激波（见图4 - 6(a)

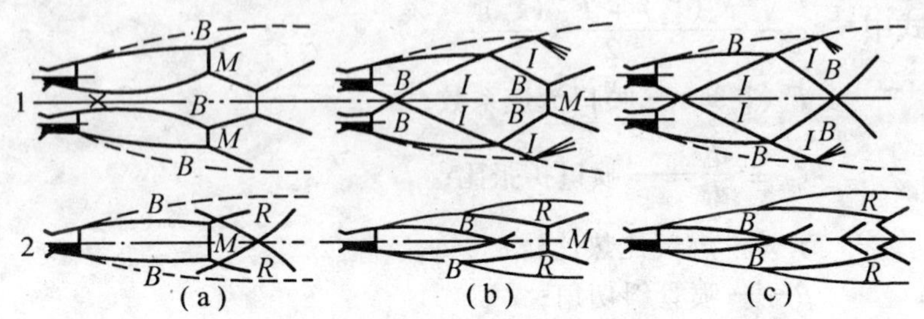

图 4 – 6　双喷管欠膨胀超音速燃气射流近场激波干扰

1— 顶视图；2— 侧视图；*B*— 桶形激波；*M*— 马赫盘；*I*— 撞击激波；*R*— 再压缩激波

侧视图)，它是由两个再压缩激波相交而成，而且截去了一部分反射桶形激波。

关于再压缩激波的形成机理是：为抵消撞击激波引起的增压，在撞击激波与射流边界的相交处需要扇形膨胀波族，这些在空间展开的膨胀波与等压边界干扰产生了向里运动的压缩波，再压缩激波就是由这些压缩波会聚而成的。

当静压比稍增高时，近场激波属于中等干扰情况(见图 4 – 6(b))。因喷管边缘起始膨胀增大，燃气射流以较大的角度冲击，使撞击激波强度增高，以致在马赫盘形成之前撞击激波已截去了一部分桶形激波。再压缩激波与反射桶形激波相交，结果在射流中部也形成正激波。

当静压比高度增大时，近场激波属于强干扰情况(见图 4 – 6(c))。极强的撞击激波使反射桶形激波突然转向双喷管对称面，并再反射为锥形激波。之后，锥形激波与再压缩激波相交。

当然，上述激波干扰的强弱还与双喷管的轴间距和向外侧倾斜的角度有关。若轴间距足够大，则两股射流相互独立。但是，对于炮兵火箭来说，有的发动机的小喷管多达 6 ~ 7 个以上(见图 4 – 7)。对于这种环状紧密排列的众多小喷管簇，多股燃气射流的近场激波虽然能见到细小区分，但是由于属于中等以上的较强干

扰,因此可以近似看作已合成为一个内含交叉撞击激波的较大的

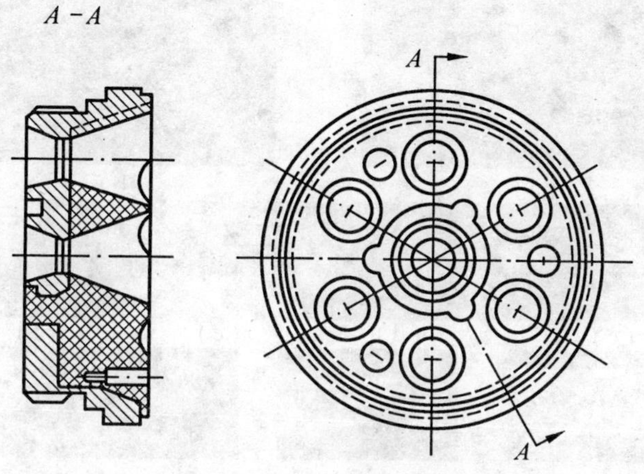

图 4 - 7　小喷管簇

马赫波节和超音速核心。也就是说,犹如单喷管的燃气射流流场。

4.2.4　欠膨胀超音速自由射流流场显示

以上关于核心激波系形成和变化的认识是基于大量的各类真实燃气射流和风洞模拟射流的光学显示结果。

首先,利用亚微秒光源及菲涅尔透镜间接阴影系统,获得了如图 4 - 8(a) 和图 4 - 8(b) 所示的火箭燃气自由射流流场样片。从两张样片可见,真实燃气射流内存在大量箭药微粒,它严重污染环境并使流谱清晰度降低。图 4 - 9(a) 和 4 - 9(b) 是由激光瞬态干涉仪摄取的与图 4 - 8(a) 和 4 - 8(b) 相对应的图样。

图 4 - 8(a) 为喷管扩张比 $\zeta_e = 1.5$ 的真实燃气自由射流流场。显见,在 $\zeta_e = 1.5$ 时,射流内除紧挨马赫盘下游有高温强光区外,在超音速流更下游处未燃尽的箭药气体和微粒与卷吸流混合又会发生二次燃烧。由于火箭喷管喷出的燃气射流比枪炮膛口流

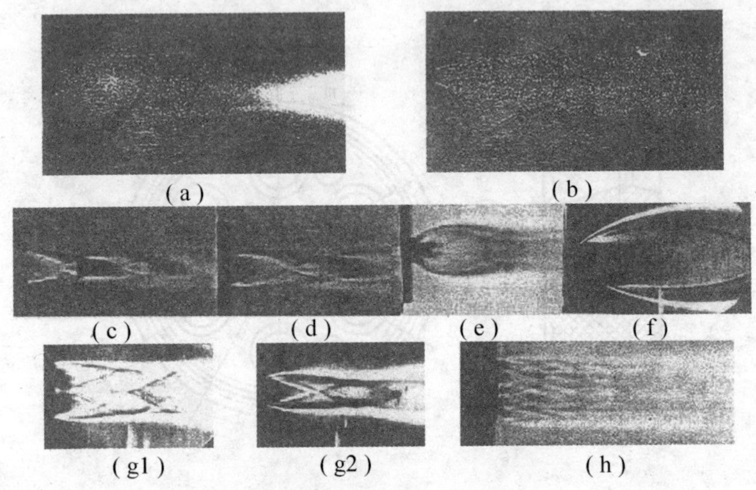

图 4-8　单、多喷管射流流场显示

(a) $\zeta_e = 1.5, Ma_e = 2.0, \frac{p_e}{p_a} = 8.1$ 阴影图；

(b) $\zeta_e = 2.0, Ma_e = 2.4, \frac{p_e}{p_a} = 3.4$ 阴影图；

(c) $Ma_e = 2.0, \frac{p_e}{p_a} = 0.9$ 纹影图；(d) $Ma_e = 2.0, \frac{p_e}{p_a} = 2.0$ 纹影图；

(e) $Ma_e = 2.0, \frac{p_e}{p_a} = 5.0$ 纹影图；(f) $Ma_e = 2.0, \frac{p_e}{p_a} = 5.0, \beta = 30°$ 纹影图；

(g) 双股射流：$Ma_e = 2.4, \frac{p_e}{p_a}$，(g1) 顶视纹影图；(g2) 侧视纹影图；

(h) 七股射流，$Ma_e = 2.4, \frac{p_e}{p_a} = 2.7$ 纹影图

场喷出更长时间的带有更强光的火舌，因而给光学显示增大了难度。但是，激光干涉图 4-9(a) 却十分清晰地显示了真实燃气射流内的激波结构。

从图 4-8(b) 和图 4-9(b) 的照片可以看到真实燃气射流第一个波节内的相交激波和马赫盘，若与轴心皮托管压力曲线所确

定的马赫盘投射距离相比较，则可知都在 $\frac{x_M}{r_c}=7$ 左右，二者的相对误差约为 4%，这在测压精度的允许范围之内。因此，从另一方面证实了利用皮托管压力测试曲线来确定马赫盘投射距离的精确性，其精度已充分满足工程要求。

此外，由上图可知，常见的炮兵火箭高度欠膨胀燃气射流只有一个马赫盘。并还表明第一马赫盘上游为势流，相交激波和马赫盘下游则因燃气射流大量卷吸空气而使湍流完全发展，边界带卷边。同时，还可以见到马赫盘后面沿滑移流线发展的剪切层。

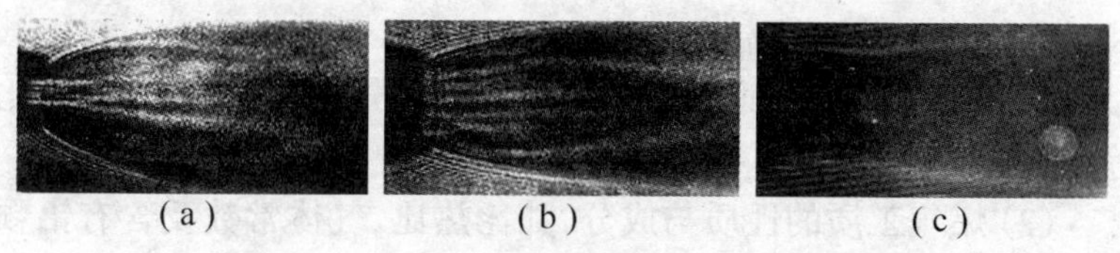

(a)　　　　(b)　　　　(c)

图 4 - 9　火箭真实燃气射流激光干涉照相样片

(a) $\zeta_e=1.5, Ma_e=2.0, \frac{p_e}{p_a}=8.1$; (b) $\zeta_e=2.0, Ma_e=2.4, \frac{p_e}{p_a}=3.4$

(c) $\zeta_e=2.7, Ma_e=2.8, \frac{p_e}{p_a}=0.8$

利用纹影仪和滤光片 - 狭缝法彩色纹影技术获得了图 4 - 8(c)、(d) 和(e) 的过膨胀、中度欠膨胀和高度欠膨胀的射流流谱图。它们分别与图 4 - 1(b)、(h) 和(i) 相对应。图 4 - 8(f) 为斜切喷管射流，它与图 4 - 5(a) 相对应。这些都已在上一节作了说明。

拍摄多喷管的真实燃气射流更难以获得清晰图像，所以我们利用风洞射流图像加以分析。图 4 - 8(g1) 和(g2) 为双喷管射流流场的顶视和侧视照片，它们与图 4 - 6(c) 相对应。图 4 - 8(h) 为七个直喷管组成的射流流场，虽然它尚未达到真实火箭燃气射流的静压比，各喷管的轴心间距也较大，但已足以见到七股射流的合成趋向。

4.2.5 影响流谱的诸因素

火箭武器发射初期的自由燃气射流与空中飞行火箭的伴随流燃气射流的主要差别在于来流对射流边界和特性参数的影响，以及伴随流燃气射流在喷管尾部边界外侧产生的外激波，如图 4 - 10(a) 和(b) 比较所示。在低空区域，上升的火箭弹的燃气射流流场的特性极为复杂，它因有剩余燃料复燃释放的热量而强烈影响燃气射流特性。它可以保持足够的热量，在数十倍喷管出口截面到马赫盘的距离内辐射；在高空，则只有在第一激波波节外围的混合层才具有足够高的温度使之成为辐射源(见图 4 - 10(d))。总之，轴对称超音速燃气射流的流动图案决定于：

(1) 喷管出口平面的气动参数大小、方向和分布，如静压比等；

(2) 燃气工质的性质与成分，如比热比、气体常数及含有铝颗粒的大小与数量等；

(3) 环境介质的有关参量，如来流速度、密度、压力及温度等；

(4) 各个喷管或喷管簇的结构，如喷管扩张段是钟形还是锥形，是直切口喷管还是斜切口喷管，是单喷管还是多喷管，以及多喷管簇的排列方式与紧密程度等。

可见，影响射流特性的因素多而复杂，在研究时欲求得包罗所有因素的解是不可能的，也是不必要的。然而，根据不同的具体场合可以综合若干个影响因素来讨论。

4.2.6 流场的区分

燃气射流流场若按燃气和空气是否混合来分区段，则有燃气起始核心和空气 - 燃气混合区；若按流速大小来分，则有超音速湍流锥和亚音速湍流混合区；若按湍流是否形成来分段，则有初始段、湍流过渡段和湍流完全发展段(或称基本段，主体段)。

对于高度欠膨胀超音速燃气射流，喷口压力比外界压力高得

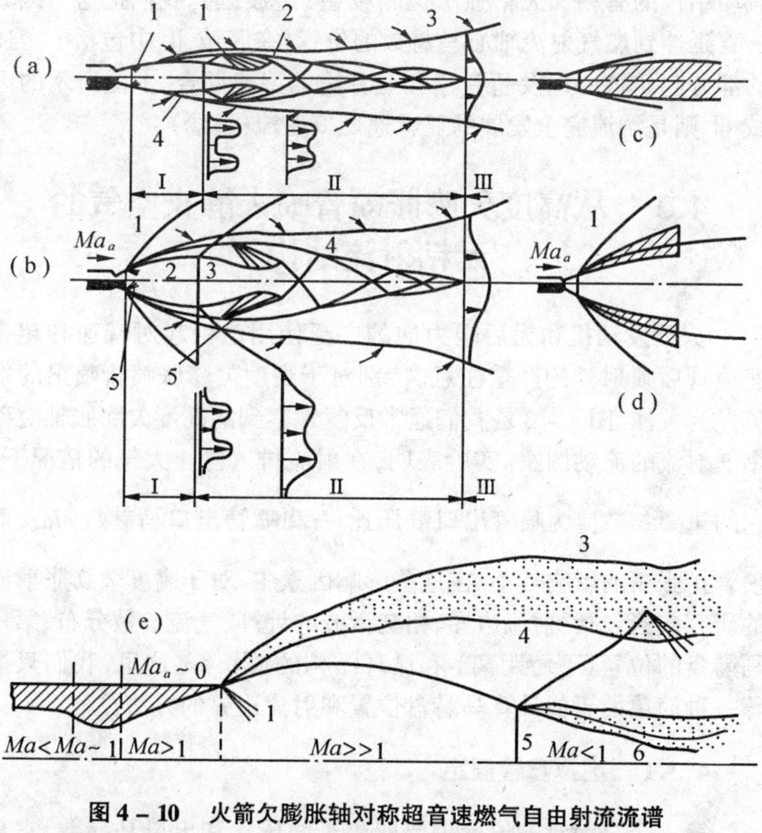

图4－10　火箭欠膨胀轴对称超音速燃气自由射流流谱

(a)1— 扇形膨胀波族;2— 滑移流线;3— 湍流混合层;4— 桶形激波

(b)1— 外激波;2— 桶形激波;3— 滑移流线;4— 湍流混合边界层;5— 扇形膨胀波族

(d)1— 外激波;(e)1— 无粘“核”;2— 射流混合边界层;3— 外边界;4— 内边界;5— 马赫盘;6— 复燃区;7— 马赫盘剪切层

多,以致有一起始膨胀区(近场)。位于燃气射流下游某一位置上的马赫盘,能使通过它的气流严重减速,并又在喉形滑移流管内加速流动;而具有较大质量流量的马赫盘外侧的气流则通过相交激波和反射斜激波流入下游,以致形成了图4－10(a)所示的具有两种

流动结构的有粘和无粘强干扰区域Ⅱ(过渡区)。我们把这一区域一直延伸到燃气射流轴心马赫数的位置。在区域Ⅱ中包括了上述的部分起始核心以及超音速和亚音速的湍流混合。上图所示的区域Ⅲ则是湍流完全发展的亚音速燃气射流(远场)。

4.3 从高度欠膨胀喷管喷入静止空气的无粘射流结构

火箭发动机和无后坐力炮的广泛使用已引起对音速和超音速喷管后喷射流的严重注意。特别对于高度欠膨胀喷管喷出的射流尤为关注。图4－3是我们通常反复观察到的高度欠膨胀轴对称燃气射流的流动图案。实验表明,在射流排入静止大气的情况下,它的重要参数应为喷管出口静压比$\frac{p_e}{p_a}$和喷管出口马赫数Ma_e,而喷管扩张角的影响较小。在这些影响因素中,对于高度欠膨胀射流的研究应当包括:射流边界、相交激波的计算、气流参数分布、第一马赫盘的位置(下游距离)和循环结构的波长等。这里,我们只推荐一种简单的近似计算马赫盘位置和射流边界的方法。

4.3.1 虚拟喷管假定

第一个马赫盘的位置主要取决于静压比和出口马赫数,它只在喷管全扩张角高达40°的情况下才随扩张角稍有变化。这表明粘性对计算的影响必定很弱。另一方面,因为任意下游位置上全混合面积随起始边界角的增大而增大,所以气流流入大气的角度应当是一个重要参数。假定忽略粘性的影响,并且注意到主要的影响应是气流参数而不是几何尺寸,于是可以有这样的结论,即简单的准一维计算能得到精确的结果。

于是,上述问题类似于喷管内的激波位置计算。在激波前后,假定为等熵准一维流。我们还可以从喷管内看到的激波图案加深

这一概念。喷管内的正激波并不是从紧挨管壁的一端延伸到另一端,它只延伸到发生 λ(lambda) 结构的交点上,而且气流还稍许分离壁面。但是尽管事实如此,如果我们不考虑结构,假定激波为简单正激波,并且横跨管内横截面的全流场,那么仍能相当准确地估计出激波位置。我们知道,欠膨胀射流里发生的激波结构与上述类同,即使属于人为引伸,仍然可以合理地认为不需要计算整个激波结构就有可能估计出激波位置。

基于上述理由,假设在第一个马赫盘前的自由射流部分(起始膨胀段)是实际喷管的简单延长部分。到第一个马赫盘为止的这一延长部分由与中心线或核心流的实际压力分布相对应的虚拟表面所包围。虚拟边界只延伸到马赫盘位置。倘若总压与大气压之比发生变化,虚拟边界的延伸长度也变化。最终,由虚拟喷管喷出的射流静压应等于大气压,也就是说马赫盘的轴向位置应是使激波强到足以将静压增高到大气压之点。总之,假定气流通过具有出口激波的虚拟喷管,使出口静压等于大气压。

虚拟喷管结构应当与实际气流在中心线上或核心内所确定的轴向压力分布相对应。当然,因为可以算得沿中心线的轴向压力分布,所以没有必要专门为确定马赫盘位置而计算虚拟边界。

4.3.2 音速射流的马赫盘位置

首先研究从 $Ma_e = 1$ 的收敛喷管排出的欠膨胀射流。Owen 和 Thornhill 对许多喷口总压 p_{cj} 与大气压 p_a 之比的情况,利用特征线法算出了沿射流中心线的轴向静压变化,并且指出,在所有 $\frac{p_{cj}}{p_a}$ 比值的情况下所算得的轴向压力变化适用于射流外侧存在外压的从喷口截面到第一个马赫盘所包围的区域。因此,在下游远距离内,压力比 $\frac{p}{p_a}$(p 为沿中心线某一点的静压,而 p_a 为喷口静压)的变化对于所有喷口总压比 $\frac{p_{cj}}{p_a}$ 的情况应当是相同的,只不过在总压比 $\frac{p_{cj}}{p_a}$

增大时相似区域的范围也增大。图 4－11 绘出了 $\frac{p}{p_e}$ 对 $\frac{x}{d_e}$ 的曲线，图中 x 为喷口至下游的距离，而 d_e 为音速喷口直径。图 4－12 为射流

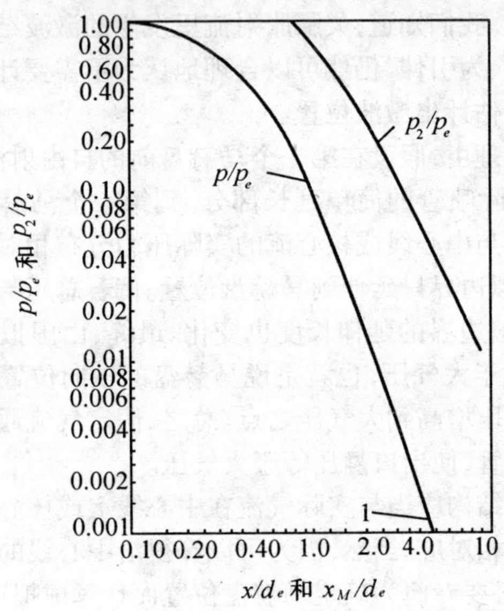

图 4－11　音速喷管流入空间的射流中心线压力和正激波后压力的变化

1—延伸线

中心线马赫数对 $\frac{x}{d_e}$ 的曲线。使用上述两条曲线，以及正激波前后静压比与来流马赫数的关系式，可以绘得 $\frac{p_2}{p_e}$ 对 $\frac{x}{d_e}$ 的曲线，其中 p_2 为对应于一定的马赫数所产生的激波后的静压。Owen 和 Thornhill 算得的 $\frac{p}{p_e}$ 曲线只连续到 $\frac{x}{d_e}=3.85$ 为止。然而在 $\frac{x}{d_e}>1.2$ 之后的 $\frac{p}{p_e}$

曲线十分接近于直线。因此，考虑到原有曲线的固有误差，可以把$\frac{p}{p_e}$曲线按直线延长。由于轴心曲线相应于$\frac{x}{d_e}$延续到$\frac{x}{d_e}=10$，因此可以简单地从一定的马赫数和喷口总压求得$\frac{p}{p_e}$。以此算得的值与上述 p/p_e 曲线的直线延伸段比较，表明符合良好。

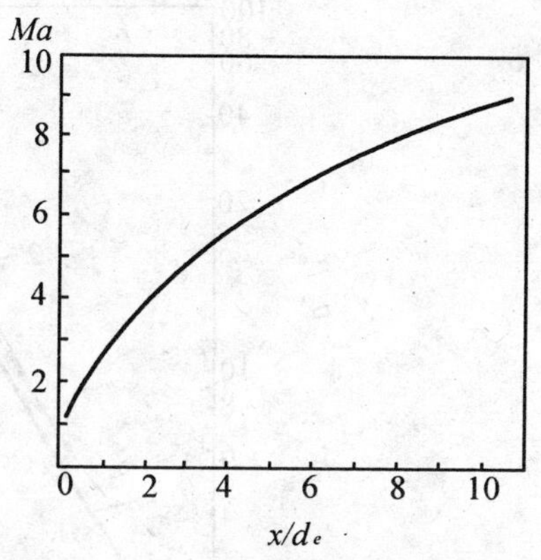

图 4-12　音速喷管流入空间的射流中心线马赫数的变化

设定马赫盘后面的压力 p_2 为大气压。图 4-13 表示了在 $2\leqslant\frac{p_e}{p_a}\leqslant 70$ 范围内所算得的结果。这一范围与$3.8\leqslant\frac{p_{cj}}{p_a}\leqslant 133$相对应。如果 p_a 为海平面上的校准压力，那么最大总压约为 1.4×10^7 Pa。在该图中，还给出了美国航空宇航学会 L.F.研究所和墨歇根学院 A.P.研究室分别采用纹影照相和阴影照相所获得的实验结果。$\frac{x_m}{d_e}$的理论值与 L.F.实验结果的误差为 12% ~ 14%，与 A.P.实验结果的误差却很小。喷口截面到马赫盘的距离 x_m 在理论值和实验结果之间的最大绝对误差为 0.18 cm，而且两条实验曲线之间也有差异，其原因必定是两种照相术的测量距离误差所引起的，因此，对于 $Ma_e=1$ 的喷管，理论和实验曲线的一致性令人满意。

4.3.3　超音速射流的马赫盘位置——AN 半经验理论

对于出口马赫数不等于 1 的收敛-扩张喷管，如果使用上述

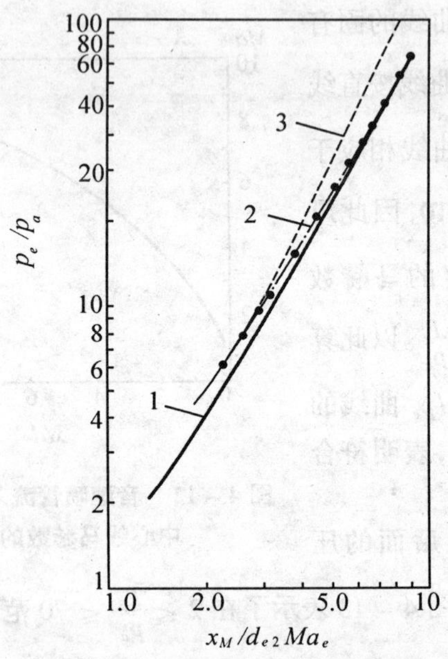

图 4－13　在音速喷管情形下,从喷口截面到第一个马赫盘的距离随喷口压力的变化

1— 理论曲线;2—A.P.实验值;3—L.F.实验值

同样的方法,则必须求取射流轴心压力分布。图 4－14 绘出了轴对称收敛喷管和收敛－扩张喷管外的射流简图。为简化起见,图中只表示半边流场,没有表示相交激波。图4－14(a) 所示的 $a-b$, $a-c$ 等线段都是绕喷口边缘发出的膨胀波,特别地,$a-b$ 线是由波角 $\mu = \sin^{-11}/Ma_e$ 所规定的马赫线,也就是扇形膨胀波族的第一条波。显见,在喷管外的中心线上气流抵达 b 点之前,没有膨胀波碰到中心线。因此,气体仍沿中心线流动,其马赫数等于喷管出口马赫数。但是,中心线在 b 点之后却遇到了由 a 点发出的波,这些膨胀波与气流绕过喷口边缘 a 点的各个马赫数相对应,在外压反射

的弱压缩波抵达中心线之前，对于所有总压比的情形，沿中心线的结构应当相同。也就是，在上述范围内，用于 $Ma_e = 1$ 喷管的出口边缘下游的中心线气流理论同样适用于 $Ma_e > 1$ 喷管的 b 点下游的中心线气流。但是，当 Ma_e 变化时，喷口截面到 b 点下游的距离也变化。然而，我们可以先计算这一段距离。这样，主要问题在于求得 b 点下游的压力分布。我们假定可以从音速喷管后的射流压力分布获得上面超音速喷管所要求的压力分布。

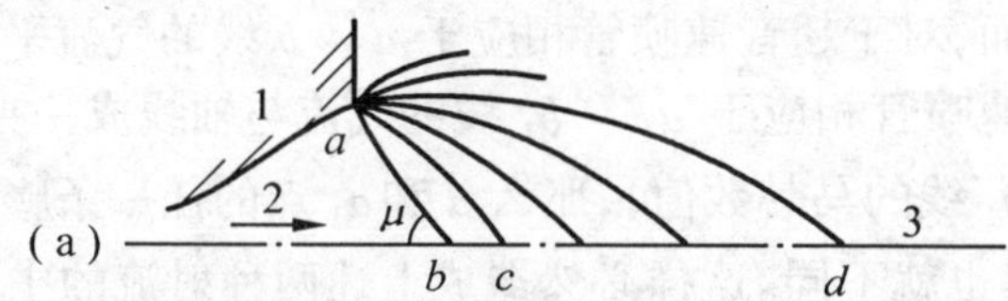

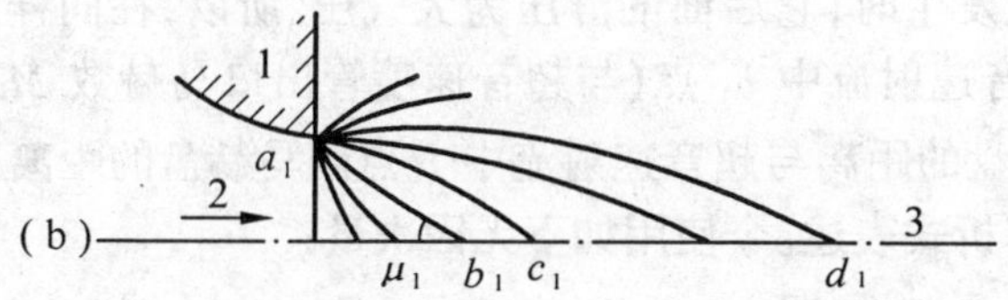

图4-14 从欠膨胀喷口边缘发散的膨胀波族

(a) $Ma_e > 1$；(b) $Ma_e = 1$

1—喷管；2—气流；3—中心线

再来考虑音速喷管后的射流(见图4-14(b))。当 a_1 拐角发出的膨胀波与中心线相交时，气流膨胀，使马赫数发生变化。事实上，譬如可以认为在 b_1 点的马赫数与 $Ma_e > 1$ 的射流在 b 点的马赫数相同。在 a_1 点，当气流转过的角度大于膨胀波 $a_1 - b_1$ 的角度时，气流就按 $Ma_e > 1$ 射流的相同马赫数而膨胀，也就是气流经过如

图4－14(a)所示射流的相同膨胀波，在 $a-b$ 线以外膨胀。在图4－14(a)和4－14(b)所示的两种情况中，这些波传播到中心线，引起压力与马赫数等的变化，即两种射流的中心线区域，比如 b_1-d_1 和 $b-d$，发生相同的膨胀，而 b_1-d_1 和 $b-d$ 的长度也接近相等。但是对于出口马赫数很高的超音速喷管，也就是使射流中 $a-b$ 和 a_1-b_1 线的起始倾角 μ 和 μ_1 分别都很小的喷管却要除外。因为对于 $a-b$ 和 a_1-b_1 之后的任一条膨胀波，如果在 a 和 a_1 点有很小的起始角度差，那么在中心线上所移过的距离就会有很大的差别。然而，对于超音速喷管相应于 $a-b$ 线的气流平行于中心线，对于音速喷管相应于 a_1-b_1 线的气流与轴线成一夹角(它取决于 a_1-b_1 线的马赫数值)，那么 a 和 a_1 点的任一条膨胀波的起始倾角当然也就不同。这样必然造成上述两种射流的中心线区域有很大的差异。于是，上述的结果是假设超音速射流中 $x>x_b$ 的气流压力分布应与音速射流中的气流压力分布相同。此外，还假设在正激波发生时，它后面的静压为大气压。所以，在同样总压比的情形下，音速射流中 b_1 点(与超音速喷管出口马赫数 Ma_e 相对应)到马赫盘的距离与超音速射流中 b 点到马赫盘的距离相等。

现以解析式表述。今使用如下无因次量：

对于音速射流，取

$$\begin{cases} \xi_1 = \left(\dfrac{xMa_e}{d_e}\right)_{Ma_e} = 1 \\ \xi_{b1} = \left(\dfrac{xb_1}{d_e}\right)_{Ma_e} = 1 \\ \Delta\xi_1 = \left(\dfrac{x_{Ma_e} - x_{b_1}}{d_e}\right)_{Ma_e} = 1 \end{cases} \tag{4-2}$$

对于超音速射流，取

$$\begin{cases} \xi = \left(\dfrac{xMa_e}{d_e}\right)_{Ma_e} \\ \xi_b = \left(\dfrac{x_b}{d_e}\right)_{Ma_e} \\ \Delta\xi = \left(\dfrac{x_{Ma_e} - x_b}{d_e}\right)_{Ma_e} \end{cases} \tag{4-3}$$

式中　x_{Ma_e}——喷口截面到马赫盘的距离；

x_b 和 x_{b_1}——分别为喷口截面到 b 点和 b_1 点的距离；

d_e——音速或超音速喷管的出口直径；

下标 b——超音速射流内扇形膨胀波簇的第一条波与中心线的相交点；

下标 b_1——音速射流中心线上的马赫数达到所研究的超音速喷管的出口马赫数之点。

在任意给定$\dfrac{p_{cj}}{p_a}$的情形下，ξ_1 可以利用图 4-11 求得。此外，对于给定的超音速喷管，即对于一定的 Ma_e，可由图 4-12 求得 ξ_{b_1}。已知 ξ_1 和 ξ_{b_1}，则可求 $\Delta\xi_1$。

$$\Delta\xi_1 = \xi_1 - \xi_{b_1} \tag{4-4}$$

其次，ξ_b 取决于对应 Ma_e 的马赫角 μ，即

$$\xi_b = \frac{1}{2\tan\mu} \tag{4-5}$$

或

$$\tan\mu = \frac{1}{2\xi_b} = \frac{d_e}{2x_b} = \frac{r_e}{x_b} \quad (见图 4-14a)$$

$x_{Ma_e} - x_b$ 应与 $x_{Ma_e} - x_{b_1}$ 相等。但是为了计算 $\Delta\xi$，必须先将 $\Delta\xi_1$ 修正为相当于超音速 Ma_e 的喷口直径。于是

$$\Delta\xi = \Delta\xi_1 \frac{(d_e)_{Ma_e=1}}{(d_e)_{Ma_e}} \tag{4-6}$$

或

$$\Delta\xi = \xi_1 \sqrt{\left(\frac{A_t}{A_e}\right)_{Ma_e}} \tag{4-7}$$

$$\xi = \Delta\xi_1 \sqrt{\left(\frac{A_t}{A_e}\right)_{Ma_e}} + \frac{1}{2\tan\mu} \tag{4-8}$$

式中 $\Delta\xi_1$ 和 ξ 是在相同的$\frac{p_{cj}}{p_a}$ 情况下算得的。

使用式(4－8)算得图 4－15(a)、(b)、(c)、(d) 所示的曲线。此外,图中还绘出了可供比较用的实验数据。可知,在总压比 $5 \leqslant \frac{p_{cj}}{p_a} \leqslant 140$ 和喷口马赫数 $1 \leqslant Ma_e \leqslant 3$ 的范围内一致性相当好。但是,仔细比较理论和实验值,可以得知:在喷口马赫数较低时,理论值大于实验值;在喷口马赫数增高时,起初二者之差减小,过后又增大,且理论值小于实验值。

我们绘出无因次起始波节长$\frac{w}{d_e}$(由喷口到射流边界第一次收敛的距离除以喷口直径 d_e)随静压比$\frac{p_e}{p_a}$ 的变化曲线,可以发现在各个喷口马赫数的条件下,这条曲线的斜率基本上就是$\frac{x_{Ma_e}}{d_e}$ 理论曲线的斜率。这表明在各个喷口马赫数的条件下,起始波节长度对静压比的幂函数具有与马赫盘位置函数相同的幂指数,也就是马赫盘位置与起始波节长成正比。可知,$\frac{x_{Ma_e}}{d_e} \approx \frac{0.8w}{d_e}$。但是,由于该喷管假设没有包括跨过马赫盘的气流,因此未作更进一步的推论。此外,由实验证实,起始波节长比马赫盘位置更容易受到喷管扩张

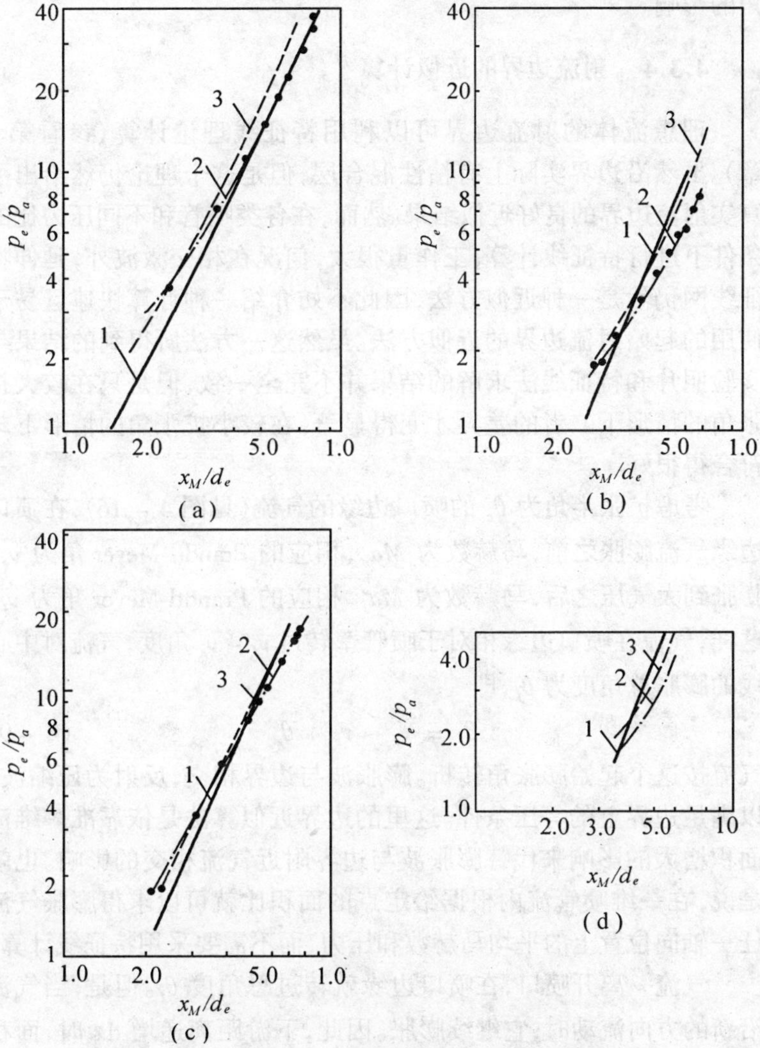

图 4－15　在 $Ma_e > 1$ 的情况下从喷口截面到第一个马赫盘的无因次距离随喷口静压比的变化

(a) $Ma_e = 1.5$；(b) $Ma_e = 2.5$；(c) $Ma_e = 2.0$；(d) $Ma_e = 3.0$

1— 理论曲线；2—A.P. 实验值；3—L.F. 实验值

角的影响。

4.3.4　射流边界的近似计算

理想流体的射流边界可以利用特征线理论计算(参看第 5 章)。虽然沿边界实际上有粘性混合层,但是这个理论仍然给出了真实射流边界的良好近似结果。然而,在各类喷管和不同压力比的条件下进行特征线计算,工作量很大,何况在相交激波外,延伸特征线网仍然是一种近似方法,因此不妨介绍一种计算快速且易于使用的起始射流边界的近似方法。虽然这一方法所得到的结果与实验照片和特征线法求解的结果并不完全一致,但是只在较大扩张角的情形下二者的差异才变得显著,在较小扩张角的情形下却符合得很好。

考虑扩张半角为 θ_e 的喷口边缘的气流(见图 4 - 16),在喷口边缘气流膨胀之前,马赫数为 Ma_e,相应的 Prandtl-Meyer 角为 ν_e,膨胀到大气压之后,马赫数为 Ma_j,相应的 Prandtl-Meyer 角为 ν_f。这样,气流在喷口边缘相对于喷管壁转过 $\nu_f - \nu_e$ 角度,气流对中心线的膨胀总角度为 θ_f,即

$$\theta_f = \nu_f - \nu_e + \theta_e \tag{4-9}$$

气流按这个起始膨胀角转折。膨胀波与边界相交,反射为压缩波,以满足边界上的等压条件。这里的边界近似算法是依靠准一维流面积增大的影响来代替膨胀波与边界附近气流相交的影响。也就是说,在一维喷管流内根据给定点的面积比就可以求得膨胀气流任一轴向位置上的平均马赫数和压力,而不需要采用特征线计算。

气流一离开喷口,在喷口边缘就转过总角度 θ_f。但是,当气流沿新的方向流动时,它继续膨胀。因此,下游距离递增 dx 时,面积增加 dA,压力相应减小$\dfrac{\partial p}{\partial A}dA$。如果认为沿射流边界的流管为所研究的管道,则可以根据准一维关系式计算$\dfrac{\partial p}{\partial A}$。因为沿射流边界的

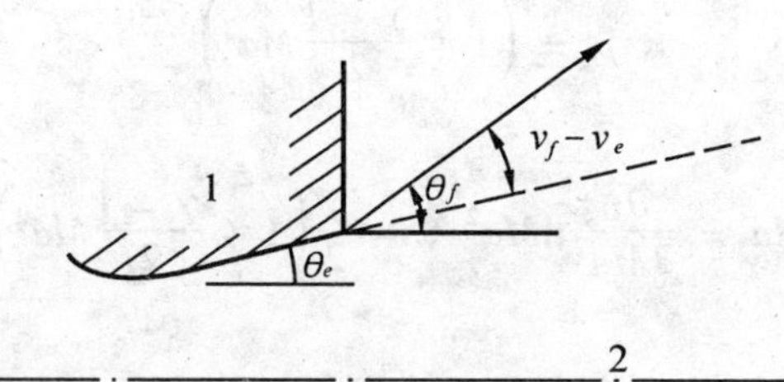

图 4 – 16　欠膨胀喷口边缘的气流总转折角

1— 喷管;2— 中心线

压力不许变化,所以压力减小必须由相当的压力增大来平衡,这只能用气流转折一个角增量 $\mathrm{d}\theta$ 来取得。这样,形成了弱压缩波。在边界任一点,即在某一 x 点所给定的 r 和气流方向角 θ 上(见图 4 – 16),同时包含膨胀和压缩过程。在轴向位置 $x + \mathrm{d}x$ 的 $r + \mathrm{d}r$ 处,给定方向的膨胀气流使压力减小;而方向角改变 $\mathrm{d}\theta$ 又使 $r + \mathrm{d}r$ 处的压力保持不变。于是,沿射流边界的压力方程可写为

$$\mathrm{d}p = \frac{\partial p}{\partial A}\mathrm{d}A + \frac{\partial p}{\partial \theta}\mathrm{d}\theta = 0 \qquad (4-10)$$

因为面积变化 $\mathrm{d}A$ 相当于马赫数变化 $\mathrm{d}Ma$,所以可以写出以 Ma 和 θ 表示的式(4 – 10)。于是

$$\frac{\partial p}{\partial Ma}\mathrm{d}Ma + \frac{\partial p}{\partial \theta}\mathrm{d}\theta = 0 \qquad (4-11)$$

式中,根据等熵流关系式计算$\dfrac{\partial p}{\partial Ma}$。

其次,如果 $\bar{p} = \dfrac{p}{p^*}$(p^* 为沿射流边界的气流总压),那么式(4 – 11) 变为

$$\frac{\partial \bar{p}}{\partial Ma}\mathrm{d}Ma + \frac{\partial \bar{p}}{\partial \theta}\mathrm{d}\theta = 0 \qquad (4-12)$$

因为波的强度很弱,所以可以假设 p^* 沿边界不变。

对于等熵流,$\bar{p}$ 与 Ma 的关系如下

$$\bar{p} = \left(1 + \frac{\gamma - 1}{2} Ma^2\right)^{-\frac{\gamma}{\gamma-1}} \tag{4-13}$$

所以

$$\frac{\partial \bar{p}}{\partial Ma} \mathrm{d}Ma = \frac{\partial \bar{p}}{\partial Ma^2} \mathrm{d}Ma^2 = -\frac{\gamma}{2}\left(1 + \frac{\gamma - 1}{2} Ma^2\right)^{-1} \bar{p} \mathrm{d}Ma^2 \tag{4-14}$$

根据线化理论,由方向角的微小变化引起的压力变化为

$$\Delta p = \frac{\gamma p Ma^2}{\sqrt{Ma^2 - 1}} \Delta\theta \tag{4-15}$$

因此,用压力和方向角的微小变化表示

$$\frac{\partial \bar{p}}{\partial \theta} = \frac{\gamma \bar{p} Ma^2}{\sqrt{Ma^2 - 1}} \tag{4-16}$$

以式(4 - 14)和(4 - 16)代入式(4 - 12),可以得到从喷口边缘的气流起始方向开始度量的角度与沿边界任一点的马赫数 Ma 之间的关系

$$\frac{\gamma \bar{p} Ma^2}{\sqrt{Ma^2 - 1}} \mathrm{d}\theta - \frac{\gamma}{2}\left(1 + \frac{\gamma - 1}{2} Ma^2\right)^{-1} \bar{p} \mathrm{d}Ma^2 = 0 \tag{4-17}$$

将 $\beta = \sqrt{Ma^2 - 1}$ 代入式(4 - 17),整理之,得

$$\mathrm{d}\theta = \frac{\dfrac{2\beta^2}{(\gamma - 1)(\beta^2 + 1)}}{\dfrac{\gamma + 1}{\gamma - 1} + \beta^2} \mathrm{d}\beta \tag{4-18}$$

对式(4 - 18) 按膨胀后的喷口条件对边界任一点进行积分。在喷口截面上,$\beta = \beta_e(Ma = Ma_e)$,$\theta = 0$,于是,

$$\theta = \sqrt{\frac{\gamma + 1}{\gamma - 1}} \tan^{-1} \sqrt{\frac{\gamma - 1}{\gamma + 1}} \beta - \tan^{-1} \beta - \left(\sqrt{\frac{\gamma + 1}{\gamma - 1}} \tan^{-1} \sqrt{\frac{\gamma - 1}{\gamma + 1}} \beta_e - \tan^{-1} \beta_e\right) \tag{4-19}$$

近似式(4 - 19) 表明,在等压条件下,任一点的转折角等于对应该点马赫数的 Prandtl-Meyer 角减去对应马赫数 Ma_e 的 Prandtl-Meyer

角。

已知 θ,可以计算用 r 和 x 表示的射流边界。如果 Ψ 是射流边界切向对轴向的夹角,那么(见图 4 - 17)

$$\tan\Psi = \frac{\mathrm{d}r}{\mathrm{d}x} \tag{4-20}$$

而

$$\Psi = \theta_f - \theta \tag{4-21}$$

如果以喷口截面半径定义无因次 r 和 x,则式(4 - 20)可写成

$$\mathrm{d}\left(\frac{x}{r_e}\right) = \mathrm{d}\left(\frac{r}{r_e}\right)/\tan(\theta_f - \theta) \tag{4-22}$$

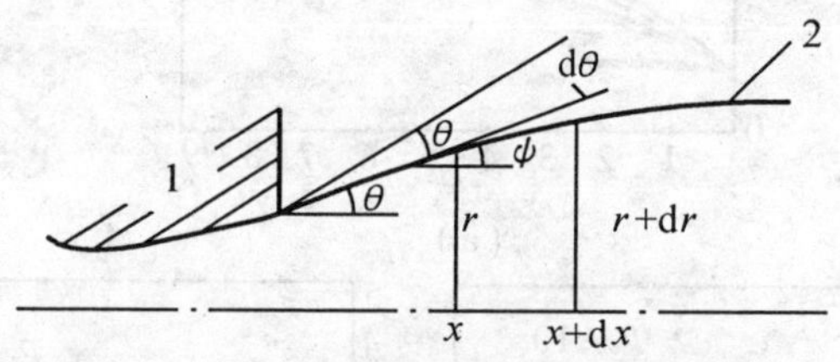

图 4 - 17　因轴向坐标 x 递增引起射流边界角和半径的变化

1—喷管;2—射流

这样,在任一点上的 $\frac{x}{r_e}$(在喷口截面上 $x = 0$)为

$$\frac{x}{r_e} = \int_1^{\frac{r}{r_e}} \frac{\mathrm{d}\left(\frac{r}{r_e}\right)}{\tan(\theta_f - \theta)} \tag{4-23}$$

使用对应于 Ma_e 的 $\left(\frac{A}{A_t}\right)_{\frac{r}{r_e}=1}$,可以算得对应于任意 $\frac{r}{r_e}$ 的面积比 $\left(\frac{A}{A_t}\right)_{\frac{r}{r_e}}$。于是,

$$\left(\frac{A}{A_t}\right)_{\frac{r}{r_e}} = \left(\frac{r}{r_e}\right)^2 \left(\frac{A}{A_t}\right)_{Ma = Ma_e} \tag{4-24}$$

已知面积比,可以查可压缩流表求得马赫数和 θ。对于任意给定喷管的一组参数,使用式(4-9),可以算得 θ_f。

在图 4-18(a)、(b)、(c)中,当喷管扩张半角 $\theta_e = 0$ 以及 $Ma_e = 1,2$ 和 3 时,对于各个 $\frac{p_e}{p_a}$ 给出了 r 对 x 的曲线,同时还算出了特征线解。

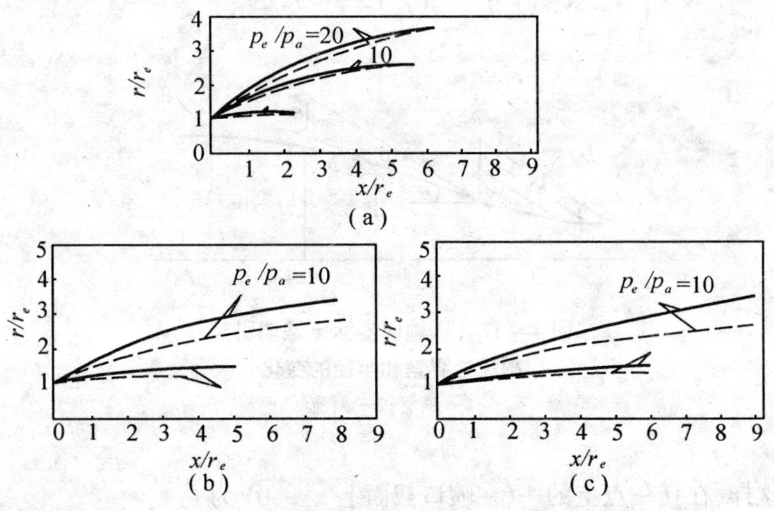

图 4-18　对音速和超音速喷管,在各静压比下近似方法算得的射流边界与特征线解的比较

—— 特征线解;— — 近似解

(a) $Ma_e = 1.0$; (b) $Ma_e = 2.0$; (c) $Ma_e = 3.0$

由图可见,在喷口边缘的射流边界与中心线的夹角较小时,也就是在较低压力比 $\frac{p_e}{p_a}$ 的情形下,这一近似方法才能获得良好的结

果。此外，还存在喷口马赫数的影响。例如，在 $Ma_e = 1.0$ 时，相对于特征线解的最大百分数差，从$\frac{p_e}{p_a} = 2, \frac{p^*}{p_a} = 3.8$情形下的 5% 变到$\frac{p_e}{p_a} = 20, \frac{p^*}{p_a} \approx 80$情形下的 9%；但是，在 $Ma_e = 3$ 时，这个百分数差对于$\frac{p_e}{p_a} = 2, \frac{p^*}{p_a} = 74$情形为 16%，对于$\frac{p_e}{p_a} = 10, \frac{p^*}{p_a} \approx 370$情形为 28%。因此，这一无粘射流边界的近似算法受静压比和喷口马赫数的限制，并且决定于所要求的精度。

4.4 Eastman-Radtke（简称 ER）法则

上一节所推荐的 AN 半经验理论认为，马赫盘的轴向位置是在射流中心线上马赫盘后面的静压等于环境压力之处。然而，事实上马赫盘后面的亚音速流又可以加速到超音速，之后还通过一系列弱激波。如是，Eastman-Radtke 认为这一近似方法只适用于依次激波中的最终一道激波，或者当 $x \to \infty$ 时 $p_M \to p_a$。

利用特征线法计算单喷管喷入静止空气的轴对称冷空气射流（$\frac{p_e}{p_a} = 12$，假设射流无粘性），得到了如图 4－19 所示的射流结构和相交激波后的无因次压力$\frac{p_2}{p_e}$对$\frac{x}{d_e}$的变化曲线。可见，开始时压力增高，之后减小，直至出现最小值。Eastman-Radtke 假设马赫盘位置与最小静压点重合。因此，Eastman-Radtke 认为，在特征线法数值计算中是按照射流为无粘流动的假设来确定最小静压点的，所以马赫盘不是由粘性效应或沿射流边界的混合引起的，而是由无粘流场所确定。同时认为，由于特征线法计算不受马赫盘下游流动的影响，因而马赫盘位置也不受它后面流域的影响。但是，马赫盘后面的火焰前缘可以使马赫盘稍向上游移动。

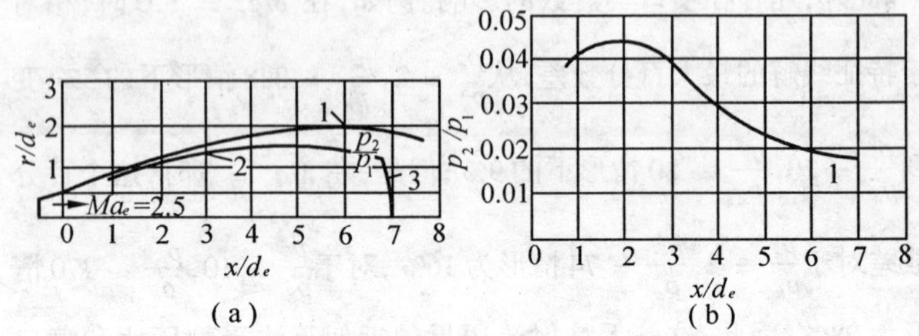

图 4-19 射流结构与相交激波后的静压变化

(a)1— 射流边界;2— 相交激波;3— 马赫盘;(b)1— 马赫盘发生在最小静压点

图 4-20 在 $Ma_e = 2.5$ 的情形下比较了冷空气射流喷入静止空气的理论和实验马赫盘位置。该图表明,假设马赫盘发生在最小静压点得到的计算结果与实验数据点符合。

此外,本法则同样适用于射流喷入伴随流的情况。然而,对于欠膨胀平面射流不能使用 *ER* 法则,因为相交激波下游的静压并不出现最小值。

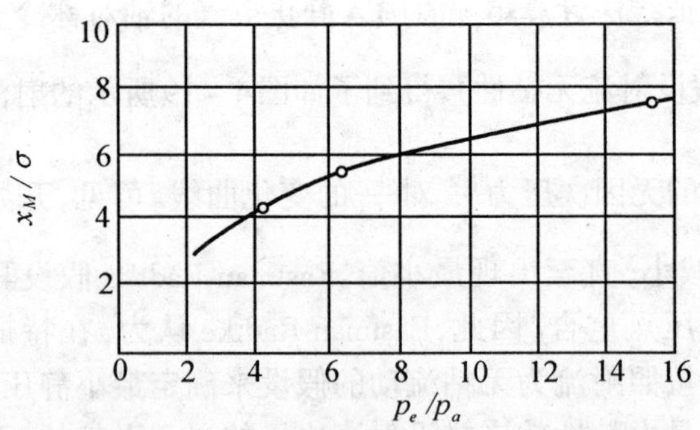

图 4-20 冷空气射流喷入静止空气的理论和实验马赫盘位置($Ma_e = 2.5$)

4.5　欠膨胀超音速射流结构的相关模型

4.5.1　理论模型

对于高度欠膨胀射流,相交激波伸到中心线之前,可以看到射流尺寸已有减小,结果垂直于中心线截面上的射流流动守恒方程(连续、动量和能量守恒方程)不成立,然而,射流在垂直于中心线的截面上必须满足所有守恒方程。例如,图 4－21 表示了 $\frac{p_e}{p_a} = 4.13$ 的高度欠膨胀轴对称音速射流的理论相交激波和无粘边界。理论

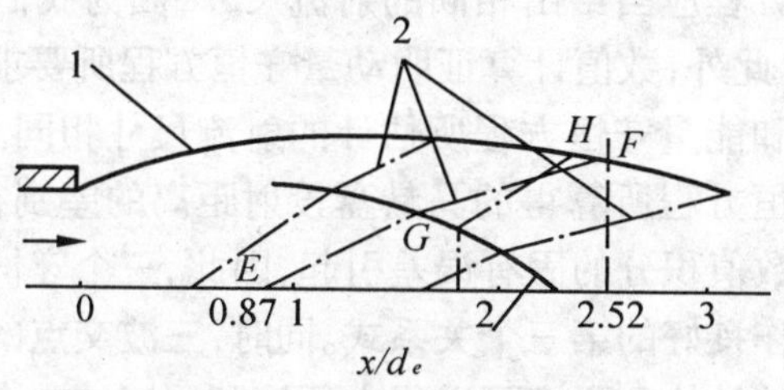

图 4－21　欠膨胀轴对称射流

$(Ma_e = 1.0; \frac{p_e}{p_a} = 4.13)$

1— 无粘边界;2— 左伸特征线;3—— 相交激波

无粘边界向中心线偏折,以致在下游 3.5 倍喷口直径的射流截面上,当地射流尺寸小于喷口尺寸。图中左伸特征线 EF 始于下游 0.87 倍喷口直径的中心线点,终止于下游 2.52 倍喷口直径的无粘边界上。因此,下游 2.52 倍喷口直径内的边界层流动不受下游从 0.87 倍喷口直径处发出的特征线下游气流变化的干扰,除非如图中所示的,其斜率比特征线要大的反射激波 GH 存在于下游气流之中,该激波在上游交于无粘边界。至于反射激波下游的射流尺寸

又会增大时，射流边界仍按波节循环。此外，受反射激波影响的射流边界显然取决于反射激波起始点的位置。

如果所有垂直于中心线的射流截面都满足守恒方程，则反射激波应在射流的较大尺寸处交于无粘射流边界。要是发出反射激波之点沿着相交激波向上游移动就可以实现这一点。在这种情况下，反射激波起始点必定存在满足下游流动条件的第三条激波（马赫盘），这就产生了会合于三波交点的三叉激波系。因此，通常除了在三波交点处满足二个关系式（即始于三波交点的滑移流面两侧的静压和气流方向角均相等）之外，还要根据如下条件得到第三个关系式，也就是反射激波必须在满足守恒方程的射流尺寸位置上与理论射流边界相遇。为此，可以采用三个守恒方程。然而，连续和能量守恒方程应当给出相同的射流尺寸，因为我们假定射流内的总焓不变。此外，数值计算证明动量守恒方程所要求的射流尺寸几乎与连续和能量守恒方程所估计的射流尺寸相同。由于利用连续和动量守恒方程所算得的马赫盘投射距离的差别很小，而且这一差别仅由数值积分的固有误差引起，因此，三个守恒方程的任一个都可以看作良好的第三个关系式。同时，三波交点的马赫盘和反射激波的当地结构和强度可以很方便地利用三波交点的三叉激波系解来确定。

4.5.2 数值计算方法

利用特征线法数值解计算出射流起始膨胀段之后，我们确定了相交激波在各试算点的上、下游气流参数，接着就可以按照如下步骤进行计算。

(1) 三波交点求解。假设满足一般的三波交点条件，即始于三波交点的滑移流线两侧的静压 p 和气流方向角 θ 均相等。因此，

$$p_3 = p_4 \text{ 和 } \theta_3 = \theta_4 \tag{4-25}$$

参照图 4－22。图中 1,2,3 和 4 为三条激波和滑移流线的分叉区域，I,R 和 N 分别为相交激波、反射激波和马赫盘（近似正激波）。由式

(4－25) 知,跨过各条激波的气流转折角有如下关系

$$\delta_N = \delta_I + \delta_R \tag{4-26}$$

且

$$\frac{p_4}{p_1} = \frac{p_2}{p_1} \cdot \frac{p_3}{p_2} \tag{4-27}$$

或

$$\lambda_N = \lambda_I \lambda_R \tag{4-28}$$

式中,λ 表示各条激波上、下游的静压比,即表征了激波强度。

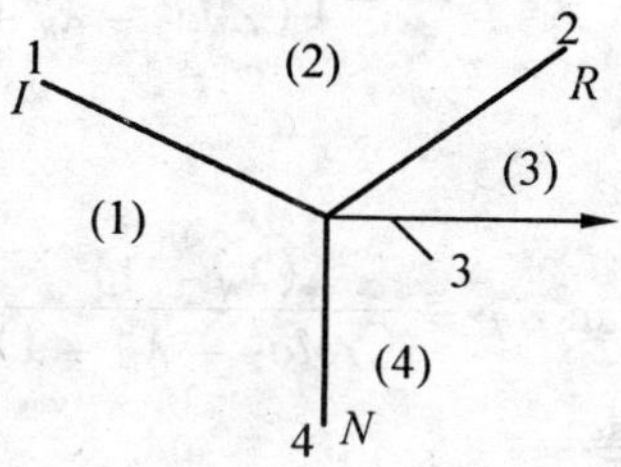

图 4－22　三波交点附近的气流区

1— 相交激波;2— 反射激波;3— 滑移流线;4— 马赫盘

我们利用迭代法计算跨过马赫盘和反射激波的气流转折角和静压比。迭代时,先取正激波前后的静压比为马赫盘前后静压比的初始值,即

$$\lambda_N = \frac{p_4}{p_1} = \frac{2\gamma Ma_1^2 - \gamma - 1}{\gamma + 1} \tag{4-29}$$

在三波交点的反射激波上、下游的静压比为

$$\lambda_R = \frac{p_3}{p_2} = \frac{2\gamma}{\gamma + 1} Ma_2^2 \sin^2\beta - \frac{\gamma - 1}{\gamma + 1} \tag{4-30}$$

或

$$\sin^2\beta = \frac{(\gamma + 1)\lambda_R + (\gamma - 1)}{2\gamma Ma_2^2} \tag{4-31}$$

式中,β 为激波角。跨过反射激波的气流转折角可以由下式算得

$$\tan^2\delta_R = \frac{Ma_2^2 \sin^2\beta - 1}{\left[Ma_2^2\left(\frac{\gamma + 1}{2}\right) - \sin^2\beta + 1\right]\tan\beta} \tag{4-32}$$

利用三角关系,再将式(4－31) 代入式(4－32),整理后,得

$$\tan^2\delta_R = \frac{(\lambda_R - 1)^2}{(\gamma Ma_2^2 - \lambda_R + 1)^2} \frac{2\gamma Ma_2^2 - (\gamma + 1)\lambda_R - (\gamma - 1)}{(\gamma + 1)\lambda_R + (\gamma - 1)} \tag{4-33}$$

因此,跨过马赫盘的气流转折角为

$$\delta_N = \delta_I + \arctan\left[\frac{(\lambda_R - 1)^2}{(\gamma Ma_2^2 - \lambda_R + 1)^2}\frac{2\gamma Ma_2^2 - (\gamma+1)\lambda_R - (\gamma-1)}{(\gamma+1)\lambda_R + (\gamma-1)}\right]^{1/2} \tag{4-34}$$

或

$$\tan^2\delta_N = \frac{(\lambda_N - 1)^2}{(\gamma Ma_2^2 - \lambda_N + 1)^2}\frac{2\gamma Ma_1^2 - (\gamma+1)\lambda_N - (\gamma-1)}{(\gamma+1)\lambda_N + (\gamma-1)}$$

于是

$$Q_3\lambda_N^3 + Q_3\lambda_N^2 + Q_1\lambda_N + Q_0 = 0 \tag{4-35}$$

式中

$$Q_3 = (\gamma+1)(\tan^2\delta_N + 1)$$

$$Q_2 = [\gamma - 2(\gamma+1)(1+\gamma Ma_1^2) - 1]\tan^2\delta_N - 2\gamma Ma_1^2 - \gamma - 3$$

$$Q_1 = [(\gamma+1)(1+\gamma Ma_1^2)^2 - 2(\gamma-1)(1+\gamma Ma_1^2)] - \tan^2\delta_N + 4\gamma Ma_1^2 - \gamma + 3$$

$$Q_0 = (\gamma-1)(1+\gamma Ma_1^2)^2\tan^2\delta_N - 2\gamma Ma_1^2 + \gamma - 1$$

现在可以从三次方程式(4－35)求得马赫盘前后静压比的新预估值，也就是，这一新预估值 λ_N 是在 λ_I、Ma_1 和 γ 已知的条件下，按照式(4－29)算得的初始值 λ_N，通过式(4－30)、(4－33)、(4－34)和(4－35)来求得的。之后，将这一 λ_N 值代入式(4－28)，重复上述计算流程，得到式(4－35)的新系数 Q_3，Q_2，Q_1 和 Q_0。再由这些新系数解式(4－35)得到 λ_N 的另一个新值。然后，检验式(4－35)的两次相邻解之间的相对误差。如果上述两个解之间的相对误差的绝对值小于或等于 0.5×10^{-5}，那么结束迭代过程，并取最终计算值 λ_K，δ_K，δ_N 和 λ_N 为满足三波交点条件之值。不然，将最终值 λ_N 再代入式(4－28)，作重复计算。这时迭代的收敛速率很快，甚至在极个别的情况下至多只要三次迭代。之后，利用斜激波关系式确定区域(3)和(4)中反射激波和马赫盘的当地斜率和气流参数。

(2) 假设反射激波以同一个斜率伸至无粘边界，因而确定了图 4－23 的边界点。

(3) 已由特征线法数值解求得了反射激波上游射流边界的气流参数，所以利用斜激波关系式可以算得在无粘边界上紧挨反射激波下游的气流参数。

(4) 为了计算三波交点到边界点的反射激波下游的质量流量，需要在反射激波上算出所有网格点的坐标，见图4－23。

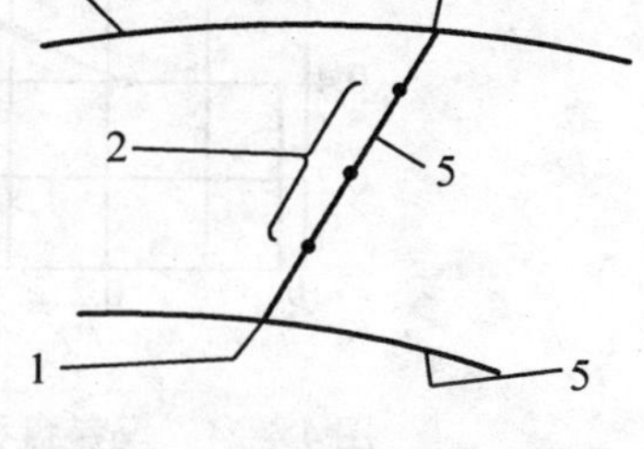

图4－23　计算反射激波下游单位面积质量流量的各中间点

1— 三波交点；2— 中间点；3— 无粘射流边界；4— 边界点；5— 反射激波；6— 相交激波

(5) 由特征线法数值解确定反射激波各中间点上游的气流参数。

(6) 利用斜激波关系式确定反射激波各中间点下游的气流参数。

(7) 在以下各点计算反射激波下游垂直于中心线的单位面积质量流量 $\dot{m} = \rho u\cos\theta$，即：

① 紧接马赫盘下游的三波交点；

② 紧接反射激波下游的三波交点；

③ 在反射激波上的所有网格点(14 ~ 19个点)；

④ 边界点。

反射激波下游无因次质量流量$\frac{\dot{m}}{\dot{m}^*}$对垂直于射流轴线的无因次距离$\frac{r}{d_e}$的变化如图4－24所示。图中 $\dot{m}^* = \rho^* U^*$ 为单位面积的最大质量流量。

(8) 假设在马赫盘下游亚音速区垂直于中心线的单位面积质量流量 $\dot{m}_s$ 为常量(通过马赫盘的质量流量比通过喷口截面的总质量流量小12%)。根据上式计算通过边界点且垂直于中心线的截

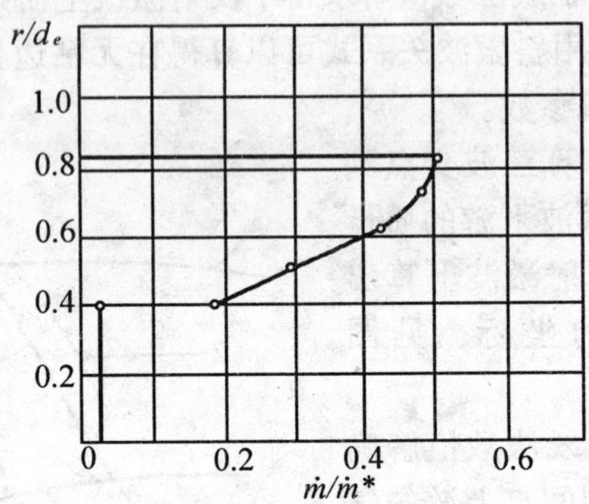

图 4－24　马赫盘和反射激波下游单位面积质量流量的变化($Ma_e = 2, \frac{p_e}{p_a} = 4$)

1— 超音速流;2— 亚音速流

面上的总质量流量为

$$\overline{m} = \int_A \dot{m} \mathrm{d}A = \dot{m}_s \pi r_M^2 + 2\pi \int_{r_M}^{r_b} \dot{m} r \mathrm{d}r \tag{4-36}$$

式中 r_M 和 r_b 分别为三波交点和边界点的径向距离。

无因次总质量流量 $\frac{\overline{\dot{m}}}{\dot{m}^*}$ 对无因次三波交点位置 $\frac{x_M}{d_e}$ 的变化如图 4－25 所示。于是,由总质量流量 $\frac{\overline{\dot{m}}}{\dot{m}^*}$ 不变求得的三波交点位置即是马赫盘的合适位置。

4.5.3　粘性效应

为减少所考虑的因素,我们先研究从收敛喷管排出的欠膨胀轴对称射流的相关模型,用以计算在各种喷口静压比条件下上述射流中的相交激波、反射激波,以及马赫盘的位置、结构与强度。图

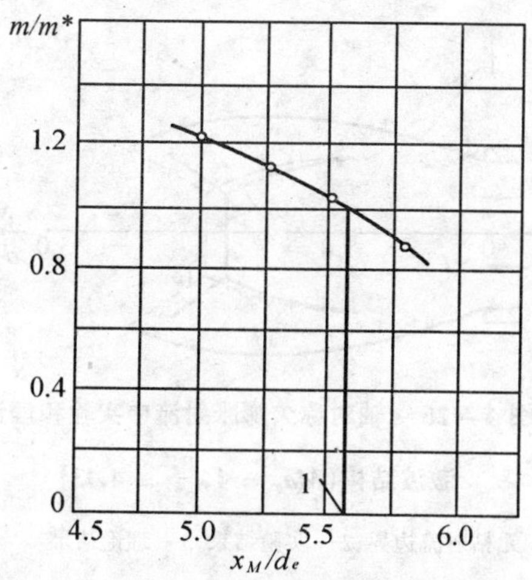

图 4-25　通过边界点射流截面上的总质量流量对所设三波交点位置的变化

$\left(Ma_e = 1, \frac{p_e}{p_a} = 31.0\right)$

1— 三波交点位置

4-26 在射流静压比 $\frac{p_e}{p_a} = 4.13$ 的情形下比较了空气射流的理论和实测马赫盘的投射距离。在这一情况下，马赫盘的理论位置约在实验测定位置下游的 7%。图 4-27 在喷口静压比 $\frac{p_e}{p_a} = 4.13 \sim 31.07$ 的条件下比较了本模型与实验测定马赫盘的位置。可见，本模型所预计的马赫盘位置与实验结果的差别随射流静压比的增大而增大。在 $\frac{p_e}{p_a} = 31.07$ 时相差约 17%。然而，马赫盘的理论位置始终是在实验位置的下游。

本模型所预计的马赫盘位置与实验测得的差别随射流静压比的增大而逐渐增大，这多半是由于粘性效应。但是，这种影响既未

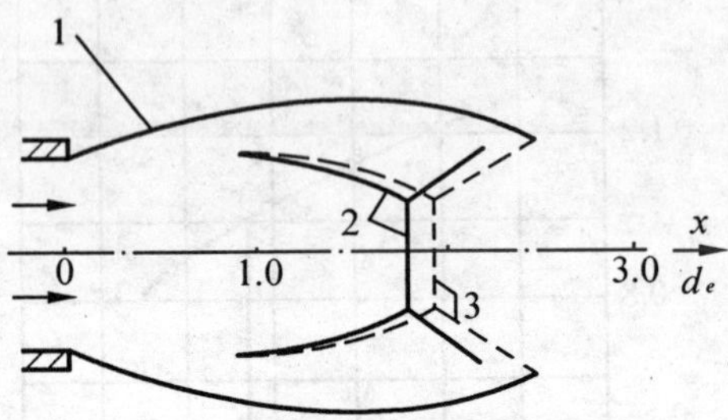

图 4－26　轴对称欠膨胀射流中实验和理论激波结构($Ma_e = 1, \frac{p_e}{p_a} = 4.13$)

1— 无粘射流边界；2— 实验结果；3— 理论结果

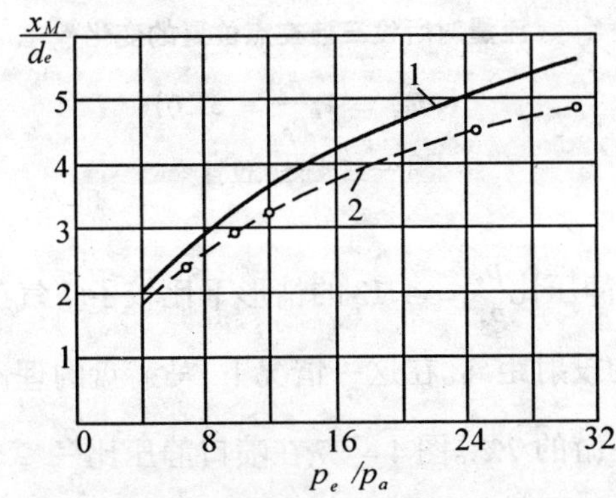

图 4－27　在轴对称欠膨胀射流中射流静压比对马赫盘位置的影响($Ma_e = 1.0$)

1— 本模型；2— 实验结果

包含于本模型也没有包含于以前几节所介绍的模型之中。下面我们可以解释这些差别的物理机理。

从图 4－2(a)，(c) 的粘性欠膨胀超音速射流的流动区域可以

看到，当欠膨胀射流流入静止介质时，在其边界层发生强剪应力，而在喷口下游的短距离之内，这一剪切层的流动变为完全发展湍流。由于内部层流和周围混合层之间不断交换动量，使层流区的尺寸逐渐减小。但是，混合层内单位面积的平均质量流量小于层流核边界单位面积的质量流量。因此在粘性射流中满足质量守恒方程所要求的射流尺寸必须大于无粘射流的。这样，在实际射流中三波交点应当进一步沿着较大射流尺寸的相交激波上游移动。因为反射激波处的混合层尺寸多半随射流静压比的增高而增大，所以当射流静压比增高时，这里无粘模型所预计的投射距离与实验结果的差别应当逐渐增大。

在上述喷口静压比的范围内，马赫盘的理论直径和强度分别示于图4－28和图4－29。在图4－28中还表示了马赫盘的实验测定直径。正如所预计的，随着静压比的增高，马赫盘的理论尺寸和强度也增大。

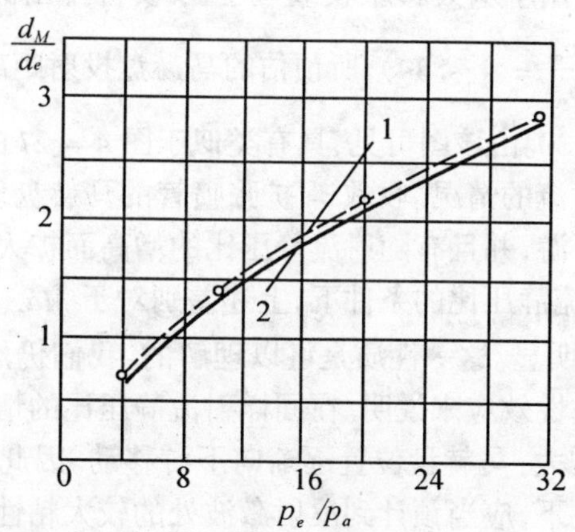

图4－28　在轴对称欠膨胀射流中射流静压比对马赫盘直径的影响($Ma_e=1.0$)

1—实验结果；2—本模型

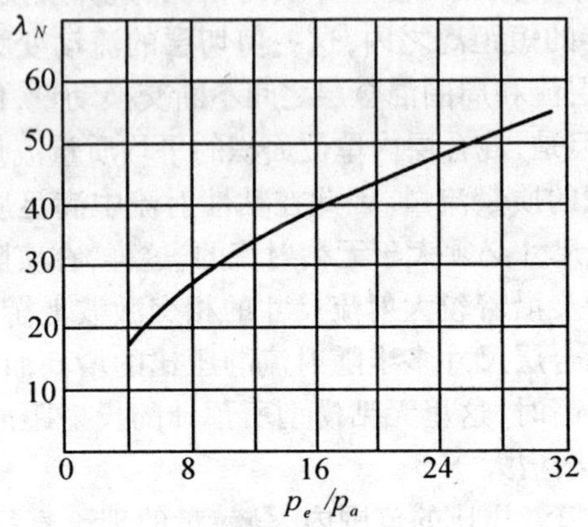

图 4－29　在轴对称射流中射流静压比对马赫盘强度的影响(Ma_e = 1.0)

本模型应用于从欠膨胀收敛－扩张喷管排出的超音速射流($Ma_e = 2.0, \frac{p_e}{p_a} = 4 \sim 14$),所预估的马赫盘投射距离与实验结果比较于图 4－30。由该图可见,具有类似于图 4－27 的从收敛喷管排出欠膨胀射流的情况。收敛－扩张喷管的马赫盘理论位置也在实验结果的下游,并且有随射流静压比的增高而扩大这一差别。然而,在相同射流静压比的条件下,上述差别对于 $Ma_e = 2$ 比 $Ma_e = 1$ 的情况更为明显。这一性质是可以理解的。我们仍然可以在实际射流中考虑粘性效应来说明。在同样射流静压比的情形下,随着出口马赫数的增大,马赫盘位置逐渐向下游移动。因此,在较高出口马赫数的条件下,应当预计到反射激波处的较大粘性效应。正如在收敛喷管排出音速射流中所讨论的,上述粘性效应使三波交点位置沿相交激波进一步向上游移动。因此,在相同射流静压比的情形下,当出口马赫数增高时,本无粘模型所估计的马赫盘位置与实验结果的差别必定逐渐增大。

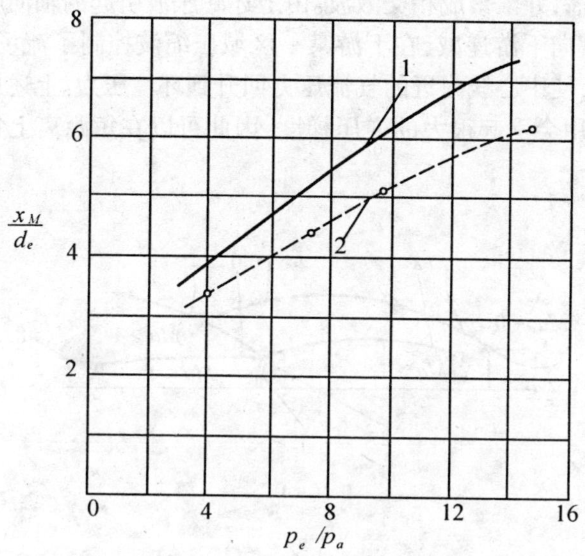

图4-30　在欠膨胀轴对称超音速射流中射流静压比对马赫盘位置的影响($Ma_e=2.0$)

1—本模型;2—实验结果

4.6　欠膨胀射流马赫盘位置的精确确定

本节有必要再深入一步论述在什么条件下才由射流相交激波形成马赫盘，并且研究在出现马赫盘时确定三波交点位置的Abbett理论和方法。

4.6.1　Abbett理论

(1) 为什么会形成马赫盘?我们研究欠膨胀喷管射流喷入静止环境的情况，见图4-31。我们知道，喷口边缘的膨胀波加速气流，使气流偏离中心线。膨胀波由等压流线反射为压缩波，沿右伸

特征线传播，并汇聚成相交激波。由上述膨胀波引起的轴向顺压梯度，其强度向下游递减，在下游某一区域压缩波控制了流场，出现逆压梯度，使中心线附近的气流压力回升到环境压力。上述压缩波的汇聚作用会引起很大的逆压梯度，因此可以在短距离上集中增压。

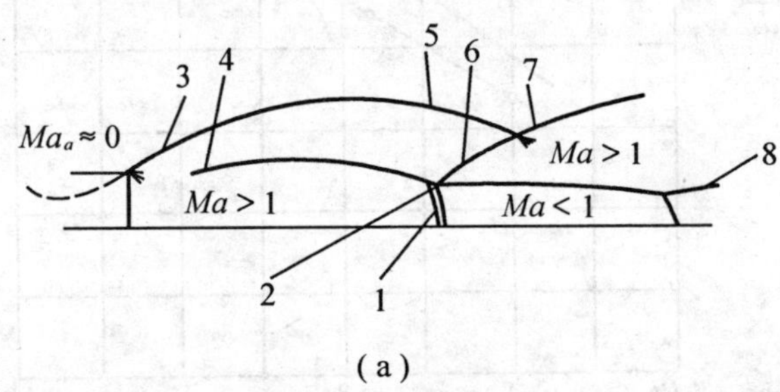

(a)

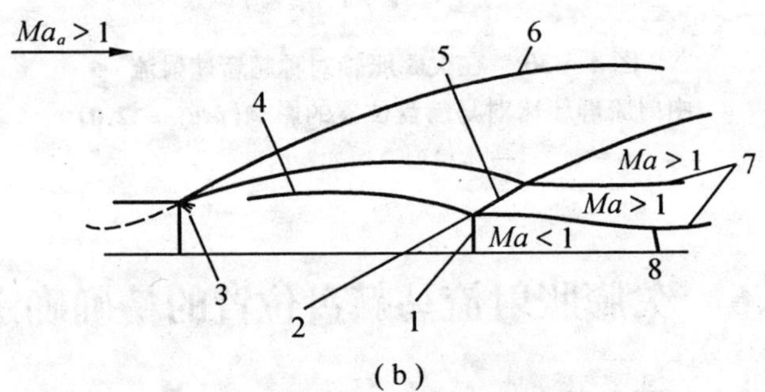

(b)

图 4－31　欠膨胀喷管的无粘射流

(a)1— 马赫盘；2— 三波交点；3—P－M膨胀波族；4— 相交激波；5— 等压边界；6— 反射激波；7—P－M 膨胀波族；8— 滑移流线

(b)1— 马赫盘；2— 三波交点；3—P－M膨胀波族；4— 相交激波；5— 等压边界；6— 边缘激波；7— 滑移流线；8— 中心线

对于稍欠膨胀射流，气流大体为一维流。无粘超音速一维流借助于马赫盘获得强烈的正压变化，也就是当射流中心线附近大体

为一维流而在极短距离内获得强烈增压时形成了马赫盘。

换言之，我们可把射流起始膨胀区的气流分成二个部分：沿中心线的准一维流管以及超音速外层流。在轴向顺压梯度下，中心流管的横截面增大，并且以流管与外层流的相互作用确定这一增量。因为是超音速流，即流管是超临界的，且 $\frac{d\delta}{dp} < 0$（δ 为流管半径），所以只要 $\frac{dp}{dx} < 0$，就不存在与上述相互作用有关的问题。然而，正如 Crocco 所指出的，与超音速外层流相互作用的超临界中心流不可能平滑地产生轴向逆压梯度，超临界核心流会对突跃为亚音速状态所要求的下游增压起反应。这里是借助于强激波 —— 马赫盘来实现的。

(2) 马赫盘什么时候形成？若是相交激波对中心线的正规反射产生了足够大的增压，那么在发射点下游无需附加极大的压缩，这时也就没有必要产生强激波（马赫盘）。但是，如果正规反射只达到所需要的部分增压，那么与外层超音速流起作用的超音速核心流管就没有能力产生附加的逆压梯度，从而形成了马赫盘，使核心流变成亚音速流。在静止环境中，核心流必须恢复到环境压力 p_a；而在超音速环境（见图 4 - 31(b)）中，压力大小则不同，它不需要在反射区域下游产生极大的逆压梯度。

显然，如果当地不存在正规反射，那么至少应求最小尺寸的马赫盘。当然，这属于轴对称射流中的局部情况。

(3) 确定三波交点 - 马赫盘位置的机理。Abbett 根据紧挨马赫盘下游的亚音速核心流必须平滑地通过滑移流线喉部（使下游气流变为超音速流）的要求来确定三波交点位置。在马赫盘下游的准一维流管中，流管内的气流为音速，其在喉部的横截面面积为最小。这一情况也定量地反映了马赫盘下游亚音速核和超音速外层的相互作用。

我们再简单明确地剖析一下射流轮廓，就可以进一步弄清上述相互作用以及是如何确定三波交点位置的。我们从实际现象得到的模型的核心问题仍是中心线附近的准一维流。也就是,使紧接马赫盘下游的气流为亚音速流,这一定常问题仍然可以表示成以三波交点为参数的初值问题。所以,若是给定了实际三波交点位置,那么至少可以初步确定整个流场。显然,一旦规定了喷口截面和环境条件,就能确定直至三波交点的整个流场。在给定了三波交点位置的情况下继续计算,即可求得激波结构,而且滑移流线的起始斜率应当是其中的一个结果。这样,再按照下述三条来确定三波交点下游的气流:

① 使用特征线法计算超音速区;

② 利用准一维流流管模型计算亚音速流;

③ 结合上述两条,沿滑移流线确定当地轴向压力梯度。

设定三波交点位置之后,求得三波交点 - 马赫盘解。且以此作为在下游求解上述相互作用问题的初始条件。一般来说,这个初值问题不具有光滑连续解。在 $Ma_e \to 0$ 或 1 以及 $\left(\frac{\mathrm{d}r}{\mathrm{d}x}\right)_{ss} \to +\infty$ 时(下标 c 和 ss 分别指中心线和滑移流线),所产生的压力梯度 $\frac{\mathrm{d}p}{\mathrm{d}x} \to +\infty$。在三波交点位置只有惟一值的情况下,当滑移流线喉部 $\left(\frac{\mathrm{d}r}{\mathrm{d}x}\right)_{ss} \to 0, Ma_e \to 1$ 时,$\left(\frac{\mathrm{d}p}{\mathrm{d}x}\right)_c$ 表示一有限值。因此,滑移流线喉部是一个以三波交点位置为参量的鞍型奇异点。

为了确定三波交点 - 马赫盘结构的位置,可以认为三波交点的横坐标是无粘射流解的一个参数。然后,以马赫盘下游核心亚音速流顺利地流过滑移流线喉部来确定这一参数之值。

以下各节分别介绍确定三波交点 - 马赫盘结构位置的具体计算过程。

4.6.2 相交激波上、下游气流参数的确定

为使各步计算衔接起来,本节首先概述一下利用轴对称有旋

或无旋流的特征线方法确定相交激波上下游的气流参数。至于细部计算过程,详见第 7 章的第 7.3 节。

因为流场的主要部分是超音速的,所以易于应用轴对称流特征线方法。譬如,在物理平面和速度平面上,分别给出轴对称有旋流的特征线方程为

$$\left.\frac{\mathrm{d}r}{\mathrm{d}x}\right|_{\pm}=\tan(\theta\mp\alpha) \tag{4-37}$$

$$\frac{1}{Ma^{*}}\left.\frac{\mathrm{d}Ma^{*}}{\mathrm{d}\theta}\right|_{1,2}=\mp\tan\alpha-\left.\frac{\sin^{2}\alpha\,\mathrm{d}(s/C_{V})}{\gamma(\gamma-1)\mathrm{d}\theta}\right|_{1,2}+\left.\frac{\tan^{2}\alpha\tan\theta}{\tan\theta\mp\tan\alpha}\cdot\frac{1}{r}\frac{\mathrm{d}r}{\mathrm{d}\theta}\right|_{1,2} \tag{4-38}$$

式(4-38) 右端第二项表示弯曲激波产生的旋涡的影响。在许多流动场合,旋涡的影响不太重要,忽略这一影响可以大为简化计算步骤。但是,在这里可以看到旋涡的影响十分重要,必须予以考虑。

给定喷口截面上的气流参数 p,T,Ma 和 θ 以及环境压力,沿右伸特征线进行计算。在喷口边缘集中了一族与出口静压和环境压力相对应的膨胀波。在计算射流内部各点时,若是同族特征线交叉,则表明相交激波开始出现。

利用 Rankine-Hugoniot 突跃条件与激波后面特征线相容方程解相结合的方法可以得到相交激波的斜率和紧挨激波后的气流参数。但是,为使这一计算简便起见,在确定激波点位置时,除了激波斜率不作均化外,所有有限差分方程系数必须在起始和最终点之间均化。在确定沿流线的熵和总焓时也可以利用"质量流量 - 熵与总焓表"。

对于上述马赫盘问题,我们发现关键是精确计算相交激波的强度,整个下游流场(包括三波交点解) 都决定于它。因此,应当仔细验算压缩波和同族激波相交所产生的强激波区域。虽然我们在流场起始膨胀段精确地确定了相交激波位置,但是仍不能得到适当的激波强度(譬如,第 7.3 节所述的折叠方法等)。可以说,相交

激波计算是数值方法中最复杂的部分。

4.6.3 三波交点求解

马赫结构可用若干激波间的干扰来表征,而且通过不同强度激波相交的三波交点来表示这一特征。因为马赫盘后面存在亚音速流,所以三波交点邻域的流动状况对下游流场有显著的影响。我们可以根据横越滑移流线的压力连续和气流方向角相同的无粘条件来确定三波交点附近的反射激波和马赫盘的强度。

除了第 4.5.2 节所述的先设定 λ_N 求得三波交点解之外,我们也可以通过假设马赫盘的斜率值,计算图 4-32 区域 4 中相应的压力和气流方向角来求得三波交点解。然后,确定相应于压力 $p_3 = p_4$ 的反射激波角,对 $\theta_3 = \theta_4$ 作一试算。若是不相等,则重新设定马赫盘斜率的一个新值,重复上述计算过程。经过多次重新设定马赫盘斜率,直到同时满足 $p_3 = p_4$ 和 $\theta_3 = \theta_4$ 为止。

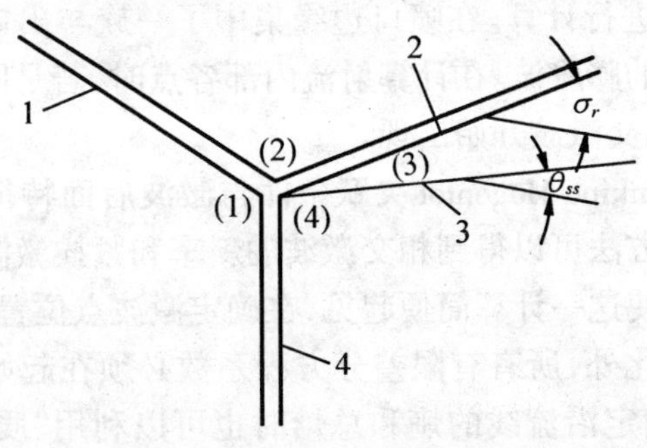

图 4-32 三波交点结构

1— 相交激波;2— 反射激波;3— 滑移流线;4— 马赫盘

4.6.4 计算马赫盘下游的干扰流场

三波交点解含有分离滑移流线斜率 $\tau_{ss} = \tan\theta_{ss}$。当求解马赫

盘下游干扰流场时，这一斜率必须已知。我们知道，滑移流线把射流分为两个区域，即沿中心线的准一维流管和超音速外层区。这些区域可以应用定常欧拉方程。沿滑移流线联解上述两个区域中的方程，可以求得分离滑移流线的形状（也就是流管横截面面积分布）和轴向压力分布。

在第4.6.2节中已经提到过弯曲的相交激波和反射激波强度在三波交点附近变化很大，并且这两条激波后面的滞止压力的差别也很大，所以在超音速外层流中精确考虑旋涡的影响十分重要。假设沿整个右伸特征线 AB 的气流参数已知，并且包括了 B 点的流管解（见图4－33）。相邻右伸特征线 CDE 的解可以确定到 D 点，

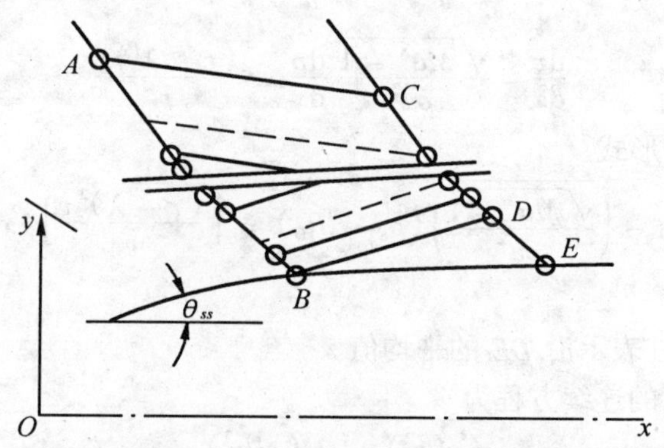

图4－33　沿分离滑移流线的匹配

并且包括 D 点。滑移流线 E 点的坐标为

$$r_e = r_B + \frac{\tau_B + \tau_E}{2}(x_E - x_B) \qquad (4-39)$$

式中，τ 为滑移流线的斜率。由右伸特征线 DE，得

$$r_E = r_D + \frac{\lambda_D^I + \lambda_E^I}{2}(x_E - x_D) \qquad (4-40)$$

式中，λ^I 为右伸特征线斜率

$$\lambda^{I} = \frac{\mathrm{d}r}{\mathrm{d}x} = \frac{uv - a\sqrt{u^{2} + v^{2} - a^{2}}}{u^{2} - a^{2}}$$

且

$$a^{2} = \frac{\gamma p}{\rho}$$

对于轴对称流沿右伸特征线 DE 的相容方程为

$$v\mathrm{d}u - u\mathrm{d}v + \left[\lambda - \frac{u(u\lambda - v)}{a^{2}}\right]\frac{\mathrm{d}p}{\rho} = \frac{v(u\lambda - v)}{r}\mathrm{d}x -$$

$$u^{2}\mathrm{d}\left(\frac{v}{u}\right) + \sqrt{Ma^{2} - 1}\,\frac{\mathrm{d}p}{\rho} = \frac{u^{2}\left(\frac{v}{u}\right)\left(\lambda - \frac{v}{u}\right)}{r}\mathrm{d}x$$

上式两边除以 $-u^{2}$，且代入 $\tau = \frac{v}{u} = \tan\theta$，则有

$$\frac{\mathrm{d}\tau}{\mathrm{d}x} - \frac{\sqrt{Ma^{2} - 1}}{\rho u^{2}}\frac{\mathrm{d}p}{\mathrm{d}x} = \frac{(\tau - \lambda^{I})\tau}{r}$$

写成差分形式

$$\tau_{E} - \tau_{D} - \left(\overline{\frac{\sqrt{Ma^{2} - 1}}{\rho u^{2}}}\right)(p_{E} - P_{D}) = \left[\overline{\frac{(\tau - \lambda)^{2}\tau}{r}}\right](x_{E} - x_{D}) \tag{4-41}$$

式中，横杠表示沿 DE 的平均值。

流管的连续方程为

$$(\rho U r^{2})_{E^{-}} = (\rho U r^{2})_{B^{-}}$$

式中，“−”号表示滑移流线的流管内侧，而 $U_{E}^{+} = (\sqrt{u_{E}^{2} + v_{E}^{2}})^{\pm}$。

此外，滑移流线两边的能量守恒方程为

$$\left(\frac{\gamma}{\gamma - 1}\frac{p}{\rho} + \frac{u^{2}}{2}\right)_{E}^{\pm} = \left(\frac{\gamma}{\gamma - 1}\frac{p}{\rho} + \frac{U^{2}}{2}\right)_{B}^{\pm} \tag{4-42}$$

对于多方气体，热量状态方程为

$$\left(\frac{p}{\rho^{\gamma}}\right)_{E}^{\pm} = \left(\frac{p}{\rho^{\gamma}}\right)_{B}^{\pm} \tag{4-43}$$

(4 − 43) 式为沿流线成立的等熵方程。

在式(4－39)到(4－43)的八个方程中含有 $x_E, y_E, \tau_E, p_E, \rho_E^{\pm}$ 和 $U_E^{\pm}$ 八个未知数,所以可以求解。

4.6.5　等效喷喉的壅塞现象

Abbett 理论认为欠膨胀轴对称自由射流的马赫盘位置和尺寸可以看作是由于马赫盘下游发生的等效喷喉壅塞现象的流场之间的无粘干扰的结果。以上第4.6.2和4.6.3节的计算是以三波交点位置 x_{Tp} 为参数的初值问题,但是最终确定三波交点－马赫盘结构位置还要按照马赫盘下游发生的等效喷喉壅塞现象来判断。

当开始向三波交点下游继续计算时,亚音速流管解是加速的还是减速的,取决于我们所设定的三波交点－马赫盘结构位置值是比精确值大还是比其小。如果所设定的三波交点横坐标明显地小于精确值,则马赫盘后的压力太高,滑移流线与轴线的夹角过大,以致不能与下游喉部条件相协调。θ_{ss} 大,流管面积必定增大,下游压力增高,在流管内趋使气流滞止。在这种情形下,没有合乎要求的解。同理,如果所规定的三波交点横坐标太大,则压力过低,θ_{ss} 太小(θ_{ss} 用代数值表示)。于是,θ_{ss} 具有较大的负值(绝对值小),得到了较强的顺压梯度,使流管气流逐渐加速到音速。事实上,因为在精确三波交点横坐标附近,上述两种情况都不会很快表现出来,在压力梯度真正开始激烈增大或减小时,气流速度的变化趋势才会更加明显,所以情况并不简单。

核心流管马赫数的轴向变化(见图4－34)清楚表明了上述两种气流的变化趋势取决于所设 x_{Tp} 之值是大于还是小于精确解。当 x_{Tp} 接近于精确解时,尤应注意滞止曲线的峰值。但是表示最清楚的还是 $\left(\frac{\mathrm{d}r}{\mathrm{d}x}\right)_{ss}$ 随 Ma_c 变化的曲线(见图4－35)。特别当气流变化曲线接近于 $Ma=1$ 时,在 $\theta=0$ 的地方,$\frac{\mathrm{d}\theta(Ma)}{\mathrm{d}Ma}$ 不连续,鞍点特性相当明显,即在这一曲线图顺时针转过90°之后气流变化曲线具

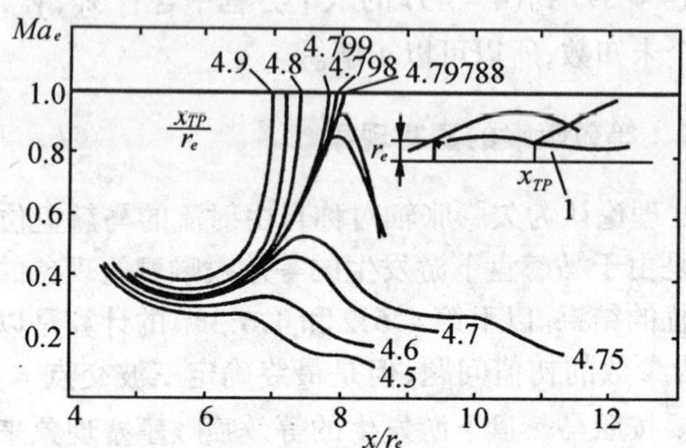

图 4 – 34　在各设定的三波交点横坐标的情况下核心流管马赫数随轴向距离的变化

1— 核心流管

有明显的收敛 – 扩张性质。由图 4 – 34 和图 4 – 35 可见，对于图示实例(完全气体、无粘、欠膨胀、轴对称、超音速、空气射流喷入静止环境，$\frac{p_e}{p_a} = 4, Ma = 1.5$)，在计算精度范围内，由 Abbett 理论算得的$\frac{x_{TP}}{r_e}$是在 4.79784 与 4.79788 之间。这与 Love 的纹影照相实验结果符合得很好，该实验马赫盘位置位于$\frac{x_M}{r_e} = 4.8 \sim 4.9$。

值得注意的是，在所设定的各个三波交点位置的情况下，每次都需要细微地迭代计算才能实现平滑通过滑移流线喉部的要求。我们在气流滞止曲线上可以精确测得参数 $1 - (Ma_c)_{max}$，而在气流加速曲线上相应地取 $Ma_e = 1$ 处的滑移流线倾角值$\left(\frac{dr}{dx}\right)_{ss}$。如此取定的上述两条曲线可以明显地表明，它们都指向同一个 x_{TP} 值(见图 4 – 36)。在$\frac{x_{TP}}{r_e} = 4.8$ 时所算得的流场结构示于图 4 – 37。最

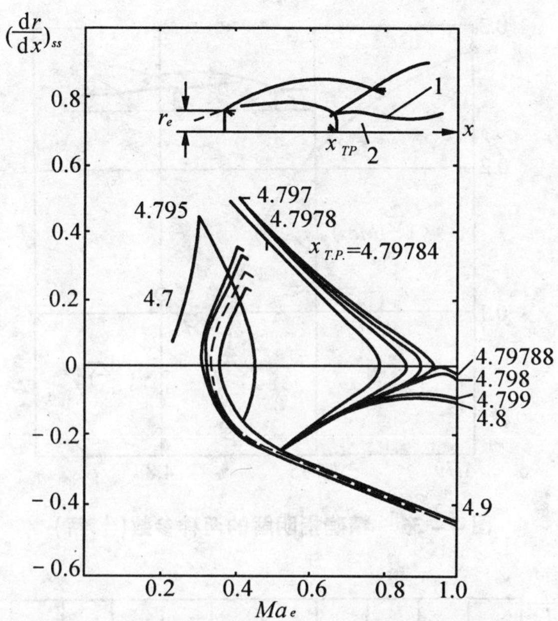

图 4 – 35　在各设定三波交点横坐标的情况下

滑移流线倾角随核心马赫数的变化

1— 滑移流线；2— 核心流管

后，Abbett 还认为对于射流没有无粘限制的情况，上述理论计算结果也是正确的。

4.6.6　实例分析

图 4 – 38 给出了在 $Ma_e = 1.5, \frac{p_e}{p_a} = 10, N = 30$（$N$ 表示由起始马赫线开始的均匀间隔波的数目）情况下马赫盘位置的计算结果。例如，在 $x = 7.022$ 处较早地引入马赫盘会使流场下游喉部成为亚音速状态（$Ma_e = 0.4$）。另一方面，在 $x = 7.616$ 处，马赫盘迟

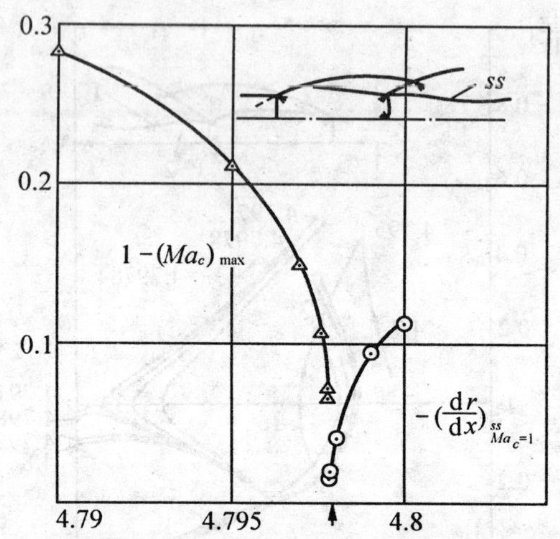

图 4 – 36　精确指明解的两种参数(↑解)

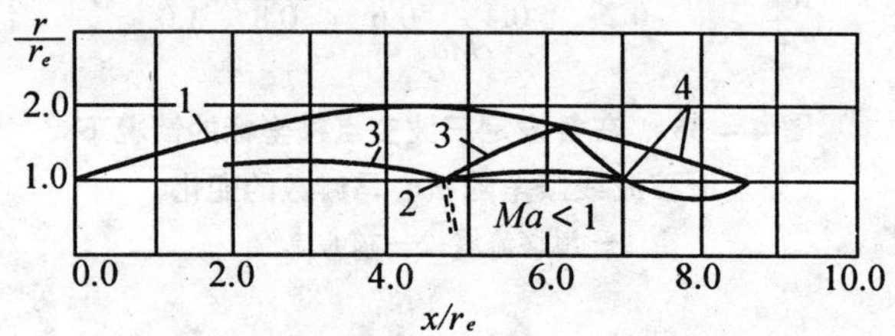

图 4 – 37　在$\frac{x_{TP}}{r_e}=4.79784$时算得的流场

1— 等压边界;2— 三波交点;3— 激波;
4— 膨胀波的起始和最终特征线

后引入,又会使中心核心流在发生最小流动面积之前就达到音速状态。上述流动情况的精确马赫盘位置位于 $x\approx 7.525$。因为射流滑移流线喉部具有鞍点特性,所以下游流场对马赫盘位置极为敏感。马赫盘位置稍有变化,就会引起极其不同的下游流谱。此外,图

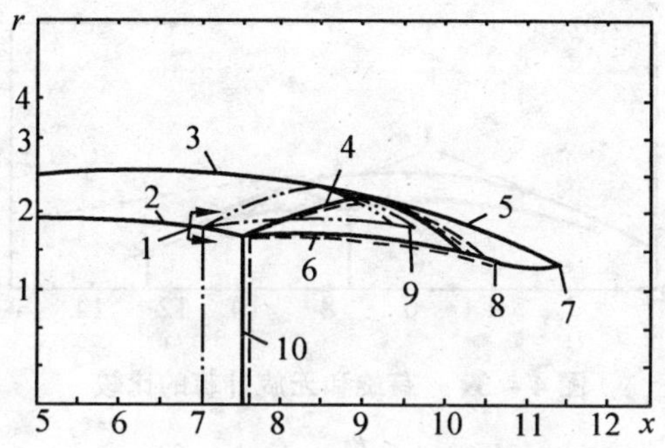

图4-38　音速状态随马赫盘位置的变化

$(Ma_e = 1.5, \frac{p_e}{p_a} = 10, N = 30)$

1— 三波交点解;2— 相交激波;3— 自由射流边界;4— 反射激波;5— 膨胀波;6— 滑移流线;7— 音速喉部;8—$Ma = 1.0$;$\theta = 16°$;9—$Ma = 4.0$;$\theta = 0°$;10—马赫盘

中还表示了相交激波下游所得到的三波交点解。

图4-39给出了在上述情况下有旋和无旋流的数值结果。由该图可见,旋涡使喷口下游的马赫盘投射距离变得更短。

图4-40在物理平面上表示了上述计算所给出的一般特征线形状和激波强度。每当发生压缩波相交时,则算出它们聚合后所嵌入的相交激波位置和强度。在该图中还表示了各种气流参数分布。由该图可见,相交激波后的滞止压力可以不断降到三波交点附近的很小值,紧挨反射激波后的滞止压力却沿反射激波增高,并且严重地偏离滑移流线上方的恒定滞止压力。因为弯曲的相交激波和反射激波后面的滞止压力差别很大,且变化范围宽而迅速,所以在进一步证明计算时绝不能忽略旋涡。此外,该图还绘出了上述情况下的相交激波和反射激波前后方气流以及滑移流线上下方气流的马赫数。

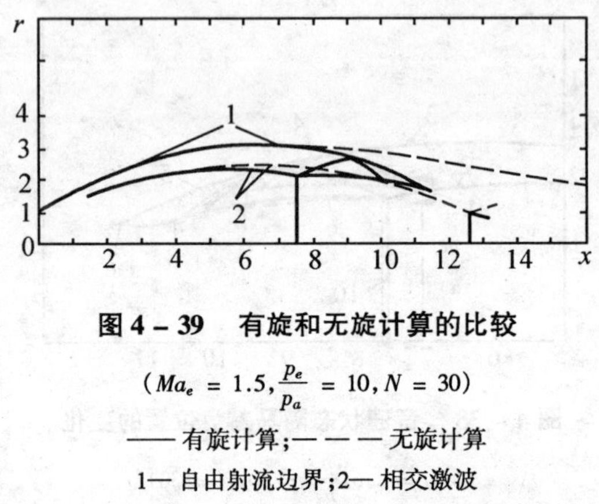

图 4－39　有旋和无旋计算的比较

（$Ma_e = 1.5, \frac{p_e}{p_a} = 10, N = 30$）

—— 有旋计算；— — — 无旋计算

1— 自由射流边界；2— 相交激波

在 $Ma_e = 1.5$ 和不同射流静压比的情况下，所算得的自由射流边界和激波形状示于图 4－41。在一定的 Ma_e 条件下，高静压比能在更下游位置产生大尺寸马赫盘，而在相同静压比的条件下，减小 Ma_e 会使马赫盘向喷口截面靠近。在低静压比的条件下，当中心核达到音速状态时，发现沿滑移流线的气流方向角不为零。这样，音速状态下的截面不在最小面积处。在下游更远的地方插入马赫盘会在音速状态处产生较陡的气流方向角；但在马赫盘较早发生时不可能有三波交点解。I.S.Chang 和 W.L.Chow 认为这是上游数值计算误差造成的结果。计算中发现，三波交点附近的流动条件对相交激波的强度极为敏感，在低静压比的条件下采用特征线网的线性插值来计算三波交点附近激波强度的迅速变化以及旋涡产生的影响，也许不够精确。因此，应当把低静压比所得到的结果看作是求解马赫盘位置的上限。

对于各个 Ma_e 和 $\frac{p_e}{p_a}$ 的马赫盘位置和半径如图 4－42 所示。图中还列出了 Love 等的实验数据，以作比较。由该图可见，在小 Ma_e 的条件下这些结果的一致性良好。还可以看到，在不同 Ma_e 的条件

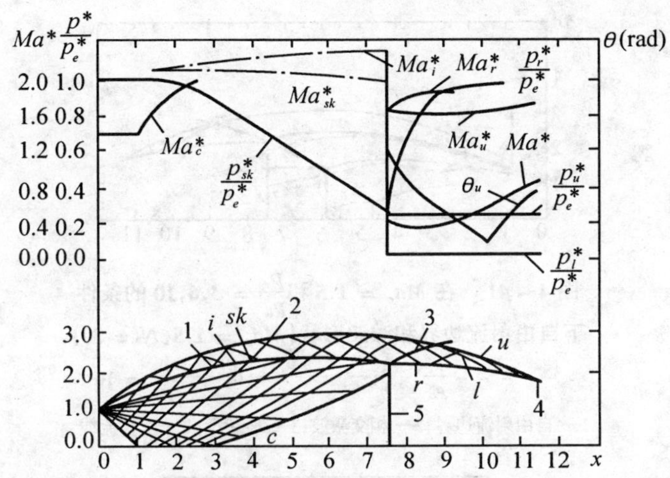

图4-40　在物理平面上的特征线图和各种气流参数分布

$\left(Ma_e = 1.5, \frac{p_e}{p_a} = 10, N = 30\right)$

图中符号下标 a 为大气；c 为对称轴；e 为喷口；I 为相交激波；u，l 分别为滑移流线上、下侧；r 为反射激波；sk 嵌入激波；O 为滞止状态

1— 相交激波；2— 自由射流边界；3— 反射激波；4— 音速喉部；5— 马赫盘

下$\frac{p_e}{p_a}$对马赫盘尺寸的影响使曲线相互交叉。这是因为在 Ma_e 和$\frac{p_e}{p_a}$都很小的情况下，Prandtl-Meyer 膨胀波所固有的非线性现象可以得到较大尺寸的马赫盘。反之，在 Ma_e 和$\frac{p_e}{p_a}$都很大的情况下，射流可以保持较大的尺寸，且在远下游位置上得到大尺寸的马赫盘。

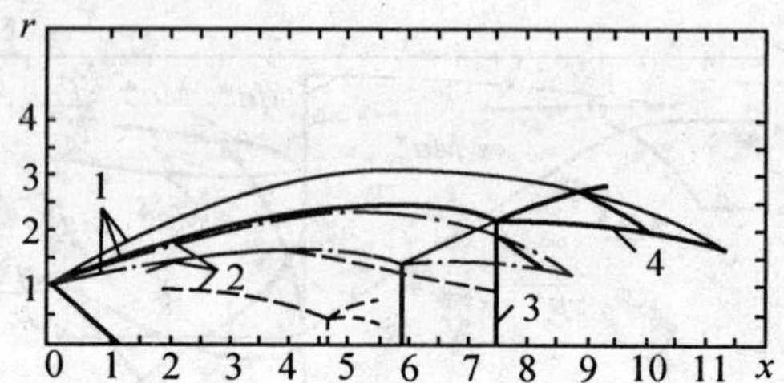

图 4-41　在 $Ma_e = 1.5$ 和 $\frac{p_e}{p_a} = 3,6,10$ 的条件下自由射流边界和激波形状($Ma_e = 1.5, N = 30$)

- - - - - - $\frac{p_e}{p_a} = 3$;—·— $\frac{p_e}{p_a} = 6$;—— $\frac{p_e}{p_a} = 10$

1— 自由射流边界;2— 相交激波;3— 马赫盘;4— 滑移流线

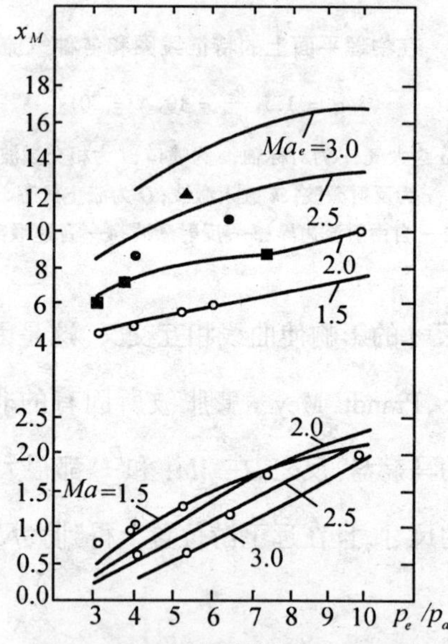

图 4-42　马赫盘位置 x_M 和尺寸 r_M 随 $\frac{p_e}{p_a}$ 的变化

▲$Ma_e = 3.0$;●$Ma_e = 2.5$;■$Ma_e = 2.0$;○$Ma_e = 1.5$

4.7　关于三波交点 - 马赫盘问题的各种理论和方法综述与比较

至今，解决三波交点 - 马赫盘问题的理论和方法已有 AN 半经验理论、ER 法则、BDY 经验方法、相关模型和 Abbett 理论等五种。本书在第 4.3 节到第 4.6 节中主要讨论了其中的四种。

为比较上述四种理论和方法，我们在图 4 - 43 中列出了一些重要的轴向压力分布，计有环境压力、没有马赫盘时的中心线压力、中心线上紧挨马赫盘后的压力、在没有三波交点 - 马赫盘时相交激波后的压力以及在每次算得 $\frac{x_{TP}}{r_e}$ 值的情况下紧挨三波交点后面及下游的压力；同时，还算出了实验马赫盘位置以及关于马赫盘位置的三种理论的估计值。

AN 半经验理论是以正激波后面中心线上的压力等于环境压力来确定马赫盘的。我们可以从图 4 - 43 了解到，这一明显的渐近条件（当 $x \to \infty$ 时 $p \to p_a$）对非渐近干扰起作用。值得注意，马赫盘后面中心线上的压力曲线具有显著的负斜率，而三波交点 - 马赫盘后面的压力接近于 p_a。这样，在 p_{Mc} 具有显著负梯度的情形下，我们可以预计到在相当短的距离内使 $p_{Mc} \to p_a$，所以容易求得 x_{TP} 的下限。另一方面，x_{TP} 过小时，在不断使膨胀波反射为压缩波的区域内，p_{Mc} 大大高于 p_a。此外，因为马赫盘后面的气流为亚音速流，反射激波与等压边界相交处的膨胀波起始右伸特征线与滑移流线相交的地方没有倒流（我们根据实验结果可知），所以不可能有 p 的显著增加。这样，由于压缩波是由 $p = p_a$ 边界的膨胀波反射引起的，因此 x_{TP} 过于朝向上游会引起中心线压力过高于 p_a。显然，在流动结构中出现这种情况是不合理的。总之，AN 半经验理论给出了较好的结果，因为马赫盘后面的当地压力不会与渐近值有

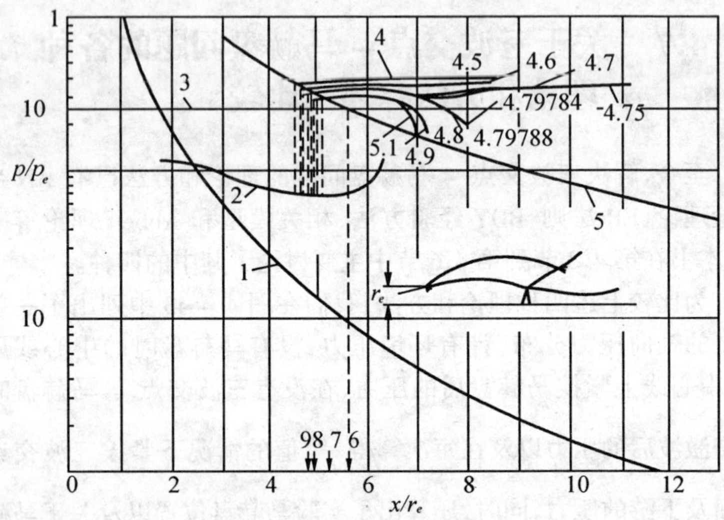

图 4 – 43　各种计算压力分布

1— 没有马赫盘的中心线压力；2— 相交激波后面的压力；3— 环境压力；4— 三波交点下游的中心线压力；5— 马赫盘后面中心线压力；6—AN；7—ER；8—Love 等实验结果；9—Abbett 理论

很大的差别，而 p_{Mc} 的明显负斜率又可以在很小的间隔内确定马赫盘。AN 半经验理论对于 $Ma_e = 1.0$ 和 1.5 的喷管得到了与实验马赫盘位置符合得很好的关系。但是在 $Ma_e = 2$ 和 2.5 的情况下，这一理论估计值大大超过了实验马赫盘的轴向距离。

ER 法则把三波交点位置与沿相交激波下游的逆压梯度联系在一起。它反映了实际发生的物理干扰，这一干扰已定性和定量地包括在 Abbett 理论中。ER 法则没有说明三波交点什么时候可能存在或不存在，而只提到了在相交激波与中心线相交之前若是不出现最小压力，则在那里就出现正规反射。在轴对称射流中聚焦作用形成了极大的逆压梯度，它的影响体现在相交激波后面的压力分布上（见图 4 – 43）。此外，我们还不清楚在任意轴对称射流中相交激波后面是否总是产生最小静压力，或者可能不产生多个最小压力值。

BDY经验近似算法假定在相交激波上的三波交点位置就是通常产生垂直于当地流线的马赫盘的三波交点解。我们可以从入射流与三波交点解的强激波分支间的夹角 θ 随所设$\frac{x_{TP}}{r_e}$值的变化曲线(见图4－44)获得$\frac{x_{TP}}{r_e}$的预估值。但是，至今对于这样一种关系

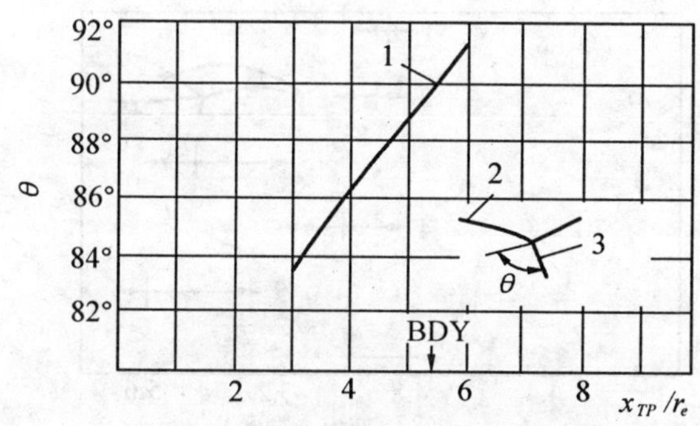

图4－44　马赫盘与入射流的夹角随三波交点轴向位置的变化

1—BDY经验方法预估的三波交点；2— 相交激波；3— 马赫盘

还没有提出可以接受的解释。因为BDY经验算法是一种局部的准则，所以可以认为它对于任何一种情形的使用成功都是偶然的。

欠膨胀超音速射流结构的相关模型是根据通过反射激波与自由边界交点垂直于轴线横截面(这里射流横截面面积具有当地最小值)的质量流量等于总质量流量的要求来确定三波交点位置的。实际上，不论所设三波交点在何处，微分方程的恰当积分就已自然满足了在任一上述横截面上的质量守恒。通常相关模型对于 $Ma_e=1$ 和2的喷管能够得到可与AN半经验理论相比较的马赫盘

位置。

至于 Abbett 理论，前已提到，它把欠膨胀轴对称自由射流的马赫盘位置和尺寸看作是马赫盘下游发生等效喷喉壅塞的流场间无粘干扰的结果。也就是，它是根据核心流必须平滑地通过滑移流线喉部变为超音速流的要求来确定的。因此它确实说明了三波交点位置的流场干扰的总体特性，而不是一种局部的准则。

我们再次使用第 4.6.6 节的实例，把所有五种理论和方法的预估值作一比较，并且在图 4 – 45 中还与实验结果进行比较。为了

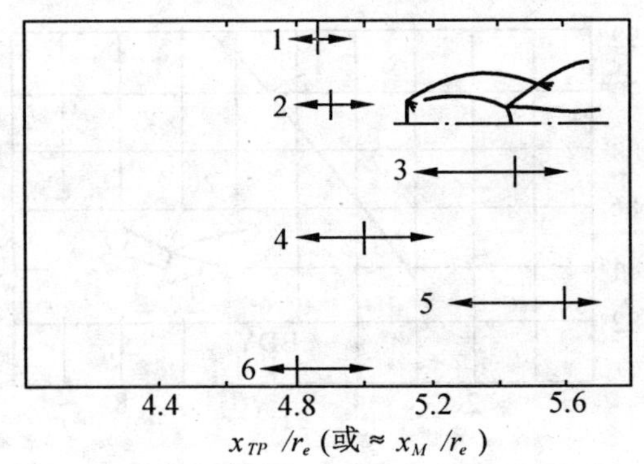

图 4 – 45　各种理论和实验三波交点位置的比较

1—Love 等实验结果；2— 相关模型；3—BDY 经验方法；4—ER 法则；5—AN 半经验理论；6—Abbett 理论

表明记录数据和计算中的误差量，在该图中实验和理论值两边都标出了一定的范围。由该图可见，如果忽略计算中的可能误差，那么各种理论和方法的最大误差约为 20%。至于 Abbett 理论的预估值是在实验马赫盘轴向横坐标（$\bar{x}_M$ = 4.8 ~ 4.9）的 1% ~ 2% 的范围之内。

4.8 欠膨胀射流激波结构的近似计算

本节所述的计算方法基本上与 Peters-Pnares 算法类同，也是依据激波三波交点的边界条件建立马赫盘与跨音速区相结合的计算方法，即

$$p_3 = p_4,\quad Q_3 = Q_4,\quad \left.\frac{\mathrm{d}p}{\mathrm{d}x}\right|_3 = \left.\frac{\mathrm{d}p}{\mathrm{d}x}\right|_4 \tag{4-44}$$

参看图4－46。然而，这里改进了滑移流线的几何形状。认为滑移流线外侧气流的涡旋强度高，放弃了线化超音速流假设。并且没有采用耗费机时过长的 Abbett 流场迭代算法。最终获得了较符合实际的结果。

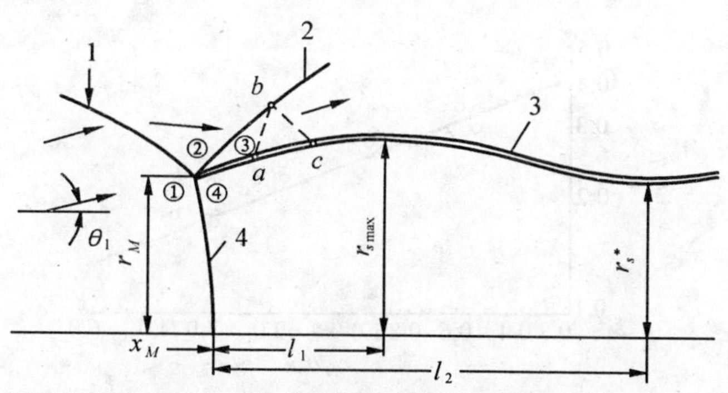

图4－46　三条激波交点附近的流动

1—相交激波；2—反射激波；3—滑移流线；4—马赫盘

4.8.1 滑移流线几何参数的确定

先利用 Abbett 算法的 Fox 改进模型，对于若干射流算出滑移流线的几何尺寸。然后，由此计算结果导出滑移流线几何参数的“经验”式。再使用经验滑移流线参数与图4－46区域3的有旋特

征线网点计算相结合的方法，预估三波交点各次试算位置的正确性。

在 $Ma_e = 1.5 \sim 2.5, \frac{p_e}{p_a} = 3 \sim 16, \gamma = 1.2 \sim 1.4$ 以及喷管扩张半角 $\alpha = 0° \sim 15°$ 的范围内随意抽样18种射流，以Fox-Abbett算法算得这些射流的各条滑移流线的几何参数。我们将滑移流线的两种特征长，即马赫盘到滑移流线最大半径之点的距离和马赫盘到轴心线上音速点的距离分别标为 l_1 和 l_2，如图4－46所示。再由图4－47可见，l_1 和 l_2 之比与马赫盘半径 r_M 对喷口半径 r_e 之比有良好的函数关系。Fox-Abbett 的计算结果可以表为

$$\frac{l_1}{l_2} = 0.264\left(\frac{r_M}{r_e}\right)^{-0.37} \tag{4-45}$$

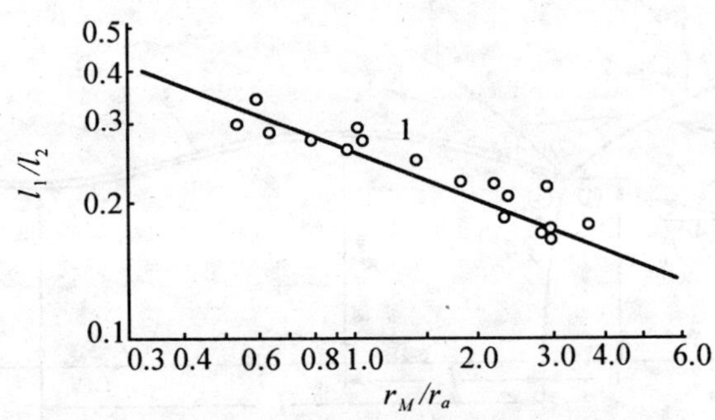

图4－47　滑移流线长度之比

◦由 Fox-Abbett 算法获得的结果

$$1—\frac{l_1}{l_2} = 0.264\left(\frac{r_M}{r_e}\right)^{-0.37}$$

还可以发现，$\frac{l_2}{r_M}$ 比值与三波交点上游气流方向角 θ_1 之间有良好的关系，如图4－48所示。Fox-Abbett 的计算结果可以表为

$$\frac{l_2}{r_M} = 130\theta_1^{-1.55} \tag{4-46}$$

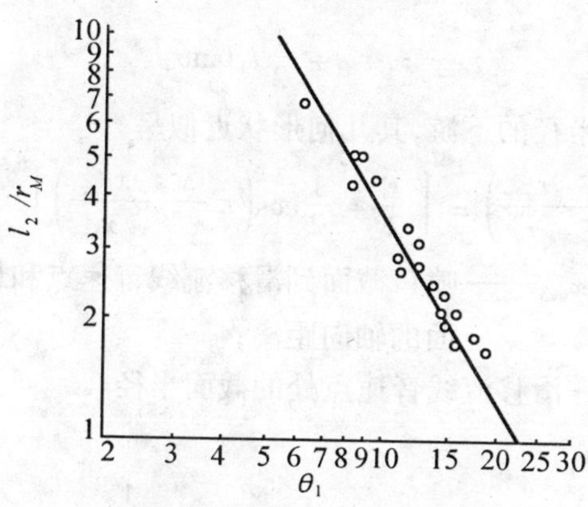

图 4-48　长度 l_2 的关系式

∘由 Fox-Abbett 算法获得的结果

$$\frac{l_2}{r_M} = 130\theta_1^{-1.55}$$

结合式(4-45)和(4-46),得

$$\frac{l_1}{r_M} = 34.3\left(\frac{r_M}{r_e}\right)^{-0.37}\theta_1^{-1.55} \tag{4-47}$$

x_M 与($x_M + l_1$)之间的滑移流线几何形状近似呈抛物线型(见图 4-49),并可表示为

$$\left(\frac{r_s - r_M}{r_{smax} - r_M}\right) = 2\left(\frac{x - x_M}{l_1}\right) - \left(\frac{x - x_M}{l}\right)^2 \tag{4-48}$$

式中,r_s 和 r_{smax} 分别为滑移流线轴向某一点的半径和最大半径,而

$$\tan\theta_4 = \frac{2(r_{smax} - r_M)}{l_1}$$

式中,θ_4 为三波交点下游滑移流线内部的气流方向角。所以

$$r_s = r_M + (x - x_M)\tan\theta_4 - \frac{(x - x_M)^2\tan\theta_4}{2l_1} \quad (4-49)$$

知

$$r_{s\max} = r_M + \frac{1}{2}l_1\tan\theta_4 \quad (4-50)$$

滑移流线最大半径的下游,其几何形状近似呈

$$\left(\frac{r_s - r_s^*}{r_{s\max} - r_s^*}\right) = \left[\frac{1}{2} + \frac{1}{2}\cos\left(\pi\frac{x - x_{\max}}{x^* - x_{\max}}\right)\right]^{0.67} \quad (4-51)$$

式中 x^* 和 $x_{\max}$——喷口截面到滑移流线音速点和最大半径截面的轴向距离;

r_s^*——滑移流线音速点处的截面半径。

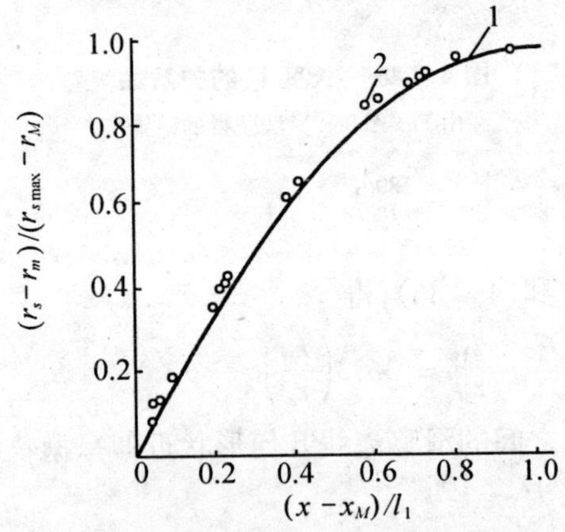

图 4-49 滑移流线在 $x = x_M$ 与 $x = x_M + l_1$ 之间的抛物线型

1—$\frac{r_s - r_M}{r_{s\max} - r_M} = 2\left(\frac{x - x_M}{l_1}\right) - \left(\frac{x - x_M}{l_1}\right)^2$;

2—由 Fox-Abbettt 算法获得的结果

4.8.2　三波交点和马赫盘下游流场的算法

使用有旋流特征线法计算马赫盘上游流场。在计算相交激波时设定三波交点各轴向位置，通过 Rankine-Hugoniot 方程和三波交点条件计算 p_4 和 θ_4；由三波交点上游的 Ma_1 和 θ_1 值通过式(4－47)算出 l_1；然后由式(4－49)确定滑移流线几何尺寸。根据已知的滑移流线几何尺寸和马赫盘后面的亚音速流为一维等熵流的假设，可以确定沿滑移流线的压力分布和气流方向角分布。

已知紧挨三波交点下游点"a"(参看图4－46)的压力和气流方向角。从点"a"引出左伸特征线，确定紧靠反射激波后的点"b"的坐标和流动参数。然后使用点"b"和"c"之间的右伸特征线方程计算滑移流线上点"c"的位置；x_M 和点"c"之间的轴向距离一般只有 l_1 的百分之几。点"c"的所有流动参数全由一维管流方程来规定。若是不满足点"b"和"c"之间的右伸特征线的相容方程，那么所设定的滑移流线几何尺寸就不可能使滑移流线两侧的气流流动方向一致，即式(4－44)不成立。因此，尚需在邻近轴线上再设定一个试算三波交点，继续计算下游流场。在某一个轴线点上，将满足右伸特征线的相容方程；这一点就是欲求的马赫盘位置。

确定了马赫盘位置之后，可以继续计算轴心线上音速点下游的流场。使用式(4－51)和(4－47)计算 l_1 和 l_2，根据式(4－50)算得 r_{smax}，再由等熵面积比方程算出 r_s^*。式(4－49)描绘了滑移流线在 x_M 和$(x_M + l_1)$之间的几何形状，而式(4－51)描述了滑移流线在$(x_M + l_1)$和$(x_M + l_2)$之间的几何形状。按规定的无粘滑移流线几何尺寸，使用有旋特征线法计算滑移流线外侧的超音速流。当滑移流线上的静压稍小于一维管流的音速压力时，则中止下游流场的计算。因为沿规定的滑移流线几何尺寸形成超音速流场，所以在求解时不会出现奇点。

4.8.3 激波结构近似模型的精度

上节提出的模型所估计的马赫盘位置与 E.S.Love 等的实验结果比较于图 4 - 50。图中所示结果是由出口平面为均匀平行流的喷管排入静止环境的射流获得的。

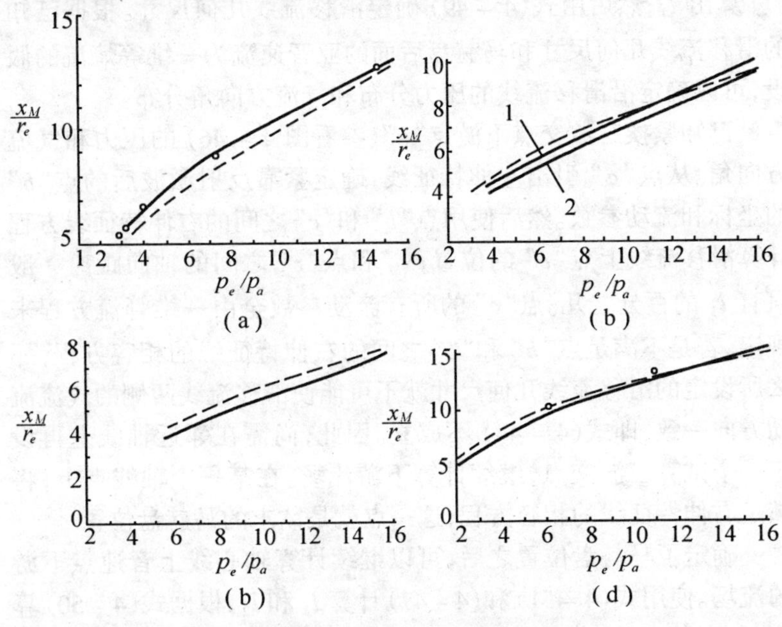

图 4 - 50 马赫盘轴向位置

(a) $Ma_e = 2.0$ ◦ Love 等实验结果 ——Fox - Abbett 计算值 - - - 近似计算值

(b) $Ma_e = 1.0$ —— 近似理论 - - - Love 等实验结果

(c) $Ma_e = 1.5$ —— 近似理论 - - - Love 等实验结果

(d) $Ma_e = 2.5$ —— 近似理论 - - - Love 等实验结果 ◦ Fox 实验结果

1— 按无粘射流边界层计算；2— 按湍流射流混合边界层计算

在 $Ma_e = 2$ 的情形下近似计算和实验的马赫盘位置示于图 4

– 50(a)。在较低$\frac{p_e}{p_a}$值的情况下近似计算所预估的马赫盘位置约偏向实验位置上游的 10% 处，而在$\frac{p_e}{p_a}=15$的情形下只偏向上游约百分之几。Fox-Abbett 算法极精确地预估了实验马赫盘位置。

在 $Ma_e=1.0$，1.5 和 2.5 情形下近似计算与实验马赫盘位置分别示于图 4 – 50(b)，(c) 和 (d) 中。关于 $Ma_e=2.5$ 的情形，除有 E.S.Love 等的实验结果外，还有 Arnold 工程研究中心所得到的 $Ma_e=2.44$ 的两个实验点，它们一并示于图 4 – 50(d) 中。一般来说，在低压比下，近似模型预估值的误差不大于 10%。当$\frac{p_e}{p_a}$向 16 增大时，该预估值的误差则有所改善。

把马赫盘和音速点之间的轴向距离的实验结果与 Fox-Abbett 计算和近似计算的预估值作一比较：

类别	$\frac{x_M}{r_e}$	$\frac{l_2}{r_M}$
实验	13.1	6.4
Fox-Abbett	13.06	6.44
近似计算	12.35	6.45

可见，预估的 l_2 两个值与实验值符合得很好。

本节计算没有计及湍流射流混合边界层。有湍流混合的情形会使相交激波变得比无粘边界层的情形强。因此，该预估马赫盘发生于无粘边界层射流预估位置的上游。然而，如图 4 – 50(c) 中 $Ma_e=1.5$ 的情形所示，有混合边界层时只会使预估值变化约 5%。

由图 4 – 50(a) ~ (d) 所示结果表明，近似射流模型对于$\frac{p_e}{p_a}=$

3～16 的情形可以得到满意的预估值，即在上述$\frac{p_e}{p_a}$的范围内使用经验滑移流线几何参数可以获得满意结果。然而，在$\frac{p_e}{p_a}=1.5\sim2.5$的范围内，一般只获较好的结果。如果近似模型在低静压比下要获得良好的结果，则必须精确确定经验滑移流线函数。

因为近似激波结构模型取消了 Abbett 的流场迭代计算，所以只需要较少的计算时间。然而所得到的计算效率高、精度适宜的射流激波结构的第一个周期的近似计算模型，只能在导出滑移流线几何关系的情形下，在$\frac{p_e}{p_a}=3\sim16$的范围内才可以较精确地预估马赫盘位置。若欲在其他静压比的情形下精确预估马赫盘位置，则必须改进滑移流线几何关系式。但是，在还没有得到这一关系式的情况下，建议在静压比小于3时使用 Lewis-Carlson 半经验式确定马赫盘位置，然后再利用本方法计算马赫盘下游跨音速区的流动。

原则上，本计算模型和 Abbett 模型均适用于计算射流激波结构的第二个周期。然而，接近第二个马赫盘的气流旋度比靠近第一个马赫盘的要高。因此，在第二个马赫盘后面做一维流假设不可能有满意的精度。此外，第二个周期的计算应该考虑第一个马赫盘向下游延伸的沿滑移流线的混合（见图4－30(e)），所以，还需要进一步研究本模型在计算射流第二个周期时的可应用性。但是，要想深入研究尚需要第一个马赫盘下游流动结构的详尽实验资料（详见第 10.4 节）。

4.9 火箭燃气射流初始超音速流态规律

4.9.1 初始超音速流皮托管压力衰减和分布型

在欠膨胀超音速燃气射流的初始核心中存在膨胀波和激波干

扰，这一干扰使初始超音速流皮托管压力衰减和扩散变得复杂。然而，这些都与喷管设计条件、雷诺数等有关。

我们以典型的地对地固体燃料火箭为研究对象。发动机的示性数、喷管尺寸和起始气动条件为：$p_c = 9.3 \times 10^6$ Pa，$T_c = 2\,308$ K，$R = 363.3$ N·m/(kg·K)，$r = 1.257$，$d_t = 8.5$ mm，$d_e = 17$ mm，$\alpha = 15°$，$Ma_e = 2.4$，$\dfrac{p_e}{p_a} = 3.7$，$U_e = 1\,775$ m/s，$T_e = 1\,188$ K。该单喷管火箭欠膨胀燃气射流的皮托管压力衰减和分布型见图4－51。图中以当地皮托管压力对喷口等熵滞止压力与大气压力之差的百分数为压力系数，喷口等熵滞止压力则考虑了燃气在喷管流动中的粘性和热损失的影响。在燃气射流第一个马赫盘上游的初始超音速流区必须以此总压来计算各个气动参数，该总压的计算式为

$$\frac{p_{cj}}{p_c} = n\left(1 + \frac{\gamma - 1}{2} Ma_e^2\right)^{\frac{\gamma}{\gamma-1}} \tag{4－52}$$

式中 Ma_e 为计及燃气在喷管流动中能量损失的出口马赫数。

初始超音速核心的中心皮托管压力呈振荡衰减（见图4－51(a)）。皮托管压力分布型呈中间高外围低（见图4－51(c)）或中间低外围高又转低（见图4－51(b)）的形状。而后者分布型有的中间极低，如紧挨第一个马赫盘下游的皮托管压力极低。从 Prandtl 激波公式知道，这里为亚音速流。然而，燃气流经过喉形滑移流线又能变成超音速流，复使中心皮托管压力转为高值。至于在初始超音速流的马赫菱形区，又因出现膨胀而形成中间稍低的皮托管压力分布型（图4－51(d)）。以上是火箭高度欠膨胀燃气射流皮托管压力衰减和分布型的一般规律。这一规律对于计算火箭燃气射流近场对发射装置的冲击具有重要意义，因为燃气射流冲击的一种计算方法与冲击表面相同距离上的燃气自由射流的当地参数有关。此外，在预估燃气射流对冷表面冲击滞止点的热交换问题时，

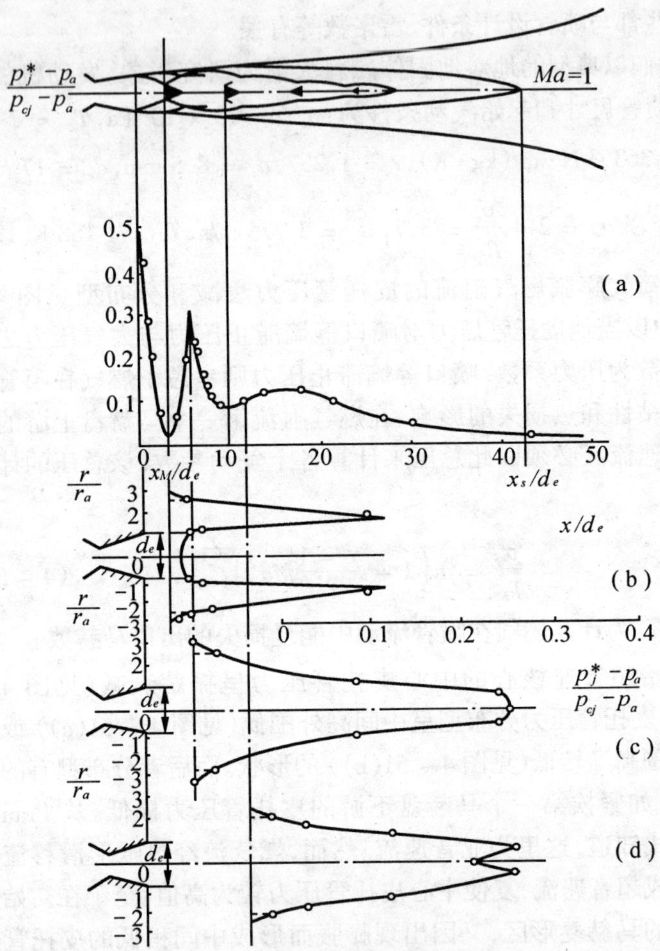

图 4-51　单喷管欠膨胀燃气射流皮托管压力衰减和分布型

通常是用滞止点径向速度梯度$\left(\frac{\mathrm{d}u_B}{\mathrm{d}r}\right)_{r=0}$作为参数来表示这一问

题之解的(u_B 为边界层的当地速度),该参数又与冲击表面相同距离上的燃气自由射流的当地参数有关(有一种关系是如此)。

初始超音速流的中心皮托管压力衰减曲线明确表示了这一类火箭的燃气射流初始核心只有一二个马赫盘,所余的是逐渐减弱的马赫菱形激波(参见图4-1和4-51),直至最终崩解。中心皮托管压力的振荡衰减明显指出了马赫盘的位置$\frac{x_M}{d_e}$。我们都知道确定这一位置的重要性,但是以往经常用音速喷管空气射流的马赫盘位置经验公式和曲线来近似代替超音速锥形喷管燃气射流的公式和曲线(参见第10.4节)。紧挨马赫盘下游的皮托管压力分布型(见图4-51(b))同样明确地给定了马赫盘的直径。此外,初始超音速流的皮托管压力分布型可以确定超音速锥的外边界,这在图4-51的各个分图中已用三角形符号标明。同时,它还能近似决定燃气射流边界。所谓近似决定是指整个燃气射流流场以横向振荡或摇摆运动为特征的动不稳定性影响了边界的精确确定。

多喷管高度欠膨胀燃气射流的皮托管压力分布型如图4-52所示。它与单喷管的不同点,在于受到各喷管射流间的引射和底压的影响。这样,使四周喷管燃气射流的起始激波有向中央稍许汇集的趋势(对于径向间隔较大的多喷管而言)。

虽然利用特征线法数值解可以计算出各因素组合的起始波节的无粘边界、相交激波和气动参数,但是皮托管压力分布型可以综合上述诸因素以及喷管本身外形所引起的阻塞和干扰效应等次要因素,比较逼真地描述马赫正激波的位置和尺寸、超音速锥范围、燃气射流边界以及马赫数分布等。若是缩尺寸火箭燃气射流与全尺寸火箭燃气射流具有相同的诸起始气动参数的组合,那么它们的皮托管压力分布型也大致相同。因而既经济又省力的缩尺火箭实验及其测试结果则有通用性,并有重要的参考价值。因为新设计的火箭炮可以用缩尺模型方法来确定燃气射流对发射装置的冲击影响。

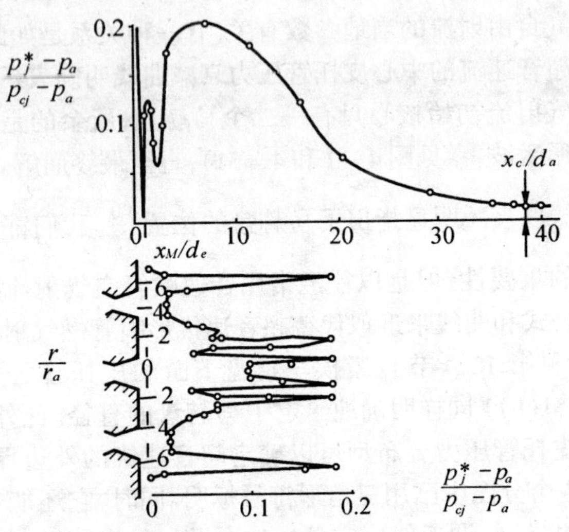

图 4－52　多喷管欠膨胀燃气射流皮托管压力衰减和分布型

火箭高度欠膨胀燃气射流的核心激波结构，严重影响着初始超音速流态。所以我们最感兴趣的是预估高度欠膨胀燃气射流核心激波结构存在的影响。根据最初几个波节确定的皮托管压力分布型，可以估计到燃气射流的两种流态：外围的高压超音速流态和中心的亚音速与超音速交变的流态。如果中央区域遇有发射装置定向器或它后端的障碍物，则核心激波必然是引起它高频振荡的因素；火箭飞离定向管之初，如果定向管迎气面恰处于燃气射流的高压超音速流态的外围区（见图4－53中的 *A*），那么它在燃气流近场将承受到最大的冲击。在采用内部带凸起导轨的定向器（见图 4－53中的 *B*）时，除了局部凸起可能碰到燃气射流最初一二个波节的外围区域外，绝大部分迎气面却避开了燃气射流的初始边界。对于这种情况，最大冲击必定出现在燃气射流的湍流完全发展区。如

是，根据燃气射流冲击来确定上述两类定向器的多管发射装置的发射顺序时，我们必须按照初始核心段和湍流完全发展区的不同的最大冲击来确定。一般来说，燃气射流初始核心段的冲击比下游冲击大得多，所以在定向器结构设计时理应尽量避免前者。然而，由于多管发射装置的定向器的排列相当紧凑，有时往往难以避免前种情况的发生。

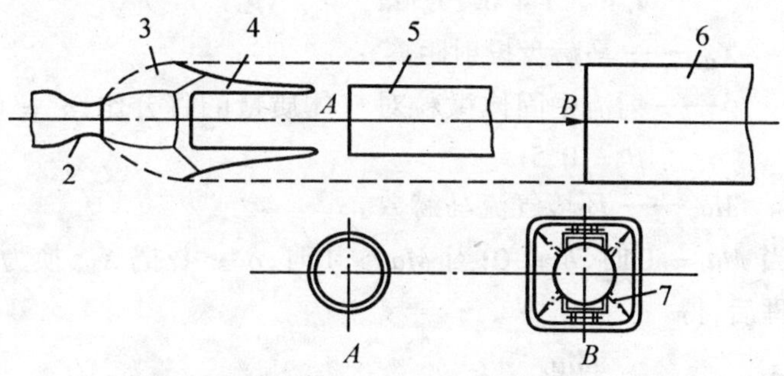

图 4－53　各定向器迎气面与燃气射流径向区域的相关位置

1— 火箭弹飞离定向器初期；2— 火箭弹喷管；3— 燃气射流；4— 皮托压力分布；5— 定向器；6— 带凸起导轨的方形定向器；7— 大翼展火箭弹

4.9.2　中心马赫数分布

关于第一波节马赫盘和相交激波上游的中心马赫数分布，我们需要推导一个适合地－地固体火箭超音速欠膨胀燃气射流的计算式。首先，假设桶状激波和第一马赫盘上游的气流为准一维流动。由

$$\frac{p_1}{p_2} = \frac{\gamma + 1}{2\gamma Ma_1^2 - \gamma + 1} \tag{4-53}$$

（式中参数下标 1 和 2 分别表示马赫盘上、下游）乘以等熵压力－马赫数式

$$\frac{p_1^*}{p_1} = \left(1 + \frac{\gamma - 1}{2} Ma_1^2\right)^{\frac{\gamma}{\gamma-1}} \tag{4-54}$$

再使 p_a，p_{cj} 和 Ma，分别代替 p_2，p_1^* 和 Ma_1，并且将式(4－53)与式(4－54)的两端分别相乘，代入下列经验式(详见第 10.4 节式(10.21))

$$\frac{X_{Ma}}{d_e} = \frac{\alpha Ma_e \gamma^{1/2}}{1 + 0.197 Ma_e^{1.45} \phi^{0.65}} \left(\frac{p_e}{p_a} Ma_e^{-\frac{\delta}{2}}\right)^{\beta} \tag{4-55}$$

式中　X_{Ma}——马赫盘投射距离；

ϕ——射流中固体微粒对气体质量的百分比，$\alpha = 0.69$，$\beta = 0.5$；

Ma_e——环境气流马赫数。

当 $Ma = 0$ 时，$\delta = 0$；当 $Ma > 1$ 时，$\delta = 1$。把 X_{Ma} 换为 x，经过整理后，得

$$\frac{x}{d_e} = \frac{\alpha Ma_e}{1 + 0.197 Ma_e^{1.45} \phi^{0.65}} \times \left[\frac{\gamma(\gamma + 1)}{2\gamma Ma^2 - \gamma + 1} \left(1 + \frac{\gamma - 1}{2} Ma^2\right)^{\frac{1}{\gamma-1}} x_e Ma_e^{-\frac{\delta}{2}}\right]^{\beta} \tag{4-56}$$

式中压力比 $x_e = \dfrac{p_e}{p_a}$ 由下式决定

$$\frac{A_e}{A_t} = \frac{\left(\dfrac{2}{\gamma + 1}\right)^{\frac{1}{\gamma-1}} \sqrt{\dfrac{\gamma - 1}{\gamma + 1}}}{\sqrt{x_e^{\frac{2}{\gamma}} - x_e^{\frac{\gamma+1}{\gamma}}}}$$

式(4－56)已考虑了燃气在喷管内流动的能量损失，因为在取定 Ma_e 时，流速公式内已包含了这一影响因素。

我们结合典型模拟火箭，对于式(4－55)和(4－56)使用二分法求根的方法，绘制出如图 4－54 所示的曲线。图中圆点为实验值，它们通过皮托管压力测定值由下式

$$\frac{p_j^*}{p_{cj}} = \left[\frac{(\gamma+1)Ma_1^2}{2+(\gamma-1)Ma_1^2}\right]^{\frac{\gamma}{\gamma-1}} \bigg/ \left[\frac{2\gamma}{\gamma+1}Ma_1^2 - \frac{\gamma-1}{\gamma+1}\right]^{\frac{1}{\gamma-1}} \tag{4-57}$$

精确计算而得。

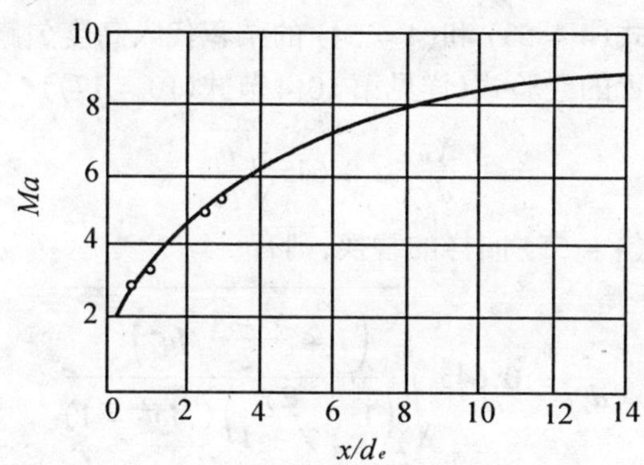

图 4 – 54　中心马赫数分布

—— 式(4 – 55)　∘ 实验点

值得指出，由于式(4 – 57) 适用于第一波节斜激波和马赫盘上游的整个流场，因而只要测得皮托管压力就能确定该区域内任一点的马赫数和等马赫数线分布。若欲直接算出上述流场的流速，则需将无因次速度 λ 与马赫数 Ma 的关系式

$$Ma_1^2 = \frac{\dfrac{2}{\gamma+1}\lambda_1^2}{1-\dfrac{\lambda-1}{\lambda+1}\lambda_1^2} \tag{4-58}$$

代入式(4 – 57)，整理后，得

$$\frac{p_j^*}{p_{cj}} = \lambda_1^{\gamma}\left(\frac{1-\lambda_1^2\dfrac{\gamma-1}{\gamma+1}}{1-\dfrac{1}{\lambda_1^2}-\dfrac{\gamma-1}{\gamma+1}}\right)^{\frac{1}{\gamma-1}} \tag{4-59}$$

再由燃烧室温度 T_c 算出临界音速

$$a_{cr} = \sqrt{\frac{2\gamma}{\gamma + 1}RT_c} \tag{4 - 60}$$

最终得到

$$u = \lambda_1 a_{cr} \tag{4 - 61}$$

如果我们把式(4 - 53)和(4 - 54)的乘积代入高度欠膨胀音速射流马赫盘位置的经验式(详见第10.4节式(10 - 17))

$$\frac{X_M}{d_e} \approx 0.645\sqrt{\frac{p_c}{p_a}} \tag{4 - 62}$$

并作出与式(4 - 55)同样的替换,则有

$$\frac{x}{d_e} = 0.645\sqrt{\frac{\left(1 + \frac{\gamma - 1}{2}Ma^2\right)^{\frac{\gamma}{\gamma-1}}}{\left(1 + \frac{2\gamma}{\gamma + 1}\right)(Ma^2 - 1)}} \tag{4 - 63}$$

又设 $Ma \gg 1$,得

$$\frac{x}{d_e} \approx \left[\frac{\gamma + 1}{4.8\gamma}\left(\frac{\gamma - 1}{2}\right)^{\frac{\gamma}{\gamma-1}}\right]^{\frac{1}{2}} Ma^{\frac{1}{\gamma-1}} \tag{4 - 63a}$$

这就是沿射流轴线近似马赫数分布的实用而简单的表达式。

如果由特征线法或式(4 - 62)或式(4 - 63)解得马赫数分布,使用一维等熵流来规定一虚拟喷管,也就是说,沿该虚拟喷管轴线的马赫数分布与沿欠膨胀射流轴线的相同,那么可以发现在高马赫数下这一虚拟喷管呈锥形,且在离喷口很远的距离内可以用半锥角来规定虚拟喷管。这样,喷口下游某一截面直径 d_n 与沿轴线距离 x 的关系为

$$d_n = 2x \cdot \tan\alpha_n \tag{4 - 64}$$

上述截面与喷喉截面面积比的平方根为

$$\left(\frac{A_n}{A_t}\right)^{1/2} = \frac{d_n}{d_t} = \frac{2x \cdot \tan\alpha_n}{d_t} =$$

$$Ma^{-1/2}\left[\frac{2}{\gamma+1}\left(1+\frac{\gamma-1}{2}Ma^2\right)\right]^{\frac{\gamma+1}{4(\gamma-1)}} \tag{4-65}$$

则有

$$\frac{x}{d_t}=\frac{\left[\frac{2}{\gamma+1}\left(1+\frac{\gamma-1}{2}Ma^2\right)\right]^{\frac{\gamma+1}{4(\gamma-1)}}}{2Ma^{1/2}\tan\alpha_n} \tag{4-66}$$

当 Ma 很大(即 $Ma\gg1$) 时,上式可以简化为

$$\frac{x}{d_n}\cong\frac{\left(\frac{\gamma-1}{\gamma+1}\right)^{\frac{\gamma+1}{4(\gamma-1)}}}{2\tan\alpha_n}Ma^{\frac{1}{\gamma-1}} \tag{4-67}$$

式(4 - 62) 与(4 - 66) 联立,得

$$\tan\alpha_n=0.322\,5\sqrt{\frac{\left(\frac{2}{\gamma+1}\right)^{\frac{\gamma+1}{2(\gamma-1)}}\left(1+\frac{\gamma-1}{2}Ma^2\right)^{\frac{3\gamma+1}{2(\gamma-1)}}}{\left(1+\frac{2\gamma}{\gamma+1}\right)(Ma^2-1)}} \tag{4-68}$$

式(4 - 63) 与(4 - 67) 联立,得

$$\tan\alpha_n=\frac{1}{2}\left(\frac{\gamma-1}{\gamma+1}\right)^{\frac{\gamma+1}{4(\gamma-1)}}\left[\frac{4.8\gamma}{\gamma+1}\left(\frac{2}{\gamma-1}\right)^{\frac{\gamma}{\gamma-1}}\right]^{\frac{1}{2}} \tag{4-69}$$

上式在 $Ma\gg1$ 时成立。在图 4 - 55 中,将近似式(4 - 63) 和不作 $Ma\gg1$ 假设的近似式(4 - 62) 所确定的沿高度欠膨胀音速射流中心线的马赫数分布与特征线解作了比较。

整个燃气射流的中心马赫数分布如图 4 - 56 所示。起始马赫盘下游的亚音速流和超音速流区的马赫数可以分别使用等熵压力 - 马赫数关系式和皮托管的瑞利公式来计算,而静压近似取用大气压。至于起始波节斜激波和马赫盘上游的静压,则可以由已知的马赫数和相当总压 p_{ej}^* 仍然通过等熵压力 - 马赫数关系式来算得。

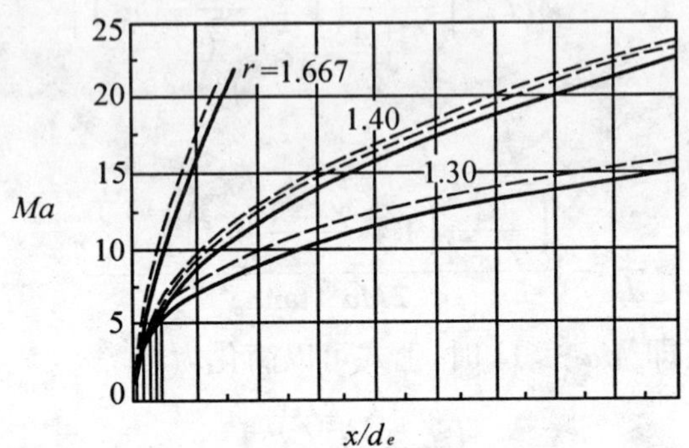

图 4 – 55　根据近似式确定的沿欠膨胀音速射流中心线的马赫数分布与特征线解的比较

—— 特征线法；- - - 式(4 – 63)；— — — 式(4 – 62)

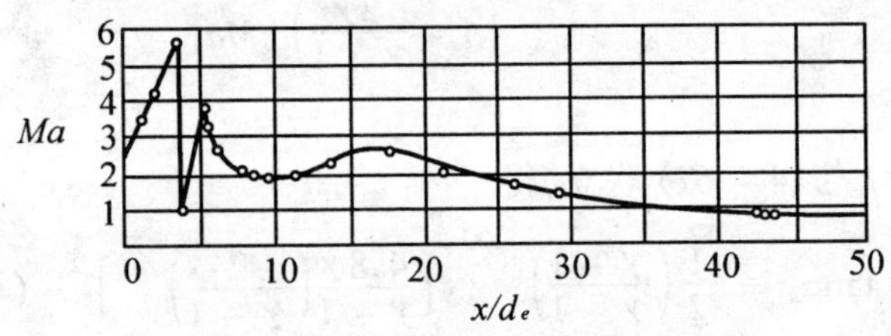

图 4 – 56　完整的中心马赫数分布

4.9.3　高速射流超音速核

火箭高度欠膨胀燃气射流的主要结构特征在于其上游区域起始波节的马赫盘，它是燃气射流核心结构的决定性因素，这不仅规定了下游核心的激波结构，而且明显地影响着超音速核。

超音速核的边界为 $Ma = 1$ 的音速面。在我们所研究的范围内，超音速核的重要特性参数之一是它的长度。因为湍流均匀混合

可以调节流场热力学参数和复燃(如果存在的话),所以这里介绍的结果对燃气射流辐射和冲击的研究是很有用的。另外,远场的大部分计算方法取决于超音速核终点下游区域的相似性,实验数据表明除了出口接近大气压的近音速喷管外,还表明超音速核终端位于湍流完全发展的相似流区。这样,超音速核长度既提供了用于前者燃气射流辐射和冲击计算的已知气流条件,又规定了后者的相似性适应范围。

高速燃气射流超音速核长度是可以在射流内直接度量的物理尺寸。

我们知道,火箭燃气射流流场是由超音速流和亚音速流组成的。当它射出喷管时,超音速流流场膨胀、压缩使气流压力与环境压力平衡,之后燃气射流核心的超音速流继续膨胀和压缩,流过复杂的激波系,最终使气流流动变为亚音速流。燃气射流轴心线上的这一转变点确定了超音速核长度和亚音速流的起点。为了利用在轴心上测到的皮托管压力直接确定超音速核长度,我们可以考虑利用古典的超音速皮托管公式

$$\frac{p_j^*}{p_j} = \frac{\left(\dfrac{\gamma+1}{2}Ma^2\right)^{\frac{\gamma}{\gamma-1}}}{\left(\dfrac{2\gamma}{\gamma+1}Ma^2 - \dfrac{\gamma-1}{\gamma+1}\right)^{\frac{1}{\gamma-1}}} \tag{4-70}$$

或等熵压力 - 马赫数关系式

$$\frac{p_j^*}{p_j} = \left(1 + \frac{\gamma-1}{2}Ma^2\right)^{\frac{\gamma}{\gamma-1}} \tag{4-71}$$

前两式中的波前、波后马赫数都等于 1 时该两式方可相等。因为超音速核心尖的马赫数等于 1,该点的气流状态就是临界状态,点上的气流静参数就是临界参数,所以这一轴心点的压力比等于临界压力比

$$\frac{p_j^*}{p_{cr}} = \frac{p_j^*}{p_j} = \left(\frac{\gamma+1}{2}\right)^{\frac{\gamma}{\gamma-1}} \tag{4-72}$$

正如在$\frac{p_e}{p_a}=1.00, 1.42$和$3.57$的情况下各模拟燃气射流在同一截面$\frac{x}{r_e}=78$处(亚音速区)测得的静压分布(图4－57)所表明的那样,可以认为燃气射流音速点和亚音速区的静压等于大气压,即$p_j=p_a$,所以皮托管压力为

$$p_g^*=p_j^*=\left[\left(\frac{\gamma+1}{2}\right)^{\frac{\gamma}{\gamma-1}}-1\right]p_a \tag{4-73}$$

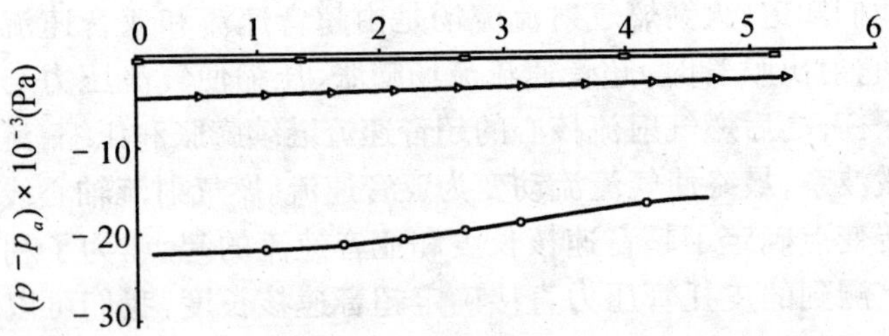

图4－57　各模拟火箭燃气射流在$\frac{x}{r_e}=78$处的静压分布

□$\frac{p_e}{p_a}=1.00$;▷$\frac{p_e}{p_a}=1.42$;○$\frac{p_e}{p_a}=3.57$

由式(4－73)可知,对于空气自由射流($\gamma=1.4$),$p_g^*=9.03\times10^4$ Pa;对于燃气射流(如双石－2火药,$\gamma=1.257$),$p_g^*=8.14\times10^4$ Pa;对于富有空气的混合燃气流(取平均值$\gamma_{avg}=1.3$),$p_g^*=8.44\times10^4$ Pa。

超音速核心尖位置与燃气射流出口马赫数有关。对于固体燃料火箭喷管(参见表4－1)的不同出口马赫数的燃气射流,使用上述方法获取与之相对应的各个超音速锥长,得到x_s-Ma_e的关系(图4－58)为

$$x_s=E-F\cdot Na_e \tag{4-74}$$

对于多喷管，$E = 53.2$，$F = 4.7$；对于单喷管，$E = 88.6$，$F = 19.1$。式(4 - 74)只在 $1.5 < Ma_e < 4$ 的范围内才基本符合线性关系。火箭发动机的燃烧室温度对这一曲线稍有影响，然而试验结果在图示曲线上并没有表现出根本性的差异。

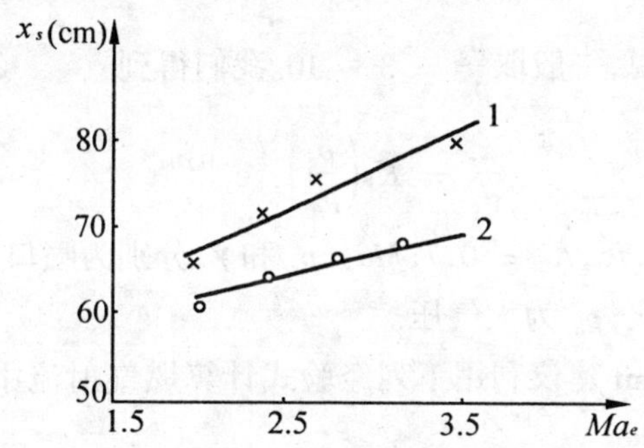

图 4 - 58　超音速锥长度随 Ma_e 的变化

1— 单喷管；2— 多喷管

我们再依据国外和 HP78 的实验数据获取经验曲线和公式。各国的实验条件为：射流出口静压 $p_e = 4.91 \times 10^4 \sim 1.01 \times 10^6$ Pa，出口马赫数 $Ma = 1.0 \sim 3.5$，总温 $T_e = 500$ ℃ ~ 2 000 ℃。

表 4 - 1　HP78① 的 x_s 实验结果

单喷管 $d_r = 8.5$ mm			多喷管 $d_r = 3.2$ mm		
d_e/mm	Ma_e	x_s/mm	d_e/mm	Ma_e	x_s/mm
12.7	2.0	650	4.8	2.0	600
17.0	2.4	720	6.4	2.4	660
21.3	2.7	770	8.6	2.8	670
29.7	3.2	790	11.2	3.2	676

① 以下凡遇代号 HP78 系指编著者所在科研课题组。

喷口直径 $d_e = 6.4 \sim 450$ mm，使用空气、甲烷、固体燃料和液体燃料火箭。各试验数据见表 4－2。以对数纵、横坐标表示 $\left(\frac{x_x}{d_e}\right)^{-0.11\gamma Ma_e^2}$ 和$\frac{p_e}{p_a}$，可以建立如图 4－59 所示的良好关系。对于常用地面火箭来说，一般取$\frac{p_e}{p_a} = 3 \sim 10$。我们得到

$$\frac{x_s}{d_e} = K_1\left(\frac{p_e}{p_a}\right)^{K_2} e^{0.11\gamma Ma_e^2} \tag{4-75}$$

式中 $K_1 = 6.76, K_2 = 0.7$；Ma_e、p_e 和 γ，分别为喷口马赫数、静压和燃气比热比；p_a 为大气压。

K.T.Piesit 建议利用下列经验式计算燃气射流中心线上音速尖的位置

$$\frac{x_s}{d_{opt}} = \frac{150}{\left\{\frac{1000\left[\left(\frac{1+\gamma}{2}\right)^{\frac{\gamma}{\gamma-1}} - 1\right]}{\frac{p_{opt}^*}{p_a} - 1}\right\}^{\frac{1}{0.235 Ma_{opt} + 2.03}}} \tag{4-76}$$

式中各符号的下标 *opt* 表示喷口气流从 p_e 等熵变化到 p_a 的最佳状态。对于表 4－2 所列出的各种喷管和火箭发动机的射流，将式(4－76) 算得的 x_s 值与测定值作一比较，证实上式算得的流场音速尖位置是有效的。其预估值具有 10% 平均值的中间偏差 σ，正如图 4－60 所示。

在表 4－2 所列的范围极宽的试验条件下，图 4－59 表明所采用的简单参数之间具有良好的关系。然而，在表 4－2 中有以下四种射流没有绘制在图中，即 P7804 的马赫数为 3.22 的燃气射流，Priceton 的马赫数为 2.6 的冷空气射流，Johanneson 的马赫数为 1.4 的冷空气射流以及 NASA 的马赫数为 2.22 的冷空气射流。我们发现，上述各射流的超音速核长度大于图示趋向线所预估的

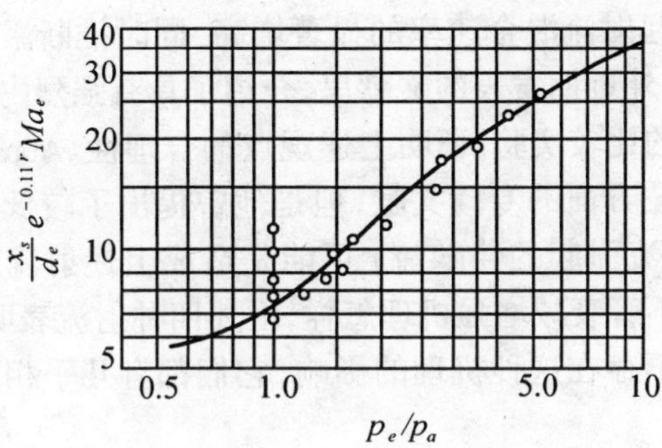

图 4-59　超音速核长度

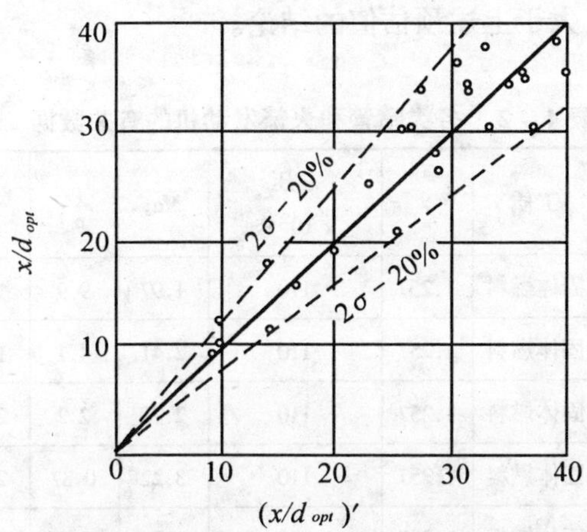

图 4-60　理论和实测音速尖位置的比较

$\frac{x}{d_{opt}}$ 为理论音速尖端；$\left(\frac{x}{d_{opt}}\right)'$ 为测定音速尖端

40% ~ 60%。同时值得注意的是，这四种射流都近于无激波射流。这可以利用 Pitkin 和 Glassman 提出的并被 Johannesen 更完善地发

展了的假说来说明。他们的湍流衰减增强机理假说认为存在很强的激波将引起射流混合速率的显著增高,同时推断激波增大了湍流强度。在国外近期发表的文献里,介绍了具有强烈内扰动和没有强烈内扰动的比较实验,证明上述观点的合理性。Абрамович 虽然没有发表激波方面的专门文献,但是他曾提出了较低的起始流湍流(或许有射流引起的伴随流)可能是造成上述射流衰减缓慢的原因。但是,不管衰减增强机理怎样,上述四种射流表明,湍流完全发展的远场不存在这种机理的影响,它们都有几乎相同的对数衰减速率。

总之,本节图 4－58 和图 4－59 所示的关系和公式为确定燃气射流远场计算所需的起始点给出了简单而较精确的方法,同时得到了在近乎完全膨胀、无激波射流的特殊情况下,高速射流超音速核长度基本上大于上述预估值的结论。

表 4－2　各类喷管和火箭发动机的有关数据

来　源	工质	γ	总压 $\times 10^5$ Pa	Ma_e	$\frac{p_e}{p_a}$	$\frac{d_e}{\text{mm}}$	$\frac{x_s}{d_e}$
中国　HP78	固体燃料	1.257	110	1.97	9.9	12.7	51.2
中国　HP78	固体燃料	1.257	110	2.41	4.1	17.0	42.4
中国　HP78	固体燃料	1.257	110	2.70	2.2	21.3	36.2
中国　HP78	固体燃料	1.257	110	3.22	0.87	29.7	26.6
中国　HP78	固体燃料	1.257	110	1.96	9.9	12.7	47.2
中国　HP78	固体燃料	1.257	110	2.41	4.1	17.0	38.8
中国　HP78	固体燃料	1.257	110	2.84	2.2	21.4	31.3
中国　HP78	固体燃料	1.257	110	3.22	0.87	29.75	22.7

表4-2(续1)

来　　源	工质	γ	总压 $\times 10^5$ Pa	Ma_e	$\frac{p_e}{p_a}$	d_e mm	$\frac{x_s}{d_e}$
美国　PDGD	固体燃料	1.20	175	3.06	3.78	183.	
美国　NADC	固体燃料	1.24		3.53	1.22	50.8	42.0
美国　NADC	固体燃料	1.28		2.82	1.41	65.8	29.0
美国　NADC	固体燃料	1.28		3.42	0.88	65.0	35.0
美国　ARAP	冷空气	1.40	2.24	1.0	1.15	13.0	8.7
美国　ARAP	冷空气	1.40	2.78	1.0	1.42	13.0	9.8
美国　ARAP	冷空气	1.40	5.63	1.0	2.88	13.0	1.92
美国　ARAP	冷空气	1.40	6.98	1.0	3.57	13.0	21.7
美国　ARAP	冷空气	1.40	8.51	1.0	4.36	13.0	26.0
美国　MSFC	RP-1/O2	1.24	70	3.76	0.404	177.8	
前苏联	冷空气	1.40		1.50	1.0		9.5
前苏联	冷空气	1.40		1.50	2.0		16.0
前苏联	冷空气	1.40		1.50	5.0		36.0
前苏联	冷空气	1.40		1.50	10.0		48.0
前苏联	冷空气	1.40		3.0	1.0		30.0
前苏联	冷空气	1.40		3.0	2.0		50.0
美国　ARC	冷空气	1.40		1.40	1.0	18.8	13.5
美国　Princeton	冷空气	1.40		2.60	1.0	64.8	28.0
美国　NWL	固体燃料	1.24		3.13	1.41	451.	35.8
英国　RAE	固体燃料	1.25		2.69	2.79	130.	40.0

表 4-2(续 2)

来　源		工质	γ	总压 $\times 10^5$ Pa	Ma_e	$\frac{p_e}{p_a}$	$\frac{d_e}{mm}$	$\frac{x_s}{d_e}$
美国	ARAP	N_2	1.40		3.30	1.51		49.0
美国	ARAP	N_2	1.40		3.30	0.60		31.5
美国	ARAP	CH_4	1.31		3.10	1.45		40.0
美国	PDGD	冷 空 气	1.40		2.96	1.60	9.6	42.3
美国	PDGD	冷 空 气	1.40		2.30	4.43	6.3	48.6
美国	PDGD	液体燃料	1.24		3.22	0.52	38.1	22.4
美国	NASA	冷 空 气	1.40		2.22	1.00	25.6	25.1

第 5 章　火箭非设计状态超音速燃气射流物理 - 数学模型

第 1 章已经提及火箭发射装置“发射阶段”，即火箭弹在发射管内滑行以及刚飞离发射管不久所出现的燃气射流的冲击干扰问题，除此之外，火箭燃气射流流场还涉及有关多级火箭、制动火箭、助推火箭和航天飞机等的设计与使用问题。欲解决这些问题，我们需要分析具有许多复杂物理现象的整个燃气射流流场。火箭燃气射流基本上是向周围静止介质膨胀的高能多组分流场，它的主要流域为超音速流区，但也必须正确处理亚音速混合区。火箭燃气射流流入外界超音速流场的典型射流模型可以采用如图 5 - 1 所示的低空复燃射流的基本结构。一般，对于高温、高焓的火箭燃气射流具有显著的热化学反应。对于多喷管火箭燃气射流，一旦达到一定的环境压力，多股燃气射流之间将发生相互干扰，以致燃气射流结构成为极其复杂的三维流场。当前，在严格限定的条件下，尚可计算多股燃气射流在相互干扰时的流场结构，然而还没有解决一般情况下的三维多股燃气射流流场。

在解决存在复杂物理现象的火箭燃气射流的具体问题时，往往采用简化的物理 - 数学模型，以突出问题的主要方面，使之得以求解。同时，求得的解又不失问题的大部真实性。当然，各种解法的精确性都有所不同。这是因为受到所考虑因素的多寡以及采用何种计算方法的限制。在火箭燃气射流起始气动参数（喷口直径、扩张半角、静压比、马赫数和燃气比热比等）组合的条件下所考虑的影响流场的物理因素越多，诸如喷管底部外形所引起的阻塞、周围介质流动状况、湍流卷吸作用、燃气复燃的热化学反应以及多股射流的间距和相交角度等，那么求解燃气自由射流的内特性参数

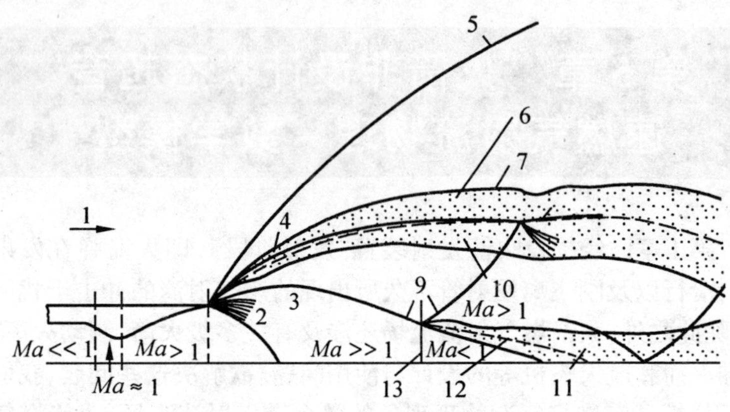

图 5－1　低空复燃射流的基本结构

1— 外界气流 $Ma_e > 1$;2— 无粘“核”;3— 膨胀扇;4— 开始复燃;5— 射流外弓形激波;6— 剪切层;7— 外边界;8— 无粘边界;9— 内激波结构;10— 复燃区;11— 马赫盘混合层;12— 音速线;13— 马赫盘

就越复杂。甚至有的不得不采用降维后的模型，譬如以一维模型来处理(第 5.5 节)。对于燃气射流冲击场，还受冲击表面几何形状的不规则性的影响，使冲击流场的物理现象更为复杂。在实际问题中有时对承受燃气动力感兴趣(譬如，火箭燃气射流对发射装置的冲击力、力矩和作用中心的确定，大功率火箭燃气射流对发射管壁的冲击，多级火箭的级间分离冲击等等)，而它又分为燃气射流远场和近场出现严重冲击的两种情况。对于前者我们可以单纯利用无激波超音速射流混合理论等来计算(第 5.1 和 5.2 节)，对于后者则必须建立射流中的激波系或计及其影响的物理模型(第 5.3、5.4、5.5 节和第六章)。这两者的数学模型有采用近似解析式的，也有采用特征线和有限差分数值解法的。至于有限元数值解法虽有其特殊的优点，但它在轴对称超音速流中的应用有待进一步实践和发展。此外，还可以在综合考虑上述众多因素的条件下，根据实验结果分析获得的经验式来解决所要求的问题(第 5.1 节)。这里，我

们将着重讨论火箭欠膨胀超音速燃气射流的各种理论计算，并且按照由浅入深，由简到繁的方式来逐一论述。此外，本章还附带提及了射流非计算度（偏离设计状态的程度）$n = \dfrac{p_e}{p_a} < 1$ 的过膨胀情况（第 5.3 节）。

5.1　简捷估算火箭欠膨胀超音速燃气射流特性参数的方法

为了估算火箭导弹发射装置承受燃气动力的大小，我们必须先算出燃气自由射流流场诸气动参数和几何参数。这里介绍两种有关的简捷估算方法。

5.1.1　经验估算法

1961 年 E.V.Wilms 利用 G.J.Sohlenker 的欠膨胀收敛扩张喷管确定火箭燃气射流滞止压力的经验式来解决多管火箭发射系统承受的燃气动力问题。他运用了固连于火箭弹的坐标系内的滞止压力近似值，忽略了火箭弹飞行速度以及燃气射流与发射装置间的干扰对此压力的影响。对于燃气射流流场任一点 (x, r) 的传感器总压，建议利用下式计算

$$p(x, r) = a\mathrm{e}^{b^2 r^2} \tag{5-1}$$

式中，x 为沿火箭弹燃气射流对称轴由喷口截面开始度量的距离，r 为射流中任一点到对称轴的垂直距离，而 a 和 b 按下列四种情况取值：

(1) 若 $0 < x < x_0, \dfrac{x}{x_1} < 1$，则

$$a = p_e, \qquad b^2 = \left(\frac{1.15}{r_e}\right)^2 \tag{5-2}$$

(2) 若 $0 < x \leqslant x_0, \dfrac{x}{x_1} \geqslant 1$，则

$$a = p_e, \qquad b^2 = \left(\frac{1.15}{r_e}\right)^2 x_1^{2.32} x^{-2.32} \tag{5-3}$$

(3) 若 $x > x_0, \dfrac{x}{x_1} < 1$,则

$$a = K_1 x^{K_2}, \qquad b^2 = \left(\frac{1.15}{r_e}\right)^2 \tag{5-4}$$

(4) 若 $x > x_0, \dfrac{x}{x_1} \geqslant 1$,则

$$a = K_1 x^{K_2}, \qquad b^2 = \left(\frac{1.15}{r_e}\right)^2 x_1^{2.32} x^{-2.32} \tag{5-5}$$

上列各式中

$$\begin{cases} K_1 = p_a\left[\left(\dfrac{\gamma+1}{2}\right)^{\frac{\gamma}{\gamma-1}} - 1\right]\left[16(Ma_e - 1)d_e\right]^{-k_2} \\ K_2 = -(1.4 + 0.437 Ma_e) \end{cases} \tag{5-6}$$

式中 r_e、d_e 和 Ma_e—— 喷口截面半径、直径和马赫数;

γ—— 燃气比热比;

p_a——大气压;

x_0—— 发射装置导引部长度。

$$x_1 = d_e\left(\frac{x}{d_e}\right)_1 \tag{5-7}$$

此处,$\left(\dfrac{x}{d_e}\right)_1$ 由图5-2给定。图中 r_0 为在射流流场同一横截面上压力下降到对称轴上压力值的四分之一的参数点对轴心线的垂直距离

$$\begin{aligned} &如果\frac{x}{d_e}\left(\frac{x}{d_e}\right)_1 < 1, \quad 那么\ r_0 = r_e; \\ &如果\frac{x}{d_e}\left(\frac{x}{d_e}\right)_1 \geqslant 1, \quad 那么\ r_0 = r_e\left[\frac{\dfrac{x}{d_e}}{\left(\dfrac{x}{d_e}\right)_1}\right]^{1.16} \end{aligned} \tag{5-8}$$

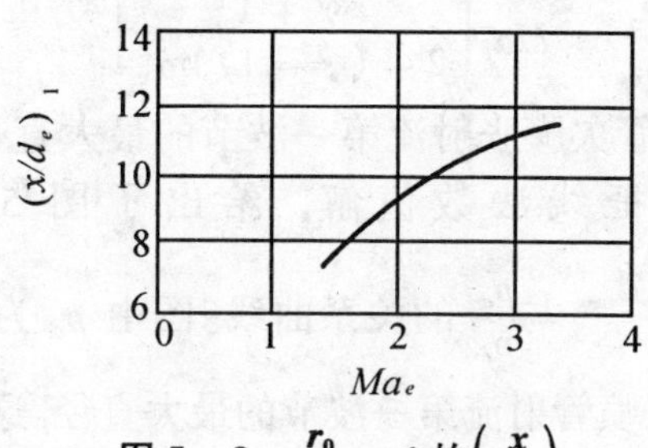

图 5－2　$\frac{r_0}{r_e}=1$ 的 $\left(\frac{x}{d_e}\right)_1$

对喷口马赫数的关系

（扩散特性变化曲线）

本方法宜用于 $Ma_e=2\sim3$，$n=1.2\sim5$ 的情况。

5.1.2　Northrop 模型

为了确定沿射流轴心线的动压分布，必须先建立射流模型。在这里，讨论以等速直线表示射流流场特性的简单模型，如图 5－3 所示。图中画出了 $0.1u_m$ 和 $0.5u_m$ 等速线。由图 5－3 可见，该射流模型在接近喷口处还有一个射流起始膨胀段，之后是等马赫数核心。

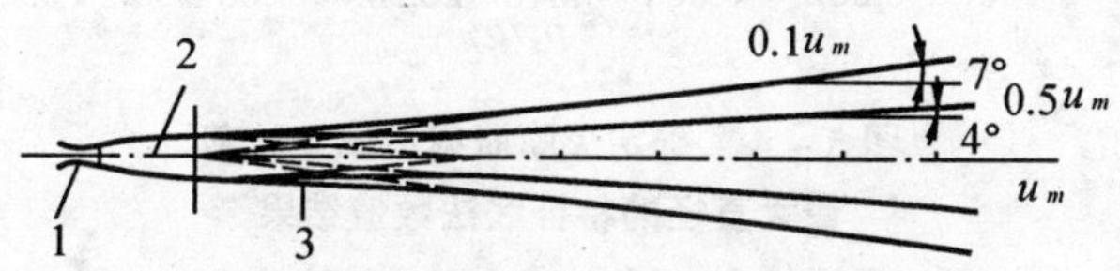

图 5－3　Northrop 模型

1— 喷管；2— 起始膨胀段；3— 等马赫数核

喷口马赫数可以利用火箭推力，或者喷口截面面积 A_e 与喷喉截面面积 A_t 之比来求得，即分别使用下式确定

$$Ma_e=\sqrt{\frac{F-A_e(p_e-p_a)}{\gamma A_e p_e}} \tag{5-9}$$

或 $$\frac{A_t}{A_e} = Ma_e\left[\frac{\gamma + 1}{2 + (\gamma - 1)Ma_e^2}\right]^{\frac{\gamma+1}{2(\gamma-1)}} \tag{5-10}$$

为了确定喷管欠膨胀射流第一波节的最大直径，根据冷射流试验数据和特征线法数值解，给出了图 5 - 4 所示的 $\frac{[1+\sqrt{Ma_e^2-1}]d_{\max}}{d_t}$ 与 $\frac{p_a}{p_c}$ 的关系曲线。图中 p_c 为燃烧室滞止压力，$d_{\max}$ 为欠膨胀喷管射流第一波节的最大直径。这一曲线是在一

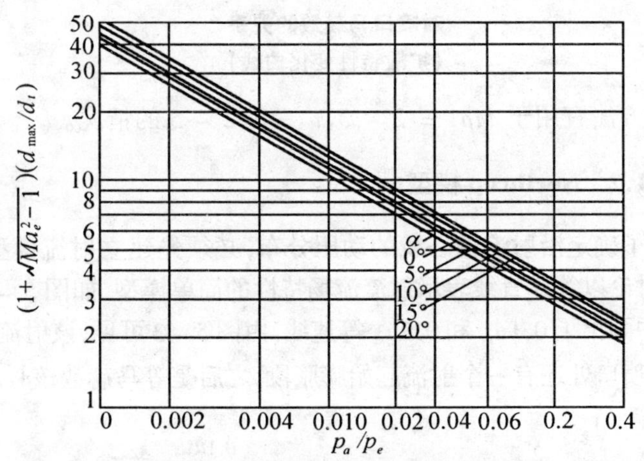

图 5 - 4　确定欠膨胀射流第一波节最大直径的特征线法数值结果

($1.5 \leqslant Ma_e \leqslant 3.0, \gamma = 1.2$)

定的喷管扩张半锥角的情况下得到的，并且包含了射流径向速度对膨胀的影响。

射流起始膨胀段沿轴心线的马赫数变化可以利用下式

$$\frac{p}{p_c} = \left(1 + \frac{\gamma - 1}{2}Ma^2\right)^{-\frac{\gamma}{\gamma-1}} \tag{5-11}$$

计算喷口静压随射流横截面的增大而减小到起始膨胀段最大直径处的环境压力。

等马赫数核心长度使用如下经验式确定,即

$$x_c = 6.9(1 + 0.38Ma_e)^2 r_e \tag{5-12}$$

射流主段沿轴心线的马赫数衰减由图5-5来确定。此曲线图既可

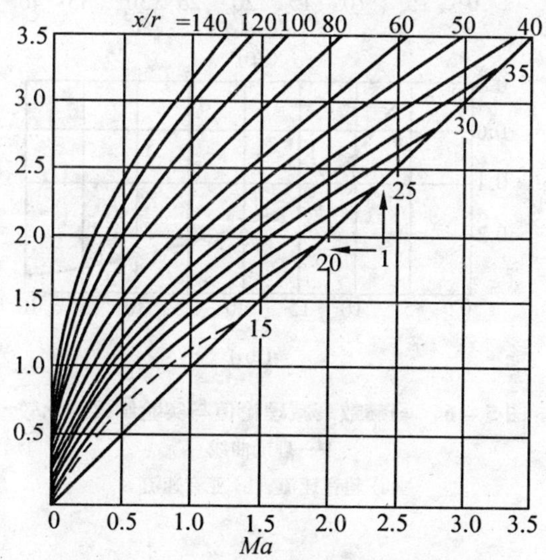

图5-5　射流中心线上的马赫数衰减

(射流温度等于环境温度)

1— 曲线相交端点为等马赫数核无因次长度;

2— $\frac{x_c}{r_e} = 6.9(1 + 0.38Ma_e)^2$

用于超音速流又可用于亚音速流,它所估计的马赫数衰减与实验数据的比较状况见图5-6。

超音速锥长度(音速点位置)可由图5-5和5-7来确定,图5-7中的曲线是由图5-5得来的。

在确定射流径向速度分布和结构尺寸时,我们必须先作如下

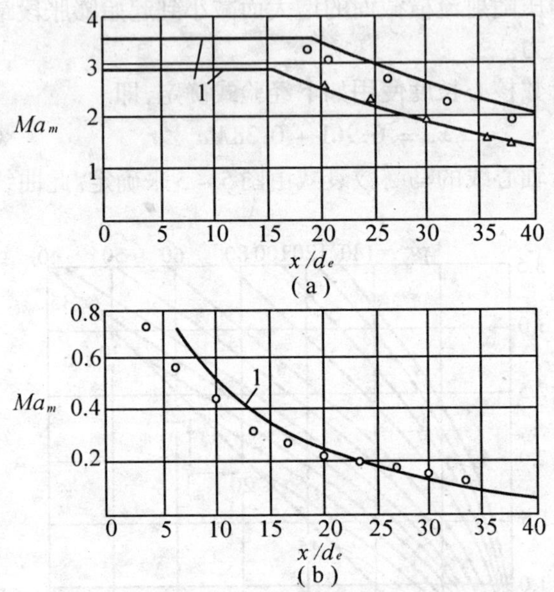

图 5－6　马赫数衰减理论值与实验结果的比较

1— 理论曲线

(a) 超音速流；(b) 亚音速流

假设。

(1) 等马赫数核呈三角形。

(2) 等马赫数核外部的普遍超音速（马赫数）剖面与图 5－8 所示的普遍亚音速剖面相同。

(3) 从射流初始段最大截面（无混合流区的终端截面）圆周上发散的等速直线，近似表示射流流场的分布特性。射流等速线与中心轴线的夹角为喷口马赫数的函数。试验数据的这一关系示于图 5－9 中。

(4) 关于速度剖面型和射流扩散特性，在速度和马赫数之间可以通用。

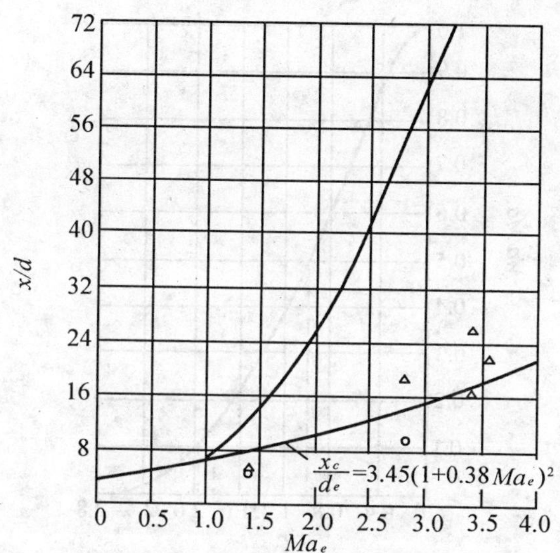

图 5－7 湍流射流中音速点与等马赫数核的轴向位置

等马赫数核长度内假设 $0.5u_m$ 速度线平行于中心线，且偏离中心线的距离等于射流起始膨胀段的最大直径。在该核心长度内 $0.1u_m$ 速度线与 $0.5u_m$ 速度线的夹角为

$$\theta_{0.1} = \tan^{-1}\left(\frac{1.85r_{0.5}}{x_c}\right) \qquad (5-13)$$

式中 $r_{0.5}$——射流等马赫数核长度内 $0.5u_m$ 等速线偏离中心线的距离；

x_c——等马赫数核长度。

一旦确定了射流起始膨胀段、超音速核和等速线，并把它们绘制于坐标纸之后，就可以概略给定射流轴心线任一点横截面上的无因次速度 $\frac{u}{u_m}$ 或马赫数 $\frac{Ma}{Ma_m}$ 剖面。

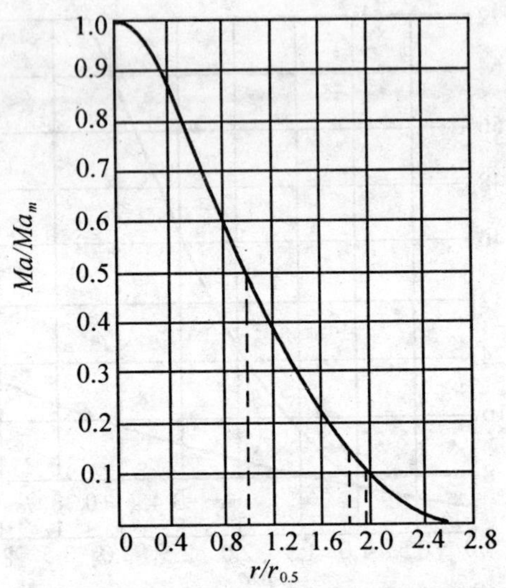

图 5-8　亚音速射流的径向速度分布
（与温度和比热比无关）

这里，假设整个射流流场是无激波热理想流。我们利用热理想流的关系式来计算动压，则有

$$q = \frac{\gamma}{2} pMa^2 \tag{5-14}$$

式中　p—— 当地静压；

　　Ma—— 当地马赫数。

在计算特性参数时，沿射流轴心线或径向的燃气－空气混合比热比可以认为从燃气的值（1.2～1.3）沿轴心线或径向近似呈线性变化到空气的值（1.4）。

实例分析表明，本方法宜用于 $Ma=2\sim3$，$n=1.2\sim10$ 的情况。

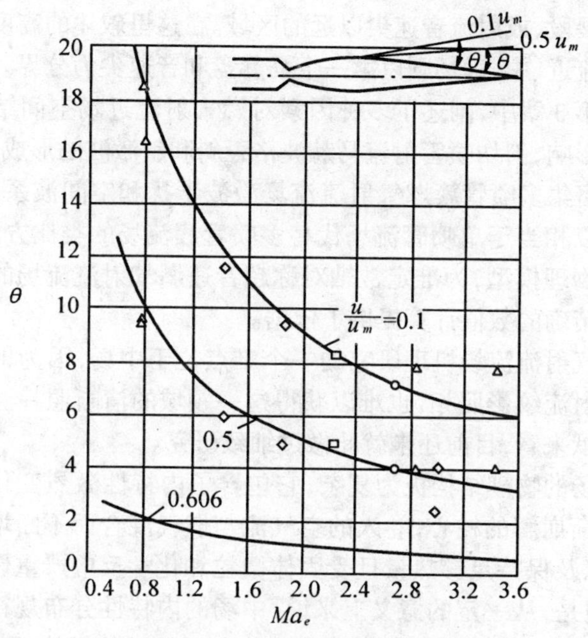

图 5－9　火箭燃气射流等速线夹角随喷口马赫数的变化

5.2　超音速燃气自由射流动量均化特性模型

5.2.1　概述

火箭燃气射流近、中、远场的划分在各文献资料中都没有规定确切的界限。但是，一般来说，高度欠膨胀燃气射流近场泛指喷口至第一个马赫盘的区域（称为起始膨胀段），或再加上盘后的激波核心（称为初始核心）；中场泛指通常所说的过渡段，或前面再加上

一段激波核心，或后面加了一段直至音速尖的区域；远场泛指湍流完全发展段，或射流音速尖以远的区域。在这里叙述的高度欠膨胀燃气射流近、中、远场则以第一个马赫盘和音速尖为分界。

在第3章中，阐述了多种因素对燃气射流近场空间结构主要特征的影响，斜切喷管射流马赫波格歪斜和斜激波的形成，以及地面火箭密集多喷管簇燃气射流流场激波干扰和空间波系的特点。提出了以相当于单喷管流场代替多喷管簇流场的类比方法，建立了各种物理模型，为准定常轴对称超音速燃气射流流场的工程计算与较精确的数值计算提供了依据。

燃气射流流场机理研究的一个难点位于中场，因为即使对纯气体冷射流纹影照相，也难以获得这一领域的清晰照片。所以，从可查文献来看，目前还未就此做过细致研究。

中场的物理结构极为复杂，它包含了内特性激烈变化与激波结构逐渐崩解的核心，卷入的空气流与燃气混合而不断增厚的边界层，以及保持足够热量且受固体微粒和化学反应严重影响的流域等。但是，从一定的意义上来说，中场的内特性分布规律决定于近场的膨胀类型、膨胀程度、特征分布规律和波格结构。同时，就我们发展的测试手段来说，可以得到中场特性分布的大致规律。因此，建立工程应用的模型仍是可行的。正是基于这点，建立了本节的火箭超音速燃气自由射流的动量均化特性模型。

本节试图在利用准一维定常等熵流理论计算起始膨胀段的基础上，对射流中场不过分拘泥于波系结构，采用了超音速完全膨胀流的类比方法、以动量平均速度确定射流中场混合厚度的方法以及考虑射流火焰情况的当量半径方法，建立了火箭超音速燃气自由射流的动量均化特性模型。这一模型的特点是体现了燃气射流近、中场的总体特性，充分考虑了近、中场总体特性对远场分布规律的影响。

5.2.2　欠膨胀轴对称超音速燃气自由射流流动模型

火箭燃气射流属于轴对称圆形气体湍流射流。一般来说，地面固体火箭的喷口燃气速度 $u_e = 1\,800 \sim 2\,100$ m/s，喷口温度 $T_e = 1\,200$ K ~ 1 300 K，喷口温度比 $\theta_e = \dfrac{T_e}{T_a} \approx 3.7 \sim 4$（在高温情况下，大气绝对温度 $T_e = 323$ K）。因此，火箭燃气射流又属于高温高速射流。

欠膨胀轴对称超音速燃气自由射流传播的基本特征是正规与非正规反射波系（桶状激波和相交激波波系）以及混合边界层的出现和发展，其流动结构示意图如图 5－10 所示。

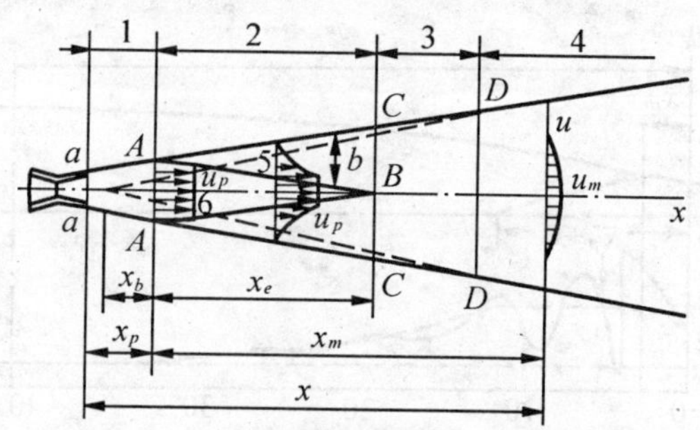

图 5－10　欠膨胀自由射流传播示意图

1—起始膨胀段；2—初始段；3—过渡段；
4—基本段；5—边界层；6—核心区

对于现有地面固体火箭来说，在射离发射装置的十余米距离内，周围大气相对于射弹的速度 $u_a \approx 150$ m/s，即 $\dfrac{u_a}{u_e} \approx \dfrac{1}{15}$，可见比值不大。因此，在工程应用中忽略伴随流的影响，仍能保证所要求的精度。在火箭发动机静止试验中，所测得的燃气射流流场气动参数仍能近似作为飞行火箭射离发射装置的距离在火箭燃气射流全

长以内的气动参数。

欠膨胀喷管的燃气喷出喷口产生膨胀，从而形成起始膨胀段。在该段内流速不断增大，直至燃气射流的静压与周围大气压相等时，流速才达到最大。同时，无论是单喷管还是多喷管的燃气射流，均在起始膨胀段的终止截面（AA）上形成较均匀的速度（u_p）分布。

在起始膨胀段之后有射流初始段。实验表明，燃气射流在起始膨胀段以后的流场，静压基本不变，约与周围大气压相等。因此属于等压非等温湍流自由射流。

实验表明，由燃气射流起始膨胀段终止截面开始直至激波完全崩解的核心内，轴心马赫数呈振荡衰减（见图 5－11）。

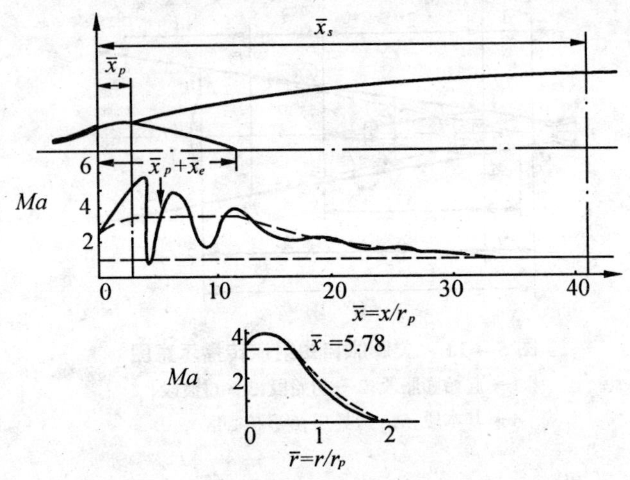

图 5－11　燃气自由射流流场的马赫数

－－－理论值；—— 实验值

现在，按准一维完全等熵流计算起始膨胀段最大流动面积上的平均马赫数来均匀初始核心内的振荡马赫数，形成一个均化了

的等马赫数核心。这样，起始膨胀段之后的射流可以类比于以等效喷管的喷口直径(半径)为起始膨胀段终止截面的直径(半径)，喷口马赫数等于起始膨胀段终止截面平均马赫数的理想化了的无激波超音速完全膨胀射流。至于核心后过渡段的马赫数变化，则认为与主段的马赫数分布规律相同。也就是说，在工程应用中，为了简单起见，在相当准确的程度内，可以忽略不太长的过渡段，使之蜕化为过渡截面。

5.2.3　混合流场的自模型

在半经验湍流射流理论中，根据已有的大量实验结果，对于非等温湍流自由射流情况，采用了一系列的普遍无因次参数剖面，鉴于火箭燃气射流紧挨马赫盘下游的火焰对射流初始段混合边界层参数分布的影响，在该边界层内宜取下列普遍无因次剖面

$$\Delta\bar{U} = \frac{U_p - U}{U_p} = (1 - \eta^{1.5})^2 = f_1 \tag{5-15}$$

或

$$\frac{U}{U_p} = 1 - f_1 \tag{5-16}$$

和

$$\Delta\bar{T}^* = \frac{T_p^* - T^*}{T_p^* - T_a} = (1 - \eta^{1.5})^t = f_2 \quad (参见图5-12) \tag{5-17}$$

或

$$\frac{T^*}{T_p^*} = 1 - \left(1 - \frac{1}{\theta_p^*}\right) f_2 \tag{5-18}$$

这里，$\theta_p^* = \frac{T_p^*}{T_a}$，

$$\eta = \frac{r_b - r}{b}, \quad b = r_b - r_i \tag{5-19}$$

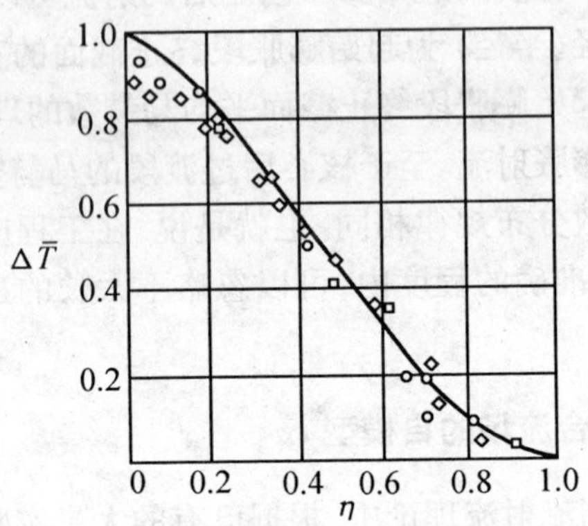

图 5－12　燃气湍流射流初始段

无因次剩余滞止温度剖面

($\theta_e = 2, Ma_e = 3$)

$\Diamond \bar{x} = 6$；$\bigcirc \bar{x} = 14$

温度指数与射流欠膨胀程度 $n = \dfrac{p_e}{p_a}$ 或马赫盘的强弱，以及化学组分和反应等有关，一般取 $t = 1.8$ 左右。再由

$$T^* = \left(1 + \frac{\gamma - 1}{2} Ma^2\right) T \tag{5－20}$$

或

$$T^* = T + \frac{U^2}{2c_p} \tag{5－21}$$

可以近似算得 T。

在射流主段内取

$$\Delta\overline{U} = \frac{U}{U_m} = (1 - \xi^{1.5})^2 = f_3 \tag{5－22}$$

$$\Delta\overline{T} = \frac{T - T_a}{T_m - T_a} = 1 - \xi^{1.5} = f_4 \tag{5－23}$$

这里，$\xi = \dfrac{r}{r_e}$。

实验表明，可压缩燃气射流的混合层具有近似动压普遍相似剖面，即

$$\frac{q}{q_m} = \frac{\rho U^2}{(\rho U^2)_m} = F(\xi) \tag{5-24}$$

式中，$\xi = \dfrac{r}{r_e}$。

建立了上述各参数普遍相似剖面的经验公式，方能积分射流动量守恒方程和射流混合边界层的扩散方程。

5.2.4　射流内特性

我们知道，火箭发动机喷射的燃气分子量与周围空气分子量是不同的，这里介绍的燃气射流基本参数的计算方法适用于这种非等分子量流的情况。现在分别按照射流起始膨胀段、初始段与主段确定基本流动结构和特性参数。

(1) 起始膨胀段

欠膨胀燃气喷出喷口后继续膨胀，当燃气射流在某一截面上的静压等于大气压时，则获得燃气射流起始膨胀段终止截面上的最大圆截面直径(见图 5－13 所示的 AA 截面)。对此，我们可以利用一维定常等熵流公式作近似计算

$$\xi_p = \sqrt{\frac{A_p}{A_t}} = \left[\frac{\left(\dfrac{2}{\gamma+1}\right)^{\frac{1}{\gamma-1}}\sqrt{\dfrac{\gamma-1}{\gamma+1}}}{\sqrt{\chi_p^{\frac{2}{\gamma}} - \chi_p^{\frac{\gamma+1}{\gamma}}}}\right]^{1/2} \tag{5-25}$$

式中　A_p—— 起始膨胀段最大圆截面面积；

A_t—— 喷喉面积；

$\chi_p = \dfrac{p_a}{p_c}$—— 起始膨胀段最大圆截面上的压力比；

p_a—— 大气压；

p_c—— 燃烧室压力。

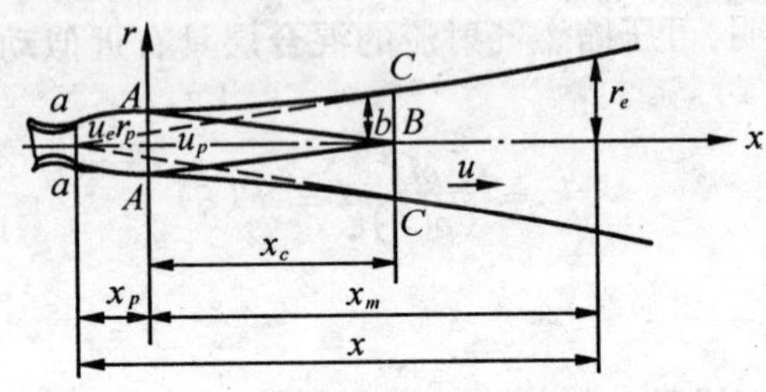

图 5-13 欠膨胀燃气自由射流计算简图

由式(5-25)可以得到燃气射流起始膨胀段最大圆截面半径

$$r_p = \sqrt{n}\xi_p \frac{d_t}{2} \tag{5-26}$$

式中 d_t—— 喷喉直径；

n—— 喷管数目。

对于一般旋转火箭弹来说，喷管倾角不大，上式仍然可以近似应用。

射流起始膨胀段长度

$$x_p \approx \frac{r_p - \sqrt{n}\,\dfrac{d_e}{2}}{\tan\alpha} \tag{5-27}$$

式中 d_e—— 喷口直径；

α—— 喷管扩张半角。

在射流起始膨胀段终止截面上的气流速度 u_p 和温度 T_p 使用以下各式计算

$$u_p = \varphi F_v(\xi_p)\sqrt{f_0} \tag{5-28}$$

式中 φ—— 综合考虑喷管和起始膨胀段内燃气流速与热损失的修正系数，其值近似取为 0.96；

$F_u(\xi_p) = \sqrt{\frac{2\gamma}{\gamma-1}[1-(\chi_p)]^{\frac{\gamma-1}{\gamma}}}$—— 起始膨胀段终止截面上的流速函数值；

f_0—— 火药力换算值。

又有

$$T_p = T_0(\chi_p)^{\frac{\gamma-1}{\gamma}} \tag{5-29}$$

这里，T_0 为燃烧室内燃气滞止温度，它与等压温度近似相等，并近似看作燃烧室温度。

因此，起始段终止截面上的马赫数和密度为

$$Ma_p = \frac{u_p}{\sqrt{\gamma RT_p}} \tag{5-30}$$

或

$$Ma_p = \varphi\sqrt{\frac{2}{\gamma-1}[(\chi_p)^{\frac{1-\gamma}{\gamma}}-1]} \tag{5-31}$$

$$\rho_p = \frac{p_a}{\gamma RT} \tag{5-32}$$

若式(5－25)～(5－32)中的各量取消下标 p，且当 $\chi = \frac{p}{p_c}$ 由 $\chi_e = \frac{p_e}{p_c}$ 变化到 $\chi_p = \frac{p_a}{p_c}$ 时，则可以得到沿射流轴心线变化的截面半径 r，下游距离 x，流速 u，温度 T，马赫数 Ma 和密度 ρ。当然，也可以通过逐次给定起始膨胀段截面半径 r 或喷口下游距离 x 等求出其他各量。

(2) 射流初始段

射流初始段包括核心和混合边界层两个部分。假定初始核心是未经混合的具有不变静压的势流区，其速度和温度视为定值，且等于起始膨胀段终止截面上的流速 u_p 和温度 T_p。至于混合边界层内的速度 u 和温度 T 可按式(5－15)、(5－17)和(5－20)求得。

为了确定初始段诸几何参数，这里首先讨论我们称之为射流积分方法的第一类方程问题。

根据动量守恒原理，在起始膨胀段终止截面和初始段任一截面之间有

$$\rho_p U_p^2 \pi r_p^2 = \int_{r_i}^{r_b} \rho u^2 (2\pi r)\mathrm{d}r + \rho_p u_p^2 \pi r_i^2 \tag{5-33}$$

其中，ρ_p 和 ρ 分别为起始膨胀段终止截面和初始混合边界层内任一点的气流密度。对于温度不太高、定压比热 c_p 可视作定值的情形，通常的气体状态方程仍然近似适用。由起始膨胀段以外的射流空间等压条件，可得

$$\frac{\rho}{\rho_p} = \frac{T_p}{T} \tag{5-34}$$

利用式(5－15)、(5－17)、(5－19)、(5－20)、(5－21)和(5－34)，可将式(5－33)写成

$$r_i^2 + A_1 b r_i + A_2 b^2 - r_p^2 = 0 \tag{5-35}$$

式中

$$A_1 = 2\int_0^1 \frac{(1+f_1)^2 \mathrm{d}\eta}{\left(1+\frac{\gamma-1}{2}Ma_p^2\right)\left[1-\left(1-\frac{1}{\theta_p^*}\right)(1-\eta)\right]-\frac{\gamma-1}{2}Ma_p^2(1-f_1)^2} \tag{5-36}$$

$$A_2 = 2\int_0^1 \frac{(1-f_1)^2(1-\eta)\mathrm{d}\eta}{\left(1+\frac{\gamma-1}{2}Ma_p^2\right)\left[1-\left(1-\frac{1}{\theta_p^*}\right)(1-\eta)\right]-\frac{\gamma-1}{2}Ma_p^2(1-f_1)^2} \tag{5-37}$$

解式(5－35)，得到

$$\bar{r}_i = -\frac{A_1\bar{b}}{2} + \sqrt{1-\left(A_2-\frac{A_1^2}{4}\right)\bar{b}^2} \tag{5-38}$$

式中，$\bar{r}_i = \frac{r_i}{r_p}$，$\bar{b} = \frac{b}{r_p}$。

以下研究我们称之为射流积分方法的第二类方程问题。根据

湍流自由射流边界层厚度的扩展律，有

$$\frac{\mathrm{d}b}{\mathrm{d}x_m} \sim \frac{u_p}{u^*} \tag{5-39}$$

式中，u^* 为特征速度。

为了估计射流可压缩性对厚度的影响，使理论结果进一步准确化，在确定射流边界层厚度时，采用所谓动量平均速度作为特征速度，即

$$u^* = \frac{\int_{r_i}^{r_b} \rho u^2 \mathrm{d}r}{\int_{r_i}^{r_b} \rho u \mathrm{d}r} \tag{5-40}$$

利用式(5－15)、(5－17)、(5－19)、(5－20)、(5－21)和(5－40)，可将式(5－39)化为

$$b = cf(\theta_p^*)x_m$$

或

$$\bar{b} = cf(\theta_p^*)\bar{x}_m \tag{5-41}$$

式中　$\bar{b} = \frac{b}{r_p}, \bar{x}_m = \frac{x_m}{r_p}$；

$f(\theta_p^*) = \frac{A_3}{A_4}$——辅助函数。

而

$$A_3 = 2\int_0^1 \frac{(1-f_1)\mathrm{d}\eta}{\left(1+\frac{\gamma-1}{2}Ma_p^2\right)\left[1-\left(1-\frac{1}{\theta_p^*}\right)(1-\eta)\right]-\frac{\gamma-1}{2}Ma_p^2(1-f_1)^2} \tag{5-42}$$

式中　$c = \frac{c_0}{f(1)}$——可压缩情况下的射流经验系数；

c_0——不可压缩流在自由射流情况下边界层的厚度梯度，一般取为0.27；

$f(1)$——$\theta_p^* = 1$ 情况下的辅助函数。

今由式(5－38)和(5－41),并注意到 $\bar{r}_b = \bar{b} + \bar{r}_i$ 可以得到射流初始段的外边界方程

$$\bar{r}_b = \theta_1 \bar{x}_m + \sqrt{1 - \theta_2 \bar{x}_m^2} \tag{5-43}$$

式中　$\bar{r}_b = r_b + r_p$;

$\bar{x}_m = \dfrac{x_m}{r_p}$;

$\theta_1 = \left(1 - \dfrac{A_1}{2}\right) Cf(\theta_p^*)$;

$\theta_2 = \left(A_2 - \dfrac{A_1^2}{4}\right) C^2 f^2(\theta_p^*)$。

可见,轴对称圆形燃气射流初始段外边界为一曲线。显然,其内边界也为一曲线。

在核心消失处($\bar{r}_i = 0$),从式(5－38)可以求得过渡截面的无因次厚度

$$\bar{r}_{bc} = \frac{1}{\sqrt{A_3}} \tag{5-44}$$

式中　$\bar{r}_{bc} = \dfrac{r_{bc}}{r_p}$;

r_{bc}——过渡截面的半厚度。

若将式(5－44)代入式(5－41),则得到无因次初始段长度

$$\bar{x}_c = \frac{\bar{r}_{ec}}{Cf(\theta_p^*)} = \frac{1}{Cf(\theta_p^*)\sqrt{A_2}} \tag{5-45}$$

(3) 射流主段

实验数据分析表明,轴对称圆形射流主段边界大致为一直线,其斜率为

$$\sigma = \left.\frac{\mathrm{d}\bar{r}_b}{\mathrm{d}\bar{x}_m}\right|_c \cdot \varphi_1 = \left(\theta_1 - \frac{\theta_2 \bar{x}_c}{\sqrt{1 - \theta_2 x_c^2}}\right)\varphi_1 \tag{5-46}$$

式中,φ_1 为考虑到射流流动结构忽略了过渡段的影响系数,取值为0.7～0.8。从而射流主段边界为

$$\bar{r}_b = \bar{r}_{bc} + \sigma(\bar{x}_m - \bar{x}_c) \tag{5-47}$$

式中　$\bar{r}_b = \dfrac{r_b}{r_p}$;

r_b——射流主段半厚度。

因此,射流极点无因次距离为

$$\bar{x}_0 = x_c - \frac{\bar{r}_{bc}}{\sigma} \tag{5-48}$$

式中　$\bar{x}_0 = \dfrac{x_0}{r_p}$;

x_0——射流极点距离。

式(5－47)又可化为

$$\bar{r}_b = \sigma(\bar{x}_m - \bar{x}_0) \tag{5-49}$$

在工程应用中,我们不妨近似取轴对称非等温射流轴心速度与轴心温度分布近似一致,则有

$$\frac{u_m}{u_p} \approx \frac{T_m - T_a}{T_p - T_a} \approx \frac{1}{2}\left(\frac{\bar{r}_{ec}}{\bar{r}_e}\right)\left[\left(1 - \frac{1}{\theta_p}\right)\left(\frac{\bar{r}_{ec}}{\bar{r}_e}\right) + \sqrt{\left(1 - \frac{1}{\theta_p}\right)^2\left(\frac{\bar{r}_{ec}}{\bar{r}_e}\right)^2 + \frac{4}{\theta_p}}\right] \tag{5-50}$$

式中,$\theta_p = \dfrac{T_p}{T_a}$。在式(5－50)的推导过程中,考虑到燃气射流具有近似动压普遍相似剖面(参见式(5－24)),并且注意到,作为简化计算,在射流主段内不妨近似地认为速度普遍相似剖面与温度普遍相似剖面具有同一形式

$$\frac{u}{u_m} \approx \frac{T - T_a}{T_m - T_a} \tag{5-51}$$

很明显,火箭燃气射流的边界半厚度、速度和温度等诸参数均与温度比 θ_p 有关,过去往往直接引用冷射流的边界来估计火箭燃气射流对发射装置的冲击力,因此,计算结果偏大。

推导过程表明,上列各式适用于燃气射流温度比 $\theta_p \leqslant 40$, Ma

> 1 和 $1 < \frac{p_e}{p_a} < 10$ 的情形。此外，正如第3章所述，对于炮兵火箭环状紧密排列的众多小喷管簇燃气射流的情况，可以按照相当于单喷管燃气射流流场来处理。

5.2.5 燃气射流火焰形成机理与当量计算

考察图4-8(a)，可以看到紧挨马赫盘下游和超音速流更下游处存在火焰强光。紧挨马赫盘下游的火焰形成，则是由于马赫盘上游的桶状激波内气流迅速膨胀与温度不断下降之后，气流通过马赫盘变为亚音速流而受到再压缩，使其动能变成内能，温度突跃上升到临界温度以上，以致辐射可见光。同时，射流边界层与环境介质的混合和扩散，又促使氧气与燃烧不完全的火药气体和药粒发生化学元素反应，因此就有化学能的释放和火焰的产生。超音速流更下游处的火焰形成，则是因为激波诱发以及混合气体中发生激烈化学反应所致。总之，射流燃气膨胀，着火后温度上升，将引起流动速度梯度的增大，结果使湍流强度增大。

为使所描绘的燃气射流流场的特性参数变化符合于射流中存在火焰的情况，这里提出了在计算式中引入所谓火焰当量半径来代替前节算得的起始膨胀段终止截面半径。其定义为火焰温度下的燃气质量流量和动量在数值上等于起始膨胀段终止截面温度下的燃气质量流量和动量，但是射流密度应等于火焰温度下的燃气密度。于是

$$r_{pf} = \frac{\dot{m}_p}{\sqrt{\pi\rho_f I_p}} r_p \sqrt{\frac{\rho_p}{\rho_f}} \tag{5-52}$$

式中 I_p, m_p 和 ρ_p——起始膨胀段终止截面上的燃气动量、质量流量和密度；

ρ_f——火焰温度下的燃气密度；

r_p 和 r_{pf}——起始膨胀段终止截面半径和射流火焰当量半径。

在已知紧挨马赫盘上游的马赫数的情况下，通过下列各式可以求得 ρ_f，即

$$T_p = T\bigg/\left(1 + \frac{\gamma - 1}{2}Ma_p^2\right) \tag{5-53}$$

$$T_D = T_p \frac{\left(1 + \frac{\gamma - 1}{2}Ma_p^2\right)\left(\frac{2\gamma}{\gamma - 1}Ma_p^2 - 1\right)}{\frac{(\gamma + 1)^2}{2(\gamma - 1)}Ma_p^2} = T_c \frac{\frac{2\gamma}{\gamma - 1}Ma_p^2 - 1}{\frac{\gamma + 1}{2(\gamma - 1)}Ma_p^2} \tag{5-54}$$

$$\rho_f = \frac{p_a}{RT_D} \tag{5-55}$$

式中　T_p 和 T_D—— 紧挨马赫盘上、下游的静温；

Ma_p—— 紧挨马赫盘上游的马赫数。

考虑多股燃气自由射流火焰的情况，则起始膨胀段终止截面上的火焰当量半径为

$$r_{pf} = \sqrt{\frac{n\rho_p}{\rho_f}}(r_p + \lambda r_a) \tag{5-56}$$

式中　r_a—— 多喷管分布圆半径；

λ—— 多喷管分布系数。

若 $r_e > \frac{r_a}{2}$，则取 $\lambda = 0.5 \sim 0.6$；若 $r_e \leqslant \frac{r_a}{2}$，则取 $\lambda = 0.2 \sim 0.5$；

若喷管轴线向外倾斜，则取上列的较大值。

式(5－52)和(5－56)表示非常接近射流起始膨胀段的终止截面上，射流气体密度应该达到 ρ_f 值，动量 I_t 保持与 I_e 同样的数值。

5.2.6　模拟发射结果实例分析

使用火箭超音速燃气自由射流动量均化特性模型的全流场程

序，数字模拟了直径 62 mm 试验发动机和海军某火箭发动机喷出的燃气射流。

上述两种射流流场的动压计算值与试验结果比较于图 5 - 14(a)、图 5 - 15 和图 5 - 16。图中 $\bar{q}_t = \dfrac{q_t}{p_a}$，$\bar{q}_e = \dfrac{q_e}{p_a}$，$\bar{p} = \dfrac{p}{p_a}$。由图 5 - 14(a) 可见，62 mm 火箭燃气自由射流的计算动压 q_t 分布与发射装置冲击正面所承受的实际静压 $\bar{p}$ 分布较为接近。图 5 - 14(b) 列出了 62 mm 火箭燃气射流动压的理论和实验比值随喷口下游距离的变化，以显示本节模型在射流各段的精确程度。62 mm 火箭燃气射流对四管发射装置的冲击力的理论值和测试值比较于图5 - 17。

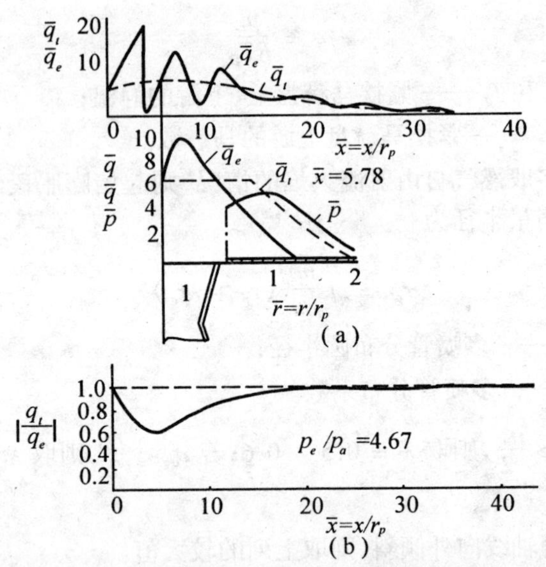

图 5 - 14　62 mm 火箭燃气自由射流流场的动压轴心衰减和分布型

$\bar{q}_e$— 实验值；$\bar{q}_t$— 理论值；1— 喷管

综合以上所述可见，诸理论曲线与实验值符合良好。

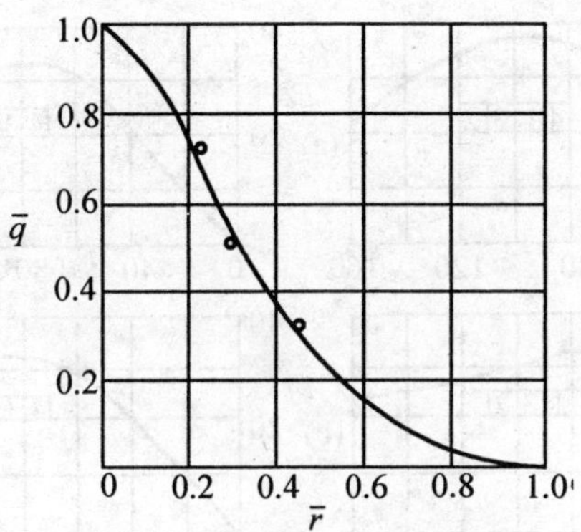

图 5－15　62 mm 火箭燃气湍流射流远场动压分布型

($\theta_e = 4.1, T_a = 289$ K, $Ma_e = 2.4, \bar{x} = 69$)

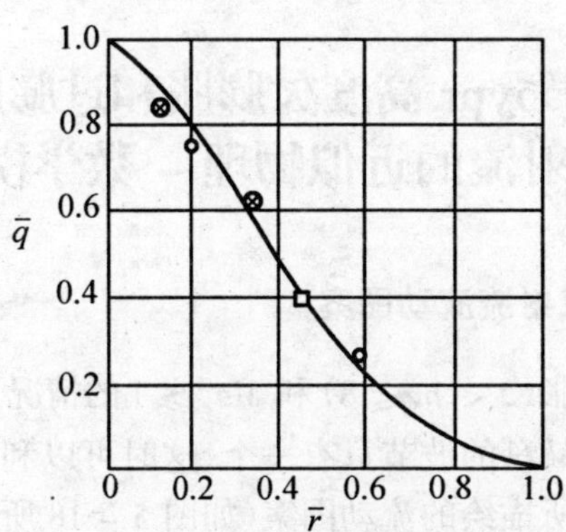

图 5－16　海军某火箭燃气自由射流的普遍动压剖面

($\theta_e = 4.1, T_a = 289$ K, $Ma_e = 2.4, \bar{x} = 69$)

□$\bar{x} = 4.6$，○$\bar{x} = 6.2$，⊗ $\bar{x} = 8.5$

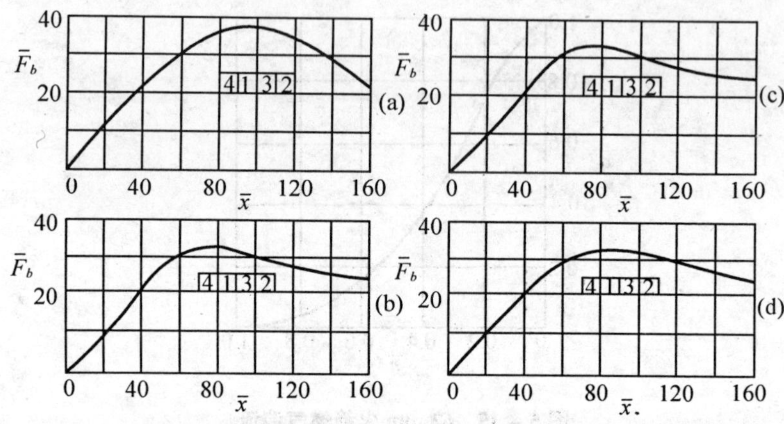

图 5-17 四管发射器脉冲式发射时所承受的燃气动力(↑ 炮口位置)

(a) 发射第一发火箭弹;(b) 发射第二发火箭弹;

(c) 发射第三发火箭弹;(d) 发射第四发火箭弹

*5.3 Гинэбург 高度欠膨胀和过膨胀超音速燃气射流的近似物理 - 数学模型

5.3.1 燃气射流流动图案

在高度欠膨胀($2 < m \leqslant 8$)和 $Ma_e \geqslant 1$ 的情况下,认为燃气射流起始段包含马赫盘的波节只有一个,这时可以利用 Гинэбург 对超音速燃气射流所描绘的流动图案(如图 5-18 所示):

(1) 初始段:在这里,粘性与导热性的影响只表现在很薄的边界层内,这一段气流结构可按理想流体的气动力问题来确定;

(2) 过渡段:湍流度影响显著,但有一个等速核心区,喷管横截面上的最大速度点不在轴线上;

(3) 基本段:轴线上的速度成为横截面上的最大速度,在该段

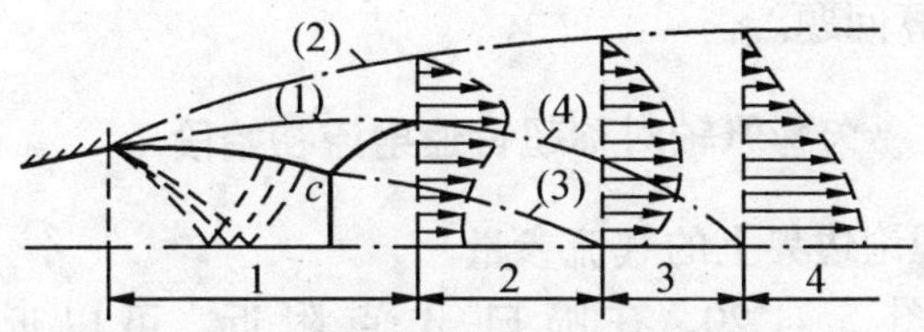

图5-18　高度欠膨胀燃气射流流动图案

(1)— 初始段理论边界;(2)— 实际边界 r_b;(3)— 核心区边界(r_0);(4)— 最大速度点连线(r_m)

1— 初始段;2— 第一过渡段;3— 第二过渡段;4— 基本段

内可以应用自由湍流射流理论。

此外,过渡段还可以分成两部分:

(1) 第一过渡段:含有等速核心区;

(2) 第二过渡段:没有等速核心区,轴线上的速度沿射流方向增大,横截面上的最大速度点不在射流的轴线上。

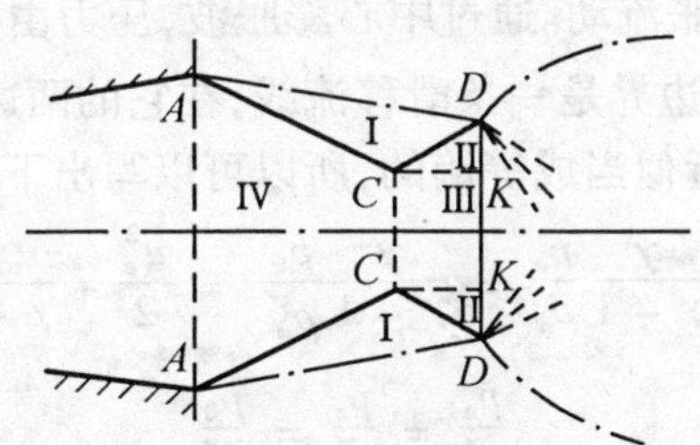

图5-19　高度过膨胀燃气射流流动图案

在高度过膨胀情况下,将有与射流轴线正交的盘状激波出现在轴线附近。由这个盘的周边拖出滑移面。此外还有一个张开的锥形激波伸到自由边界上,且在后面产生中心膨胀波。过膨胀射流除第一段外,后续部分的流动和欠膨胀射流一样。所以先弄清欠膨胀

射流的参数计算方法,然后添加上第一段,就可以解决过膨胀射流参数的计算问题。

5.3.2 欠膨胀轴对称超音速射流初始段

(1) 理论边界上的气流参量

参看图 5 - 20,在喷口 A 点附近,可以近似看作为

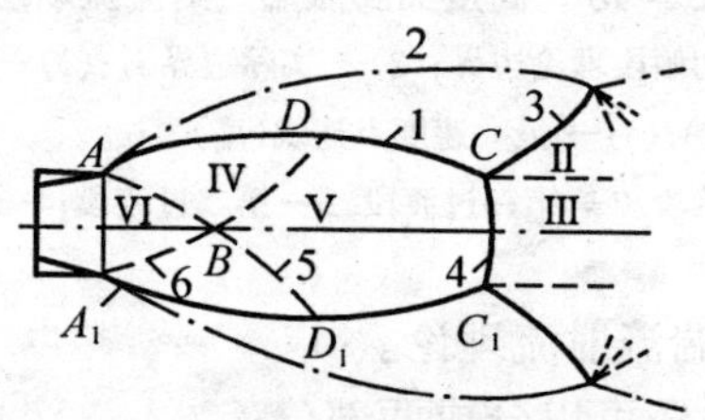

图 5 - 20 欠膨胀超音速射流初始段

1— 相交激波;2— 喷流边界;3— 反射激波;
4— 马赫盘;5— 反射特征线;6— 起始特征线

Prandtl-Meyer 膨胀流动。通过中心膨胀波,压力由 p_e 降低到 p_a。在理想流体中射流边界是一条滑移流线,在它的两边,密度和速度不连续。因为气流近似当成等熵的,所以可以写出下列各式

$$\frac{u_a^2}{2}+\frac{\gamma}{\gamma-1}\frac{p_a}{\rho_a}=\frac{\gamma}{\gamma-1}\frac{p_e^*}{\rho_e^*}=\frac{u_e^2}{2}+\frac{\gamma}{\gamma-1}\frac{p_e}{\rho_e}$$

$$\frac{p_a}{\rho_a^\gamma}=\frac{p_e}{\rho_e^\gamma}=\frac{p_0}{\rho_0^\gamma}$$

式中 p_a, u_a, ρ_a—— 在射流理论边界上的压力、速度和密度;

p_e^*, ρ_e^*—— 气流在喷口截面上的等熵滞止压力和密度;

u_e, p_e, ρ_e—— 喷口 A 点的速度、压力和密度。

由上述方程可以得到

$$\frac{p_e^*}{p_a}=\left(1+\frac{\gamma-1}{2}Ma_a^2\right)^{\frac{\gamma}{\gamma-1}}$$

$$\frac{\rho_a}{\rho_e}=\left(\frac{1+\frac{\gamma-1}{2}Ma_e^2}{1+\frac{\gamma-1}{2}Ma_a^2}\right)^{\frac{\gamma}{\gamma-1}} \tag{5-57}$$

$$\frac{T_a}{T_e}=\left(\frac{a_a}{a_e}\right)^2=\frac{1+\frac{\gamma-1}{2}Ma_e^2}{1+\frac{\gamma-1}{2}Ma_a^2}$$

如果θ_e是喷管扩张半角(见图5－21)，Ma_a和Ma_e是射流边界和喷口的气流马赫数，则射流边界初始倾斜角为

$$\theta_0=\theta_e+v(Ma_a)-v(Ma_e) \tag{5-58}$$

$$v(Ma)=\sqrt{\frac{\gamma+1}{\gamma-1}}\arctan\sqrt{\frac{\gamma-1}{\gamma+1}(Ma^2-1)}-\arctan\sqrt{Ma^2-1} \tag{5-59}$$

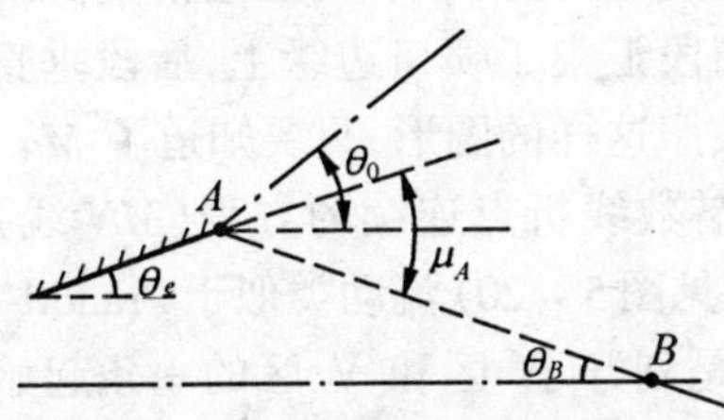

图5－21　射流边界初始倾斜角

起始马赫线AB相对于喷管轴线的倾斜角为

$$\theta_R=\arcsin\frac{1}{Ma_e}-\theta_e \tag{5-60}$$

如果已知$\frac{p_e^*}{p_a}=N$，由式(5－57)求得Ma_a之后，则可由式(5－58)求得θ_0。

(2) 自由膨胀区的气流参量

图5－20画出的Ⅳ和Ⅴ区是自由膨胀区，可用特征线法或其他数值方法计算其中的气流参量分布。图5－22给出了一个典型

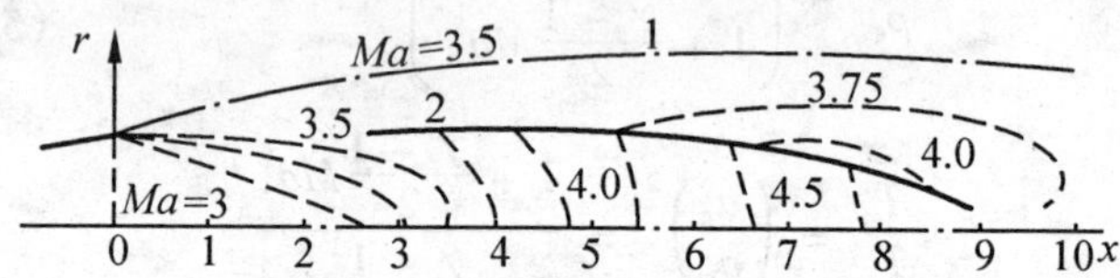

图5－22　等马赫数线（$Ma_e=3,n=2.83,\gamma=1.15$）

1—边界；2—相交激波

计算结果，图中虚线是等马赫数线。可以看到，在射流前半部的等马赫数线都集中在喷口边缘上。这些线的前段几乎是直线，后段则急剧弯向射流轴线。在射流后半部等马赫数线几乎垂直于射流轴线，这一部分大致与Ⅴ区相对应，可以近似认为这一区域内的马赫数与 r 无关，只随 x 变化。考虑到上述情况，可把等马赫数曲线简化成折线，其前段汇集于喷口边缘上，后段垂直于射流轴线，如图5－23所示。按照这样的图形，只要知道了 Ma 数沿轴线的分布和确定了各等马赫数线折点连续的方程（MN 线），问题就完全解决了。因为Ⅳ区（见图5－20）流动类似于Prandtl-Meyer流动，所以折点连线可当成是划开Ⅳ区和Ⅴ区的一条起始特征线。考虑到Ⅴ区气流可近似视为一维流，气流相对于射流轴线的倾斜角，所以这个特征线方程为

$$\frac{\mathrm{d}x}{\mathrm{d}r}=\cot\mu=\sqrt{Ma^2-1} \tag{5-61}$$

式中，Ma 是 x 的函数。当喷口截面上的气流参量均匀分布时，这条线应通过 $r=0,x=\sqrt{Ma_e^2-1}$ 的点（喷管半径取为1个单位长度）。考虑到 $Ma=f(x)$，积分式（5－61），得到折点连线方程为

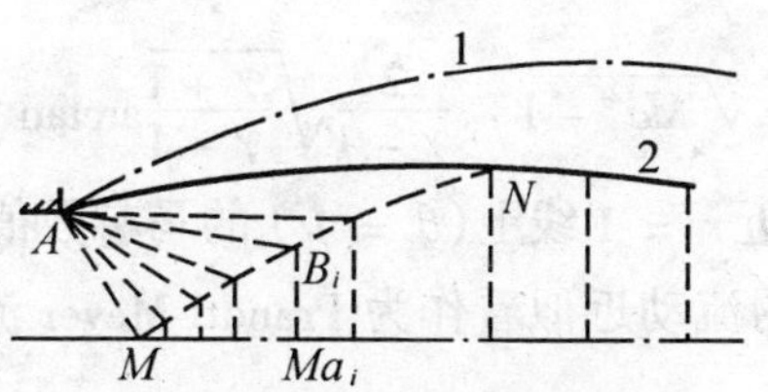

图 5－23　简化等马赫数线

1— 边界;2— 相交激波

$$r = \int_{\sqrt{Ma_e^2-1}}^{x} \frac{\mathrm{d}x}{\sqrt{Ma^2-1}} \tag{5－62}$$

在 A 点附近(见图 5－20)发生的是膨胀流动,沿着这个点发出的特征线应满足下列条件

$$\begin{cases} \mathrm{d}r = \tan(\theta - \mu)\mathrm{d}x \\ \mathrm{d}\theta + \dfrac{\sqrt{Ma^2-1}}{Ma\left(1 + \dfrac{\gamma-1}{2}Ma^2\right)}\mathrm{d}Ma - \dfrac{\mathrm{d}x}{(\cot\theta\sqrt{Ma^2-1}+1)r} = 0 \end{cases} \tag{5－63}$$

沿着平行于射流轴线的 $r = 1$ 的线(近似当成特征线),按照式(5－63),其 θ 角应等于 μ 角,即

$$\theta = \mu = \arcsin\frac{1}{Ma}$$

而

$$\cot\theta = \sqrt{Ma^2-1}$$

这时式(5－63)的第二式改写成

$$\mathrm{d}x = \frac{\sqrt{Ma^2-1}}{2\left[\dfrac{\gamma+1}{2} + \dfrac{\gamma-1}{2}(Ma^2-1)\right]}\mathrm{d}(Ma^2-1) - \frac{\mathrm{d}(Ma^2-1)}{2\sqrt{Ma^2-1}}$$

积分这一方程,得到马赫数 Ma 与 x 的关系方程

$$x = F(Ma) - F(Ma_1) + \sqrt{Ma_e^2-1} \tag{5－64}$$

式中

$$F(Ma)=\frac{3-\gamma}{\gamma-1}\sqrt{Ma^2-1}-\frac{2}{\gamma-1}\sqrt{\frac{\gamma+1}{\gamma-1}}\arctan\sqrt{\frac{\gamma-1}{\gamma+1}(Ma^2-1)}$$

Ma_1 是在 A 附近 $r=1$ 线上($\theta=\mu$)的马赫数值。

A 点附近的流动近似看作为 Prandtl-Meyer 流动,角 θ 可由下式确定

$$\theta=\theta_e+v(Ma)-v_e(Ma_e)$$

设

$$\theta=\theta_1=\mu_1=\frac{\pi}{2}-\arctan\sqrt{Ma^2-1}$$

于是有

$$\frac{\pi}{2}-\arctan\sqrt{Ma^2-1}=\theta_e+v_1(Ma_1)-v_e(Ma_e)$$

$$Ma_1^2=1+\frac{\gamma+1}{\gamma-1}\tan^2\left\{\sqrt{\frac{\gamma-1}{\gamma+1}}\left[\frac{\pi}{2}+v_e(Ma_e)-\theta_e\right]\right\} \tag{5-65}$$

式中

$$v_e(Ma_e)=\sqrt{\frac{\gamma+1}{\gamma-1}}\arctan\sqrt{\frac{\gamma-1}{\gamma+1}(Ma_e^2-1)}-\text{actan}\sqrt{Ma_e^2-1}$$

根据式(5－64)和(5－65)可以完全确定沿 A 发出的 $r=1$ 线上的马赫数分布。

计算表明,在射流轴线上 Ma 与 x 的关系式也可以近似地由式(5－64)来确定。将它代入式(5－62),经过积分,得到确定 MN 线的参数方程(见图 5－23)

$$\begin{cases} r=\dfrac{1}{\gamma-1}\ln\dfrac{1+\dfrac{\gamma-1}{2}Ma^2}{1+\dfrac{\gamma-1}{2}Ma_e^2}+\dfrac{1}{2}\ln\dfrac{Ma_e^2-1}{Ma^2-1} \\ x=F(Ma)-F(Ma_1)+\sqrt{Ma_e^2-1} \end{cases} \tag{5-66}$$

应用图 5－23 所画出的图形和公式(5－64)与(5－66),便可

近似确定 Ⅳ 区和 Ⅴ 区的 Ma 数。应用流动的等熵条件,其他气流参数也就相应地确定了。

(3) 马赫盘的位置

在确定马赫盘位置时近似将它当成正激波。根据激波后 Ⅲ 区和 Ⅱ 区压力的实验结果,可以认为两者相等,近似取成等于周围介质的压力,即

$$p_2 = p_3 = p_a$$

Ⅴ 区流动认为是等熵的(图 5－20),所以激波前的马赫数和压力表为

$$p\left(1+\frac{\gamma-1}{2}Ma^2\right)^{\frac{\gamma}{\gamma-1}} = p_0$$

另一方面,按正激波条件有

$$\frac{p_3}{p} = \frac{2\gamma}{\gamma+1}Ma^2 - \frac{\gamma-1}{\gamma+1}$$

式中,p_3 是正激波后 Ⅲ 区的压力($p_3 \approx p_a$)。消去 p,得到确定正激波前 Ma 数的公式

$$\frac{p_e^*}{p_a} = \frac{\left(1+\frac{\gamma-1}{2}Ma^2\right)^{\frac{\gamma}{\gamma-1}}}{\frac{2\gamma}{\gamma+1}Ma^2 - \frac{\gamma-1}{\gamma+1}} = n\left(1+\frac{\gamma-1}{2}Ma_e^2\right)^{\frac{\gamma}{\gamma-1}} \tag{5-67}$$

为确定马赫盘的位置 x_M,只要把式(5－67)所确定的马赫数 Ma 值代入式(5－64)就行了。显然,x_c 应是$\frac{p_0}{p_a}$,γ,Ma_e 和 θ_e 的函数。

(4) 三叉波区气流参量

假定 Ⅱ 区和 Ⅴ 区在 C 点附近的气流(图5－24)平行于 x 轴,因此认为气流穿过激波 CN_1(由 Ⅴ 区进入 Ⅰ 区)的折转角和穿过激波 CN_2(由 Ⅰ 区进入 Ⅱ 区)的折转角相等。应用激波关系式得到确定 Ⅰ 区和 Ⅱ 区在 C 点附近的气流参量的方程组:

在激波 CN_1 上

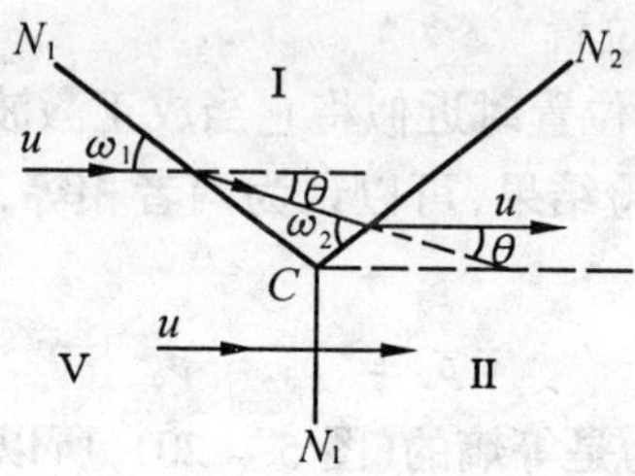

图 5-24　三叉波区

$$\begin{cases} p_1 - p = \rho u(u - u_1\cos\theta) \\ \dfrac{\rho_1}{\rho} = \dfrac{\dfrac{\gamma+1}{\gamma-1}\dfrac{p_1}{p} + 1}{\dfrac{p_1}{p} + \dfrac{\gamma+1}{\gamma-1}} \\ \dfrac{u^2}{2} + \dfrac{\gamma}{\gamma-1}\dfrac{p}{\rho} = \dfrac{u_1^2}{2} + \dfrac{\gamma}{\gamma-1}\dfrac{p_1}{\rho_1} \\ u\cos\omega_1 = u_1\cos(\omega_1 - \theta) \end{cases}$$

在激波 CN_2 上

$$\begin{cases} p_2 - p_1 = \rho_1 u_1(u_1 - u_2\cos\theta) \\ \dfrac{\rho_2}{\rho_1} = \dfrac{\dfrac{\gamma+1}{\gamma-1}\dfrac{p_2}{p_1} + 1}{\dfrac{p_2}{p_1} + \dfrac{\gamma+1}{\gamma-1}} \\ \dfrac{u_1^2}{2} + \dfrac{\gamma}{\gamma-1}\dfrac{p_1}{\rho_1} = \dfrac{u_2^2}{2} + \dfrac{\gamma}{\gamma-1}\dfrac{p_2}{\rho_2} \\ u_1\cos\omega_2 = u_2\cos(\omega_2 - \theta) \end{cases}$$

最后，与以前所做的假定一起 $p_2 = p_a$，加起来总共有九个方程，确定九个未知量 $p_1, \rho_1, u_1, \omega_1, \theta, \rho_2, p_2, u_2, \omega_2$。

经过变换，由上述方程组得到求 u_1, u_2 和 p_1 的下列方程

$$\frac{u_1}{a} = \sqrt{Ma^2 + \frac{2}{\gamma - 1} \frac{1 - \left(\frac{p_1}{p}\right)^2}{\frac{\gamma + 1}{\gamma - 1}\frac{p_1}{p} + 1}}$$

$$\frac{u_2}{a} = \gamma Ma \frac{\left(\frac{u_1}{a}\right)^2 - \frac{\left(\frac{2\gamma}{\gamma + 1}Ma^2 - \frac{\gamma - 1}{\gamma + 1} - \frac{p_1}{p}\right)\left(\frac{p_1}{p} + \frac{\gamma + 1}{\gamma - 1}\right)}{\gamma\left(\frac{\gamma + 1}{\gamma - 1}\frac{p_1}{p} + 1\right)}}{1 + \gamma Ma^2 - \frac{p_1}{p}}$$

$$\frac{p_1}{p_2} = \frac{\frac{p_1}{p}}{\frac{2\gamma}{\gamma + 1}Ma^2 - \frac{\gamma - 1}{\gamma + 1}}$$

$\frac{p_1}{p}$ 由下式确定

$$\frac{\frac{2\gamma}{\gamma + 1}Ma^2 - \frac{\gamma - 1}{\gamma + 1}}{1 + \frac{\gamma - 1}{2}\left(Ma^2 - \frac{u_2^2}{a^2}\right)} =$$

$$\frac{\frac{\gamma + 1}{\gamma - 1}\frac{p_1}{p} + 1}{\frac{p_1}{p} + \frac{\gamma + 1}{\gamma - 1}} \cdot \frac{\frac{2\gamma}{\gamma - 1}Ma^2 + \frac{p_1}{p} - 1}{\frac{2\gamma}{\gamma + 1}Ma^2 + \frac{\gamma + 1}{\gamma - 1}\frac{p_1}{p} - \frac{\gamma - 1}{\gamma + 1}}$$

经过计算表明，$\frac{p_1}{p_2}$ 与 Ma 和 γ 的关系可用近似公式确定

$$\frac{p_1}{p_2} = 0.275 - 0.277(a - 0.227b) + \frac{a}{Ma} = \frac{b}{Ma^2}$$

式中　$a = 1.9 - 3.7(\gamma - 1) + 3.43(\gamma - 1)^2$；

$b = 1.49 - 4.46(\gamma - 1) + 5.02(\gamma - 1)^2$。

波前马赫数按式(5－66)式决定。

(5) 初始段射流边界形状

为了确定射流理论边界形状,我们来研究它附近的流动。因为边界是流线,所以将运动方程投影到流线的切向 s 和法向 n 是比较方便的。这里直接写出结果。

$$\begin{cases}\dfrac{\partial}{\partial s}(\rho ur)+\rho ur\dfrac{\partial\theta}{\partial n}=0\\[2mm]\rho u\dfrac{\partial u}{\partial s}=-\dfrac{\partial p}{\partial s}\\[2mm]\rho u^2\dfrac{\partial\theta}{\partial s}=-\dfrac{\partial p}{\partial n}\end{cases}\tag{5-68}$$

如果已知 θ,则柱坐标 x 和 r 由下列方程求出

$$\begin{cases}\dfrac{dx}{ds}=\cos\theta\\[2mm]\dfrac{dr}{ds}=\sin\theta\end{cases}\tag{5-69}$$

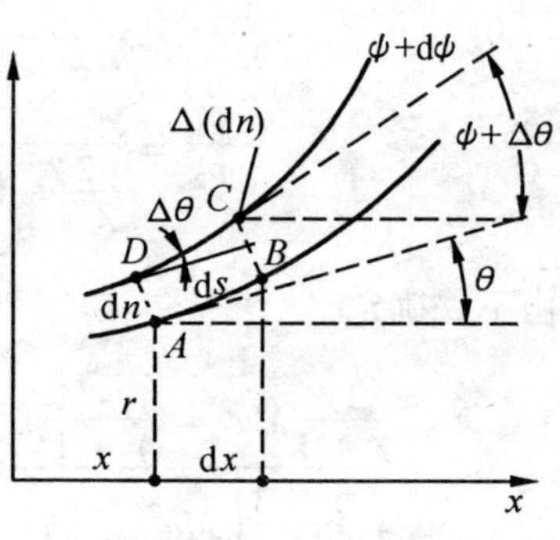

图 5-25　边界流线

在研究时可引进流函数 Ψ 以代替未知变数 n。这时有 $\dfrac{\partial\Psi}{\partial n}=\rho ur$, $\dfrac{\partial\Psi}{\partial s}=0$。经过变换,以 Ψ 和 s 作为独立变量,得到确定 θ, p, u 的下列方程

$$\begin{cases}\dfrac{\partial p}{\partial s}=-\rho u\dfrac{\partial u}{\partial s}\\[2mm]\dfrac{\partial p}{\partial\Psi}=-\dfrac{u}{r}\dfrac{\partial\theta}{\partial s}\\[2mm]\dfrac{\partial\theta}{\partial\Psi}=-\dfrac{\sin\theta}{\rho ur^2}-\dfrac{1}{\rho^2u^2r}\dfrac{\partial}{\partial s}(\rho u)\end{cases}\tag{5-70}$$

此外,还应加上沿流线的等熵方程

$$\frac{\partial}{\partial s}\frac{p}{\rho^\gamma}=0$$

现在求射流边界形状问题的近似解。因为边界是条流线,所以

只要求得 $\theta(s,\Psi)$ 后 Ψ = 常数，由式(5 - 69)求出 $x = f(r)$，就能得到射流边界形状。

设射流边界附近 p,ρ 和 u 与 s 无关，角 θ 很小，以致可以取 $\sin\theta \approx \theta, \cos\theta \approx 1 - \dfrac{\theta^2}{2}$。这时式(5 - 69)和(5 - 70)可近似写为

$$\begin{cases} \dfrac{\partial r}{\partial s} \approx \theta; \quad \dfrac{\partial x}{\partial s} \approx 1 - \dfrac{\theta^2}{2} \\ \dfrac{\partial \theta}{\partial s} = -\dfrac{r}{u}\dfrac{\mathrm{d}p}{\mathrm{d}\Psi}; \quad \dfrac{\partial \theta}{\partial \Psi} \approx -\dfrac{\theta}{\rho u r^2} \end{cases} \tag{5-71}$$

由此

$$\frac{\partial^2 r}{\partial s^2} \approx \frac{\partial \theta}{\partial s} = -\frac{r}{u}\frac{\mathrm{d}p}{\mathrm{d}\Psi}$$

积分后得

$$r = A(\Psi)\sin vs + B(\Psi)\cos vs \tag{5-72}$$

式中，$v^2 = \dfrac{1}{u}\dfrac{\mathrm{d}p}{\mathrm{d}\Psi}$，$A(\Psi)$ 和 $B(\Psi)$ 为 Ψ 的某任意函数。由式(5 - 72)，有

$$\theta = \frac{\partial r}{\partial s} = Av\cos vs - Bv\sin vs$$

把 $\theta = \dfrac{\partial r}{\partial s}$ 代入方程 $\dfrac{\partial \theta}{\partial \Psi} = -\dfrac{\theta}{\rho u r^2}$，得到

$$\frac{\partial}{\partial \Psi}\left(\frac{\partial r}{\partial s}\right) = -\frac{1}{\rho u r^2}\frac{\partial r}{\partial s}$$

或

$$\frac{\partial}{\partial s}\left(\frac{\partial r}{\partial \Psi}\right) = \frac{\partial r}{\partial s}\left(\frac{1}{\rho u r}\right)$$

经过积分得到

$$\frac{\partial r}{\partial \Psi} = \frac{1}{\rho u r} + f(\Psi) \tag{5-73}$$

式中，$f(\Psi)$ 是 Ψ 的任意函数。

将 $\dfrac{1}{r}$ 近似取成线性函数

$$\frac{1}{r} = a - br$$

把该值通过式(5 - 72) 代入式(5 - 73) 得

$$A'\sin vs + B'\cos vs + v's(A\cos vs - B\sin vs) =$$

$$\frac{a}{\rho u} - \frac{b}{\rho u}(A\sin vs + B\cos vs) + f(\Psi)$$

比较 $\sin vs$ 和 $\cos vs$ 的系数,并考虑到 $A(\Psi)$ 和 $B(\Psi)$,得到确定 A,B,v,f 的下列方程组

$$v' = \frac{\mathrm{d}v}{\mathrm{d}\Psi} = 0,\quad A' = \frac{\mathrm{d}A}{\mathrm{d}\Psi} = -A\frac{b}{\rho u}$$

$$B' = \frac{\mathrm{d}B}{\mathrm{d}\Psi} = -B\frac{b}{\rho u},\quad f = \frac{a}{\rho u}$$

由此得 $v =$ 常数,$A(\Psi) = C_1 \mathrm{e}^{-b\int\frac{\mathrm{d}\Psi}{\rho u}}$,$B(\Psi) = C_2 \mathrm{e}^{-b\int\frac{\mathrm{d}\Psi}{\rho u}}$。其中,$C_1$ 和 C_2 是任意常数。

把 A 和 B 的值代入式(5 - 72) 得

$$r = C_1 \mathrm{e}^{-b\int\frac{\mathrm{d}\Psi}{\rho u}}\left(\sin vs + \frac{C_2}{C_1}\cos vs\right)$$

由此

$$\theta = \frac{\partial r}{\partial s} = C_1 v \mathrm{e}^{-b\int\frac{\mathrm{d}\Psi}{\rho u}}\left(\cos vs - \frac{C_2}{C_1}\sin vs\right)$$

在射流边界最大直径处,$s = s_m, r = r_m, \theta = 0$,得到

$$\frac{C_2}{C_1} = \frac{\cos vs_m}{\sin vs_m}$$

在射流边界上 r 与 s 有下列关系

$$\begin{cases} r = r_m\cos[v(s_m - s)] \\ \theta = r_m v\sin[v(s_m - s)] \end{cases} \tag{5 - 74}$$

把 θ 值代入方程 $\frac{\mathrm{d}x}{\mathrm{d}s} = \cos\theta \approx 1 - \frac{\theta^2}{2}$ 得到确定射流边界 $x(s)$ 方程

$$\frac{\mathrm{d}x}{\mathrm{d}s} = 1 - \frac{r_m^2 v^2}{2}\sin^2[v(s_m - s)]$$

积分上式得

$$x = s + \frac{r_m^2 v}{2}\left\{\frac{v(s_m - s)}{2} - \frac{\sin[2v(s_m - s)]}{4}\right\} + x_1$$

式中，x_1 是任意常数。

设 $s = 0$ 时 $x = 0$，则得

$$x_1 = -\frac{r_m^2 v}{2}\left\{\frac{vs_m}{2} - \frac{\sin(2vs_m)}{4}\right\}$$

$$x = s\left(1 - \frac{r_m^2 v^2}{4}\right) + \frac{r_m^2 v}{8}\{\sin(2vs_m) - \sin[2v(s_m - s)]\} \tag{5-75}$$

方程(5-74)和(5-75)以参数方程的形式确定了射流边界的形状。为确定 s_m，r_m，我们应用 A 点(图5-20)的条件：$s = 0$，$x = 0$，$r = 1$，$\theta = \theta_0$。由式(5-74)得

$$\begin{cases} 1 = r_m \cos vs_m \\ \theta_0 = r_m v \sin vs_m \end{cases} \tag{5-76}$$

式中，v 可按下面的近似公式决定

$$v^2 = \frac{\frac{2}{n}\left(1 - \frac{p_1}{p_a}\right)}{\gamma Ma_e^2 + \left(1 - \frac{1}{n}\right)} \tag{5-77}$$

这里的 $\frac{p_1}{p_a}$ 由式(5-67)求出。

(6) 相交激波形状和马赫盘半径

分析射流的纹影照片与数值计算表明，激波的母线接近于一段圆弧。按以下方法做出这段渐近圆弧：

① 圆弧通过坐标为(0,1)的 A 点，在这一点上激波面与特征线重合，因而它的切线与射流边界的夹角为 $\mu_a = \arcsin\left(\frac{l}{Ma_e}\right)$，与射流轴线的夹角为 $\theta_a - \mu_a$；

② 圆弧通过距离喷口为 x_M 的三波交点 C。在这里，激波与射

流轴线的夹角为 ω_1，它按本节第(4)部分所述的方法来确定。

由此得到确定圆周半径 R(图5－26)和圆心坐标(x_s、r_s)的公式

$$\begin{cases} x_s = R\sin(\theta_a - \mu_e), \quad r_s = 1 - R\cos(\theta_a - \mu_e) \\ x_M = R\sin\omega_1 + R\sin(\theta_a - \mu_e) \end{cases} \tag{5-78}$$

马赫盘的半径公式为

$$r_M = r_s + r\cos\omega_1$$

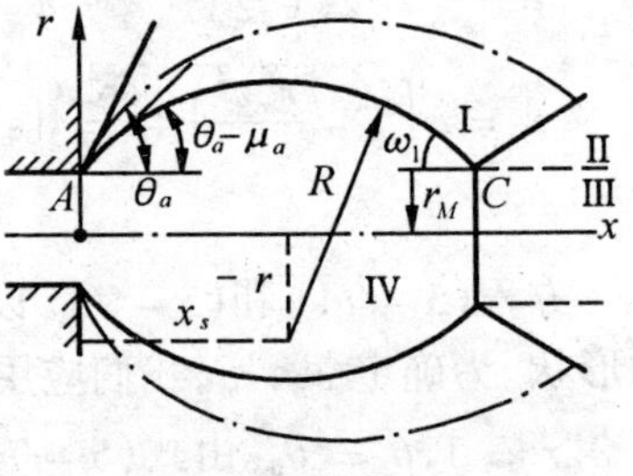

实际上，Ⅰ区参数可以严格地用特征线法或其他数值方法确定。在射流边界上所有参量已知，随着离开边界向里趋近时压力逐渐减小，速度逐渐增大。

图5－26　相交激波形状和马赫盘半径

前已提到，Ⅱ区气流压力近似取为 p_a，但该区速度和密度是变化的，在激波分叉点 C 附近具有最小值，在射流边界具有极大值。

5.3.3　过膨胀轴对称超音速射流初始段

在过膨胀($n < 1$)下，射流在喷口立即形成截锥形收敛段(图5－19)。自 $A-A$ 至 $D-D$ 的整个流动区域可分为Ⅰ、Ⅱ、Ⅲ、Ⅳ区，Ⅳ区流动与喷管形状有关。当喷口速度均匀分布时，Ⅳ区具有等参量 p_e，ρ_e，u_e，这是最简单的情况。如果喷管为扩张的圆锥形，Ⅳ区的流动可视为源流。这时气流马赫数是计算点到点源距离 R 的函数

$$\left(\frac{R}{R_e}\right)^2 = \frac{Ma_e}{Ma}\left(\frac{1 + \frac{\gamma - 1}{2}Ma^2}{1 + \frac{\gamma - 1}{2}Ma_e^2}\right)^{\frac{\gamma}{2(\gamma-1)}} \tag{5-79}$$

式中，$R_e \approx \dfrac{1}{\sin\theta_e}$，$\theta_e$ 是喷管壁面母线与轴线的倾斜角，喷口半径取为 1。知道了马赫数分布，Ⅳ 区其他参量很容易由等熵流动条件求出。

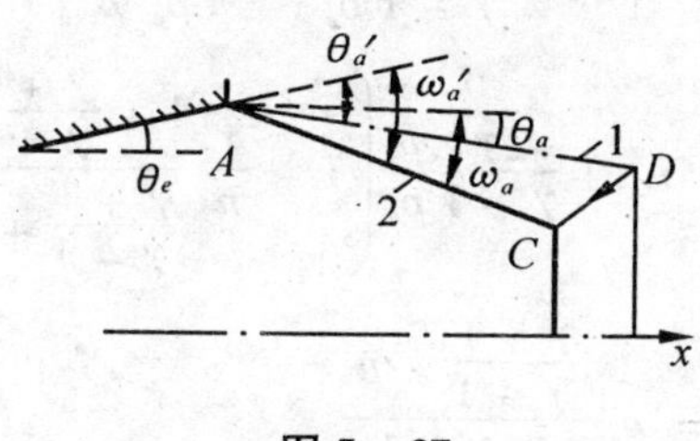

图 5－27

以下研究如何近似确定 Ⅰ、Ⅱ、Ⅲ 区的气流参量。

(1) Ⅱ 区和 Ⅲ 区的气流参量

Ⅱ 区压力等于周围介质压力 p_a。Ⅱ 区和 Ⅲ 区压力可看成相同的，即 $p_2 = p_3$。假定马赫盘是正激波，Ⅲ 区气流参量可由激波前的 Ⅳ 区气流参数确定，利用下列方程

$$\begin{cases}\dfrac{p_3}{p_e} = \left(\dfrac{2\gamma}{\gamma+1}Ma^2 - \dfrac{\gamma-1}{\gamma+1}\right)\left(\dfrac{1+\dfrac{\gamma-1}{2}Ma_e^2}{1+\dfrac{\gamma-1}{2}Ma^2}\right)^{\frac{\gamma}{\gamma-1}} \\ \dfrac{\rho_3}{\rho_e} = \dfrac{\rho_3}{\rho}\dfrac{\rho}{\rho_e} = \dfrac{\dfrac{\gamma+1}{2}Ma^2}{1+\dfrac{\gamma-1}{2}Ma^2}\left(\dfrac{1+\dfrac{\gamma-1}{2}Ma_e^2}{1+\dfrac{\gamma-1}{2}Ma^2}\right)^{\frac{1}{\gamma-1}} \\ \dfrac{u_3}{a_*} = \dfrac{\sqrt{1+\dfrac{\gamma-1}{2}Ma^2}}{\sqrt{\dfrac{\gamma+1}{2}Ma^2}}\end{cases} \tag{5－80}$$

式中，$a_*^2 = \left[\dfrac{2\gamma}{\gamma+1}\right]RT_0$，$Ma$ 是紧挨激波前的马赫数。

确定三叉波区气流参量仍同以前一样。如果喷口气流均匀,则紧挨激波前的马赫数等于 Ma_e。这时射流边界上的速度和密度由激波 AC 的条件确定

$$\begin{cases} u_a^2 = \left[u_e^2 + \dfrac{2\gamma}{\gamma-1}\dfrac{p_e}{\rho_e}\left(1 - \dfrac{p_a}{p_e}\dfrac{\rho_a}{\rho_e}\right)\right] = \\ \qquad u_e^2 + \dfrac{2\gamma}{\gamma-1}\dfrac{p_e}{\rho_e}\left(1 - \dfrac{1}{n}\dfrac{1+\dfrac{\gamma+1}{\gamma-1}n}{\dfrac{\gamma+1}{\gamma-1}+n}\right) \\ \rho_a = \rho_e\dfrac{\dfrac{\gamma+1}{\gamma-1}+n}{1+\dfrac{\gamma+1}{\gamma-1}n} \end{cases} \tag{5-81}$$

如果喷口气流不均匀,则紧挨激波前的马赫数不等于 Ma_e。要确定它,需要研究 Ⅳ 区的流动,这时激波 AC 可能呈曲线形。

下面求激波尺寸和 $D-D$ 截面(图 5-19)的气流参量。把质量守恒定律用于截面 $A-A$ 与 $D-D$ 之间的气体。圆环面 DK 的面积用 A_2 表示,正激波后的面积用 A_3 表示,可以写出

$$\rho_e u_c A_e = \rho_2 u_2 A_2 + \rho_3 u_3 A_3 \tag{5-82}$$

动量守恒关系式

$$\rho_2 u_2^2 A_2 + \rho_3 u_3^2 A_3 - \beta\rho_e u_e^2 A_e = (p_e - p_a)A_e - (A_2 + A_3)(p_2 - p_a) \tag{5-83}$$

式中,β 是考虑到喷口截面速度分布不均匀性的修正系数。

解以上两个方程得到

$$\bar{A}_2 = \frac{A_2}{A_e} = \frac{d_2 - d_1\left(\beta + \dfrac{C_{p_2}}{2}\right)}{b_1 d_2 - b_2 d_1}$$

$$\bar{A}_3 = \frac{A_3}{A_e} = \frac{b_1\left(\beta + \dfrac{C_{p_e}}{2}\right) - b_2}{b_1 d_2 - b_2 d_1}$$

式中

$$C_{p_e} = \frac{2\left(1 - \frac{1}{n}\right)}{\gamma Ma_e^2}, \quad C_{p_2} = \frac{2\left(\frac{p_2}{p_e} - \frac{1}{n}\right)}{\gamma Ma_e^2}$$

$$b_1 = \frac{\rho_2 u_2}{\rho_e u_e}, \quad b_2 = \frac{\rho_2 u_2^2}{\rho_e u_e^2} + \frac{C_{p_2}}{2}$$

$$d_1 = \frac{\rho_3 u_3}{\rho_e u_e}, \quad d_2 = \frac{\rho_3 u_2^2}{\rho_e u_e^2} + \frac{C_{p_2}}{2}$$

这样，截面的所有参量都确定了。由截面 $D-D$ 往后的射流计算则与欠膨胀射流的一样。在截面上的参量具有如下平均值。

$$\rho_{cp} = \frac{\rho_2 \bar{A}_2 + \rho_3 \bar{A}_3}{\bar{A}_2 + \bar{A}_3}$$

$$u_{cp} = \frac{\rho_2 u_2 \bar{A}_2 + \rho_3 u_3 \bar{A}_3}{\rho_{cp}(\bar{A}_2 + \bar{A}_3)}$$

$$p_{cp} = p_2 = p_3$$

显然，如果按以上公式计算得到 $\bar{A}_3 \leqslant 0$，则表示激波将相交在射流轴线上。

(2) Ⅰ 区的气流参量

在射流边界上，A 点附近的马赫数和密度由激波条件决定

$$\frac{\rho_a}{\rho_e} = \frac{\frac{\gamma+1}{\gamma-1} + \frac{p_e}{p_a}}{1 + \frac{\gamma+1}{\gamma-1}\frac{p_e}{p_a}}$$

$$\frac{p_a}{\rho_a}\left(1 + \frac{\gamma-1}{2}Ma_e^2\right) = \frac{p_e}{\rho_e}\left(1 + \frac{\gamma-1}{2}Ma_e^2\right)$$

求解后者得

$$Ma_a^2 = \frac{2}{\gamma-1}\left[\left(1 + \frac{\gamma-1}{2}Ma_e^2\right)\frac{n\left(n + \frac{\gamma+1}{\gamma-1}\right)}{1 + \frac{\gamma+1}{\gamma-1}} - 1\right]$$

应用斜激波气流转折公式得到射流边界与喷管壁面之间的夹角公式

$$\tan\theta'_a = -\frac{1-n}{(1+\gamma Ma_e^2)n-1}\sqrt{\frac{\frac{2\gamma}{\gamma+1}(Ma_e^2-1)n-(1-n)}{1+\frac{\gamma-1}{\gamma+1}n}}$$

和激波与喷管壁面的夹角公式

$$\tan\omega'_a = -\sqrt{\frac{1+\frac{\gamma-1}{\gamma+1}n}{\left(\frac{2\gamma}{\gamma+1}Ma_e^2-\frac{\gamma-1}{\gamma+1}\right)n-1}}$$

射流边界和激波与 x 轴的夹角分别为

$$\theta_a = \theta'_a + \theta_e, \quad \omega_a = \omega'_a + \theta_e$$

激波和射流边界如为直线,有:

激波方程　$\gamma = 1 + \tan\omega_a x$;

边界方程　$\gamma = 1 + \tan\theta_a x$。

从喷口边缘 A 到激波 C 的径向距离为

$$\sqrt{A_3} = 1 + \tan\omega_a x$$

到 $D-D$ 截面 D 的径向距离为

$$\sqrt{A_2 + A_3} = 1 + \tan\theta_a x$$

如果喷管喷出的气流是不均匀的,则边界方程和激波方程都将具有更复杂的形式。

(3) 关于非计算度的极限

n 值接近于1时,激波自喷管边缘发出。由公式看出,Ma_e 一定时,随着 n 减小,角 θ'_a 增大到某个 $\theta'_{a\max}$ 值后又趋于减小。与 $\theta'_{a\max}$ 对应的这个 n 值叫做极限非计算度,用符号 n_l 表示。

当 $n \geqslant n_l$ 时,气流自喷管边缘流出,激波自边缘发出;当 $n < n_l$ 时发生气流分离。我们取 $\frac{\mathrm{d}(\tan\theta'_a)}{\mathrm{d}n} = 0$ 确定 n_l,则有

$$\frac{1}{n_l}=\frac{Ma_e^2-2}{2}+\sqrt{\left(\frac{Ma_e^2-2}{2}\right)^2+\left(Ma_e^2\frac{3\gamma}{\gamma+1}+\frac{3-\gamma}{\gamma+1}\right)} \tag{5-84}$$

喷口处压力值 p_e 既取决于滞止压力 p_e^*，又取决于喷管的几何形状，所以流出状态取决于 $\frac{p_e^*}{p_a}$ 和 n 值。在等熵流出条件下

$$\frac{p_e^*}{p_a}=n\left(1+\frac{\gamma-1}{2}Ma_e^2\right)^{\frac{\gamma}{\gamma-1}}$$

给定 n 和 $\frac{p_e^*}{p_a}$，按上式求出 Ma_e，极限值 n_l 就可以由式(5－84)算出。因此，可以判定流出气流是否发生了分离。

5.3.4　超音速射流过渡段

(1) 混合边界层厚度

前面计算射流初始段时没有考虑射流介质与周围介质的掺混现象。因为初始段较短，混合层很薄，所以忽略它的存在不会引起明显的误差。但是，超音速射流过渡段的掺混过程则不能忽略。

为了计算混合边界层厚度 b，利用自由湍流射流半经验公式

$$\frac{\mathrm{d}b}{\mathrm{d}x}=\frac{C}{2}\left(1+\frac{\rho_b}{\rho_a}\right)$$

式中　ρ_a——气流在理论边界的密度，用第5.3.2和5.3.3节中推出的公式确定；

ρ_b——外部介质的密度；

C——湍流经验系数，约等于0.27。

注意到边界层内的压力等于外部介质压力，由状态方程得

$$\frac{\rho_b}{\rho_a}=\frac{T_a}{T_b}$$

此外，因为

$$T_a = \frac{T_e^*}{1 + \frac{\gamma - 1}{2} Ma_a^2} = \frac{T_e^*}{\left(\frac{p_e^*}{p_a}\right)^{\frac{\gamma-1}{\gamma}}} = \frac{T_e^*}{n^{\frac{\gamma-1}{\gamma}} \left(\frac{p_e^*}{p_e}\right)^{\frac{\gamma-1}{\gamma}}}$$

得到

$$\frac{\rho_b}{\rho_a} = \frac{\frac{T_e^*}{T_b}}{n^{\frac{\gamma-1}{\gamma}} \left(1 + \frac{\gamma - 1}{2} Ma_e^2\right)}$$

和

$$\frac{b}{x} = 0.135 \left[1 + \frac{\frac{T_e^*}{T_b}}{n^{\frac{\gamma-1}{\gamma}} \left(1 + \frac{\gamma - 1}{2} Ma_e^2\right)}\right] \tag{5 - 85}$$

式中 T_e^*——喷口滞止温度；

b——边界层厚度。

(2) 过渡段内的气流参量

第一过渡段的特征是其中有一个等速核。按照图 5 - 18，我们取：

$r = r_0(x)$ 等速核边界；

$r = r_m(x)$ 最大速度点连线的边界；

$r = r_b(x)$ 射流边界。

假定在 r_0 和 r_m 之间、r_m 和 r_b 之间有如下的动压 $\left(q = \frac{1}{2}\rho u^2\right)$ 分布规律：

当 $r_0 \leqslant r \leqslant_m$ 时

$$\frac{q - q_e}{q_m - q_e} = (1 - \xi^{1.5})^2 \tag{5 - 86}$$

当 $r_m \leqslant r \leqslant r_b$ 时

$$\frac{q}{q_m} = (1 - \xi_1^{1.5})^2 \tag{5 - 87}$$

式中，$\xi = \dfrac{r_m - r}{r_m - r_e}$，$\xi_1 = \dfrac{r - r_m}{r_b - r_m}$，$q_e = \dfrac{\rho_e u_e^2}{2}$，$q_m = \dfrac{\rho_m u_m^2}{2}$。对于第二过渡段应有 $r_0 = 0$。

再假定焓差有以下关系式：

当 $r_0 \leqslant r \leqslant r_m$ 时

$$\frac{H - H_e}{H_m - H_e} = (1 - \zeta^{1.5})^{2\sigma} \tag{5-88}$$

当 $r_m \leqslant r \leqslant r_b$ 时

$$\frac{H}{H_m} = (1 - \zeta_1^{1.5})^{2\sigma} \tag{5-89}$$

式中，σ 取决于非计算度，可在 1/2 到 1 范围内变动；而 $H = \rho u(c_p T^* - c_{p_b} T_b) = \rho u(h - h_b)$；如果是空气射流喷入大气的情况，可以设滞止温度沿射流截面不变。

此外，由于设压力在第一、第二过渡段和基本段不变，气体是理想的，则有

$$\rho T = \rho_b T_b = \rho_m T_m$$

为了确定$\dfrac{q_m}{q_0}$，r_0，r_m，r_b 以及$\dfrac{H_m}{H_e}$，可以利用动量定律，能量守恒定律和湍流射流混合区边界方程。最后得到

$$\begin{cases} \dfrac{\mathrm{d}r_0}{\mathrm{d}x} = -0.323\,\dfrac{1 + \dfrac{\rho_b}{\rho_m}}{2} \\ \dfrac{\mathrm{d}r_m}{\mathrm{d}x} = -0.103\,\dfrac{1 + \dfrac{\rho_b}{\rho_m}}{2} \\ \dfrac{\mathrm{d}r_0}{\mathrm{d}x} = -0.117\,\dfrac{1 + \dfrac{\rho_b}{\rho_m}}{2} \end{cases} \tag{5-90}$$

r_0，r_m，r_b 的起始值（参看图 5－18）取决于起始段和边界层的计算

结果。在边界方程中$\frac{\rho_b}{\rho_m}$按下列方法确定。由状态方程，得

$$\frac{\rho_b}{\rho_m} = \frac{T_m}{T_b}$$

已知 H_m 和 q_m，温度比$\frac{T_m}{T_b}$由以下方程确定

$$H_m = \rho_m u_m (c_p T_m - c_{pb} T_b) = \sqrt{2q_m}\sqrt{\frac{\rho_b T_b}{T_m}}(c_p T_m - c_{pb} T_b) \tag{5-91}$$

沿射流横截面的滞止温度不变时

$$\frac{\rho_b}{\rho_m} = \frac{T_m}{T_b} = \frac{T_e^* - \frac{u_m^2}{2c_p}}{T_b} \tag{5-92}$$

这样，利用式(5－85)到(5－91)就能决定射流的气流参数和过渡段射流边界。

5.3.5 射流基本段

在计算从发动机喷管喷出的湍流射流基本段时，正如实验所指出的，可以认为动压和热焓差相似

$$\begin{cases} \dfrac{\rho u^2}{\rho_m u_m^2} = \mathrm{e}^{-\alpha\left(\frac{r}{x}\right)^2} \\ \dfrac{\rho u(h - h_b)}{\rho_m u_m (h_m - h_b)} = \mathrm{e}^{-\sigma(n)\alpha\left(\frac{r}{x}\right)^2} \end{cases} \tag{5-93}$$

式中　$\rho_m, u_m, h_m = c_p T_m$——射流轴线上的密度、速度和比焓；

$h_b = c_p T_b$——周围介质的比焓；

x——到极点的距离(可近似取到喷口的距离)；

r——到射流轴线的距离；

α, σ——与非计算度有关的系数。

实验指出，对于 $n = 2 \sim 6$ 的热射流，$\alpha \approx 260$；对于空气射流，

$\alpha \approx 350$。至于σ则与n有关。当$n = 1,3,4,6$时，$\sigma = 0.96,0.8,0.75$和1。

为确定$\rho_m u_m^2$和H_m随x的变化规律，需要应用动量定律和能量守恒定律

$$2\pi\int_0^\infty \rho u^2 \mathrm{d}r = [p_e u_e^2 + (p_e - p_a)]A_e = P$$

$$2\pi\int_0^\infty \rho u(h - h_b) r \mathrm{d}r = \rho_e u_e (h_e - h_b) A_e = A_e H_e$$

把式(5－93)中的ρu^2和$\rho u(h - h_0)$代入上式，得

$$\frac{\rho_m u_m^2}{p} = \frac{B}{x^2}, \quad \frac{H_m}{H_e} = \frac{C}{\left(\dfrac{x}{d_e}\right)^2} \tag{5-94}$$

其中，$B \approx 83$，$C \approx 140$，d_e是喷口直径。

射流边界可由下列条件决定

$$r = r_b, \quad \frac{\rho u^2}{\rho_m u_m^2} = 0.001 \tag{5-95}$$

5.4 固体火箭欠膨胀喷管单股与多股强干扰燃气自由射流的气动力分析与模型

5.4.1 单股和多股欠膨胀超音速真实燃气射流的物理模型

根据欠膨胀超音速真实燃气射流的实验研究(参见第3.2和3.9节)，对于单喷管和多喷管射流的各个流动区域，可以用以下物理模型描述。

(1) 对于单股燃气射流，近场是一个内含点源准一维完全气体等熵流的马赫波节区，中场是一个内含正规反射激波的周期性波节以及保持高温的、振荡轴心马赫数最大包络线按指数规律变化的核心区(见第5.4.3节)，远场是无激波、非等温、等压、自模的湍流混合区。

(2) 对于双股燃气射流，弱干扰近场是由一对独立马赫波节与一个楔形再压缩激波组成的波系区，强干扰近场是一个内含一对受撞击激波拦截的桶形激波、反射撞击激波以及由反射桶形激波与再压缩激波合成的中心大马赫盘波系区，而中、远场与单股射流比较，只是增大了核心半径和边界层厚度。

(3) 对于环形紧密排列的多股燃气射流，弱干扰近场是一个内含一组或两组独立的畸变马赫波节区，强干扰近场是一个内含交叉撞击激波的以及由各透射相交激波合成的中心大马赫盘波系区，而中、远场与上述类同。因此，对于紧密的众多小喷管簇的燃气射流流场，可以看作为一个相当单喷管的燃气射流流场。

5.4.2 判别发射装置承受燃气射流近场冲击的源流模型

对于不同类型的火箭(导弹)发射装置，它们所承受的燃气射流的最大气动冲击力，有的发生在近场，有的发生在完全发展区的前半部分。然而，这两个区域的冲击和算法截然不同，主要是因为这两个区域的流动状态截然不同。所以，我们有必要寻求一种简便的算法建立发射装置承受燃气射流近场冲击的判别准则。也就是说，欲确定燃气射流近场的边界，以与定向器的迎气面相比较。火箭燃气射流的特征线法数值计算一般是既复杂又冗长，然而它却能达到较高的精度。以下介绍的一种模型，从它求出射流近场边界且确定发射装置承受射流冲击与否来说，以及由它算得的中心马赫数来看，可以认为它能保证一定的精度，运算却又十分简单。

(1) 气动模型

根据固体燃料火箭欠膨胀($1 < \frac{p_e}{p_a} < 10$) 超音速燃气射流近场第一相交激波上游流域的皮托管压力测试和光学显示，我们作如下假设：该燃气射流近场为辐射状欠膨胀轴对称射流，它基本属于一维完全气体等熵流，可以忽略粘性的影响，可以建立静止控制面。

火箭燃气射流近场边界及坐标系如图 5－28 所示。该图画出了收敛－扩张喷管内和喷管外的源流模型。O 为源点，假定喷管扩张段和燃气射流近场的全部流线都从它发源，还假定在以源点为曲率中心的球面上气动参数为常数。在这一源流模型区域内流线是完全直的，并都均匀地朝向一点，对于常见的地面火箭喷管及其喷出的近场燃气自由射流来说，扩张比都较大，因而流线有足够的时间调整本身以符合源流的几何要求。这样，与平面一维流动模型相比，精度就高些。

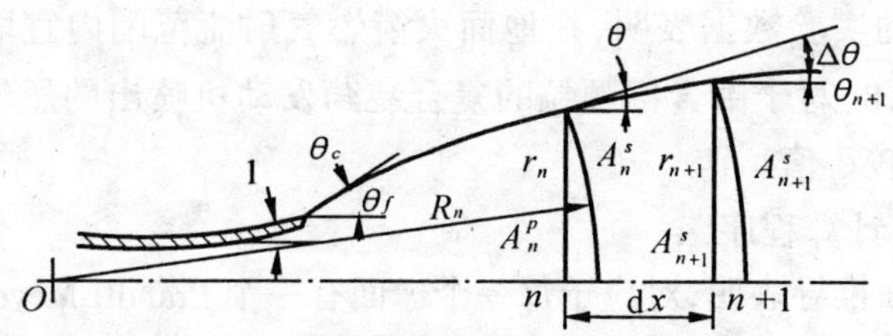

图 5－28　燃气射流起始膨胀区源流模型

1—喷管

根据上列假设，应用一维流动方程可以获得源流流动面上的气动参数。在球面 A^s，A^s_{n+1} 和边界所围的控制体内，有

$$\frac{A^s}{A^s_t} = \frac{1}{Ma}\left[\frac{2}{\lambda + 1}\left(1 + \frac{\gamma - 1}{2}Ma^2\right)\right]^{\frac{\gamma+1}{2(\gamma-1)}} \tag{5-96}$$

源流球形流动面积 A^s、平面流动面积 A^p 以及源流模型边界角 α 的关系为

$$\frac{A^p}{A^s} = \frac{1 + \cos\alpha}{2} \tag{5-97}$$

因此，在射流起始膨胀区 n 和 $n + 1$ 截面之间，有

$$\frac{r_{n+1}}{r_n} = \left[\frac{1 + \cos\alpha_{n+1}}{1 + \cos\alpha_n}\cdot\frac{A^s_{n+1}}{A^s_n}\right]^{1/2} =$$

$$\left[\frac{1+\cos\alpha_{n+1}}{1+\cos\alpha_n}\cdot\frac{\left(\frac{A}{A_t}\right)_{n+1}^{s}}{\left(\frac{A}{A_t}\right)_{n}^{s}}\right]^{1/2} \tag{5-98}$$

由图 5 - 28 所示的几何关系,并用有限差分形式表示,我们得到

$$\frac{x_{n+1}-x_n}{r_n}=\frac{r_{n+1}-r_n}{r_n}\cos\left(\theta_n-\frac{\Delta\theta}{2}\right) \tag{5-99}$$

最终还得考虑影响固体燃料火箭自由射流计算的相关系数 R_f,它与喷口扩张半角、马赫数、静压比和燃气比热比有关。参照众多燃气射流的实验数据表明,在地面火箭燃气射流范围内宜取 $R_f=1.4\sim1.8$。对于由含铝颗粒的复合装药发动机喷出的燃气射流,R_f 应取较小值。

(2) 计算程序

上面推导表明,对应于每一个球面有一个 Prandtl-Meyer 角、平均马赫数和绝能等熵半径比。欠膨胀超音速轴对称燃气射流的起始 Prandtl-Meyer 角为

$$\theta_f=v_f-v_e+\theta_e$$

式中,v_e 和 v_f 是分别从 $Ma=1$ 到喷口马赫数和边界马赫数的 Prandtl-Meyer 角。在这里,v_f 由环境压力与总压之比确定。θ_e 为喷口扩张半角。计算程序是,先选定 $\Delta\theta$,使 $v_{n+1}=v_n-\Delta\theta$;由 Prandtl-Meyer 函数求出 Ma_{n+1},算出$\frac{A_{n+1}}{A_t}$;再由式(5 - 98) 和(5 - 99) 得到 r_{n+1} 和 x_{n+1};最后,将 r_{n+1} 和 x_{n+1} 分别除以 r_e,即用无因次量来表示。

此外,按上述程序循环运算时,对于初次计算的两点,我们取 $\Delta\theta=2°$,之后再减半。

对于高度欠膨胀射流,计算终止的判别条件可以采用第一马赫盘投射距离的经验式

$$\frac{x_M}{r_e} = 1.38Ma_e\sqrt{\frac{\gamma p_e}{p_a}} \tag{5-100}$$

或实验值。对于中度欠膨胀射流，可以取用相交激波的交点位置为计算终止的判别条件。

当然，我们也可以通过给定马赫数增量 ΔM 求得 M_{n+1}，v_{n+1} 和 $\Delta\theta = v_{n+1} - v_n$，然后由式(5－98)和(5－99)确定边界坐标。

(3) 实例分析

以典型地面固体燃料火箭燃气射流作为实例。取 $Ma_e = 2.7$，$\frac{p_e}{p_a} = 3.1$，$\gamma = 1.257$，$d_e = 17$ mm。这里由本气动模型计算程序得到的结果与特征－差分法数值解和激光显示的结果一并比较于图5－29中。由图可见，符合良好。从工程实用来看，已满足要求。

图5－29　理论边界与实验结果的比较

1—特征－差分法；2—本气动模型

5.4.3　第一波节下游有粘与无粘强干扰流场的气动力模型

一般，野战火箭燃气射流的静压比不高，约在4～5附近，加上流场中固体微粒等的影响，燃气射流仅形成一个马赫波节。其后面的超音速核气流则通过马赫菱形激波系而不断地膨胀和压缩，最终变成亚音速流。

对于上述的高度欠膨胀超音速射流，紧挨马赫盘下游为亚音速流区。根据滑移流线喉部的壅塞条件和流场间的无粘干扰确定马赫盘位置和尺寸的理论，以及通过若干种燃气射流的计算实践，可以把滑移流线喉部音速点的位置表为

$$\bar{x}_1 = 130\bar{r}_M\theta_1^{-1.55} + \bar{x}_M \tag{5-101}$$

此外，还认为紧挨马赫盘下游的亚音速区包络在图 5－30 画有阴影线的三角形内。由马赫盘上游的气动参数，通过正激波公式可以得到紧挨马赫盘下游的各气动参数。至于这一区域内的静压约等于大气压力。

对于中度和高度欠膨胀燃气射流，超音速区的激波系很复杂，从而使气动参数变化也很复杂。实验表明，在湍流过渡区的有粘与无粘强干扰流场内，轴心皮托管压力和马赫数分布呈振荡衰减型。直至音速尖为止的包络这一振荡马赫数的曲线则按指数规律变化，即

$$Ma_c = e^{\frac{x_s - x}{x_s - x_M}\ln Ma_u} \qquad x_M \leqq x \leqq x_s \tag{5-102}$$

从工程实用观点来看，由于多管火箭发射装置的迎气正面只与射流外围区域发生干扰，因而我们可以按照式(5－102)这个接近于外围马赫数的指数衰减规律来确定流场。

图 5－30 还表示了上述流场内某一横截面上的皮托管压力和马赫数分布型。这二者有时在轴心上出现最大值，有时在径向某一位置上出现最大值。冲击射流的实验表明，位于该横截面的发射迎气正面上的冲击压力峰值与燃气自由射流的动压相当（见第 8 章），只是前者沿径向向外偏移一些。根据上述情况，我们假定在射流过渡区含有激波系的核心内任一横截面上的气动参数不变。在图 5－30 和第 5.4.5 节图 5－33 中以虚线表示的 $q_t \sim r$ 和 $Ma \sim r$ 曲线的水平段即是该气动参数不变的核心边界，而且有下列关系式

$$r_c = \frac{1 - \dfrac{1}{Ma_c}}{1 - \dfrac{1}{Ma_{us}}} r_M \qquad (5-103)$$

式中　Ma_{us} 和 Ma_c——紧挨马赫盘上游和轴心线的马赫数；

r_M——马赫盘半径。

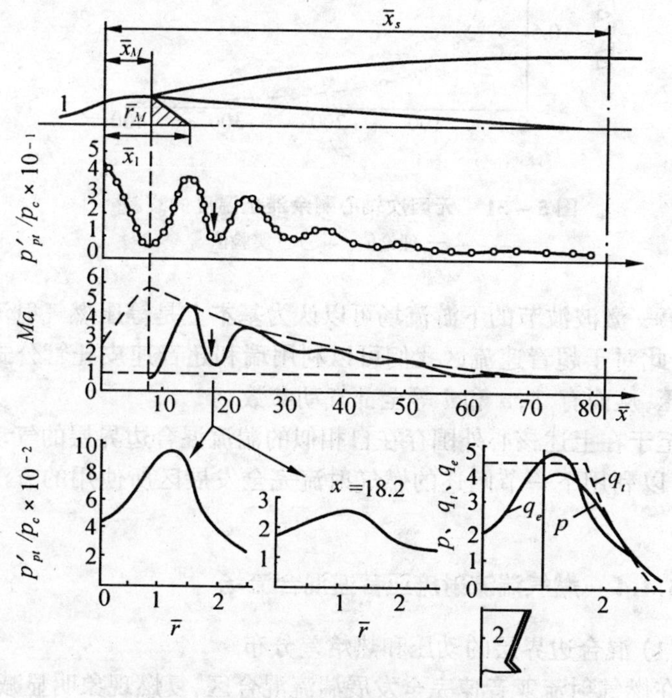

图 5 – 30　燃气射流流场的皮托管压力、动压、冲击压力和马赫数分布

1,2— 喷管

在过渡区的激波核心流域中，总恢复温度基本上是燃烧室温度。虽然因辐射、对流、传导使热量大量损失，但是火箭欠膨胀超音

速燃气射流的复燃化学反应，特别是复合装药燃烧时从喷管喷出的铝颗粒在射流中的复燃，又使燃气射流温度有所恢复。在数倍喷口截面至马赫盘的距离内可以保持足够的热量。利用钨铼热电偶测量上述区域温度的结果（如图 5－31 所示）充分证明了这一点。

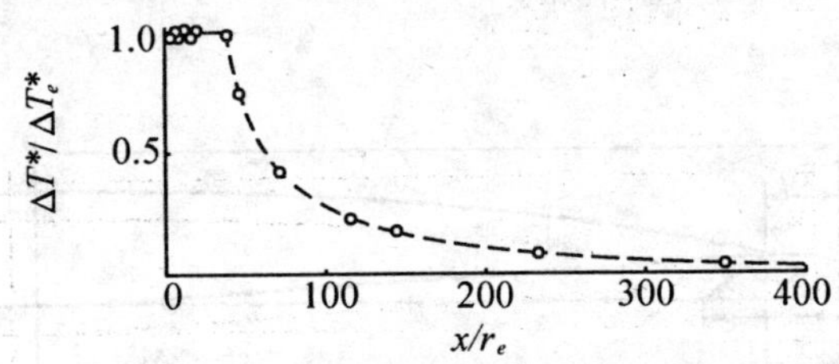

图 5－31　无因次轴心剩余滞止温度的衰减

－－— 理论值；－○— 实验值

第一激波波节的下游流场可以认为基本上是等压燃气射流流场，因此对于超音速流区我们可以利用瑞利超音速皮托管公式求得总压，从而有 T, a 和 u 等全部气动参数。

至于在上述核心外围存在自相似的湍流混合边界层的气动特性，可以利用下一节阐述的燃气射流完全发展区所使用的方法来确定。

5.4.4　燃气湍流射流亚音速混合流场

(1) 混合边界层的动压和热焓差分布

在燃气射流亚音速完全发展湍流混合区，复燃现象明显减弱，因此我们可以使用略去 $v\dfrac{\partial}{\partial y}(\rho u)$ 项的轴对称可压缩湍流射流边界层方程(4－73)，通过 $\xi = Cx^2$ 和 $\eta = y$ 变量置换，以及等效湍流粘性力假设，得到下列热传导型方程

$$\frac{\partial(\rho u^2)}{\partial \xi} = \frac{1}{\eta}\frac{\partial}{\partial \eta}\left[\eta\frac{\partial(\rho u^2)}{\partial \eta}\right] \tag{5-104}$$

这里，我们认为亚音速燃气湍流射流流场存在近似的动压自模性，即设

$$\frac{\rho u^2}{(\rho u^2)_m} = \Phi(\Psi), \quad \Psi = n\xi^{-1/2} \tag{5－105}$$

和

$$\frac{(\rho u^2)_m}{(\rho u^2)_e} = \frac{r_e^2 \xi^{-1}}{4} \tag{5－106}$$

把式(5－106)代入式(5－105)，得

$$\rho u^2 = A\xi^{-1}\Phi(\Psi) \tag{5－107}$$

式中

$$A = \frac{r_e^2}{4}\rho_e u_e^2$$

把式(5－107)代入式(5－104)，消失 $A\xi^{-3/2}$，移项后，得

$$\eta\xi^{-1/2}\Phi'' + \Phi' + (1/2)(\eta\xi^{-1/2})^2\Phi' + \eta\xi^{-1/2}\Phi = 0 \tag{5－108}$$

把式(5－105)代入式(5－108)，得

$$\Phi'' + \frac{\Phi'}{\Psi} + \frac{1}{2}\Phi'\Psi + \Phi = 0$$

或

$$\frac{(\Psi\Phi')'}{\Psi} + \frac{1}{2}\Psi\Phi' + \Phi = 0 \tag{5－109}$$

其边界条件为：当 $\Psi = 0$ 时，$\Phi'_\eta = 0$；当 $\Psi = \infty$ 时，$\Phi = 0$。解式(5－109)，得

$$\frac{(\rho u^2)_m}{(\rho u^2)_e} = \frac{\frac{1}{4C}}{\left(\frac{x}{r_e}\right)^2} = \frac{C'}{\left(\frac{x}{r_e}\right)^2} \tag{5－110}$$

$$\frac{\rho u^2}{(\rho u^2)_m} = e^{-\frac{1}{4C}\left(\frac{r}{x}\right)^2} = e^{-C\left(\frac{r}{x}\right)^2} \tag{5－111}$$

燃气湍流射流亚音速流场的动压综合特性系数 C 取值为0.001，或

$C' \approx 250$。

对于热焓差表示的热传导型方程

$$\frac{\partial(\rho u \Delta h)}{\partial \xi_T} = \frac{1}{\eta_T} \frac{\partial}{\partial \eta_T}\left[\eta_x \frac{\partial(\rho u \Delta h)}{\partial \eta_T} \right] \tag{5 - 112}$$

式中，$\xi_T = C_T x^2$，$\eta_T = r$，同理可得

$$\frac{(\rho u \Delta h)_m}{(\rho u \Delta h)_e} = \frac{\dfrac{1}{4C_T}}{\left(\dfrac{x}{r_e}\right)^n} = \frac{C'_T}{\left(\dfrac{x}{r_e}\right)^n} \tag{5 - 113}$$

$$\frac{\rho u \Delta h}{(\rho u \Delta h)_m} = e^{-\frac{1}{4C_T}\left(\frac{r}{x}\right)^2} = e^{-C'_T\left(\frac{r}{x}\right)^2} \tag{5 - 114}$$

燃气湍流射流混合流场的热焓差综合特性系数 C'_T 与上述的 C' 的比值随静压比 n 而变化，当 $n = 1,3,4$ 和 6 时，相应的比值取为 0.96,0.8,0.75 和 1。对于具有自模性的燃气湍流射流流场 $C'_T \approx (0.7 \sim 0.8)C'$。

(2) 热焓差指数

由前述的燃气湍流混合的轴心动压与热焓差衰减规律知道

$$\frac{u_m}{u_e} = \sqrt{C'} \frac{r_e}{x} \sqrt{\frac{\rho_e}{\rho_m}} \tag{5 - 115}$$

和

$$\frac{\Delta h_m}{\Delta h_e} \frac{c_p T_m - c_{p_a} T_a}{c_p T_e - c_{p_a} T_a} = C'_T \left(\frac{r_e}{x}\right)^n \frac{u_e}{u_m} \frac{\rho_e}{\rho_m} \tag{5 - 116}$$

合并式(5 - 115)和式(5 - 116)，在射流轴心线上，有

$$\frac{c_p T_m - c_{p_a} T_a}{c_p T_e - c_{p_a} T_a} = \frac{C'_T}{C'} \frac{Ma_m}{Ma_e} \sqrt{\frac{\gamma_m T_m R_m}{\gamma_e T_e R_e}} \left(\frac{x}{r_e}\right)^{2-n} \tag{5 - 117}$$

实验表明，双基药火箭燃气射流约在 5.5 倍马赫盘投射距离 x_M 内保持足够的热量。因此，我们不妨认为在这段距离内总温不变，但它略低于喷口总温 5%。对于复合装药火箭燃气射流，总温保持不变的距离约等于 $10x_M$。在已知总温的情形下，可由等熵公式求得

当地静温。之后，利用式(5－117)得到热焓差指数 n。对于非等温湍流射流，一般取 $n=2$。然而，考虑到射流复燃的影响，我们可以近似取 $n=1.87$。

在式(5－117)中关于常用箭药气体和大气的定压比热(单位为 J/(kg·K))数据列于表5－1。

表5－1 常用箭药燃气及大气的 c_p

双石－2	双铅－2	双芳镁－1	复合推进剂853＊	大气	
				0 ℃	27 ℃
1 779.1	1 745.6	1 745.6	1 795.8	1 004	1 005

(3) 混合特性变化规律

对于高温射流，气体等压比热 c_p 不能视为常值，通常的气体状态方程已不适用。此外，当射流空间压力很大时，还必须考虑辐射的影响。然而，固体燃料火箭自由射流的亚音速混合流场的静压处处相等，且等于周围大气压，属于压力不大的情况。同时，在上述混合层内温度又不太高。所以，我们可以不考虑辐射，不计及 c_p 的变化，气体状态方程仍然适用。因而，有

$$\rho_m=\frac{\rho_a T_a R_a}{T_m R_m} \tag{5－118}$$

式(5－115)和式(5－116)就可以进一步化为

$$\frac{u_m}{u_e}=\sqrt{C'}\,\frac{r_e}{x}\sqrt{\frac{\rho_e}{\rho_a}\cdot\frac{T_m}{T_a}\cdot\frac{R_m}{R_a}} \tag{5－119}$$

和

$$\frac{c_p T_m-c_{p_a}T_a}{c_p T_e-c_{p_a}T_a}=\frac{C'_T}{\sqrt{C'}}\left(\frac{r_e}{x}\right)^{n-1}\sqrt{\frac{\rho_e}{\rho_a}\cdot\frac{T_m}{T_a}\cdot\frac{R_m}{R_a}} \tag{5－120}$$

由此确定了射流轴心速度和温度差的分布。

因火箭燃气湍流射流混合层具有动压和热焓差的自模性，所以有

$$\frac{u}{u_m} = e^{-\frac{C}{2}\left(\frac{r}{x}\right)^2}\sqrt{\frac{\rho_m}{\rho}} \tag{5-121}$$

和

$$\frac{c_pT - c_{p_a}T_a}{c_pT_m - c_{p_a}T_a} = e^{-\left(C_T-\frac{C}{2}\right)\left(\frac{r}{x}\right)^2}\sqrt{\frac{\rho_m}{\rho}} \tag{5-122}$$

同样地，将

$$\rho = \frac{\rho_a T_a R_a}{TR} \tag{5-123}$$

代入式(5 – 121)和式(5 – 122)，得到

$$\frac{u_m}{u_e} = e^{-\frac{C}{2}\left(\frac{r}{x}\right)^2}\sqrt{\frac{\rho_m}{\rho_a}\cdot\frac{T}{T_a}\cdot\frac{R}{R_a}} \tag{5-124}$$

和

$$\frac{c_pT - c_{p_a}T_a}{c_pT_m - c_{p_a}T_a} = e^{-\left(C_T-\frac{C}{2}\right)\left(\frac{r}{x}\right)^2}\sqrt{\frac{\rho_m}{\rho_a}\cdot\frac{T}{T_a}\cdot\frac{R}{R_a}} \tag{5-125}$$

以上确定了燃气射流流场的速度和温度差分布型。已知燃气射流混合流场的各点速度和温度差，就能求得相应的音速、马赫数、总温和总压。

5.4.5 试验结果与计算值比较分析

利用固体火箭欠膨胀自由射流气动力模型的全流场程序，对62 mm火箭发动机喷出的燃气射流进行了数字模拟。62 mm火箭发动机配用 $\zeta_e = 2, d_e = 17$ mm, $\alpha = 15°$ 喷管，固体燃料为双石 – 2箭药。试验结果与计算机预示值比较于图5 – 31、图5 – 32和图5 – 33中。图5 – 31与图5 – 32分别为轴心剩余滞止温度和轴心马赫数分布。图5 – 33是选取图5 – 32中无因次下游距离 $x/r_e = 50.6$ 处的马赫数分布型。可见，实验和理论值符合良好。只是在含有激波

系的核心内略有差异，因为在那里我们采用了特性参数均化处理的方法。

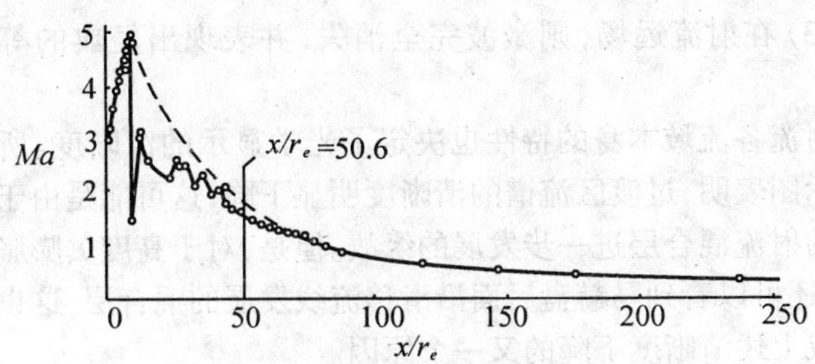

图5－32 马赫数沿燃气射流轴心线的衰减

－－－理论值；－◦－实验值

5.4.6 几点说明

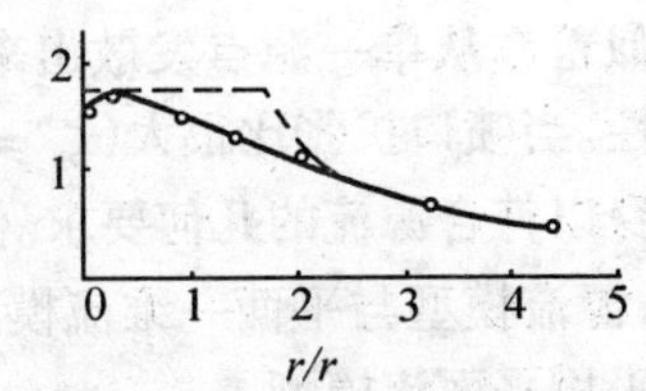

图5－33 x/r_e = 50.6横截面上的 *Ma* 分布型(x/r_e = 50.6)

－－－理论值；－◦－实验值

火箭欠膨胀超音速燃气射流流场与其周围环境的干扰需要考虑好几个就其特点和尺度来说各不相同的复杂流动区域。在这些流域中，尤以过渡区为最复杂，它也是当前许多研究工作者最为关心的问题。上述各流域的主要特征如下。

(1) 射流近场是以无粘为主的激波波节结构以及沿射流发展的薄剪切层。

(2) 射流过渡区是马赫菱形激波的核心结构以及沿射流发展的大部分为亚音速流的混合层；对于高度欠膨胀射流，则在马赫盘后面嵌入了亚音速流区，沿马赫盘滑移流线有逐渐发展的薄剪切层。过渡区连接着无粘为主的近场和完全有粘的压力平衡的远场。

在远场，混合层逐渐淹没了整个射流，且在四周的强湍流中出现了波型变化。这一区域因是有旋流场，致使激波弯曲，且因湍流的耗散效应，又使激波的强度减弱。

(3) 在射流远场，则激波完全消失，并表现出经典的等压混合。

射流各流域本身的特性也决定了光学显示的清晰度。所有光学显示图表明，过渡区流谱的清晰度明显下降，这可能是由于这一区域的射流混合层进一步发展的缘故。但是，对于高度欠膨胀射流情况，还可以看到马赫盘后面沿滑移流线发展的混合层，这也可能是造成上述清晰度下降的又一个原因。

本节建立的数学模型主要是依据多种测试手段和大量实验获得的单股和多股射流近、中、远场的物理模型。

本节把一维流近似法应用于近场起始膨胀区。欠膨胀超音速燃气射流的光学显示表明，第一波节大部分为势流区，其流线可以近似看作从单一源点发散出来的直线，因此认为它具有一维流的属性。当喷口扩张比很大($\zeta_e = 2$左右)时，流线有足够的时间调整本身以符合源流的几何要求。但是，当喷口扩张比很小($\zeta_e \ll 1.5$)时，源流模型与平面一维流模型相比并不优越。这时，射流近场可以采用平面流模型。

在过渡区强间断后面，这里采用嵌入小范围亚音速区的专门方法来解析处理，在这一区域外围则按照与轴心最大马赫数相等的指数规律来确定核心边界。对于过渡区核心处的有粘混合层和远场完全发展的混合区，则根据这里导出的在可压缩情形下的等压、非等温的混合方程，就可以确定燃气自由射流的混合流动速度和温度分布型与射流起始气动参数、燃气工质以及环境介质等干扰的关系。关系式中的热焓差指数和综合特性系数能使最终特性关系式适应于不同起始气动条件下的各种具体情形的欠膨胀超音速燃气射流。

如前所述，真实燃气射流的火焰与流动强间断、燃气组分和化

学反应等有关。为使所描绘的燃气射流流场的特性参数变化符合于高度欠膨胀射流中存在火焰的情况，这里也将采用在计算式中引入所谓火焰当量半径来代替第一马赫波节末端截面半径的方法。

实验表明，环形紧密排列的多股燃气射流可以用相当于单喷管来处理。对于这种多股燃气射流，在远场混合解析式中，综合特性系数的具体值可以通过前面描述过的对数坐标纸上呈斜直线的特性规律来确定，即该系数为上述直线的绝对值。如是，混合解析式就能适用于上述多股燃气射流的情况。

实验和计算分析结果证明，这里所阐述的区域拼接法适合于静压比为1.5～10之内的中、高度欠膨胀超音速射流。虽然这里已反映了固体燃料火箭、导弹自由射流的较为普遍的情况，但是它并不包括多喷管簇火箭、导弹各股燃气射流轴心间距甚大的情况。

5.5 低空火箭燃气射流一维模型

低空区域上升火箭弹的燃气射流流场内，由于剩余燃料复燃可以释放大量的热量，以及在数十倍喷口截面到马赫盘的距离内保持足够的热量和辐射，因此低空燃气射流必须看作是在超音速伴随流内起热化学反应的欠膨胀湍流射流。显然，这就需要一种尽可能多地包括重要物理参量的简单而逼真的计算方法。在这些参量中应当考虑到湍流卷吸、不平衡化学反应、射流膨胀和外界流动等因素。

5.5.1 基本物理数学模型

在图1－2和图3－10中已经清楚地表明了低空燃气射流的结构。因为喷口压力比环境压力高得多，所以有一个起始膨胀段。在湍流过渡段有两种射流结构：一种是马赫盘发生在下游某一点使得通过它的气流严重减速的情形；另一种是含有大部分质量流量的马赫盘外侧气流只通过相交激波和反射激波的情形。最后，成为如图 1－2 所示的充分发展的超音速射流。因为没有限制，所以在完全发展段按面积积分的辐射能比来自马赫盘前的核心和边界混合层的辐射能大得多。因而，我们十分关心射流完全发展段。至于进行起始膨胀段的计算只是为了求得完全发展段的起始条件。我们对过渡段不作精确处理，但是这一点的不足影响不大。

这里，我们假设卷吸质量流一经吸进就在射流横截面上均匀混合，还假设参数分布呈凹顶型剖面。一维射流数学模型建立于下。

(1) 质量连续方程

燃气射流总质量流为

$$\dot{\bar{M}} = \bar{\rho} \cdot \bar{r}^2 \cdot \bar{u}$$

式中　$\bar{\rho} = \rho/\rho_0, \bar{r} = r/r_0, \bar{u}/ = u/u_0$；

ρ_0 和 ρ—— 射流起始密度和任意点密度；

r_0 和 r—— 射流起始半径和任意横截面半径；

u_0 和 u—— 射流起始流速和任意点流速。

必须注意，这里所指的起始条件并不是喷口条件。

对于定常射流来说，在质量守恒时，有

$$\frac{\mathrm{d}\bar{M}}{\mathrm{d}\bar{x}} = 0$$

当有卷吸时，总质量流并不守恒，则有

$$\frac{\mathrm{d}\dot{\bar{M}}}{\mathrm{d}\bar{x}} = E\bar{\rho}^{1/2}\bar{r}(\bar{u} - \bar{u}_a) \tag{5-126}$$

即

$$\frac{\mathrm{d}}{\mathrm{d}\bar{x}}(\bar{\rho}\bar{r}^2\bar{u}) = E\bar{\rho}^{1/2}\bar{r}(\bar{u} - \bar{u}_a) \tag{5-127}$$

式中　$E = 2\alpha\sqrt{\dfrac{\rho_a}{\rho_0}}, \bar{u}_a = \dfrac{u_a}{u_0}, \bar{x} = \dfrac{x}{r_0}$；

ρ_a—— 环境介质密度；

u_a—— 环境介质流速；

r_0—— 射流起始半径；

x—— 射流下游距离；

a—— 卷吸系数。

因卷吸作用，增加的无因次质量流量 $\Delta\dot{\bar{M}}$ 与 $(\bar{u} - u_a)$、E 和 $\rho^{1/2}$ 成比例。我们用实验方法和因次分析方法都可以得到 E 中的因子 $\sqrt{\rho_a/\rho_0}$。由于燃气和卷吸气体间的密度差异较大，此因子不可忽略。因为卷入射流的空气没有经过弓形激波，所以可以认为卷吸的空气特性就是环境介质特性。

(2) 动量方程

射流总动量流为

$$\dot{\bar{G}} = \bar{\rho}\bar{r}^2\bar{u}^2$$

在动量守恒时，有

$$\frac{\mathrm{d}\dot{\bar{G}}}{\mathrm{d}\bar{x}} = 0$$

当有质量卷吸时，引起的动量变化为

$$\frac{\mathrm{d}\bar{G}}{\mathrm{d}\bar{x}} = \bar{u}_a \cdot \frac{\mathrm{d}\bar{M}}{\mathrm{d}\bar{x}} = \bar{u}_a\frac{\mathrm{d}}{\mathrm{d}\bar{x}}(\bar{\rho}\bar{r}^2\bar{u})$$

或

$$\frac{\mathrm{d}}{\mathrm{d}\bar{x}}(\bar{\rho}\bar{r}^2\bar{u}^2) = u_a\frac{\mathrm{d}}{\mathrm{d}\bar{x}}(\bar{\rho}\bar{r}^2\bar{u}) \tag{5-128}$$

(3) 能量方程

射流总能量流为

$$\dot{\bar{H}} = \bar{\rho}\bar{r}^2\bar{u}\cdot(\bar{h} + \beta\bar{u}^2)$$

$$\beta = \frac{u_0^2}{2}\frac{1}{c_pT_0}, \bar{h} = h/h_0$$

式中　h_0 和 h—— 射流起始热焓和任意点热焓；

T_0—— 射流起始温度；

c_p—— 燃气射流等压比热。

在能量守恒时,有

$$\frac{\mathrm{d}\dot{\bar{H}}}{\mathrm{d}\bar{x}} = 0$$

当存在卷吸时

$$\frac{\mathrm{d}\dot{\bar{H}}_1}{\mathrm{d}\bar{x}} = (\bar{h}_a + \beta\bar{u}_a^2)\frac{\mathrm{d}\dot{\bar{M}}}{\mathrm{d}\bar{x}}$$

式中 $\bar{h}_a$——$h_a/(c_pT_0)$;

$\bar{h}_a$—— 环境介质热焓;

$\bar{H}_1$—— 由卷吸质量流带进的无因次能量流。

当存在化学反应时

$$\frac{\mathrm{d}\dot{\bar{H}}_2}{\mathrm{d}\bar{x}} = -\frac{Q_c}{c_pT_0}\frac{w_f\cdot r\cdot\bar{r}^2}{\rho_0 u_0}$$

式中 w_f—— 燃料燃尽速率,单位为 g/(cm³ · s);

Q_c—— 剩余燃料与空气燃烧的热量,单位为 J/kg;

$\bar{H}_2$—— 由于燃料燃烧释放的无因次能量流。

所以

$$\frac{\mathrm{d}}{\mathrm{d}\bar{x}}[\bar{\rho}\bar{r}^2\bar{u}(\bar{h}+\beta\bar{u}^2)] = (\bar{h}_a+\beta\bar{u}_a^2)\frac{\mathrm{d}}{\mathrm{d}\bar{x}}(\bar{\rho}\bar{r}^2\bar{u}) - \frac{Q_c}{c_pT_0}\frac{w_f r_0\bar{r}^2}{\rho_0 u_0} \tag{5-129}$$

上式略去了射流辐射造成的能量损失。

(4) 任一组分的连续方程

任一组分的质量流方程为

$$\dot{\bar{M}}_i = \bar{\rho}\bar{r}^2\bar{u}y_i$$

式中,y_i 为组分 i 的质量百分数。

当组分 i 的质量流守恒时

$$\frac{\mathrm{d}\dot{\bar{M}}_i}{\mathrm{d}\bar{x}} = 0$$

当存在卷吸时

$$\mathrm{d}\dot{\bar{M}}_{i1} = y_{ia} \frac{\mathrm{d}\dot{\bar{M}}}{\mathrm{d}\bar{x}}$$

式中,$\Delta\dot{\bar{M}}_{i1}$ 为由卷吸带进来的无因次质量流。

当存在化学反应时

$$\frac{\mathrm{d}\dot{\bar{M}}_{i2}}{\mathrm{d}\bar{x}} = \frac{w_i r_0 \bar{r}^2}{\rho_0 u_0}$$

式中　$\Delta\dot{\bar{M}}_{i2}$—— 由于化学反应生成物质 i 引起的无因次质量流的增量;

w_i——i 产物的生成速率,单位为 $\mathrm{g/(cm^3 \cdot s)}$。

所以

$$\frac{\mathrm{d}}{\mathrm{d}\bar{x}}(\bar{\rho}\bar{r}^2\bar{u}y_i) = y_{ia}\frac{\mathrm{d}}{\mathrm{d}\bar{x}}(\bar{\rho}\bar{r}^2\bar{u}) + \frac{w_i r_0 \bar{r}^2}{\rho_0 u_0} \tag{5-130}$$

如果假设剩余燃料与卷吸氧气瞬间燃烧,在剩余燃料燃烧时大量卷吸的氧气立刻被利用,即化学反应时间比流动时间短得多,则可以解析求解方程(5 - 127)到(5 - 130)。上述假设只应用于最低空(小于 10 ~ 20 km)的燃气射流计算。

5.5.2　有瞬时化学反应的解析解

对于氧气的质量流方程

$$\frac{\mathrm{d}\dot{\bar{M}}(O_2)}{\mathrm{d}\bar{x}} = y_a(O_2)\frac{\mathrm{d}\dot{\bar{M}}}{\mathrm{d}x} \tag{5-131}$$

式中,$y_a(O_2)$ 为氧化的质量百分率。

假定射流卷吸周围氧气之后立即混合,并且在燃烧剩余燃料中用尽。这样,当地燃料燃尽速率为

$$w_f = -\left\{\Phi \cdot \left[\frac{\mathrm{d}\dot{\bar{M}}(O_2)}{\mathrm{d}\bar{x}}/(\pi\bar{r}^2)\right]\cdot\Delta\bar{x}\right\}\cdot\frac{u_0\rho_0}{r_0}\cdot 2\pi\bar{r}\Delta\bar{x} \tag{5-132}$$

式中,Φ 为剩余燃料燃烧时剩余燃料与氧气的质量比。剩余燃料比氧气含量少些,即 $\Phi < 1$。将式(5－126)和(5－131)代入(5－132),得

$$w_f = -\frac{(\bar{\rho}_a\bar{\rho})^{1/2}a\cdot 2\Phi(\bar{u}-u_a)\cdot y_a(O_2)}{\bar{r}}\frac{u_0\rho_0}{r_0} \quad (5-133)$$

在卷吸之后每单位质量射流所释放的燃料燃烧的无因次热量为

$$F = \frac{Q_c}{c_pT_0}\Phi\cdot y_a(O_2)$$

使用式(5－133),则能量方程(5－129)变成

$$\frac{d}{d\bar{x}}[\bar{\rho}\bar{r}^2\bar{u}(\bar{h}+\beta\bar{u}^2)] = [(\bar{h}_a+\beta\bar{u}_a^2)+F]\frac{d}{d\bar{x}}(\bar{\rho}\bar{r}^2\bar{u}) \quad (5-134)$$

(1) $u_a = 0$ 的情况

火箭弹在发射之初可近似看作 $u_a = 0$ 的情况。在这种情况下,式(5－128)简化为

$$\frac{d}{d\bar{x}}(\bar{\rho}\bar{u}^2\bar{r}^2) = 0$$

$$\bar{\rho}\bar{u}^2\bar{r}^2 = \text{常数}$$

令

$$\bar{\rho}\bar{b}^2\bar{u}^2 = 1 \quad (5-135)$$

或

$$\bar{u}\bar{b} = \left(\frac{1}{\rho}\right)^{1/2} \quad (5-136)$$

或

$$\bar{\rho}\bar{u}\bar{b}^2 = 1/\bar{u} \quad (5-137)$$

代入式(5－127),得

$$\frac{d}{d\bar{x}}\left(\frac{1}{\bar{u}}\right) = E$$

积分上式

$$\int_1^{\frac{1}{\bar{u}}} \mathrm{d}\left(\frac{1}{\bar{u}}\right) = \int_0^{\bar{x}} E \mathrm{d}\bar{x}$$

或

$$\frac{1}{\bar{u}} = E\bar{x} + 1 \qquad (5-138)$$

将式(5－135)和(5－137)代入式(5－134)得

$$\frac{\mathrm{d}[(\bar{h} + \beta\bar{u}^2)\bar{u}]}{\mathrm{d}\bar{x}} = \frac{\mathrm{d}[(\bar{h}_a + F)/\bar{u}]}{\mathrm{d}\bar{x}}$$

$$\frac{\mathrm{d}\left(\dfrac{\bar{h} - h_a + \beta\bar{u}^2 - F}{\bar{u}}\right)}{\mathrm{d}\bar{x}} = 0$$

$$\frac{\bar{h} - \bar{h}_a + \beta\bar{u}^2 - F}{\bar{u}} = 常数 = 1 \qquad (5-139)$$

因为 $\bar{u}_0 = 1$，所以式(5－139)为

$$\bar{h}_0 - \bar{h}_a + \beta - F = 1$$

或

$$\bar{u} \cdot \frac{h_0 - \bar{h}_a + \beta - F}{\bar{u}} = 1 \qquad (5-140)$$

式(5－139)减去式(5－140)，得

$$\frac{h - h_a + \beta\bar{u}(u - 1) - F(1 - \bar{u})}{\bar{u}} = \bar{h}_0 - \bar{h}_a$$

令 $\Delta\bar{h} = \bar{h} - h_a, \Delta\bar{h}_0 = \bar{h}_0 - \bar{h}_a = 1 - h_a$，则有

$$\Delta\bar{h} = \bar{u}\left[\Delta\bar{h} + \beta(1 - \bar{u}) + F\left(\frac{1 - u}{\bar{u}}\right)\right] =$$

$$\frac{1}{E\bar{x} + 1}\left[\Delta\bar{h}_0 + \beta\left(1 - \frac{1}{E\bar{x} + 1}\right) + FE\bar{x}\right] \qquad (5-141)$$

必须注意，速度衰减与射流内是否继续燃烧无关。在射流近场，燃烧提高了热焓(温度)；而在射流远场，在式(5－141)中已将 F 加入了 Δh，即当射流向下游减速时，射流的部分动能转化为热能，所以在式(5－141)中出现了还原项 $\dfrac{FE\bar{x}}{E\bar{x} + 1}$。

使用式(5－135)、(5－138)和(5－141),根据完全气体假设($T < 2\,000$ K)、等压($p = p_a$)以及射流内外的分子量相等,得到射流基本段的无因次半径为

$$\bar{r} = [(\bar{T}_a E^2 \bar{x}^2 + F^2 E^2 \bar{x}^2) + (\bar{T}_a E\bar{x} + \beta E\bar{x} + E\bar{x} + FE\bar{x}) + 1]^{1/2} \tag{5-142}$$

如果 $\bar{T}_0 \gg \bar{T}_a$,则没有化学反应的热射流基本段半径是按 $x^{1/2}$ 发展的;冷射流是按 x 发展的。由式(5－142)可知,燃烧和还原提高了射流发展速率。

(2)$u_a \neq 0$ 的情况

如果射流的伴随流 u_a 不算小,那末我们必须按全式来讨论式(5－127)、(5－128)和(5－134)。

设

$$z = \rho^{1/2} \bar{r} u \tag{5-143}$$

我们可以把式(5－127)、(5－128)和(5－134)写成

$$\frac{\mathrm{d}}{\mathrm{d}\bar{x}}\left(\frac{\bar{z}^2}{\bar{u}}\right) = E\bar{z} - E\bar{z}\frac{\bar{u}_a}{\bar{u}} \tag{5-144}$$

$$\frac{\mathrm{d}}{\mathrm{d}\bar{x}}\left[\frac{\bar{z}^2}{\bar{u}}(\bar{u} - u_a)\right] = 0 \tag{5-145}$$

$$\frac{\mathrm{d}}{\mathrm{d}\bar{x}}\left\{\frac{\bar{z}^2}{\bar{u}}[\bar{h} - \bar{h}_a + \beta(\bar{u}^2 - \bar{u}_a^2) - F]\right\} = 0 \tag{5-146}$$

由式(5－145),可得

$$\bar{z} = \left[\frac{\bar{u}(1 - \bar{u}_a)}{\bar{u} - \bar{u}_a}\right]^{1/2} \tag{5-147}$$

当 $\bar{u}_a = 0$ 时,$\bar{z} = 1$。

整理式(5－145)、(5－146)和(5－147),得

$$\left[\frac{\bar{u}(1 - \bar{u}_a)}{\bar{u} - \bar{u}_a}\right]^{1/2}\frac{\mathrm{d}\bar{u}}{\mathrm{d}\bar{x}} + E(\bar{u} - \bar{u}_a)^2 = 0 \tag{5-148}$$

解之,有

$$\bar{u} = \frac{\bar{u}_a}{1 - \left[\frac{1.5E\bar{u}_a\bar{x}}{(1-\bar{u}_a)^{1/2}} + \frac{1}{(1-\bar{u}_a)^{3/2}}\right]^{2/3}} \tag{5-149}$$

表示卷吸动量大小的 $E\bar{u}_a\bar{x}$ 是个重要参量。如果 $E\bar{u}_a\bar{x} \ll 1$，则式(5－149)为

$$\bar{u} \approx \frac{1}{1 + \Delta\bar{u}_0^2 E\bar{x}} \tag{5-150}$$

式中，$\Delta\bar{u}_0 = 1 - \bar{u}_a$。若是我们取极限情况，$\bar{u}_a \to 0$，那么对于整个射流长度，有 $E\bar{u}_a\bar{x} = 0$ 和 $\bar{u} = 1/(1 + E\bar{x})$。可见，与式(5－138)有相同的结果。

积分式(5－146)，得

$$\Delta\bar{h} = \frac{\bar{u}}{\bar{z}^2}[\Delta\bar{h}_0 + \beta(1 - \bar{u}_a^2) + F] - \beta(\bar{u}^2 - \bar{u}_a^2) + F \tag{5-151}$$

利用式(5－147)和(5－149)，我们得到

$$\begin{aligned}\Delta\bar{h} = &\frac{\bar{u}_a}{1-\bar{u}_a}\Big\{\Delta\bar{h}_0 + \beta(1-\bar{u}_a^2) + \\ &\frac{F}{\bar{u}_a}\Big[\Big[\frac{3}{2}E\bar{u}_a(1-\bar{u}_a)\bar{x} + 1\Big]^{2/3} - 1\Big]\Big\} \times \\ &\Big\{1\Big/\Big[1 - \Big[\frac{1.5E\bar{u}_a\bar{x}}{(1-\bar{u}_a)^{1/2}} + \frac{1}{(1-\bar{u}_a)^{3/2}}\Big]^{-2/3}\Big] - 1\Big\} - \\ &\beta\Big\{\bar{u}_a^2\Big/\Big[1 - \Big[\frac{1.5E\bar{u}_a\bar{x}}{(1-\bar{u}_a)^{1/2}} + \frac{1}{(1-\bar{u}_a)^{3/2}}\Big]^{-3/2}\Big]^2 - \bar{u}_a^2\Big\}\end{aligned} \tag{5-152}$$

在 $\bar{u}_a \to 0$ 时，式(5－152)化为式(5－141)的简单形式。利用与式(5－144)相同的假设，由式(5－147)、(5－149)和(5－152)，我们可以解得

$$\bar{r} = (\Delta\bar{T} - \bar{T}_a)^{1/2}\frac{(1-\bar{u}_a)^{1/2}}{\bar{u}_a}$$

$$\left\{\frac{1-\left[\dfrac{3E\bar{u}_a\bar{x}/2}{(1-\bar{u}_a)^{1/2}}+\dfrac{1}{(1-\bar{u}_a)^{3/2}}\right]^{-2/3}}{\dfrac{1}{1-\left[\dfrac{3E\bar{u}_a\bar{x}/2}{(1-\bar{u}_a)^{1/2}}-\dfrac{1}{(1-\bar{u}_a)^{3/2}}\right]}-1}\right\} \tag{5-153}$$

式中，$\Delta\bar{T}$ 由式(5 - 152)求得。在 $\bar{u}_a\to 0$ 时，式(5 - 153)简化为式(5 - 142)。

在射流远场，卷入后的射流动量比原来的动量大得多，即 $E\bar{u}_e\bar{x}\gg 1$，于是式(5 - 149)变为

$$\bar{u}-\bar{u}_a\approx\left(\frac{2}{3}\right)^{2/3}\frac{\bar{u}_a(1-\bar{u}_a)^{1/3}}{(E\bar{u}_a\bar{x})^{2/3}} \tag{5-154}$$

式(5 - 152)变为

$$\Delta\bar{h}\approx[\Delta\bar{h}_0+\beta(1-\bar{u}_a^2)-F]\left(\frac{2}{3}\right)^{2/3}\left[\frac{\bar{u}_a}{(1-\bar{u}_a)^{2/3}}\cdot\frac{1}{(E\bar{u}_a\bar{x})^{2/3}}\right]-\beta\left[\left(\frac{2}{3}\right)^{2/3}\frac{2\bar{u}_a^2(1-\bar{u}_a)^{1/3}}{(E\bar{u}_a\bar{x})^{2/3}}\right]+F \tag{5-155}$$

式(5 - 154)变为

$$\bar{r}=\left(\frac{3}{2}\right)^{1/3}(F+\bar{T}_a)\frac{\frac{1}{2}(1-\bar{u}_a)^{1/3}}{\bar{u}_a}(E\bar{u}_a\bar{x})^{1/3} \tag{5-156}$$

于是，与外界流速为零的情形比较，在射流远场，外界流速使速度衰减、温度衰减和射流发展速率减小。

(3) 结论

在瞬时化学反应假设下，可以得出如下结论。

① 在卷吸动量很小时，由式(5 - 150)知，射流无因次速度衰减与$(\alpha\bar{x})^{-1}$成正比。在 $u_a=0$ 的情形下，卷吸动量始终为零，射流无因次速度的衰减规律为$(\alpha\bar{x})^{-1}$。

当大量卷吸时，射流速度衰减规律改变了。在卷吸动量比射流起始动量大得多时，则有$(\bar{u}-\bar{u}_a)\sim(\alpha\bar{x})^{-2/3}$。因为射流速度由于卷吸而迅速衰减，所以在较短的下游距离之后，比射流起始速度小

得多的环境介质流速就变得显著了。这时，射流特性就不同于上面所给定的$(\alpha\bar{x})^{-1}$衰减规律。

② 在射流远场，无因次温度具有相似性，它按$(\alpha\bar{x})^{-2/3}$衰减。还原项的分布也随$(\alpha\bar{x})^{-2/3}$衰减。在复燃区对还原项叠加的是剩余燃料与氧气的燃烧项。复燃可以导致极高的射流温度。当然，这还得取决于射流内存在的未燃尽的燃料量。

③ 燃气射流尺寸与当地温度的平方根成正比。它受复燃的严重影响，并且与$(\alpha\bar{x})^{-1/3}$成正比。这与没有伴随流的冷射流尺寸大不相同。

5.5.3 恒速化学反应的解析解

在进行含有多种物质和多种反应的最大限定速率的化学计算之前，值得研究一下阐明最重要化学特征的简单化学反应模型。这就是随着剩余燃料燃烧的速率慢下来，使得释放入射流的能量速率亦慢下来。

假设大量空气一经卷入射流，燃料与空气的燃烧时间为K^{-1}。换言之，反应速率为K，且假设速率不变。

于是，在某一位置上，燃料燃尽速率为

$$w_f = \frac{\Phi y_2(O_2)}{b^2}\int_{t_s\left\{\begin{matrix}0\\t=K^{-1}\end{matrix}\right.}^{t}\left(\frac{\mathrm{d}\dot{M}}{\mathrm{d}t}\right)_{t'}K\mathrm{d}t' \qquad (5-157)$$

在K^{-1}时间之后，射流充分燃烧。因此，在t瞬时起化学反应的射流，在$t-K^{-1}$或零时间之前是不可能起化学反应的。这样，积分下限即可确定。

在$K=\infty$的情形下

$$w_f = \Phi y_a(O_2)\frac{\mathrm{d}M}{\mathrm{d}t}\bigg/\bar{r}^2$$

正如前述的，上式表示瞬时燃烧的情况。

利用式(5－157)，把能量方程(5－129)化为

$$\frac{\mathrm{d}}{\mathrm{d}\bar{x}}[\bar{\rho}\bar{r}^2\bar{u}(\bar{h}+\beta\bar{u}^2)] = (\bar{h}_a+\beta\bar{u}_a^2)\frac{\mathrm{d}}{\mathrm{d}x}(\bar{\rho}\bar{b}^2\bar{u}) + \int_{\bar{x}_s}^{\bar{x}} FE\bar{\rho}^{1/2}\bar{r}(\bar{u}-\bar{u}_a)K\frac{r_0}{u_0}\frac{\mathrm{d}\bar{x}'}{\bar{u}} \tag{5-158}$$

式中，$\bar{x}_s$ 对应于 $t-K^{-1}$，且由

$$\int_{\bar{x}_s}^{\bar{x}}\frac{\mathrm{d}\bar{x}}{u}\frac{r_0}{u_0} = K^{-1} \tag{5-159}$$

确定。或者，如果上式的 $x_s<0$，则规定式(5－159)等于零。

对于卷吸了大量空气而被燃尽的射流无因次位置 $\bar{x}_1$，可由下式求得

$$\int_0^{x_1}\frac{\mathrm{d}x}{u}\frac{r_0}{u_0} = K^{-1}$$

$$x_1 - 2\frac{1}{E\bar{u}_a}\left\{\left[\frac{3}{2}E\bar{u}_a(1-\bar{u}_a)\bar{x}_1+1\right]^{1/3}-1\right\} = \bar{u}_a\frac{u_0}{r_0}K^{-1}$$

在射流远场，$E\bar{u}_a\bar{x}\gg 1$，则有

$$x_1 \approx u_a\frac{u_0}{r_0}$$

此外，我们对于卷吸了足够空气而不能完全烧尽燃料的无因次位置 $\bar{x}_e$，以及烧尽最后一点燃料的无因次位置 $\bar{x}_b$ 感兴趣。设 f 为射流燃料质量百分率

$$\int_0^{\bar{x}_e}\Phi y_i(\mathrm{O_2})E\bar{z}\left(1-\frac{\bar{u}_a}{\bar{u}}\right)\mathrm{d}\bar{x} = f \tag{5-160}$$

利用式(5－147)和(5－149)，得

$$\bar{x}_e = \frac{2}{3}\frac{\left[\left(\frac{f\bar{u}_a}{\Phi y_i(\mathrm{O_2})}+1\right)^{3/2}-1\right]}{E\bar{u}_a(1-\bar{u}_a)} \tag{5-161}$$

而

$$\bar{x}_b \approx \bar{x}_e + \bar{u}_a\frac{u_0}{r_0}K^{-1} \tag{5-162}$$

至此，我们可以使用式(5－147)和(5－154)写出各流动区域内能量方程(5－158)的具体形式，并且解得：

在 $\bar{x} \leqslant \bar{x}_1$ 的区域内，有

$$\Delta\bar{h} \approx [\Delta\bar{h}_0 + \beta(1 - \bar{u}_a^2)]\left(\frac{2}{3}\right)^{2/3} \frac{\bar{u}_a}{(1 - \bar{u}_a)^{2/3}(E\bar{u}_a\bar{x})^{2/3}} - \beta\left[\left(\frac{2}{3}\right)^{2/3} \frac{2\bar{u}_a^2(1 - \bar{u}_e)^{1/3}}{(E\bar{u}_e\bar{x})^{2/3}}\right] + \frac{3}{5}\frac{r_0}{u_0}\frac{KF}{\bar{u}_e}\bar{x} \tag{5-163}$$

在 $\bar{x}_1 \leqslant \bar{x} \leqslant \bar{x}_e$ 的区域内，有

$$\Delta\bar{h} \approx [\Delta\bar{h}_0 + \beta(1 - \bar{u}_a^2)]\left(\frac{2}{3}\right)^{2/3} \frac{\bar{u}_a}{(1 - \bar{u}_a)^{2/3}(E\bar{u}_a\bar{x})^{2/3}} - \beta\left[\left(\frac{2}{3}\right)^{2/3} \frac{2\bar{u}_a^2(1 - \bar{u}_a)^{1/3}}{(E\bar{u}_a\bar{x})^{2/3}}\right] + \frac{3}{5}\frac{r_0}{u_0}\frac{KF}{\bar{u}_e} \times \left[\left[\bar{x}^{5/3} - \left(\bar{x} - \frac{u_0}{r_0}\bar{u}_a K^{-1}\right)^{5/3}\right]\Big/\bar{x}^{2/3}\right] \tag{5-164}$$

在 $\bar{x}_e \leqslant \bar{x} \leqslant \bar{x}_b$ 的区域内，有

$$\Delta\bar{h} \approx [\Delta\bar{h}_0 + \beta(1 - \bar{u}_a^2)]\left(\frac{2}{3}\right)^{2/3} \frac{\bar{u}_a}{(1 - \bar{u}_a)^{2/3}(E\bar{u}_a\bar{x})^{2/3}} - \beta\left[\left(\frac{2}{3}\right)^{2/3} \frac{2\bar{u}_a^2(1 - \bar{u}_a)^{1/3}}{(E\bar{u}_a\bar{x})^{2/3}}\right] + \frac{3}{5}\frac{r_0}{u_0}\frac{KF}{\bar{u}_a} \times \left[\left[\bar{x}^{5/3} - \left(\bar{x} - \frac{u_0}{r_0}\bar{u}_a K^{-1}\right)^{5/3}\right]\Big/\bar{x}^{2/3}\right] + \left(\frac{2}{3}\right)^{2/3}\frac{Q_c}{c_p T_0}\frac{Kf_e}{(E\bar{u}_a)^{2/3}}\frac{r_0}{u_0} \times \frac{1}{(1 - \bar{u}_a)^{2/3}}\left(\bar{x}^{1/3} - \frac{\bar{x}_e}{\bar{x}^{2/3}}\right) \tag{5-165}$$

在 $\bar{x}_b \leqslant \bar{x}$ 的区域内，有

$$\Delta\bar{h} \approx [\Delta\bar{h}_0 + \beta(1 - \bar{u}_a^2)]\left(\frac{2}{3}\right)^{2/3} \frac{\bar{u}_a}{(1 - \bar{u}_a)^{2/3}(E\bar{u}_a\bar{x})^{2/3}} - \beta\left[\left(\frac{2}{3}\right)^{2/3} \frac{2\bar{u}_a^2(1 - \bar{u}_a)^{1/3}}{(E\bar{u}_a\bar{x})^{2/3}}\right] + \frac{3}{5}\frac{r_0}{u_0}\frac{KF}{\bar{u}_e} \times$$

$$\left[\left[\bar{x}_e^{5/3}-\left(\bar{x}_e-\frac{u_0}{r_0}\bar{u}_a K^{-1}\right)^{5/3}\right]\Big/\bar{x}^{2/3}\right]\times$$

$$\left(\frac{2}{3}\right)^{2/3}\frac{Q_c}{c_pT_0}\frac{Kf_e}{(E\bar{u}_a)^{2/3}}\frac{r_0}{u_0}\times$$

$$\frac{1}{(1-\bar{u}_a)^{2/3}}\left(\frac{\bar{x}_b-\bar{x}_e}{\bar{x}^{2/3}}\right) \tag{5-166}$$

如果 $x_e < \bar{x}_1$，则式(5 - 163) 只应用至 $\bar{x}_e$，式(5 - 164) 就可以去掉，式(5 - 165) 第三项括弧内的因子变为 $\bar{x}_e^{5/3}/\bar{x}^{2/3}$。

在式(5 - 165) 和(5 - 166) 中，f_e 为 $\bar{x}_e$ 处未燃尽的全部剩余燃料部分，它由下式算得

$$f_0 = f-\int_0^{\bar{x}_e}\int_{\bar{x}_s}^{\bar{x}}\Phi y_i(O_2)E\rho^{1/2}\bar{r}(\bar{u}-\bar{u}_a)K\frac{r_0}{u_0}\frac{d\bar{x}}{u}d\bar{x} \tag{5-167}$$

式中 $\bar{x}_s$ 可由式(5 - 159) 求得，或者

$$f_0 = f-\frac{3}{5}\left(\frac{3}{2}\right)^{2/3}\frac{r_0}{u_0}\frac{K\Phi y_i(O_2)E^{2/3}(1-\bar{u}_a)^{2/3}}{\bar{u}_a^{4/3}}\times$$

$$\left[\bar{x}^{5/3}+\bar{x}_e^{5/3}-\left(\bar{x}-\frac{u_0}{r_0}\bar{u}_a K^{-1}\right)^{5/3}\right] \tag{5-168}$$

我们假设在 $\bar{x}_e$ 处的剩余未燃尽燃料 f_0 以匀速 K 燃烧，直至它在 $\bar{x}_b$ 处燃尽，即得式(5 - 165) 的第 4 项。在 $\bar{x}_e$ 和 $\bar{x}_b$ 之间的能量方程(5 - 158) 中热量释放速率为

$$\frac{Q_c}{c_pT_0}\frac{f_eKr_0}{uu_0}$$

因此，获得式(5 - 165) 的结果。

在特定的一组起始条件下，在图 5 - 34 中以温度对 $\bar{x}$ 变化的形式画出了以上各式计算结果的曲线。绘制曲线的条件是燃气射流具有很高的燃料百分率(60%)，外界来流速度为燃气射流起始速度的二分之一。在射流远场认为 $E\bar{u}_a\bar{x} \gg 1$，在这里是以 $E\bar{u}_a\bar{x} > 2$ 的情形绘制成曲线的。图中还表示了卷吸足够空气而燃尽所有剩余燃料之

点 $\bar{x}_e$ 以及在化学反应速率 $K = 0.01 \cdot u_0/r_0$ 的情形下燃烧结束之点 $\bar{x}_b$。在反应速率大于 $K = 0.1 \cdot u_0/r_0$ 的情形下，化学反应接近于平衡，可以使用瞬时化学反应的概念。这时，射流温度极高。在 $K = 0.01 \cdot u_0/r_0$ 的情形下，在很长的下游距离内缓慢地释放热量，曲线就有一长的接近于恒温的平稳段。在速率小于 $K = 0.001 \cdot u_0/r_0$ 的情形下，化学反应接近于冻结，这时剩余燃料的可用热量就不会释放。由于三体反应与 p_a^2 成比例，且 $u_0 =$ 常数，以及 $\bar{r}_0 \sim p^{1/2}$，于是

$$K \frac{r_0}{u_0} \sim p_a^{3/2}$$

总之，燃气射流的化学反应约在高度 30 km 的空中从近似平衡转变为近似冻结。

我们最初就已假设射流在下游较长的距离内保持热量，所以在起始膨胀段和过渡段以外的基本段应该是主要的。过渡段只有很少几倍 r_0 的长度。基本段应当在 $[E(1-\bar{u}_a)]^{-1} r_0$ 长度内燃料与空气混合完；在 $E = 0.2$ 和 $u_a = 0.5$ 的情形下，该长度应为 $10r_0$。图 5－34 表明，在最初下游距离 $10r_0$ 之内做不太精确的处理，对结果的影响不大，实际上基本段才是主要的。

5.5.4　起始条件

在喷口平面和射流压力等于环境介质压力点之间，假设没有卷吸现象和化学反应。这样，我们再组合连续、动量和能量方程，可以求得诸起始条件。这些方程为

$$\begin{cases} \rho_0 u_0 \pi r_0^2 = \rho_e u_e \pi r_e^2 \\ \rho_0 u_0^2 \pi r_0^2 + p_a \pi r_1^2 = \rho_e u_e^2 \pi r_e^2 + p_e \pi r_e^2 + p_a + (r_0^2 - r_e^2) + \\ \qquad \dfrac{C_D}{2} \rho_a u_a^2 \pi r_{im}^2 \\ \rho_0 u_0 \pi r_0^2 \left(h_0 - \dfrac{u_0^2}{2} \right) = \rho_e u_e \pi r_e^2 \left(h_e + \dfrac{u_e^2}{2} \right) \end{cases} \tag{5-169}$$

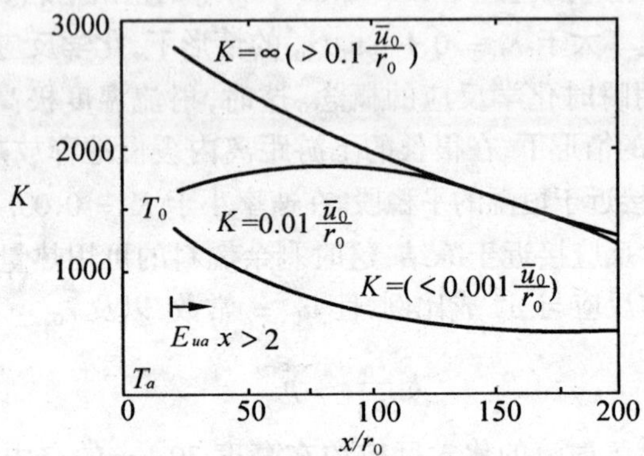

图 5－34　在各种反应速率 K 的情形下射流温度对下游距离的变化

$(u_a=0.5, \beta=4, F=1, E=0.2, f=0.6, \phi=0.6, \gamma_i(O_2))$

式中,下标 0 和 e 分别表示射流起始条件和喷口平面条件。上式需要射流阻力系数,使用

$$C_D=\frac{2}{p_a u_a^2 r_{im}^2}\int_0^{r_{im}}(p_i-p_a)2\pi r\mathrm{d}r \tag{5-170}$$

我们可以通过确定的边界形状和边界上的压力分布算得此系数。式中 r_{im} 为最大边界半径,而 p_i 为边界压力。

为了求得 $Ma_a<3$ 的起始条件,我们规定一个不靠未知量 r_{im} 确定而是基于射流起始半径 r_0 的新阻力系数。与动量方程一起,解质量和能量方程,可以求得 r_0。先把 C_M 表示为

$$C_M=\frac{C_D}{2}\frac{\pi r_i^2}{\pi r_0^2} \tag{5-171}$$

$Ma_a<3$ 的 C_M 值可以由 $Ma_a>3$ 的 C_M 值外推得到。使用 C_M,$p_e \gg p_a$ 和 $r_0^2 \gg r_e^2$,则动量方程为

$$\rho_0 u_0^2\pi r_0^2=\rho_e u_e^2\pi r_e^2+p_e r_e^2+C_M\rho_a u_a\pi r_0^2 \tag{5-172}$$

假设燃气射流比热比 γ 和环境介质比热比 γ_a 均为常数。我们

可以求解新方程组(5－169)和(5－172),得到射流起始条件为

$$u_0 = (1 + \xi)u_e$$

$$T_0 = \left[1 - (\gamma - 1)Ma_e^2\xi - \frac{1}{2}(\gamma - 1)Ma_e^2\xi^2\right]T_e \tag{5-173}$$

$$r_0 = \left(\frac{p_e}{p_a}\frac{T_0}{T_e}\frac{u_0}{u_e}\right)^{1/2} r_e$$

式中　$\xi = \dfrac{-B + \sqrt{B^2 + 4AC}}{2A}$

$A = \gamma Ma_e^2 + \dfrac{1}{2}C_M\gamma_a Ma_a^2(\gamma - 1)Ma_e^2$

$B = \gamma Ma_e^2 + C_M\gamma_a Ma_a^2(\gamma - 1)Ma_e^2 - 1$

$C = C_M\gamma_a Ma_a^2 + 1$

Ma_e—— 喷口马赫数;

Ma_a—— 火箭弹飞行马赫数。

必须指出,在假设 $p_e/p_a \gg 1$ 的条件下,u_0 和 T_0 不是 p_e/p_a 的函数。如果 $Ma_a = 0$,当 $p_e/p_a \gg 1$ 时,则 u_0 和 T_0 为常数。当 Ma_a 由零增到5时,C_M 稍有减小。但是,因为 Ma_a^2 上升得很快,所以射流阻力的增大引起了射流起始速度的增大,而且射流起始温度降到小于对应 $p_e/p_a \gg 1$ 的起始温度值。

5.5.5　卷吸系数

不需要用喷口截面条件和环境条件描述的惟一参数是质量卷吸系数 α。目前还没有足够资料可以用来确定具有伴随流的超音速欠膨胀热射流的 α。在低速而密度可变的情形下,对凹顶型剖面,求得 $\alpha = 0.082$。经过以往的低速射流实验数椐分析,对于高斯型剖面,求得 $\alpha = 0.082$;对于凹顶型剖面,应与 $\alpha = 0.082 \times \sqrt{2} = 0.116$ 相对应。Witze 指出了完全膨胀超音速射流的涡粘性系数与零马赫数均匀密度射流的涡粘性系数的比值为 $0.079(Ma_0^2 -$

$1)^{-0.15}$,其中 Ma_0 为射流起始马赫数。若取低速的 α 为 0.1,并且假设Witze所得到的比值可用来描述卷吸系数,以及假设完全膨胀射流的比值仍适用于欠膨胀射流,那末,当 $Ma_0 = 4$时,$\alpha = 0.053$;而当 $Ma_0 = 5$时,$\alpha = 0.049$(在整个低空区域内,对于较低空,$Ma_0 = 4$;对于较高空,$Ma_0 = 5$)。因此,我们在计算中取平均 $\alpha = 0.05$。

第 6 章　超音速射流的小扰动理论

在研究欠膨胀超音速射流问题中，对低度欠膨胀情况，我们可以通过应用摄动展开，得出渐近分析近似解，这就是小扰动理论。小扰动理论解决了一些射流问题。由于非线性效应和奇点的存在，线性化理论在某些情况下得不到正确的近似。这就需要应用奇异摄动技巧来求得一致渐近解。

本章讨论下面三个问题：

(1) 线性化理论的分析解；

(2) 非线性奇异摄动渐近解；

(3) 积分型摄动理论。

在三类方法中积分型摄动理论是半经验理论，对实验系数有很大的依赖性。线性化理论是摄动理论中的零阶摄动，可得到其分析解。但是，由其结果可知，对于轴对称流，此解是非一致有效的。因此，在第 2 类问题中我们分析了扇形膨胀区的一致有效渐近解。读者可以看到奇异摄动方法的有效性。

6.1　二维(平面及轴对称)射流的线性化理论

6.1.1　平面射流的线性化理论

对于二维无旋理想流体的超音速流动，我们有

$$(Ma_a^2 - 1)\frac{\partial u}{\partial x} - \frac{\partial v}{\partial y} - \frac{\delta v}{y} = 0 \qquad (6-1)$$

$$\frac{\partial u}{\partial y} - \frac{\partial v}{\partial x} = 0$$

其中

$$\delta = \begin{cases} 0 & \text{平面流动} \\ 1 & \text{轴对称流动} \end{cases}$$

所以二维平面流动方程为

$$(Ma_a^2 - 1)\frac{\partial u}{\partial x} - \frac{\partial v}{\partial y} = 0 \qquad (6-2)$$

$$\frac{\partial u}{\partial y} - \frac{\partial v}{\partial x} = 0$$

边界条件

$$u(0,y) = u_a = const, p_{\text{自由边界}} = p_a$$

方程(6－2)很容易使用分离变量法解出。式(6－2)可化为

$$\beta^2 = \frac{\partial^2 u}{\partial x^2} - \frac{\partial^2 u}{\partial y^2} = 0$$

$$\beta^2 = \frac{\partial^2 v}{\partial x^2} - \frac{\partial^2 v}{\partial y^2} = 0 \qquad (6-3)$$

其中

$$\beta^2 = Ma_a^2 - 1$$

边界条件

$$u(0,y) = u_e v(0,y) = 0$$

设 $u = X(x)Y(y)$，代入式(6－3)的第三式得

$$\frac{X''}{a^2 X} = \frac{Y''}{Y} = -\lambda^2 \qquad (6-4)$$

式中

$$a^2 = \frac{1}{Ma_a^2 - 1}$$

即

$$X'' + (a\lambda)^2 X = 0$$

$$X = A\sin(a\lambda x) + B\cos(a\lambda x)$$

由于 $X(0) = 0$，则有 $B = 0$，因此

$$X = \sin(a\lambda x)$$

同理

$$Y'' + \lambda^2 Y = 0$$

$$Y'(0) = 0, Y(0) = const$$

得 $Y = \cos(\lambda y)$，因为 $Y(r_x) = 0$，所以 $\lambda k = \frac{(2k+1)\pi}{2r_e}$。因此，可设

$$u = u_c + \sum_{K=1}^{\infty} A_k \sin(a\lambda_k x)\cos(\lambda_k x)$$

$$v = \sum_{K=1}^{\infty} B_k \sin(a\lambda_k x)\cos(\lambda_k y) \tag{6-5}$$

其中，A_K，B_K 由边界条件决定。

使用 Prandtl 假设，即第一个激波节点对应于第一个 $v(x, r_e)$ 零点，并只取式(6－5)的首项，得

$$v(x, r_e) = B\sin(a\lambda_1 x)$$

所以

$$\frac{\lambda}{2r_e} = \frac{\pi}{2\lambda_1}$$

或

$$\lambda = 4r_e\sqrt{Ma_a^2 - 1} \tag{6-6}$$

可见，射流边界的波长 λ 仅和来流马赫数有关。当 $Ma_e \to 1$ 时，$\lambda \to 0$；这与实际情况不符合。

由边界条件决定系数 A_k 后，可得

$$u(x, y) = \frac{2(u_b - u_e)}{u_b}\sum_{K=1}^{\infty}\frac{\sin\left(a\frac{(2n+1)\pi}{2r_e}x\right)\cos\left[\frac{2n+1}{2}y\right]}{\sin\left(a_b\frac{(2n+1)\pi}{2r_e}\right)} \tag{6-7}$$

6.1.2　轴对称射流的线性化理论

在式(6－1)中，令 $\delta = 1$，则可得轴对称射流方程

$$\beta^2 \frac{\partial u}{\partial x} - \frac{\partial v}{\partial y} - \frac{v}{y} = 0 \tag{6-8}$$

$$\frac{\partial u}{\partial y} - \frac{\partial v}{\partial x} = 0$$

式中,u 是沿对称轴 x 方向的速度。这里的 x 相当于柱坐标系中的 z,y 是径向坐标。不失一般性,我们可设速度是被临界音速除过之后的无因次速度。d_e 为 1。

我们设

$$u = X(x)Y(y);v = G(y)H(x) \tag{6-9}$$

将式(6 – 8) 改写为两个独立变量的二阶偏微分方程

$$\frac{\partial^2 v}{\alpha x^2} - a^2 \frac{\partial}{\partial y}\left(\frac{1}{y} \frac{\partial(yv)}{\partial y}\right) = 0 \tag{6-10}$$

$$\frac{\partial^2 u}{\partial x^2} - \frac{a^2}{y} \frac{\partial}{\partial y}\left(y \frac{\partial u}{\partial y}\right) = 0 \tag{6-11}$$

利用式(6 – 9) 分别代入式(6 – 10) 和(6 – 11) 得

$$\frac{X''}{a^2 X} = \frac{\frac{1}{y} \frac{\mathrm{d}}{\mathrm{d}y}\left(y \frac{\mathrm{d}Y}{\mathrm{d}y}\right)}{Y} = -\lambda^2 \tag{6-12}$$

$$\frac{H''}{a^2 H} = \frac{\frac{\mathrm{d}}{\mathrm{d}y}\left(\frac{1}{y} \frac{\partial(yG)}{\partial y}\right)}{G} = -\lambda^2 \tag{6-13}$$

则

$$\begin{cases} X'' + a^2\lambda^2 X = 0 \\ X(0) = 0 \end{cases} \quad \begin{cases} H'' + a^2\lambda^2 H = 0 \\ H'(0) = 0 \end{cases} \tag{6-14}$$

所以

$$X = \sin(a\lambda x); \quad H = \cos(a\lambda x) \tag{6-15}$$

对于 G 和 Y,有

$$\frac{1}{y} \frac{\mathrm{d}}{\mathrm{d}y}\left(y \frac{\mathrm{d}Y}{\mathrm{d}y}\right) + \lambda^2 Y = 0 \tag{6-16}$$

$$\frac{\mathrm{d}}{\mathrm{d}y}\left(\frac{1}{y} \frac{\mathrm{d}(yG)}{\mathrm{d}y}\right) + \lambda^2 G = 0 \tag{6-17}$$

令 $\lambda y = t$,得

$$t^2 Y'' + tY' + t^2 Y = 0 \qquad (6-18)$$

$$t^2 G'' + tG'(t^2 - 1)G = 0 \qquad (6-19)$$

方程(6 – 18) 和(6 – 19) 分别为零阶和一阶 Bessel 方程,所以

$$G = J_1(a\lambda y); Y = J_0(a\lambda y) \qquad (6-20)$$

又因为 $u(1,1) = u_e$,故可得 $Y(1) = 0$,因此,$\lambda = j_{oK}$ 是零阶 Bessel 函数的零点。

$$u = u_a + \sum_{K=1}^{\infty} A_k J_0(j_{ok} y)\cos(aj_{ok}x) \qquad (6-21)$$

$$v = \sum_{1}^{\infty} B_K J_1(j_{oK} y)\sin(aj_{oK}x) \qquad (6-22)$$

式中,A_k 和 B_K 由喷口唇部条件来决定。

(1)Prandtl 假设

Prandtl 假定 $u_a = u_e$,$M_a = M_e$ 并且设第一个激波节点对应于第一个 $v(x,1)$ 的零点。

对于 v 仅取首项近似

$$v(x,1) = B_1 J_o(j_{ok})\sin(aj_{ok}) \qquad (6-23)$$

由 Bessel 函数零点分布知

$$j_{01} = 2.404\,8$$

故射流波长 λ 为

$$\frac{\lambda}{r_e} = \frac{2\pi}{aJ_{01}} = 2.61\sqrt{Ma_e^2 - 1}$$

$$\lambda = 2.61 y_e \sqrt{Ma_e^2 - 1} \qquad (6-24)$$

很明显,当 $Ma_e \to 1$ 时,$\lambda \to 0$,这不符合实际情况。

(2)Pack 假设

Pack 假设

$$u_a = u_b, Ma_a = Ma_b$$

式中,下标 b 表示自由边界参数。

在喷口唇部 u 改变为 $u_b - u_e$，即

$$\int_{-\frac{1}{2}}^{\frac{1}{2}} \frac{\partial u}{\partial y}\bigg|_{(0,1)} \delta(y)\mathrm{d}y = u_b - u_a$$

又

$$\frac{\mathrm{d}J_0(y)}{\mathrm{d}y} = -J_1(y), \frac{\partial u}{\partial x} - \frac{\partial v}{\partial y} = 0$$

所以

$$A_K = -B_K j_{oK} \alpha$$

$$B_K = \frac{2(u_b - u_a)}{a_b j_{oK} J_1(j_{oK})}$$

$$v = \frac{2(u_b - u_e)}{a_b} \sum_{K=1}^{\infty} \frac{J_1(j_{oK} y)\sin(a_b j_{oK} x)}{j_{oK} J_1(j_{oK})} \tag{6-25}$$

取 $y = 1$，式(6－25)对于 x 积分得

$$\Delta = \int_0^X \frac{v(x,1)}{u_b}\mathrm{d}x = \frac{2(u_b - u_e)}{u_b a_b} \sum_{K=1}^{\infty} \frac{1-\cos(a_b j_{oK} x)}{j_{oK}^2 a_b} \tag{6-26}$$

仍使用 Prandtl 关于波长的假设

$$v(x,1) = \sum_{K=1}^{\infty} \frac{1}{j_{oK}} \cdot \sin(a_b j_{oK} x) = 0$$

第一个零点为 $2.44/(2a_b j_{01}\pi)$，所以

$$\lambda = 2.44 r_e \sqrt{Ma_b^2 - 1} \tag{6-27}$$

这样，对于 $Ma_e \to 1, \lambda \to 0$。

关于波长的计算，还有如 Ward 和 Howe 的 Bessel 函数积分形式的公式，Jacob 的关于 $v = \varepsilon_J y \dfrac{\partial v}{\partial y}$ 的假设，所得公式均同式(6－27)一样。

我们已知方程组(6－1)的特征线为

$$\frac{\mathrm{d}y}{\mathrm{d}x} = \pm \frac{1}{\sqrt{Ma_a^2 - 1}} = \pm 2 \tag{6-28}$$

由图6－1可知

$$\lambda \approx 4r_e\sqrt{Ma_e^2-1} \qquad (6-29)$$

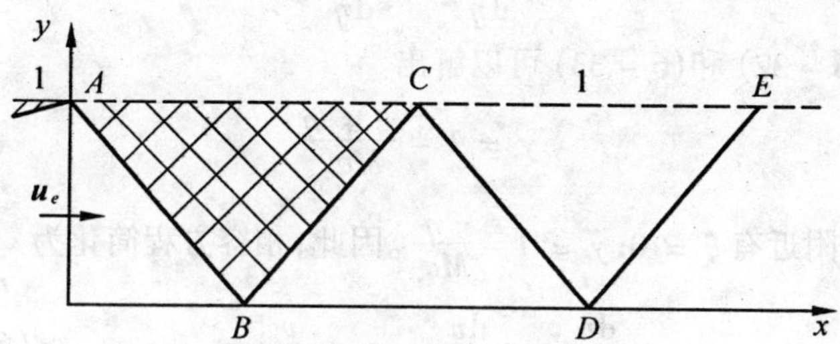

图6－1　射流流场中特征线的传播

1—自由边界

式(6－29)和式(6－24)相差很大。这表明线性理论对轴对称射流是不精确的。Grabitz计算出在 BC 和 CD 上 $v\rightarrow\infty$，并且证明了 v 对应于对数奇异性。

6.1.3　特征型方程下的线性化解

由特征线方程和相容方程

$$\frac{\mathrm{d}x}{\mathrm{d}y}=\pm\sqrt{Ma_a^2-1} \qquad (6-30)$$

$$-\mathrm{d}u\pm a\mathrm{d}v\pm av\mathrm{d}y/y=0 \qquad (6-31)$$

可以解得

$$y-ax=const=1-2\eta/Ma_a \qquad (6-32)$$

$$y\pm ax=const=1-2\xi/Ma_a \qquad (6-33)$$

其中，ξ,η 是这样选取的，即当 $\xi=0$ 时，对应于 AB，并使 $\eta=\overline{AB}$(AB 间的长)。

穿过 AB，从式(6－31)可得

$$\Delta u=a\Delta v(c+,\mathrm{d}y=0)$$

即

$$w - w^a = av \tag{6-34}$$

在 AB 的下游,有

$$\frac{\mathrm{d}u}{\mathrm{d}\eta} = \alpha \frac{\mathrm{d}v}{\mathrm{d}\eta} \tag{6-35}$$

从式(6-32)和(6-33)可以解出

$$\gamma = 1 - \frac{\xi + \eta}{Ma_a}$$

在 AB 附近有 $\xi = 0; \gamma = 1 - \frac{\eta}{Ma_a}$。因此,相容方程简化为

$$\frac{\mathrm{d}u}{\mathrm{d}\eta} + a\frac{\mathrm{d}v}{\mathrm{d}\eta} = a\frac{v}{Ma_a - \eta} \tag{6-36}$$

$$\frac{\mathrm{d}v}{\mathrm{d}\eta} = \frac{v}{2(Ma_a - \eta)} \tag{6-37}$$

在 A 点,从式(6-34)得

$$v = \frac{u_b - u_e}{\alpha}$$

$$v = \frac{(u_b - u_c)Ma_\alpha}{2\alpha(Ma_a - \eta)} = \frac{u_b - u_e}{\alpha}\left[1 + \frac{\eta}{2Ma_\alpha} + \frac{\eta^2}{8Ma_\alpha^2} + \cdots\right] \tag{6-38}$$

当 $\eta \to Ma_a$(即 $\gamma \to 0$)时,有 $v \to \infty$,这一结果同式(6-25)是一致的,表明这一奇异性在线性化理论中是不可避免的。这一奇异性沿特征线 BC 传至自由边界,再由 CD 反射到中心线上。因此 BC 下游区域都将受到这一奇异性的影响。奇异性主要是由 AB 两边的有限跳跃和最后一项引起的。由此可以推断 BC 下游区域的线性理论失效。

6.2 膨胀扇形区的非线性奇异摄动近似解

使用如图 6-2 所示的坐标系(R,θ),将二维无旋理想流体运动方程

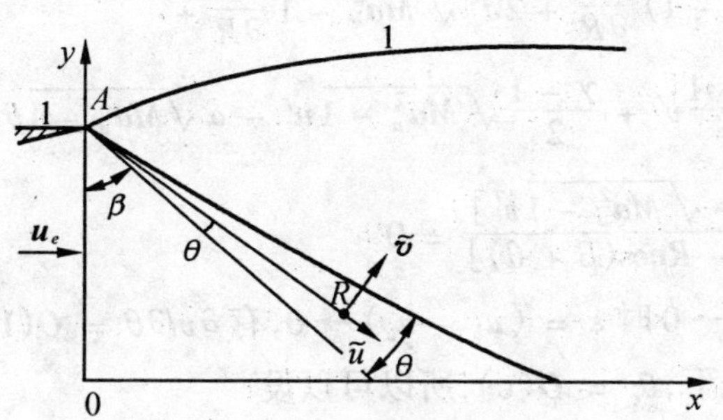

图6-2　(R,θ)坐标系示意图

1—自由边界

$$\begin{cases}2uv\dfrac{\partial u}{\partial y}+(u^2-a^2)\dfrac{\partial u}{\partial x}+(v^2-a^2)\dfrac{\partial v}{\partial y}-\dfrac{\delta v}{y}=0\\ \dfrac{\partial u}{\partial y}-\dfrac{\partial v}{\partial x}=0\end{cases}\tag{6-39}$$

改写成

$$\begin{cases}(\tilde{u}^2-a^2)\dfrac{\partial\tilde{u}}{\partial R}+(\tilde{v}^2-a^2)\dfrac{\partial\tilde{v}}{R\partial\theta}+\tilde{u}\tilde{v}\left(\dfrac{\partial\tilde{v}}{\partial R}+\dfrac{\partial\tilde{u}}{R\partial\theta}\right)-\\ \dfrac{a^2\{\tilde{v}\sin(\beta+\theta)-\tilde{u}\cos(\beta+\theta)\}}{1-R\cos(\beta+\theta)}=0\\ \dfrac{\partial\tilde{u}}{\partial\theta}-\dfrac{\partial(R\tilde{v})}{\partial R}=0\end{cases}\tag{6-40}$$

其中，$\tilde{v}$，$\tilde{u}$，a 均为无因次量。设

$$\begin{cases}\tilde{u}=u_a\sin(\beta+\theta)+u'\\ \tilde{v}=u_a\cos(\beta+\theta)+v'\end{cases}\tag{6-41}$$

并且设 $u',v'\ll u_a$。

将式(6-41)代入式(6-40)，并略去高阶项，则有

$$a^2(Ma_a^2-1)\frac{\partial u'}{\partial R}+2a^2\sqrt{Ma_a^2-1}\frac{\partial v'}{\partial R}+$$

$$\frac{2a}{R}\left\{\frac{\gamma+1}{2}v'+\frac{\gamma-1}{2}\sqrt{Ma_a^2-1}u'-a\sqrt{Ma_a^2-1}\theta\right\}\frac{\partial v'}{\partial\theta}+$$

$$\frac{a^2[u'-\sqrt{Ma_a^2-1}v']}{Ma_a[1-R\cos(\beta+\theta)]}=0 \qquad (6-42)$$

注意，当 $R\to 0$ 时 $\varepsilon=(u_b-u_e)\to 0$，有 $\partial v/\partial\theta=O(1)$。因此，在低度欠膨胀下，$\theta_c=O(\varepsilon)$，所以可以设

$$v'=\left.\frac{\partial v'}{\partial\theta}\right|_{\theta=0}\theta+O(\varepsilon^2)=F(R)\cdot\theta \qquad (6-43)$$

由无旋条件可得

$$u'=O(v'\theta)=O(\theta^2)=O(\varepsilon^2)$$

略去后，式(6－42)便简化为

$$\frac{\mathrm{d}F}{\mathrm{d}R}=\left\{\frac{1}{R}-\frac{(\gamma+1)F}{2aR\sqrt{Ma_a^2-1}}+\frac{1}{2(Ma_a-R)}\right\}F \qquad (6-44)$$

特征线为

$$\frac{\mathrm{d}\theta}{\mathrm{d}R}=\frac{(\gamma+1)v'-2a\sqrt{Ma_a^2-1}\theta}{2R\sqrt{Ma_a^2-1}}+O(\varepsilon^2) \qquad (6-45)$$

θ_c 可由式(6－45)积分得到。

坐标变换的近似关系为

$$v=v'\sin\beta+O(\varepsilon^2) \qquad u=u_a+v'\cos\beta+O(\varepsilon^2)$$

则

$$v=\frac{\sqrt{Ma_a^2-1}}{Ma_a}v'; \qquad u=u_a+\frac{v'}{Ma_a} \qquad (6-46)$$

对于小 R，可以用幂级数展开求近似解。设

$$\begin{cases}F=F_0+F_1R+F_2R^2+\cdots\\ \theta=\theta_0+R\theta_1+R^2\theta_2+\cdots\end{cases} \qquad (6-47)$$

将上式代入式(6－44),且设 $A=-\dfrac{\gamma}{2a\sqrt{Ma_a^2-1}}$,得

$$F_1+2F_2R+3F_3R^3+\cdots=\frac{1}{R}\{(1+AF_0)F_1+$$

$$\left[(1+A_0)F_1+F_0\left(AF_1+\frac{1}{2Ma_a}\right)\right]+$$

$$\left[(1+AF_0)F_2+\left(AF_2+\frac{1}{2Ma_a^2}\right)F_0+\right.$$

$$\left.\left(AF_1+\frac{1}{2Ma_a}\right)F_1\right]\}$$

令 R 同次幂的系数为零,我们有

$$\frac{1}{R}:1+AF_0=0;F_0=-\frac{1}{A};F_0=\frac{2a\sqrt{Ma_a^2-1}}{\gamma}$$

$$R^0:2F_1=-F_2=-\frac{1}{2Ma_aA};F_1=\frac{F_0}{4Ma_a}$$

$$R':2F_2=-F_2+\frac{F_0}{2Ma_a^2}-\frac{F_1}{4M}+\frac{F_1}{2M};F_2=\frac{3F_0}{16Ma_a^2}$$

所以,我们得到

$$F_0=\frac{2a\sqrt{Ma_a^2-1}}{\lambda};F_1=\frac{F_0}{4Ma_a};F_2=\frac{3F_0}{16Ma_a^2} \tag{6-48}$$

同理,展开特征线方程,可以得到

$$\theta_1=\frac{\bar{a}\theta_0}{4Ma_a};\theta_2=\frac{a(3+a)}{32Ma_a^2}\theta_0 \tag{6-49}$$

在 $R=0$ 处,

$$v'=F_0\theta_0=Ma_a(u_b-u_e)=Ma_a\varepsilon$$

$$\theta_0=\left[\frac{\gamma+1}{2}\right]\frac{Ma_a}{\sqrt{Ma_a^2-1}}\frac{(u_b-u_e)}{a} \tag{6-50}$$

代入 v 的表达式,得到 v 的幂级数近似解

$$v = \frac{u_b - u_e}{a}\left\{1 + \frac{(1 + a)}{4Ma_a}R + \frac{3(3 + a)}{32Ma_a^2}R^2 + \cdots\right\}$$

(6 – 51)

令 $a \to 1$,有

$$v = \frac{u_b - u_c}{\alpha}\left\{1 + \frac{1}{2Ma_a}R + \frac{1}{8Ma_a^2}R^2 + \cdots\right\} \quad (6-52)$$

因为 $\eta = O(R) = O(\varepsilon)$。所以,当 $a = 1$ 时,式(6 – 51) 等价于式(6 – 38)。因此在 $Ma_a = 1$ 附近线性化理论比较精确。当 Ma_a 变大时,精度下降。

方程(6 – 44) 还有一个奇点为 $Ma = R$,为了精确求解方程(6 – 39),必须有当 $R = Ma_a$ 时

$$v = \tilde{v}\sin(\beta + \theta) - \tilde{u}\cos(\beta + \theta) = 0 \quad (6-53)$$

因为 $v(R \to 0) = 0$ 已隐含着当 $R \to Ma_a$ 时 $\tilde{u}$, $\tilde{v} = O(\varepsilon)$,所以,由式(6 – 40) 可以推断出,当 $R \to Ma_a$ 时,有

$$\tilde{v} + R\frac{\partial \tilde{v}}{\partial R} = \frac{\partial \tilde{u}}{\partial \theta}$$

因

$$\tilde{v} = O(\varepsilon), R = O(\varepsilon)$$

所以

$$\frac{\partial \tilde{u}}{\partial \theta} = O(1) \quad (6-54)$$

$$\frac{\partial \tilde{u}}{\partial R} = O\left(\frac{1}{\varepsilon}\right) \quad (6-55)$$

为了消除 R 在 Ma_a 时的奇异性,必须对这一区域作一个奇异摄动的处理。利用奇异摄动技巧之一的坐标摄动法来消除奇异性。

值得注意的是式(6 – 53) 不能满足在 AB 速度跳跃为常数。所以,我们仅假设当 $R \to Ma_a$ 时,

$$\tilde{v} = O(\varepsilon)$$

在式(6 – 42) 中考虑因子 $1/\{Ma_a[1 - R\cos(\beta + \theta)]\}$ 沿 $\theta = \theta_0$ 的

近似性,得

$$Ma_a\{1 - R\cos(\beta + \theta)\} = Ma_a - R + \sqrt{Ma_a^2 - 1}R\theta_0 + O(\varepsilon^2) \tag{6-56}$$

如果用

$$\xi = R - \sqrt{Ma_a^2 - 1}R\theta_0$$

替换 R 为独立变量,则可以消除奇异性。即 $\xi > Ma_a$,在 $\theta = \theta_0$ 附近,有

$$v'(\theta) = v'(\theta_0) + \left.\frac{\partial v'}{\partial \theta}\right|_{\theta_0}(\theta - \theta_0) + \cdots \tag{6-57}$$

如果取 $Ma_a = Ma_e$,则在 $\theta = 0$ 时,有 $v' = 0$,所以

$$v' = \left.\frac{\partial v'}{\partial \theta}\right|_{\theta_0} \cdot \theta + \cdots = F(\zeta)\theta + O(\varepsilon^2) \tag{6-58}$$

原来推出的公式仍然有效,只需用 ξ 替换 R 即可。

现在无论 $Ma_a = Ma_e$,或者 $Ma_a = Ma_b$ 都可以,因为 $Ma_b - Ma_e = O(\varepsilon)$。由此产生的误差为 $O(\varepsilon^2)$ 阶。对于 $0 \leqslant R \leqslant Ma_a$,上式是一致有效的展开式。

计算结果(见图 6-3 ~ 图 6-5)表明,现有理论对于 $Ma_e = 1$ 的喷管效果不好,并且只适用于 $u_b - u_e \ll 1, \theta_e - \theta_0 \ll 1$ 的情况。

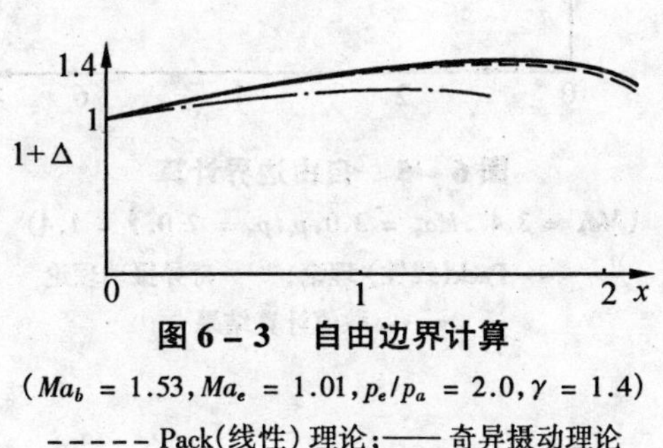

图 6-3　自由边界计算

($Ma_b = 1.53, Ma_e = 1.01, p_e/p_a = 2.0, \gamma = 1.4$)

----- Pack(线性)理论;—— 奇异摄动理论

-·-·- 数值计算结果

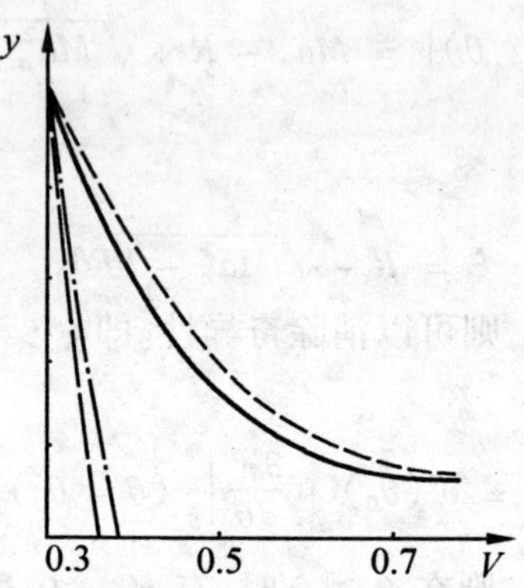

图 6－4　穿过膨胀扇的径向速度变化

$(Ma_a = Ma_b, Ma_b = 3.47, Ma_e = 3.0,$

$p_e/p_a = 2.0, \gamma = 1.4)$

－－－－特征型线理论;—— 奇异摄动理论,用 ζ;

－－－－摄动理论,用 R; －·－·－ 式(6－51)的结果

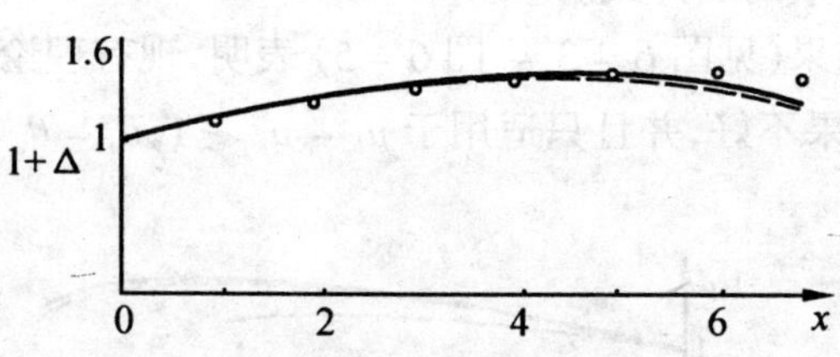

图 6－5　自由边界计算

$(Ma_b = 3.47, Ma_e = 3.0, p_e/p_a = 2.0, \gamma = 1.4)$

－－－－－ Pack(线性)理论;—— 奇异摄动理论

－∘－∘－ 数值计算结果

6.3　可压缩流的伴随流湍流射流的混合和传质理论

Абрамович 可压缩流湍流射流边界层理论局限于较低温度和亚音速射流的情况。对于高温(摄氏上千度以上),或者射流速度很高(超音速),或者两者兼有的情况,伴随流射流的可压缩性的影响就不可忽视。由于问题的复杂性,可压缩湍流射流问题的分析处理只限于某些问题和特殊方法。

6.3.1　超音速平面和轴对称射流的小扰动理论

以射流混合截面湍流交换系数不变的假定为基础,利用小扰动理论,对超音速平面和轴对称伴随流射流进行研究。

根据本书第 3.2.3 节的 Prandtl 新假定,有

$$\varepsilon_t = kr(\bar{u}_m - \bar{u}_a) \tag{6-59}$$

为结合本节所论情况,已将第 3.2.3 节的式(3 - 70)中的 b 改为 r。在两股均匀流混合的情况下,速度差($\bar{u}_m - \bar{u}_a$)不变。由因次分析可知,r 与 x 成正比(见式(2 - 5)),从而

$$\varepsilon_t = \varepsilon_0\left(\frac{x}{L}\right) \tag{6-60}$$

式中,ε_0 为比例系数,其因次与运动粘性系数的相同;L 为特征长度。

对于射流从平面喷管流入平均速度与温度稍有差别的流动介质的混合情况,动量差守恒方程式(4.95)可以写成

$$\rho\int_{-b}^{b}\bar{u}(\bar{u} - \bar{u}_a)\mathrm{d}y = 常数 \tag{6-61}$$

式中,$\bar{u}_a$ 为周围流动介质的平均速度。设 $u_1 = \bar{u} - \bar{u}_a$,因为射流出口速度与周围流动介质速度相差很小,所以 u_1 为微量。若把 $u_1 = \bar{u} - \bar{u}_a$ 与 $u_1 = \bar{u}_a + u_1$ 代入式(6 - 61),且略去高阶微量 u_1^2,则得

$$\int_b^b u_1 \mathrm{d}y = 常数 \tag{6-62}$$

假设在射流不同横截面上，速度剖面相似

$$\frac{u_1}{u_{1^m}} - \frac{u_1}{\bar{u}_m - \bar{u}_a} = f\left(\frac{y}{b}\right) = f(\eta)$$

将它代入式(4－62) 后得到

$$(\bar{u}_m - \bar{u}_a) b \int_0^1 f(\eta) \mathrm{d}\eta = 常数$$

或

$$(\bar{u}_m - \bar{u}_a) b = 常数 \tag{6-63}$$

由式(6－59)、式(6－60) 和上式可知

$$\varepsilon_t = \varepsilon_0 \tag{6-64}$$

一般，湍流运动粘性系数用下列形式表示

$$\varepsilon_t = \varepsilon_0 \left(\frac{x}{L}\right)^n \tag{6-65}$$

这里，n 介于 0 与 1 之间，并且准确的 n 值取决于射流混合条件。ε_0 为经验常数，由实验决定。

将式(6－65) 代入式(4－73) 得到可压缩流情形的平面或轴对称湍流射流运动方程

$$\bar{\rho}\bar{u} \frac{\partial \bar{u}}{\partial x} + \bar{\rho}\bar{v} \frac{\partial \bar{u}}{\partial y} = \frac{\varepsilon_0}{y^\delta}\left(\frac{x}{L}\right)^n \frac{\partial}{\partial y}\left(y^\delta \bar{\rho} \frac{\partial \bar{u}}{\partial y}\right) \tag{6-66}$$

自由湍流射流能量方程为

$$\bar{\rho}\bar{u} \frac{\partial c_p \bar{T}}{\partial x} - \bar{\rho}\bar{v} \frac{\partial c_p \bar{T}}{\partial y} = \frac{1}{y^\delta} \frac{\partial}{\partial y}\left(y^\delta c_p \bar{\rho} \varepsilon \frac{\partial \bar{T}}{\partial y}\right) + \varepsilon \bar{\rho}\left(\frac{\partial \bar{u}}{\partial y}\right)^2 \tag{6-67}$$

若认为 Prandtl 数等于 1，根据 Crocco 方法，联立方程(6－66)和(6－67)，则可求得适用于湍流射流混合问题的平均速度和平均温度间的抛物线关系

$$\bar{T} = A + B\bar{u} - \left(\frac{\bar{u}^2}{2c_p}\right) \tag{6-68}$$

式中，A 和 B 是由边界条件决定的常数。

对于伴随流速度与射流速度相差不多的情形，可以利用小扰动理论近似求解，即设

$$\bar{u} = \bar{u}_a + u, \bar{v} = v_1 \tag{6-69}$$

这里，$u_1 \ll \bar{u}_a$；$u_1 \sim v_1$，$\bar{u}_a$ 为定值。把式(6-69)代入式(6-66)，并且略去高阶微量，省略 u_a 顶上的横杠，则有

$$u_a \frac{\partial u_1}{\partial x} = \varepsilon_0 \left(\frac{x}{L}\right)^n \frac{1}{y^\delta} \frac{\partial}{\partial y}\left(y^\delta \frac{\partial u_1}{\partial y}\right) \tag{6-70}$$

我们引入新的自变量

$$\frac{x}{L} = \frac{\left(\frac{x}{L}\right)^{n+1}}{n+1} \tag{6-71}$$

式(6-70)成为

$$\frac{\partial u_1}{\partial x} = \frac{\varepsilon_0}{u_a} \frac{1}{y^\delta} \frac{\partial}{\partial y}\left(y^\delta \frac{\partial u_1}{\partial y}\right) \tag{6-72}$$

对于平面射流的喷口($x = 0$)速度分布，

$$\begin{array}{l} 在 -1 \leqslant y \leqslant 1 时, u_1 = u_{1a} = 定值 \\ 在 y > 1 和 y < -1 时, u_1 = 0 \end{array} \tag{6-73}$$

具有上列边界条件，求解式(6-72)，得

$$\frac{u_1}{u_{1a}} = \frac{1}{2}\left[\Phi\left(\frac{1-y}{2a\sqrt{x}}\right) + \Phi\left(\frac{1+y}{2a\sqrt{x}}\right)\right] \tag{6-74}$$

式中，$\Phi(z) = 2/\left(\sqrt{\pi}\int_0^z \mathrm{e}^{-\xi^2}\right)$ 为高斯概率积分

而

$$a = \sqrt{\frac{\varepsilon_0}{u_a}} \quad 或 \quad \sqrt{\frac{u_0}{p_0 u_a}}$$

对于轴对称射流的喷口($x = 0$)速度分布，

$$\begin{array}{l} 在 0 \leqslant y \leqslant r_e 时, u_1 = u_{1a} = 常值 \\ 在 y > r_e 时, u_1 = 0 \end{array} \tag{6-75}$$

具有上列边界条件，求解式(6－72)，得

$$\frac{u_1}{u_{1a}} = r_e\int_0^\infty \mathrm{e}^{-\lambda^2 ax} J_0(\lambda y) J_1(\lambda r_e)\mathrm{d}\lambda \qquad (6-76)$$

在上式被积函数中 J_0 和 J_1 为第一类零阶和一阶 Bessel 函数。

利用式(6－68)还可以近似求得温度分布或密度分布。

按小扰动理论得到的平面射流与轴对称射流速度分布的计算结果分别示于图 6－6 和图 6－7。可见，射流的扩展与 α 成比例。

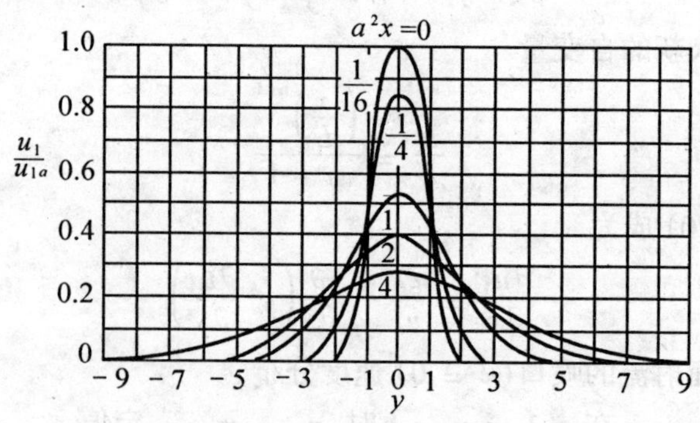

图 6－6　按小扰动法计算的平面射流速度剖面

6.3.2　可压缩伴随流射流边界层的数值计算

对于可压缩伴随流射流边界层，若需准确求解，则只能用数值计算方法。为此，取流函数

$$\frac{\partial \Psi}{\partial y} = \bar{\rho}\bar{u}y^{\delta}, \frac{\partial \Psi}{\partial x} = -\bar{\rho}\bar{v}y^{\delta} \qquad (6-77)$$

以 x 和 Ψ 替换式(6－70)的自变量，并且与 $\bar{\rho}\bar{u}$ 和 $\bar{\rho}\bar{v}$ 比较，$\overline{\rho' u'}$ 和 $\overline{\rho' v'}$ 均较小，略去之，则有

$$\frac{\partial \bar{u}}{\partial x} = \left(\frac{x}{L}\right)^n \frac{\partial}{\partial \Psi}\left(\varepsilon_0 \bar{\rho}^2 y^{2b} \bar{u}\,\frac{\partial \bar{u}}{\partial \Psi}\right) \qquad (6-78)$$

其边界条件为：

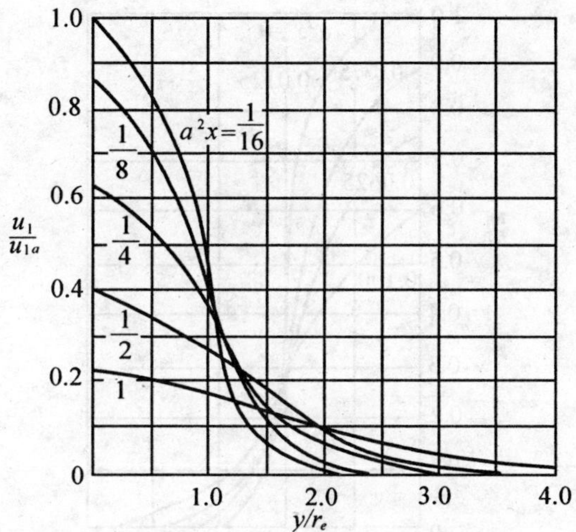

图6-7　按小扰动法计算的轴对称射流速度剖面

当 $x = 0$ 时，

$$\bar{u} = \bar{u}_a(\Psi) \tag{6-79}$$

按新的自变量(6-71)变换后，式(6-78)变为

$$\frac{\partial \bar{u}}{\partial x} = \frac{\partial}{\partial \psi}\left(\varepsilon_0 \bar{\rho}^2 y^{2\delta} \bar{u} \frac{\partial \bar{u}}{\partial \psi}\right) \tag{6-80}$$

上述方程为热传导方程，可以用有限差分法进行数值计算。方程(6-79)由数值积分得到的速度分布示于图6-8。比较图6-7和图6-8可见，准确数值积分得到的射流轴心速度衰减比小扰动理论的计算结果要快。

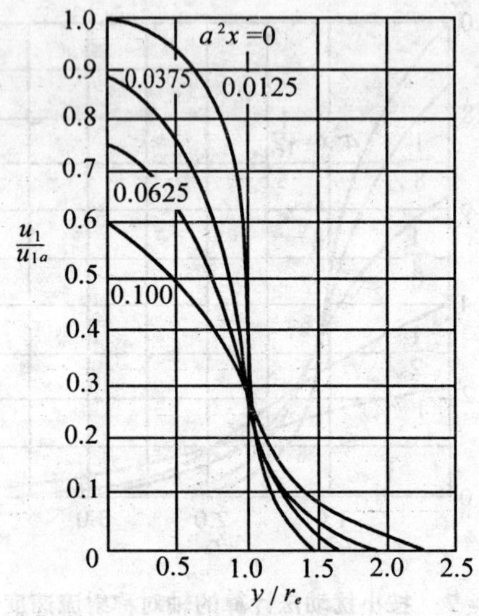

图 6－8　按数值积分计算的轴对称射流速度剖面

第7章　火箭燃气射流流场的数值解

随着计算机技术的飞速发展,使人们有可能利用更精确的模型比较细致地刻画火箭射流流场。因为计算机不能处理连续变量,故需要我们将数学模型转化为离散的数值模型,使用有限的模型来模拟无限的连续模型。在过去的几十年中,数值方法有了巨大的发展,已创造出了许多种计算方法与格式,从而大大丰富了计算流体力学的内容,使之成为一支与理论流体力学和实验流体力学相对独立的学科。

为了循序渐进,先介绍一些基本概念。限于篇幅,在第7.2节中介绍有限差分法的两个格式,在第7.3节中讨论特征线方法,最后介绍特征-差分格式和TVD有限体积法。

7.1　二维定常流方程及数值计算中的几个概念

7.1.1　射流方程

在本章中我们仅讨论二维定常轴对称流,介质为理想气体。其方程为

$$\begin{cases} \rho u u_x + \rho v u_y + p_x = 0 \\ \rho u v_x + \rho v v_y + p_y = 0 \\ \rho u_x + \rho u_y + u\rho_x + v\rho_y + \dfrac{\delta \rho v}{y} = 0 \\ u p_x + v p_y - a^2 u\rho_x - a^2 v\rho_y = 0 \\ p = \rho R T, a = \sqrt{\gamma R T} \end{cases} \tag{7-1}$$

其中

$$\delta = \begin{cases} 0 & \text{平面流} \\ 1 & \text{轴对称流} \end{cases}$$

此方程组的特征型方程为

$$\frac{\mathrm{d}y}{\mathrm{d}x} = \tan\theta, \frac{\mathrm{d}y}{\mathrm{d}x} = \tan(\theta \pm \alpha)$$

$$\rho v \mathrm{d}v + \mathrm{d}p = 0 \tag{7-2}$$

$$\frac{\sqrt{Ma^2 - a}}{\rho v^2}\mathrm{d}p \pm \mathrm{d}\theta + \frac{\delta \cdot \sin\theta \cdot \mathrm{d}x}{yMa\cos(\theta \pm \alpha)} = 0$$

$$\alpha = \arcsin\frac{1}{Ma}, a = \sqrt{\gamma RT}, p = \rho RT$$

7.1.2 数值方法中的几个常用概念

(1) 差分

在数学分析中,微分的引入是建立在极限的概念上的。函数 f 对自变量 x 的导数

$$f_x = \lim_{\Delta x \to 0}\frac{f(x + \Delta x) - f(x)}{\Delta x} \tag{7-3}$$

因此,在 Δx 充分小的时候,我们可以用$\frac{f(x + \Delta x) - f(x)}{\Delta x}$来近似代替$f_x$。由微分学知道函数 $f(x)$(设其无限次可微)在 x_0 附近点 x 的值近似为

$$f(x) = f(x_0) + f_x \cdot \Delta x + \frac{1}{2!}f_x^{(2)} \cdot (\Delta x^2) + \cdots + \frac{1}{n!}f_x^{(n)}(\Delta x^2)^n + R_m(x) \tag{7-4}$$

现在对离散变量的函数,设有

$$x_0, x_1, x_2, \cdots, x_i, \cdots, x_n$$

$$f_0, f_1, f_2, \cdots, f_i, \cdots, f_a$$

我们定义

$$\Delta f_i = f_{i+1} - f_i \tag{7-5}$$

为一阶差分。一般的 n 阶差分可递推地定义为

$$\Delta^n f_i = \Delta^{n-1} f_{i+1} - \Delta^{n-1} f_i \quad (n = 2,3,\cdots) \tag{7-6}$$

并规定 $\Delta^0 f_i = f_i$，称为零阶差分。

由差分定义可得差分与函数值之间的关系，例如

$$\Delta^2 f_i = \Delta f_{i+1} - \Delta f_i = f_{i+2} - f_{i+1} - f_{i+1} + f_i = f_{i+2} - 2f_{i+1} + f_i \tag{7-7}$$

等等。再定义

$$f[x_i, x_{i+1}] = \Delta f_i / h, h = |x_{i+1} - x_i| \tag{7-8}$$

$$f[x_i, \cdots, x_{i+1}] = \frac{\Delta^n f_i}{(n!)h^n}, i = 1,2,\cdots,n \tag{7-9}$$

为一阶差商和 n 阶差商。由定义可得

$$\Delta f_i = f[x_i, x_{i+1}]h \approx f_x h \tag{7-10}$$

$$\Delta^2 f_i = h^2 (2!) f[x_i, x_{i+1}, x_{i+2}] \approx h^2 f_x^{(2)} \tag{7-11}$$

$$\cdots$$

$$\Delta^n f_i = f^n (n!) f[x_i, x_{i+1}, \cdots, x_{i+n}] \approx h^n f_x^{(n)} \tag{7-12}$$

上面引进的称为前差。类似地定义

$$\nabla f_i = f_i - f_{i-1} (\nabla^0 f_i = f_i) \tag{7-13}$$

$$\nabla^n f_i = \nabla^{n-1} f_i - \nabla^{n-1} f_{i-1} \tag{7-14}$$

为一阶和 m 阶后差分。同样可定义中心差分为

$$\delta f_i = f_{i+\frac{1}{2}} - f_{i-\frac{1}{2}} \tag{7-15}$$

$$\delta^n f_i = \delta^{n-1} f_{i+\frac{1}{2}} - \delta^{n-1} f_{i-\frac{1}{2}} \tag{7-16}$$

(2) 特征线和相容方程

考察方程

$$f_x + a f_t = 0 \tag{7-17}$$

这是一个一阶偏微分方程。再考察微分

$$\mathrm{d}x f_x + \mathrm{d}t f_t = \mathrm{d}f \tag{7-18}$$

写成矩阵形式

$$\begin{bmatrix} 1 & a \\ dx & dt \end{bmatrix} \begin{bmatrix} f_x \\ f_t \end{bmatrix} = \begin{bmatrix} 0 \\ df \end{bmatrix} \tag{7-19}$$

若认为 f_x, f_t 是未知量,则此代数方程的系数行列式

$$\begin{vmatrix} 1 & a \\ dx & dt \end{vmatrix} = 0 \tag{7-20}$$

时,f_x, f_t 解不惟一。此时

$$\frac{dx}{dt} = \frac{1}{a}$$

即沿 $\frac{dx}{dt} = \frac{1}{a}$ 方向,$df = 0$。

推广到一般,对于一阶拟线性偏微分方程组

$$A_{ij}(u)u_{xj} = f_i(u) \tag{7-21}$$

即

$$\begin{gathered} a_{11}(u)u_x + a_{12}(u)u_{x_2} + \cdots + a_{1n}(u)u_{x_n} = f_i(u) \\ \cdots \\ a_{n1}(u)u_{x_1} + a_{n_2}(u)u_{x_2} + \cdots + a_{nn}(u)u_{x_n} = f_n(u) \\ dx_1 f_{1x_1} + dx_2 f_{1x_2} + \cdots + dx_n f_{1x_n} = df_1 \\ dx_1 f_{nx_1} + dx_2 f_{nx_2} + \cdots + dx_n f_{nx_n} = df_n \end{gathered} \tag{7-22}$$

使 $|A_{ij}(u) = 0|$ 的方向为该方程的特征方向(特征线)。有了特征方向,我们可以沿特征方向将偏微分方程化为全微分方程 —— 特征线与相容方程来解。

(3) 初值问题差分法的几个常见的定性概念

在进行数值计算的过程中,我们总是要确定数值计算的正确性。那末,我们应从哪些方面来考虑呢?首先,要把微分方程离散为差分方程。那末差分方程是否在差分步长 $h \to 0$ 时以给定的微分方程为极限方程呢(相容性问题)?其次,差分方程的解是否趋近于微分方程的解(收敛性问题)?再者,一些小的误差是否会放大传播

(稳定性问题)?下面给出这几个概念的定义。

差分方程

$$P(\Delta x,\Delta t)U_j^n = F_j^n \tag{7-23}$$

$$\bar{\Omega}, O(\Delta x^{m_1}, \Delta t^{m_2})$$

微分方程

$$p(\Delta x,\Delta t)u = f \tag{7-24}$$

其中$(x_j, t_n) \in \bar{\Omega}$,$\Delta x$ 和 Δt 分别为空间和时间步长;精度为(m_1, m_2)阶;$P(\Delta x,\Delta t)$ 和 $p(\Delta x,\Delta t)$ 分别为差分和微分算子。

[相容性定义]

在约束条件下,$\Delta t = O(\Delta x)$。当 $\Delta t \to 0$ 时,式(7-23) 和式(7-24) 简记为

$$\lim_{\substack{\Delta t \to 0 \\ \Delta t = O(\Delta x)}} [P(\Delta x,\Delta t)U_j^n - p(\Delta x,\Delta t)u] = 0 \tag{7-25}$$

$$(x_{j,t_n}) \in \bar{\Omega}$$

则称式(7-23) 与式(7-24) 是相容的。

[稳定性定义]

设在初值层上给以初值

$$\{U_j^0\}_J = U_l^0 \qquad x_j \in \bar{\Omega} \tag{7-26}$$

如果 Δx 和 Δt 满足约束关系

$$C_t(\Delta x,\Delta t) \leqslant 1 \tag{7-27}$$

就有

$$\max_{1 \leqslant n_j \leqslant J}(|U_j^m|) \leqslant M \cdot \max_{1 \leqslant j \leqslant J}|U_l^0| \tag{7-28}$$

则称格式(7-23) 对条件 c_t 是稳定的。

稳定性定义有很多种,在这里我们仅给出其中较常见的一种。

[收敛性定义]

记 $u(x,t)$ 为式(7-24) 的准确解,U_j^n 为式(7-23) 的数值解,若

$$\lim_{\substack{\Delta t \to 0 \\ x_j \to x^* \\ t_n \to t^*}} \| u(x^*, t^*) - U_j^n \| = 0 \quad (x^*, t^*) \in \overline{\Omega} \tag{7-29}$$

则称格式(7 – 23)为收敛格式。

[Lax 等价定理]

在线性差分方程里，如果差分方程与原微分方程是相容稳定的，则差分解 U_j^n 收敛于微分解 u，即

$$\lim_{\substack{\Delta t = 0 \\ \Delta x = 0}} \| U_j^n - u \| = 0 \tag{7-30}$$

[CFL 条件]

在这里，我们不给出 CFL 条件的推导，只概述其结论，即微分方程的决定域不能大于差分格式的决定域(见图 7 – 1 所示)。

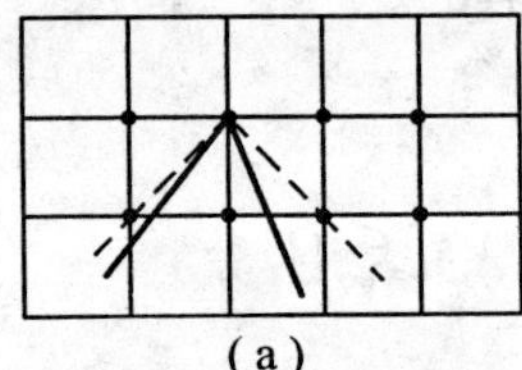

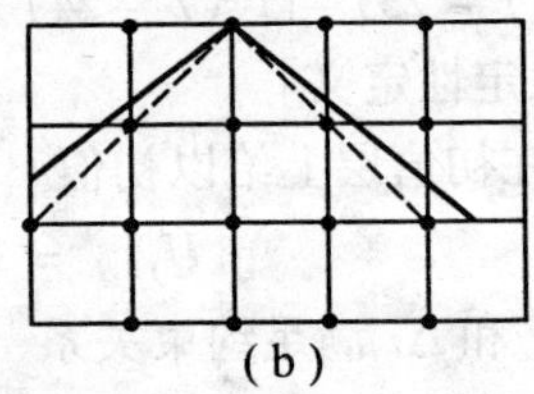

图 7 – 1　网格分布

(a) 稳定；(b) 不稳定

7.2　有限差分法

对方程组(7 – 1)我们讨论一个最简单的有限差分格式，平均系数的 FXCY(对 x 方向用前差，对 y 方向用中差)格式。方程组(7 – 1)的差分方程为

$$
\begin{cases}
\bar{\rho}\bar{u}\dfrac{u_i^{n+1}-u_j^n}{\Delta x}+\bar{\rho}\bar{u}\dfrac{u_{j+1}^u-u_{j-1}^n}{2\Delta y}+\dfrac{p_j^{n+1}-p_j^n}{\Delta x}=0 \\
\bar{\rho}\bar{u}\dfrac{v_i^{n+1}-v_j^n}{\Delta x}+\bar{\rho}\bar{u}\dfrac{v_{j+1}^u-v_{j-1}^n}{2\Delta y}+\dfrac{p_j^{n+1}-p_j^n}{\Delta x}=0 \\
\bar{\rho}\dfrac{u_j^{n+1}-u_j^n}{\Delta x}+\bar{\rho}\dfrac{u_{j+1}^n-u_{j-1}^n}{2\Delta y}+\bar{u}\dfrac{p_j^{n-1}-p_j^n}{\Delta x}+ \\
\bar{v}\dfrac{\rho_{j+1}^n-\rho_{j-1}^n}{2\Delta y}+\dfrac{\overline{\delta\rho v}}{\bar{y}}=0 \\
\bar{u}\dfrac{p_j^{n+1}-p_j^n}{\Delta x}+\bar{v}\dfrac{p_{j+1}^n-p_{j-1}^n}{2\Delta y}-\overline{a^2u}\dfrac{\rho_j^{n+1}-\rho_j^n}{\Delta x}- \\
\overline{a^2v}\dfrac{\rho_{j+1}^n-\rho_{j-1}^n}{2\Delta y}=0 \\
p=\rho RT,a=\sqrt{\gamma RT}
\end{cases}
\tag{7-31}
$$

此格式是 $O(\Delta x,\Delta y^2)$ 阶的，CFL 条件为

$$\frac{\Delta y}{\Delta x}\leqslant\left|\tan(\theta_j^n\pm\alpha_j^n)\right|\qquad(\text{当 } Ma>1\text{ 时})$$

此格式精度不高，边界处理不精确，所以在实际问题中很少采用。对于射流问题中的自由边界更是难以处理。

上面的格式，对 x 方向来说是二层 $(n+1,n)$ 格式，是显式的格式。同样，我们可以在 x 方向采用中心差分，变成 CXCY 的菱形格式(图 7－2)，并且仍然采用平均的冻结系数法。其差分方程为

$$
\left\{
\begin{aligned}
&\bar{p}(\bar{u})_j^n \frac{u_j^{n+1} - u_j^{n-1}}{\Delta x} + \overline{(pv)}_j^n \frac{u_{j+1}^n - u_{j-1}^n}{\Delta y} + \frac{p_{j-1}^{n+1} - p_j^{n-1}}{\Delta x} = 0 \\
&\bar{u}(\bar{p})_j^n \frac{v_j^{n+1} - v_j^{n-1}}{\Delta x} + \overline{(pv)}_j^n \frac{v_{j+1}^n - v_{j-1}^n}{\Delta y} + \frac{p_{j-1}^{n+1} - p_j^{n-1}}{\Delta x} = 0 \\
&\bar{\rho}_j^n \frac{u_j^{n+1} - u_j^{n-1}}{\Delta x} - \bar{\rho}_j^n \frac{u_{j+1}^n - u_{j-1}^n}{\Delta y} + \bar{u}_j^n \frac{\rho_j^{n+1} - \rho_j^{n-1}}{\Delta x} + \\
&\bar{u}_j^n \frac{\rho_{j+1}^n - \rho_{j-1}^n}{\Delta y} + \left(\overline{\frac{2\delta\rho v}{\bar{y}}}\right)_j^n = 0 \\
&\bar{u}_j^n \frac{p_j^{n+1} - p_j^{n-1}}{\Delta x} + \bar{v}_j^n \frac{p_{j+1}^n - p_{j-1}^n}{\Delta y} - \overline{(a^2 u)}_j^n \frac{\rho_j^{n+1} - \rho_j^n}{\Delta x} - \\
&\overline{(a^2 v)}_j^n \frac{\rho_{j+1}^n - \rho_{j-1}^n}{\Delta y} = 0
\end{aligned}
\right.
\tag{7 - 32}
$$

这是一个三层格式，精度为$O(\Delta x^2, \Delta y^2)$。因为该格式的稳定性不好，所以，虽然精度高，但很少有人用它计算。这个格式是隐式的，必须全流动一次联解，因此它对计算机内存要求较大。

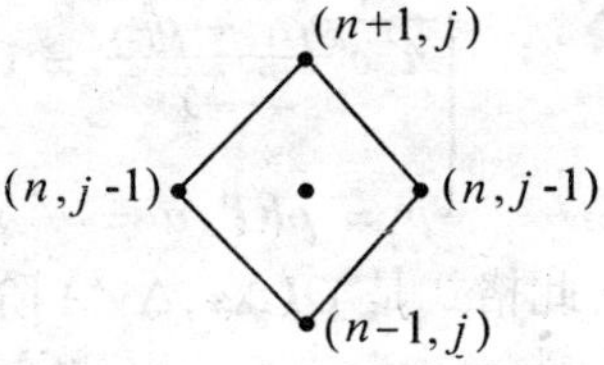

$(n+1, j)$

$(n, j\text{-}1)$　　$(n, j\text{-}1)$

$(n-1, j)$

图 7 – 2　空心菱形网格

虽然上述两个格式较简单，但是我们已经看到构造格式是十分灵活和丰富的。我们可以对同一个微分方程构造出很多数值差分格式，基于对格式的数学分析和物理概念，可以创造出较好的差分格式。

下面再给出一个二步法的格式——MacCormack 格式。这是一个目前流体力学计算较实用的格式。对于二维化学反应的气固两相流模型，有方程组(2 – 44)。将此方程组写为矢量形式

$$\frac{\partial(f y^\delta)}{\partial t} - \frac{\partial(F y^\delta)}{\partial x} - \frac{\partial(G y^\delta)}{\partial y} = H \tag{7 - 33a}$$

上述方程的 MacCormack 计算格式为：

预估步(FTFS)

$$\tilde{f}_{i,j} = f_{ij}^{n} - \frac{\Delta t}{\Delta x}(F_{i+1,j}^{n} - F_{i,j}^{n}) - \frac{\Delta t}{\Delta y}(G_{i,j+1}^{n} - G_{i,j}^{n})$$

(7 – 33b)

校正步

$$f_{i,j}^{n+1} = \frac{1}{2}(\tilde{f}_{i,j} + f_{i,j}^{n}) - \frac{\Delta t}{\Delta x}(\tilde{F}_{i,j} - \tilde{F}_{i-1,j}) - \frac{\Delta t}{\Delta y}(\tilde{G}_{i,j} - \tilde{G}_{k,j-1})$$

其中

$$f = \begin{Bmatrix} \rho \\ \rho u \\ \rho v \\ \rho h \\ C_1 \\ \vdots \\ C_k \\ \rho_p \\ \rho_p u_p \\ \rho_p v_p \\ \rho_p h_p \end{Bmatrix}; F = \begin{Bmatrix} \rho u \\ \rho u^2 + p \\ \rho uv \\ \rho vh \\ C_1 u \\ \vdots \\ C_k u \\ \rho_p u_p \\ \rho_p u_p^2 \\ \rho_p u_p v_p \\ \rho_p u_p h_p \end{Bmatrix}; G = \begin{Bmatrix} \rho v \\ \rho uv \\ \rho(v + p) \\ \rho vh \\ C_1 v \\ \vdots \\ C_k v \\ \rho_p v_p \\ \rho_\rho u_\rho v_\rho \\ \rho_p v_p^2 \\ \rho_p v_p h_p \end{Bmatrix};$$

$$H = \begin{Bmatrix} 0 \\ 0 \\ 0 \\ 0 \\ \sigma_1 \\ \vdots \\ \sigma_k \\ \rho_p A_p(u - u_p) \\ \rho_p A_p(v - v_p) \\ \rho_p B_p(T - T_p) \end{Bmatrix} \quad (7-33c)$$

读者还可以采用加权方法，如：

预估步

$$\tilde{f}_{i,j} = f_{i,j}^{n} - \frac{\Delta t}{\Delta x}[(1-\alpha)F_{i+1,j} - \alpha F_{i,j}] - \frac{\Delta t}{\Delta y}[(1-\alpha)G_{i,j+1} - \alpha G_{i,j}] \tag{7-33d}$$

校正步

$$f_{i,j}^{n+1} = \tilde{f}_{i,j} - \frac{\Delta t}{\Delta x}[\alpha F_{i,j} - (1-\alpha)F_{i-1,j}] - \frac{\Delta t}{\Delta y}[\mathrm{d}G_{i,j} - (1-\alpha)G_{i,j-1}]$$

后面两个格式均是守恒型的，且具有二阶精度($\Delta t^2, \Delta x^2, \Delta y^2$)。

7.3 轴对称、无粘、真实气体、非等能、高温射流的特征线法数值解

对于高温射流，辐射和真实气体的影响至为重要，因此，需要进一步发展一种研究高温射流的数学模型。非等能、超音速、真实气体射流向等压环境膨胀的特征线方程数值解法力求解决这一问题。

7.3.1 特征线方程的推导

在大多数气体动力学教科书中都导出了守恒方程，对于轴对称、无粘、可压缩、非等能流，这些方程为：

对于质量守恒

$$\rho v + r\frac{\partial \rho v}{\partial r} + \frac{\partial \rho u}{\partial x} = 0 \tag{7-34}$$

式中，r 和 x 为轴对称流的径向和纵向坐标，其余符号定义同前。

对于轴向动量守恒

$$\rho u\frac{\partial u}{\partial x} + \rho v\frac{\partial u}{\partial r} + \frac{\partial p}{\partial x} = 0 \tag{7-35a}$$

对于径向动量守恒

$$\rho u \frac{\partial v}{\partial x} + \rho v \frac{\partial v}{\partial r} + \frac{\partial p}{\partial r} = 0 \tag{7-35b}$$

对于能量守恒

$$pu \frac{\partial H}{\partial x} + \rho v \frac{\partial H}{\partial r} = Q(x, r, u, v, p, h) \tag{7-36}$$

式中，H 为滞止焓，h 为焓，Q 为耗散能量通量。对于

$$H = \frac{1}{2}(u^2 + v^2) + h \tag{7-37}$$

和状态方程

$$\rho = f(p, h) \tag{7-38}$$

按照坐标为自变量的导数中只出现一个因变量的形式来重新整理方程(7－34)～(7－36)，并且使用式(7－37)和(7－38)，将它们变为

$$\rho r \frac{\partial u}{\partial x} + \rho r \frac{\partial v}{\partial r} + ur \frac{\partial \rho}{\partial p} \frac{\partial p}{\partial x} + vr \frac{\partial \rho}{\partial p} \frac{\partial p}{\partial t} + ur \frac{\partial \rho}{\partial h} \frac{\partial h}{\partial x} + vr \frac{\partial \rho}{\partial h} \frac{\partial h}{\partial r} = -\rho v \tag{7-39}$$

$$\rho u \frac{\partial u}{\partial x} + \rho v \frac{\partial u}{\partial r} + \frac{\partial p}{\partial x} = 0 \tag{7-40}$$

$$\rho u \frac{\partial v}{\partial x} + \rho v \frac{\partial v}{\partial x} + \frac{\partial p}{\partial r} = 0 \tag{7-41}$$

$$\rho u^2 \frac{\partial u}{\partial x} + \rho uv \frac{\partial u}{\partial r} + \rho uv \frac{\partial v}{\partial x} + \rho v^2 \frac{\partial v}{\partial r} + \rho u \frac{\partial h}{\partial x} + \rho v \frac{\partial h}{\partial r} = Q \tag{7-42}$$

把上列四式和如下定义式

$$\frac{\partial u}{\partial x}\mathrm{d}x + \frac{\partial u}{\partial r}\mathrm{d}r = \mathrm{d}u \tag{7-43}$$

$$\frac{\partial v}{\partial x}\mathrm{d}x + \frac{\partial v}{\partial r}\mathrm{d}r = \mathrm{d}v \tag{7-44}$$

$$\frac{\partial p}{\partial x}\mathrm{d}x + \frac{\partial p}{\partial r}\mathrm{d}r = \mathrm{d}p \tag{7-45}$$

$$\frac{\partial h}{\partial x}\mathrm{d}x + \frac{\partial h}{\partial r}\mathrm{d}r = \mathrm{d}h \tag{7-46}$$

看作八个线性代数方程和八个未知量,未知量取为因变量对自变量的偏导数。那末,在我们感兴趣的范围内这些导数不连续的曲线是否存在呢?可以证明,如果式(7－36)的函数 Q 不是因变量导数的函数,则上述曲线存在,并有一个大行列式的冗长展开式。由此得到的各个方程为

$$u\mathrm{d}r - v\mathrm{d}x = 0 \tag{7-47}$$

此式看作是流线方程

$$(u^2 - a^2)\mathrm{d}r^2 - 2uv\mathrm{d}r\mathrm{d}x + (v^2 - a^2)\mathrm{d}x^2 = 0 \tag{7-48}$$

式中

$$a^2 = \frac{\rho}{\dfrac{\partial \rho}{\partial h} + \rho\dfrac{\partial \rho}{\partial p}} \tag{7-49}$$

又

$$(u\mathrm{d}r - v\mathrm{d}x)(u\mathrm{d}v - v\mathrm{d}u) + (u\mathrm{d}r - v\mathrm{d}x)^2\frac{v}{r} + \frac{\mathrm{d}\rho}{\rho}(v\mathrm{d}r + u\mathrm{d}x) +$$

$$\frac{1}{\rho^2}\frac{\partial \rho}{\partial h}(u\mathrm{d}r - v\mathrm{d}x)^2 Q = 0 \tag{7-50}$$

它应与式(7－46)所描述的曲线相结合。此外,还有 Bernoulli 方程

$$\frac{\mathrm{d}p}{\rho} + u\mathrm{d}u + v\mathrm{d}v = 0 \tag{7-51}$$

以及沿流线的能量方程

$$\mathrm{d}h + u\mathrm{d}u + v\mathrm{d}v = \frac{Q\mathrm{d}c}{pu} \tag{7-52}$$

式(7－48)所描绘的曲线称为 $C_{\pm}$ 特征线(即左或右伸特征线),而式(7－49)为音速,式(7－50)～(7－52)通常称为相容方程。

根据基本守恒方程,得到了颇大的一组关系式。沿着各族曲线可以得到以常微分方程形式表示的气动参数间的关系。再用有限差分形式表示之,得到数值解。

7.3.2　喷口边缘膨胀波

在喷口边缘，气流突然转折，使之与环境压力相匹配。在这一无粘流中，气动参数不是定值，即在此处假设流场压力连续变化，从喷口压力改变到环境压力。于是，需要一个在某点的气动参数随压力变化的关系——Prandtl-Meyer关系式。显然。它可由相容方程求得。

将式(7－50)通除以 $u\mathrm{d}r-v\mathrm{d}x$，沿 C_+ 特征线使 $\mathrm{d}r$ 和 $\mathrm{d}x$ 趋于零，且取极限，则有

$$\lim_{\substack{\mathrm{d}r\to 0\\ \mathrm{d}x\to 0}}\left[u\mathrm{d}v-v\mathrm{d}u+(u\mathrm{d}r-v\mathrm{d}x)\frac{v}{r}+\frac{\mathrm{d}p}{\rho}\left(\frac{v\mathrm{d}r+u\mathrm{d}x}{u\mathrm{d}r-v\mathrm{d}x}\right)+\frac{1}{\rho^2}\frac{\partial\rho}{\partial h}(u\mathrm{d}r-v\mathrm{d}x)Q\right]=0$$

或化为

$$u\mathrm{d}v-v\mathrm{d}u+\frac{\mathrm{d}p}{\rho}\left[\lim_{\substack{\mathrm{d}r\to 0\\ \mathrm{d}x\to 0}}\left(\frac{v\mathrm{d}r+u\mathrm{d}x}{u\mathrm{d}r-v\mathrm{d}x}\right)\right]=0 \tag{7－53}$$

沿曲线取极限，由式(7－48)得曲线的斜率为

$$\frac{\mathrm{d}r}{\mathrm{d}x}=\frac{uv\pm a\sqrt{u^2-a^2+v^2}}{u^2-a^2} \tag{7－54}$$

式(7－53)成为

$$u\mathrm{d}v-v\mathrm{d}u+\frac{\mathrm{d}p}{\rho}\sqrt{Ma^2-1}=0 \tag{7－55}$$

式中

$$Ma^2=\frac{u^2+v^2}{a^2}$$

此外，沿流线取相容方程的极限，得

$$u\mathrm{d}u+v\mathrm{d}v=-\frac{\mathrm{d}p}{\rho} \tag{7－56}$$

和

$$\mathrm{d}h+u\mathrm{d}u+v\mathrm{d}v=0 \tag{7－57}$$

直接积分式(7－57)得

$$h+\frac{u^2+v^2}{2}=\text{常数} \tag{7-58}$$

于是,整理式(7－55)和(7－56),得

$$u\frac{\mathrm{d}v}{\mathrm{d}p}-v\frac{\mathrm{d}u}{\mathrm{d}p}=-\frac{\sqrt{Ma^2-1}}{\rho}$$

$$v\frac{\mathrm{d}v}{\mathrm{d}p}+u\frac{\mathrm{d}u}{\mathrm{d}\rho}=-\frac{1}{\rho}$$

使用 Cramer 法则

$$\frac{\mathrm{d}u}{\mathrm{d}p}=\frac{-\frac{u}{p}+v\frac{\sqrt{Ma^2-1}}{\rho}}{u^2+v^2} \tag{7-59}$$

和

$$\frac{\mathrm{d}v}{\mathrm{d}p}=-\frac{-\frac{u}{\rho}\sqrt{Ma^2-1}-\frac{v}{\rho}}{u^2+v^2} \tag{7-60}$$

常见式(7－59)和(7－60)以速度极坐标表示,即

$$\frac{\mathrm{d}\theta}{\mathrm{d}p}=-\frac{\sqrt{Ma^2-1}}{\rho U} \tag{7-61}$$

和

$$\frac{\mathrm{d}U}{\mathrm{d}p}=-\frac{1}{\rho U} \tag{7-62}$$

这样,利用式(7－58)、(7－59)和(7－60),可以确定变量 u,v 和 h 随 p 的变化。因此,以喷口边缘的起始值和边界值之间的压力变化可确定喷口边缘点的气动参数。

7.3.3　相交激波与马赫盘

在物理场中,当同族特征线聚合重叠时,需要求解场内产生的激波。这一激波可看作因变量间断,越过间断,必须使用斜激波关系式。

激波关系式是从守恒方程式(7 – 33)、(7 – 34)、(7 – 35)和(7 – 36)得出的。例如，考虑能量方程，且把连续方程乘以 H 加到能量方程上去，则得

$$\frac{\partial(\rho uH)}{\partial x}+\frac{\partial(\rho vH)}{\partial r}=Q-\frac{\rho vH}{r} \tag{7-63}$$

今认为因变量间断发生在 $r-x$ 平面内有关点的切线与轴线夹角 β 处，正如图 7 – 3 所示。在 $r-x$ 平面内以垂直和切于曲线的坐标来变换式(7 – 63)，于是它成为

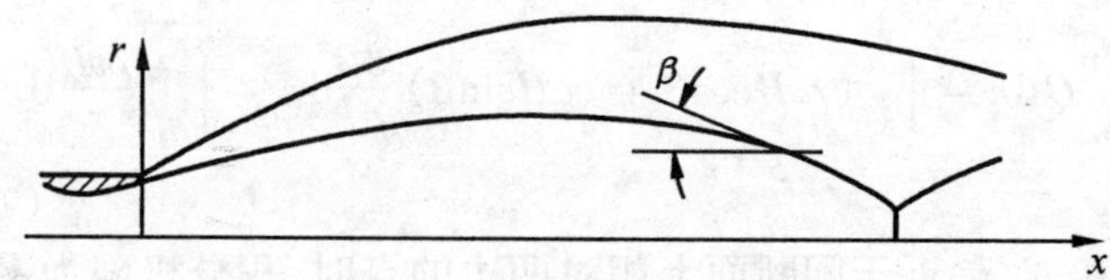

图 7 – 3　当地相交激波角

$$\frac{\partial(\rho uH)}{\partial n}\sin\beta+\frac{\partial(\rho uH)}{\partial l}\cos\beta+\frac{\partial(\rho vH)}{\partial n}\cos\beta-\frac{\partial(\rho vH)}{\partial l}\sin\beta=Q-\frac{\rho vH}{r} \tag{7-64}$$

式中，n 和 l 为垂直和切于斜激波的变换坐标。

上式两侧各项取全导数，得

$$\frac{\partial}{\partial n}(\rho uH\sin\beta+\rho vH\cos\beta)+\frac{\partial}{\partial l}(\rho uH\cos\beta-\rho vH\sin\beta)=Q-\frac{\mathrm{d}\beta}{\mathrm{d}l}(\rho vH\cos\beta+\rho uH\sin\beta)-\frac{\rho vH}{r} \tag{7-65}$$

两边对 n 取积分，得

$$\int_{N_1}^{N_2}\frac{\partial}{\partial n}(\rho uH\sin\beta+\rho vH\cos\beta)\mathrm{d}n+\int_{N_1}^{N_2}\frac{\partial}{\partial l}(\rho uH\cos\beta-\rho vH\sin\beta)\mathrm{d}n=$$

$$\int_{N_1}^{N_2} Q\mathrm{d}n - \int_{N_1}^{N_2} (\rho vH\cos\beta + \rho uH\sin\beta)\frac{\mathrm{d}\beta}{\mathrm{d}l}\mathrm{d}n - \int_{N_1}^{N_2} \frac{\rho vH}{r}\mathrm{d}n \tag{7-66}$$

式中，N_1 和 N_2 为垂直于斜激波的所在点。

假设积分存在，且在所有 $N_1 < n \leqslant N_2$ 的范围内上式左边第一项积分的被积函数连续，

$$(\rho uH\sin\beta + \rho vH\cos\beta)\mid N_2 - (\rho uH\sin\beta + \rho vH\cos\beta)\mid N_1 + \int_{N_1}^{N_2} \frac{\partial}{\partial l}(\rho uH\cos\beta - \rho vH\sin\beta)\mathrm{d}n = \int_{N_1}^{N_2} Q\mathrm{d}n - \int_{N_1}^{N_2} (\rho vH\cos\beta + \rho uH\sin\beta)\frac{\mathrm{d}\beta}{\mathrm{d}l}\mathrm{d}n - \int_{N_1}^{N_2} \frac{\rho vH}{r}\mathrm{d}n \tag{7-67}$$

当 N_2 和 N_1 趋近于间断面上相对两边的点时，积分极限为零，或者

$$\rho_2 u_2 H_2\sin\beta + \rho_2 v_2\cos\beta = \rho_1 u_1 H_1\sin\beta + \rho_1 v_1 H_1\cos\beta \tag{7-68}$$

对质量和动量方程使用同样的方法，可以得到

$$\rho_2 u_2\sin\beta + \rho_2 v_2\cos\beta = 1 \tag{7-69}$$

$$\rho_2 u_2\sin\beta + \rho_2 v_2\cos\beta u_2 + p_2\sin\beta = C_2 \tag{7-70}$$

$$\rho_2 u_2\sin\beta v_2 + \rho_2 v_2\cos\beta v_2 + p_2\cos\beta = C_3 \tag{7-71}$$

而式(7－68)可写为

$$\rho_2 u_2\sin\beta h_2 + \rho_2 v_2\cos\beta h_2 + \rho_2 u_2\sin\beta\frac{u_2^2}{2} + \rho_2 v_2\cos\beta\frac{u_2^2}{2} + \rho_2 u^2\sin\beta\frac{v_2^2}{2} + \rho_2 v_2\cos\beta\frac{v_2^2}{2} = C_4 \tag{7-72}$$

由斜激波上游的气动参数可以得到各个 C 值。作进一步简化

$$\rho_2 u_2\sin\beta + \rho_2 v_2\cos\beta = C_1 \tag{7-73}$$

$$C_1 u_2 + p_2\sin\beta = C_2 \tag{7-74}$$

$$C_1 v_2 = p_2\cos\beta = C_3 \tag{7-75}$$

和

$$h_2 + \frac{u_2^2}{2} + \frac{v_2^2}{2} = \frac{C_4}{C_1} \tag{7-76}$$

这是一个非线性代数方程组,可以解得下游气动参数 u_2, v_2, p_2 和 h_2,并由热力学状态方程确定密度。

紧挨着马赫盘的亚音速区不能用特征线法计算。因此,确定马赫盘位置是很重要的。然而,特征线法无法估计马赫盘位置。在第 4 章中,我们介绍了各种确定马赫盘位置的方法,但是以 ER 方法为最简单。对于射流排入静止空气的情况,这个方法很精确。这一方法假设马赫盘发生在斜激波后静压达到最小值的位置。它的估计值较接近于其他更完善方法的估计值。

7.3.4　耗散能模型

高温射流的能量损失大半是通过传导和辐射。式(7 - 53)右边所需要的耗散能项没有出现因变量导数。因此,通常不用传导项。但是,有几种可以满足这一要求的辐射模型。

一般,把高温等离子体辐射看作是自由电子 - 自由电子以及自由电子 - 束缚电子跃迁的连续流。然而,自由电子 - 束缚电子辐射只能在再化合时发生,这是在气流接近于平衡时产生的。

在 0.01 和 0.5 个大气压范围内,认为再化合后的冻结流动并不罕见。即使在高压情况下,对接近于平衡的流动,假设其冻结,可以大为减少计算工作量。

假定流动再化合后冻结,辐射应是自由电子 - 自由电子相互作用所引起。对于只有自由电子 - 自由电子辐射的完全电离氩气,电离能为

$$Q = -1.569 \times 10^{-34} n_e \sum_i n_i x_i^2 T^{1/2} \tag{7-77}$$

式中　n_e——电离子浓度;

x_i——第 i 个电子电荷;

n_i——第 i 个离子浓度;

下标 i——第 i 个离子。

上式计算值比实测值小，但此式乘以 15 可以较好地与测试结果相接近。

7.3.5 气体模型

对于电离气体，考虑反应

$$A_r \Leftrightarrow A_{r+1} + e$$

式中 A_r——电离粒子；

A_{r+1}——次高级电离粒子；

e——电子；

下标 r——电离级。

反应的平衡系数可表为

$$\frac{n_{r+1}\,n_e}{n_r} = \left(\frac{2\pi m_e kT}{n^2}\right)^{8/2} \frac{2Z_{r+1}}{Z_r} \mathrm{e}^{-\frac{Q_r}{T}} \tag{7-79}$$

此处 n_r——电离粒子 A_r 的浓度；

n_{r+1}——次高级电离粒子 A_{r+1} 的浓度；

k——Boltzmann 常数；

Z_r——对应于电离粒子 A_r 的电子分布函数；

Z_{r+1}——次高级电离粒子的电子分布函数；

Q_r——电离特征温度；

m_e——电子质量。

设气体是由各完全气体混合而成的。对于三级电离，可以把状态方程写成

$$\frac{p}{kT} = n_0 + n_1 + n_2 + n_3 + n_e \tag{7-80}$$

电荷守恒为

$$n_e = n_1 + 2n_2 + 3n_s \tag{7-81}$$

式中，下标 0,1,2 和 3 为电离级。

式(7－79)、(7－80)和(7－81)是一组五个未知量的五个非线性方程，由此可以解得粒子密度。这样，给定了 p 和 T，可以反求密度，即

$$\rho = m_A(n_0 + n_1 + n_2 + n_3) \tag{7-82}$$

式中，m_A 为氩(A_r)原子质量。

在粒子移动、旋转、振动(以下分别用下标 *tran*，*rot* 和 *vib* 来表示)和电子模型之间分配粒子能量，这些能量决定于各模型的分布函数。一般

$$\frac{E_r}{N_r} = kT^2\frac{\partial(\ln Q_r)}{\partial T} + I_r \tag{7-83}$$

式中　E_r——第 r 组分的总能量；

N_r——第 r 组分的现有粒子总数；

Q_r——第 r 组分的特征温度；

I_r——第 r 组分每个粒子相对于低能级的电离能。

$$Q = Q_{tran} \times Q_{rot} \times Q_{vib} \times z \tag{7-84}$$

式中，z 为电子分布函数。对于单原子气体，不表示旋转和振动运动，因此 $Q_{rot} = Q_{vib} = 1$，

$$\frac{E_r}{N_t} = kT^2\left[\frac{\partial(\ln Q_{tran})}{\partial T} + \frac{\partial(\ln z_r)}{\partial T}\right] + I_r$$

根据统计力学

$$Q_{tran} = V\left(\frac{2\pi mkT}{h^2}\right)^{3/2}$$

和

$$z_r = (g_0 + g_1 e^{-\frac{\theta_1}{T}} + g_2 e^{-\frac{\theta_2}{T}} + \cdots)$$

式中　θ_1、θ_2…——电子激发的特征温度；

g_0、g_1…——原子结构能级衰减系数。

特殊地，对于单原子气体

$$g_i = 2J_i + 1$$

式中，J_i 为内部量子数。式(7－83)为

$$\frac{E_r}{N_r}=\frac{3}{2}kT-\frac{k(g_1\theta_1 e^{-\frac{\theta_2}{T}}+g_2\theta_2 e^{-\frac{\theta_2}{T}}+\cdots)_r}{(g_0+g_1 e^{-\frac{\theta_1}{T}}+g_2 e^{-\frac{\theta_2}{T}}+\cdots)_r}+I_r \tag{7-85}$$

因为，对于一定组分

$$p_r V=N_r kT$$

式中，V 为体积，且定义热焓为

$$H_r=E_r+p_r V$$

每一粒子的焓为

$$\frac{H_r}{N_r}=\frac{5}{2}kT+k(g_1\theta_1 e^{-\frac{\theta_1}{T}}+g_2\theta_2 e^{-\frac{\theta_2}{T}}+\cdots)_r$$

这一组分对混合气体比焓的影响为

$$h_r=\frac{N_r}{M_r}\left(\frac{5}{2}kT+\frac{k\sum\limits_{1}\theta_{r,i}g_{r,i}e^{-\theta_{r,i}/T}}{z_r}+I_r\right)$$

式中，M_r 为混合气体总质量。若干组分总和的混合焓为

$$h=\frac{1}{\rho}\sum_{0}^{3}n_r\left(\frac{5}{2}kT+kT^2\frac{z_r'}{z_r}+I_r\right)+\frac{1}{\rho}n_e\frac{5}{2}kT \tag{7-86}$$

式中，对于电子，$z'=I_e=0$。

7.3.6 数值方法

(1) 一般方法

解特征线方程为初值问题，沿起始特征线的气动参数必须已知，也就是 u，v，p 和 h 各点必须确定。现在，人为地选择起始特征线为喷口平面。按照图 7－4 以喷口边缘的起始特征线开始计算。在该点具有喷口压力和环境压力。我们以压力作为自变量，利用 Prandtl-Meyer 关系式计算相应于喷口压力到环境压力之间的各个任意压力增量的气动参数。再以起始特征线的相邻点和喷口边缘

点计算下游第三点。把这一喷口边缘点的气动参数看作恰为喷口值。

相应于第一个压力增量得到的气动参数的新点和第三点一起来计算第四点及其气动参数。当算至边界时，即压力达到边界压力时，如此算得的每一点坐标和气动参数都贮存于计算机程序的相应数组之中，于是，这一存贮数组完全确定了一条完整的 C_+ 特征线。利用起始特征线的相邻点和算得的各个点，再计算一条新特征线。如此计算下去，直至使用了中心轴线与起始特征线相交点为止。之后，由起始特征线下游中心轴线点开始计算相邻特征线。利用射流上半平面"反射"到下半平面，即利用原有点及其"像点"计算轴线上点。直至算出的点比前一点更接近于左伸特征线的起始点时才停止计算。这时，网格发生扭弯，认为开始产生斜激波。

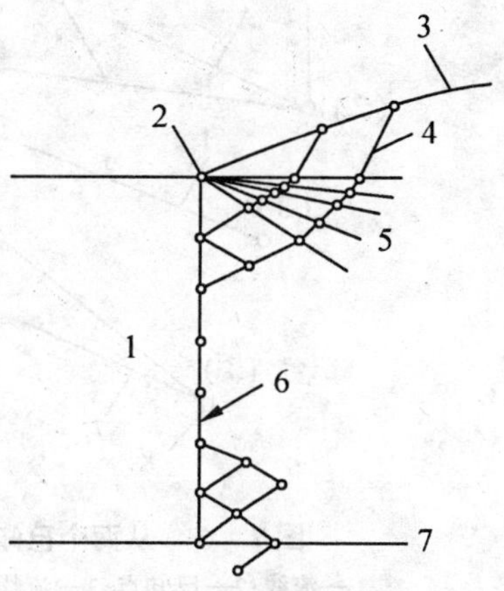

图 7－4　特征线网格

1—喷管；2—喷口边缘；3—边界；4—左伸特征线；5—由任意增压引起的扇形膨胀波族；6—起始线；7—轴线

在第3章中我们曾称上述扭弯处上面的流场为上流场，扭弯处下面的流场为下流场。需要经过两次计算才能确定扭弯处流场的气动参数。先设它的一个可能激波角，用下流场规定点的气动参数代入斜激波关系式。这样，求得的一组气动参数应与上流场相对下游点的气动参数相符。如果不符，则必须重新设定激波角。再计算下去，直至相符为止。

于是，除了对各激波点存贮两组气动参数外，仍按前述方法继续计算下去。当激波与轴线相交或者激波强到使下游流动成为亚音速流时才中止计算。

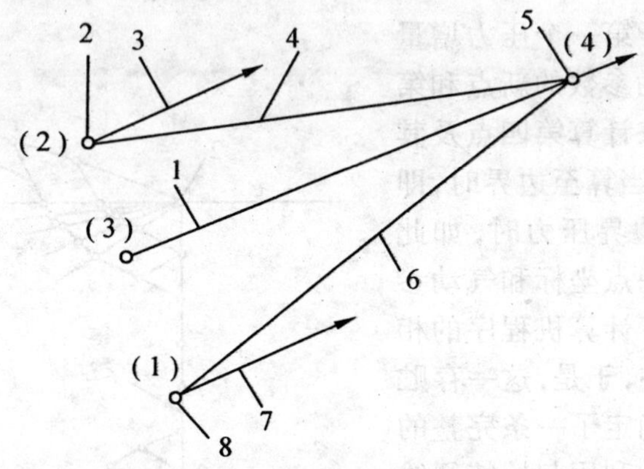

图 7 – 5　从两个已知点确定第三点位置

1— 流线;2— 已知点;3— 流线;4— 右伸特征线;5— 所求点;6— 左伸特征线;7— 流线;8— 已知点

(2) 流场内点计算

在图 7 – 5 中,根据前述计算或初始条件可以知道点 1 和 2 的坐标和气动参数。

以有限差分形式表示式(7 – 47)、(7 – 50)、(7 – 51)、(7 – 52)和(7 – 54))

$$\left(\frac{\Delta r}{\Delta x}\right)_{s.L.} = \frac{\bar{v}_e}{\bar{u}_3} \tag{7-87}$$

$$\left(\frac{\Delta r}{\Delta x}\right)_{L1} = \frac{\bar{u}_1\bar{v}_1 + \bar{a}\sqrt{\bar{u}_1^2 - \bar{a}_1^2 + \bar{v}_1^2}}{\bar{u}_1^2 + \bar{a}_1^2} \tag{7-88}$$

$$\left(\frac{\Delta r}{\Delta x}\right)_{R2} = \frac{\bar{u}_2\bar{v}_2 - \bar{a}_2\sqrt{\bar{u}_2 - \bar{a}_2^2 + \bar{v}_2^2}}{\bar{u}_2^2 + \bar{a}_2^2} \tag{7-89}$$

$$\left[\bar{u}_1\left(\frac{\Delta r}{\Delta x}\right)_{L1}-\bar{v}_1\right]\bar{u}_1 v_4-\left[\bar{u}_1\left(\frac{\Delta r}{\Delta x}\right)_{L1}-\bar{v}_1\right]\bar{v}_1 u_4+$$

$$\frac{1}{\bar{\rho}_1}\left[\bar{v}_1\left(\frac{\Delta r}{\Delta x}\right)_{L1}+\bar{u}_1\right]p_4=x_1 \tag{7-90}$$

$$\left[\bar{u}_2\left(\frac{\Delta r}{\Delta x}\right)_{R2}-\bar{v}_2\right]\bar{u}_2 v_4-\left[\bar{u}_2\left(\frac{\Delta r}{\Delta x}\right)_{R2}-\bar{v}_2\right]\bar{v}_2 u_4+$$

$$\frac{1}{\bar{\rho}_2}\left[\bar{v}_2\left(\frac{\Delta r}{\Delta x}\right)_{R2}+\bar{u}_2\right]p_4=x_2 \tag{7-91}$$

$$\bar{\rho}_3\bar{v}_3 v_4+\bar{\rho}_3\bar{u}_3 u_4+p_4=x_3 \tag{7-92}$$

$$\bar{v}_3 v_4+\bar{u}_3 u_4+h_4=x_4 \tag{7-93}$$

式中

$$x_1=-\left[\bar{u}_1\left(\frac{\Delta r}{\Delta x}\right)_{L1}-\bar{v}_1\right]^2\frac{\bar{v}_1}{\bar{r}_1}(x_4-x_1)+\frac{1}{\rho}\left[\bar{v}_1\left(\frac{\Delta r}{\Delta x}\right)_{L1}+\bar{u}_1\right]p_1+$$

$$\left[\bar{u}_1\left(\frac{\Delta r}{\Delta x}\right)_{L1}-\bar{v}_1\right]\bar{u}_1 v_1+\left[\bar{u}_1\left(\frac{\Delta r}{\Delta x}\right)_{L1}-\bar{v}_1\right]\bar{v}_1 u_1-$$

$$\frac{1}{\bar{\rho}^2}\frac{\partial\bar{\rho}_1}{\partial h_1}\bar{Q}_1\left[\bar{u}_1\left(\frac{\Delta r}{\Delta x}\right)_{L1}-\bar{v}_1\right]^2(x_4-x_1)$$

$$x_2=-\left[\bar{u}_2\left(\frac{\Delta r}{\Delta x}\right)_{R2}-\bar{v}_2\right]^2\frac{\bar{v}_2}{\bar{r}_2}(x_4-x_1)+\frac{1}{\rho_2}\left[\bar{v}_2\left(\frac{\Delta r}{\Delta x}\right)_{R2}+\bar{u}_2\right]p_2+$$

$$\left[\bar{u}_2\left(\frac{\Delta r}{\Delta x}\right)_{R2}-\bar{v}_2\right]\bar{u}_2 v_2+\left[\bar{u}_2\left(\frac{\Delta r}{\Delta x}\right)_{R2}-\bar{v}_2\right]\bar{v}_2 u_2-$$

$$\frac{1}{\bar{\rho}_2^2}\frac{\partial\bar{\rho}_2}{\partial h_2}\bar{Q}_2\left[\bar{u}_2\left(\frac{\Delta r}{\Delta x}\right)_{R2}-\bar{v}_2\right]^2(x_4-x_2)$$

$$x_3=\rho_3+\bar{\rho}_3\bar{v}_3 v_3+\bar{\rho}_3\bar{u}_3 u_3$$

$$x_4=\frac{\bar{Q}_3}{\bar{\rho}_3\bar{u}_3}(x_4-x_3)$$

式中，规定带横杠符号为点 1 和点 4、点 2 和点 4，以及点 3 和点 4 等的气动参数平均值，即

$$\bar{u}_1=\frac{1}{2}(u_1+u_4);$$

$$\bar{u}_2 = \frac{1}{2}(u_2 + u_4);$$

$$\bar{u}_3 = \frac{1}{2}(u_3 + u_4)\text{ 等等。}$$

下标 $s.L.$—— 流线；

下标 $L1$—— 点 1 发出的左伸特征线；

下标 $R2$—— 点 2 发出的右伸特征线。

利用式(7－88)和(7－89)求点4的初始点。除 $\bar{r}$ 以外，最初将带横杠的值取为点 1 和点 2 之值。$\bar{r}$ 值为点 1 和点 2 的径向位置与点 4 的初试径向位置的平均值，即 $\bar{r}_1 = (r_1 + r_4)/2$。先设定通过点 3 和点 4 的流线为通过点 1 和点 2 流线的平均斜率。点 4 的这一斜率和位置初步确定了点 3 的位置，点 1 和点 2 之间的线性插值确定了点 3 的气动参数。式(7－90) ~ (7－93) 与状态方程一起组合成线性代数方程组，解出点 4 的气动参数。

之后，按照带横杠符号的定义设置各式，再计算点 4 的位置，并根据式(7－87)计算流线斜率。

用相同的方法再确定点 3 的位置，再次求解方程组，直至点 4 气动参数的相邻两个值在允许误差范围内才中止迭代。

(3) Prandtl-Meyer 膨胀波族

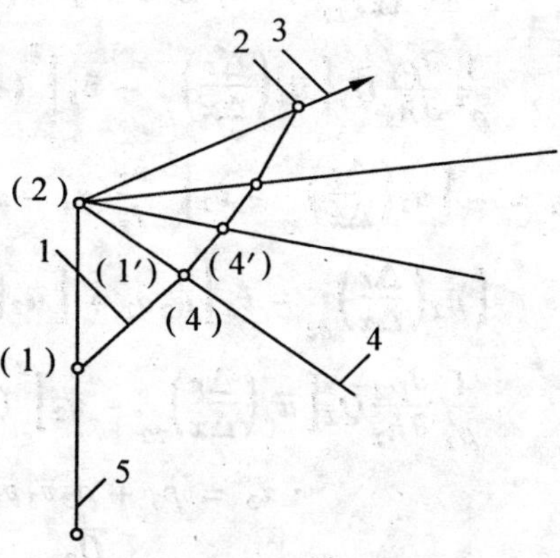

图 7－6　扇形膨胀波结构

1— 左伸特征线；2— 边界点；3— 边界流线；4— 右伸特征线；5— 起始线

讨论图 7－6。设在喷口边缘点 2 有多组气动参数，使压力从喷口边缘压力值连续变化到环境压力。用以下方法组成扇形膨胀波族。

使用起始特征线上给定的参数计算一般流场内点4。在计算点4′之前，必须使用Prandtl-Meyer关系式(7－58)、(7－59)和(7－60)。环境压力和喷口压力之间的压差可以任意分为若干个增量，这个增量的大小决定于所要求的网格尺寸。选用某一种积分方法，如隆格库塔法，在压力增量范围内积分式(7－59)和(7－60)，则在点2可以确定新的速度值。再由式(7－58)直接算得焓。利用点2新参数和点4参数，按照一般流场内点计算确定点4′。

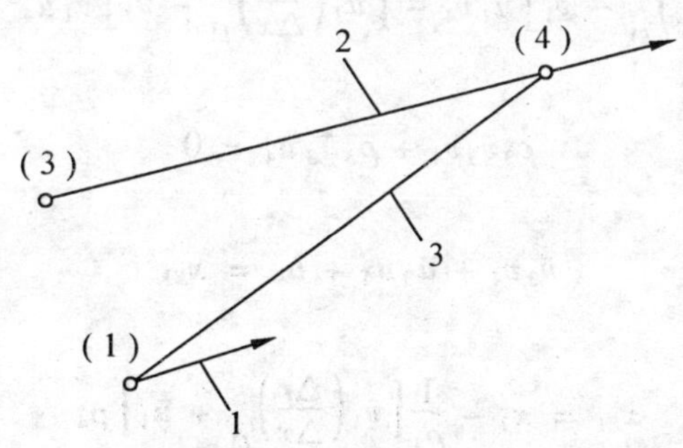

图7－7　由前一个已知边界点和流场点确定下一个边界点位置

1—流线;2—边界流线;3—左伸特征线

在点2达到环境压力时才停止这一方法计算。之后，按一般边界点计算边界点参数。

(4) 边界点计算

可以把图7－7看作图7－5之半，这就是说，因为流线成为边界，所以图7－5中的点2和点4之间的特征线位于关心区域的外侧，需要用两个边界条件来代替所定义的特征线及其参数的两个关系式。

其中有一个条件最为简单，即边界就是流线；而第二个条件是在压力边界上沿边界流线的所有点都有确定的压力，即

$$p = f(x, r, u, v, h)$$

针对这里所研究的情况，边界为自由边界，即

$$p = 常数$$

在边界点计算时需要的差分式为

$$\left(\frac{\Delta r}{\Delta x}\right)_{s.l.} = \frac{\bar{v}_\delta}{\bar{u}_1} \tag{7-94}$$

$$\left(\frac{\Delta r}{\Delta x}\right)_{L1} = \frac{\bar{u}_1\bar{v} + \bar{a}_1\sqrt{\bar{u}_1^2 + \bar{v}_1 - \bar{a}_1^2}}{\bar{u}_1^2 + \bar{a}_1^2} \tag{7-95}$$

$$\left[u_1\left(\frac{\Delta r}{\Delta x}\right)_{L1} - v_1\right]\bar{u}_1 v_4 - \left[\bar{u}_1\left(\frac{\Delta r}{\Delta x}\right)_{L1} - \bar{v}_1\right]\bar{v}_1 u_4 = x_{B1} \tag{7-96}$$

$$\bar{\rho}_3\bar{v}_3 v_4 + \bar{\rho}_3\bar{u}_3 u_4 = 0 \tag{7-97}$$

和

$$\bar{v}_3 v_4 + \bar{u}_3 u_4 + h_4 = x_{B3} \tag{7-98}$$

式中

$$x_{B1} = x_1 - \frac{1}{\rho_1}\left[\bar{v}_1\left(\frac{\Delta r}{\Delta x}\right)_{L1} + \bar{u}_1\right]p_4$$

和

$$x_{B3} = x_4$$

x_1 和 x_4 式与一般流场内点计算一样。除了固定点 3 之外，解法类似于一般流场内点解法。先由式(7-94)和(7-95)初步求得点 4，然后通过式(7-96)、(7-97)和(7-98)的线性组合解出点 4 的参数。再确定带横杠量的新值，按迭代法算

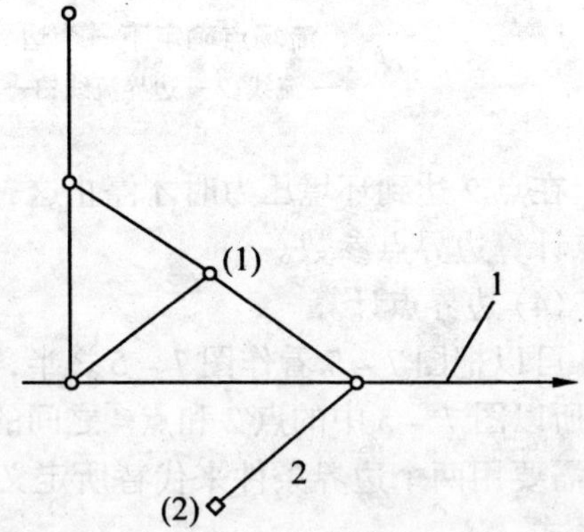

图 7-8　使用反射点确定中心线的位置

1—中心流线；2—像点

下去。

(5) 中心线点

这里是轴对称问题,利用反射法计算中心线点极为简单。按图 7－8 把点 1 反射到下半平面的点 2,则有

$$x_2 = x_1 \quad r_2 = -r_1 \quad u_2 = u_1 \quad v_2 = -v_1 \quad p_2 = p_1 \quad h_2 = h_1$$

而后的算法为一般流场内点算法。

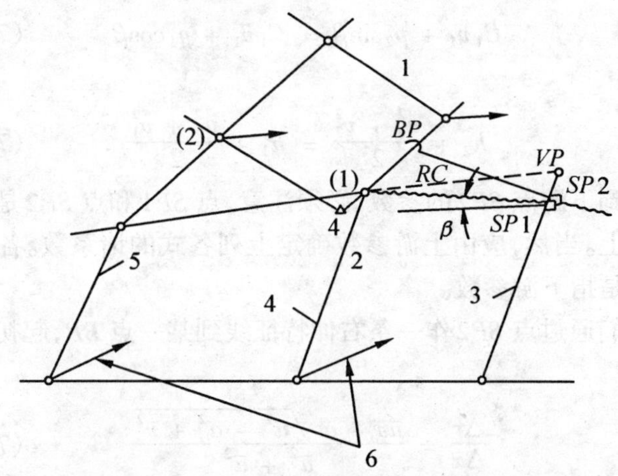

图 7－9　上流场通过激波点与下流场相匹配

1— 上流场;2— 下流场;3— 特征线 C;4— 特征线 B;5— 特征线 A

(6) 相交激波点

在发生图 7－9 所描述的情况时,即点 4 落在点 1 之后以及两条右伸特征线相交时,获得了相交激波开始出现的信号。按理来说,左伸特征线应结束于边界,但是除去点 4 之后,图中特征线 C 结束于虚点(点 VP),而点 1 看作是第一个激波点。

先初设一个激波角 β,使激波线落在点 1 和 VP 之间的特征线右边。若所设激波角 β 使激波线落在左边则不可能求得具有熵增的斜激波关系式之解,这是因为极限激波角是在马赫数线(这里为

特征线）和垂直于上游气流的激波之间，求得激波线与特征线 C 的交点，就可以通过插值得到该交点的参数。这些参数应是激波点（点 $SP1$）的上游参数。

于时，解激波关系式

$$\rho_1 u_2 \sin\beta + \rho_2 v_2 \cos\beta = \rho_1 u_1 \sin\beta + \rho_1 v_1 \cos\beta = C_1 \tag{7-99}$$

$$C_1 u_2 + p_2 \sin\beta = C_1 u_1 + p_1 \sin\beta \tag{7-100}$$

$$C_1 v_1 + p_2 \sin\beta = C_1 v_1 + p_1 \cos\beta \tag{7-101}$$

和

$$h_2 + \frac{u_2^2 + v_2^2}{2} = h_1 + \frac{u_1^2 + v_1^2}{2} \tag{7-102}$$

可以得到下游点 $SP2$ 的参数。必须注意，点 $SP1$ 和点 $SP2$ 是在同一个位置上。当然，应由上游参数确定上列各式的诸系数。各式中的下标 2 是指下游参数。

我们通过点 $SP2$ 作一条右伸特征线到某一点 BP，起初的斜率为

$$\frac{\Delta r}{\Delta x} = \frac{\bar{u}\bar{v} - \bar{a}\sqrt{\bar{u}^2 - \bar{a}^2 + \bar{v}^2}}{\bar{u}^2 + \bar{a}^2} \tag{7-103}$$

式中，带横杠的量先定为点 $SP2$ 之值。求出初始点 BP，并在特征线 B 插得其参数。之后，带横杠值定为点 $SP2$ 和 BP 参数的平均值，再求出新斜率和新位置。如此算下去，直至点 BP 后续位置的变化小于某一允许误差才中止迭代。于是，把带有横杠和 Δ 符号之值代入右伸特征线有限差分形式的相容关系式

$$\left[\bar{u}\left(\frac{\Delta r}{x}\right) - \bar{v}\right]\bar{u}\Delta v - \left[\bar{u}\left(\frac{\Delta r}{\Delta x}\right) - \bar{v}\right]\bar{v}\Delta u + \frac{1}{\rho}\left[\bar{v}\left(\frac{\Delta r}{\Delta x}\right) + \bar{u}\right]\Delta P +$$
$$\left[\bar{u}\left(\frac{\Delta r}{\Delta x}\right) - \bar{v}\right]^2 \frac{\bar{v}}{\bar{r}}\Delta x + \frac{1}{\bar{\rho}^2}\frac{\partial \bar{\rho}}{\partial h}\bar{Q}\left[\bar{u}\left(\frac{\Delta r}{\Delta x}\right) - \bar{v}\right]^2 \Delta x = 0 \tag{7-104}$$

如果不满足上式，则必须重新设定一个激波角，再作迭代，最终使

之满足方程。

如是，再利用点 $SP2$ 的最终参数和沿特征线 B 相邻点的参数计算特征线 C 的相邻点，按以前的算法继续算下去，直至边界。

7.3.7 实例

为了说明非等能解，分别对于具有辐射和没有辐射的两种情况，以及 $Ma = 1.01, p_e/p_a = 8, T_c = 20\,000$ K 和 $r_e = 8$ mm，进行特征线法数值计算。

比较图7－10和7－11，证明辐射对射流形状和相交激波位置的影响很小。但是，对于等马赫数线的移位影响显著。在射流上流

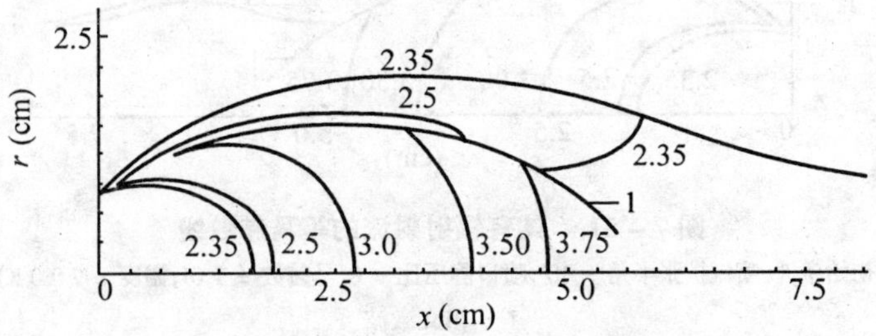

图7－10 没有辐射射流的等马赫数线

(初始条件：喷管扩张半角 ＝ 10°，喷口静压比 ＝ 8，马赫数 ＝ 1.01，温度2 000 K)

1— 相交激波

场的高密度区，这一移位最为显著。该区域因辐射引起的能量损失在确定的位置上增大了马赫数，这是因为辐射趋使温度降低，音速减小，对流速的影响又很小。在射流下流场更为复杂，流线是经过较低马赫数到较高马赫数，之后又返回到较低马赫数。一般来说，气流经过较高马赫数时，具有辐射的就会很快地达到较高马赫数；同理，气流经过较低马赫数时，具有辐射的就会稍许推迟地达到较低马赫数。此处，具有辐射的射流，它的又一个显著影响是使马赫

盘向下游移位，但是，至今这种影响的原因尚不清楚。

气流具有辐射和没有辐射的比较证明了非等能解的实用性。这些比较证明，在较高密度，即在温度 T_c = 15 000 K ~ 20 000 K 的范围内以及喷口压力等于或大于二分之一大气压的射流中，辐射对射流流动有明显的影响。

关于本节所述方法的精度，只能说比较了不计及辐射的计算结果与其他的特征线法解，一致性良好。

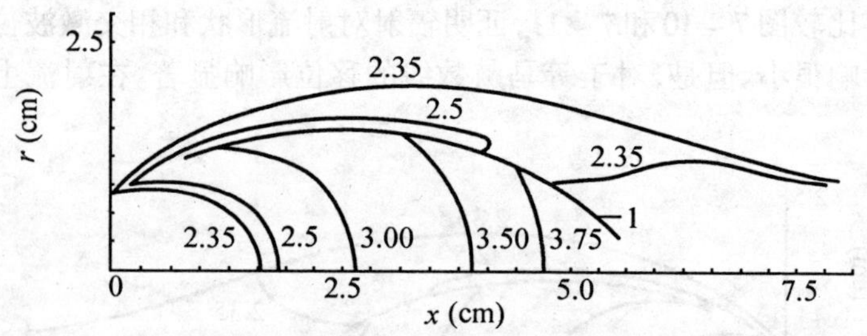

图 7－11　具有辐射射流的等马赫数线

（初始条件：喷口扩张半角 = 10°，喷口静压比 = 8，马赫数 = 1.01，温度 = 2 000 K）

1— 相交激波

7.4　特征－差分法

使用双曲型方程特征线法可以获得相当精确的结果。不足之处就是网格点不规则，而有限差分法的网格点是规则的，这就启发我们把这两种方法杂交。这样既可以充分利用特征线这一有利的条件，又能具有规则的网格。

特征－差分法的基本思想是在给定的网格上由待求点 4 向已知层（n 层，见图 7－12）发出特征线并交于 n 层上，再插值求出这些值，利用特征线和相容方程（即在特征型方程中）求解点 4 的参

数。其网格可以有规则网格和半特征线网格，如图 7－13(a)、(b)、(c) 所示。

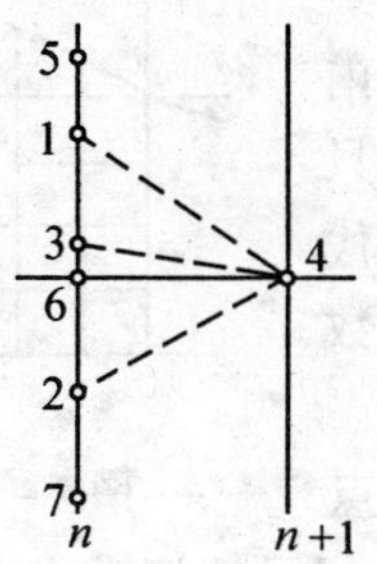

图 7－12　单元简图

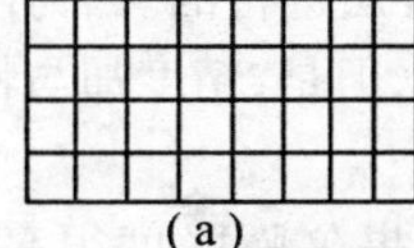
(a)

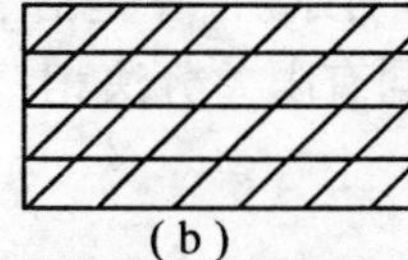
(b)

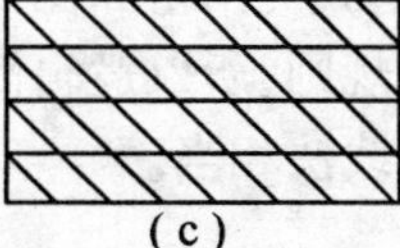
(c)

图 7－13　网格

(a) 规则网格布置；(b) C_{++} 族半特征网格；(c) C_{-} 族半特征网格

特征－差分法的程序步骤为(规则网格)：

① 给点 4 赋初值；

② 求三条特征线与 n 层的交点，插值求出其上参数；

③ 求出平均系数；

④ 解出点 4 参数，并且校核精度；若不符合，则返回第二步迭代计算，直至精度达到要求为止。

对于几个特殊类型点的特殊处理方法，在这里简述如下。

(1) 自由边界点

对自由边界点，我们已知待求点的压力(因为自由边界就是等压边界)，故消去了一个未知量。但是，该点的径向坐标是未知的。

所以,求边界点实际上是一种利用半特征(C_0)坐标网格的解法。程序的第一步是求得点 4 坐标,再进行与内点计算程序一样的迭代,只是点 4 坐标也要不断地迭代修正,并且在求解点 4 参数时要去掉一个相容方程。

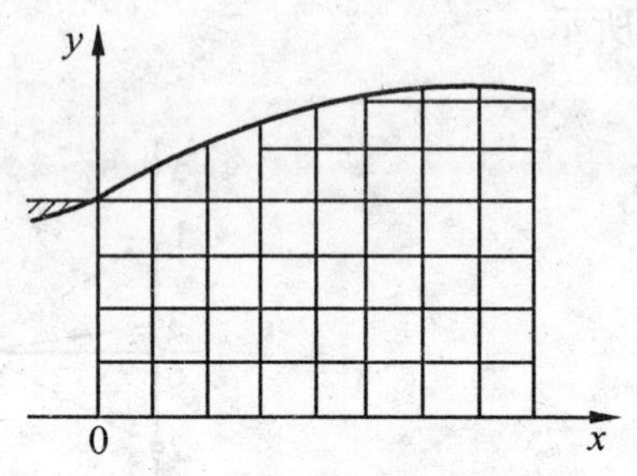

图 7 – 14　规则网格流场

(2) 轴对称点和固壁点

在对称轴和固壁上我们已知流动方向,故可以去掉一个相容方程。步骤同内点计算一样。

有了这些单元点解的算法后,我们可以利用它们来计算射流流场了。网格如图 7 – 14 所示。计算是沿 x 轴逐层进行的。因为网格规则,所以逻辑简单,同有限差分法相差无几,但是,精度却与特征线法相当。

如果欠膨胀度很高,必须考虑激波的话,那末我们可以采用捕获法或嵌入法等等。

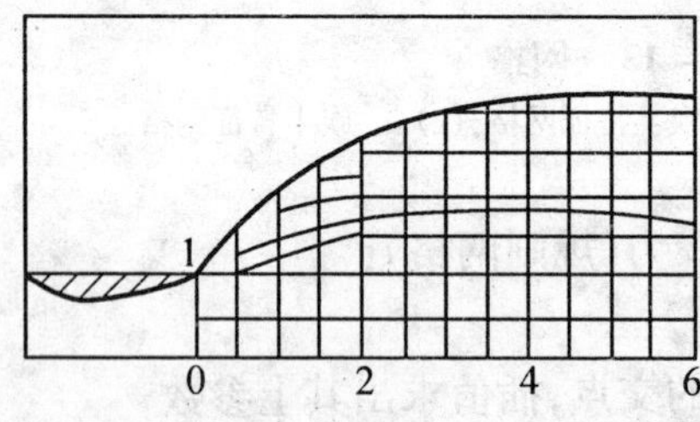

图 7 – 15　混合网格激波装配网格分布

在欠膨胀射流中激波是必须加以考虑的,但是激波间断的出现给计算带来了很大的困难。为了正确地嵌入激波,在 1984 年我们用混合网格浮动地嵌入激波。其基本思想是在可能出现激波的地方使用半特征(C_-)坐标,由同族特征线相交捕获到激波,从而自然嵌入激波,如图 7 – 15 所示。

激波起始点的确定本着“宁可早装激波”的原则,在同族特征线中最早接近到 0.2 网格步长的地方装上激波,并由激波间断关系求出激波前后的参数。

此格式的精度略低于特征线法。在图 7－16 中对于一些欠膨胀射流的实例给出了理论值与实验结果的比较。

数值方法给射流研究带来了极大的便利和优越性，使许多原来难以解决的问题可以得到解决。射流的数值研究有着十分广阔的前景。在这里，我们仅介绍了几种方法和我们所做的部分工作。更进一步的研究可以参考本书给出的参考文献。

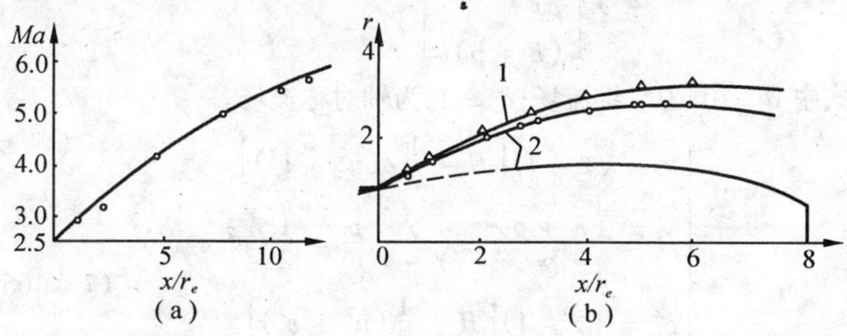

图 7－16　计算值与实验结果的比较

(a) 轴心马赫数的比较 ○ 实验值 － 计算值；(b) 自由边界的比较 △，○ 实验值 － 计算值

1—$\theta_e = 15°, Ma_e = 2.2, p_e/p_a = 7.8, \gamma = 1.23$;

2—$\theta_e = 15°, Ma_e = 2.7, p_e/p_u = 3.4, \gamma = 1.23$

7.5　二维(含轴对称)燃气射流流场计算的 TVD 有限体积法

7.5.1　基本方程

$$\frac{\partial U}{\partial t} + \frac{\partial F(U)}{\partial x} + \frac{\partial G(U)}{\partial y} = H(U) \qquad (7-105)$$

$$U = \begin{bmatrix} \rho \\ m \\ n \\ E \end{bmatrix}; F(U) = \begin{bmatrix} m \\ p + \rho u^2 \\ mv \\ (E+p)u \end{bmatrix}; G(U) = \begin{bmatrix} n \\ nu \\ p + \rho v^2 \\ (E+p)v \end{bmatrix};$$

$$H(U) = -\frac{1}{2}\frac{\delta}{\gamma}\begin{bmatrix} \rho v \\ \rho uv \\ \rho v^2 \\ (E+p)v \end{bmatrix}$$

式中 $\delta = 0$,为二维流场;$\delta = 1$,为轴对称流场。

$$\begin{cases} p = (\gamma - 1)\left[E - \frac{1}{2}\rho(u^2 + v^2)\right] \\ H = \frac{(E+p)}{\rho} = \frac{\gamma}{\gamma - 1}\frac{p}{\rho} + \frac{1}{2}(u^2 + v^2) \\ c^2 = (\gamma - 1)\left[H - \frac{1}{2}(u^2 + v^2)\right] \\ E = \frac{p}{\gamma - 1} + \frac{\rho(u^2 + v^2)}{2} \end{cases} \tag{7-106}$$

式中守衡变量 ρ, m, n, E 分别表示混合流的密度、沿 x 向的动量、沿 γ 向的动量和总能量。u, v, p 分别为沿 x 向的速度、沿 γ 向的速度和混合流的压力。γ 表示轴对称流动时的径向坐标,γ 为比热比,H 为混合流的焓,c 为当地音速。

基本方程的无量纲化处理为

$$\bar{t} = t/t_0, \bar{x} = x_0, \bar{y} = \gamma/r_0$$

辅助变量无量纲化处理为

$$\bar{\mu} = \sqrt{\gamma}\mu/a_\infty, \bar{v} = \sqrt{\gamma}v/a_\infty, \bar{p} = p/p_\infty, \bar{\rho} = \rho/\rho_\infty, \bar{E} = E\gamma/a_\infty^2$$

其中 $t_0 = \sqrt{\gamma}r_0/a_\infty$。

7.5.2 二维 Euler 方程的 TVD 格式

五点的 Harten TVD 格式是在均匀网格上具有二阶精度的 TVD

格式，在实际计算时，网格分布可能是不均匀的，由于网格的不均匀将导致格式计算精度的下降，因此需要在 Harten TVD 格式中加入修正网格不均匀影响的通量修正项，以保证差分格式的精度。

对于二维的 Euler 方程，采用算子分裂技术得出的差分格式为

$$U_{i,j}^{n+2} = L_x L_y L_y L_x U_{i,j}^{n} \tag{7-107}$$

式中算子 L_x，L_y 分别为下列一维的二阶差分 TVD 算子

$$\begin{cases} L_x: U_t + f(U)_x = 0 \\ L_y: U_t + g(U)_y = 0 \end{cases} \tag{7-108}$$

以 x 向为例，y 向的计算变换下标即可。

$$L_x U_{i,j}^{n}: U_{i,j}^{n+1} = U_{i,j}^{n} - \lambda(\bar{f}_{i+1/2,j} - \bar{f}_{i-1/2,j}) \tag{7-109}$$

式中 $\lambda_i = \dfrac{\Delta t}{\Delta x_i}$，$\Delta t$ 为时间步长，Δx_i 为 x 向网格步长。

$$\bar{f}_{i+1/2,j} = \frac{1}{2}\left\{(f_{i+1,j} + f_{i,j}) - (f_{i+1,j} + f_{i,j}) \cdot \frac{\Delta x_{i+1} - \Delta x_i}{\Delta x_{i+1} + \Delta x_i} - \frac{1}{\lambda_i}\sum_{k=1}^{4} \beta_{i+1/2,j}^{k} R_{i+1/2,j}^{k}\right\} \tag{7-110}$$

式中 $\Delta x_{i+1} = x_{i+1} - x_i$，上式右端第二大项为修正网格不均匀引起的通量变化。

$$\beta_{i+1/2,j}^{k} = Q(v_{i+1/2,j}^{k} + \gamma_{i+1/2,j}^{k})\alpha_{i+1/2,j}^{k} - (g_{i+1}^{k} + g_{i}^{k}) \tag{7-111}$$

式中 $v_{i+1/2,j}^{k} = \lambda_i a_{i+1/2,j}^{k}$，$\alpha_{i+1/2,j}^{k}(k = 1,2,3,4)$ 为 Jacobian 矩阵 $A(U)$ 的特征值

$$\begin{cases} \{a\}_{i+1/2,j} = [u - c \quad u \quad u + c \quad u]_{i+1/2,j}^{\mathrm{T}} \\ \{a\}_{i,j+\frac{1}{2}} = [v - c \quad v \quad v + c \quad v]_{i,j+\frac{1}{2}}^{\mathrm{T}} \end{cases} \tag{7-112}$$

式中 c 为音速。$\beta_{i+1/2,j}^{k}$ 中的 $Q(x)$ 为数值粘性系数，其形式为

$$Q(x) = \begin{cases} \frac{1}{2}(x^2/\varepsilon + \varepsilon); & |x| < \varepsilon \\ |x|; & |x| \geqslant \varepsilon \end{cases} \tag{7-113}$$

常数 ε 取 0.1 ~ 0.5 之间。Jacobian 矩阵 $\boldsymbol{A}(U)$ 的右特征向量矩阵

$$[R_{i+1/2,j}^{k}] = \begin{bmatrix} 1 & 1 & 1 & 0 \\ u-c & u & u+c & 0 \\ v & v & v & 1 \\ H-uc & \frac{1}{2}(u^2+v^2) & H+uc & v \end{bmatrix}_{i+1/2,j}$$

$$[R_{i,j+1/2}^{k}] = \begin{bmatrix} 1 & 1 & 1 & 0 \\ u & u & u & 0 \\ v-c & v & v+c & 0 \\ H-vc & \frac{1}{2}(u^2+v^2) & H+vc & u \end{bmatrix}_{i,j+1/2} \tag{7-114}$$

$$\begin{Bmatrix} \alpha_{i+1/2,j}^{1} \\ \alpha_{i+1/2,j}^{2} \\ \alpha_{i+1/2,j}^{3} \\ \alpha_{i+1/2,j}^{4} \end{Bmatrix} = \begin{Bmatrix} \frac{1}{2}(aa-bb) \\ \Delta_{i+1/2,j}\rho - aa \\ \frac{1}{2}(aa+bb) \\ \Delta_{i+1/2,j}n - v_{i+1/2,j}\Delta_{i+1/2,j}\rho \end{Bmatrix} \tag{7-115}$$

$$\begin{cases} \Delta_{i+1/2,j}\rho = \rho_{i+1,j} - \rho_{i,j} \\ \Delta_{i+1/2,j}m = m_{i+1,j} - m_{i,j} \\ \Delta_{i+1/2,j}n = n_{i+1,j} - n_{i,j} \\ \Delta_{i+1/2,j}E = E_{i+1,j} - E_{i,j} \end{cases} \tag{7-117}$$

同样

$$\begin{Bmatrix} \alpha_{i,j+1/2}^{1} \\ \alpha_{i,j+1/2}^{2} \\ \alpha_{i,j+1/2}^{3} \\ \alpha_{i,j+1/2}^{4} \end{Bmatrix} = \begin{Bmatrix} \frac{1}{2}(cc-dd) \\ \Delta_{i,j+1/2}\rho - cc \\ \frac{1}{2}(cc+dd) \\ \Delta_{i,j+1/2}m - u_{i+1/2,j}\Delta_{i,j+1/2}\rho \end{Bmatrix} \tag{7-118}$$

$$\begin{cases}\Delta_{i,j+1/2}\rho = \rho_{i,j+1} - \rho_{i,j} \\ \Delta_{i,j+1/2}m = m_{i,j+1} - m_{i,j} \\ \Delta_{i,j+1/2}n = n_{i,j+1} - n_{i,j} \\ \Delta_{i,j+1/2}E = E_{i,j+1} - E_{i,j}\end{cases} \tag{7-116}$$

其中

$$\begin{cases} aa = \dfrac{(\gamma-1)}{c^2}\left[\dfrac{1}{2}(u_{i+1,j}^2 + v_{i+1,j}^2)\Delta_{i+1,j}\rho - u_{i+1,j}\Delta_{i+1,j}m - \right. \\ \qquad \left. v_{i+1,j}\Delta_{i+1,j}n + \Delta_{i+1,j}E\right] \\ bb = \dfrac{1}{c}\left[\Delta_{i+1/2,j}m - u_{i+1/2,j}\Delta_{i+1/2,j}\rho\right] \\ cc = \dfrac{(\gamma-1)}{c^2}\left[\dfrac{1}{2}(u_{i,j+1}^2 + v_{i+1/2,j}^2)\Delta_{i,j+1/2}\rho - u_{i,j+1/2}\Delta_{i+1,j}m - \right. \\ \qquad \left. v_{i+1,j}\Delta_{i+1,j}n + \Delta_{i+1,j}E\right] \\ dd = \dfrac{1}{c}\left[\Delta_{i+1/2,j}n - v_{i+1/2,j}\Delta_{i+1/2,j}\rho\right] \end{cases} \tag{7-119}$$

g 通量的计算方法

$$g_i^k = \bar{g}_i^k + \theta_i^k \bar{\bar{g}}_i^k$$

$$\bar{g}_i^k = S_{i+1/2}^k \max[0, \min(|\tilde{g}_{i+1/2}^k|, \tilde{g}_{i-\frac{1}{2}}^k S_{i+1/2}^k] \tag{7-120}$$

$$\tilde{g}_{i+1/2}^k = \frac{1}{2}[Q(v_{i+1/2,j}^k) - (v_{i+1/2,j}^k)^2]\alpha_{i+1/2,j}^k$$

$$S_{i+1/2}^k = \operatorname{sgn}(\tilde{g}_{i+1/2}^k) \tag{7-121}$$

$$\gamma_{i+1/2}^k = \begin{cases}(\bar{g}_{i+1}^k - \bar{g}_i^k)/\alpha_{i+1/2,j}^k;\ \alpha_{i+1/2,j}^k \neq 0 \\ 0;\ \alpha_{i+1/2,j}^k = 0\end{cases}$$

$$\bar{\bar{g}}_i^k = S^k \max[0, \min(S^k \sigma_{i-1/2}^k \alpha_{i+1/2,j}^k, \sigma_{i+1/2}^k |\alpha_{i+1/2,j}^k|)]$$

$$S_{i+1/2}^k = \operatorname{sgn}(\alpha_{i+1/2,j}^k) \tag{7-122}$$

$$\sigma_{i+1/2}^k = \frac{1}{2}[1 - Q(v_{i+1/2,j}^k)]$$

$$\theta_i^k = \frac{\left|\alpha_{i+1/2,j}^k - \alpha_{i-1/2,j}^k\right|}{\left|\alpha_{i+1/2,j}^k\right| + \left|\alpha_{i-1/2,j}^k\right|}$$

以上各式中的 Roe 线性化平均为

$$\bar{u}_{i+1/2,j} = \frac{\bar{D}u_{i+1,j} + u_{i,j}}{\bar{D} + 1}, \bar{v}_{i+1/2,j} = \frac{\bar{D}v_{i+1,j} + v_{i,j}}{\bar{D} + 1}$$

$$\bar{H}_{i+1/2,j} = \frac{\bar{D}H_{i+1,j} + H_{i,j}}{\bar{D} + 1}$$

$$\bar{c}_{i+1/2,j} = \sqrt{(\gamma - 1)\left[\bar{H}_{i+1/2,j} - \frac{1}{2}\left(u_{i+1/2,j}^2 + v_{i+1/2,j}^2\right)\right]}$$

$$\bar{D} = \sqrt{\rho_{i+1,j}/\rho_{i,j}} \tag{7-123}$$

7.5.3 二维(含轴对称)TVD 有限体积法

对于二维有限体积法,其思想是在物理平面内将计算区域离散成许多微元面,在各微元面上积分 Euler 方程,再利用 Green 公式将面积分变换成线积分形式,最后将积分方程进行数值离散求解。用任意四边形网格划分的计算区域网格如图 7-17 所示。

在微元(i,j)上积分 Euler 方程,有

$$\int_{\Delta S}\frac{\partial U}{\partial t} + \int_{\Delta S}\left(\frac{\partial F}{\partial x} + \frac{\partial G}{\partial y}\right)\mathrm{d}S = \int_{\Delta S}H\mathrm{d}S \tag{7-124}$$

利用 Green 公式变换上式左边第二个积分项,有

$$\frac{\partial}{\partial t}\int_{\Delta S}U\mathrm{d}S + \int(F\mathrm{d}y - G\mathrm{d}x) = \int_{\Delta S}H\mathrm{d}S \tag{7-125}$$

取时间方向为一阶精度,则上式可以离散为

$$U_{i,j}^{n+1} = U_{i,j}^n - \frac{\Delta t}{\Delta S_{i,j}}\sum_{k=1}^{4}\left(F_{i,j}^k\Delta y^k - G_{i,j}^k\Delta x^k\right) + H_{i,j}^n\Delta t \tag{7-126}$$

式中 $U_{i,j}^k, H_{i,j}^k$ 是取微元中心点的值;通量 $F_{i,j}^k, G_{i,j}^k$ 是在该微元第k边上的通量;$\Delta S_{i,j}$ 为该微元的面积;Δx^k 及 Δy^k 是按逆时针方向计

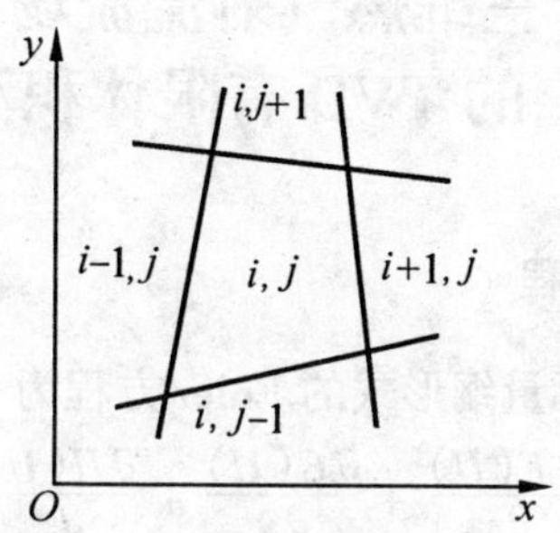

图7-17　二维有限体积网格示意图

算的第 k 边边长的 x 向及 y 向分量。

某边的外法线是这样定义与计算的。设外法线 $\boldsymbol{n}^k$ 沿 x,y 向的分量为 n_x^k、n_y^k，Δx^k、Δy^k 是该边长沿 x 向和 y 向的分量，则

$$\begin{cases} n_x^k = \dfrac{\Delta y^k}{\sqrt{(\Delta x^k)^2 + (\Delta y^k)^2}} \\ n_y^k = \dfrac{\Delta x^k}{\sqrt{(\Delta x^k)^2 + (\Delta y^k)^2}} \end{cases} \tag{7-127}$$

如果 $|n_x^k|$ 远大于 $|n_y^k|$，则忽略掉第 k 边的 y 向通量。

如果 $|n_y^k|$ 远大于 $|n_x^k|$，则忽略掉第 k 边的 x 向通量。

计算的时间步长 Δt 按照CFL条件确定

$$\Delta t = \frac{C\sqrt{\Delta x^2 + \Delta y^2}}{|u\mathrm{d}y - v\mathrm{d}x| + c\sqrt{\Delta x^2 + \Delta y^2}} \tag{7-128}$$

取全场之中的最小时间步长为时间推进步长，即

$$\Delta t = \min(\Delta t_{i,j} | i = 1 - i_{\max}, j = 1 - j_{\max}) \tag{7-129}$$

式中，C 为CFL数；c 为音速；u,v 为速度沿 x 和 y 方向的分量；Δx，Δy 为单元的 x 和 y 方向网格步长。

7.6 三维燃气射流流场计算的 TVD 有限体积法

7.6.1 基本方程

三维守恒型的无量纲形式的 Euler 方程为

$$\frac{\partial U}{\partial t}+\frac{\partial F(U)}{\partial x}+\frac{\partial G(U)}{\partial y}+\frac{\partial H(U)}{\partial z}=0 \qquad (7-130)$$

$$U=\begin{bmatrix}\rho\\ \rho u\\ \rho v\\ \rho w\\ E\end{bmatrix};F(U)=\begin{bmatrix}\rho u\\ \rho u^2+p\\ \rho uv\\ \rho uw\\ u(E+p)\end{bmatrix};G(U)=\begin{bmatrix}\rho v\\ \rho uv\\ \rho v^2+p\\ \rho vw\\ v(E+p)\end{bmatrix};$$

$$H(U)=\begin{bmatrix}\rho w\\ \rho uw\\ \rho vw\\ \rho w^2+p\\ w(E+p)\end{bmatrix} \qquad (7-131)$$

式中各变量同二维情况，w 表示 z 方向的速度分量。

状态方程及辅助方程为

$$p=(\gamma-1)\left[E-\frac{1}{2}\rho(u^2+v^2+w^2)\right]$$

$$H=\frac{(E+p)}{\rho}=\frac{\gamma}{\gamma-1}\frac{p}{\rho}+\frac{1}{2}(u^2+v^2+w^2) \qquad (7-132)$$

$$c^2=(\gamma-1)\left[H-\frac{1}{2}(u^2+v^2+w^2)\right]$$

以上方程的无量纲化处理为

$$x = \bar{x}/L_0,\ y = \bar{y}/L_0,\ z = \bar{z}/L_0$$

$$t = \bar{t}/L_0,\ u = \sqrt{\gamma_0}\,\bar{u}/a_0,\ v = \sqrt{\gamma_0}\,L_0/a_0$$

$$w = \sqrt{\gamma_0}\,\bar{w}/a_0,\ t_0 = \sqrt{\gamma_0}\,L_0/a_0,\ p = \bar{p}/p_0,\ \rho = \bar{\rho}/\rho_0$$

其中,形式 $\bar{b}$—— 有量纲量;

L_0—— 特征长度;

γ_0—— 未扰空气(或来流)的比热比;

ρ_0, p_0—— 未扰空气(或来流)的密度,压力(有量纲量);

a_0—— 未扰空气(或来流)的音速(有量纲量)。

7.6.2　三维 TVD 有限体积法

本节主要介绍三维流场的 TVD 有限体积法求解。其中包括基本方程的形式和组成、辅助方程以及 TVD 格式的推导和网格的生成等所有与 TVD 格式有关的问题。

根据有限体积法的思想,将三维流场的计算区域离散为一系列任意六面体微元,如图 7 – 18 所示。

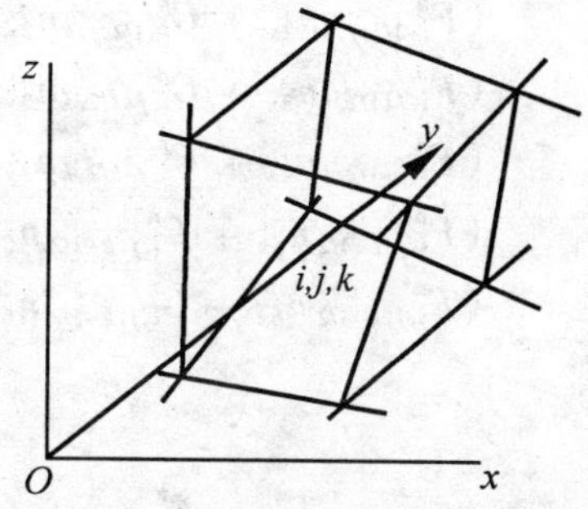

图 7 – 18　三维有限体积网格示意图

以微元(i,j,k)为例,在微元上积分守恒方程,则有

$$\int_{\Delta V}\frac{\partial U}{\partial t}\mathrm{d}V + \int_{\Delta V}\frac{\partial F(U)}{\partial x}\mathrm{d}V + \int_{\Delta V}\frac{\partial g(U)}{\partial y}\mathrm{d}V + \int_{\Delta V}\frac{\partial H(U)}{\partial z}\mathrm{d}V \tag{7-133}$$

运用 Green 定理,上式变换为

$$\int_{\Delta V}\frac{\partial U}{\partial t} + \int(F(U)n_x + G(U)n_y + H(U)n_z)\mathrm{d}S = 0 \tag{7-134}$$

式中 n_x, n_y, n_z 为微元格侧面外法线矢量 $\boldsymbol{n}$ 的坐标分量，ΔV 为控制体微元的体积，S 为微元外表面面积。

式中认为在格单元内的流动参数分布是均一的，以控制单元中心点(i,j,k)的值表示，格侧面上的流动参数分布是均一的，且以各面上控制点处的值表示。

当时间方向取一阶精度时，离散式

$$U_{i,j,k}^{n+1} = U_{i,j,k}^{n} - \frac{\Delta t}{\Delta V}\sum_{l=1}^{6}(F_l^n n_{lx} + G_l^n n_{ly} + H_l^n n_{lz})\Delta S_l \tag{7-135}$$

式中$(F_l^n n_{lx} + G_l^n n_{ly} + H_l^n n_{lz})$表示通过第 l 侧面的通量。如用半节点号表示在侧面上的值，则

$$\begin{aligned} U_{i,j,k}^{n+1} = U_{i,j,k}^{n} - \frac{\Delta t}{\Delta V}&(F_{i+1/2,j,k}^{n} n_{1x} + G_{i+1/2,j,k}^{n} n_{1y} + H_{i+1/2,j,k}^{n} n_{1y})\Delta S_1 + \\ &(F_{i-1/2,j,k}^{n} n_{2x} + G_{i-1/2,j,k}^{n} n_{2y} + H_{i-1/2,j,k}^{n} n_{2y})\Delta S_2 + \\ &(F_{i,j+1/2,k}^{n} n_{3x} + G_{i,j+1/2,k}^{n} n_{3y} + H_{i,j+1/2,k}^{n} n_{3y})\Delta S_3 + \\ &(F_{i,j-1/2,k}^{n} n_{4x} + G_{i,j-1/2,k}^{n} n_{4y} + H_{i,j-1/2,k}^{n} n_{4y})\Delta S_4 + \\ &(F_{i,j,k+1/2}^{n} n_{5x} + G_{i,j,k+1/2}^{n} n_{5y} + H_{i,j,k+1/2}^{n} n_{5y})\Delta S_5 + \\ &(F_{i,j,k-1/2}^{n} n_{6x} + G_{i,j,k-1/2}^{n} n_{6y} + H_{i,j,k-1/2}^{n} n_{6y})\Delta S_6 \end{aligned} \tag{7-136}$$

令

$$\boldsymbol{T}_l^n = F_l^n \cdot \boldsymbol{i} + G_l^n \cdot \boldsymbol{j} + H_l^n \cdot \boldsymbol{k}$$

其中，$\boldsymbol{i}, \boldsymbol{j}, \boldsymbol{k}$ 是沿坐标轴方向的单位矢量。可以得出各侧面的通量为

$$(F_l^n \cdot n_{lx} + G_l^n \cdot n_{ly} + H_l^n \cdot n_{lz}) = \boldsymbol{T}_l^n \cdot \boldsymbol{n}_l$$

各侧面的通量计算，根据二维 TVD 有限体积法求解各微元边上数值通量的思想，将各侧面的通量分解成沿坐标轴方向的三个分量，各分量分别由二阶 TVD 格式来求解。本节运用的 TVD 格式，仍是修正的 Harten TVD 格式，为简单起见，在本节中不再具体写出相应的三维 TVD 格式，只给出 TVD 有限体积法所需要的相应的

通量计算形式。

三维 Euler 方程的 Jacobian 矩阵为

$$A(U)=\frac{\partial F(U)}{\partial U};B(U)=\frac{\partial G(U)}{\partial U};C(U)=\frac{\partial H(U)}{\partial U} \tag{7-137}$$

这里不作具体数学推导(详见气体动力学书籍)。

以 $F_{i+1/2,j}$ 为例可以给出相应的三维 TVD 有限体积法通量计算公式。

$$F_{i+1/2,j,k}=\frac{1}{2}\left\{F_{i,j,k}+F_{i+1,j,k}-\left[F_{i,j,k}+F_{i+1,j,k}\right]\frac{\Delta x_{i+1}-\Delta x_i}{\Delta x_{i+1}+\Delta x_i}-\frac{1}{\lambda_i}\sum_{l=1}^{5}\beta_{i+1/2,j,k}^{l}R_{i+1/2,j,k}^{l}\right\} \tag{7-138}$$

其中 $\lambda_i=\Delta t/\Delta x$;$\Delta x_{i+1}=x_{i+1,j,k}-x_{i,j,k}$;$\Delta x_i=x_{i,j,k}-x_{i-1,j,k}$。为了形式简单,以下叙述省略 y 向、z 向下标 j 及 k

$$\begin{cases}\beta_{i+1/2}^{l}=Q(v_{i+1/2}^{l}+\gamma_{i+1/2}^{l})\alpha_{i+1/2}^{l}-(g_i^l+g_{i+1}^{l})\\ v_{i+1/2}^{l}=\lambda_i\alpha_{i+1/2}^{l}\end{cases} \tag{7-139}$$

$a_{i+1/2}^{l}$ 是 Jacobian 矩阵 $\boldsymbol{A}(U)$ 的特征值。

$$\begin{cases}a_{i+1/2}^{1}=\bar{u}_{i+1/2}-\bar{c}_{i+1/2}\\ a_{i+1/2}^{2}=\bar{u}_{i+1/2}\\ a_{i+1/2}^{3}=\bar{u}_{i+1/2}+\bar{c}_{i+1/2}\\ a_{i+1/2}^{4}=\bar{u}_{i+1/2}\\ a_{i+1/2}^{5}=\bar{u}_{i+1/2}\end{cases} \tag{7-140}$$

$$g_i^k=\bar{g}_i^k+\theta_i^k\bar{\bar{g}}_i^k \tag{7-141}$$

$$\bar{g}_i^k=S_{i+1/2}^{k}\max[0,\min(|\tilde{g}_{i+1/2}^{k}|,\tilde{g}_{i+1/2}^{k}S_{i+1/2}^{k}]$$

$$\tilde{g}_{i+1/2}^{k}=\frac{1}{2}[Q(v_{i+1/2,j}^{k})-(v_{i+1/2,j}^{k})^2]\alpha_{i+1/2,j}^{k}$$

$$S_{i+1/2}^{k}=\mathrm{sgn}(\tilde{g}_{i+1/2}^{k}) \tag{7-142}$$

$$\gamma_{i+1/2}^{k} = \begin{cases} (\overset{-k}{g}_{i+1} - \overset{-k}{g}_{i}) / \alpha_{i+1/2,j}^{k}; \alpha_{i+1/2,j}^{k} \neq 0 \\ 0; \alpha_{i+1/2,j}^{k} = 0 \end{cases}$$

$$\overset{=k}{g}_{i} = S^{k} \max[0, \min(S^{k} \sigma_{i+1/2}^{k} \alpha_{i+1/2,j}^{k}, \sigma_{i+1/2}^{k} | \alpha_{i+1/2,j}^{k} |)]$$

$$S^{k} = \mathrm{sgn}(\alpha_{i+1/2,j}^{k}) \tag{7-143}$$

$$\sigma_{i+1/2}^{k} = \frac{1}{2}[1 - Q(v_{i+1/2,j}^{k})]$$

$$\theta_{i}^{k} = \frac{| \alpha_{i+1/2,j}^{k} - \alpha_{i-1/2,j}^{k} |}{| \alpha_{i+1/2,j}^{k} | + | \alpha_{i+1/2,j}^{k} |}$$

定义

$$\Delta U_{i+1/2} = R_{i+1/2} \cdot \alpha_{i+1/2}$$

则

$$\alpha_{i+1/2} = R_{i+1/2}^{-1} \cdot \Delta U_{i+1/2}$$

式中 $R_{i+1/2}$——$A(U)$ 的右特征矩阵；

$R_{i+1/2}^{-1}$——$A(U)$ 的左特征矩阵。

右特征向量矩阵为

$$[R_{i+1/2,j}^{k}] = \begin{bmatrix} 1 & 1 & 1 & 0 & 0 \\ u-c & u & u-c & 0 & 0 \\ v & v & v & 1 & 0 \\ w & w & w & 0 & 1 \\ H-uc & \frac{1}{2}(u^2+v^2+w^2) & H+uc & v & w \end{bmatrix} \tag{7-144a}$$

$$[R_{i,j+1/2}^{k}] = \begin{bmatrix} 1 & 1 & 1 & 0 & 0 \\ u-c & u & u-c & 0 & 0 \\ v & v & v & 1 & 0 \\ w & w & w & 0 & 1 \\ H-uc & \frac{1}{2}(u^2+v^2+w^2) & H+uc & v & w \end{bmatrix}_{i,j+1/2} \tag{7-144b}$$

$$\begin{cases} \alpha^1_{i+1/2} = \frac{1}{2}(c1 - c2) \\ \alpha^2_{i+1/2} = [\rho]_{i+1/2} - c1 \\ \alpha^3_{i+1/2} = \frac{1}{2}(c1 + c2) \\ \alpha^4_{i+1/2} = [\rho v]_{i+1/2} - v_{i+1/2}[\rho]_{i+1/2} \\ \alpha^5_{i+1/2} = [\rho w]_{i+1/2} - w_{i+1/2}[\rho]_{i+1/2} \end{cases} \tag{7-145}$$

式中，

$$\begin{cases} c1 = (\gamma - 1)\Big\{[E]_{i+1/2} + \frac{1}{2}\bar{q}_{i+1/2}[\rho]_{i+1/2} - \bar{u}_{i+1/2}[\rho u]_{i+1/2} \\ \qquad - \bar{v}_{i+1/2}[\rho v]_{i+1/2} - \bar{w}_{i+1/2}[\rho w]_{i+1/2}\Big\}/\bar{c}^2_{i+1/2} \\ c2 = \{[\rho u]_{i+1/2} - u_{i+1/2}[\rho]_{i+1/2}\}/\bar{c}_{i+1/2} \end{cases} \tag{7-146}$$

式中

$$\bar{q}_{i+1/2} = \frac{1}{2}(\bar{u}^2_{i+1/2} + \bar{v}^2_{i+1/2} + \bar{w}^2_{i+1/2})$$

以上各式中形式$[b]_{i+1/2} = b_{i+1} - b_i$，表示 b 取 Roe 线化平均。

按上述同样方法，可以求出该面 y 向和 z 向通量 $G_{i+1/2,j,k}$ 及 $H_{i+1/2,j,k}$。同理可以求出其余各面的通量，这里不再赘述。

7.6.3　时间步长与收敛精度

这里的 TVD 有限体积法是显式齐步走格式，即在某时间层 n 上全流场的时间步长 Δt 取相同的。全场的 Δt 取为各点当地时间步长 $\Delta t_{i,j,k}$ 中的最小值。

$$\Delta t_{i,j,k} = \frac{\Delta V_{i,j,k}}{\lambda_{i,j,k}} \tag{7-147}$$

式中 $\Delta V_{i,j,k}$ 为微元体积，$\lambda_{i,j,k} = \max(\lambda_1, \lambda_2, \lambda_3, \lambda_4, \lambda_5, \lambda_6)$，$\lambda_i$ 是各侧面上的特征谱半径。

$$\lambda_i = \theta_i + c_i \cdot \Delta S_i$$

$$\theta_i = \left| \Delta S_i^1 \cdot u_i + \Delta S_i^2 \cdot v_i + \Delta S_i^3 \cdot w_i \right|$$
$$\Delta S_i^1 = n_{ix} \cdot \Delta S_i, \Delta S_i^2 = n_{iy} \cdot \Delta S_i, \Delta S_i^3 = n_{iz} \cdot \Delta S_i \tag{7 - 148}$$

式中　ΔS_i—— 第 l 面的面积；

n_{ix}, n_{iy}, n_{iz}—— 第 l 面的外法线方向 $\boldsymbol{n}_i$ 沿 x, y, z 三方向的分量；

u_i, v_i, w_i—— 第 l 面上的速度分量；

c_i—— 第 l 面上的音速。

三维流场计算的收敛准则与二维流场计算的收敛准则相似，仍是根据迭代计算前后两时间层密度的相对误差ER来判定的，即

$$ER = \frac{1}{NI \cdot NJ \cdot NK} \sum_{i=1}^{NI} \sum_{j=1}^{NJ} \sum_{k=1}^{NK} \left| \rho_{i,j,k}^{n+1} - \rho_{i,j,k}^{n} \right| / (\Delta t \cdot \rho_{i,j,k}^{n}) \leqslant \varepsilon \tag{7 - 149}$$

式中　NI, NJ, NK—— 分别是沿三个方向的网格点数；

Δt—— 时间步长；

ε—— 给定的收敛精度值。

第 8 章　射流冲击及发射扰动

多管火箭发射系统射击密集度与发射时期如下二个阶段的燃气动力干扰有关。第一个阶段是火箭弹沿定向器的滑行期，其中对于非同时离轨发射方式，包括了约束期和半约束期，在这一阶段射弹沿导轨滑行时，燃气射流诱发的振动以及弹体后部四周的二次流影响了火箭起始扰动(见第 9 章)。第二阶段是火箭燃气射流对发射系统迎气正面的作用期，在这一阶段之初，发射系统迎气正面的反溅燃气冲击流(简称反溅流，见本章第 8.12 节)对刚滑离定向器的射弹产生气动力干扰，影响了火箭继起始扰动之后的进一步扰动。为与起始扰动区别起见，这里不妨称之为中间扰动。它与起始扰动一起，总称为发射扰动。此外，对于多管火箭发射系统来说，正发射火箭弹的后喷燃气射流对发射系统迎气正面冲击引起的振动，又影响续发火箭的起始扰动(简称脉冲发射效应，见第 8.11 节)。综合上述两个阶段，组成了多管发射系统与燃气射流干扰有关的整个发射时期。这一时期的燃气动力干扰很复杂，但也是优化火箭发射系统设计必须了解的物理现象、机理与规律。。

本章着重研究多管火箭发射系统发射时期第二阶段的燃气动力干扰。在第二阶段中，过去的理论计算往往认为发射系统迎气正面某一点的压力即是燃气射流在当地的动压。然而，超音速燃气射流近场对多管发射系统各类迎气正面的冲击会产生更复杂的有粘与无粘激波干扰结构流场。这一冲击流场与燃气自由射流流场具有截然不同的特性，并且与理论计算燃气射流对多管发射系统的冲击力直接相关，因此有必要加以探究(见第 8.7 ~ 8.13 节)。此外，定向器后喷燃气射流对地面、载体(如机身、机翼、舰船甲板与导流器等)以及邻近设备与人员的冲击也是我们设计发射系统时

十分关切的问题(见第 8.14 和 8.15 节)。

冷射流对垂直或平行平板冲击的研究结果,当前有一定的国外文献可供查阅参考。然而,这里的基点是立足于真实高温高速燃气射流对任意分布的多孔,或伸出多根管联装的发射系统迎气型面的连续冲击流场机理进行研究,这样不至于失去问题的真实性,可惜关于这方面的文献很少见到。

超音速射流对固体表面的冲击是很少给予注意的复杂问题,本章将着重讨论欠膨胀轴对称喷管喷出的单股与多股燃气射流对各类型面的冲击流场。在下一节将首先讨论位于离喷口约一个射流半径距离的大平面垂直于均匀轴对称射流近场中心轴线的情况,这是广泛射流冲击问题的较简单的部分。

值得重复指出,在本书前言已经提到,当前市场推销的功能强、通用性好的 CFD 及其后处理软件可以用来计算和动态显示本章与后二章中诸多火箭(导弹)武器研制型号出现的工程应用问题,然而这里讨论的有关解析式、半经验式、简易实用算法以及实验结果等,除可与 CFD 软件预估的结果相对照外,更主要的在于阐明火箭燃气射流动力学的物理概念,考核软件对具体工程问题开发和预估结果的物理可靠性和定量计算的正确性,由此与实测结果紧密结合起来发现一些新的物理现象、机理与规律,以生产出战斗效能高的型号产品。

8.1 欠膨胀射流近场对垂直平板的冲击

8.1.1 流场的一般特征(激波层与贴壁射流)

无粘流冲击流场的一般特征示于图 8-1。上凸的对称激波横向跨过射流,在其下方亚音速区的流线不断沿径向向外偏转,流速增大,在接近射流边界下方的区域内形成音速线。射流边界流线通过激波受到中心膨胀之后,成为超音速贴壁射流的上边界。

在真实射流中，用剪切层代替射流和贴壁射流的等压面。此外，沿平板还产生附面层。

附面层和剪切层随径向距离发展，最终经过几个射流直径之后，它们就溶合成粘性贴壁射流。至于激波层和贴壁射流的前部分结构，则主要由流动的无粘部分来确定。

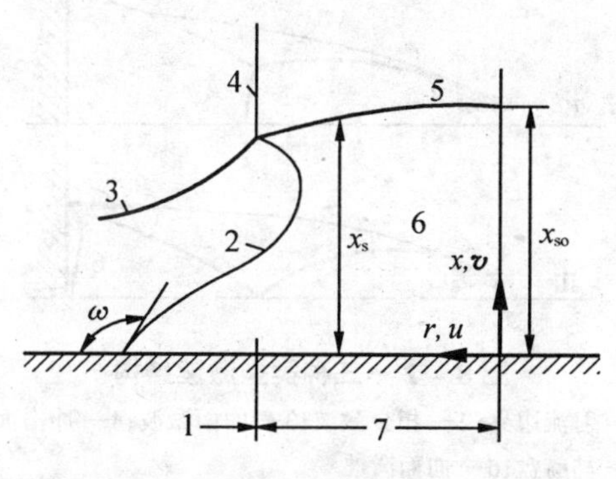

图 8－1　冲击区

1— 贴壁射流；2— 音速线；3— 贴壁射流等压上边界；4— 射流边界；5— 激波；6— 亚音速区；7— 激波层

8.1.2　激波结构类型

欠膨胀射流近场对垂直平板的冲击流场存在三种基本型式的激波结构（图 8－2），它们与喷口对平板的间隔距离和压力比有关。最常见的激波系（类型 Ⅰ），正如前节所述，是位于冲击面上的具有近似不变投射距离的曲面激波。当喷口高压力比引起很大射流尺寸时，或者当喷口对平板距离很小时，则产生这类激波。当减小喷口压力比且平板位于较远下游距离时，则保持不变投射距离的曲面激波消失，出现了第二类激波系（类型 Ⅱ）。类型 Ⅱ 激波所表现的性质与射流内部马赫盘一样，当压力比下降时它向喷口移动。第三类激波系（类型 Ⅲ）在射流内出现两种不同型式的激波，

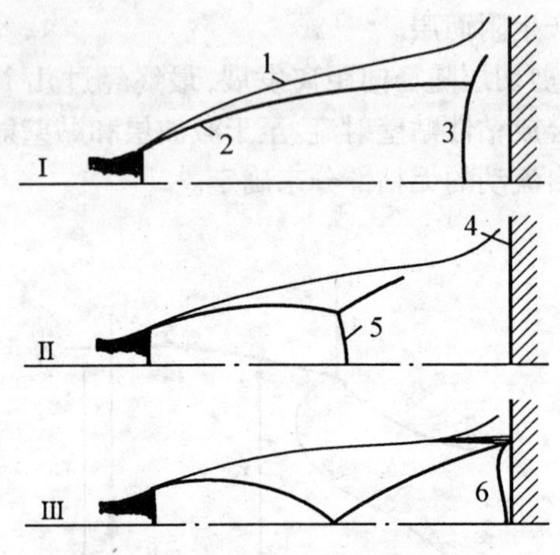

图 8-2　三种类型激波结构

1— 射流边界；2— 相交激波；3— 曲面激波；4— 冲击面；
5— 马赫盘；6— 曲面激波

即交叉斜激波和平面附近的正激波。它们主要在低压力比工况时产生。例如，喷口马赫数 Ma_e 约为 3.5，以及平板位于下游位置 $x_{NP}/d_e = 10$ 时，可以观察到这种情况。图 8-3 表示类型 Ⅰ 激波结构与测试压力分布之间的对应关系。

8.1.3　音速线邻域(跨音速区)

(1) 音速线

首先概要说明一下音速线(它必定在边界流线或接近边界流线处)与激波相交的问题。这里的情形可以与平圆盘面朝向匀超音速流场的情况相比较。对于圆盘绕流，流动范围由物体的直径确定，整个激波层都受这一尺寸的影响，圆盘边界的存在必定传入激波层的亚音速部分。对于射流，限定其流动范围的正是射流直径，激波边界扰动必传入激波层的亚音速部分。上述两种流动场合的

基本要求都是极限特征线(小部分超音速流含有与音速线相交的前传特征线,其中位于最下游的特征线称为极限特征线)一定要在决定流动范围之点或在其外侧某一点开始。实验表明,喷口马赫数 Ma_e 至少在2.77 以下,音速线的足点才位于射流边界的外侧。

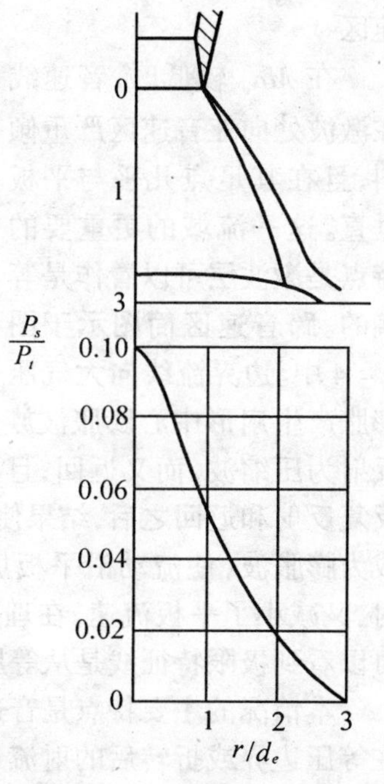

图 8－3　冲击面上压力分布

应用 Probstein 等人在钝头体绕流中提出的概念可以得到音速线形状的一些概貌。设 ω 为径向与平板发出音速线的夹角,则有

$$\tan\omega = -\left(\frac{\partial V}{\partial r}\Big/\frac{\partial V}{\partial x}\right)^* \tag{8-1}$$

式中 V 为速度大小,r 和 x 为图 8－1 所示的极坐标,星号 * 表示音速线状况。$\partial V/\partial r$ 在音速线上为正,其大小等于平板上的旋涡量,但符号相反。利用 Crocco 旋涡方程和沿流线的等熵条件可以确定平板旋涡,平板上的 $\partial V/\partial x$ 始终为正。当喷口马赫数 Ma_e(这里假定它为均匀射流马赫数)趋于 1 时,它趋于零,由上可知 ω 为钝角。但是,当 Ma_e 接近于 1 时,它趋于 90°(见式(8－1),即 $\tan\omega\to\infty$)。

音速线在激波处的倾角由类似于式(8－1)的速度导数比来确定。可以发现,Ma_e 接近 1 时音速线向亚音速区方向离开激波,并与激波组成很小的夹角。当 Ma_e 增高时,音速线和激波的夹角增大。直至 Ma_e 约大于 2.75 之后,音速线就变成向超音速区倾斜。在轴对称射流的冲击问题中,假定音速线角度的变化情况与平面流中的一样。

(2) Ma_e 接近1时的跨音速区

在 Ma_e 较低时，音速线在激波处向亚音速区严重倾斜，且在其足点几乎与平板垂直。这一流域的更重要的特点是激波层可以看作是等熵的。跨音速区简图示于图8－4中。边界流线向大气压膨胀产生扇形中心膨胀波族(这里用简单波表示)。它们从音速线反射为压缩波，而又返回，且由射流边界反射为膨胀波。经过几次反复反射和返回之后，结果使边界流线不断偏转。上述波碰到平板成为膨胀波，使流动沿平板加速，而当反射膨胀波折回为压缩波时，又减小了平板流速。在理想平面流中无限重复这一流谱，并且可以看到极限特征线是从等压边界开始向下传播的。

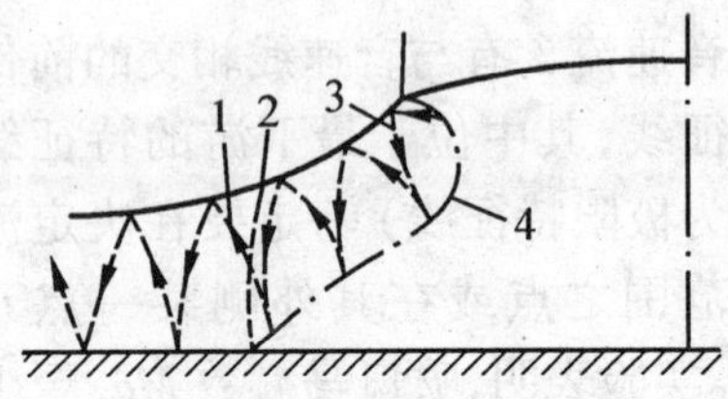

图8－4　Ma_e 接近1时的跨音速区

1—压缩波；2—极限特征线；
3—膨胀波；4—音速线

本情况的主要特点是音速线必须在激波边界结束，它不可能在等压边界或折转后的射流边界终止。不然，若求边界流线转过尖凸角而仍然保持亚音速，则是不可能的。另一方面，如果音速线在激波边界内侧结束，那么存在一个离开音速点之后不断变弱的激波段。为了产生这种情况，这段激波必须只与音速线发出的膨胀波相交。然而，在匀熵流中，音速线只产生压缩波，因此，它必在激波边界相交。

(3) Ma_e 为较高值时的跨音速区

图8－5表示稍些增高 Ma_e 后所产生的影响，也就是使边界流线转折角增大，音速线末端的斜率改变，波的马赫角在大部分流场内更小，中心膨胀波(图8－5中用三条波来表示)变强。

此外，还出现了一个新情况，即音速线上端始于射流边界内侧。这是可能的，因为沿音速线向下流动有滞止压力降，从而有静压降，结果使膨胀波由边界发出，激波不可避免地减弱。另外，认为

音速线不仅能够而且必须在射流边界内侧发出还有如下第二个论据。在确定平面流激波音速线角度时知道，约在 Ma_e < 1.6 时音速线与下游流向的夹角大于90°。这时，如果音速线在射流边界发出，那末中心膨胀波的起始部分就会立即碰上音速线，因此，这会和许多连续反射波一起压缩于一点。虽然我们还不知道这类奇点并不存在的证明，但是这似乎是不可能的。特别的，倘若音速线在射流边界内侧发出，则完全可以避免这种情况。

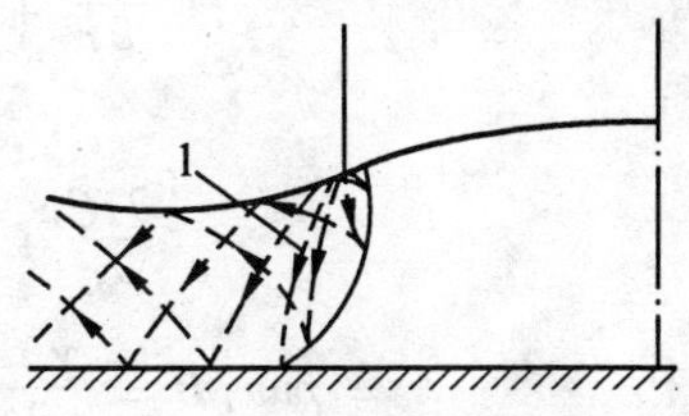

图 8－5　中等 Ma_e 时的跨音速区

1— 极限特征线

当 Ma_e 进一步提高时，音速线角度继续变化，在 Ma_e 为高值的情况下，就有如图 8－6 所示的音速线形状。由该图可见，有一些中心膨胀波未经中间反射即碰到了音速线下游的平板，从而极限特征线应由射流边界发出。如前所述，激波音速点可以发生在射流边界内侧，音速线向里移动的上限大致由至少一条特征线从射流边界碰到音速线的要求来确定。

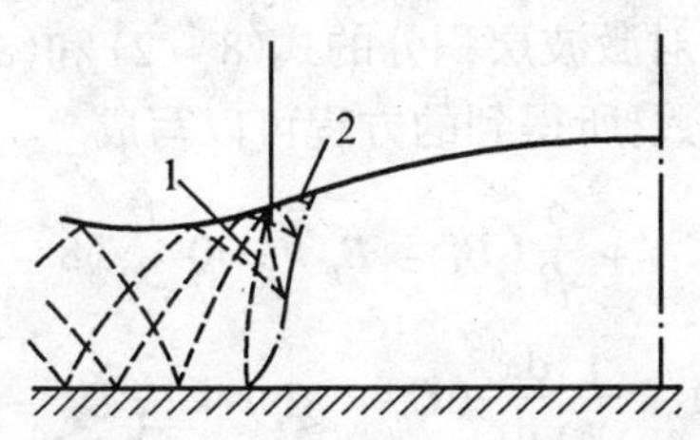

图 8－6　高 Ma_e 值时的跨音速

1— 极限特征线；2— 从音速线发出的膨胀波

8.1.4　积分关系法的应用

(1) 激波层区

这里介绍 Traugott 等人采用积分关系式的多项式近似方法(PIR)，讨论冲击射流激波层区。首先可以把激波层流动看作是完全气体的无粘绝热流，建立如图 8－1 所示的坐标系，不作进一步近似处理，直接将轴向连续和动量方程写成如下形式

$$\frac{\partial rA}{\partial r}+\frac{\partial rB}{\partial x}=0 \tag{8-2}$$

和

$$\frac{\partial rC}{\partial r}+\frac{\partial rD}{\partial x}=0 \tag{8-3}$$

式中 $A=\rho uv, B=\frac{\gamma-1}{2\gamma}p+\rho v^2,$

$$C=(1-V^2)^{\frac{1}{\gamma-1}}u, D=(1-V^2)^{\frac{1}{\gamma-1}}v \tag{8-4}$$

所有量都是无因次的。热力学参量用射流内相应的滞止值无因次化，速度用最大绝热速度无因次化，距离用射流半径无因次化。除了式(8-2)和(8-3)之外，还需要沿流线的等熵条件和理想气体状态方程式。

PIR 方法的最简单形式包括对激波层积分的式(8-2)和(8-3)，以及逼近 K_1 和 K_s 的线性函数。所得到的方程可以写成

$$A_s'\frac{\mathrm{d}B}{\mathrm{d}r}+\frac{A_s}{r}-\frac{1}{\beta}\frac{\mathrm{d}\beta}{\mathrm{d}r}K_{1s}+\frac{2}{\beta}(B_s-B_p)=0 \tag{8-5}$$

$$C_p'\frac{\mathrm{d}u_p}{\mathrm{d}r}+C_s'\frac{\mathrm{d}\beta}{\mathrm{d}r}+\frac{1}{r}(C_s+C_p)+\frac{1}{x_s}\frac{\mathrm{d}x_s}{\mathrm{d}r}(C_p-C_s)+\frac{2}{3}D_s=0 \tag{8-6}$$

式中 u_p——沿平板的流速；

β——激波角；

x_s——激波高；

下标 s 和 p——分别表示激波和平板处的计算量。

利用斜激波关系式，可以将激波处的参数表示为只是 β 的函数；因此，A_s' 和 C_s' 分别表示这些参数对 β 的导数。同样，平板上的参数只随 u_p 变化，C_p' 表示 $\mathrm{d}A_p/\mathrm{d}u_p$。由简单几何关系得到，

$$\frac{\mathrm{d}x_s}{\mathrm{d}r}=-\cot\beta \tag{8-7}$$

在具有一定曲率半径的钝头体绕流情形中，方程组仍然保持相同。

(2) 贴壁射流区

贴壁射流流动是由与激波层流动相同的微分方程来控制的，因此式(8 - 2) 和(8 - 3) 仍然适用。正如激波层情况那样，可以对贴壁射流进行积分，对 A 和 C 作线性近似。如此推导过程又能得到式(8 - 5)、(8 - 6) 和(8 - 7)。但是，现在的 β 表示等压边界与射流轴线的夹角，x_s 为贴壁射流厚度，下标 s 表示在等压流线上算得的量。$\mathrm{d}u_p/\mathrm{d}r$ 系数不发生变化，因此仍可应用正则条件。贴壁射流的起始条件是很明确的。因为 u_p 在离开激波层之后必定保持连续，所以贴壁射流的起始厚度等于激波层的最终高度。

(3)PIR，CFD 预估值与实测比较

图 8 - 7 中的 x_s 对 r 的曲线表示校正了的实验激波形状和 PIR 方法与 CFD 软件(PHOENICS) 的预估值。如果喷口到平板的距离 y_{NP} 近似等于射流半径，那末激波形状与这一距离 y_{NP} 无关。在 x_{NP} 为较小值时，激波层流谱变得更复杂，激波层在轴心上具有更高的凸顶。在某些非均匀射流中也观察到相似的激波形状。在这些情况下，平板的压力测量表明，在滞止点附近存在分离气流区。分离流谱很可能是由射流内的波引起的。虽然这些波始终很弱，但在喷口附近最强。可以认为，上述分离与沿激波层流线径向向外移动时的滞止压力有关。在 x_{NP} 为较大值(约大于 2) 时，射流边界剪切层的增长就变得很重要了。

根据 PIR 方法和 CFD 软件确定的激波高度示于图 8 - 7(a)。x_{s0} 的预估值分别偏差 5% ~ 6%。

在图 8 - 7(a) 中还给出了实验结果和 PIR，CFD 预估值的平板压力分布，图中把两种情况的音速点标在通过各实验结果的平均曲线的下方。可见，它位于该两种情况射流边界的外侧。在小 r 值时，所有理论曲线都与实验结果符合。

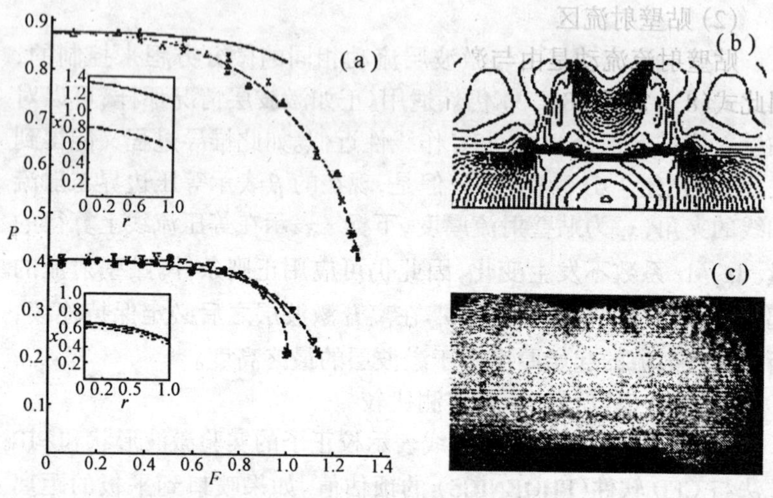

图 8 - 7　激波形状和平板压力分布

(a) ▽ $y_{NP}=0.78$　$Ma_e=2.77$　⊗ $y_{NP}=1.01$　$Ma_e=2.77$　* 音速点

--- 通过实验点的平均线；——PIR 方法；— · —CFD 软件

(b)CFD 软件预估等密度线；(c)F - P 激光干涉显示(因实照含药粒、铝粉、火焰的真实流场，不够清晰)

8.2　自由射流远场对地面垂直冲击的相似理论

在自由射流远场已发展为自相似结构的情况下，这里再进一步研究冲击射流的情况(图 8 - 8)。在冲击区可以证明运动方程的惯性项为 $O(q_m/r_{0.5})$，湍流应力梯度项与自由射流应力梯度项 $O[(q_m/r_{0.5})\mathrm{d}r_{0.5}/\mathrm{d}x]$ 保持相同的数量级。因为在自由射流中 $\mathrm{d}r_{0.5}/\mathrm{d}x \ll 1$，所以冲击区的流动由压力梯度项控制，其流动表现为沿流线的总压几乎保持不变，接近于无粘时的特性。因此，只要在抵达冲击区之前建立起平均速度的相似剖面，那末惟一确定流动发展的参数是相应地面的自由射流半径 $r_{0.5}$ 和轴心速度 u_m。这

是以下讨论的基础。

这样，地面静压 Δp 可以写成如下的形式

$$\Delta p / q_m = f(r / r_{0.5}) \tag{8-8}$$

沿地面的气流最大动压 q'_m 写成

$$q'_m / q_m = f_2(r / r_{0.5}) \tag{8-9}$$

式中，r 是沿着地面对冲击区中心的径向距离。上述简单表达式使得由不同喷管结构和离地高度所得到的结果能够建立起相互间的关系。

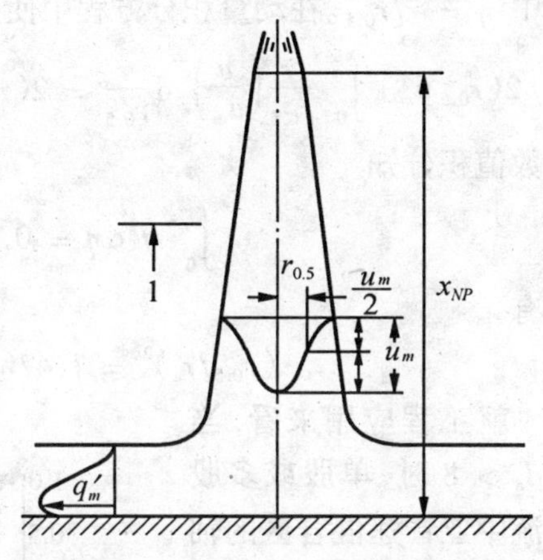

图 8－8　轴对称冲击射流简图

1— 亚音速湍流混合场

要是射流扩散速率和射流轴心衰减遵循自相似特性，那末式 (8－8) 可以改写为

$$\frac{(x - x_0)^2 \mathrm{d}p}{F} = f_s\left(\frac{r}{x - x_0}\right)$$

式中，F 为射流推力，x_0 为射流极点深度。如果证实喷离喷管的流动仅取决于射流推力，不取决于喷管流的精确细节，那末我们可以采用上列形式的表达式。

为了避免在射流亚音速混合区的各个横截面上确定 $r_{0.5}$ 时进行大量的重复测试，今利用动量积分方程

$$2\int_0^\infty r u^2 \mathrm{d}r = r_e^2 u_e^2$$

来计算它，式中忽略了各湍动项的影响，这些项约影响动量积分的 5%，就这里所要求的精度而论，这不算大。

速度剖面接近自相似，即

$$u/u_m = f(\eta) = \exp|-0.674\,9\eta^2(1+0.026\,9\eta^4)|$$

式中 $\eta = r/r_{0.5}$。在动量积分方程中使用这一表达式，得

$$2(r_{0.5}u_m)^2\int_0^\infty \frac{r}{r_{0.5}}\left(\frac{u}{u_m}\right)^2 \mathrm{d}\frac{r}{r_{0.5}} = 2(r_{0.5}u_m)2\int_0^\infty \eta f^2 \mathrm{d}\eta = r_e^2u_e^2$$

由数值积分知

$$\int_0^\infty \eta f^2 \mathrm{d}\eta = 0.341$$

则有

$$(r_{0.5}/r_e)^2 = 1.47(u_e/u_m)^2 \tag{8-10}$$

就工程应用来看，当 $x/d_e > 8$ 时，单股或多股射流中亚音速混合区的轴心衰减遵循

$$u_m/u_e = 13.6/(x/r_e) \tag{8-11}$$

由式(8 - 10) 和(8 - 11) 得

$$\frac{r_{0.5}}{r_e} = 0.089\frac{x}{r_e} \tag{8-12}$$

可见，射流亚音速混合区的扩散速率为 0.089。对于火箭欠膨胀超音速燃气射流混合区可以近似使用此常数，但是需要较精确值时，则采用式(8 - 10) 和(5 - 50) 或式(5 - 119) 来计算扩散速率。

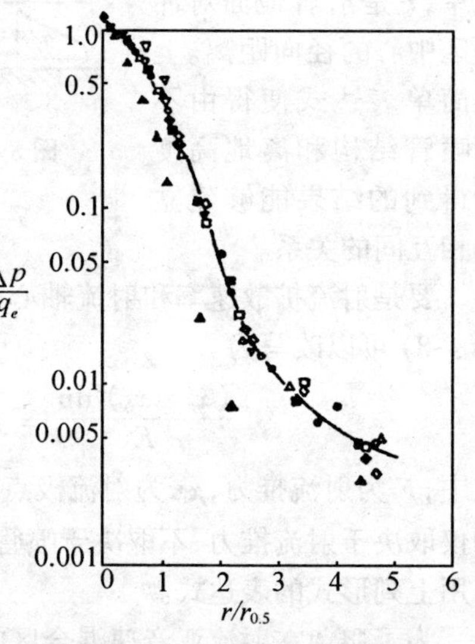

图 8 - 9　地面静压分布

单股射流 x_{NP}/r_e ▲10.8 ■24.6 ◆34.0 ●38 - 6

多股射流 x_{NP}/r_e ▽8 △12 □20 ◇28 ○36

现在，可以直接测量单股与多股射流对地面冲击的压力，并绘制图 8 - 9 所示的无因次地面静压随 $r/r_{0.5}$ 的变化曲线。由图可见，

除了试验的最小地面高度外，都存在良好的相似剖面。在最小地面高度内，射流剖面在射流对地面冲击之前就已经不相似了。

贴壁射流的最大动压与地面静压之间还存在如下的简单关系(图 8 - 10)

$$\frac{q'_m}{q_e} = 1.12 - \frac{\Delta p}{q_e} \qquad (8-13)$$

值得指出，偏离冲击区(不妨说 $r/r_{0.5} > 1.5$)的贴壁射流最大动压衰减是因湍流“混合”引起的，自由射流初始湍动度对这一区域的流动会有某些影响。然而，各射流之间的差异看来不大可能大到对这一区域建立的关系有显著的影响。

在这里，经验确定了地面静压以及沿地面流动的最大动压，其结果也可以近似适用于高马赫数射流。

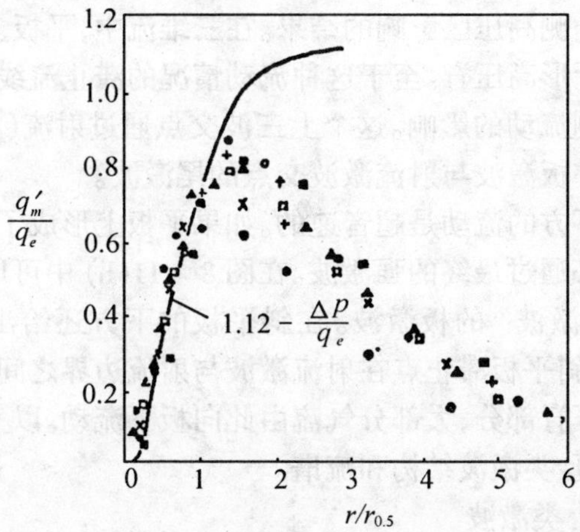

图 8 - 10　沿地面流动的最大动压的变化

单股射流 x_{NP}/r_e ▲12 ■24 + 36

多股射流 x_{NP}/r_e ○10.8 × 24.6 ▲34.0 □38 - 6

8.3 欠膨胀、轴对称射流对平板的斜冲击问题

8.3.1 特征流谱(外层流滞止流线与前沿板激波)

(1) 第 Ⅰ 类激波

欠膨胀,轴对称射流对平板的斜冲击出现了复杂的激波结构形状,对于 $p_a/p_e = 1.2 \sim 2.0$,喷口至平板距离 $x_{NP} = (1 \sim 3)d_e$,以及平板倾角 $\theta = 30° \sim 85°$ 的情况,可以得到图 8 - 11,8 - 12 和 8 - 13 所示的典型激波系和平板静压分布。

平板倾斜接近于 90°(见图 8 - 11(a))的压力分布只稍些改变了垂直冲击平板的情况,平板滞止点偏离射流中心线,在离开中心线的两倍喷口半径处遇到了显著升压,这是因为上三波交点发出的滑移流线外侧高压区影响的结果。在三维流中,平板上部这一升压将形成月牙形高压脊。至于这种流动情况的滞止流线,则受到上三波交点外侧流动的影响。这个上三波交点通过射流(相交) 激波以及起自中心板激波与射流激波交点的尾激波。

尾激波下方的流动是超音速的。如果平板上形成了滞止点,那末滞止流线必通过最终的强激波。在图 8 - 11(b) 中可以见到这一称之为“次尾激波” 的板激波。在斜平板的下方还给出了等压曲线。该图表明斜平板滞止点在射流激波与射流边界之间的流域内。滞止点为高压脊部分,大部分气流由此向板下流动。以上属于射流斜冲击的第 Ⅰ 类激波结构和流谱。

(2) 第 Ⅱ 类激波

当尾激波尚未碰到射流边界就已与平板相交时,滞止压力系数 p_s/p_c(p_s 为平板上滞止压力,p_c 为喷口滞止压力) 增高,冲击流动发生变化,即产生第 Ⅱ 类激波结构和流谱(见图 8 - 11(c) 和 (d))。这时,在射流边界附近超音速流和平板之间必有一激波,我们称之为前沿板激波。此波与上三波交点发出的尾激波相交,成为

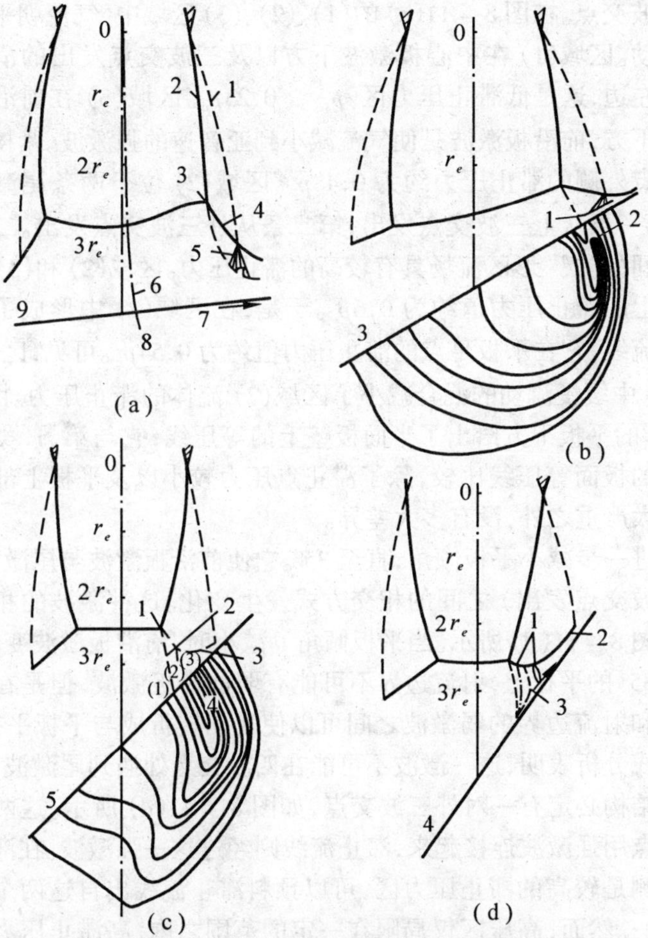

图 8-11　第 Ⅰ、Ⅱ 类激波结构和流谱

(a) $x_{NP} = 2d_e$, $p_e/p_a = 2$, $\theta = 80°$　1— 射流理论边界；2— 相交激波；3— 上三波交点；4— 尾激波；5— 扇形膨胀波；6— 滞止流线；7— 升压；8— 滞止点；9— 平板；(b) $x_{NP} = 1d_e$, $p_e/p_a = 1.2$, $\theta = 60°$　1—“次尾激波”板激波；2— 滞止点；3— 平板；(c) $x_{NP} = 2d_e$, $p_e/p_a = 1.2$, $\theta = 45°$　1— 上三波交点；2— 外三波交点；3— 前沿板激波；4— 滞止点；5— 平板；(d) $x_{NP} = 2d_e$, $p_e/p_a = 1.2$, $\theta = 35°$　1— 对外三波交点；2— 前沿板激波；3— 滞止点

外三波交点。在图 8 - 11(c) 的(1)、(2)、(3) 区域中,气流朝平板上端流动。区域(1) 在中心板激波下方以及三波交点发出的滑移流线的左边,这是低滞止压力区,$p_s \approx 0.23p_c$。区域(3) 在前沿板激波的下方,前沿板激波是使气流减小到亚音速的强激波。紧挨外三波交点外侧的滞止压力约为 $0.48p_c$。区域(2) 位于两条尾激波下方,第一条从上三波交点发出,第二条从外三波交点发出。二条流线之间的"楔"形区流场具有较高的滞止压力。区域(2) 和(3) 之间边界上的滞止压力值约为 $0.6p_c$。于是,在区域(2) 中形成了一条滞止流线,它在平板足点的滞止压力值约为 $0.54p_c$。可见,区域(1) 和(3) 中缓慢流动的混合减小了区域(2) 流体的滞止压力。图 8 - 11(c) 的平板下方给出了半面板壁上的等压线,它与第 Ⅰ 类激波结构的板面等压线比较,除了滞止点压力较小以及平板上部压力降不太严重之外,没有多大差异。

进一步减小平板倾角,直至 35°。它使前沿板激波与尾激波(由上三波交点发出) 之间的相交方式发生变化。这种激波的相交方式如图 8 - 11(d) 所示。当平板倾角 θ 减小时,前沿板激波变弱。在 $\theta = 35°$ 的平板上,射流边界不可能有弱前沿板激波,但是在射流激波和射流边界的弱激波之间可以使流动转折成与平板平行。激波极线分析表明,这一激波不可能在四波交点处遇到尾激波,所以激波结构必定有一对外三波交点,如图 8 - 11(d) 所示。这两个三波交点用强激波连接起来,滞止流线则经过这一强激波。在滞止流线两侧是较高的滞止压力区,可以预料滞止流线出自这两个高压区之一。然而,高压区仅局限在一定的范围之内,高滞止压力会因混合效应而很快减小。尽管如此,它们的确影响了板压分布,使图 8 - 11(d) 中滞止点各侧的压力分布产生了反弯点。

(3) 弱前沿板激波

继续减小平板倾角 θ,最终产生附着前沿板激波的流动状况。这一激波使全部气流流向斜平板的下方。的确,如果射流无粘则必定发生这种情况。但是,在任意真实流动中,射流边界都受粘性的

影响，这会在射流边界产生剪切层，使流速从无粘射流边界值降至为零。存在这种剪切层就会妨碍气流形成附着激波。这类情况的激波结构示于图 8－12(a) 中。

若是无粘射流边界与平板相交则有附着激波，然而真实射流的外部区域存在剪切层，其范围已用点划线示于图 8－12(a) 中。两条点划线之间的流速和滞止压力迅速下降，其大部分为亚音速流，因此没有激波，以致前沿板激波在射流边界内侧终止。现在考察一下沿着前沿板激波从相交(拦截) 激波附近朝外直到射流边界处的变化状况。在相交激波附近，前沿板激波很弱，它能使气流转折成与平板平行。当沿射流边界进一步上移这一激波时，可以继续保持这种情况。但是，上游马赫数是缓慢降落到无粘流区边界的，在该边界外部马赫数下降十分迅速，所以，前沿板激波先是变强，进而脱

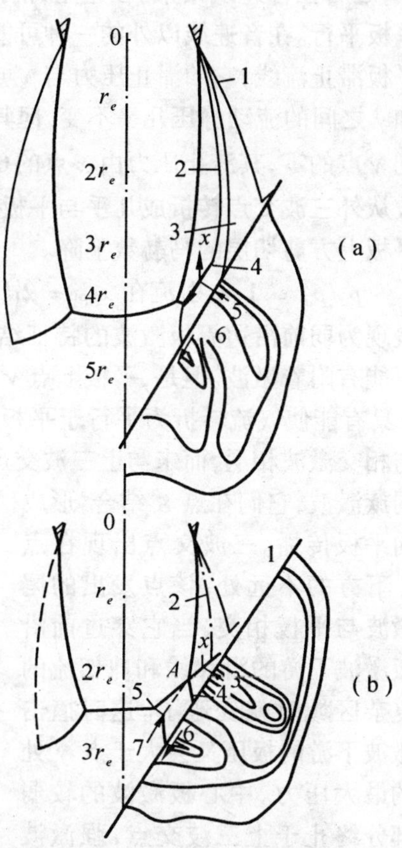

图 8－12　弱前沿板激波的情况

(a) $x_{NP} = 3d_e, p_e/p_a = 2, \theta = 30°$　1—“真实”射流边界；2—“无粘” 区边界；3— 压力滞止流线；4—前沿板激波；5—滞止点；6— 升压；(b) $x_{NP} = 2d_e, p_e/p_a = 1.2, \theta = 30°$　1—“真实”射流边界；2—“无粘” 区边界；3— 滞止点；4— 弱波；5— 上三波交点；6— 升压；7— 下三波交点

体,之后在音速线结束。在这里,前沿板激波不能使气流转折成与平板平行。在音速线以外的一种可能流动状况是,亚音速流线成为平板滞止流线,它的滞止压力与 x 点处弱激波下游的静压相同。x 和 y 之间的流动静压几乎不变,但其马赫数由 x 点的 $M_e \approx 1.7$ 变到 y 点的零,其滞止压力由 x 点的 $0.71p_c$ 变到 y 点的 $0.14p_c$。尾激波从外三波交点转折成几乎与平板垂直相交,这一事实表明,通过平板上方剪切层的马赫数下降。

$p_c/p_a = 1.2$,射流在 $x_{NP} = 2d_e$ 和 $\theta = 30°$ 情况下的试验结果表现为弱前沿边界板激波的特征结构(见图 8 - 12(b))。这时,不可能有附着激波。但是,平板上点 y 的垂直线与前沿板激波相交点 x 具有能使气流转折为平行于平板的弱激波解。弱前沿板激波仅与相交激波相遇,而未与上三波交点发出的尾激波相交。此为两条同族激波,它们在点 A 结合,形成稍强的激波,而极弱的膨胀波则向平板传播。三波交点出现在点 A 下方的不远处,该点发出的尾激波与平板相交。当它穿过前沿板激波下游的滑移线和剪切流的复杂区域时就变弯了。这时撞击激波下游的板压又会大于点 y 处的最大压力。中心板激波的较弱部分终止于上三波交点,强激波填补了上三波交点与相交激波下三波交点之间的空白。

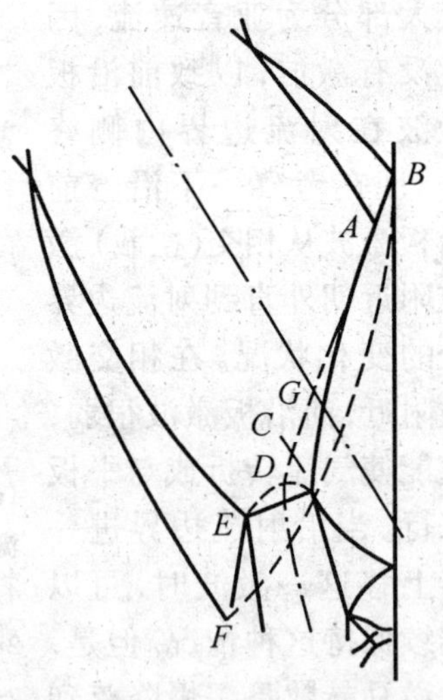

图 8 - 13　非平面激波的特征

8.3.2　非平面激波的特性

本节把冲击射流偏离对称平面的特性称为非平面特性,而所有倾斜平板流动的主要特征是非

平面的三波交点。图 8－13 的点划线表示了非平面特征。曲线 FB 为尾激波与射流边界的交线，线 AD 和 DE 是由上、下三波交点沿射流激波面相互延伸的结果。这两条线是三维三波交线，也就是说，流过它们的气流并不共面。DC 是从射流边界伸至对称平面的另一条三维三波交线。点 D 很复杂，因为它是四条三维三波交线的汇合点。可以认为，图 8－13 中的非平面特性是两个三波交点（E 和 C）存在的主要原因。目前尚未充分分析点 D 的情况，但是已经可以把三维三波交线转化为相当的平面三波交点来处理。

8.3.3　冲击载荷的计算

对平板的总载荷是有关火箭强冲击问题的最重要的参量。这一载荷的主要分量是由表面压力所引起的垂直于平板的力。图 8－14 给出了流场、控制体以及有关的符号。控制体两侧选在离喷管很远的地方，以致那里的流动可以看作平行于平板。假定可以忽略因卷吸流通过各表面引起的动量通量和表压。

假若喷管流是轴对称的，喷口压力和动量通量是沿着射流轴线方向。用 Φ 表示它们和的大小，垂直于平板的分量为 $\Phi\sin\theta$。这样，如果 F_i 为冲击压力对平板的垂直作用力，那末在垂直于平板的方向上，有

$$F_i - (p_a A_e - p_e A_e \sin\theta) = \Phi\sin\theta$$

式中，A_e 为喷口面积。要是平板背面的压力取成大气压，那末净垂直力变为

$$F = F_i - p_a A_e = \Phi\sin\theta - p_a A_e \sin\theta \qquad (8-14)$$

又假设喷管喷出轴对称流，则

$$\Phi = 2\pi\int_0^{r_e} (P + \rho v^2 \cos^2\alpha) r\mathrm{d}r \qquad (8-15)$$

式中，α 为气流流动对中心线的当地倾角。

因 $A_e = \pi r_e^2$，所以将 Φ 代入式（8－14），得

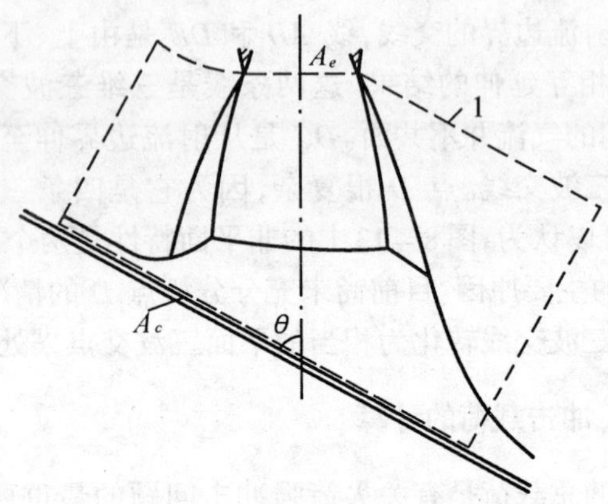

图 8 – 14　冲击流场

1—控制体

$$F = 2\pi\sin\int_0^{r_e}(p - p_a + \rho v^2\cos\alpha)r\mathrm{d}r$$

此式可以改写为

$$C_F = \frac{F}{p_cA_e} = 2\sin\theta\int_0^1\left(\frac{p}{p_c} - \frac{p_a}{p_c} + \frac{p}{p_c}rMa^2\cos^2\alpha\right)\frac{r}{r_e}d\left(\frac{r}{r_e}\right) \tag{8-16}$$

对于某一类型的喷管流可以简化式(8 – 16)。在均匀喷口流的情况下,有

$$C_F = \frac{F}{p_cA_e} = \sin\theta\frac{p_e}{p_c}\left(1 + \gamma Ma_e^2 - \frac{p_a}{p_e}\right) \tag{8-17}$$

对于音速喷管流,可以进一步简化为

$$C_F = \frac{F}{p_cA_e} = \sin\theta\left(\frac{2}{\gamma + 1}\right)^{\frac{\gamma}{\gamma-1}}\left(1 + \gamma - \frac{p_a}{p_e}\right) \tag{8-18}$$

另一种重要情况是辐射喷口流,火箭喷口流大多属于这种情况。这时,用球面代替喷口控制面可以更易于计算 Φ,而沿此球面的马赫数 Ma_e 不变。在近似辐射流的源点作球面极坐标(参见图

5 - 28)，则可以写出

$$\begin{aligned}\Phi &= \int_0^{\alpha_e} p_e R^2 \sin\alpha\cos\alpha\,\mathrm{d}\alpha + 2\pi\int_0^{\alpha_e} \rho_e v_e^2 \cos\alpha R^2 \sin\alpha\,\mathrm{d}\alpha = \\ &\frac{1}{2}\pi(p_e + \rho_e v_e^2)R^2(1 - \cos 2\alpha_e) = \\ &\pi(p_e + \rho_e v_e^2)R^2 \sin^2\alpha_e = A_e(p_e + \rho_e v_e^2)\end{aligned}$$

用这一结果代替式(8 - 15)，则式(8 - 14)变为

$$C_F = \frac{F}{p_c A_e} = \sin\theta \frac{p_e}{p_c}\left(1 - \frac{p_a}{p_c} + \gamma Ma_e^2\right) \tag{8 - 19}$$

为使用方便起见，针对某一类喷管射流可以先作出 C_F 随 p_e/p_a 的变化曲线。

8.4　欠膨胀射流对近似平行的平板冲击

欠膨胀射流对于与其中心轴线接近于平行的平板的典型冲击示于图 8 - 15 中。该图表示了三种冲击流动和平板静压分布。

当喷口静压比 p_e/p_a 很低时(图 8 - 15(a))，发生在平板上的最大静压位置十分靠近自由射流边界对平板的冲击点。但是，当静压比增高时(图 8 - 15(b))，最大压力位置就向自由射流边界对平板冲击点的上游稍些移动一段距离。再进一步增高静压比时(图 8 - 15(c))，最大压力位置则向下游移动一段较长的距离。最大压力位置的变化表明，在冲击点发生了三种不同类型的流动，这三类流动分别示于图 8 - 15(a)、(b)、(c)的右上方。这里可以描述如下。

(1) 当静压比很低时产生类型Ⅰ的流动。图 8 - 15(a)所示的这种相对于射流中心线的平板距离和角度使冲击点的气流经过单道激波而转过某一个冲击角。

(2) 在中等静压比下发生类型 Ⅱ 的流动。图 8 - 15(b)所示的平板配置位置需要气流通过两道激波才能转过某一个冲击角。在这种情况下，第二道激波下游并没有使流动分离。

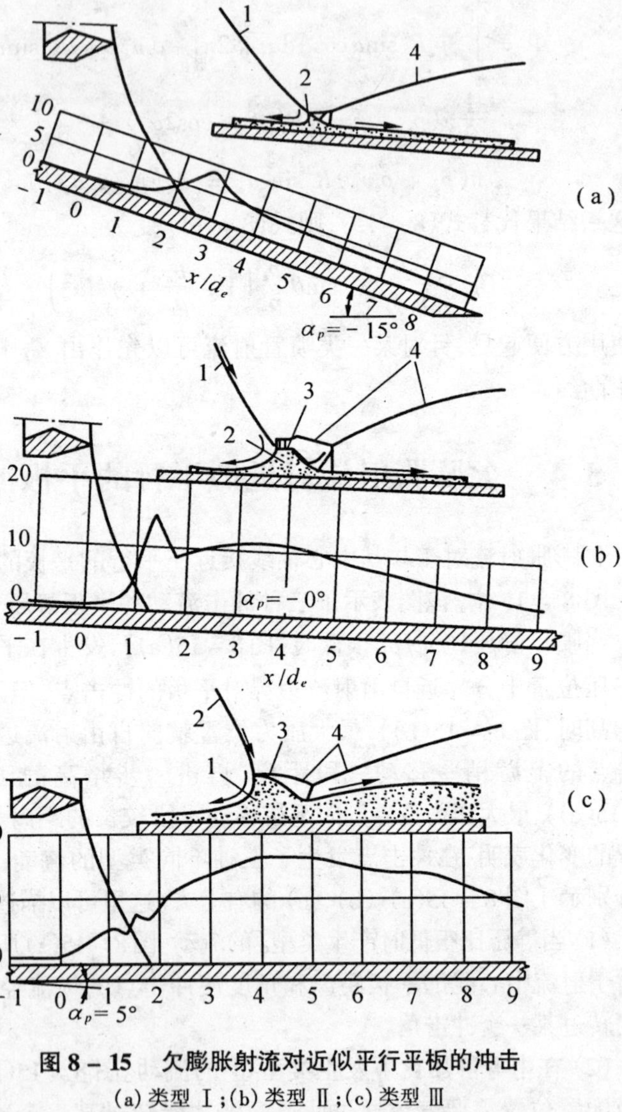

图 8-15　欠膨胀射流对近似平行平板的冲击

(a) 类型 Ⅰ;(b) 类型 Ⅱ;(c) 类型 Ⅲ

1— 自由射流边界;2— 分离区;3— 膨胀波;4— 激波

(3) 类型 Ⅲ 的流动是以第二道激波下游明显出现流动分离为特征的。图 8－15(c) 表示了与这类流动有关的静压分布和激波。

类型 Ⅰ 的流动是根据二维激波关系式以及利用压力比 p_e/p_a 确定自由射流边界马赫数的理论结果来给予说明的。对于类型 Ⅰ 的流动，使用上述关系式就可以算出冲击区的最大升压，以及类型 Ⅰ 和类型 Ⅱ 流动之间的分界压力比。该最大升压对应于二维激波理论确定的静压比，而分界压力比就是马赫数与冲击角等于二维激波理论确定的马赫数和最大转折角的压力比。

总之，欠膨胀射流对上述平板冲击点的流动是以单道激波(类型 Ⅰ)、局部流动分离但又重新附着的两道激波系(类型 Ⅱ)，或者严重流动分离的两道激波系为特征的。究竟属于哪一类情况，则决定于喷管面积比、压力比以及平板的方位等。

8.5　超音速射流中楔形体承载经验式

迄今为止，超音速射流对障碍物冲击的大部分研究工作，不是用于宇宙飞行中发生的情况，就是别的旨在获得流动现象的一般研究，但是对于楔形体的冲击只做了极少的工作，至于直接论述火箭发射时所遇到的"强冲击"情况则研究得更少。近来，为了火箭发射装置设计最优化的需要，研究"强冲击"现象变得更重要了，本节所寻求的经验公式则有助于"强冲击"场合下的楔形体的设计。

图 8－16(a)、(b) 表示了相当平坦的和严重弯曲的，以及脱体的和附着的各类激波，可以看到楔形激波与射流激波的相遇状况。这一干扰性质随射流激波强度的变化而变化。射流激波附着于楔形体可以使得流谱发生很大变化。随着静压比的增高，能引起整个载荷曲线的不规则的变化。随着激波和边界层干扰的复杂化使得流谱变得更为复杂，这时甚至还会引起反射激波与边界的分离。图 8－16(b) 为 CFD 软件算得的等密度线图。

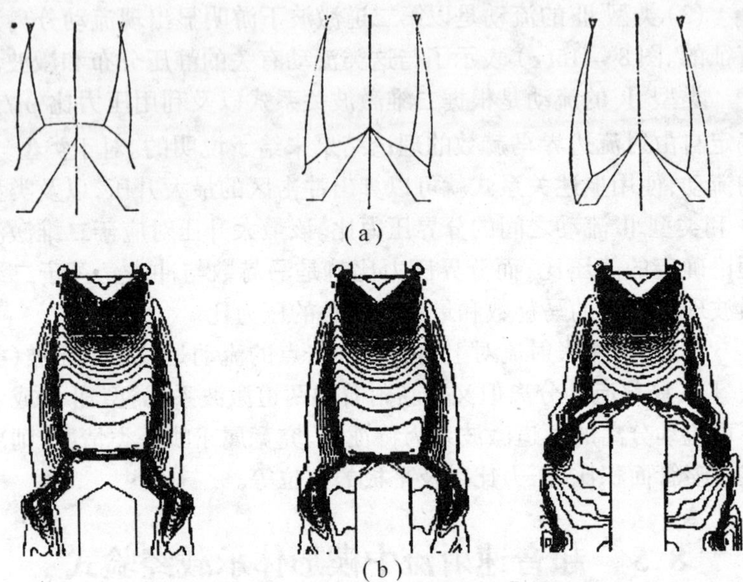

图 8－16　射流对楔形体的冲击流谱

(a) $\chi_{Nw}/d_e=1, \theta=45°, p_e/p_a=1.0,1.6,2.4$; (b) $\chi_{Nw}/d_e=3, \theta=120°, p_e/p_a=3.0$

在超音速射流对楔形体的整个冲击载荷中，楔形体的底压占据很显著的部分。当楔形体在喷口附近时，其底压趋于大气压。一般，底压低于大气压(图 8－17)，这可能是由于射流脱离斜面时卷入了楔形体底部下方的空气而造成的。通常，底压小于大气压，它赋予楔形体载荷以正量。当流谱对称时，从楔形体两端吸入的空气在底部中心相遇，或许还会形成滞止点，这样，就引起了当地升压。当流动不对称时，从楔形体底部的一侧吸入了大气，而另一侧的压力就会高于大气压，这也可能是由于斜平面上的一些高能流流入底部区域之故。

当激波随静压比的增高而移近楔形体时，一般皮托管压力趋于减小。因为激波前的马赫数随下游距离 χ_{Nw}/d_e 的增大而增大，所以激波后的滞止压力减小。然而，射流外层的超音速流与中心亚

音速流混合，又可以使射流中心线上的滞止压力高于理论值。这一预估值可以通过与下游距离相对应的激波前的马赫数来算得。

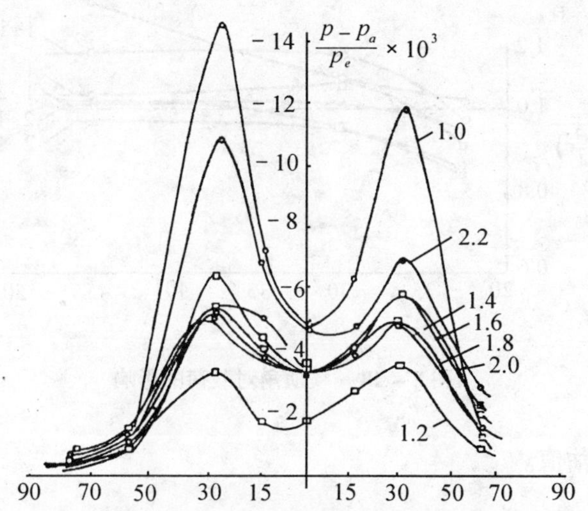

图 8－17　楔形体的底压（$\chi_{Nw}/d_e=1, \theta=45°$）

楔形体所承受的载荷除了需要考虑上述激波结构、流谱和底压之外，还取决于静压比和楔顶角。实验表明，它随静压比和楔顶角的增大而增大。

现在，将轴对称超音速射流中，楔形体所承受的载荷 F_W 除以燃烧室压力 p_c 和楔形体底部宽度 D 的平方来无因次化，并且绘制成图 8－18 所示的曲线。由该图可见，载荷系数 C_F 几乎与静压比和喷口到楔顶的距离无关，它只随楔顶角变化，即

$$C_F=\frac{F_W}{p_c D^2}=\sin\left(\frac{\theta}{4}\right) \tag{8-20}$$

上列载荷系数的经验关系式为一级近似式，它适用于发射装置的初步设计计算，能给出“强冲击”场合中所遇到的冲击载荷的

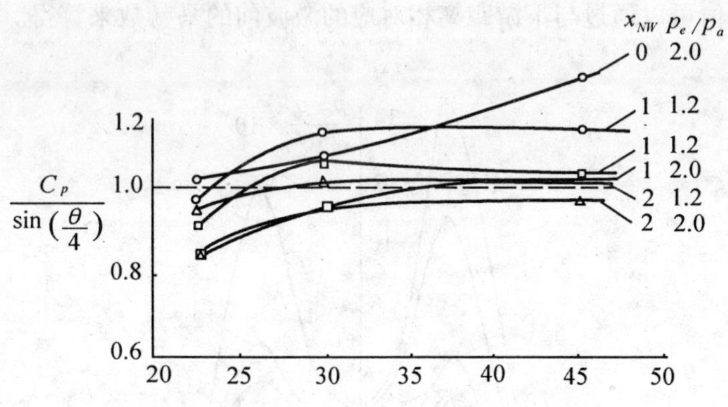

图 8-18　楔顶角对载荷的影响

良好预估值。

8.6　欠膨胀射流对各类基本模型冲击的表面静压分布的比较

在每一个射流强度和冲击距离的基本组合下，对于如图 8-19 所示的模型(凸半球、凹半球以及圆柱杯等)测出了整个静压分布，获得了如图 8-20 所示的若干表面形状的滞止区压力分布。图示曲线的压力为当地压力绝对值与冲击区滞止点压力的绝对值之比。为对照起见，还绘出了自由射流中每一轴向位置上的皮

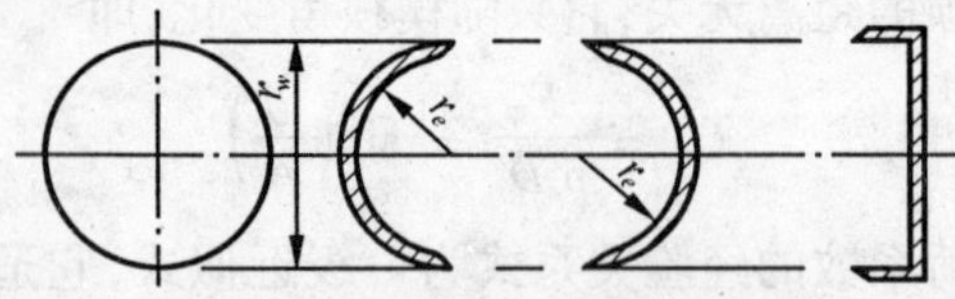

图 8-19　基本冲击模型形状

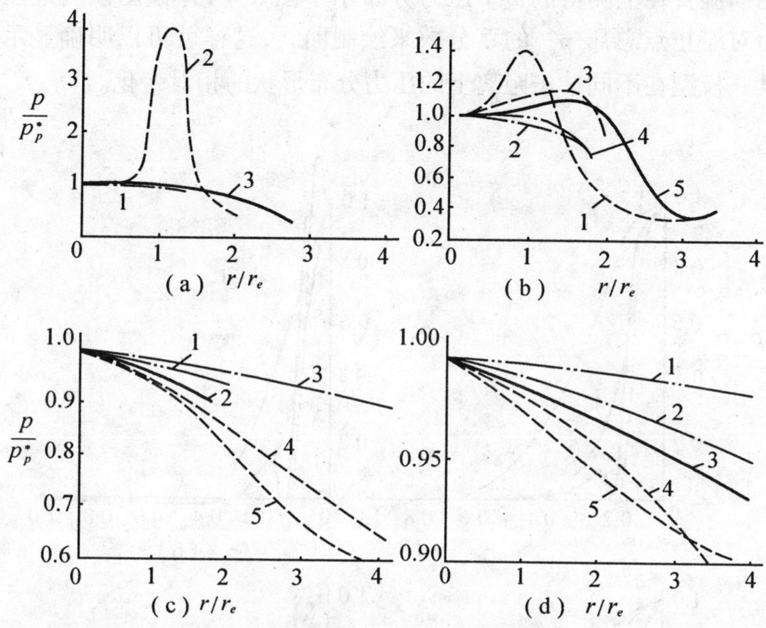

图 8-20　若干表面形状的滞止区压力分布的比较(p_e/p_a = 3.57)

(a)x/d_e = 1.96;(b)x/d_e = 7.32;(c)x/d_e = 23.5;(d)x/d_e = 39.1

1— 自由射流;2— 平板;3— 凸半球;4— 凹半球;5— 圆柱杯

托管压力分布曲线。

由图8-20可见,除了 $p_e/p_a = 3.57$ 和 $x/d_e = 1.96$ 的情形外,压力分布紧靠自由射流的当地一般特性。上述例外的情况表明,静压分布平坦,没有特殊峰值。高度欠膨胀射流的情形表明,中心两侧的近似滞止点具有较平坦的静压分布,或者在中心处的静压值约为自由射流当地皮托管压力的三分之一。各曲线的变化趋向是由表面形状造成的,凸半球的静压分布总是比平板降落得更迅速,而凹形的静压曲线降落则稍缓慢。

对于各射流强度和模型形状,在沿各模型垂直于射流轴心线的润湿直径上测得的整个压力分布示于图 8－21。该图以当地压力对滞止点总压 p_p^* 的百分数来绘制曲线，这样就可以明确显示某一模型在不同冲击距离上的压力分布形状的相对变化。

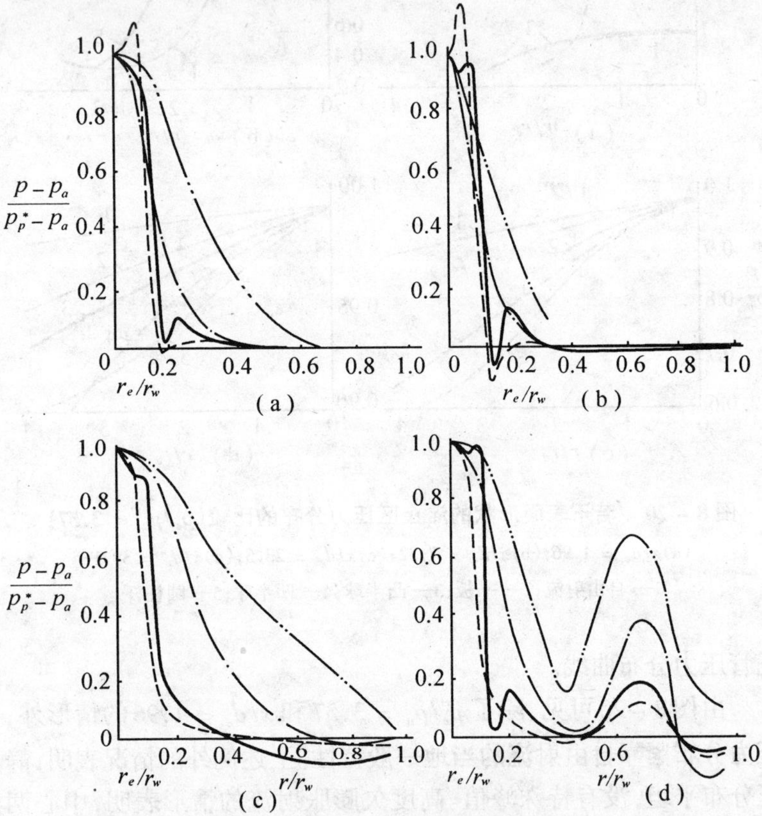

图 8－21　各冲击距离上的压力分布型(p_e/p_a = 3.57)

— x/d_e = 1.96 --- x/d_e = 7.32 —·— x/d_e = 23.5 —··— x/d_e = 39.1

一般来说，各静压分布接近于自由射流分布的基本趋向。然而，很明显，某些细节不可能在自由射流中见到。特别地，当 x/d_e

= 1.96 和 7.32 时，离滞止点 2 ~ 3 倍 r_e 处的径向压力梯度通常明显地改变方向，这与 p_e/p_a = 3.57 时确实发生在自由射流中并且显然与马赫盘有关的皮托管压力方向的改变不同。这里的方向改变在某种程度上取决于表面形状，其中尤以凸半球为最严重。因为该形状对于压力梯度的方向改变甚至还在亚音速的冲击条件下发生，所以没有明显表现出它与射流欠膨胀的现象有关。除了平板以外 所有表面的外边缘附近都出现另一个改变梯度方向的区域。

射流远下游流场冲击凹形（半球和环形）模型的特点，表现在大部分表面几乎都达到滞止点压力值。事实上，当射流展开到可以与模型大小相比时，上述形状的模型内的整个流动趋近于滞止状态。在圆柱杯内，尖拐角的滞止区域相当明显，拐角滞止压力可以高达中心滞止点的 80%。

8.7　火箭燃气射流对多管联装发射装置的冲击流场机理

8.7.1　冲击流场的基本区域

多管火箭发射装置迎气正面型式众多，但采用较广的有图 8 – 22(b) 和(c) 两种型式，即平板带孔和伸出圆管的迎气型面。火箭燃气射流亚音速区对垂直于轴心线的硬质平板和发射装置迎气正面的冲击流场，大体存在如下三个具有基本气动特性的区域(图 8 – 22))。

第一个区域是燃气射流本身，即感受到局部冲击的强干扰影响区的上游射流场。第二个区域是冲击区。在此区域中，气动参数主要由燃气射流和固体表面的直接干扰来决定。这里出现压力、密度和速度的很大梯度。一旦气流方向完全转折成与冲击表面平行且不再受冲击过程的局部影响时，就进入第三个区域。

第三个区域是贴壁燃气射流区。它主要为径向流动，是完全发

展的贴壁射流。它又分为附面内层和自由剪切湍流混合的外层。

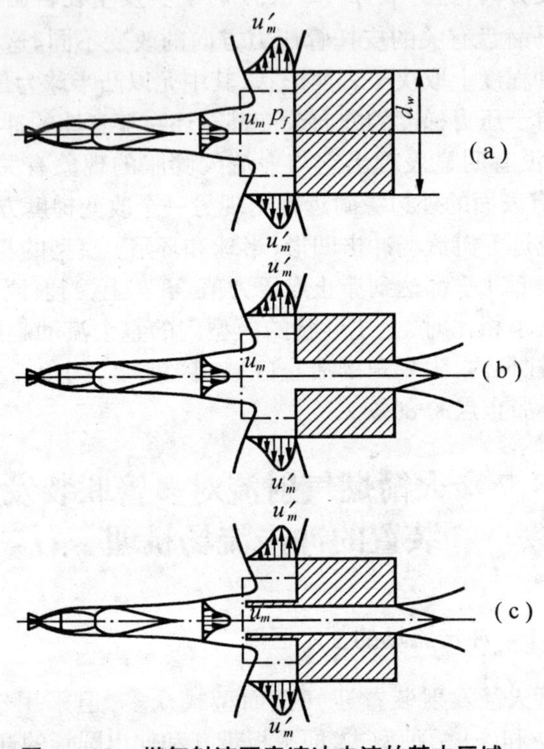

图 8－22　燃气射流亚音速冲击流的基本区域

(a) 平板型迎气正面；(b) 带孔穴的迎气正面；
(c) 带伸出管的迎气正面

图 8－22 表明上述基本区域中至少前二个区域对冲击射流结构的局部变化高度敏感。欠膨胀超音速燃气射流在前几个波节内的冲击状况更是如此。

为了进一步弄清燃气射流对多管火箭发射装置的冲击流场机理，这里再补充一点平板超音速冲击流的特点。图 8－23 表示欠膨胀燃气射流对平板冲击的激波结构与平板中心冲击区域的流动图

案。图示的中心压缩激波是凹面朝向喷口的，如果平板更靠近喷口，则会反弯成凸面朝向喷口。

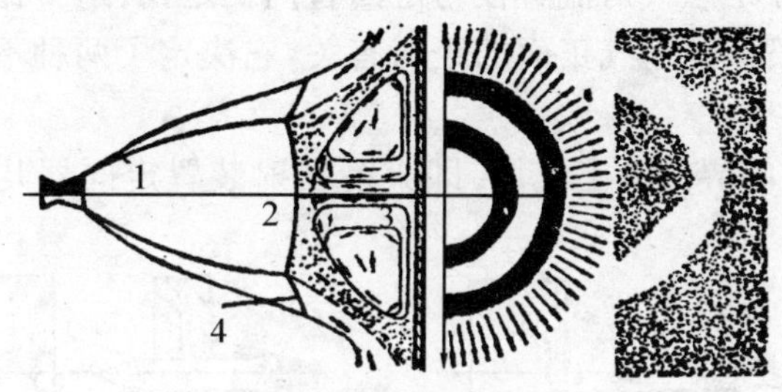

图 8－23　燃气射流超音速冲击流的特点

1— 相交激波；2— 中心压缩激波；3— 回流域；4— 反射激波

在上述两种状态之间，以及平板与喷口平面间的某一临界距离 x_{cr} 上，在冲击区中心测得的压力极其稳定，并且伴随有强烈声波，即声振动。由此可知，临界距离 x_{cr} 的激波结构发生高频振荡。图8－23 右方还给出了真实两相燃气射流平板冲击时，在挡板上显示铝粉分布不匀状况的照片。冲击区内出现了围绕中心点的圆环。这种情况暗示了圆环内的逆压梯度引起流动分离区的出现，中心区存在如图 8－23 左方所示的回流。

8.7.2　亚临界与超临界冲击流场

一般，发射装置的实际迎气正面可视为多个圆孔或伸出多根

管的平板，即属于火箭弹从逐根管中射出的情况，这就显著改变了上述不含孔平板的流场。显然，燃气对带孔迎气正面冲击的最重要的特征尺寸是燃气射流直径与定向管内径之比，这一比例与燃烧室压力和喷口到迎气正面的距离有关，它决定了两种不同特性的冲击流场。

(1) 亚临界的冲击流场，即火箭发射装置定向器几乎全部吞

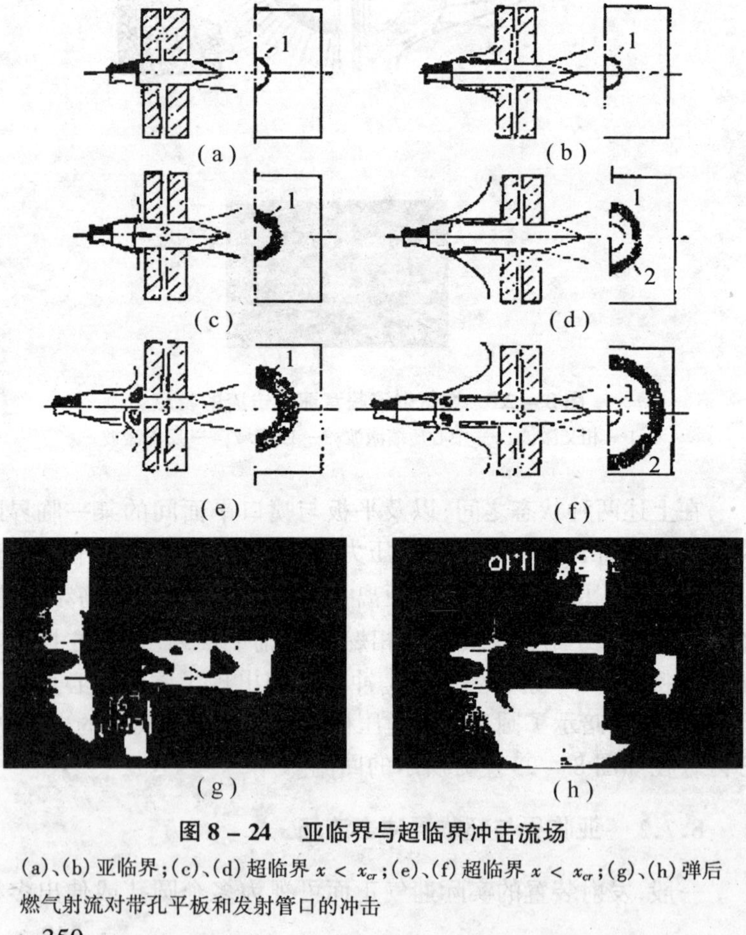

(a) (b)

(c) (d)

(e) (f)

(g) (h)

图 8－24 亚临界与超临界冲击流场

(a)、(b) 亚临界；(c)、(d) 超临界 $x < x_{cr}$；(e)、(f) 超临界 $x < x_{cr}$；(g)、(h) 弹后燃气射流对带孔平板和发射管口的冲击

入燃气射流的情况(图8-24(a)、(b)和(g))。通常,地面火箭燃烧室压力在$6 \times 10^6 \sim 1.2 \times 10^7$ Pa之间。实验表明,欲出现亚临界情况,喷口至发射装置迎气正面的间隔距离x_{NL}约小于$2r_e$,发射管长度与其内径之比应较小。

(2) 超临界的冲击流场,即燃气射流对发射管口的冲击形成强激波的情况。因跨过正激波的滞止压力大为减小,所以,发射管现有面积的大小不能通过全部燃气流,发射管内的流动产生壅塞现象,致使大量溢流从径向流过发射装置迎气正面,只有少量燃气流继续通过发射管(图8-24(c)、(d)、(e)、(f)和(h))。在一般地面火箭燃烧室压力的情况下,欲出现超临界情况时,喷口至发射装置迎气正面的间隔距离约在$2r_e < x_{NL} < 20r_e$范围之内。如果发射管长度与其内径之比越大,则出现超临界流的可能性越大。这时,发射管正前方的燃气射流冲击流场与平板的情况相仿,其冲击区同样存在如前所述的回流。

决定发射管正面出现亚临界还是超临界冲击流场的二个主要因素间的关系,即燃烧室压力p_c对喷口至发射管迎气正面的间隔距离x_{NL}的函数关系,可以采用Ginzburg等的冷射流对平板冲击的试验结果。利用该试验结果,我们建立的上述函数关系示于图8-25中。图示阴影区取在地面火箭常用压力范围。这一阴影区表示在某一p_c下只要x_{NL}减到下限

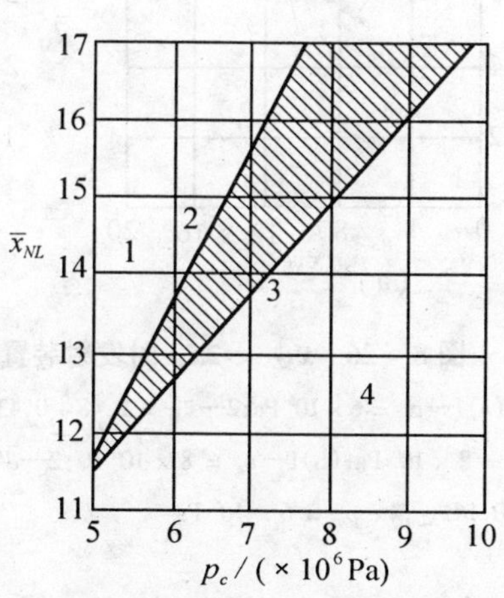

图8-25　超临界流的x_{NL}上下限

1—亚临界;2—$\bar{x}_{NL}^{u} = 1.13 + 0.20p_c$;

3—$\bar{x}_{NL}^{D} = 5.98 + 0.11p_c$;4—超临界

$$x_{NL}^{D} = 5.98 + 0.11p_c \tag{8-21}$$

时就能转变为超临界冲击流。然而，一旦建立了超临界流，则在返抵上限

$$x_{NL}^{u} = 1.13 + 0.20p_c \tag{8-22}$$

之前，仍然保持超临界流。至于在超临界流场中使马赫盘开始高频振荡的间隔距离可以利用下式算得

$$x_{cr} = (1.08 - 0.17Ma_e)x_M \tag{8-23}$$

当发射管中的流动壅塞时，即使在间隔距离 x_{NL} 较大的情况下，燃气射流流场中的发射装置仍能干扰马赫盘位置 x_M 及其直径 d_M。对于如图 8－26(a) 和(b) 中 $\bar{x}_{NL} < 2x_M$ 的情形：

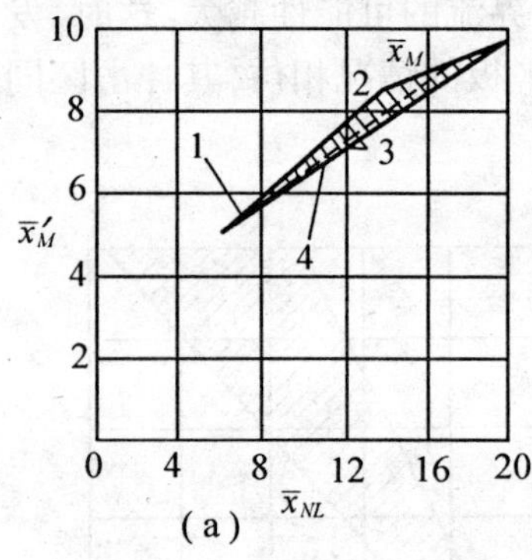

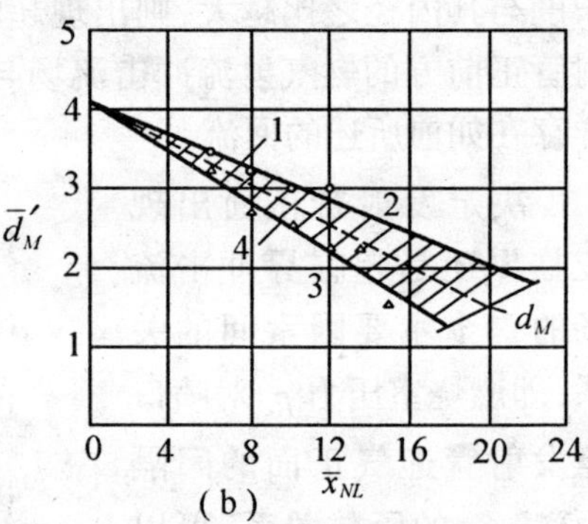

图 8－26　$\bar{x}_{NL} < 2\bar{x}_M$ 时发射装置对马赫盘位置和直径的影响

(a)1—$p_e = 6\times10^6$ Pa；2—$\bar{x}'_M = 2.48 + 0.43\bar{x}_{NL}$；3—$\bar{x}'_M = 2.94 + 0.34\bar{x}_{NL}$；4—$p_c = 8\times10^6$ Pa；(b)1—$p_e = 8\times10^6$ Pa；2—$\bar{d}'_M = 4.1 - 0.1\bar{x}_{NL}$；3—$\bar{d}'_M = 4.1 - 0.16\bar{x}_{NL}$；4—$p_c = 6\times10^6$ Pa

在 $p_c = 6\times10^6$ Pa 时，有

$$\bar{x}'_M = 2.48 + 0.43\bar{x}_{NL}$$

$$\bar{d}'_M = 4.1 - 0.16\bar{x}_{Nl} \tag{8-24a}$$

在 $p_c = 8 \times 10^6$ Pa 时，有

$$\bar{x}'_M = 2.94 + 0.34\bar{x}_{NL}$$

$$\bar{d}'_M = 4.1 - 0.1\bar{x}_{NL} \tag{8 - 24b}$$

8.8　多管发射装置迎气正面压力分布

多管发射装置所承受的燃气动力直接与燃气射流对发射装置迎气正面的冲击压力（或称冲击表面静压）分布有关。在给定火箭燃烧室压力的情况下，这一压力分布主要随喷口至发射装置迎气正面的间隔距离的变化而变化。

在固定燃烧室压力 P_c 的情况下，当 $x_{NL} < 2r_e$ 时，冲击流场为亚临界的。对于所论四种迎气型面（平面、带孔平面、伸出一根发射管的平面与伸出多根发射管的平面）来说，冲击表面的静压分布与燃气自由射流流场的动压剖面很是接近（图 8 - 27(a)）。只不过在伸出管型面紧邻管根部的地方压力偏小。在 $2r_e < x_{NL} < 20r_e$ 时，冲击流场为超临界的。显见，上述各压力分布有很大差异（图8 - 27(b)、(c) 和 (d)）。以下我们对照图 8 - 24 来加以说明。

在 $x < 2r_e$ 时，流场为亚临界的，发射管边缘附近只有很小面积受到射流的影响（图 8 - 24(a)）。对于伸出管型面（图 8 - 24(b)），基本上只有管口圆环承受与燃气自由射流动压相当的冲击射流压力。

在 $2r_e < x_{NL} < 20r_e$ 时，发射装置迎气正面最大压力出现在型孔附近平面（图 8 - 24(c)）或发射管口端（图 8 - 24(d)）。这时，横跨冲击射流的正激波控制了有粘与无粘激波干扰结构流场。因此，发射装置正面孔边附近平面或发射管口端的压力等于激波下游压力，且有较高的值。当火箭弹继续飞离发射装置时，激波下游压力逐渐减小。此外，上述四种迎气型面在平面上（除去正发射火箭弹

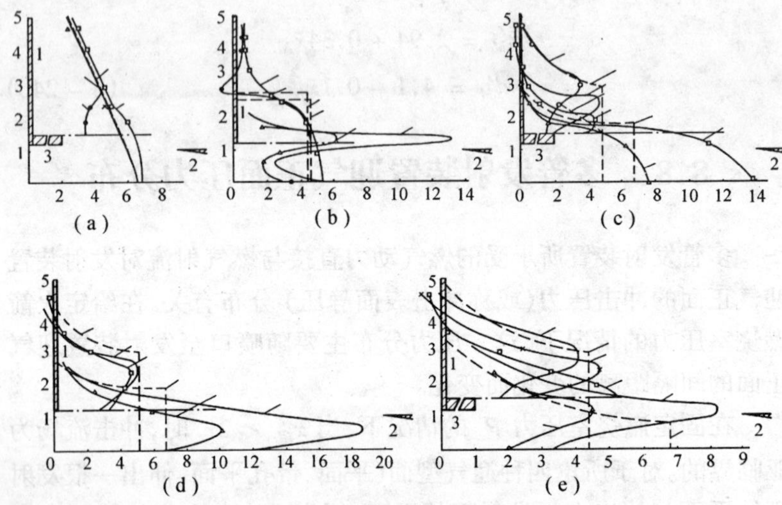

图 8 – 27 单股真实燃气射流对各型面的冲击压力分布

(a)$\bar{x}_{NL}=96,\bar{x}_{NF}=96$;(b)$\bar{x}_{NL}=4.7,\bar{x}_{NF}==4.7$;(c)$\bar{x}_{NL}=3.5,\bar{x}_{NF}=12.0$;(d)$\bar{x}_{NL}=10.0,\bar{x}_{NF}=10.0$;(e)$=\bar{x}_{NL}=10.0,\bar{x}_{NF}=18.2$

P— 平板型面;P_l— 多孔平板型面;T_1— 伸出单管的型面;T_2— 伸出多管的型面;$\bar{q}'_t,\bar{q}_t^h$,— 第 5.4 和 5.2 节所论模型的理论无因次动压;$\bar{q}_e$— 实验无因次动压;$\bar{p}_{pt}$— 实验无因次皮托管压力;$\bar{p}$— 实验无因次冲击表面压力;1— 迎气正面;2— 喷管;3— 发射管

的管孔）的冲击压力最大值都与射流动压很接近，区别之处只是相互间有些错位（见图 8 – 27(b) 和(c)）。有多管伸出的迎气型面上的压力，在二管根部之间具有略微偏高的值（见图 8 – 27(c)），但仍没有超过自由射流流场内的实验动压值，并且与迎气正面最大冲击表面静压值相接近。

在 $x_{cr}<x_{NL}<20r_e$ 时，冲击射流的有粘与无粘干扰流场变成了图 8 – 24(e) 和(f) 的情况。正如各图所示的，冲击射流周围出现了反射斜激波。由于跨过斜激波的滞止压力降落小于跨过正激波

的，因而反射激波下游的滞止压力比正激波下游的大。当燃气射流向平板减速时，冲击射流周围附近的当地压力产生峰值（图8-27(d)和图8-24(e)的阴影部分）。因为流动是超临界的，有大量燃气射流冲击于发射装置正面，所以高压作用在很大的正面圆环面积上，最大冲击表面静压环的径向位置和大小随间隔距离的变化而变化。燃气射流对发射管伸出迎气正面型面的冲击流场如图8-24(f)所示。可以预料，冲击流周围的反射激波比图8-24(e)所示的更为倾斜，跨过这一激波的滞止压力降落比正激波的更小，按理在发射架迎气正面上将会出现更高的压力区，但是，因为伸出发射管的发射架迎气正面远在管口之后，所以在发射架正面不会产生过高的压力区。图8-27(e)表明发射架迎气正面的最大压力接近于发射管边缘位置的自由射流动压。与图8-27(c)一样，各种型面上的最大压力与发射管边缘的动压有径向错位，其中尤以伸出管型面上的压力径向错位最为严重。然而，以上各压力分布却可以通过自由射流动压剖面的不同径向移位而得到。

多喷管火箭燃气射流对前述四种型面的静压分布如图8-28所示。由图可见，多股燃气射流对各类发射装置迎气型面的冲击流场同样存在着图8-27(a)、(b)、(c)和(d)所示的单股燃气射流的情况，即具有类似规律的冲击表面静压分布。它们的主要区别仅在于多股燃气射流的冲击表面静压稍有波动，这种波动的程度与多股燃气射流本身各股轴心的径向间距和激波干扰有关。

在多管火箭发射装置脉冲发射时，研究邻近已射出火箭弹的空穴发射管对冲击流场的影响是有实际意义的。实验表明，邻近管无弹时发射装置正面上的压力分布与邻近管有射弹时的相当，即基本上都在图8-27和8-28所示的同一条曲线上。也就是说，各型面上的压力分布与邻近管是否装填火箭弹基本无关。

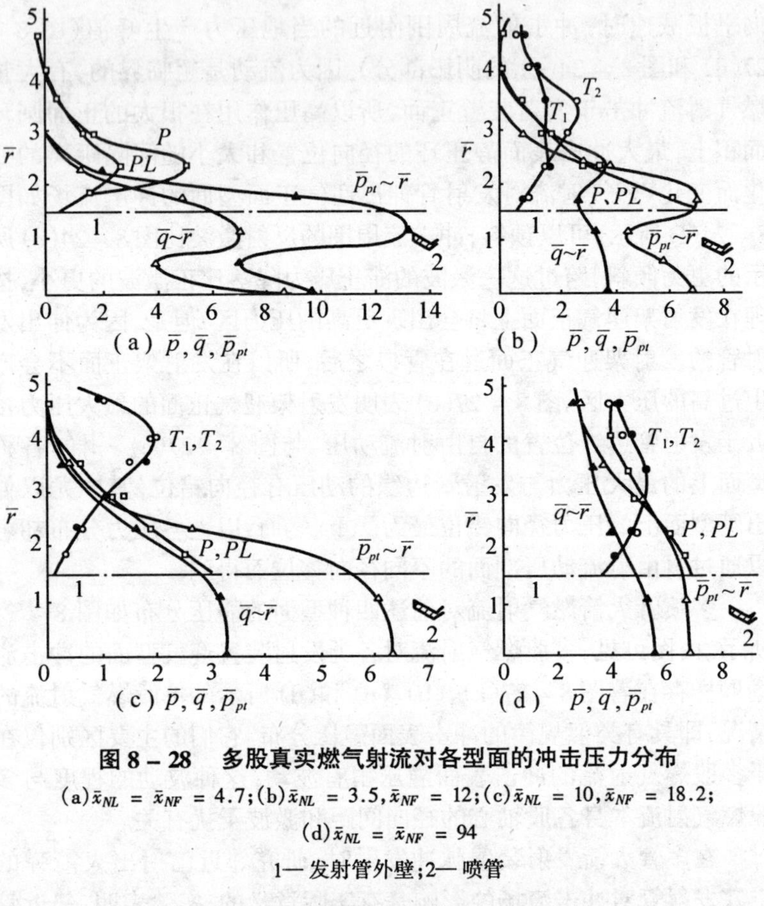

图 8-28　多股真实燃气射流对各型面的冲击压力分布

(a)$\bar{x}_{NL} = \bar{x}_{NF} = 4.7$;(b)$\bar{x}_{NL} = 3.5, \bar{x}_{NF} = 12$;(c)$\bar{x}_{NL} = 10, \bar{x}_{NF} = 18.2$;

(d)$\bar{x}_{NL} = \bar{x}_{NF} = 94$

1— 发射管外壁;2— 喷管

8.9　多管发射装置脉冲发射时承受的燃气流动载

对于多管火箭与导弹发射装置,当第 n 发火箭弹或导弹飞离定向器时,其喷出的部分燃气冲击于发射装置迎气正面产生的压力分布为 $p(r、x)$,冲击力为

$$F_{Bn}(x) = \iint_{A_n} p(r,x)\mathrm{d}A \tag{8-25}$$

式中，A_n 表示发射第 n 发火箭弹时发射装置迎气正面承受压力作用的有效面积。$F_{Bn}(x)$ 不仅取决于火箭发动机性能以及喷口截面与发射装置迎气正面之间的距离，还取决于发射装置的几何形状，诸如发射装置各根定向器的分布位置、定向器伸出起落架外的长度、第 n 发火箭弹发射前空出的定向器数目和位置等，也就是取决于发射顺序和几何形状。

在积分(8－25)式时，我们首先应确定如图 8－29 所示的坐标系。图中附着于弹体的直角坐标系原点为单喷管出口截面的中心点。对于多喷管来说，若按相互独立的射流来处理，则坐标系原点在各自喷口中心；若按小型高压密集喷管簇的合成射流来处理，则坐标系原点在相当于喷口的中心。火箭超音速燃气自由射流的气动力模型(第 5.4 节)就是根据附着于喷口中心的直角坐标系建立起来的。该气动力模型的射流坐标系(O_2XRR)如图 8－29(b)所

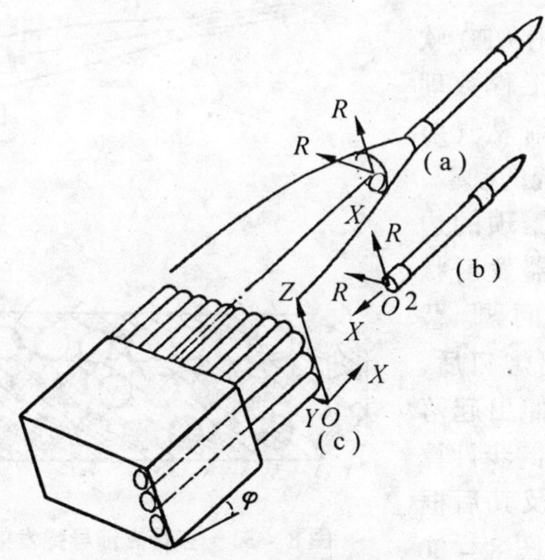

图 8－29　火箭弹、发射装置和坐标系

示。燃气射流动量均化特性模型(第 5.2 节) 的直角坐标系原点则设在射流起始膨胀段终止截面的中心，该模型的射流坐标系(O_1XRR)如图 8－29(a)所示。至于附着在火箭发射装置上的直角坐标系原点，一般宜选在面向炮口的承受燃气射流冲击的起落架迎气正面的右下角。发射装置坐标系($OXYZ$)如图 8－29(c)所示。

已知火箭(导弹) 发动机与装药的有关特性参数、发射装置各类形域的坐标和块数、定向器轴心坐标和个数、定向器伸出框架悬臂长、发射顺序以及定向器装填状况等，可以计算多联装武器单管单射或多管连射甚至数十管连射时承受的燃气流冲击力、冲击力矩以及冲击作用中心随火箭(导弹) 飞离炮口距离(时间) 的变化，确定各发射弹燃气流冲击发射装置的最大冲击力、最大俯仰和回转冲击力矩等，这些对武器系统最严重的冲击载都是各部大型构件与传动系统刚度强度设计所必需的参数，同时也是诸如考虑发射扰动、发射时序等与武器综合技术性能紧密相关的参数。因此，该计算理应属于火箭(导弹) 武器系统总体设计的先行工作，且始终贯穿于新型号武器系统的完整研制过程之中。

无论使用 CFD 软件还是使用工程数理模型计算火箭燃气射流对发射系统的动载，都必须涉及繁琐的边界问题和武器发射状态的适应性问题。譬如，火箭飞离炮口后，对于定向器伸出起落架的武器，应同步计算定向器口部及其后框架迎气面(如图 8－30 粗线条所示) 的燃气

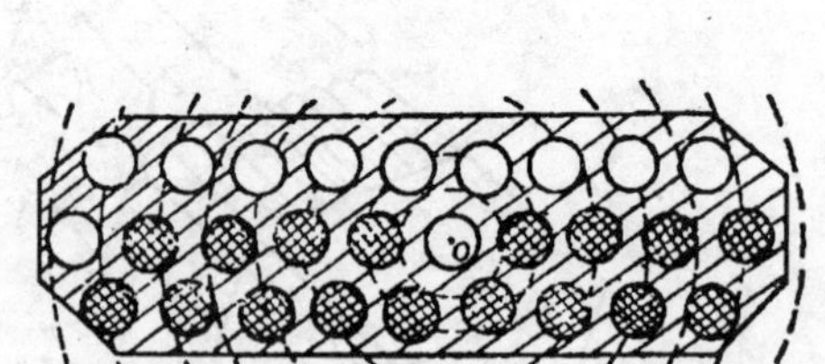

图 8－30　多管火箭导弹发射装置有效迎气形面

流冲击载;多管连射过程务必考虑逐枚射出弹对减小迎气面的非对称影响;考虑火箭燃气冲击射流对发射装置迎气正面的冲击压力随射弹飞离发射装置的间隔距离变化。也就是说,多管发射装置脉冲发射时承受的燃气动力随时间不断变化,同时燃气流冲击作用中心亦相应变化,等等。所以,在数十枚甚至小型上百枚火箭弹连射时应不中断地连续计算,随着各枚射弹飞离炮口,发射架迎气面积不断变化,对于一般 CFD 软件来说,必须对前述的功能要求补充多类接口程序,这样就使计算十分繁琐。

图 8 – 31 表示第 5.1 节 Northrop 模型应用于估算火箭燃气射流对发射装置平板迎气面和 30° 半锥角楔形迎气面冲击动力的计

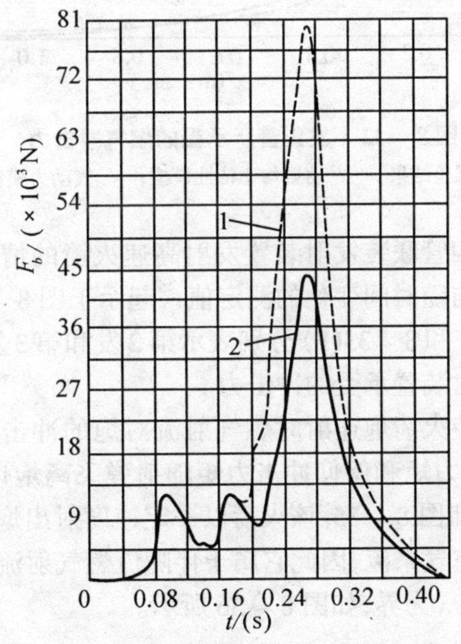

图 8 – 31　火箭燃气射流对发射装置的冲击载荷

1— 平板迎气面;2—30° 半锥角楔形迎气面

算结果曲线。

对于管长与内径之比为 7.5 ~ 15 的发射管，测得的燃气射流冲击力与通过上述两个火箭燃气射流模型（指第 5.2 节的动量均化特性模型和第 5.4 节的气动力模型）算得的冲击力比较于图 8 – 32 中。由该图可见，发射装置正面位于燃气射流远场时各冲击力值较为接近实验值，位于近、中场时则稍有偏差。

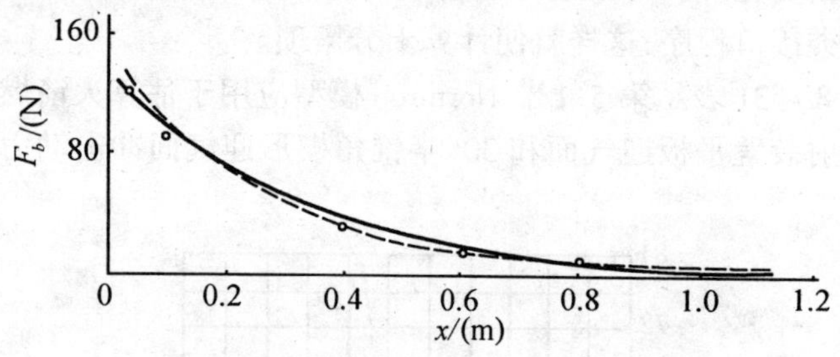

图 8 – 32　发射管所承受的燃气冲击力

○ 试验结果；—— 动量均化特性模型；···· 气动力模型

对于机载四管联装发射装置发射高速火箭的情况，预估燃气射流冲击力值与随时间变化的测定值一起示于图 8 – 33(a) 和(b) 中。图 8 – 33(a) 和 8 – 33(b) 分别表示第 2 发和第 3 发火箭弹发射时四管联装发射装置承受的冲击力。

某八管联装火箭炮连射时燃气射流对炮的冲击力、冲击作用中心、回转冲击力矩和俯仰冲击力矩随射弹飞离炮口距离的变化参见图 8 – 34 和图 8 – 35。该火箭以一定速度射出炮口后，燃气流周围环境存在空气来流，因此它属于伴随流燃气射流，其危险域一般约以0.001 MPa 为界，如图 8 – 36 所示。

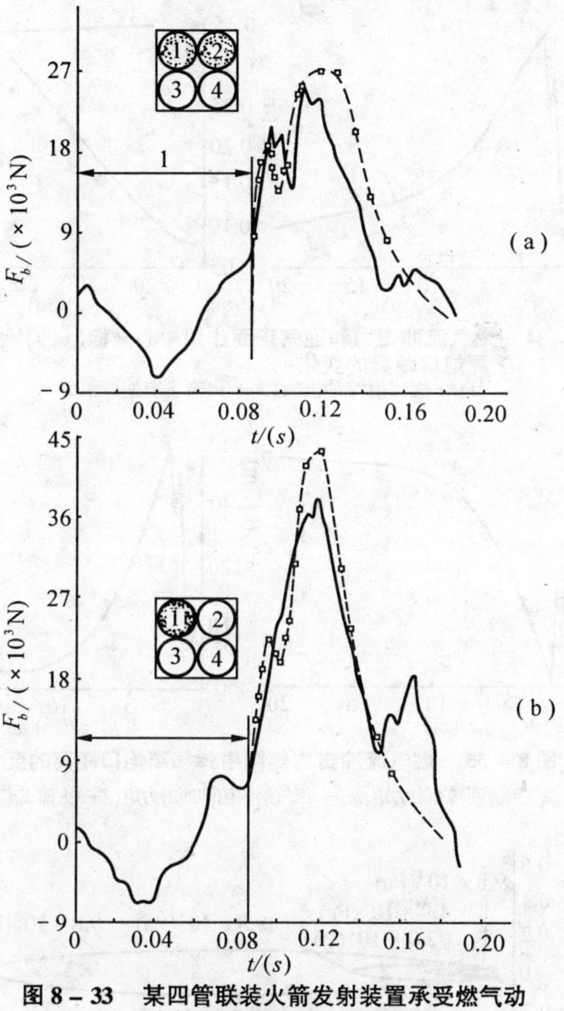

图 8－33　某四管联装火箭发射装置承受燃气动力的测试值与理论值的比较

(a)3 号管发射第二发火箭弹试验总冲量 1.32×10^3 N · s 理论总冲量 1.13×10^3 N · s 误差 17.5%；(b)2 号管发射第三发火箭弹试验总冲量 1.85×10^3 N · s　理论总冲量 1.76×10^3 N · s 误差 5%

—— 试验结果；□— 理论值；● 已装填管；

○ 未装填管；1— 火箭飞离发射器

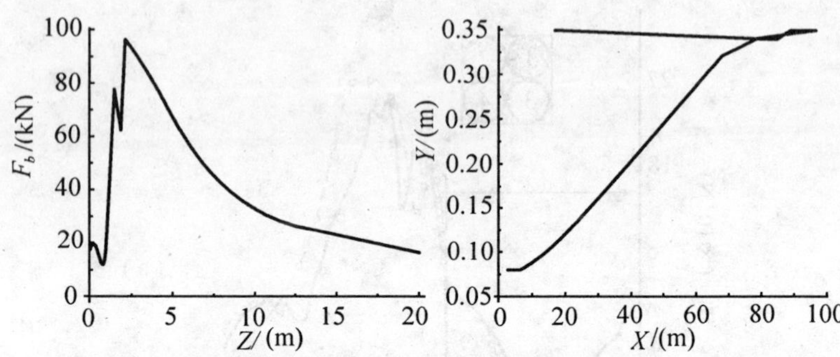

图 8-34　燃气流冲击力和迎气正面作用中心坐标(x,y)随射弹飞离炮口距离的变化

F_b— 燃气射流冲击力；Z— 火箭飞离炮口距离

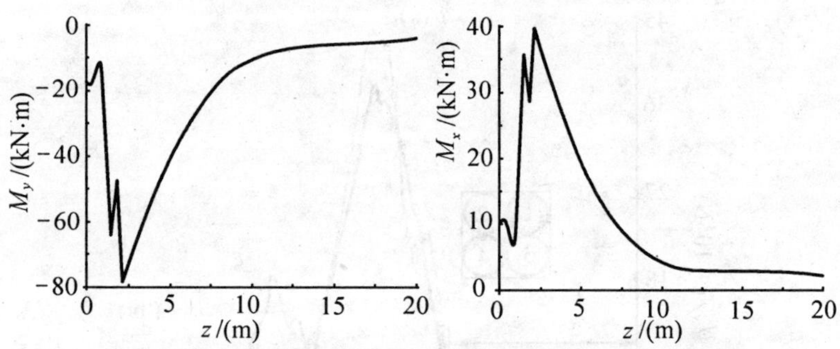

图 8-35　燃气流冲击力矩随射弹飞离炮口距离的变化

M_y— 燃气射流回转冲击力矩；M_x— 燃气射流俯仰冲击力矩；Z— 火箭飞离炮口距离

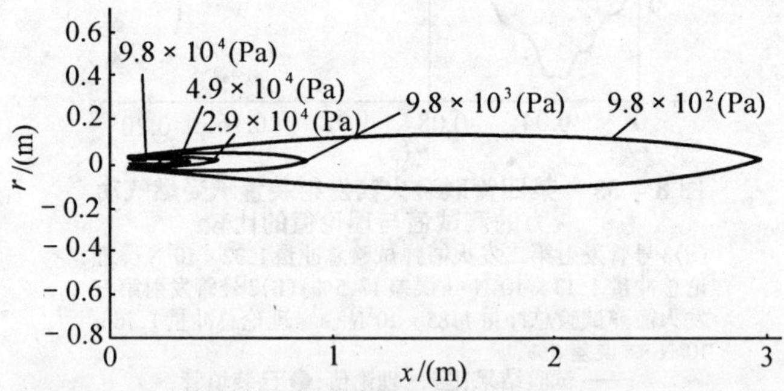

图 8-36　伴随流燃气射流危险域

8.10　燃气射流冲击形态对起始扰动的影响(脉冲发射效应)

8.10.1　简化力函数

火箭燃气射流的理想压力解析式如果真能得到的话,多半是很复杂的。为了数值计算燃气射流冲击对炮口扰动的影响,我们往往选取简化的数学模型来表示。假设多联装发射装置第 n 发火箭弹的复合压力分布 $p_n(r,x,t)$ 可以分离变量,则有

$$p_n(r,x,t) = f_n(r,x)F_0(t) \tag{8-26}$$

在发射装置迎气正面上进行积分之后,可得

$$F_{Bn}(t) = \bar{f}_n F_0(t)$$

式中,$\bar{f}_n$ 是随发射序号而定的、描述发射装置几何形状不规则性的系数。

用相当复杂的方法表示 $F_0(t)$ 力随 t 的变化,在确定它对炮口扰动影响的数值计算时就不可能直接积分。又因为 $F_0(t)$ 本身只是一个近似值,所以我们可以利用较易于解析处理的函数来代替 $F_0(t)$。假定有三个这样的函数,第一个力函数

$$F_1(t) = C_1(t - t_n)\mathrm{e}^{-C_2^{(t-t_n)}} \tag{8-27}$$

作出了最接近于 $F_0(t) \sim t$ 曲线形状的近似式,式中 C_1 和 C_2 为常数。第二个力函数为纯指数力函数

$$F_2(t) = C_3\mathrm{e}^{-C_4^{(t-t_n)}} \tag{8-28}$$

它是经过稍些简化处理的,或许是发射管伸出发射装置正面的较好的近似式。净冲量是第三个力函数

$$F_s(t) = F_s\delta(t, t_n + \varepsilon) \tag{8-29}$$

式中　$\delta(t, t_n + \varepsilon)$——狄拉克 δ 函数,对于任意正数 ε,

$$\int_{(p-1)\xi}^{(p-1)\xi+\varepsilon}\delta[t,(p-1)\xi]\mathrm{d}t = 1;$$

t_n——发射第 n 发火箭弹的时间，它为 $(n-1)\xi$，并且规定 $t=0$ 瞬时发射第一发火箭弹；

ξ——依次相继发射的火箭弹之间的时间间隔；

P——$\left(1+\dfrac{t}{\xi}\right)$ 的最大整函数。

对于上述三种情况都应作出相同的力冲量。$F_1(t)$ 和 $F_2(t)$ 的第二个常数 C_2 和 C_4 可以用来得到需用力的衰减特性。我们举例说明各力函数具体解析式的确定方法。如果我们已由图 8－37 估算出了赋予发射装置的冲量为 $2.5\times10^5\ \mathrm{N\cdot s}$，那么先选定衰减系数 C_2 和 C_4。就 C_2 而论，应使 $F_2(t)$ 与 $F_0(t)$ 有大体相同的衰减

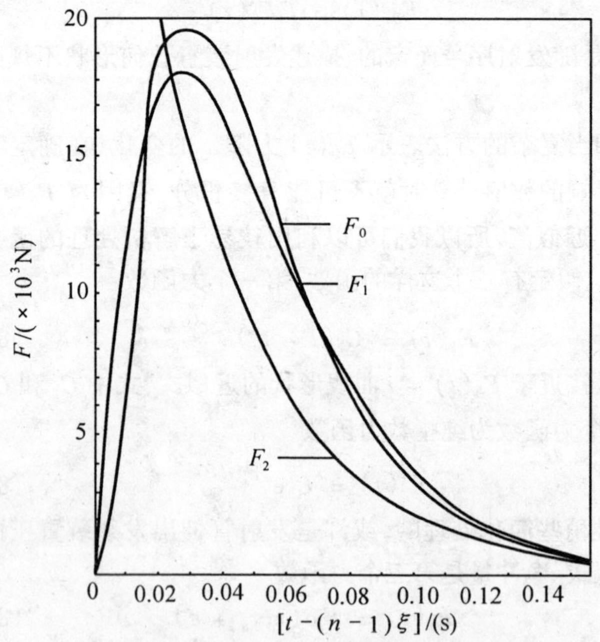

图 8－37　力函数

特性。之后,我们再选取振幅系数 C_1,C_3 和 F_3,以使所有力函数都赋予相同的冲量。于是,各力函数表示为

$$F_1(t) = 3\,995[t-(n-1)\xi]\mathrm{e}^{-40[t-(n-1)\xi]}$$

$$F_2(t) = 74.9\mathrm{e}^{-30[t-(n-1)\xi]}$$

和

$$F_s(t) = 25\delta[t,(n-1)\xi+\varepsilon]$$

$F_1(t)$、$F_2(t)$ 和 $F_0(t)$ 一起绘制于图 8－37。

8.10.2　燃气射流冲击形态与火箭弹角散布

燃气射流的净冲击力除了有上述简化力函数所表示的方法之外,还可以利用图 8－38 所示的更为简化的折线来表示。图中 A,B,C 和 D 的各条折线可以根据某一多管火箭发射装置承受各发火箭弹的燃气动力计算曲线和实验曲线来得到。对于该图所示的各种冲击形态,比较最大冲击力、最大冲击力出现的位置和冲量,则有

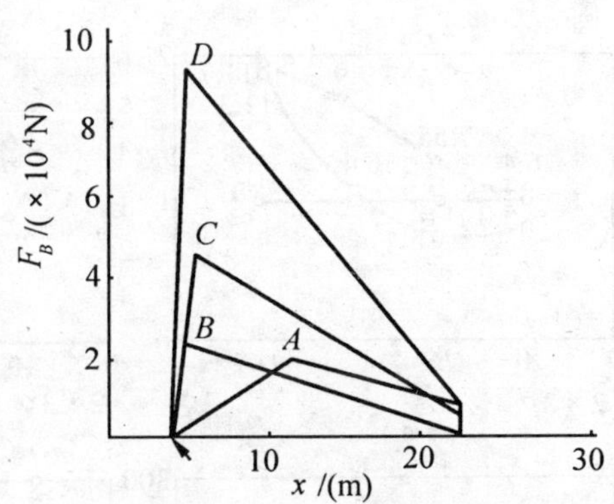

图 8－38　燃气射流冲击形态

$$F_{BD} > F_{BC} > F_{BB} > F_{BA}$$

$$x_D \approx x_B \approx x_C \approx x_A$$

$$Q_D > Q_C > Q_B > Q_A$$

假定射弹角散布属于正态分布。通过各种型式多管火箭发射装置的模拟发射,可获得各种燃气射流冲击力分布图谱对火箭弹炮口俯仰角偏差 θ、横向角偏差 ψ、俯仰角速度 $\dot{\theta}$ 以及横向角速度

的影响曲线，参见图8－39。这些曲线都是通过标准发射装置算得的。它联装 12 发火箭弹，分布两排，火箭弹直径为216 mm，火箭弹的炮口转速 9 rps，发射时间间隔1 s，发射架的俯仰固有频率3.5 Hz，车体的俯仰频率2.75 Hz，整个发射系统的横向固有频率 5 Hz，发射装置型式有刚性同时离轨、柔性倾离和柔性同时离轨三种。图8－39 中 σ 为中间偏差，左侧纵坐标表示 2 × 3 个中间偏差，右侧纵坐标表示 1 个中间偏差。

由图 8－39 可知：

(1) 在相同燃气射流冲击力分布的情况下，柔性同时离轨发

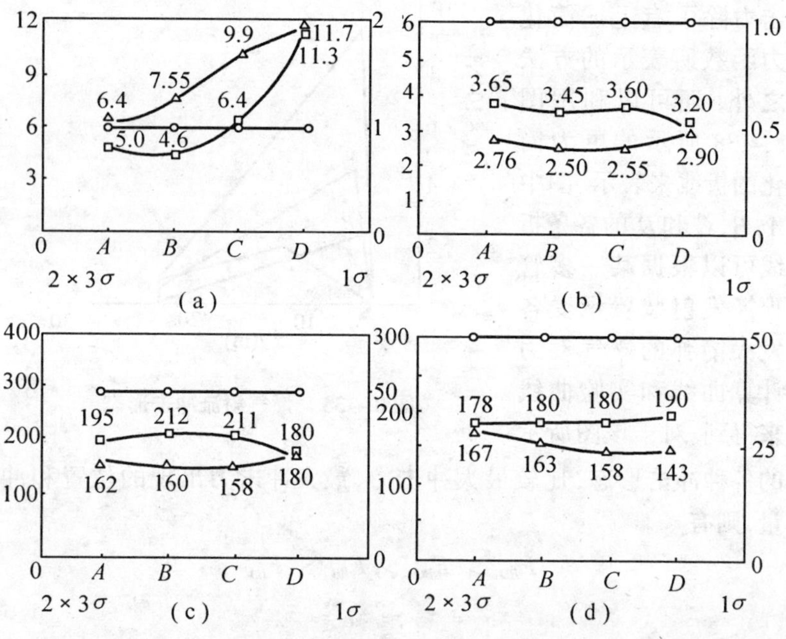

图 8－39　火箭弹炮口俯仰和横向角散布的 2 × 3σ 和 1σ 值

发射装置型式：○ 刚性同时滑离；△ 柔性倾离；□ 柔性同时滑离

(a) 俯仰角偏差 θ(mil)；(b) 横向角偏差 ψ(mil)；(c) 俯仰角速度偏差 θ(mil/s)；(d) 横向角速度偏差 ψ(mil/s)

射装置对火箭炮口 $\dot{\theta}$, ψ 和 $\dot{\psi}$ 的影响比柔性倾离发射装置的要大,对 Θ 却反之,但是,在最大的燃气射流冲击力分布模型下,柔性同时离轨和柔性倾离发射装置对 θ, $\dot{\theta}$ 和 ψ 的影响几乎相同;

(2) 对于柔性倾离发射装置,如果燃气射流最大冲击力和冲量越大,则 θ, $\dot{\theta}$ 和 ψ 越大, $\dot{\psi}$ 越小,但是,尤以 θ 增加较猛;

(3) 对于柔性同时离轨发射装置,燃气射流最大冲击力和冲量的增大,使 θ 猛增, $\dot{\psi}$ 稍有增加, $\dot{\theta}$ 先增加少许后又减小,而 ψ 减小;

(4) 至于燃气射流在总冲量为常数的条件下,最大冲击力出现得早还是晚(如 A 和 B 的冲击形态),对炮口扰动角散布的影响并不显著。

在模拟发射的诸因素中,如果对于燃气射流冲击谱仅考虑最大冲击值的情况,那么,从表 8－1 可见,它对火箭弹的炮口角散布的影响在总的角散布中占据很可观的比重。但是,这里的燃气射流冲击谱对炮口扰动的影响并没有计及发射管内二次流的影响,因此,事实上燃气射流对炮口扰动的影响远超过表 8－1 所列出的数值。此外,表 8－1 中各角散布值是在预定的发射顺序下获得的,即火箭弹从发射装置外侧移向内侧、两侧交替以及由上而下发射。当火箭连射时,我们选取最佳脉冲发射顺序,使冲击谱变化自始至终保持在所有各发弹对发射装置的最大冲击力和冲量值不至于出现过大,甚至还使之降低,且实现均化。因此,在上述条件下进行脉冲发射时,冲击力谱变化不大,减小了角散布。表 8－1 表示在较佳发射顺序下(但不是最优情况) 获得的冲击谱对炮口角散布的影响。在该表中,已对这种影响作了减小处理。但是,从表中各因素的比较表明,这种影响已相当可观了。

总之,虽然多管联装火箭发射装置在较佳发射顺序下,已使脉冲发射时承受的燃气射流冲击谱对炮口角散布的影响降低,然而冲击谱变化引起的角散布仍然保持相当可观的近似恒定值,即角散布值较大而变化范围小。

表 8 - 1　火箭弹和发射装置各因素对 $\theta, \dot{\theta}, \psi, \dot{\psi}$ 的影响

诸因素分布范围		柔性倾离				柔性同时滑离			
		θ (mil)	ψ (mil)	$\dot{\theta}$ (mil/s)	$\dot{\psi}$ (mil/s)	θ (mil)	ψ (mil)	$\dot{\theta}$ (mil/s)	$\dot{\psi}$ (mil/s)
火箭弹转速(1/s)	0 ~ 15	3.4 ~ 7	1.18 ~ 8.1	72 ~ 304	46 ~ 333	5.1 ~ 7.7	2.8 ~ 9.8	153 ~ 262	87 ~ 251
车体俯仰频率(Hz)	1 ~ 5	2.7 ~ 8 – 5	2.45	170 ~ 470	148	5.8 ~ 25.5	3.5	195 ~ 370	181
发射装置俯仰固有频率(Hz)	1.5 ~ 5	6 ~ 13	2.45	200 ~ 400	148	6.4 ~ 10.8	3.5	180 ~ 210	181
燃气流冲击谱(N)	22 680 ~ 95 250	6.4 ~ 11.3	2.5 ~ 2.9	158 ~ 180	143 ~ 167	4.6 ~ 11.7	3.2 ~ 3.65	180 ~ 212	178 ~ 190
导引长度 *(m)	0.61 ~ 1.83	10.9 ~ 15	3 ~ 7.5	163 ~ 357	133 ~ 223	9.5 ~ 16.4	3.2 ~ 7.5	131 ~ 245	166 ~ 190
推力偏心(mil)	0 ~ 3.43	9.7 ~ 11.3	0.75 ~ 1.44	126 ~ 152	32 ~ 71	8.3 ~ 12.9	0.5 ~ 3.6	35 ~ 199	5.6 ~ 186

多管火箭发射装置主要通过定向器束的发射扰动影响火箭起始扰动及其射击精度，其中尤以定向器束俯仰与横向摆动角速度的影响为最严重，我们可以通过火箭炮发射扰动实时动态检测系统测定这一定向器束摆动角速度的时间历程，如图 8 - 40 所示。该图(a)与(b)分别为某多管火箭发射装置单射与7管连射时定向器束摆动角速度的时间历程。由图 8 - 40(a) 显见，火箭炮发射过程主要分成三段：

(1) *ab* 段曲线为火箭在膛内自点火始滑行至离轨的发射过程；

(2) *bcd* 段曲线为火箭出膛后燃气射流对发射装置的作用期；

(3) *de* 段曲线为出膛火箭燃气射流对发射装置的冲击作用结束之后的振荡期；

(4) 经过以上三段发射过程，如由舰载多管火箭发射装置射击，则在发射过程结束之后武器与舰船有一随浪波荡期 *ef* 段曲线。

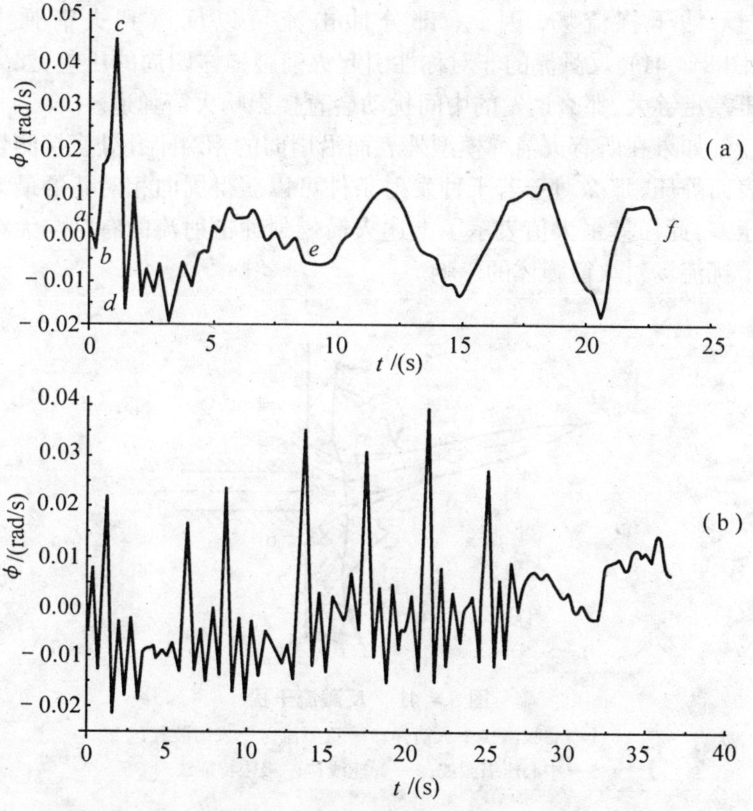

图 8－40　某多管火箭发射装置定向器束发射扰动历程

(a) 单管发射；(b)7 管连射

8.11 反溅流对火箭弹的作用(中间扰动)

火箭燃气射流对发射装置迎气正面的冲击产生了复杂的有粘与无粘干扰流场，因此，部分冲击流可以反溅到火箭弹上(图 8－41)。反溅流的非对称性引起火箭弹弹体四周的压差,如果压差足够大,那么诱发的中间扰动会直接影响火箭弹道。

如果在所有火箭弹模型外表面沿周向的相对小孔处直接测量表面静压,那么对于若干种发射条件可以获得周向相对孔的最大压差,此压差最大值表示了上述火箭燃气冲击射流的有粘与无粘干扰流场对火箭弹体的影响。

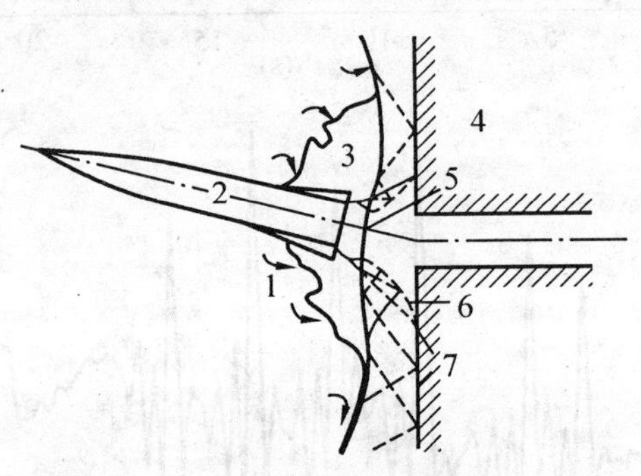

图 8－41 反溅流干扰

1— 卷吸流;2— 火箭弹;3— 反溅流;4— 发射装置;
5— 中心压缩激波;6— 音速线;7— 极限特征线

我们可以预见,在开孔管吞入大部分燃气射流时,弹体后部所受到的压差很小。当喷口远离发射装置正面时(即间隔距离变大),反溅流的影响也减小。因此,在滞止压力较高以及喷口靠近(但不直接邻近) 发射装置迎气正面时,可以产生最大压差。用大气压无因次化的最大压差对间隔距离的变化示于图 8－42 中。该图表示

了在第1,2 和 6 号发射管中一根管开孔或两根管开孔的两种模拟发射情况。

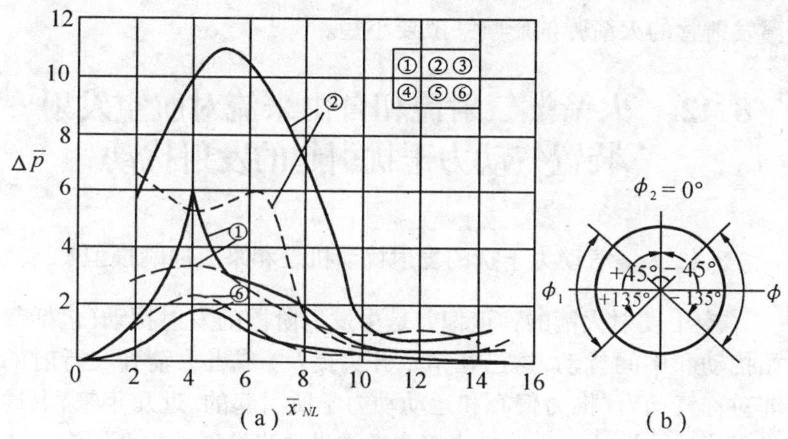

图 8 – 42　作用于火箭弹的最大压差及其角方位

($p_c = 7.85 \times 10^6$ Pa)

— 邻近管闭口；--- 邻近管开口

(a) 最大压差；(b) 火箭弹后视图

对于滞止压力为 7.58×10^6 Pa 的情况(与一般地面火箭发动机的燃烧室压力相当)，由实测可知，火箭弹飞离炮口的间隔距离在 $4r_e$ 和 $6r_e$ 之间产生最大压差。这是因为上述条件下的流场是超临界的，而且喷口较靠近于发射装置迎气正面。对于某些从第 2 号发射管发射的情况，最大静压作用于顶部(即 $\phi_2 = 0°$，这尚需根据发射装置正上方有无障碍物来决定)。然而，在所有燃烧室压力和间隔距离下火箭弹体后部所测得的最大静压的角方位不是不变的。此外，从第 1 号管和第 6 号管模拟发射获得的最大静压却一致地作用于火箭弹体的外侧面，即对于第 1 号管有 $\phi_1 = 45° \sim 135°$，对于第 6 号管有 $\phi_6 = -45° \sim 135°$。上述压力所引起的力矩可以使

火箭弹偏离发射装置的轴心线。

对于相邻管闭口和开口的两种情况，由测试火箭弹体压差的结果表明，相邻管开口时（即邻近管已射出火箭弹）反溅流对刚射离发射管的火箭弹的影响一般要小些。

8.12 火箭燃气射流和自由来流对航空发射装置气动力干扰引起的发射扰动

8.12.1 气动力干扰的发射扰动机理和来流冲刷模型

空中发射火箭的弹道偏差是由发射阶段的发射扰动（包括起始扰动和中间扰动，这已在本章开头提及）或者火箭弹飞行时的非对称气动力、推力偏心和运动动力学所引起的。近几年来，上述发射扰动才被认为是航空火箭弹道学进一步发展的重要因素。

特别是在航空发射装置发射火箭的时候，可以认为发射扰动主要是由火箭弹与发射装置之间的气动力干扰造成的。这一气动力干扰机理是，航空发射装置引起了它前方自由来流扰动的流场。当火箭弹射入该扰动流场时，不对称力和力矩造成了火箭的弹道偏差。火箭燃气射流对航空发射装置的冲击，实际上是扩大了它的非对称的复杂迎气面，从而增强了上述扰动流场干扰。

发射扰动是造成航空火箭散布增大的原因。研究火箭弹、燃气射流、发射装置以及飞行器自由来流之间气动力干扰的影响，应该作为火箭发射扰动课题的重要组成部分。

在空中发射全尺寸火箭弹时，对上述气动力干扰效应进行实验研究是很困难的。然而，我们可以利用火箭弹及其燃气射流的精确相似模拟，在超音速风洞中研究这一气动力干扰现象。以下分成射弹是否受到发射装置约束的两种情况来讨论其现象、机理。

(1) 在射弹半约束期内气动力干扰引起的起始扰动

火箭弹在发射管内运动的全过程中，俯仰力矩和偏航力矩都

使火箭弹头偏离发射管中心，这是发射装置前方的冲刷流，即相对于发射装置中心的辐射状流动所造成的。冲刷流可以利用丝线法和吹动法来显示。试验表明，气流在发射装置钝表面前方的某一距离上分离，并从发射装置中心扩散开来，形成绕流。因为发射装置接近对称，所以可以假定流谱也近似对称。但是，一般来说，各发射管是偏离发射装置中心的，因此各管前方存在冲刷流。当火箭弹伸出发射管射入自由来流的冲刷流时，就存在有使火箭弹偏离发射装置中心的力矩，从而造成角散布。

(2) 射弹开始离管时气动力干扰引起的中间扰动

这里讨论的是火箭弹与发射装置的间隔距离为八倍口径，自由来流马赫数0～0.8，喷口静压比0～6，射弹攻角0°～5°，尾翼张开或不张开，邻近管开口（管内弹已射出或未装填）或封口（管内已装填弹）等情况下的气动力干扰。我们用干扰系数ΔC_m，ΔC_N，ΔC_n和ΔC_y来表示发射装置对火箭弹的影响。它们分别称为俯仰力矩、垂直力、横向力矩和横向力干扰系数，并且可以从存在发射装置时测得的诸系数值减去没有发射装置时得到的各系数值来求得。

图8－43表示速度比u_e/u_a（或动压比q_e/q_a）的综合影响。当马赫数仅少许变化时（如Ma_a由0.6变到0.8），它对系数基本上没有影响。当马赫数变化较大时（如图8－43所示，Ma_a由0.27变到0.6），则影响显著。

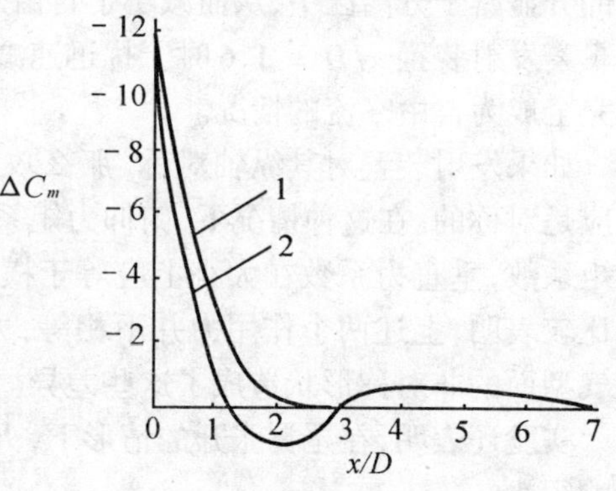

图8－43　速度比对俯仰干扰力矩系数的影响
($p_e/p_a=2$)

1—$u_e/u_a=3.0, Ma_a=0.6$；2—$u_e/u_a=6.7, Ma_a=0.27$

图 8－44 所示的干扰力矩系数随压力比增大而减小，这是由于火箭弹后部气流分离使之不存在前述冲刷流影响的结果。图中表明，在喷口十分靠近发射装置迎气面时（$x/D<1$，D 为口径），其附近形成了非对称高压区。当压力比增大时，高压区扩大，以致绕过火箭弹后体的自由来流进一步分离。当火箭喷口压力比继续增大时，这一分离区将向上游移动，火箭弹体将有较多部分显露于分离区中，从而减小了自由来流冲刷流的影响。火箭弹飞离发射装置 $x/D=1.6$ 时干扰迅速减小，当 $x/D=4\sim8$ 时，则完全成为自由来流的情况。

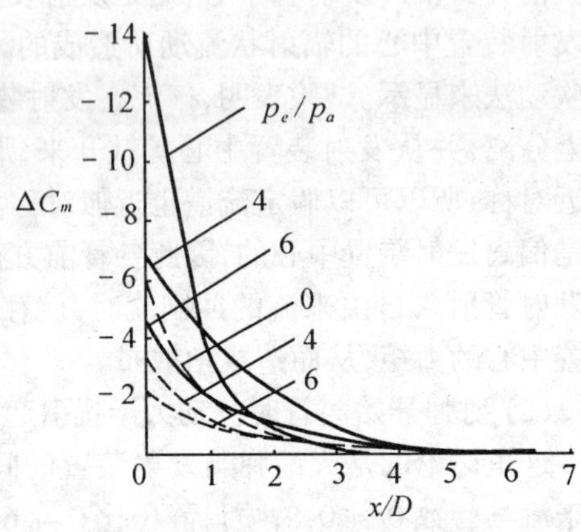

图 8－44　压力比对俯仰干扰力矩系数的影响
（$\alpha_R=0$）
—尾翼张开；… 尾翼收拢

如果发射装置对其纵轴对称，那么攻角为零的发射装置绕流也应是对称的。在这种情况下，俯仰力矩系数在大小上应等于横向力矩系数，垂直力系数在大小上应等于横向力系数。但是，实验结果比较表明，上述两个作用力并不相等，力矩也不相等，发射装置迎气型面的非对称形状造成了这些差异。

实验还表明，在尾翼张开的情形下，火箭弹攻角对干扰系数的影响很小。

对于火箭飞离发射装置之后尾翼张开需要 25～35 ms 时间的情形，火箭必须飞过 10 倍口径的间隔距离才能完全张开尾翼。因在 5～8 倍口径的间隔距离上已经达到了自由来流的状态，所以不

需要尾翼张开时的干扰系数。若是尾翼设计成在炮口或十分接近于炮口张开的方案，那么只需要尾翼张开干扰系数。

一般，因前面各管射弹飞离发射装置而使发射管开口时，可使自由来流冲刷流的干扰影响下降。

8.12.2　角散布计算

力矩系数随间隔距离的变化而变化。通过火箭弹在管内滑行距离对时间的关系，可以把图 8 - 45 表示为干扰系数随时间的变化。

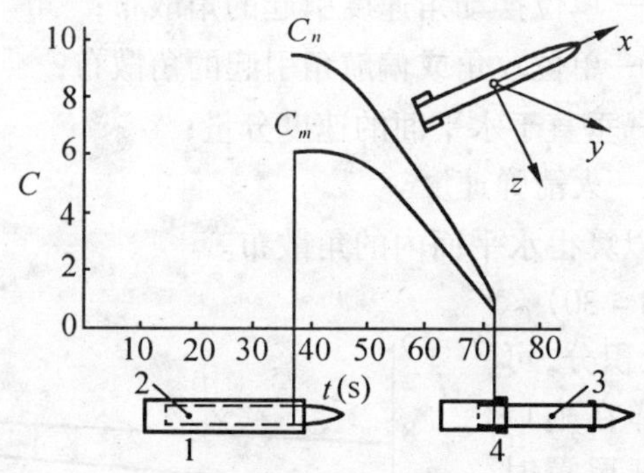

图 8 - 45　发射管内火箭力矩系数对时间的变化

1— 前定心部离管；2— 后定心部中心；3— 重心；
4— 后定心部离管

通过下式容易算得火箭弹摆动角速度，即

$$\dot{\theta} = \frac{qAD}{I}\int C_m \mathrm{d}t \tag{8-30}$$

式中　q—— 干扰流场动压；

A—— 火箭弹横截面面积；

D—— 火箭弹横截面口径；

I—— 弹体绕后定心部横截面内中心横轴的转动惯量；

$\int C_m \mathrm{d}t$—— 图 8 - 44 中力矩曲线下的面积。

气动力干扰的发射扰动引起的弹道偏差是由飞行弹道角 $\Delta\gamma$、摆动角速度 $\dot{\theta}$ 和攻角 α 组成的。所有这三个根源引起铅垂面内的角散布可以表示为

$$角散布 = \Delta r + K_1 \dot{\theta} + K_2 \alpha \tag{8-31}$$

$$\gamma = \omega / u_R \tag{8-32}$$

$$\theta = \int \dot{\theta} \, \mathrm{d}t \tag{8-33}$$

$$\alpha = \theta - \gamma \tag{8-34}$$

式中 K_1—— 单位摆动角速度引起的角散布；

K_2—— 单位攻角或偏航角引起的角散布；

ω—— 垂直于水平面的速度分量；

u_R—— 火箭弹速度。

同理，可以算得水平面内的角散布。

对于式(8 - 30) ~ (8 - 34) 进行积分，可以算得火箭弹在炮口张开与不张开尾翼时的角散布。在这里，式(8 - 30)必须取相对于重心的转动惯量。火箭弹在发射装置迎气正面之外算得的角散布大小要比在发射装置之内的小，且方向相反。因此，在图 8 - 46 中组合了这两者之后，总偏差就要稍小于在发射装置之内的偏差。正如图 8 - 43 所示的，压力比的影响较小，总偏差是由发射装置内

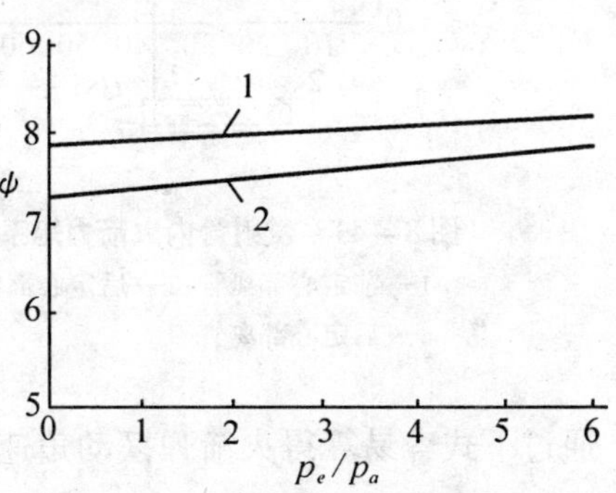

图 8 - 46　压力比对总偏差的影响

1— 尾翼收拢；2— 尾翼张开

的火箭偏差减去发射装置迎气正面之外的。当 p_e/p_a 增高时，总偏差则因发射装置迎气正面之外的火箭偏差减小而稍有增大。

8.12.3　有关燃气射流的影响

气动力干扰的影响主要是由发射装置前方的自由来流分离，径向向外的冲刷流，及其围绕发射装置的流动所引起的。在火箭弹通过这种非对称冲刷流时，它就向外偏转。计算表明，气动力干扰的总偏差大部分是在火箭弹的半约束期内形成的。这时，只在火箭完全射出发射管之后才起作用的燃气射流对来流气动力干扰的影响是很小的。前已提到，火箭燃气射流对发射装置迎气面的冲击，实际上是扩大了发射装置迎气面的尺寸，增强了干扰。然而，当火箭喷口压力增高时，分离流区就增大，并且比较多地包络了火箭弹体后部，使火箭弹更快地脱离冲刷流，从而减小了非对称冲刷流对火箭弹的影响。

8.13　定向器后喷燃气射流对地面/舰艇甲板的冲击流场

8.13.1　非定常燃气冲击射流与冲击波场

火箭弹点火发射产生的非定常燃气射流和冲击波场如图 8－47 所示。点火瞬间，起始压力波领先膨胀燃气冲入周围大气。在适当条件下，它可以用逐渐退化为声波的半球形冲击波来表示。这里，我们把燃气射流对地面的冲击中心点作为它的源点。冲击波场的强度与点火时间和火箭弹的加速度等有关，至于闪光强度除了取决于上述因素外，还与未燃尽燃料的复燃、燃烧产物以及外界的蔽光性等有关。在这里，非定常燃气射流覆盖了地面，代替了围绕着它的空气。然而，从喷口到马赫盘的超音速燃气射流却是准定常的。

事实上，马赫盘运动受到强加于下游一侧的瞬时压力的支配。于是，应用准定常燃气射流与非定常冲击波场的相互作用来确定其位置。当火箭弹飞离地面时，冲击波变弱，作用于马赫盘的压力衰减到大气压力，这样燃气射流和冲击波场就没有关系了。这时，在燃气射流衰减时，可以通过定常状态关系式

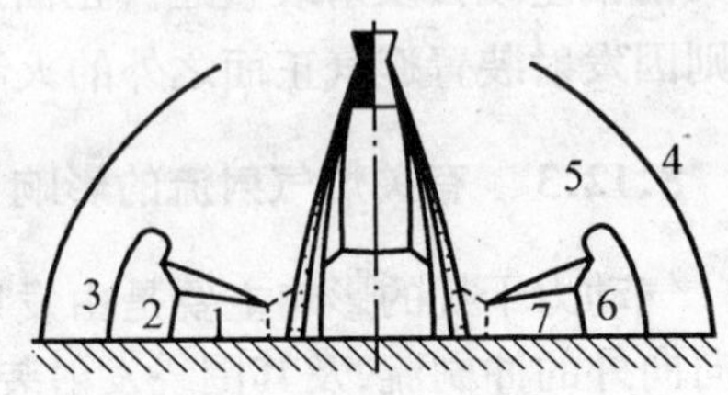

图 8－47　火箭点火瞬间的冲击波流场结构

1— 音速线；2— 马赫盘；3— 接触面；4— 冲击波；5— 空气；6— 箭药燃气；7— 桶状激波

$$\frac{x_M}{r_e} = 1.38 \cdot M_e(t)\sqrt{\gamma p_e(t)/p_a} \tag{8-35}$$

来逼近瞬时马赫盘位置，其中 $Ma_e(t)$ 和 $p_e(t)$ 分别为喷口马赫数和静压。

在出现起始压力波的情形下，火箭发动机开始把热能和动能传递给大气。同时，在燃烧室中压力波经过一系列反射之后，近似达到等燃烧室压力和燃烧速率。如果燃烧过程稳定，则实现了等推力。至于这一点火时间的数量级约为

$$t_i \approx a \cdot L/\alpha$$

式中　a—— 当地音速；

L—— 燃烧室特征长；

α—— 燃烧室内压力波反射的次数。如果 $a = 1\,000$ m/s，$L = 0.5$ m，$\alpha = 20$，那么 $t_i = 10$ ms。自火箭弹点火至起飞完成（即发射阵地的能量淀积速率降至为零）的时间，即起飞时间 $t_e > 50t_i$。因此，点火对起飞时间来说是瞬时的，可以认为燃气射流流场是瞬时开始。在起飞的绝大部分时间内，火箭燃气射流对地面的冲击作用，可以看作是确定的定常燃气射流对运动着的平面的冲击，这一冲击所形成的流场很快为湍流所淹没，即图 8－47 的无粘

结构为图 8－48 所示的湍流云所覆盖。最后，非定常燃气射流消失，剩余燃气云因风和浮力而扩散。

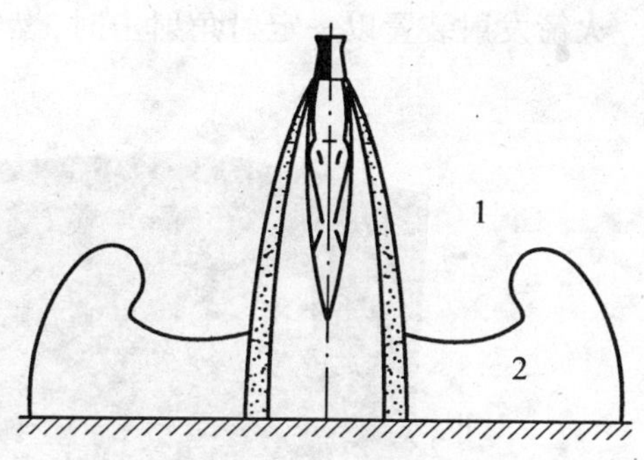

图 8－48　点火后的燃气云
1—空气；2—箭药燃气

总之，火箭点火后，气流通过激波以亚音速流从轴向转折到水平方向。然后，气流沿地面迅速向四周膨胀，它或者可能继续减速，保持亚音速(图 8－48)，或者可能很快再次膨胀为超音速(图8－47)。前者将引起不断增压；后者能形成圆柱状的超音速燃气射流流谱。

8.13.2　起飞火箭燃气射流对地面/舰艇甲板冲击滞止点的压力变化

火箭发射装置后喷流对发射阵地和舰艇甲板的冲击流场分别见图 1－1 和图 8－49，由 CFD 软件算得的二维、三维相应冲击压力

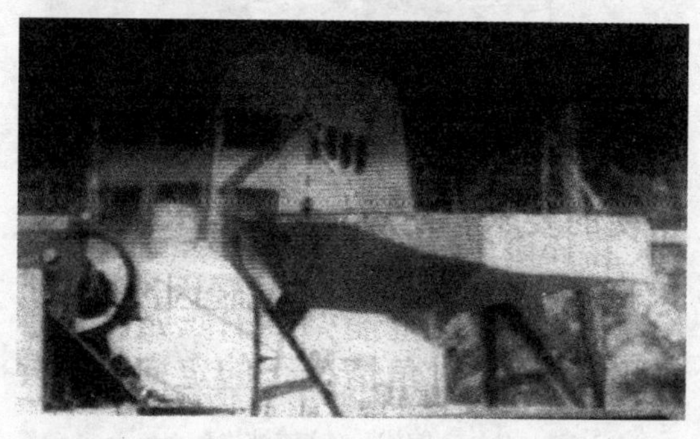
图 8－49　舰载火箭燃气射流对甲板的冲击流场

场见图 8 - 50。

火箭发射装置以一定射角射击时,燃气冲击射流对发射阵地

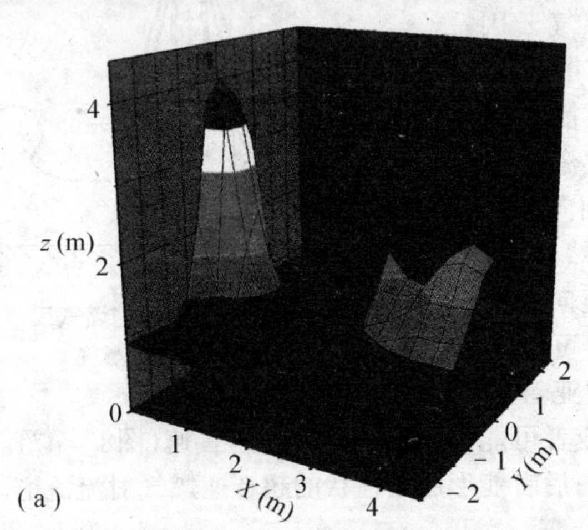

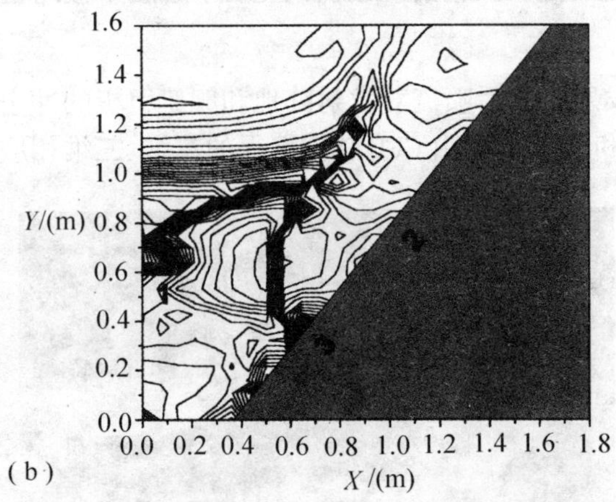

图 8 - 50 火箭燃气射流对甲板冲击压力场仿真

(a) 三维仿真;(b) 二维仿真

1— 喷口;2— 舰船甲板 / 阵地平面;3— 最大压力点

地平面/舰船甲板的滞止点并非在射流中心线上（图 8-51）。发射装置通常在大射角下发射，这十分接近于垂直地面发射。通过实测，我们得到图 8-52 所示的无因次冲击压力 p/p_c 对无因次起飞距离的变化曲线，图中还绘制了无因次动压曲线。两者比较表明，最重要的差异在于冲击压力朝轴向同一个方向错位。具体地说，在冲击射流的起始膨胀区，地面冲击滞止点所受到的压力接近于发生在冲击射流滞止点上游处的自由射流动压，在第一马赫盘之后则接近于当地自由射流的动压。关于这一错位效应，我们认为部分原因至少是由于冲击正激波的投射距离不同。值得指出，在中等欠膨胀条件下，在同一方向上的错位要一直延续到比图 8-52 所示的高度欠膨胀燃气

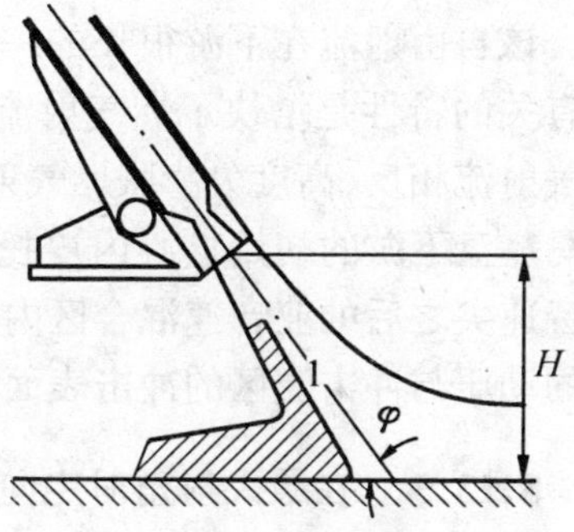

图 8-51　对发射阵地的冲击流场

（基准射向对称平面）

1—滞止线

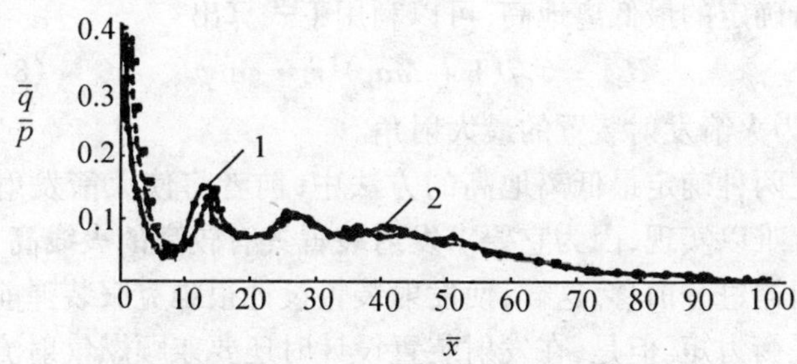

图 8-52　燃气射流轴心上的 $\bar{q}\sim\bar{x}$ 曲线及其对地面冲击滞止点的 $\bar{p}\sim\bar{x}$ 曲线（$p_c=75.5\times10^6$ Pa）

1—自由射流动压 $\bar{q}$；2—滞止点冲击压力 $\bar{p}$

●测试点；—— 预估值

射流情况的更下游点。

该自由射流在下游很长的一段距离内极不稳定，与此不稳定性有关的特性是增快了燃气射流衰减和扩散速率。与中等欠膨胀燃气射流相反，高度欠膨胀燃气射流存在一个很有意义的特性，即在马赫盘下游的初始核心内皮托管压力或动压很快能获得恢复。在音速尖之后的亚音速混合区内，与亚音速射流一样，自由射流流场的动压与冲击流区的冲击表面静压基本一致。

8.13.3 在最大射角时定向器尾端的最低离地高

为决定火箭发射装置在最大射角时定向器尾端最低离地高 H（图 8－51），我们可以采用两种方法。

(1) 要求火箭燃气射流对地面冲击滞止点的压力足够低。从图 8－52 可见，这只有在亚音速混合区才能稳定实现。由此决定的最低离地高可以通过下式算得

$$H_2 = 13.52(p_e/p_a)^{0.7} \cdot e^{0.11\gamma M_{a_e}^2} \cdot r_e \sin\varphi \tag{8-36}$$

(2) 要求燃气冲击射流内的激波结构完全崩解，动不稳定性影响大部分消失，冲击流场的压力波动基本衰减。符合这一要求的终止点所确定的最低离地高，可以利用下式算出

$$H_1 = 6.7(1 + Ma_e)^2 r_e \cdot \sin\varphi \tag{8-37}$$

式中，φ 为火箭发射装置的最大射角。

上述两种确定最低离地高的方法中，前者将使火箭发射装置结构设计难以实现，因为它要求发射装置具有较高的火线高，或者要求定向器过分前移。这样，使发射装置设计很难克服装弹前后的严重不平衡力矩。但是，在发射装置设计时还要兼顾燃气射流对地面的冲击压力尽量减小，同时尽可能减轻因冲击流反溅到发射装置底盘下方而引起的冲击。所以，我们可以把最大射角情况下的发射管尾端最低离地高取在 $H_1 < H < H_2$ 的范围内，即

$$H = \xi H_1 \cos\varphi \tag{8-38}$$

一般，$\xi = 2.0 \sim 2.5$。表 8－2 对于现有三种制式多管火箭发射装置列出了上述 H_1，H_2 以及 H 的计算值，并列出了下排发射管尾端中心的实际最低离地高 H'。

表 8－2　管尾中心最低离地高

炮种	H_1(cm)	H_2(cm)	H(cm)	H'(cm)
BM—21	104	313	120 ~ 160	~ 183
63 式 130	68	325	60 ~ 104	~ 140
63 式 107	61	238	80 ~ 106	~ 47

当发射装置总体设计难以实现上述要求的最低离地高时，特别对于大射角发射的重型火箭导弹发射装置或者火线高很低的拖车式发射装置，为了减轻燃气射流的直接冲刷或反冲，可以考虑采用多种型式的导流器。

8.13.4　欠膨胀真实燃气射流转折后的特性

实验研究表明，冲击地面后的射流速度和温度存在自相似，因而我们可以用实验的方法建立冲击前后状态之间的关系。利用冲击前后所建立的相似性，转折后的超音速燃气射流特性就可以获得较好的解决。但是，存在的一个困难是如何确定受冲击的地面对自由射流上游影响的扩展程度和范围，也就是说，当靠近实际冲击面时自由射流数据就不能使用了，所以必须将各个关系式看作是自由射流仍然没有受到地面影响的情况。

在研究转折后的射流时，显然，有四个参数影响射流扩散特性，即射流对地面的转折角，喷口马赫数，喷口离地高以及燃烧室温度。

(1) 转折后的射流参数

为了说明冲击后射流衰减的若干概念，图 8－53 给出了标有各符号的等角投影图。

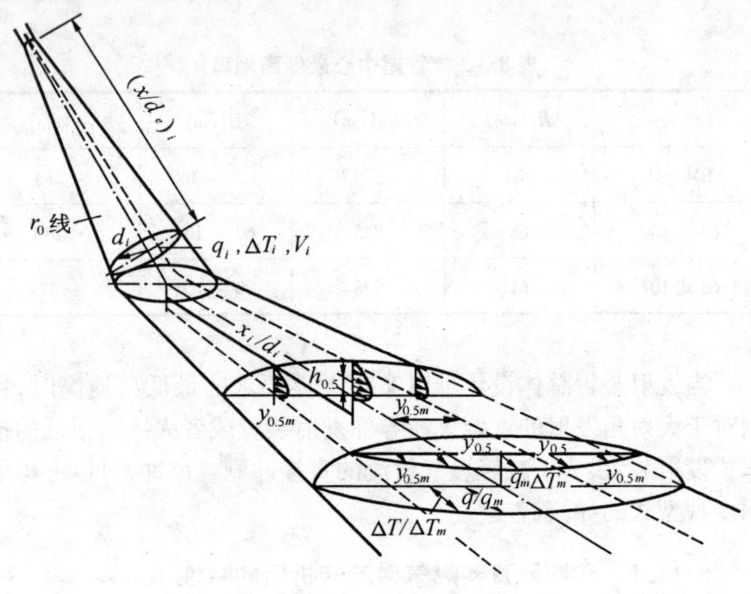

图 8－53　冲击后的射流参数

1—$y_{0.5\,m}$ 线

燃气射流对转折地面冲击之前，认为它是自由射流。于是，冲击前的射流可以由图 8－54 的 $r_{0.5}$ 线来表示（$r_{0.5}$ 为射流各剖面上 $u/u_m = 0.5$ 处的半径）。先在 $r_{0.5}$ 线与冲击面交点的下游，距离为 $(x/d_e)_i$ 处求冲击值。这里的直径为 d_i，半径为 r_i。在该位置的轴心压力、温度和速度值，分别为 q_i，T_i 和 u_i。

从自由射流轴心线和冲击地面的交点 o 开始度量冲击后的下游距离（图 8－55）。该点上游测得的无因次距离为 x/d_e，交点下游的无因次距离为 x_i/d_i，射流冲击地面后下游射流中心线的不同直

径处有 q_m，ΔT_m 和 u_m 的最大值。

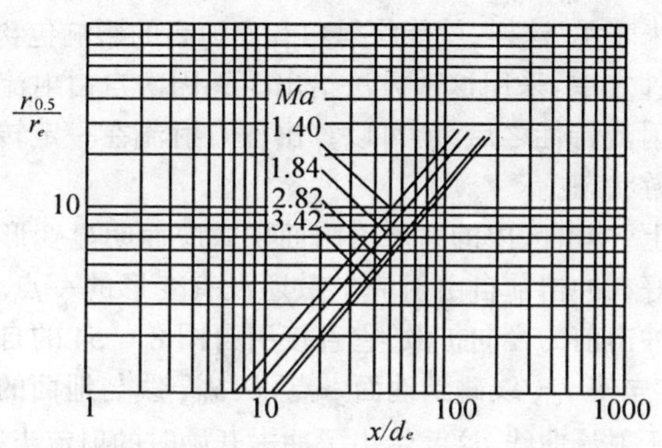

图 8－54　速度扩散（斜率 + 1.16）

在射流中心线上作垂直断面得垂直衰减曲线。现将它表示为 q/q_m 和 ΔT_m 对 $h/h_{0.5}$ 的变化，其中 q_m 和 ΔT_m 是各垂直断面上的最大压力和温度，而 $h_{0.5}$ 为转折面上 $q/q_m = 0.5$ 的高度。

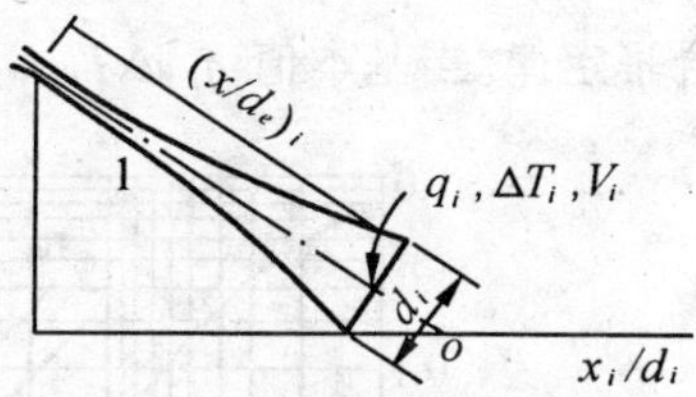

图 8－55　确定射流冲击值

1—$R_{0.5}$ 线

此外，沿转折面上的高度作水平断面，得到平行于转折面的射流衰减曲线。这些结果可以表示为 q/q_m 和 $\Delta T/\Delta T_m$ 对 $y/y_{0.5}$ 的变化，这里 q_m 和 ΔT_m 表示各水平断面的最大压力和最高温度，$y_{0.5}$ 为射流中心线对 $q/q_m = 0.5$ 点的水平距离。量 $y_{0.5m}$ 是 $y_{0.5}$ 的一个特定值，即各冲击流下游距离处的最大 $y_{0.5}$。通过各 $y_{0.5m}$ 的直线表示冲击后射流的水平扩散特性。

(2) 冲击后的射流轴心衰减

影响转折后射流扩散特性的量有喷口条件、转折角(等于射角)和喷口离地高。至于冲击点下游的射流特性可以用冲击条件无因次化来表示。这样,就能将射角和离地高的影响包含于所确定的冲击条件之中。采用这种方法给出了无因次自由射流与转折后的无因次射流特性之后,就可以算出任意射流在一定转折角和高度下的下游状态。

事实上,冲击区内的射流因附面层效应而明显变形,因此,必须使用刚好在冲击前自由射流扩散还没有变形的一点。图 8 – 55 表示射流冲击前的径向扩散,它直接引自图 8 – 54 的自由射流扩散曲线。首先使 $r_{0.5}$ 线碰到地面一点,从 $r_{0.5}$ 线与地面的交点作一直线垂直于射流曲线,这就给出了冲击开始时的射流半径 r_i。已知轴向距离$(x/d_e)_i$ 之后,射流冲击值 q_i、ΔT_i 和 u_i 都可以从轴向自由射流衰减曲线或各类数学模型求得。

图 8 – 56 给出 q_m/q_i,$\Delta T_m/\Delta T_i$ 和 u_m/u_i 的轴心衰减曲线。可见,符合幂定律。当基本值 q_i,ΔT_i,u_i,r_i 取之于自由射流试验并应用

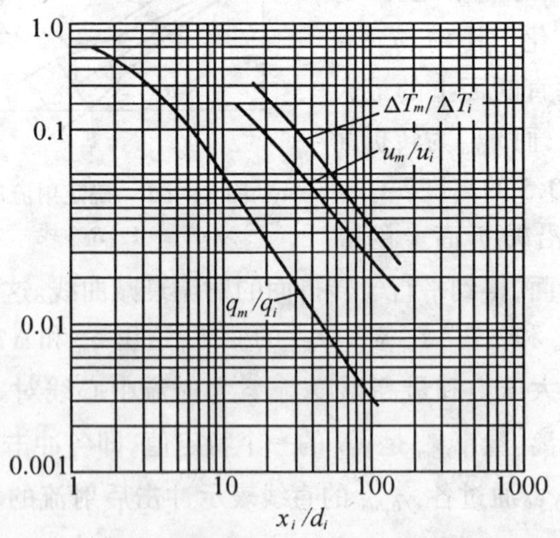

图 8 – 56　冲击后的射流轴心压力、温度和速度衰减

来求解冲击后的射流衰减时，用上述结果即可建立自由射流和转折后射流之间的关系。因此，把冲击前的射流看作是自由射流，就可以建立冲击前后的射流轴心衰减之间的关系。

(3) 冲击后的垂直剖面

确定冲击后射流状态的另一项内容是关于地面上的垂直剖面。由射流研究知道，正如图 8－57 所示的，射流遵循一定的模式，且当射流转折角变化时射流"颈缩"部分的下游距离也发生变化。

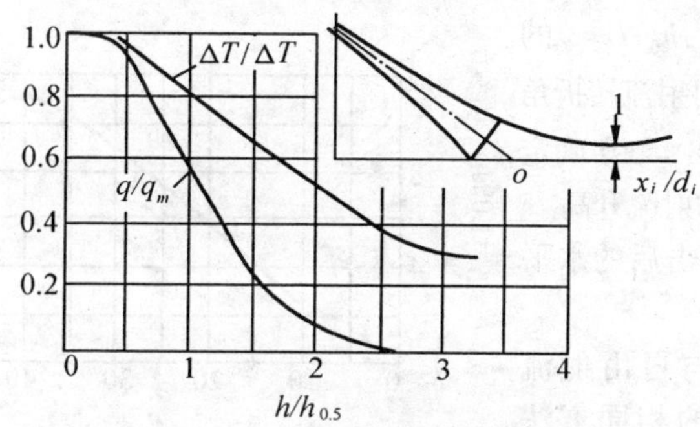

图 8－57　压力和温度垂直剖面

1—"颈缩"部分

无因次压力和温度的垂直剖面示于图 8－57 中，量 $h_{0.5}$ 是地面 $q/q_m = 0.5$ 处的垂直距离。由图示曲线可见，压力衰减比温度快得多。事实上，在垂直距离 $h/h_{0.5} = 0$ 处，由于附面层效应，q/q_m 和 $\Delta T/\Delta T_m$ 值均小于 1。

接着确定冲击后的 $h_{0.5}$ 随下游距离的变化。无因次分析时垂直距离表示为 $h_{0.5}/r_i$，这就包含有喷管离地高和喷管倾角的影响。这里认为射流从 x_i/d_i 到"颈缩"截面部分是没有实际意义的。在图 8－58 中分别对喷管倾角 10°，25°，38° 和 50° 给出了"颈缩"截面外的无因次 $h_{0.5}/r_i$ 曲线。显见，在所有喷管倾角的情况下，$h_{0.5}/r_i$ 的角度增量几乎不变，即在 4.7° ～ 5.2° 之间变化，平均角度为 4.95°。

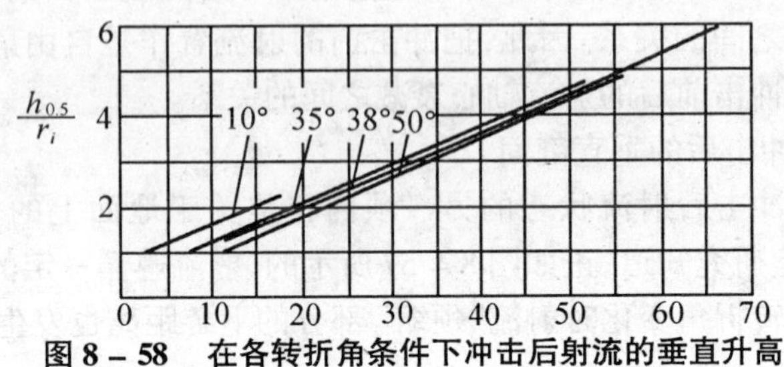

图 8－58　在各转折角条件下冲击后射流的垂直升高

最后，$h_{0.5}/r_i$ 的 x/d_i 截点对射流转折角的变化(图 8－59)确定了冲击后的射流升高。

(4) 冲击后的水平剖面

利用与自由射流径向分布的相同方法确定冲击后的水平剖面。两者之间的惟一区别是后者使用压力扩散系数 $r'_{0.5}$ 代替自由射流试验用的速度扩散参数 $r_{0.5}$。所以，冲击点的自由射流扩散必须从图 8－54 所示的速度扩散 $r_{0.5}/r_e$ 改变成如图 8－60 所示的压力扩散 $r'_{0.5}/r_e$。图8－61 是 $r'_{0.5}/r_e$ 对 x/d_e 的曲线斜率随马赫数变化的曲线。

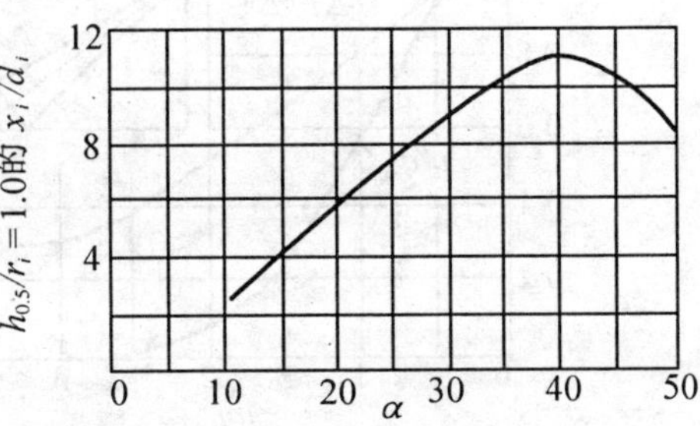

图 8－59　高度截点对射流转折角的变化

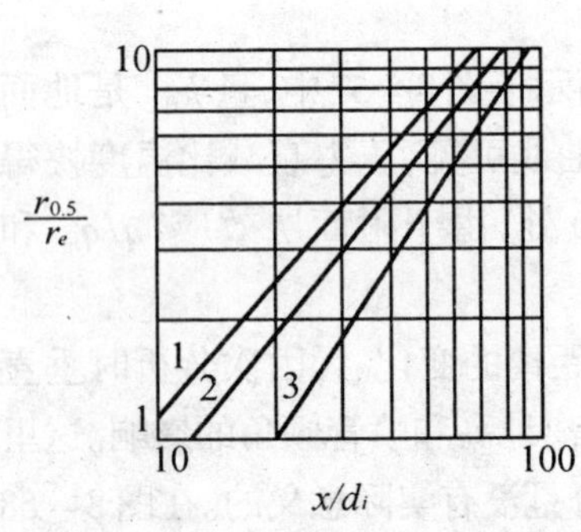

图 8－60　压力扩散

1—$Ma_e=1.40$，斜率 1.11；2—$Ma_e=1.48$，斜率 1.22；3—$Ma_e=2.82$，斜率 1.50

图 8－62 给出了动压和温度的水平剖面。这些无因次剖

面同样没有考虑各剖面离地面的高度。

欲确定的下一个量是冲击后的最大水平扩散 $y_{0.5m}$。在加热空气射流转折角为 10°，25° 和 50°，以及火箭燃气射流转折角为 25°、38° 和 50° 的情况下所得结果示于图8－63 中。试验结果表明，两种射流获得的数据差异不大。

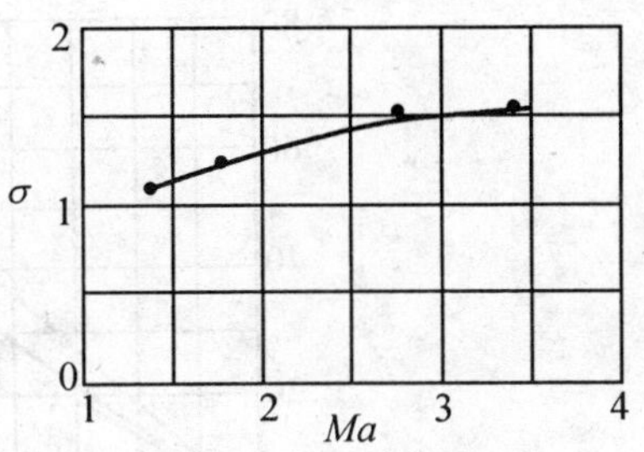

图 8－61　压力扩散曲线斜率对马赫数的变化

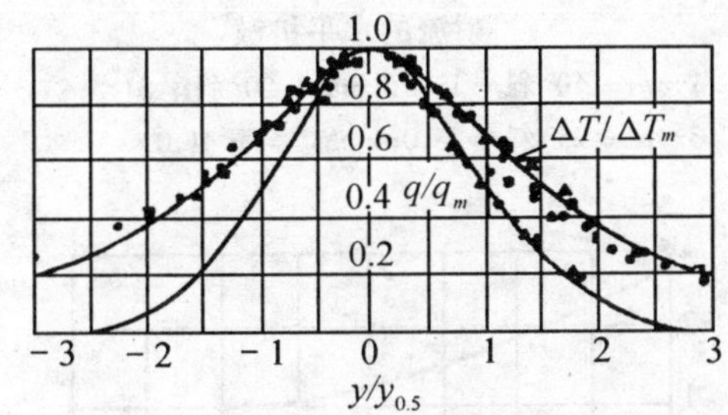

图 8－62　转折后的射流动压和温度的水平剖面

由图 8－64 可见，$x/d_i = 0$ 时 $y_{0.5m}/r_i$ 截点 E 从射流转折角 10° 的 2.75 减小到 38° 和 50° 的 1。减小的原因是由于从 $(x/d_e)_i$ 到射流轴心实际冲击点的距离变短了。于是，当射流转折角增大时，靠近冲击点测得的趋近于冲击点的 r_i，扩散线斜率 $y_{0.5m}/r_i$（图 8－65）随之增大，直至最大值，之后又减小。

为完成冲击后水平剖面的计算，必须已知 $y_{0.5}$ 随高度的衰减。这一无因次衰减曲线示于图 8－66 中。量 $y_{0.5m}$ 是冲击后在各下游距离上得到的最大 $y_{0.5}$，并发生在最靠近地面的横线上。图 8－66 给出了 $y_{0.5m}$ 值。

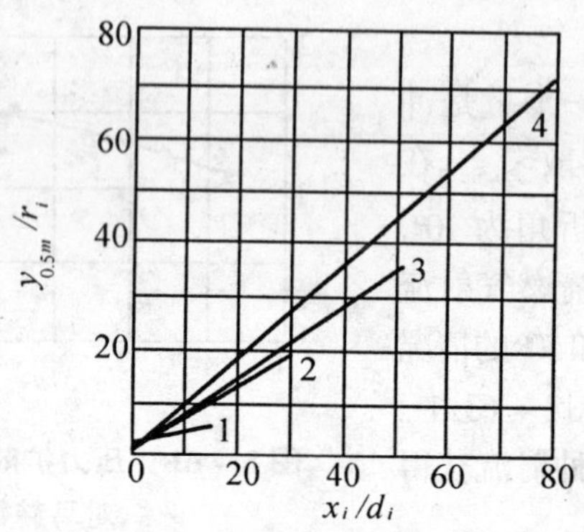

图 8－63　在各转折角条件下冲击后射流的水平扩散

1—$\alpha=10°$ 斜率 13.0；2—$\alpha=20°$ 斜率 31.5；
3—$\alpha=25°$ 斜率 35.0；4—38° 斜率 41.0

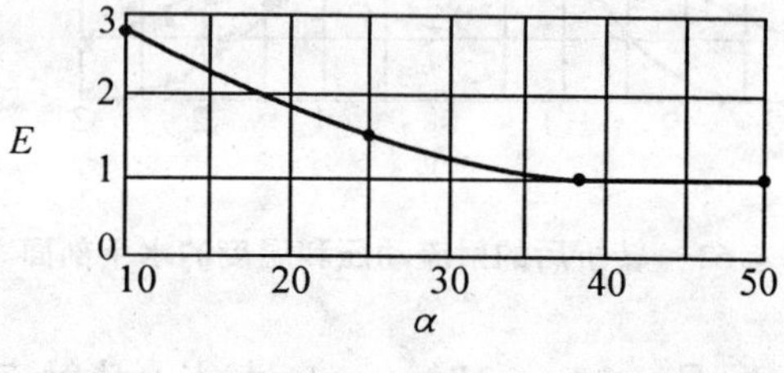

图 8－64　x_i/d_i 时 $y_{0.5m}/r_i$ 截点 E 随转折角的变化

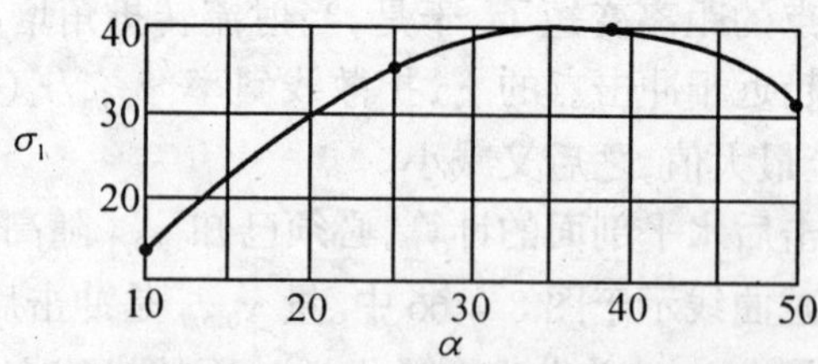

图 8－65　$y_{0.5m}/r_i$ 曲线斜率 σ_1 对转折角的变化

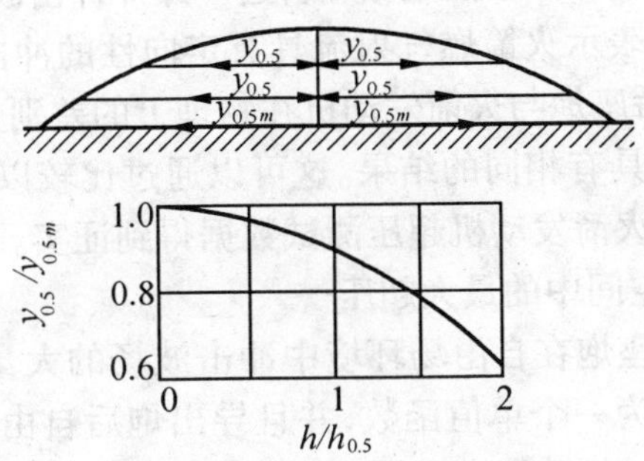

图 8－66　无因次 $y_{0.5}$ 的衰减

8.14　火箭发射管尾流冲击波对邻近武器设备反射压力的计算

点燃固体燃料火箭时，它所产生的起始冲击波对邻近武器设备表面的冲击会引起一些结构的刚度、强度与颤振问题。火箭邻近武器、运载体（直升机、飞机、舰艇、车辆等）及设备的反射压力属于非定常参量，这是由于火箭点火瞬时发动机压力突然升高，冲击波向下游高速运动，以致冲击装备表面而造成的。研究与这一运动冲击波有关的非定常压力，改善火箭炮（包括单兵火箭筒以及利用高低压原理发射火箭的装置等）发射阵地布局，以及舰面与航空器上各种设备的总体结构布局，可以减轻和避免对结构的损坏。

8.14.1　使用模拟比较法建立冲击波超压和反射压力近似式

目前建立的燃气射流模型只能用于准定常流，它们不能用来估计起始冲击波的非定常现象，由准定常流得到的压力要比运动冲击波产生的低得多。就设备的损坏程度来说，当然以后者为最严重。然而，仍有必要建立一个预估冲击波反射压力的模型。

从观察枪炮武器冲击波可知，它们可以用两个球形冲击波的

不同形式相交的模型来描述。然而，这一爆炸冲击波的球型冲击波模型不能充分表示火箭燃气射流具有定向性的冲击波。就起始冲击波而论，无后座炮与火箭发动机在物理上的差别并不大，可以认为这两种武器具有相同的结果。这可以通过比较以下无后座炮冲击波理论值与火箭发动机超压测试数据得到证实。

(1) 自由空间中的最大超压

根据无后座炮在自由场环境中冲击波场的大量测试数据，可以把它们归纳为一个单值函数，并且导出炮后自由空间的最大超压经验式。在这里，若把它应用于火箭发动机的冲击波场，则有

$$p = 0.001 p_c \mathrm{e}^{(5.82-0.0428\theta}\left(\frac{L}{d_e}\right)^{0.0063\theta-1.48} \tag{8-39}$$

式中　p——最大超压；

θ——火箭喷管中心轴线对所研究点的夹角；

L——研究点的径向坐标（参看图 8-67）。

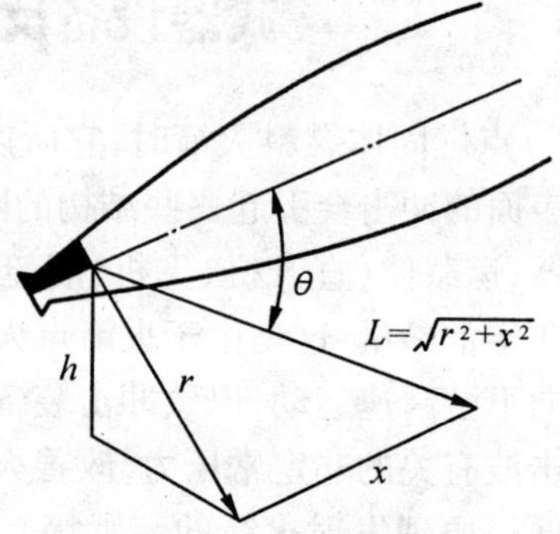

图 8-67　火箭冲击波场的相关几何参数

实测数据与式(8-39)的曲线一起示于图 8-68 中。可见，基本落在式(8-39)的曲线上。

(2) 最大反射压力

火箭发动机点火时冲击波对设备表面的冲击流场，可以利用无后座炮冲击波最大反射压力经验式描述：

$$p_R = 0.0012 p_c \left\{4.08 - 0.0323 \frac{L}{d_e} \mathrm{e}^{\left[5.82-2.45\arctan\left(\frac{h}{L}\right)\right]}\right\} \times$$

$$\left[\left(\frac{h}{d_e}\right)^2 + \left(\frac{L}{d_e}\right)^2\right]^{\left[0.190\arctan\left(\frac{h}{d_e}\right)-0.74\right]} \times$$

$$\left[\frac{0.534 + 0.160\,\dfrac{L}{d_e}}{4.08 - 0.032\,3\,\dfrac{L}{d_e}}\right] \tag{8-40}$$

式中　p_R—— 最大反射压力；

h—— 喷管中心线对反射面的高度。

图 8 – 69 表明实测的反射面压力数据落在式(8 – 40) 曲线的上方。

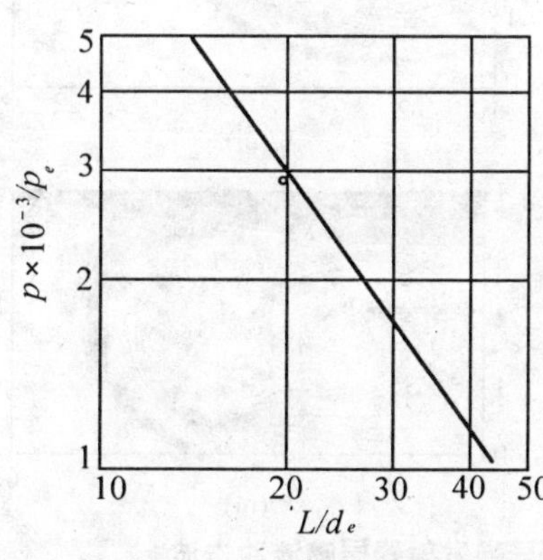

图 8 – 68　自由场最大超压比较
($\theta = 13°$)

—— 式(8 – 39)；◦ R62 火箭测试数据

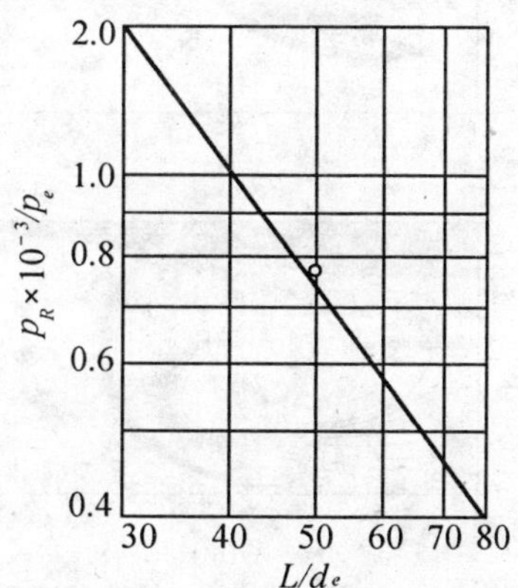

图 8 – 69　最大反射压力比较

— 式(8 – 40)；◦ R62 火箭测试数据

8.14.2　最大超压和反射压力的模拟计算

由前述可知，无后座炮冲击波模型是描绘火箭发动机起始冲击波最大超压和反射压力的较好模型。我们利用这一模型，只要已知火箭(导弹) 发动机燃烧室内的最大压力、喷口直径以及三个相对于喷口的各研究点位置的相关尺寸，即可预估火箭(导弹) 发射器后喷自由流场起始冲击波的最大超压以及冲击各类设施物面的最大反射压力。同时，利用前述 CFD 软件可以逼真显示冲击流谱。

例如某导弹尾喷流起始冲击波及其对直升机机身的撞击反射流场,示于图 8 – 70 中。由图 8 – 70 显见,武装直升机导弹燃气射流流场冲击波撞击机身蒙皮的反射流场(图中标号 3 附近为反射高压区)及反射波。

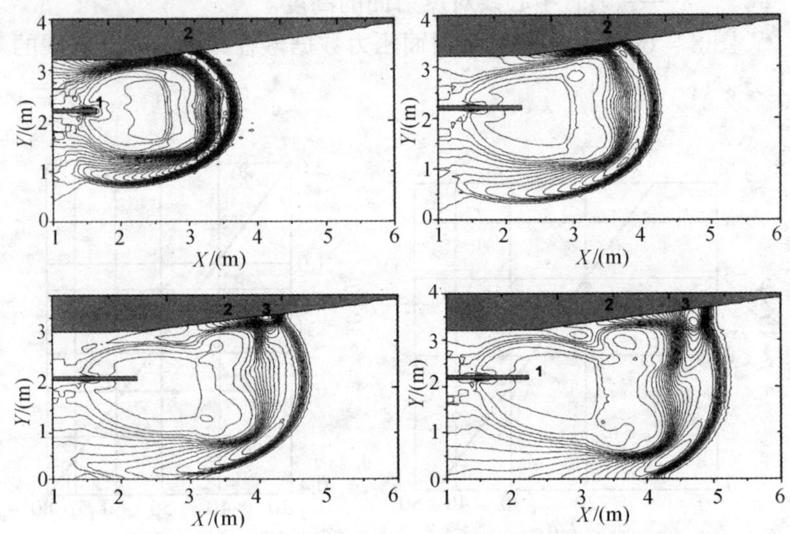

图 8 – 70　某武装直升机导弹发射器尾喷流冲击波发展历程及反射流场

1— 导弹发射器;2— 直升机机身;3— 反射压力;4— 起始冲击波

8.15　火箭射流冲击下的级间分离及弹 – 炮与弹 – 翼气动干扰

火箭级间分离属于外流对物体系统冲击的一般问题。火箭超音速伴随流射流对被抛火箭的冲击将使问题变得很复杂。这里仅讨论超音速飞行火箭单股超音速射流对后面一级同直径火箭的冲击情况,如图 8 – 71 所示。

当静压比 $p_e/p_a \ll 1$ 时,高度过膨胀射流后面的火箭前端不存在分离绕流。当静压比接近或稍小于 1 时, 流谱突然变化,后面的火箭前端则产生气流分离,并形成径向射流。这说明冲击区的音速线后面出现了超音速流态,这时气流加速,压力减小,以致分离流动。

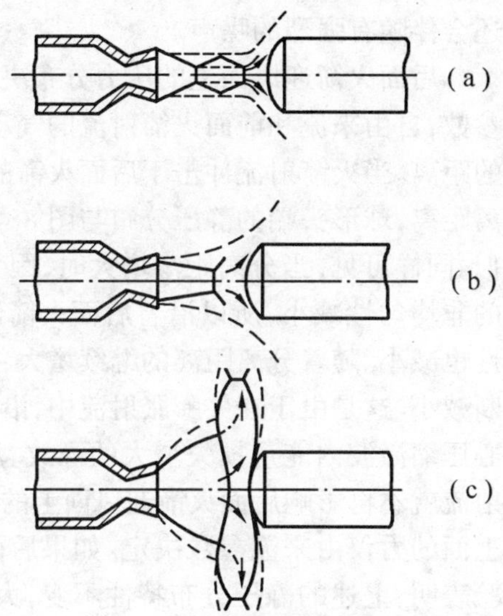

图 8 - 71　火箭的级间分离

(a) $p_e/p_a \ll 1$;(b) $p_e/p_a \leqslant 1$;(c) $p_e/p_a \approx 2$

— 激波; -·- 切向间断; → 流线; --- 边界

当静压比增大至 $p_e/p_a \leqslant 1$ 时,后面火箭顶头的激波结构和绕流特性发生变化。正如第 8.7.1 节提到的,头部中心压缩激波先是凹面朝向前面一级火箭喷口,之后随着静压比的继续升高反弯成凸面朝向喷口。头部绕流不仅与静压比有关,而且与马赫数 Ma_e、喷管和射流尺寸以及喷口和头部的间隔距离有关。如果在上述间隔距离不变,以及喷管后喷射流的尺寸比后面的火箭旋成体直径大得多的情况下,当静压比进一步增高时,后面火箭头端的绕流特性则与它们在均匀超音速流中的绕流特性相类似。

当静压比 $p_e/p_a \approx 2$ 或 > 2 时,且当后面火箭淹没于前面火箭的整个射流之中而使后面火箭的绕流特性不再受到来流的影响时,同样,由第 8.7.1 节可知,在火箭级间分离距离较小时,头端前方的中心压缩激波的凹面先是朝向前面火箭的喷口,之后,在分离距离增大时,又会反弯成凸面朝向前面火箭的喷口。在这一变化过

程中，可以引起冲击区中心激波的高频振荡和压力不稳定，同时，还会伴随有强烈的噪声。

后面火箭迎风面上的压力分布决定于喷管和后面火箭的几何参数，自由来流和前面火箭射流的气动力参数，以及火箭级间分离的距离。当火箭射流冲击于后面火箭的球形头端时，对于不同的分离距离，球形头端的静压分布与图 8 – 20 凸半球曲线所示的相类似。同样可见，当分离距离增大时，因为射流流场中流动参数分布的非均匀性减小，所以沿着后面火箭迎风面的静压分布的非均匀性也减小。随着分离距离的继续增大，后面火箭迎风面上的压力不断减小。这是由于在欠膨胀射流中，沿轴心线的马赫数增大以及中心压缩激波内能量损失增大的缘故。然而，直至某一分离距离时，射流就不再影响后面火箭迎风面上的静压分布了。这时，作用在它上面的力仅由来流参数决定。如果后面火箭有攻角变化，那么，实验表明，上述的静压分布特性不变，大小也不变，只是这一分布曲线朝攻角相反的方向错位。

与上述物理分析相对应，由 CFD 软件模拟的燃气射流对球形钝头体的冲击流场，以及沿其轴线与球形钝头体表面的压力分布，如图 8 – 72 所示。

某些火箭采用多个向外侧倾斜的喷管，其后掠式尾翼置于喷

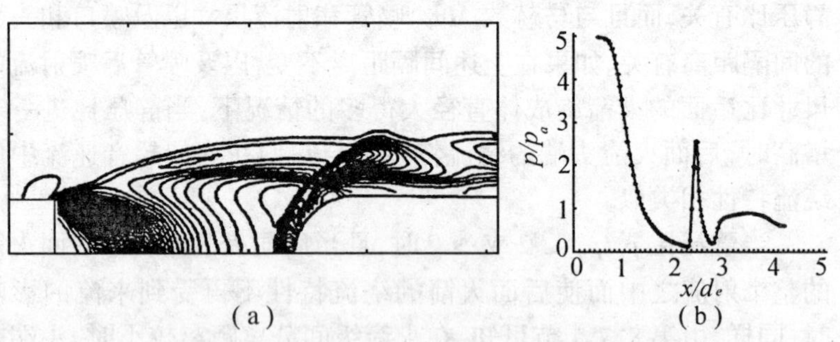

(a)　　(b)

图 8 – 72　燃气射流对球形钝头体的冲击流场

(a) 等密度线；(b) 沿球形钝头体轴线及其表面的压力分布

管下游，这样，当后喷燃气射流扫掠尾翼面时，它与自由来流一起形成尾翼两面的压差，诱使弹体扰动。图 8 - 73(a) 为后视火箭弹尾翼与喷管分布示意图，图 8 - 73(b) 为外侧倾斜多喷管某一瞬时后喷燃气射流流谱，图 8 - 74(a) 为燃气射流绕尾翼（图中右下角所示）流动的情况，翼面压力分布见图 8 - 74(b)，图中 5 条压力曲线以翼宽 5 等分取值。

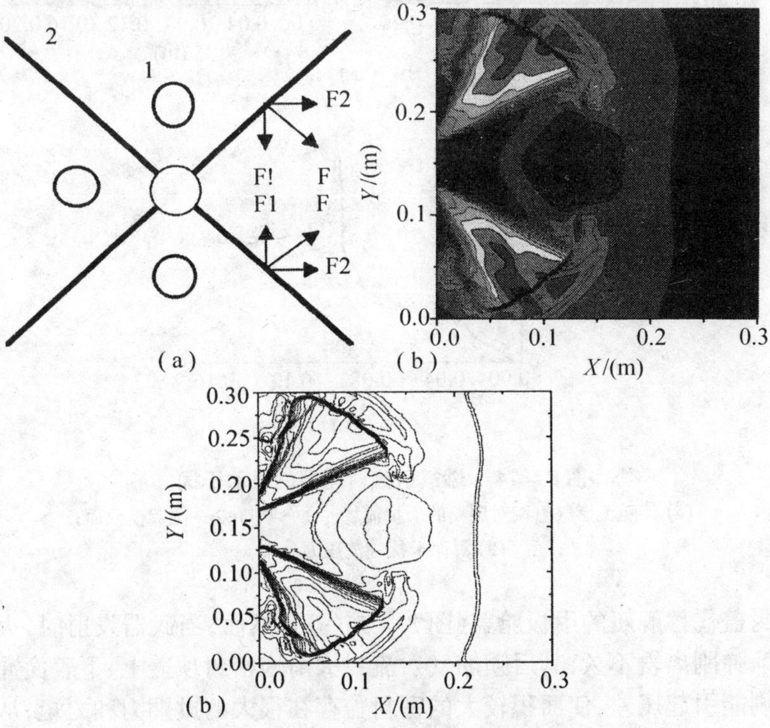

(a)　　(b)

(b)

图 8 - 73　向外侧斜置喷管的后喷流

(a) 喷管与尾翼相位角均匀错位；1— 喷管；2— 尾翼；(b) 某瞬间喷流

有的舰载多管火箭炮在非战斗时隐蔽于舰艇甲板下，战时才将其升至舰面，为保证舱内贮存的武器达到三防要求，炮顶加一密

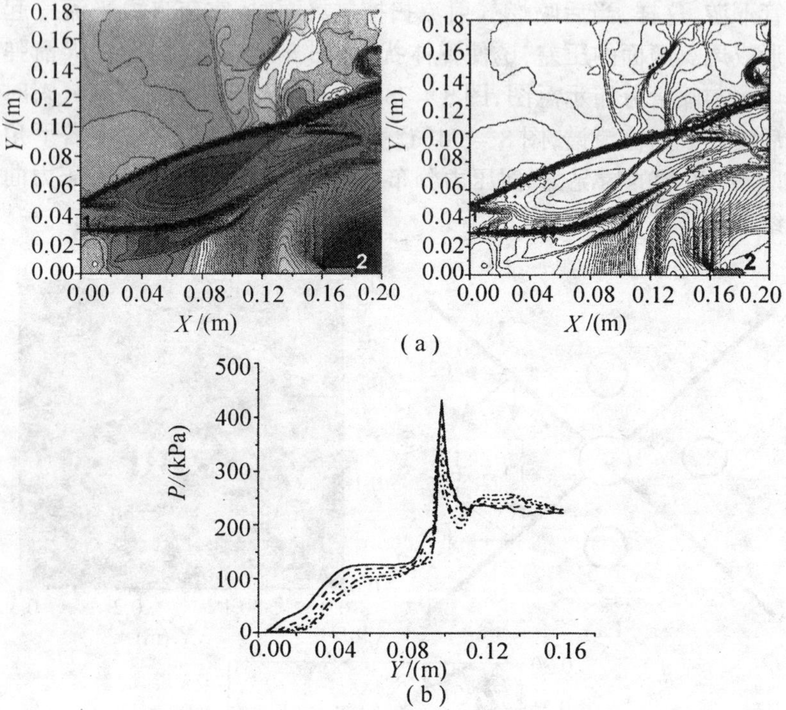

(a)

(b)

图 8 – 74　燃气射流对尾翼的气动干扰

(a) 伴随流燃气射流对尾翼的干扰流场　1— 喷口;2— 尾翼横截面;
(b) 翼面干扰气流压力分布

封盖代替舰艇的甲板舱盖(图 8 – 75(a))。然而,当武器发射时,火箭弹刚离轨不久,其后喷燃气射流对火箭炮密封顶盖上、下表面冲刷能引起压差,使面积较大的密封盖存在很大的掀翻力和力矩,从而影响武器刚度、强度和发射扰动。通过 CFD 软件得到如图 8 – 75(b) 所示的当火箭飞离炮口某一段距离时燃气射流对密封盖的冲击绕流,图 8 – 75(c) 为密封盖顶面与底面的压差分布。

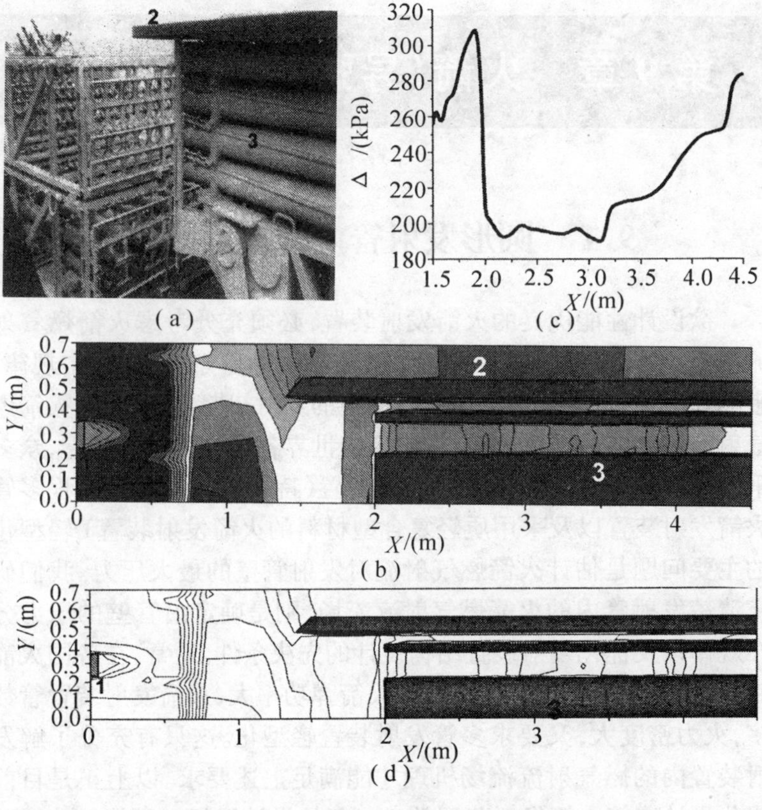

图8-75 燃气射流对舰载火箭炮的冲击

(a) 某舰载多管火箭炮;(b) 燃气射流对部分发射管和密封盖的冲击;
(c) 密封盖上、下两面压差分布

1— 喷口;2— 密封盖;3— 发射管

第 9 章　火箭(导弹)发射管流场

9.1　圆形发射管内的燃气射流

欲设计性能优良的火箭发射装置，必须充分考虑火箭燃气射流动力学问题，其中包括研究火箭发射管内燃气射流的冲击规律、影响及应用。在多联装火箭发射装置的发射初期，为了减轻火箭燃气射流对它的冲击影响，近期出现的世界各国火箭发射装置，众多采用发射管。然而，管式火箭发射装置(特别是大口径远射程多管火箭发射装置以及采用质轻复合型材料的火箭发射装置）轻型化的主要问题是估计火箭燃气射流对发射管壁的最大压力。我们研究清楚发射管内的火箭燃气射流流场，则是确定沿管壁的压力分布规律以及优化发射装置结构设计的先决条件。通常，在各国火箭武器系统的军事应用上，既要求火箭弹功率大，火箭发射装置管数多，火力密度大，又要求多管发射装置轻型化。这只有充分了解发射装置内的燃气射流流场机理才能满足上述要求。以上正是目前优化设计多管火箭发射装置的又一新的设计思想。

由于不断发展新型发射技术，如垂直全方位发射技术、独立自排导发射技术、管后全封闭或半封闭发射技术、同时离轨－尾翼延张发射技术等，相应地涌现了众多类型的火箭(导弹）武器系统发射管(箱)，因此设计时会遇到各种现象与规律互异的管内流场。有关这些流场的仿真结果列举于第 9.6 节中。

9.1.1　管内流场的一般特点(流动模型)

从锥形喷管喷入内径稍大于喷口的短发射管内的高度欠膨胀

超音速燃气射流,可以表征所讨论的管射火箭流场的一般特性。这是属于扩大截面管的流动。它随总压增大可以从喷管排出的混合流(同时存在亚音速和超音速流)变成发射管内处处都是完全发展的超音速流。图 9 – 1(a)表示管内初始流谱。管内形成的一系列激波使超音速流减小为亚音速流。当射流充满管子时,混合流立即开始转变为超音速流,如图 9 – 1(b)所示。利用 CFD 软件算得的管流发展,如图 9 – 1(c)、(d)、(e)、(f)所示。

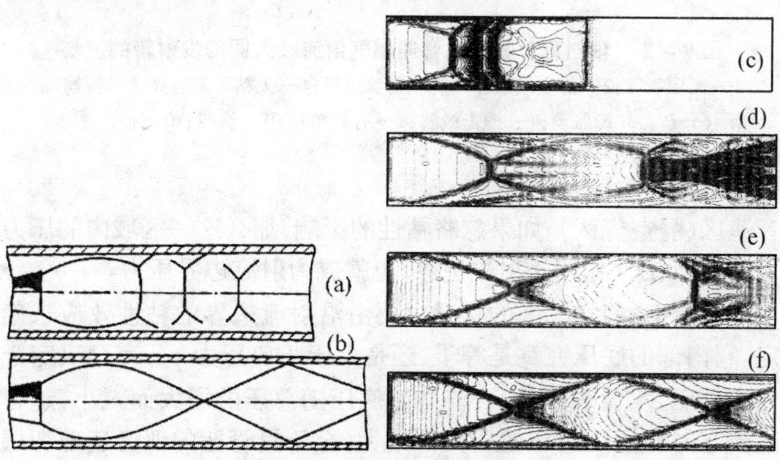

图 9 – 1　发射管流的发展

图 9 – 2 描绘了全流场模型。这里,假设管流为定常流。然而,事实上,在火箭发动机点火或熄火阶段,流动是非定常的(见图 9 – 1(c)、(d)、(e)、(f))。在这里,我们将集中讨论滞止压力为最大值时或在其附近时间间隔内的"准定常"流。从工程观点来看,研究这一时间间隔的流场是实用的,因为这时的管壁压力为最大。本流动模型忽略了传热和真实气体效应(包括管内可能有的化学反应)。虽然射流边界的气体粘性理论可以用来预估底压,但是仍然忽略了粘性剪性层的影响。

如图 9 – 2 所示,流动截面突然扩大,在拐角处形成了分离亚

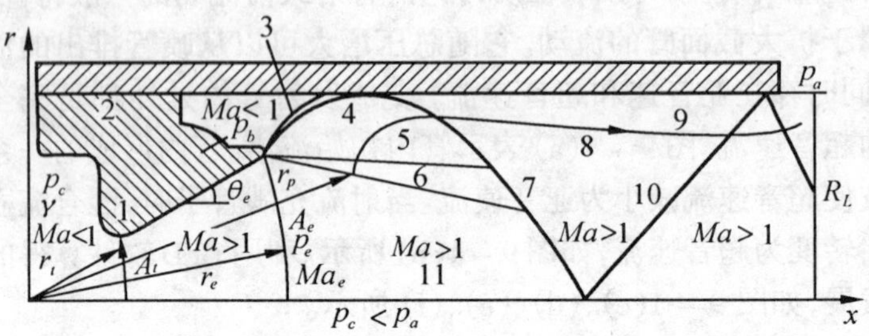

图 9－2　轴对称欠膨胀超音速燃气射流喷入圆形发射管的流场

1— 锥形喷管；2— 静空气区；3— 有粘射流边界；4— 无粘射流边界；5— 等熵流区；6—$P - M$ 膨胀扇；7— 撞击激波；8— 有旋流区；9— 流线；10— 撞击激波；11— 锥形流区

音速区（静空气区）。如果忽略粘性的影响，那么这一区域内的压力 p_b（称为底压）作用于射流边界，也就成为射流边界压力。

实际上，静空气区的状况主要由沿射流边界的粘性效应来确定。它内部的底压究竟是等于、还是大于喷口压力 p_e，完全决定于气流总压。实验表明，混合流态时底压随总压的增大而减小，超音速流态时底压随总压的增大而增大。至于沿管壁的亚音速剪切层则给流场的下游状态反馈到静空气区提供了较重要的传递条件。如果发射管流为完全发展的超音速流，那么底压与总压的关系为 $p_b/p^* =$ 常数。

锥形流区以喷口球面、Prandtl-Meyer 膨胀扇和撞击激波为界，等熵流区以 Prandtl-Meyer 膨胀扇、无粘射流边界和撞击激波为界。事实上，后一区域不可能如假设的那样是等熵的。气体从喷口压力膨胀到底压产生了膨胀波，由射流边界反射为压缩波，这些波在喷口下游的某一有限距离上会聚成相交激波。然而，若是在形成强激波之前介入了激波，则这一等熵假设是有效的。

射流边界与管壁相交时，因气体沿管壁转折而形成撞击激波，这就是前述的在形成强激波之前介入的激波。撞击激波后的流动

高度有旋,必须视为非等熵。从发射装置设计的观点来看,因为在撞击激波后面出现最大管壁压力,所以这一区域是最重要的。

9.1.2　光膛管壁静压分布

在图9-3中将光膛管壁的静压分布表示为对喷口的无因次距离的函数。图9-3(a)的所有 喷口压力 p_e、平衡底压 p_b 以及大气压 p_a 都是用燃烧室压力 p_e 来无因次化的,而沿顶轴还标出了喷口位置(即 $(x-x_e)/r_e=0$)和发射管的出口位置。由图9-3(a)可

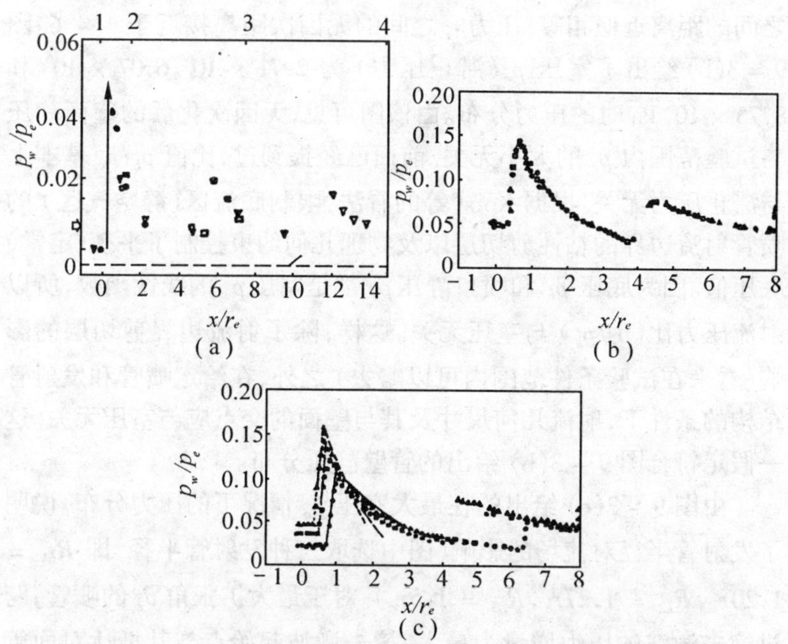

图9-3　沿发射管壁的静压分布(---, --,——理论值)

(a)$p_c=3.74\times10^7$ Pa;○管2长3.52;□管3长9.56;▽管4长16.83;定常底压(p_b/p_c)

(b)□$p_c=2.71\times10^6$ Pa;○$p_c=6.07\times10^6$ Pa;△$p_c=8.75\times10^6$ Pa

(c)$p_c=8.75\times10^6$ Pa;△R_{L1};□R_{L2};○$R_{L3}<R_{L2}<R_{L3}$

见，在离开喷口的一定距离上，无因次壁面静压与发射管长无关。因此，这证明了在常用燃烧室压力的情形下，流动与发射管长无关。在图 9－3(a) 的完全超音速流情况下，沿全管长的壁面静压明显地超过大气压。然而，实验表明，当室压接近 0.28×10^{7} Pa 和喷口压力近似等于大气压时，壁面静压就不再与管长无关了。此外，在较低燃烧室压力的情况下，在管内一定截面上绕圆周的壁面静压测定值是变化的，这表明射流附着的一段管壁处混合流态开始出现了。

由图 9－3(a)、(b)、(c) 还可见，撞击激波引起的两个压力峰之间的距离近似相等，压力峰之间的无因次距离接近于 4 ～ 6。图 9－3(b) 绘出了室压 p_c（滞止压力）为 2.71×10^{6}，6.07×10^{6} 和 8.75×10^{6} Pa 时的压力分布。由该图可见，无因次化后的壁面静压与试验范围内 p_c 的大小无关。前面已经提到过，比值 p_b/p_c 基本上与滞止压力无关。根据 Korst 等的看法，限制底流区（静空气区）的喷管射流边界的粘性剪切层以及物理几何约束控制了平衡（定常）底压值。因为底压 p_b 和喷口静压 p_e 都是室压 p_c 的线性函数，所以射流压力比（p_e/p_b）与室压无关。这样，除了射流边界剪切层的影响（看来在试验条件范围内可以略去）之外，在给定喷管和发射管结构的条件下，射流几何尺寸及其与壁面的交点应与室压无关。这一假定符合图 9－3(b) 给出的管壁静压分布。

由图 9－3(c) 给出的在最大室压 p_c 情况下的压力分布，说明了发射管半径对流场的影响（图中选取三种发射管半径，即 $R_{L1}=1.20r_e$，$R_{L2}=1.27r_e$，$R_{L3}=1.5r_e$）。对于最大扩张角 θ_e 的喷管，跨过撞击激波的压力增量为最大，撞击激波起始点与其抵达对面管壁点（正如压力的第二个突增点）之间的距离为最小。在管径增大时，底压减小，峰压位置进一步向喷口下游移动。这时，射流喷离喷管后的边界流动膨胀角则随底压的减小而增大。因此，当发射管半径增大时，跨过撞击激波的压力比（即撞击激波后的最大静压 p_s

除以底压 p_b）增高。

当火箭加速通过发射管时，靠近发射管尾端壁面的某一测压孔的静压变化如图 9－4 所示。图中传感器的压力变化显示了若干个峰值，同时证明了在相应的沿管长壁面静压分布中也有三个压力峰。当火箭射流最初冲击于管壁时，产生了第一个峰值；当火箭远离上述测压孔时，因激波从轴线反射回管壁而产生了第二和第三个峰值。

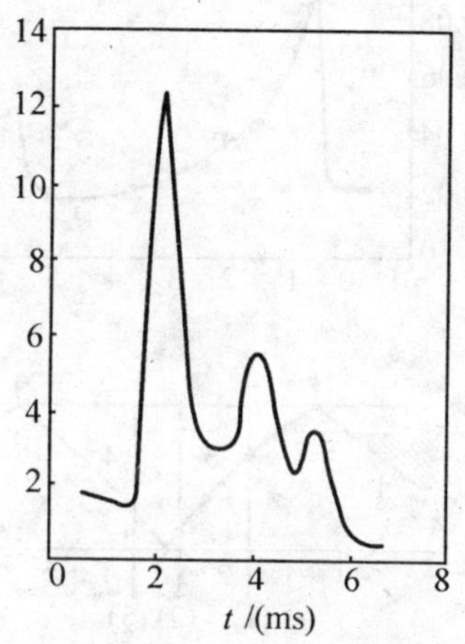

图 9－4　火箭沿发射管滑行时壁面某测压孔的静压变化

如果对于各测压点的传感器测试曲线都取用同一时刻的管壁静压测量值，那么可以获得火箭沿发射管滑行时在发射管全长上的压力分布。实验表明，它与上述火箭静止试验时获得的压力分布相同。

9.1.3　管内超音速流谱

根据管壁静压分布和光学显示，可以进一步描述发射管内的流场特性。图 9－5 给出了欠膨胀超音速射流喷入圆管时得到的完整流谱。在该图中，典型的无因次管壁压力分布与管内撞击激波的几何位置相对应。撞击激波的几何位置完全是由如图 9－3 那样的管壁静压分布曲线的压力峰，以及气流从不同管长喷出的流场光学显示结果来确定的。

撞击激波使射流边界的气流转折，并沿管壁流动。该激波从射流边界与管壁的交点处发出，按形似抛物面的形态射到管轴。当管壁静压减小到最小值时就出现激波与轴线的交点。图示流谱进一

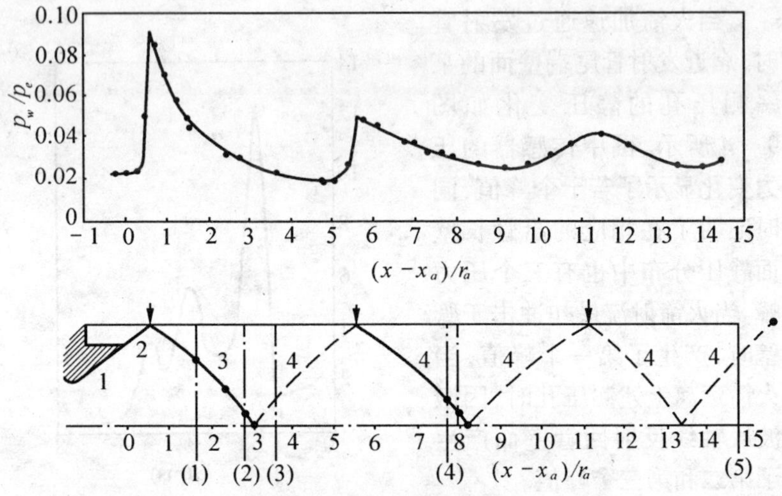

图 9 – 5　撞击激波的轴向位置

(1)、(2)、(3)、(4) 为发射管口

• 光学显示测量点；↓ 由最大壁压确定的激波与壁面的交点

1— 喷管；2— 射流边界；3— 撞击激波；4— 激波

步表明，流动是轴对称的。气流不同径向位置上的皮托管数据，以及对管壁的周向静压分析也都证明流动是轴对称的。

9.2　发射管流场的数值计算

9.2.1　控制方程

前节所述的流动模型适用于数值求解。这里讨论发射管流场数值计算有利于进一步弄清其物理概念，并易于阐明通过 CFD 软件得到的结果。

对于发射管内的三种流域需要使用不同的分析方法。分析中

最简单的流域是锥形流区,我们可以用等熵关系式以及由流管关系式得到的几何关系来控制这一区域的流动。

$$\left(\frac{r_t}{r_p}\right)^2 = \left(\frac{\gamma + 1}{2}\right)^{\frac{\gamma+1}{2(\gamma-1)}} Ma_p\left(1 + \frac{\gamma + 1}{2} Ma_p^2\right)^{\frac{\gamma+1}{2(\gamma-1)}} \quad (9-1)$$

从管壁发出的撞击激波把流场分为两个轴对称区,这两个区域用描述流动的特征线方法来处理,并且可以使用气体动力学中常用的控制定常轴对称势流和定常轴对称有旋流的有限差分形式的特征方程来数值计算。由于撞击激波弯曲及其下游各条流线之间的熵有变化,因此求解有旋流的相容方程就变得很复杂。

9.2.2　轴对称等熵流区

对于轴对称等熵流区,我们可以利用轴对称势流特征线法,使左伸特征线通过扇形膨胀区射到射流边界,在流场内和射流边界上各点确定新的右伸特征线。在射流边界与管壁相交之前,从扇形膨胀区的锥形流一侧射出左伸特征线。通过插值确定管壁交点射流边界的流动特性(主要是流动方向角,因马赫数已由底压确定)。当射流边界碰到壁面时,假设气流转折成与管壁平行,这就产生了斜激波。解斜激波方程,可以确定在撞击点处激波后的马赫数,以及管壁流在激波前后的总压降(在激波各侧流线上 $ds = 0$)。同时,还可以确定相对于管壁的激波角。

一条新的左伸特征线从膨胀波开始,射入势流区,直到被撞击激波拦截为止。再通过插值确定激波前的状态。图 9－6 表示撞击激波上游的特征线网格。

9.2.3　撞击激波后的流动状态

应用有旋流的特征型方程研究发射管内超音速流谱撞击激波后的流动特性。有旋流的特征型方程与斜激波方程联立可以确定激波的位置和形状、激波前后的总压降、激波后的马赫数和流动方向。图 9－7 表示气流越过斜激波的流动方向角。因为撞击激波后

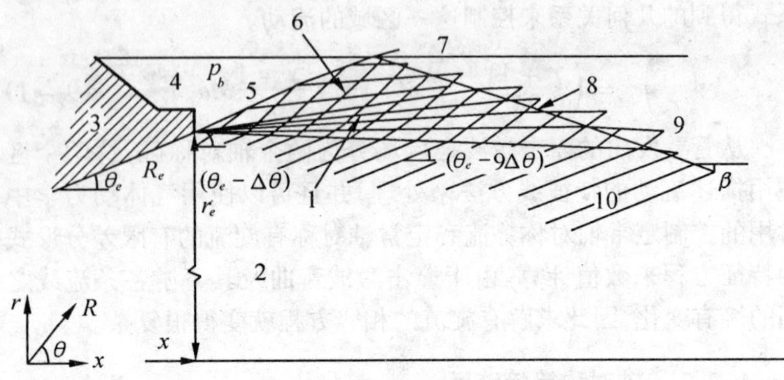

图 9－6　轴对称等熵流区的特征线网格

1— 右伸特征线；2— 锥形流区；3— 锥形喷管；4— 静空气区；5— 射流边界；6— 左伸特征线；7— 管壁；8— 撞击激波；9— 轴对称有旋流区；10— 流线

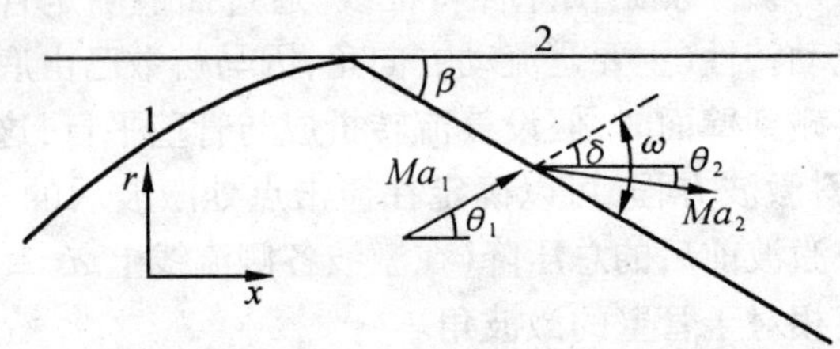

图 9－7　气流流过斜激波

1— 射流边界；2— 管壁　激波后流动方向角 $\theta_2 = \theta_1 - \delta$

激波角 $\beta = \theta_1 - \omega$

的流动角 为零，即气流转折成与管壁平行（图 9－8 中的位置 e），所以，很容易由斜激波方程来确定射流边界与管壁交点处的激波下游状态和激波角 β。

因为在无粘流中管壁构成流线，所以角 $\theta_2 = 0$，沿管壁的 p_2^* / p_1^* 不变（沿流线，$ds = 0$）。然而，沿管壁的马赫数和压力可以

变化。

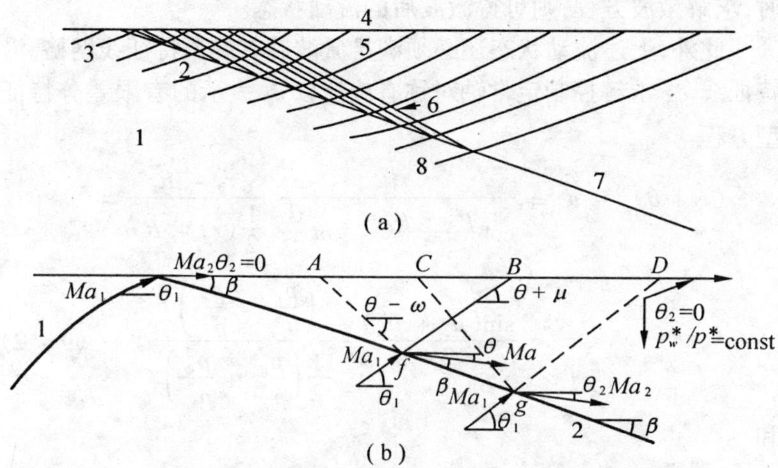

图9－8　轴对称有旋流区特征线网格(a)以及射流边界与管壁相交(b)

(a)1—轴对称等熵流区;2—流线;3—射流边界;4—管壁流线;5—左伸特征线;6—右伸特征线;7—撞击激波;8—锥形流区;(b)1—射流边界;2—撞击激波

9.2.4　等熵流特征线与撞击激波相交

如图9－8所示,点 g 下游流动的计算方法属于沿撞击激波偏离管壁各点的典型算法。由于在点 f 的激波角 β 已知,因而可以按照几何条件求得点 g 的位置。在点 g 激波上游的流动状态可以按照等熵流求解。在点 g,因为激波后的马赫数和流动方向角都不知道,斜激波方程又要知道其中的一个量,所以,必须在激波后构造特征线网图来联立求解有旋流的特征型方程和斜激波方程。这时,它们可以利用逐步迭代方法求解。

考察图9－8中靠近壁面的一点 g。该点激波后的流动状态未知。假定已知沿壁面的流动状态为超过点 B 的 x 的函数。因此,要是确定了点 C 的位置,即可知其流动状态。此外,还假设点 f 的激

波后的流动状态已知。现在,把点 g 的 θ_2 看作与点 f 的 θ_2 相等。这时,求解激波方程,则可得激波后的流动状态。

此外,上述流动状态还必须满足激波后有旋流特征线网格。沿特征线 cg 求解控制定常轴对称有旋流以 v_g 表示的有限差分特征型方程

$$(v+\theta)_g - v_c = \frac{1}{\cot\frac{\mu_c+\mu_g}{2} - \cot\frac{\theta_g}{2}} \frac{r_g - R_t}{\frac{1}{2}(r_g + R_t)} + \frac{\sin(\mu_c+\mu_g)}{2\gamma} \cdot \frac{\left(\frac{p_g^*}{p^*} - \frac{p_e^*}{p^*}\right)}{\frac{1}{2}\left(\frac{p_g^*}{p^*} + \frac{p_e^*}{p^*}\right)} \tag{9-2}$$

和

$$\frac{r_g - R_t}{x_g - x_c} = \tan\left(\frac{\theta_g}{2} - \frac{\mu_e+\mu_g}{2}\right) \tag{9-3}$$

因特征线与管壁的交点位置 x_c 未知,所以不能求解上列方程。由前面的假设知道,要是已知 x_c,则可以得到点 C 的流动状态。作为第一次近似,设点 C 的流动状态跟前面的特征线与管壁交点 A 的流动状态相同,即 $v_C = v_A$ 和 $\mu_C = \mu_A$。解式(9-3),得到点 C 的新位置 x。假设沿管壁的流动状态为 x 的函数,则可以得到点 C 的流动状态。将新值代入式(9-3),重复上述过程,直至 $v_{C(n)} - v_{C(n-1)} = \varepsilon$,其中 n 为迭代次数,ε 为许可微量。

利用斜激波方程求出马赫角 μ_g,得到 v_g 的第一次近似值。使用相应于前述 $P-M$ 函数的马赫角,求得 v_g 的下一个近似值。还得注意,点 C 的位置也有变化,所以,为确定点 C 的位置,必须作迭代计算过程。重复这一过程,直至 $v_{g(n)} - v_{g(n-1)} < \varepsilon$。然后,求解式(9-2)。

这里,如果满足了两个条件,即斜激波方程和有旋流特征线网格,那么分别满足这两个条件的 v_{BC} 和 v_{MC} 之差应小于许可微量。

要是不能满足,则增加 θ_2 的一个小值 $\Delta\theta_2$,进行补充迭代,直至满足上述要求。

9.2.5　有旋流特征线与管壁相交

必须满足管壁点 D 的条件,才能沿管壁继续求解点 B 后的各点。欲求解点 g 延伸到点D 的有限差分特征型方程,必须先满足这一条件。有限差分特征型方程为

$$v_D - (v - \theta)g = \frac{1}{\cot\frac{\mu_D - \mu_g}{2} + \cot\frac{\theta_g}{2}}\frac{R_t - r_g}{\frac{1}{2}(R_t - r_g)} + \frac{\sin(\mu_g + \mu_D)}{2r}\frac{\left(\frac{p_e^*}{p^*} - \frac{p_g^*}{p^*}\right)}{\frac{1}{2}\left(\frac{p_e^*}{p^*} + \frac{p_g^*}{p^*}\right)} \tag{9-4}$$

$$\frac{R_t - r_g}{x_D - x_g} = \tan\left(\frac{\theta_g}{2} + \frac{\mu_g + \mu_D}{2}\right) \tag{9-5}$$

为求解上列方程,必须已知 v_D。这时,作为第一次近似,假定 $v_D = v_B$。然后进行迭代,直至 $v_{D(m-1)} - v_{D(m)} < \varepsilon$。

计算时必须使用描述马赫数沿管壁变化的方程。

假定点 C 的位置 x 已知,但是 v_C 未知。如果点 A 和点 B 足够近,而且这两个点的位置和流动状态已知,那么 v_c 可以通过下式求得

$$v_C = v_A + \left(\frac{\Delta v}{\Delta x}\right)_A \Delta x$$

或

$$v_C = v_A + \frac{v_B - v_A}{x_B - x_A}(x_C - x_A) \tag{9-6}$$

9.2.6　有旋流起始特征线与激波相交

在求解激波后的点 g 和管壁上的点D 时,应已知点 B 后沿管

壁的流动状态。然而，在求解点 f 时，只要已知点 e 的激波后状态和管壁流线即可。

设点 e 的激波后状态与点 A 的状态相同（第一次近似）。解出激波后状态，就可以数值求解上述问题。然后，我们再通过式(9－5)和(9－6)计算到管壁 B。解式(9－5)，得到较好的预估值。重复上述过程，直至 $v_{A(m-1)} - v_{A(m)} < \varepsilon$。

9.2.7 精度分析

发射管流场计算的主要目的是为了确定沿管壁的撞击激波后压力。过去的简化理论假设被转折成与管壁平行的激波后流动是二维的，并且还假定激波后压力作用在管壁上。这一简化理论是否合理是以流动方向角对上面假定的方向角偏差很小（即 $\theta_2 = \delta$）以及二阶项 δ^2 可以被忽略为前提的。同时，它只限用于激波附近的区域。

在轴对称流与平面流方程中有差别的参数为

$$\frac{1}{\cot\mu \pm \cot\theta}\frac{\mathrm{d}r}{r}$$

必须注意，当流动方向角 θ 接近于零时，$\cot\theta$ 趋于无限大。如果其他量保持有限，则全项趋于零。若是所研究的点在管壁附近时，$\mathrm{d}r$ 或 Δr 很小，r 很大，而且 θ 很小，那么可以略去此项。正如前面所假设的那样，该流动又回到了二维平面流情况。然而，在我们所研究的情形下，θ 小，但多半不会很小，$\mathrm{d}r$ 或 Δr 却可能很大，这要决定于所研究的点对管壁流线的距离。问题是 $\Delta r/r$ 究竟有多大，或者说，对管轴有多近，计算才会有解答。无疑要有满意的结果，还得决定于未知的 θ。另外，还存在如下一个问题。即使认为 Δr 很小，但是 Δp^* 很大，那么只有在等熵项可以积分时，即

$$\int_1^2 \frac{\sin 2\mu}{2v}\frac{\mathrm{d}p^*}{p^*}$$

才能得到满意的结果。为此，$\sin 2\mu$ 必须为常数，或者不是 p^* 的函

数。这在某种程度上是矛盾的,因为在轴对称项中 θ 与 μ 是一起出现的,所以,如果 μ 趋于常数,那么,Δr 很大时所需要的这一项就不能积分。然而,实际上,假若 μ 很小,并且 μ 沿特征线的变化不太大,那么该项将趋于常数,在 Δt 和 Δp^* 值很大时就可以得到较好的预估值。因为激波使非均匀流接近前述条件,所以可以期望获得较好的预估值。事实上,比较理论预估值与实验值应是确定精度的最好方法。

9.3　发射管内二次流

9.3.1　被引射流和旁泄流

许多军用火箭都从发射管内发射。管射火箭武器的设计工作者必须研究尽量减小火箭弹与发射管壁之间环形间隙流动产生的不平衡力引起的火箭起始扰动。我们在前节已经了解到,当欠膨胀(对于地面固体火箭,大多如此)喷管流加速喷出时,能从环形间隙内吸入空气,在射流边界形成剪切层,在喷口下游很短距离内燃气射流因冲击发射管壁产生撞击激波。撞击激波很弱时,吸入的空气可以获得足够的动量,使之流过撞击激波。对于这样一种系统,我们看作为引射器,吸入的空气流称为被引射(空气)流。倘若增高滞止压力,那么射流喷离喷管时具有较大的膨胀角度。因此,当射流边界碰到管壁时,它必定转折很大角度,产生较强的撞击激波。撞击激波相当强时形成的逆压梯度能使部分燃气流向上游倒转入环形间隙。这种向上游倒转的燃气流称为旁泄(燃气)流。

9.3.2　二次流流动模型

为了估计环形间隙内二次流流量和流向,必须描绘火箭发射管内燃气射流流场及其撞击发射管壁引起的粘性与激波干扰结构。撞击激波强度和管壁处的粘性干扰特征取决于燃气射流的结

构和发射管的几何尺寸。当欠膨胀超音速喷管射流喷入等截面的发射管时，其撞击激波强度决定于沿射流边界混合层内侧的无粘流马赫数，燃气的比热比，冲击流相对于管壁的倾角，以及混合层的速度分布。

当火箭弹与发射管壁之间环形间隙内的二次流量较小时，其中的压力只有少许变化，且与大气压差别不大，至于弱撞击激波下游的压力却远大于发射管前端的压力(即大气压)。于是，冲击区压力大于发射管前部的压力。尽管如此，测试结果表明，在燃烧室压力较低时，吸入的空气仍然可以获得充分的动量，使之流过撞击激波。这对于激波下游的压力五倍于底压的情况仍然是正确的。以发射管上游端的大气为气源时，为了提供流过激波的空气质量流量，在环形间隙中产生了低速空气流。但是，对于这种引射系统，环形间隙内的静压低于大气压，卷入射流的部分空气没能获得流过激波的充分动量，会因遇到冲击过程产生的逆压梯度而向上游转折，且在发射管壁附近的分离气流域中形成回流。如图 9 - 9(a) 所示，这部分气流沿分离流线流回火箭弹和发射管壁间的环形区内，图中阴影区表示从底部吸入的空气充分获得了流过撞击激波的动量。

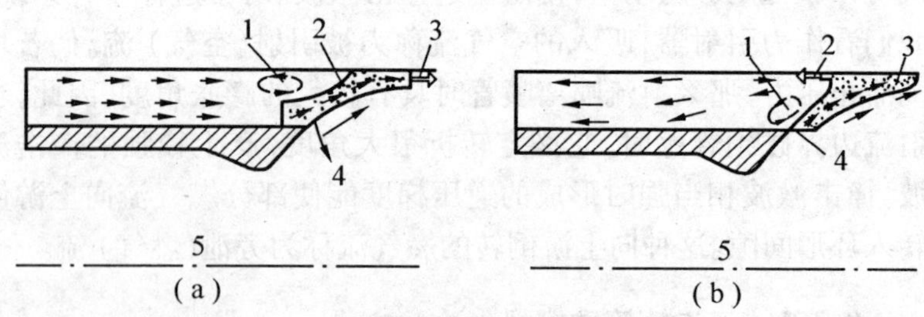

图 9 – 9　发射管内二次流的两种可能情况

(a) 喷射器系统　1—分离流区；2—分流线；3—卷吸质量；4—燃气射流边界；5—发射管中心线；(b) 产生旁泄流的系统　1—分离流区；2—旁泄流；3—分流线；4—燃气射流边界；5—发射管中心线

对于被引射流，燃烧室压力增至某值以上，或者喷口扩张角较大，在射流边界碰到管壁时，它必转过很大的角度。这样，虽然属于弱激波，但是激波前后的升压增大。一旦撞击激波足够强，所得到的逆压梯度就会使部分射流向上游转折成旁泄流，如图 9－9(b)所示。图中阴影区表示部分射流没有获得流过撞击激波的足够动量。

在上述两种流动中，撞击激波下游气流加速，管壁静压减小。射流撞击管壁产生的激波跨过发射管，碰到相对的管壁。反射激波后的管壁静压突增，马赫数和总压突降。当激波横跨发射管来回反射之后，它就逐渐变弱。同时，冲击点之间的距离也相应减小，因为紧挨激波下游的马赫数减小，激波角增大。

9.3.3 存在二次流时管壁静压分布

当环形间隙中的二次流质量流量较小时，这一区域内的静压应接近于大气压，这样，虽然喷口静压为燃烧室压力的线性函数，但是底压仍然略保持为常数。因此，在室压增高时，射流压力比 p_e/p_b 也增高。所以，粘性和激波干扰与室压以及喷管和发射管的结构有关。对于给定的喷管和发射管结构，随着室压增高，射流对管壁的冲击点向上游移动，形成的激波强度增强，如图 9－10 所示。

对于存在二次流的喷管与发射管结构，测得的管壁静压分布示于图 9－10 中。因为底压约等于大气压，所以 p_c 增高时，$x/r_e=0$ 附近的比值 p/p_c 减小。这样，p_c 增高时，可以预料射流冲击位置(正如管壁静压迅速增高所表明的)向喷口上游移动，撞击激波的压力比增高。在 $p_c=2.71\times10^6$ 和 6.07×10^6 Pa 时测出了上述这两种趋势(见图 9－10(a))。在这两个室压值的情况下，压力分布的一般特点是，在撞击激波区内恒定的顺压梯度或逆压梯度使气流迅速加速。但是，p_c 为最高值 8.75×10^6 Pa 时，冲击区内的顺压梯

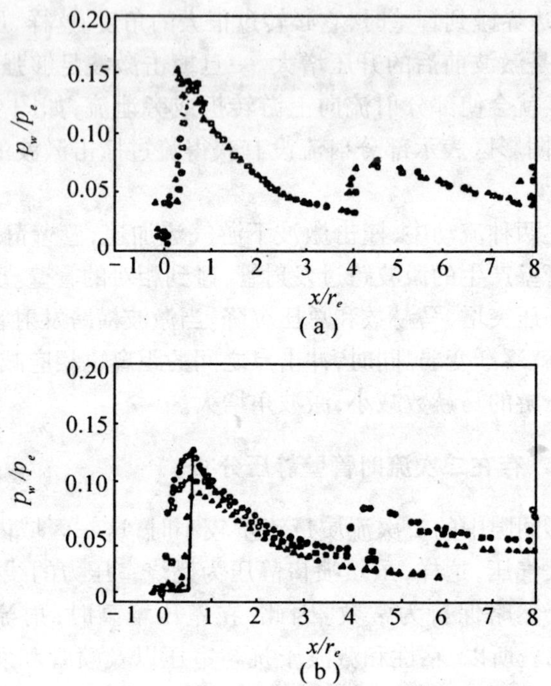

图 9-10　存在二次流时的管壁静压分布

(a)□ $p_c = 2.71 \times 10^6$ Pa;○ $p_c = 1.07 \times 10^6$ Pa;△ $p_c = 8.75 \times 10^6$ Pa;(b) $p_c = 8.75 \times 10^6$ Pa;○ R_{L1};□ R_{L2};△ R_{L3}　$R_{L1} < R_{L2} < R_{L3}$

度不是常数。在上述流动的情况下,冲击射流不会通过弱激波而转折,实验压力比也没有大到足以出现强激波的程度。因此,在最大扩张角的喷管射流喷入最小半径的发射管时,管壁的静压分布表明,撞击激波与射流边界粘性剪切层之间有较强的干扰,撞击激波下游的管壁静压分布基本上与 p_c 无关。

在图 9-10(b) 最大 p_c 情况下的压力分布表示了发射管半径

R_L 的影响。因为底压接近不变,所以射流边界的起始形状与发射管半径无关。如果保持射流边界形状与发射管半径无关,那么,当 R_L 减小时,撞击激波应向上游移动,它的强度必定增大。虽然 R_L 减小时因撞击激波引起的起始增压向上游移动,但是,某些结构的压力分布表明,撞击激波与射流边界的粘性剪切层之间有较强的干扰。

图 9－11 说明室压 p_c 对撞击激波强度的影响。撞击激波强度被定义为撞击激波前后的压力比,即最大静压值 p_{pk} 与底压 p_b 之比。在图 9－10 中比较了实验值与有旋特征线法算得的相应理论值(没有模拟射流边界发展的剪切层)。图中对于给定喷管与 R_{L1} 和 R_{L2} 发射管结构的理论曲线分别在 $p_c = 5.5 \times 10^6$ 和 6.3×10^6 Pa 的地方终止。因为计算表明,在 p_c 较高时冲击射流不会通过弱激波后转折,所以,在忽略了射流边界剪切层的粘性影响之后,理论曲线的中止点指出了冲击过程能产生强激波的最低燃烧室压力值。在上述两种喷管与发射管结构的情况下,实验值明显地表明了

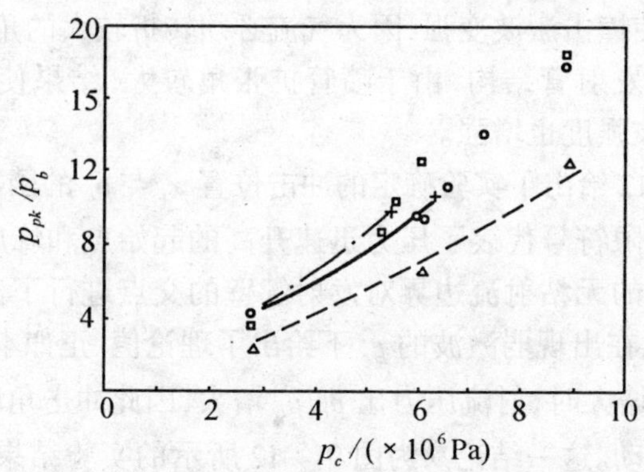

图 9－11　撞击激波前后的压力比对 p_c 的变化

($\theta_e = 20°$)

实验 □R_{L1};○R_{L2};△R_{L3};理论 －·－ R_{L1};—R_{L2};⋯ R_{L3}

$p_c = 8.85 \times 10^6$ Pa 时撞击激波强度比外推理论解预估的要高。尽管如此,虽然这些撞击激波比较强,但是并没有表现出有强激波存在。在这两种情况下,管壁静压却表现出冲击区射流边界有明显的粘性干扰。这样,在不再可能有弱激波解的 p_c 下,实验值表明具有撞击激波明显变强(但不是真正"很强")的突跃段。在所有其他喷管与发射管结构的情况下,通过理论解可以预计到在整个试验 p_c 的范围内都是弱激波。一般来说,实验结果与理论值相当一致。同时,正如所预料的,理论估计的撞击激波强度因忽略粘性剪切层的干扰而偏高。

图 9 – 11 比图 9 – 10(b) 给出了较宽室压范围的情况。同样地,由图 9 – 11 可见,对于一给定喷管,在图示的全部室压范围内,撞击激波强度都随发射管半径的减小而增强。正如前面已经指出的,在这里,环形间隙中的质量流量较小,底压大致为常数,因此,如果冲击过程没有产生显著的粘性干扰的话,那么在一定的 p_c 下射流边界与发射管半径无关。这样,当喷管射流喷入较小半径的发射管时,射流交于管壁的径向坐标减小,冲击角(即射流与管壁的交角)增大。这就使撞击激波变强,因为气流必须转折较大的角度。此外,对于给定的发射管结构,由于喷管扩张角较大,结果使冲击角变大,撞击激波强度也增强。

图 9 – 12 给出了实验确定的冲击位置 x_i 与 p_c 的函数关系。图中的两个极限符号代表了压力迅速升高的起始点和峰压点,各实验值与算得的无粘射流边界对发射管壁的交点进行了比较。在图 9 – 12 中,只在出现弱激波的 p_c 下给出了理论值。正如本节开头所述的,当 p_c 增大时,射流压力比 p_c/p_b 增大,因此冲击角增大,冲击点向上游移动。这一结论易为图 9 – 12 所示的实验结果和理论值证实。由该图可见,理论值约落在实验确定的冲击区内二个极值的中间。

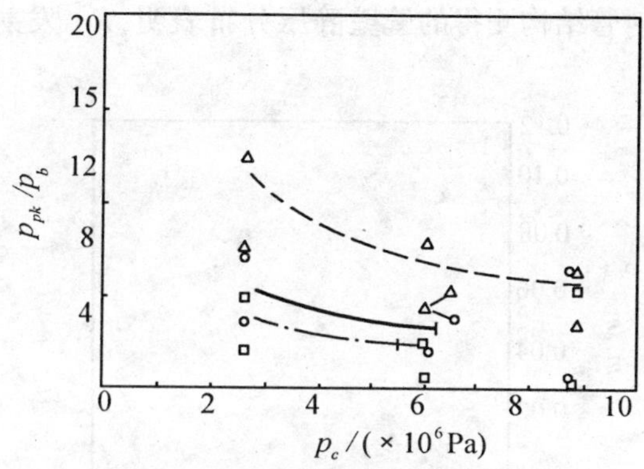

图 9-12 射流对管壁的冲击点随 p_c 的变化

(喷管 $\theta_e = 20°$)

实验 □R_{L1};○R_{L2};△R_{L3};理论 -·- R_{L1};— R_{L2};--- R_{L3}

9.3.4 二次流质量流量

图 9-13 给出了对环形间隙二次流质量流量的影响。图中正值表示被引射流,负值表示旁泄流。在大多数场合下,我们可以测得环形间隙内的一些流动。在 $p_c < 1.36 \times 10^6$ Pa 的情况下,喷口流动是过膨胀的(假设喷管内流动为等熵流),空气卷入射流不一定要克服撞击激波的逆压梯度,所有喷管与发射管结构都会在环形间隙产生被引射流。图 9-13 清楚证明了这一点。

许多喷管与发射管结构在 $p_c > 1.38 \times 10^6$ Pa 时表明有被引射流,被引射流的质量流量随发射管半径的减小而减小。即使气流遇到 $p_c > 1.38 \times 10^6$ Pa 时的逆压梯度,部分卷吸流仍然可以从射流获得足够的动量,使之流过冲击区。在一定的 p_c 下,随着发射管半径的减小被引射流也减少。这一事实与至此所作的解释是一致的:即当发射管半径减小时,气流冲击角增大,产生较强的撞击激波和

较大的逆压梯度。例如，在 $p_c = 2.71 \times 10^6$ Pa 时，$\theta_e = 10°$ 喷管与 R_{L1}，R_{L3} 发射管结构测得的管壁静压分布表明，R_{L1} 发射管产生的

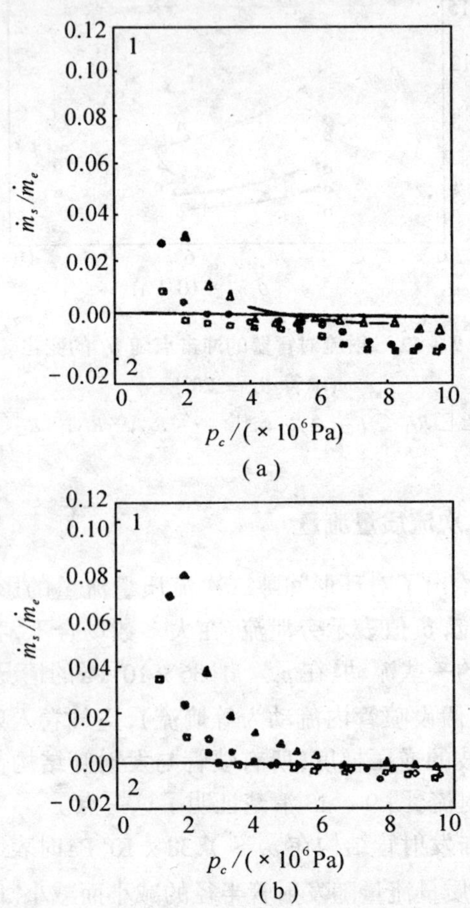

图 9－13　环形间隙质量流量对 p_c 的变化

□R_{L1}；○R_{L2}；△R_{L3}；—R_{L3} 理论曲线

1— 被引射流；2— 旁泄流

(a)$\theta_e = 20°$；(b)$\theta_e = 10°$

撞击激波和逆压梯度要比 R_{L3} 发射管强得多。因此,如果这两种结构产生了被引射流的话,那么可以预料 R_{L3} 发射管会有更高的被引射流质量流量,因为它的逆压梯度比 R_{L1} 发射管低得多。应当注意到,在图 9 – 13(b) 中 R_{L3} 和 R_{L1} 两种发射管在 $p_c = 2.71 \times 10^6$ Pa 时都能产生被引射流,然而 R_{L3} 发射管的被引射流质量流量却比 R_{L1} 发射管的约大 12 倍。

此外,喷管扩张角对被引射流质量流量的大小也有明显的影响。比较图 9 – 13(a) 和图 9 – 13(b) 可见,在一定的 p_c 和发射管结构的情况下,$\theta_e = 10°$ 喷管所产生的被引射流质量流量明显地比 $\theta_e = 20°$ 喷管的高。这与后者产生的逆压梯度要比前者强是一致的。在 $\theta_e = 10°$ 时锥形喷管与钟形喷管的比较结果是,前者有较高的被引射流质量流量和较低的旁泄流质量流量,这也是由于两种喷管在冲击区内具有不同的逆压梯度引起的。

当 p_c 增大时,撞击激波和逆压梯度变得很强,使卷吸流和部分喷管射流向上游倒转,正如图 9 – 13 所示的。图 9 – 9(b) 绘出了产生旁泄流的简图。产生大量旁泄流质量流量的惟一结构是 $\theta_e = 20°$ 的喷管,因为这种喷管产生较强的撞击激波和逆压梯度。在一定的 p_c 下,可以预料旁泄流质量流量随发射管半径的减小而增加。因为发射管半径减小,冲击角增大,撞击激波增强,由此产生的逆压梯度增高。然而,图 9 – 13(a) 所示的 R_{L1} 发射管的旁泄流质量流量在 $p_c > 8 \times 10^6$ Pa时仍然保持为常数。对于 R_{L1} 和 R_{L2} 发射管,旁泄流开始显著增加(大于0.01 m_s)的 p_c 值分别约为 5.4×10^6 Pa 和 6.0×10^6 Pa。

对于存在二次流的发射管流场,图 9 – 14 给出了环形间隙无因次质量流量($\dot{m}_s / \dot{m}_e$)与撞击激波强度之间的关系。该图包括了 $\theta_e = 20°$ 锥形喷管,$\theta_e = 10°$ 锥形喷管与钟形喷管,以及分别同 R_{L1},R_{L2} 和 R_{L3} 三种发射管的结构组合。实验表明,环形间隙质量

流量主要是撞击激波强度的函数。如果已知撞击激波强度近似值的话，那么图示曲线可以为火箭导弹发射装置设计工作者提供一个等截面发射管内环形间隙产生质量流量的可靠估计。

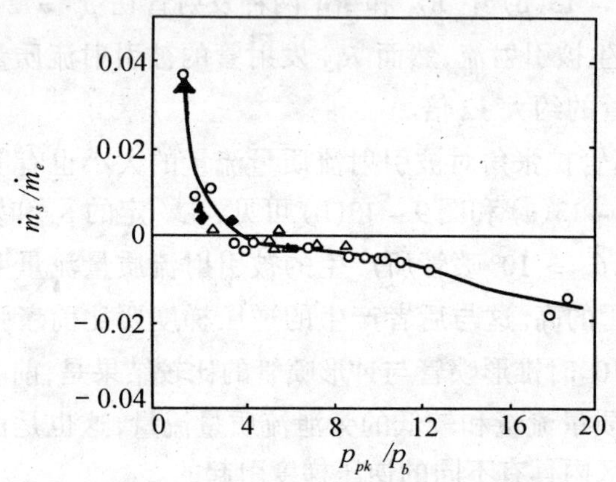

图 9－14　环形间隙无因次质量流量对撞击激波强度的变化

9.4　管射火箭(导弹) 系统的二次流分析

9.4.1　简化假设

从工程应用出发，对发射管内冲击流场作一简化是必要的。首先，利用适当的势流分析结果确定发射管内无粘射流边界的几何尺寸，再把粘性混合部分叠加到这一边界上。然后，以射流在剪切层重新附着点附近没有完全被转折的新概念来确定尾流(或者是静空气区) 终止的条件。

一般，发射火箭光膛管的几何尺寸使旁泄流受到了一定的限制，所以可以采用卷入和流出粘性射流混合区的流体流量很小的

假设,对管内冲击流场作进一步简化。

假设整个系统基本上在等能条件下工作,即整个流场的滞止温度等于燃气射流的滞止温度。对于所研究的大多数流动来说,这一假设是符合实际情况的。若是火箭发射时产生被引射流,则例外。

通常,发射管直径与火箭喷口直径之比限于 1.5 左右的范围之内,所以对于膨胀中心附近的轴对称超音速流,通过势流二阶近似就可以足够精确地确定无粘射流边界的轮廓,所得到的圆弧结构对于确定简单的无粘部分的几何尺寸十分方便。

然而,除了作上述的简化假设之外,为了精确确定喷口边缘及其附近的气动条件,仍然有必要对喷管流场作仔细处理。喷管流从喷喉跨音速流区发展时,需要用特征线法分析喷管流场,其中还需要考虑特征线聚合的影响。

9.4.2　管内冲击流场的工程模型

利用喷口扩张角、马赫数以及当地流动加速度来规定喷口边缘附近的气动条件。在这些起始条件下,算出射流表面马赫数,就可以得到用起始流线角和曲率半径表示的无粘射流边界为圆弧近似轮廓的惟一解。因此,在给定的喷管结构和射流表面马赫数的条件下,用表示发射圆管壁面即半径处的无粘冲击角,就可以惟一地确定无粘流场(图 9 - 15(a))。为确定系统的真实工作状态(图 9 - 15(b)),有必要分析一下尾流终止条件的粘性流动机理。

通过等能条件和线性速度剖面可以近似确定射流边界自由剪切层的混合特性。在这里,考虑到沿喷管壁的边界层影响,扩散参数 σ 与速度分布斜率变化率有关,即

$$\sigma = \frac{\sqrt{\pi}}{u_F} \cdot \frac{1}{\dfrac{\partial}{\partial x}\left[\left(\dfrac{\partial u}{\partial y}\right)_{\max}\right]} \tag{9-7}$$

在 u_F 和 ρ_F 给定的“无粘”射流边界条件下线性速度分布

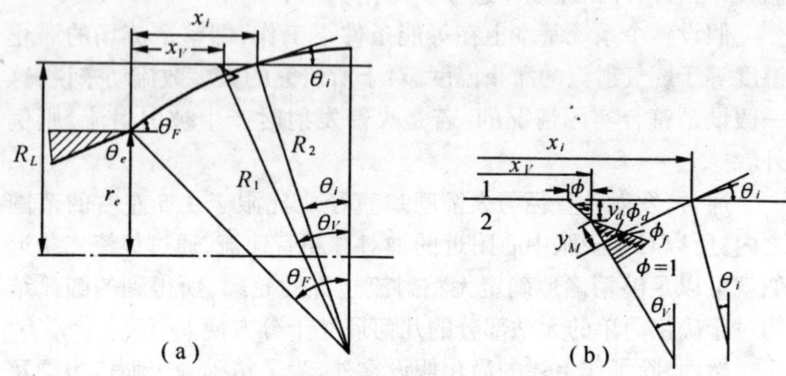

图 9－15　发射管内射流冲击流场的流动模型

(a) 全流场；(b) 被引射流冲击剪切层 $\phi_j > \phi_d$

■二次流；1— 发射管壁；2— 环形间隙

$$\Phi = \frac{u}{u_F} = \frac{\eta}{\sqrt{\pi}} \tag{9-8}$$

式中，$\eta = \sigma \dfrac{y}{x}$，等能混合区的密度比为

$$\frac{\rho}{\rho_F} = \frac{1 - C_F^2}{1 - \Phi^2 C_F^2} \tag{9-9}$$

式中，使用了 Crocco 数

$$C_F = Ma_F \sqrt{\frac{2}{r-1} + Ma_F^2} \tag{9-10}$$

这已方便地消去了比热比对等压混合剖面的影响。

为了确定速度剖面相对于无粘射流边界的位置，我们将动量方程应用于二维混合区，得

$$\eta_M = \sigma \frac{y_M}{x} = \sqrt{\pi}\left\{1 - \frac{1 - C^2}{C^2}\left[\frac{1}{2C}\ln\left(\frac{1+C}{1-C}\right) - 1\right]\right\} \tag{9-11}$$

必须注意，应用于轴对称射流的弯曲边界时，需要把长度 x 看作弧

长。而且刚开始时还需要利用平面混合区所规定的 σ 值,加上可压缩性对扩散参数影响的固有误差。目前马赫数 Ma_F 很少有超过 3.5 的,所以我们可以使用如下简单关系式

$$\sigma = 12 + 2.56Ma_F$$

在直至流线 $y(\Phi)$ 的混合区内,沿管周每单位长的质量流量

$$m_1 = \int_{y \to -\infty}^{y(\phi)} \rho u \mathrm{d}y$$

现在,可以用封闭型表示上式,即

$$\dot{m}_1 = I_1(\Phi, C_F)\frac{xu_F\rho_F}{\sigma} \qquad (9-12)$$

式中

$$I_1(\Phi, C_F) = \sqrt{\pi}\frac{C_F^2 - 1}{2C_F^2}\ln(1 - \Phi^2 C_F^2) \qquad (9-12\mathrm{a})$$

速度比 $\Phi = u/u_F$ 确定了在无粘射流边界外相应位置 $y = x(\eta_M - \Phi/\sqrt{\pi})/\sigma$ 的流线。把喷管射流与底域吸入的空气分隔开来的零流线速度为

$$\Phi_j = \frac{1}{C_F}\sqrt{1 - (1 - C_F^2)\exp\left[\frac{1}{C_F}\ln\left(\frac{1 + C_F}{1 - C_F}\right) - 2\right]} \qquad (9-13)$$

当射流冲击圆管壁时,它的再压缩过程形成了如图 9 – 15(b) 所示的流动结构。如果驻点(或分路) 流线的速度值 Φ_d 与零流线的 Φ_j 不同,那么可以按照尾流区附近满足质量守恒条件来确定二次流。若 $\Phi\sigma j > \Phi_d$,则二次流流量为正,即为被引射流;若 $\Phi_j < \Phi_d$,则二次流流量为负,即为旁泄流。近似计算二次流流量,有

$$\dot{M} = 2\pi R_L\frac{x}{\sigma}u_F\rho_F[I_1(\Phi_j, C_F) - I_1(\Phi_d, C_F)] \qquad (9-14)$$

条件 $\Phi_j = \Phi_d$ 对应于没有二次流的工况。这对于近场尾流通向大气,即

$$\left.\frac{p}{p_c}\right|MF = \frac{p_a}{p_c}$$

以及没有环形间隙的情况都能满足。

当速度比 Φ_d 的分离流线停滞于管壁时，再压缩过程实际上是等熵的。因此，当地管壁压力对应于无粘流的 Crocco 值时，就有

$$\Phi_d = \frac{1}{C_F}\sqrt{\frac{C_F^2 - C_d^2}{1 - C_d^2}} \tag{9-15}$$

式中，$C_d = C_F\Phi_d$。

因为分离流线的重附着点落入邻近的无粘射流流场而不是与固壁完全取得一致的区域，所以可以应用“未完全折转角”的概念。

Page 等人提出的含有质量引射流的线性速度分布关系式可以化为如下极简单的式子

$$C_{L,p} = \frac{\omega(C_F) - \omega(C_d)}{\omega(C_F) - \omega(C_i)} = 0.59 \tag{9-16}$$

在无粘边界马赫数 $M_F = 1 \sim 5$ 的范围内，上式成立。在式(9－16) 中，$\omega(C)$ 是 P－M 函数(这决定于 Crocco 数)，C_i 是无粘射流冲击及其对发射管壁重新取得一致之后的 Crocco 数。

在环形间隙进入大气时底压近似等于大气压，最大重附着压力对喷口的距离为

$$x_i = R_1(\sin\theta_e - \sin\theta_i) \tag{9-17}$$

利用这两个条件确定了理论工况之后，即可求解式(9－7) ~ (9－17)。对于二次流流量很大的情况，必须使用环形间隙质量流量与压力降的关系式来补充式(9－7) ~ (9－17)。

如图 9－15(b) 所示，在位置

$$x_v = R_1\left\{\sin\theta_e - \sin\theta_v\left[1 + (\theta_e - \theta_v)\frac{\pi}{180}\cdot\frac{\eta_M}{\sigma}\right]\right\} \tag{9-18}$$

的附近有粘流开始增压。应使用迭代过程，求解下面的隐式

$$\theta_v = \cos^{-1}\left\{\left[\cos\theta_i - \frac{(\theta_e - \theta_v)\sqrt{\pi}}{180\sigma}\Phi_d\right]\Big/\left[1 + \frac{(\theta_e - \theta_v)}{180\sigma}\eta_M\right]\right\} \tag{9-19}$$

在射流冲击以及经过可逆压缩使射流表面与管壁取得一致之后，Korst和Bertin建议有效地应用熟知的中心膨胀概念，仍然可以对无粘流结构的压力分布作出合理的近似。在把无粘射流冲击点作为新的中心膨胀起点的情况下，沿管壁冲击点下游解常微分方程，求得 M，并且确定欲求的压力分布。中心膨胀法在数学上的近似性使得所算出的壁压分布使用范围局限在冲击点下游约 $1.0R_L$ 之内。壁压分布计算值与实验结果比较的情况如图 9－3(c) 和图 9－10(b) 所示。

当火箭燃气射流卷入底区空气时，沿射流边界形成了自由剪切层，使空气加速离开底区，燃气射流减速。图 9－13(a) 表示二次流的无因次质量流量的理论值和实验结果对 p_c 的变化。由该图可见，在理论上对于环形间隙没有二次流的滞止压力给出了良好的预估值。然而，这一理论只对于较低质量流量二次流给出了较好的预估值（见图 9－16），在 $p_c > 6 \times 10^6$ Pa时就变得较差。这并不奇怪，因为剪切层的理论模型并没有反映出近似自由剪切层与撞击激波之间的干扰，这里所阐述的模型仅把二次流夹带在线性混合剖面的流线之间，所以本理

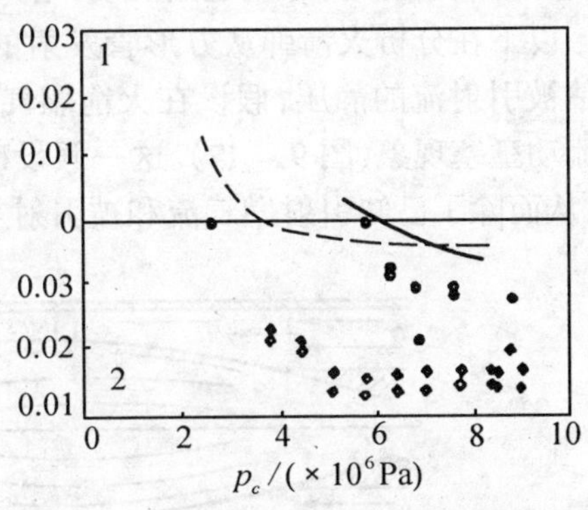

图 9－16　环形间隙内无因次质量流量对 p_c 的变化（$\theta_e = 10°$ 钟形喷管）

实验 ◇R_{L1}；○R_{L3}；理论 --- R_{L1}；— R_{L3}

1— 被引射流；2— 旁泄流

论模型不能用于二次流高质量流量的情况。

9.5 方形发射管内被引射流对火箭起始扰动的影响

9.5.1 喷射器流动壅塞效应模型与假设

火箭发射装置方形发射管内燃气主射流抽吸上游空气流(称为被引射流)之后,两者在管尾混合喷出湍流混合流,这就形成了火箭发射装置的喷射器效应问题。

在火箭弹发射时(包括"倾离"与"同时离轨"发射),由于重力作用使其下沉,还会因为火箭推力偏心和质量分布不均衡,以及发射装置振动等形成的动载荷引起弹道偏差,所有这些都使火箭弹与发射管之间的间隙不对称,围绕火箭弹后部旋成体和尾翼的被引射流流速出现差异,沿弹体和尾翼周向的静压梯度呈现压差,由此增加一摆动力矩,加剧起始扰动,增大散布。

以下在分析火箭弹从方形管发射的抽吸效应中,为了有效地预估被引射流的静压,假设在火箭燃气射流近场完全膨胀处发生了流动壅塞现象(图 9 – 17)。这一假设确定了"混合截面"的静压值,从而除了已知引射燃气流和被引射空气流的滞止值之外,又可

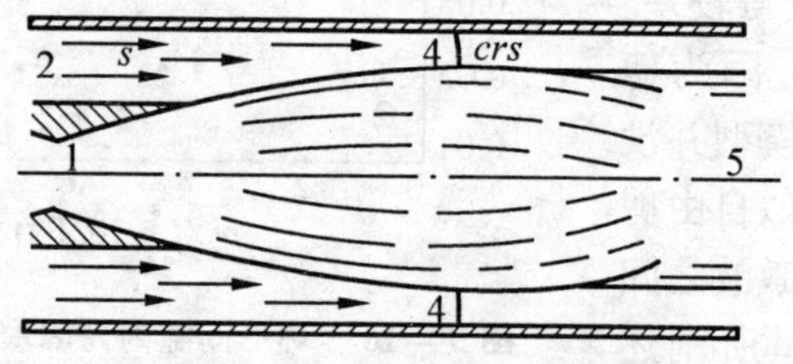

图 9 – 17 被引射流的壅塞现象

1— 火箭喷管;2— 被引射流;3— 发射管;
4— 壅塞;5— 燃气主射流

以多给定一个参数值,这是求解喷射器问题所需要的。

对照图9－18,假设画有点、线的面积内被引射流壅塞,那么这两部分面积就可以看作是由燃气主射流与左右发射管壁接触形成的硬边界来分开的两个互不相关的喷射器。假设在求解上、下(或左、右)喷射器问题时,各尾翼面两侧的被引射流静压相等。此外,还假定被引射流是瞬时形成的,没有时间历程。

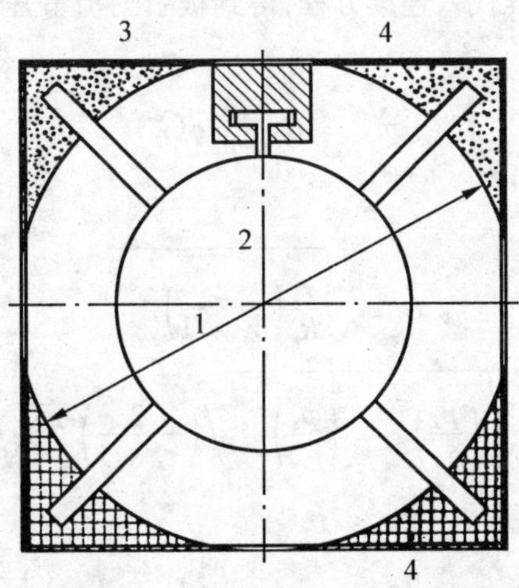

图9－18　方形发射管发射大翼展火箭

1— 燃气射流最大膨胀直径;2— 火箭弹;

3— 方形发射管;4— 被引射流

在喷射器效应计算时,通常认为流动壅塞位置上游的燃气主射流和被引射空气流没有发生混合,对于这两种不同的气体可以使用各自的比热比。因为有高压主流,所以不考虑摩擦或动量损失是合理的。按照一维流来分析也比较符合实际情况。

9.5.2　被引射流质量流量与静压降

在燃气主射流近场的最大膨胀截面处被引射流的流动壅塞。

假设该喷射器问题可以利用一维等熵可压缩流的连续方程和Bernoulli方程来求解。使用连续方程求出被引射流的质量流量

$$\dot{m}_s = (\rho A u)_{crs} \tag{9-20}$$

式中，下标 crs 表示被引射流流动壅塞

$$\rho_{crs} = \rho_{os}\left(\frac{2}{r_s+1}\right)^{\frac{1}{r_s-1}} \tag{9-20a}$$

将 Bernoulli 方程代入连续方程，得到被引射流静压降对其质量流量的变化，即

$$\dot{m}_s = C\frac{p_{os}A_s}{\sqrt{T_{os}}}q(\lambda)$$

式中

$$C = \sqrt{\frac{r_s}{R_s}\left(\frac{2}{r_s+1}\right)^{\frac{r_s+1}{r_s-1}}}$$

$$q(\lambda) = \sqrt{\left(\frac{p_s}{p_{os}}\right)^{\frac{2}{r_s}} - \left(\frac{p_s}{p_{os}}\right)^{\frac{r_s+1}{r_s}}} \Big/ \left(\frac{2}{r_s+1}\right)^{\frac{1}{r_s-1}}\sqrt{\frac{r_s-1}{r_s+1}}$$

或

$$\frac{\dot{m}_s}{A_s} = \sqrt{\frac{2r_s}{r_s-1}p_{os}\rho_{os}\left(\frac{p_s}{p_{os}}\right)^{\frac{2}{r_s}}\left[1-\left(\frac{p_s}{p_{os}}\right)^{\frac{r_s-1}{r_s}}\right]} \tag{9-21}$$

利用上式可以确定被引射流在火箭弹上的静压降。至于其流速为

$$u_s = \sqrt{\frac{2\gamma_s}{\gamma_s-1}\frac{p_{os}}{\rho_{os}}\left(\frac{p_s}{p_{os}}\right)^{\frac{2}{r_s}}\left[1-\left(\frac{p_s}{p_{os}}\right)^{\frac{r_s-1}{r_s}}\right]} \tag{9-22}$$

依据下式可以精确预估被引射流膨胀到被引射流壁的零卷吸比位置，即

$$\frac{A_m}{A_t} = \frac{\left(\frac{2}{\gamma+1}\right)^{\frac{r+1}{2(r-1)}}}{\left(\frac{p_{crs}}{p_e}\right)^{\frac{1}{r}}\left(\frac{2}{\gamma+1}\right)^{\frac{1}{2}}\sqrt{1-\left(\frac{p_{crs}}{p_e}\right)^{\frac{r-1}{r}}}} \tag{9-23}$$

设 $\rho_{os} = \rho_a$，$p_{os} = p_a$ 和 $\gamma_s = 1.4$。在式(9 - 22)中取 $p_s = p_{crs} = 0.528p_{os}$，即得 u_{crs}。由式(9 - 23)求出 A_m 之后，可以分别确定上、下(或左、右)喷射器的被引射流横截面面积。以上所得之值与式(9 - 20a)一起代入式(9 - 20)，求得 $\dot{m}_s$。利用式(9 - 21)可以分别算出上、下(或左、右)喷射器的被引射流静压，从而得到弹体后部和翼面的压差。

9.5.3　模型应用

火箭弹发射时，因弹体扰动使弹管之间周向间隙面积不匀。如果某一方位的间隙面积增大，那么被引射流速度也增大，结果引起静压减小；反之，则静压上升。这个压差循环往复地在上、下(或左、右)方向作用在弹体后部的周向表面和尾翼面上，因而，由此产生的附加摆动力矩随时间变化，它使弹体的运动类似于物理摆。

把这一模型应用于方形发射管"同时离轨"发射某一火箭弹的情况。在图 9 - 19 中给出了某火箭发射装置在被引射流的影响下射弹的俯仰角速度 $\dot{\phi}$ 和俯仰角加速度 $\dot{\varphi}$ 随时间 t 的变化。

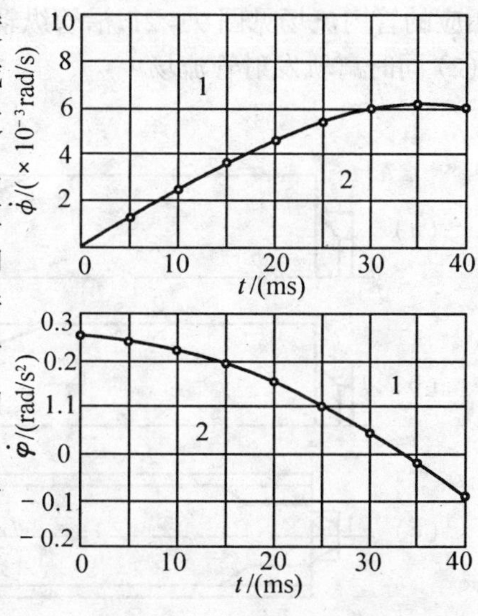

图 9 - 19　火箭弹的俯仰角速度与角加速度

1— 弹头向上为正；2— 弹头向下为负

9.6 若干特种发射管流场模拟显示

火箭发射装置除了采用前已提到的光滑直膛发射管外，还有因实现某种发射技术的需要，管内是变截面的，或者管后串联 / 并联排导系统，呈复合结构型式。这样，管内燃气射流的流动现象复杂多变。以下利用 CFD 软件模拟显示若干特种发射管流场。

(1) 半封闭发射管流场

这种发射管流场受管内截面形状与面积大小的影响，用以提高火箭弹炮口速度、减小后坐力。如图 9 – 20 所示的若干管内结构，相应的管内流场见图 9 – 21，沿管纵轴的壁压分布见图 9 – 22。

(2) 同时离轨发射管流场

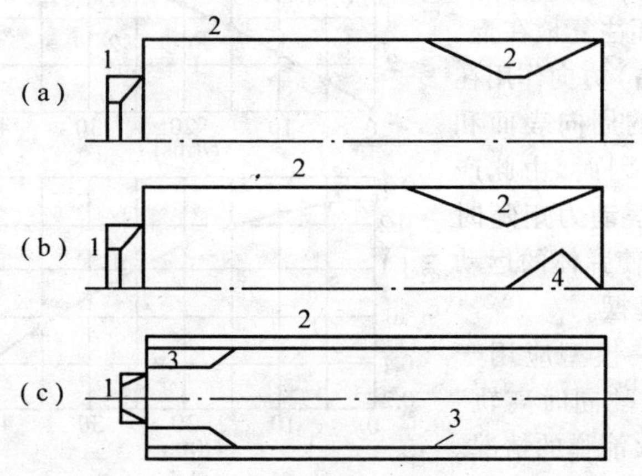

图 9 – 20 轮廓图

(a) 带尾喷管的发射管 1— 火箭弹喷管；2— 发射管；3— 尾喷管；(b) 带中心体尾喷管的发射管 1— 火箭弹喷管；2— 发射管；3— 尾喷管；4— 中心体；(c) 带衬套(随火箭滑行、出炮口分离) 发射管 1— 火箭弹喷管；2— 发射管；3— 衬套

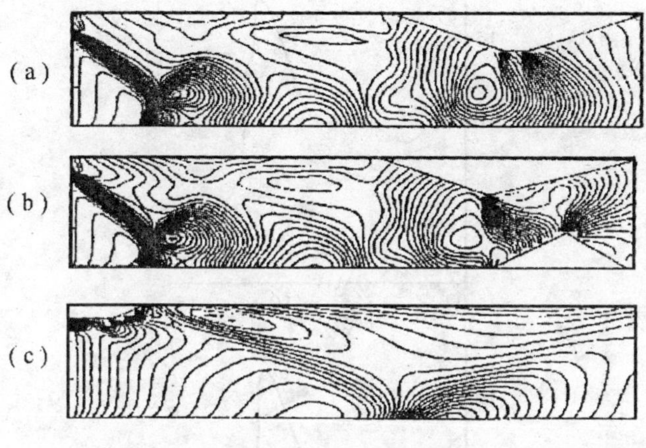

图9-21　管内流场

采用同时离轨式火箭发射装置,可以减轻火箭导弹武器系统炮口燃气射流高压区的冲击,减小反溅流和炮口扰动。图9-23为螺旋导条式同时离轨发射管,但也有收敛台阶式同时离轨发射管(形如半封闭发射管)。通过CAD软件模拟计算,它们各自的管内流场见图9-24。图9-24(b)还表示了弹体周向相反相位的压力,显见存在压差。设计这类发射管时务必使图示压差减小,曲线靠拢。

(3) 导弹垂直发射系统流场

舰载导弹垂直发射系统如图9-25所示,它可以实现全方位打击目标。该系统有多个发射箱与共用排气道,两者由下部压力室连接。垂直发射瞬时全系统流场见图9-25(b)和图9-26。

(4) 致旋发射管流场

直管内有一随弹滑行、出炮口分离的带舵片增压筒,各部名称见图9-27。其流场如图9-28所示。燃气射流对舵片的冲击绕流示于图9-29中。由图9-28可见,燃气射流边界撞击增压筒壁产生较强撞击激波,使之再增压、提高推力,同时将致转舵片置于增

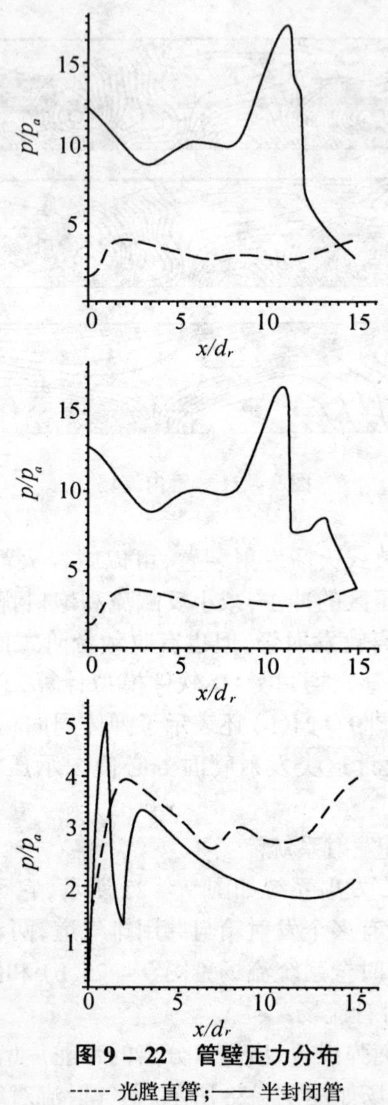

图 9－22　管壁压力分布

------ 光膛直管；—— 半封闭管

压筒内最大压力处，提高了舵片致转火箭弹的能力，从而获得合适的火箭炮口速度和炮口转速。这一发射技术是回收火箭武器自身

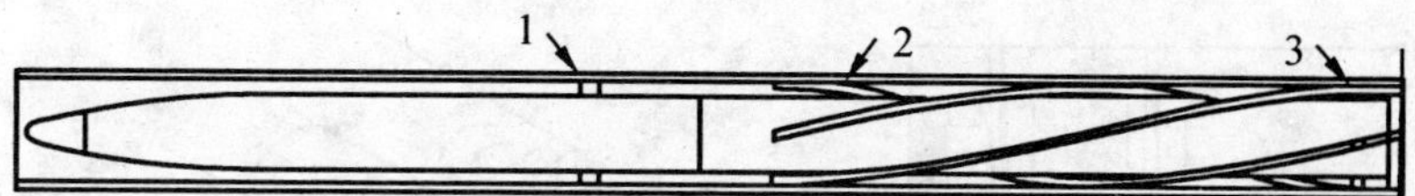

图9-23　螺旋导条式同时离轨发射管

1—火箭弹适配器;2—发射管;3—螺旋导条

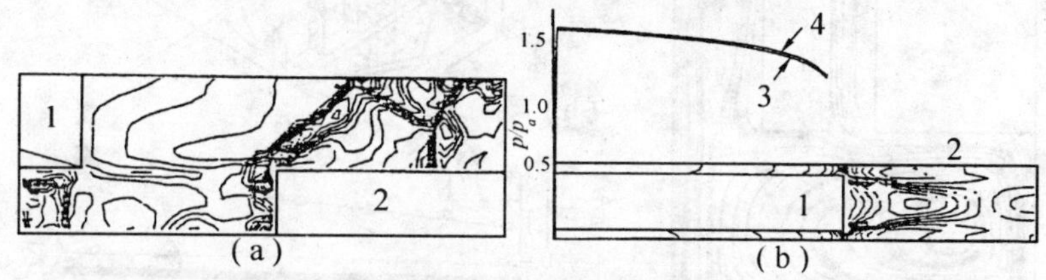

图9-24　管内流场

(a)台阶式管流　1—火箭弹喷口;2—发射管;(b)导条式管流　1—火箭弹喷口;2—发射管;3—弹体下表面压力;4—弹体上表面压力

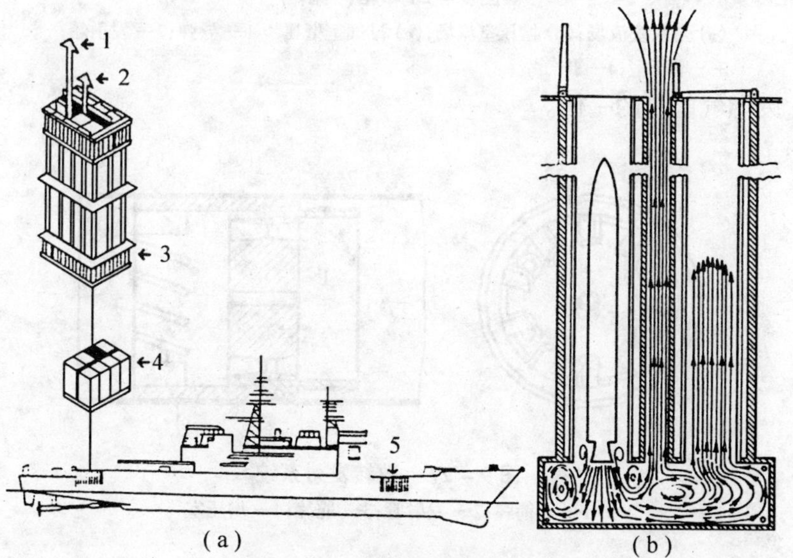

图9-25　舰载垂直发射系统

(a)结构组成　1—发射箱;2—排气室;3—增压室;4—贮仓;(b)全系统流场

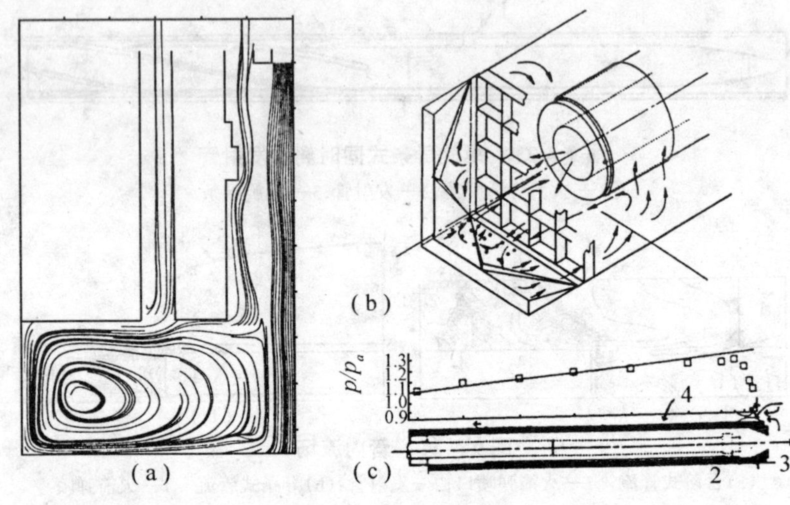

图 9 – 26　箱内流场

(a) 全系统流场；(b) 增压室流场；(c) 排气室壁压　1— 导弹；2— 发射箱；3— 增压室；4— 排气室

废燃气能量的一例。

图 9 – 27　致转发射系统

1— 火箭弹；2— 发射管；3— 舵片；4— 增压室

(5) 发射管抑制器流场

发射管尾端加抑制器可以降噪减冲，其效能取决于抑制器多

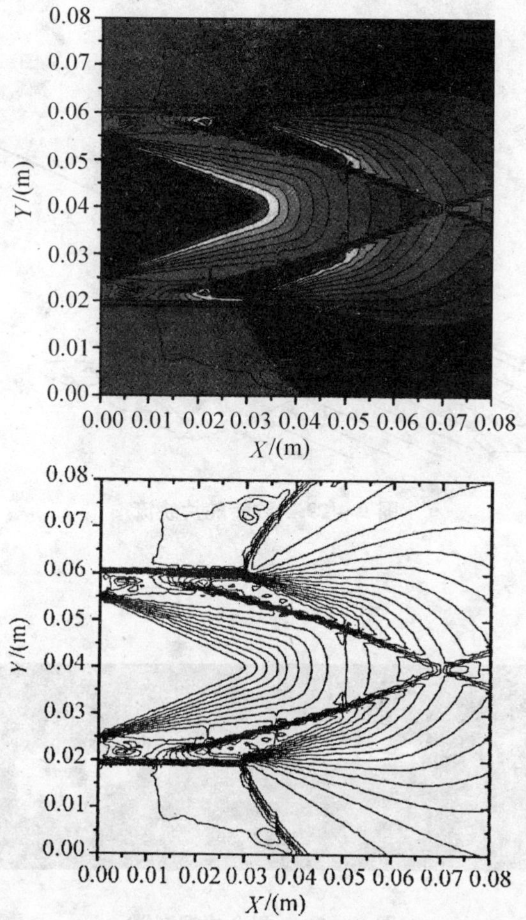

图 9－28 增压筒流场

个结构参数。图 9－30 为复合式抑制器，具有双层、多孔和扩张－收敛结构。该结构形成的流场见图 9－31，抑制器内轴心压力分布如图 9－32 所示。

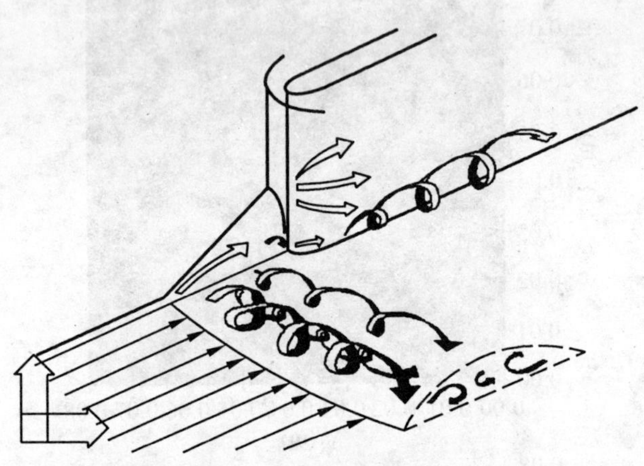

图 9－29　致转舵片绕流

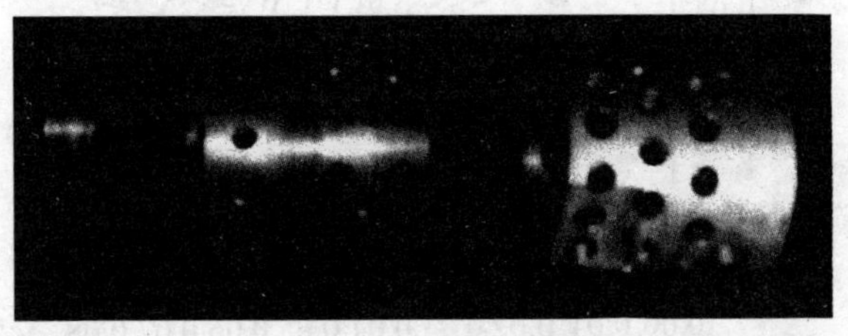

图 9－30　复合式抑制器

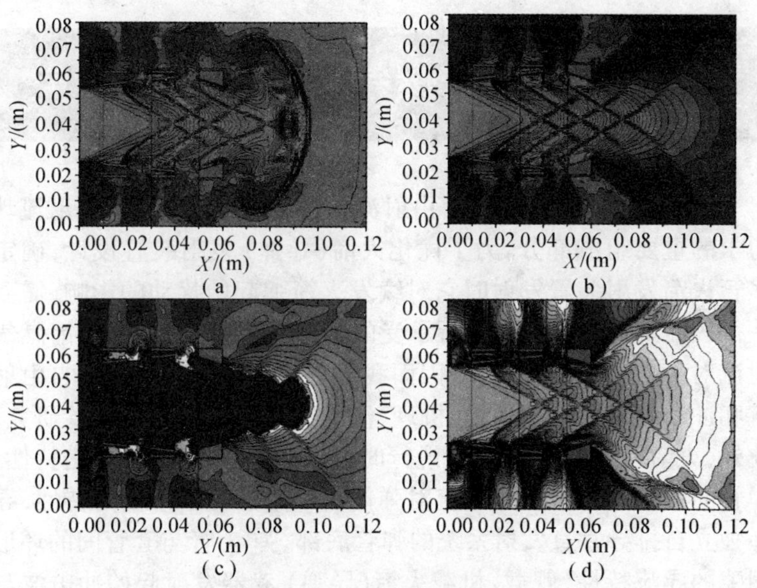

图 9-31　抑制器内外流场

(a)、(b) 不同瞬时等密度线；(c) 等压线；(d) 等马赫数线

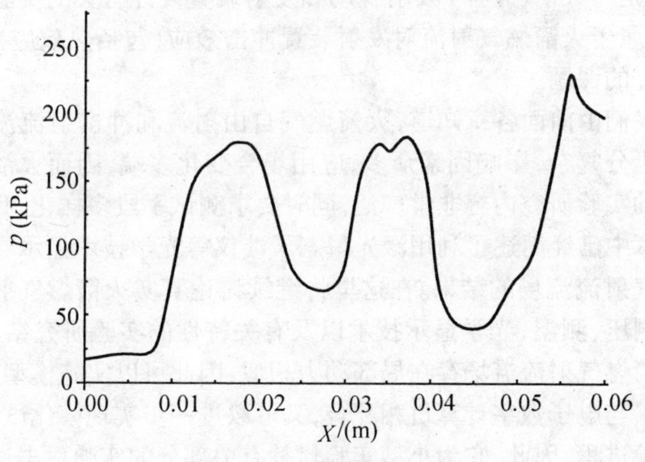

图 9-32　轴心压力分布

第 10 章　火箭燃气射流的实验研究

实验研究的火箭燃气自由射流和冲击射流是火箭燃气射流动力学的重要组成部分。为了优化火箭(导弹)发射装置设计,确定多管火箭发射装置发射时它对续发火箭弹起始扰动的影响,需要获得火箭发射装置发射时所承受的最主要的载荷——火箭燃气射流对发射装置的冲击力,因而我们首先必须对火箭燃气自由射流和冲击射流的物理现象、机理、流动特性和结构作一实验研究。此外,火箭(导弹)沿发射管滑行时,燃气射流对管壁的冲击特性,弹管间的被引射流或旁泄流对弹体后部附加的不平衡力特性,导弹独立自排导垂直发射系统的弹管底部、弹-管与套管间的环形间隙的导流特性,舰载、机载火箭(导弹)武器发射起始冲击波与燃气射流,对舰面甲板、上层建筑、设备、人员与机体的冲击危害性等,都是与火箭(导弹)发射扰动和发射装置设计有关的实验研究内容,属于火箭燃气射流对发射装置冲击效应(包括热效应)的值得研究的课题。

我们由前面各章知道,火箭燃气自由射流和冲击射流流场的结构十分复杂,影响因素众多,应用场合变化多端,因而火箭燃气射流的实验研究内容非常广泛,同时要求测试手段多样化。我们在第 4 章中已经简述了利用激光瞬态干涉仪等光学技术显示真实火箭燃气射流流场的结果。在这里将继续讨论真实火箭燃气射流流场的测压、测温、光学显示技术以及有关特性的实验研究结果。由于火箭燃气射流流场存在局部动力相似,因此可以实施模型试验;而实验与电子数字计算机相配合,又可以进一步实现模化试验,加快试验进程。因此,它为小型实验代替有关部分的实弹射击试验创造了条件,使试验模拟化,节省大量人力、物力,缩短武器研制周

期。

10.1　实验研究设备与测试系统和方法

火箭燃气射流的实验研究是在专门的火箭燃气射流冲击效应防爆测试间进行的,邻近仪器间可以通过安全窗对燃气射流源的工作状况和燃气射流流场进行观察与光学照相。防爆测试间可以配置多种实验研究系列,如实验确定各类超音速燃气射流近、中、远场的内特性,发射装置承受燃气动力冲击的实验系列,发射管内燃气射流冲击效应实验系列等。各装置和仪器的配置概貌见图10－1和图10－2。

图10－1　火箭燃气射流防爆测试间各装置概貌

(a)　　(b)

图10－2　部分测压仪(a)和测温仪(b)

10.1.1 燃气射流源

根据实验要求,燃气射流源可以使用各类制式火箭发动机和全尺寸或缩尺寸多次试验用的火箭发动机(图 10 - 3(a))。试验发动机喷管(图 10 - 3(b))按所要求的不同出口马赫数和出口静压对大气压力之比来设计,并有单喷管、多直喷管、倾斜多喷管之分。缩尺寸试验发动机尽量选用各类肉厚较厚的箭药。

(a) (b)

图 10 - 3 燃气射流源的各类火箭发动机(a) 和喷管(b)

10.1.2 火箭燃气射流测试台

各种测试台结构如图 10 - 4 所示。有卧式、立式、高速旋转和非旋转测试台。图 10 - 4(a) 为非旋转测试台,图 10 - 4(b) 为卧式高速旋转测试台。卧式高速旋转测试台必须承受约20 000 r/min 所

(a) (b)

图 10 - 4 火箭发动机高速旋转测试台(a) 和非旋转测试台(b)

引起的动不均衡力和近2 t的推力；当活塞中心孔通过约20 MPa的燃气时，务必保证测试台的旋转部分和静止部分之间的密封性良好(见图10－5(b))，以便精确测定燃烧室压力。测试台前端连接拉压传感器，测定推力(图10－5(a))；其后端与发动机连接处装有调整各种发动机极转动惯量的圆形砝码(惯量调整环)，使之符合实弹值。

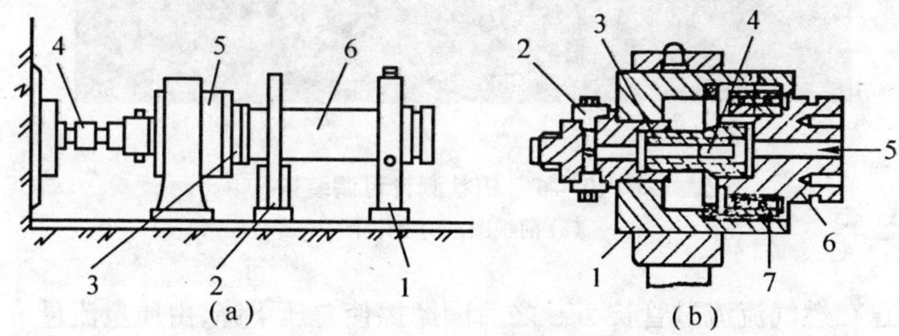

图10－5　高速旋转测试台

(a) 高速旋转机构与其他各部相关位置　1— 中心滚动器；2— 磨擦制动器；3— 惯量调整环；4— 拉压传感器；5— 高速旋转机构；6— 燃气射流源；(b) 高速旋转机构部分剖视图　1— 旋转机构箱；2— 压力传感器；3— 顶塞；4— 封气可移活塞；5— 燃气道；6— 转轴；7— 轴承

10.1.3　梳状测针可调装置(图10－6(a)、(b))

压力感受系统有图10－7(a)、(b)、(c)所示的三种设计形式，它们的区别主要在于测针孔内的台阶和管长，以及传感器装在测压管上的位置。因燃气受到测针内孔的摩擦而使总压下降，所以测压传感器不能离测针进口(管口)过远。我们知道管口马赫数 Ma 或无因次速度与 $\lambda = u/a_{cr}$ 管长平均摩擦系数、管子出口为临界状态时的最大管长 L_{max} 和管孔直径 D 等具有如图10－8所示的关系。在 L_{max}/D 处流速为音速值，无因次密流 $q(\lambda) = 1$，即达到最大

(a)　　　　　　　　　　　　(b)

图 10－6　梳状测针可调装置

(a) 前视图;(b) 侧视图

值。在燃气流流过管长 L_{max} 之后因摩擦使总压下降,由质量流量 $\dot{m}$ 与 $p^* \cdot q(\lambda)$ 的关系知道,在临界截面下游 $\dot{m}$ 减小,产生壅塞现象,压力增高。这时,若进口燃气 $Ma > 1$,则管内产生激波。当 $L \gg L_{max}$ 时,则激波推回管子进口之外,进口气流成为亚音速流;若 L 继续增长,则因扰动能在亚音速流内逆流上传,使进口流速减小,L_{max} 加长,直到临界截面移到出口,流动才稳定下来,所以进口气流的 Ma 由实际管长确定。若要求进口气流滞止,$Ma = 0$,则 L 应趋于无限长。当然,实际管长不能无限长,因而图 10－7(c) 所示型式的测针采用 L 大于 10 余米、终端加堵头的办法。这样,既使 $Ma = 0$,又使管内气流不发生谐振。梳状测温针结构见图 10－7(d)。梳状测针的轴向位置和径向分布见表 10－1(简称 $P-T$ 表)。为使梳状测针位于喷管后方所要求的正确位置,它借传动系统作上下、左右移动(微调),且在数十米长的双轨上作前后大距离移动。

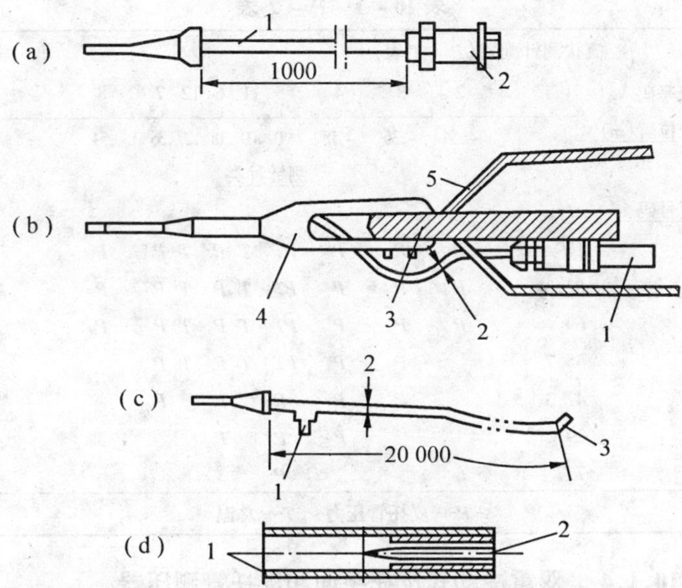

图 10－7　压力和温度感受系统

(a) 谐振终端管　1—ϕ5 内径；2— 压力传感器；(b) 美国空间飞行中心用梳状测针　1— 压力传感器；2—ϕ3.2 外径 × ϕ2.6 内径；3— 梳状臂；4— 支架；5— 护罩；(c) 非谐振终端管　1— 压力传感器；2—ϕ3 内径；3— 堵头；(d) 热电偶　1— 护罩；2— 陶瓷管

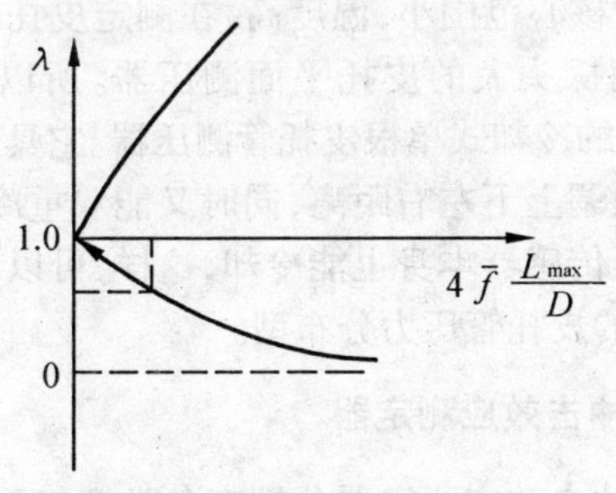

图 10－8　$\lambda - 4\bar{f}\dfrac{L_{max}}{D}$ 曲线

表 10-1 *P*-*T* 表

梳状测针配置(*P* - *T* 表)

位置号码		2	3	4	5	11	6	12	7	8	13
半径位置(m)		-.54	-.36	-.18	0	.09	.18	.27	.36	.54	.90
		测针种类									
剖面号码	s/r_e										
Ⅰ	109	*P*	*P*	*P*	*PT*	*T*	*P*	*T*	*P*	*P*	*T*
Ⅱ	82.3	*P*	*P*	*P*	*PT*	*T*	*P*	*T*	*P*	*P*	*T*
Ⅲ	69	*P*	*P*	*P*	*PT*	*T*	*P*	*T*	*P*	*P*	*T*
Ⅳ	55.7		*P*	*P*	*PT*	*T*	*P*	*T*	*P*		
Ⅴ	42.3		*P*	*P*	*P*		*P*		*P*		
Ⅵ	29			*P*	*P*		*P*				
Ⅶ	7.7				*P*						

P— 皮托管压力　*T*— 总温

10.1.4　双重冷却式皮托平面和皮托管测压器

在音速点附近测定皮托管压力时,为了减小燃气射流近场的复燃高温对测压传感器的热效应,我们采用冷却式皮托平面测压器(图 10-9(a))。它平行安置了五个探孔,可以在测音速点时同时对亚音速混合层测压。

通常,初始核心范围小,温度高,在测定皮托管压力衰减和扩散时,不宜使用探头大的皮托平面测压器。所以,我们改用如图 10-9(b) 所示的冷却式单根皮托管测压器。它具有不同外径的探头系列,可以微调上下左右距离,同时又能双重冷却。它除了皮托管冷却外,测压传感器本身也能冷却,这样,可以取得足够精确的初始超音速流的皮托管压力分布型。

10.1.5　冲击效应测定器

燃气射流冲击效应测定器分别有各类迎气型面、单根发射管和多管发射架等承受燃气射流冲击的测定器。各类迎气型面承受

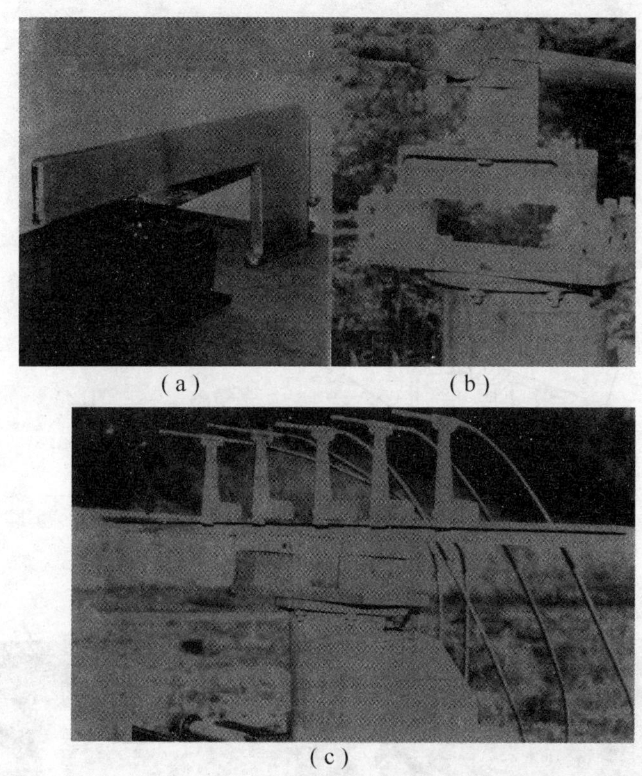

(a)　(b)

(c)

图 10 – 9　测压器

(a) 冷却式皮托平面测压器；(b) 冷却式皮托管测压器；
(c) 非冷却式皮托管测压器

燃气射流冲击的测定器如图 10 – 10 所示，其冲击头可以制成楔形、锥形、球形、抛物型和封底圆筒形等，用以确定各类迎气型面承受燃气射流冲击力的影响。在测定冲击力时应计及各类型面的底压影响。在图 10 – 10 中，测力器的敏感元件采用等强度梁，它上面贴有应变片。单根发射管承受燃气射流冲击的测定器（图 10 – 11(a)）的基本原理与前者相同，只是迎气型面中心允许燃气

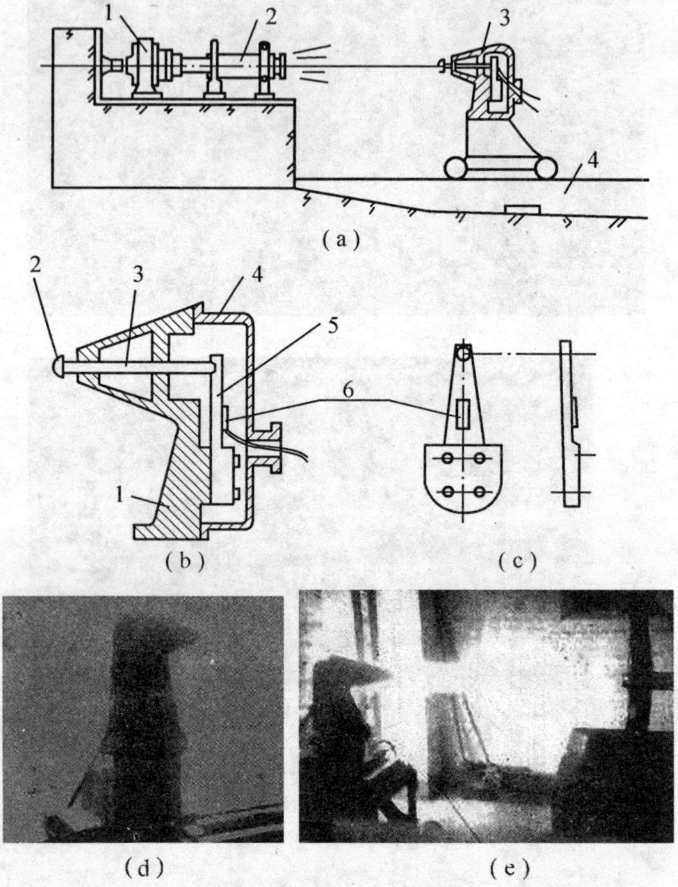

(a)

(b)　　(c)

(d)　　(e)

图 10 – 10　各类迎气型面承受燃气射流冲击的测定器

(a) 实验装置相关图　1— 改进型卧式测试台；2— 缩尺寸试验发动机；3— 冲击头可调装置；4— 导轨；(b) 冲击头装置剖视图　1— 托座；2— 冲击头；3— 传力杆；4— 护罩；5— 敏感元件；6— 应变片；(c) 敏感元件(等强度梁)；(d) 冲击头外观图；(e) 平板承受燃气动力的实照图

通过。至于管内燃气冲击效应装置见图 10－11(b)。多管发射架承受燃气射流冲击的测定器(图 10－11(c))是使用两侧同时测量的拉压传感器来确定冲击力的。该多管发射架可以互换,且被制成笼式的,光膛管式的,方形管式的以及发射管带收敛内台阶的等等。这些发射架允许在两侧滑道上作短距离移动。

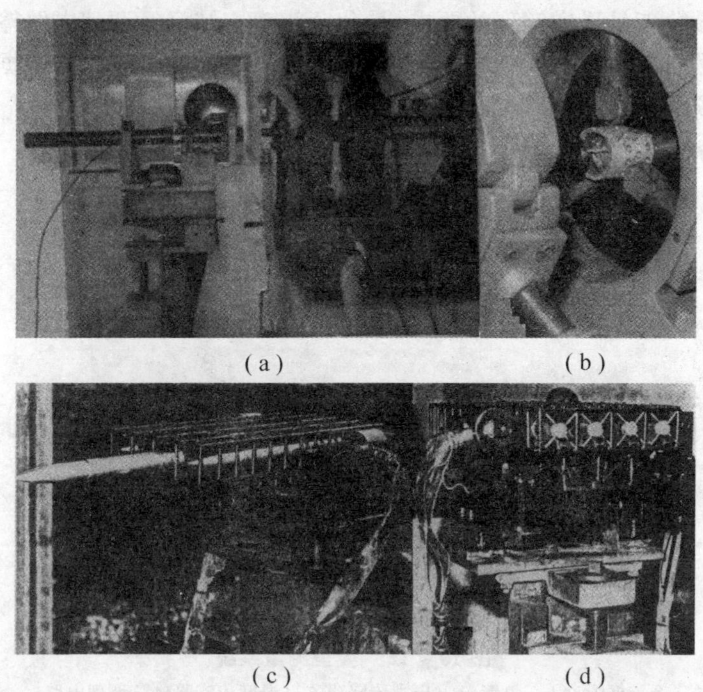
(a)　(b)　(c)　(d)

图 10－11　单根发射管与多管发射架承受燃气射流冲击的测定器

10.1.6　数据采集、处理系统与传感器

由于在火箭燃气射流动力效应实验研究中的测量对象是高温、高压、高流速的燃气流场,及其产生的冲击、烧蚀等作用效果,因此在传感器的选取和测量系统的组成上有其特殊性。

如图 10－12 所示为火箭燃气射流参数测量系统。其基本构成包括传感器、传感器信号调理单元、传感器标定系统、数据采集与分析系统及相应的信号传输电缆等。在进行多参数测量和多仪器系统同时工作时，必须采用联动控制器提供采集系统的时统信号。

数据采集系统的主要性能指标是采样频率、A/D 转换器的量化分辨率及存储深度等参数。采样频率的选取应根据被测系统动态参数满足采样定理的要求。量化分辨率应结合经调理电路输出信号的大小和测量精度的要求综合考虑，而存储深度则需根据采样频率及总采样时间来确定。

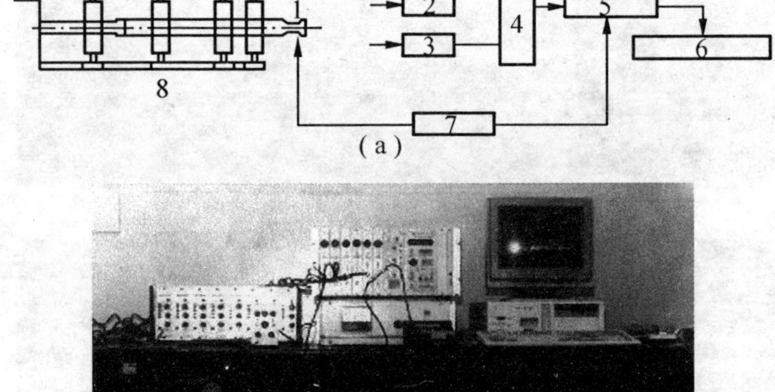

(a)

(b)

图 10－12　典型测量系统

(a) 系统框图　1— 喷管；2— 压力传感器；3— 温度传感器；4— 调理电路；5— 数据采集设备；6— 信号分析设备及软件；7— 时统控制器；8— 试验台架；(b) 系统仪器

由于电子计算机技术的飞速发展，多数测量系统都是以计算机为核心的数字化记录处理系统。燃气射流实验数据的存储和处理均由计算机来完成。利用计算机进行分析处理，主要是使用或编写数据处理应用软件。数据处理与分析方面的市售软件种类繁多，可以根据需要选购或自行编写。

在燃气流场压力的测量中，压力传感器的选择至关重要。通常可供选用的压力传感器有压电型、压阻型、应变型和电感型等，其结构形式也是多种多样的，如图 10－13 所示为两种类型的压力传感器。选择时的关键参数是传感器的动态指标。例如，进行燃气射流起始冲击波的测量时，要求传感器的量程适应于所测量的对象；谐振频率应大于 75 kHz；低频下限截止频率应为 0 Hz；非线性度不大于 3%；在传感器的使用范围内温度效应要小；传感器敏感元件的直径应尽可能小，以减少传感器的上升时间；敏感元件的光效应小，以减少射流火光的影响；传感器的过冲小；上升时间不超过 20 μs；响应滞后时间要短，漂移现象不应明显。传感器（含所使用的仪器在内）在测量前及测量刚结束时都要进行静态或动态校准，若动态校准与静态校准出入较大，以动态校准为准。记录仪器采用瞬态记录仪时，记录采样率应不少于 200 千样点 / 秒，模数转换优于 8 位。

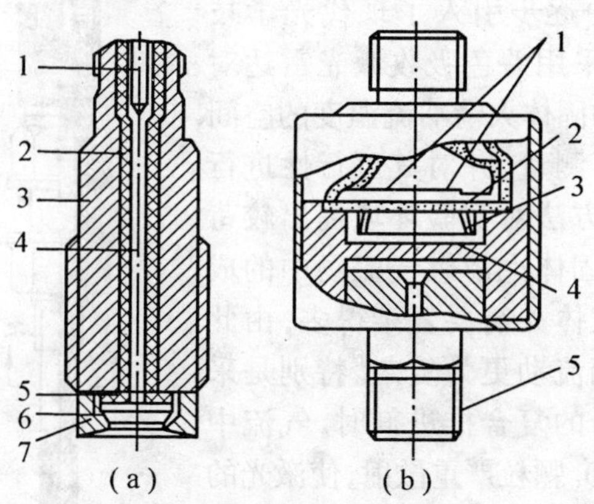

图 10－13　压力传感器

（a）膜片式压电压力传感器　1— 引线；2— 绝缘套；3— 壳体；4— 芯线；5— 晶体组片；6— 锥体；7— 膜片；
（b）平膜式压力传感器　1— 温度补偿电阻；2— 接线板；3— 组合应变片；4— 膜片；5— 连接管

有时不同类型的压力传感器在燃气流场测量时需进行特殊的处理。例如,使用压阻式传感器前应进行防火焰光涂层处理,消除其在火箭羽流强光影响下产生的光效应误差;有些传感器在热态环境中使用要进行水冷处理等。

温度分布特征是描述燃气流场的重要参数之一,是火箭武器系统相容性设计所需研究的重要参数。它是认识实际火箭推进剂的高温、高压燃烧机理以及提高火箭发动机性能和效率的关键,也是评估计算流体力学计算程序所需要的重要依据。

近年来,在对火箭燃气射流温度场的研究中逐步引入了现代光学技术。如有人采用差色吸收激光雷达对添加铝粉的固体火箭羽流温度的空间分布进行了测量,并对其可行性进行了评估,该方法对实验环境提出较苛刻的要求。固体火箭燃气流场中的成分相对于液体火箭要复杂得多,由此形成的多相流动更为复杂。特别是采用含有铝粉的复合推进剂时,气流中生成的 Al_2O_3 颗粒严重散射,使激光的衍射、散射剧增。因此,基于光学技术的方法在测量真实火箭燃气流场时有很大的局限性。

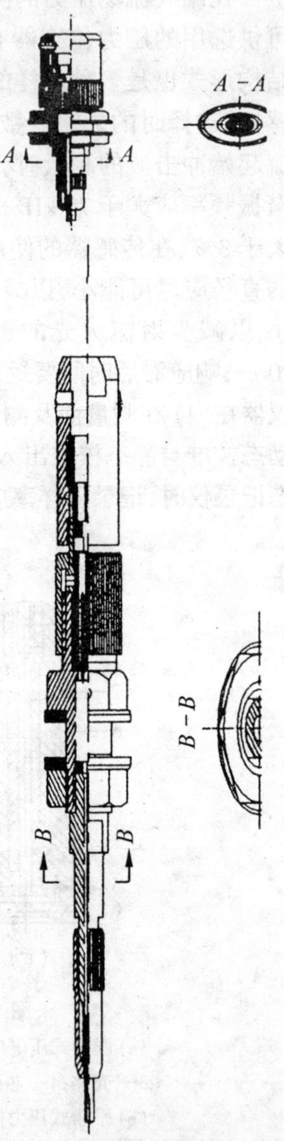

图 10–14　细丝热电偶的结构

热电偶测温仍然被广泛应用于研究高温流动。如图 10–14 所示是利用

基于细丝热电偶设计出的总温传感器。这种传感器有体积小、结构简单、成本低、测量局部温度准确度高等优点。但是在使用中,特别是数据处理时,必须注意根据被测流场的特征参数进行必要的修正。

当做火箭发动机静止实验时,将热电偶传感器安装在可调梳状测试架上。为了保证气流滞止及减小结点辐射损失,热电偶外侧均采用耐热合金屏蔽罩。热电偶有环境冷端,冷端结点用相应的补偿导线引出燃气射流作用区,并用绝热材料包覆。在测量火箭导弹实际飞行中,燃气流场对定向器或发射架的热冲击时,则可将热电偶传感器安装在定向器或所需测量温度的位置。

由热电偶进行燃气流场的温度测量时,对其测量值处理必须考虑以下几种误差:

(1) 仪器误差,有热电偶分度误差、测量线路误差及采集系统误差;

(2) 辐射误差,即热电偶结点与周围环境的辐射换热;

(3) 动态误差,由于热电偶的热惯性,使所测得的温度曲线在幅频和相位上都有滞后现象,这样测量值即偏离瞬时的真实温度,存在动态误差。

(4) 速度误差,热电偶在气流中测出的温度是介于气流静温和总温之间的一个值,即气流的有效温度。随着气流速度的增大,总温与有效温度之间的差值也增大,这就是速度误差。一般在马赫数 $Ma > 0.2$ 时必须考虑速度误差。速度误差为

$$\Delta t_V = T^* - T_g = (1 - r)\left[\frac{\frac{k-1}{2}Ma^2}{1 + \frac{k-1}{2}Ma^2}\right]T^* \quad (10-1)$$

式中　T^*——气流总温;

T_g——有效温度;

k——气体比热比;

Ma——马赫数;

r—— 恢复系数。

当热电偶结点迎向来流方向时，设计合理的热电偶外加滞止罩后恢复系数可达到0.95至0.98。通过数值计算确定不同测点的马赫数，利用式(10 - 1)就可以进行修正。

10.1.7 流动显示原理与设备

流场显示是实验流体力学的一个重要组成部分，至今已有一百多年的历史，它定性或定量地显示被测流场状态、特性和参量分布，为工程设计和理论研究提供重要的实验依据，因而成为实验流体力学发展中一个长盛不衰的课题。

按光波通过流场时产生透射、散射和吸收三种不同的作用行为，流场显示技术可分成光学位相法、示踪粒子法和注能释能法三大类。

示踪粒子法是利用流场中的散射体粒子所发射的散射光来测定流动状态的，要求粒子足够小以便认为其运动方向和速率与流体相一致，还要求粒子对光线有较强的散射能力，这种方法适用于稳定的不可压缩流场的流线、速度分布和涡的分布等研究。常见的有荧光示踪粒子法、气泡法和烟线法以及激光多普勒测速。新发展的激光屏示踪粒子技术可定性分析三维流场速度分布；激光诱发荧光技术拓宽了示踪粒子显示法的测试功能，因为激光诱发的荧光物质的信号是流场压力、温度、密度、速度的函数，适当选择激光的输出线宽，就可实现单独定量测试某一物理量。示踪粒子法适合于很大一类流场的显示。然而火箭燃气流场属于高温、高速、本身含有复杂的颗粒成分且伴有强光焰的流场，不适合用上述方法显示。

注能释能法是利用在流场中注入或释放热能或电能，使流体元的能级增加或减少，然后再利用光学位相法和自身发光法进行显示或直接观察。属于这一类的显示技术有火花示踪法、电子束显示技术、辉光放电和化学发光技术。该类方法往往应用于稀薄气体

流场的研究。

光学位相法是将透过流场的透射光和未透过流场的入射光进行比较，它的主要特点是利用流场的折射率的变化，适合于可压缩流场的显示。常用的方法有阴影法、纹影法、干涉法和20世纪80年代发展起来的莫尔偏折法。光线通过非均匀折射率场会发生偏折，如图 10－15 所示，如果未扰动的光线到达记录平面的 Q 点，那么由于气体的折射作用，将使光线偏离原来的方向而达到记录平面的 Q^* 点，上述四种方法所检测的量及其与折射率的关系见表 10－2。光学位相法较适合用于瞬态流场，并且在理论上都能实现定量化。

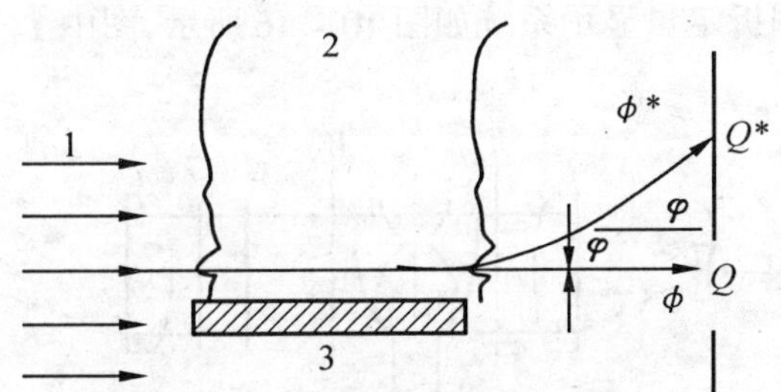

图 10－15　光线在折射率场中的偏转

1— 入射光线；2— 非均匀折射率场对光线的扰动；3— 试验段

表 10－2　各显示方法中所测的量与折射率的关系

方法	所测量	与折射率的关系
阴影法	位移量 $O\overline{Q}^*$	$-\frac{Z_{sc}}{N_f}\int\frac{\partial^2 h}{\partial y^2}\mathrm{d}Z$（二阶导数）
纹影法 莫尔偏折法	角偏差 $\varphi-\varphi^*$	$\varphi-\varphi^*=\frac{1}{N_f}\int\frac{\partial n}{\partial y}\mathrm{d}Z$（一阶导数）
干涉法	光线相位差	线性关系

1980 年 O. Kafri 提出莫尔偏折法可用于瞬态测量，1982 年 J.

Stricke 和 O.Kafri 等用莫尔偏折法进行了风洞中二维菱形翼型周围密度场的定量研究。1985 年倪刚用同样的方法拍摄到风洞中尖锥标模的莫尔条纹照片。此后不少研究工作者做了大量的风洞实验。真实火箭燃气射流与风洞中冷气射流相比存在很大差异，前者存在强火焰光，属于高温、高速、气固两相含化学反应的流动。我们所进行的火箭燃气射流研究表明，用 F－P 干涉法虽然能拍摄到冲击流场的激波结构，但在激波和物体边界处条纹容易出现混乱，在判读和处理上存在很大困难。为此将研究重点放在莫尔偏折法，终于获得了能显示激波的清晰的莫尔图照片，并定量地计算出自由射流流场的折射率分布。在创建火箭气体 G－D 常数定标方法之后，藉以算得的密度分布对火箭燃气射流进行了较系统的研究。

莫尔偏折定量显示系统如图 10－16 所示，图中 L_1 为扩束镜，

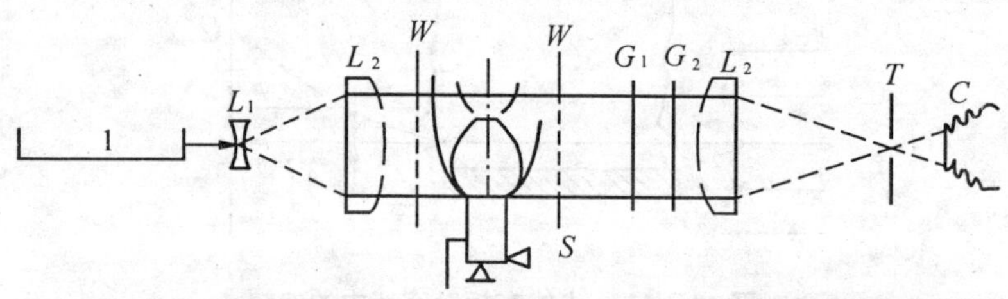

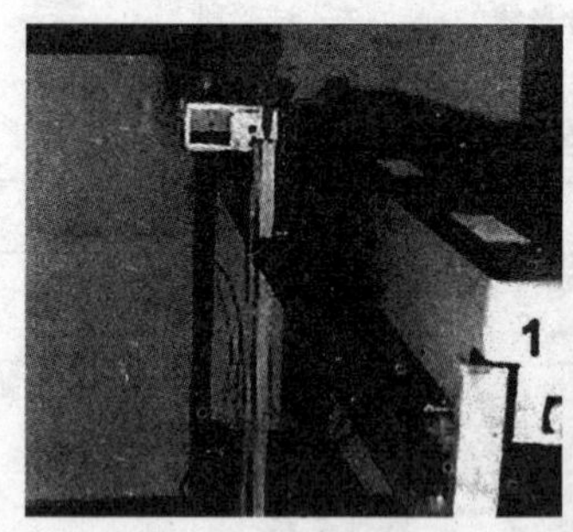

图 10－16　莫尔偏折基本光路系统

1—He－Ne 激光器

L_2，L_3 为准直透镜和聚焦透镜，G_1，G_2 为一对 Ronchi 刻度光栅，光栅常数为 0.05 mm，T 为光阑，S 为光栅至火箭轴心线的距离，Δ 为两光栅的距离。W 为隔墙，用以使燃气流工作段与光源、光栅隔开，隔墙上开有窗口并嵌装了平行度较好的光学玻璃，这样，光学系统不易受流场冲击及由此引起振动等的影响。

激光穿过扩束镜 L_1 变为一宽光束，经准直镜 L_2 成为一束平行光，该平行光穿过被测燃气射流段，则在互相偏转一角度 θ 的光栅副后形成莫尔条纹。为消除衍射影响，加入了 L_3，以将衍射频谱分开，光阑上的小孔是为了获取 1 级衍射频谱，从而将火箭喷口及被测射流莫尔条纹清晰地成像在照相底片上。

该光学系统测量的是光线的偏斜角。火箭发动机不工作时，照相底片上呈现均匀的直条纹；当火箭发动机工作时，由于被测空间气体密度发生了变化，空间各点的折射率出现不均匀，从而平行光在不同区域有相应的偏折，使原来的均匀直条纹产生漂移，这样就得到了流场的图像。

现建立如下坐标系：射流方向取为 z 轴，光线传播方向为 x 轴，按右手规则确定 y 轴(图 10 - 17)。

我们从摄取的莫尔图中，通过判读各点的漂移量 h(图 10 - 18)，可以得知光线相应的偏折角 Φ，该偏折角与折射率有关

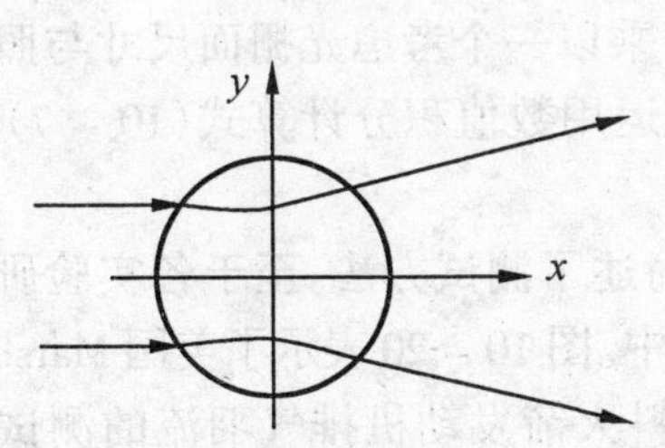

图 10 - 17　平行光穿过射流场传播

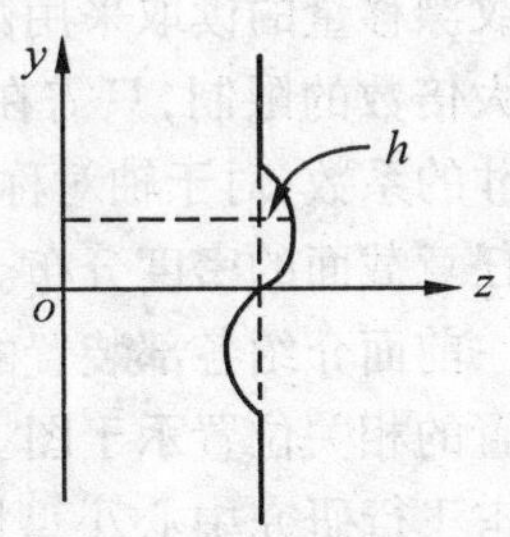

图 10 - 18　单根条纹的漂移

$$\Phi = \frac{1}{n_f}\int_0^{r_f}\left(\frac{\partial n}{\partial y}\right)\mathrm{d}x \qquad (10-2)$$

式中下标 f 表示羽流边界，即扰动的分界面。偏折角可由光栅偏转角 θ、两光栅面距离 Δ 以及条纹漂移量 h 表示，即

$$\Phi = \frac{h \cdot \theta}{\Delta} \qquad (10-3)$$

对于轴对称流场，因为$\sqrt{x^2 + y^2} = r$，所以

$$\Phi(y,z) = 2y\int_y^{r_f}\frac{\partial n(r,z)}{\partial r}\frac{1}{\sqrt{r^r - y^2}}\mathrm{d}r \qquad (10-4)$$

对式(10 - 4) 进行亚贝尔变换，得

$$n - n_f = -\frac{1}{2\pi}\int_y^{r_f}\frac{\Phi(r,z)}{\sqrt{r^r - y^2}}\mathrm{d}r \qquad (10-5)$$

考虑式(10 - 3)，则

$$n(y,z) - n_f = -\frac{\theta}{2\pi\Delta}\int_y^{r_f}\frac{h(r,z)}{\sqrt{r^r - y^2}}\mathrm{d}r \qquad (10-6)$$

应用 $G - D$ 公式(10 - 6)，我们可以得到密度分布

$$\rho(y,z) = \rho_f - \frac{\theta}{2\pi\Delta \cdot K}\int_y^{r_f}\frac{h(r,z)}{\sqrt{r^2 - y^2}}\mathrm{d}r \qquad (10-7)$$

这样，两光栅的偏转角 θ 可由条纹间距 d' 和光栅常数 d 算得

$$\theta \approx d/d'$$

条纹漂移量的读取采用数字化仪逐条读入，漂移量 h 值不受照片放大倍数的限制，只需在计算时乘以一个考虑光栅面尺寸与照片尺寸的系数；对于轴对称流场可运用数值积分计算式(10 - 7) 得到任意截面的密度分布。

前面介绍各部装置的同时简述了测试方法。至于各实验研究装置的相关位置示于图 10 - 19 中。图 10 - 20 表示了美国 Marshail 宇宙飞行研究中心小型固体燃料火箭发动机排气羽流的测试装置，它可以模拟地面低静压比和高空高静压比的羽流。与之比较，前面各节所述的火箭燃气射流测试装置具有可以在地面大范围流

场内用多种方式进行测试以及冷却与更换发动机方便的优点。

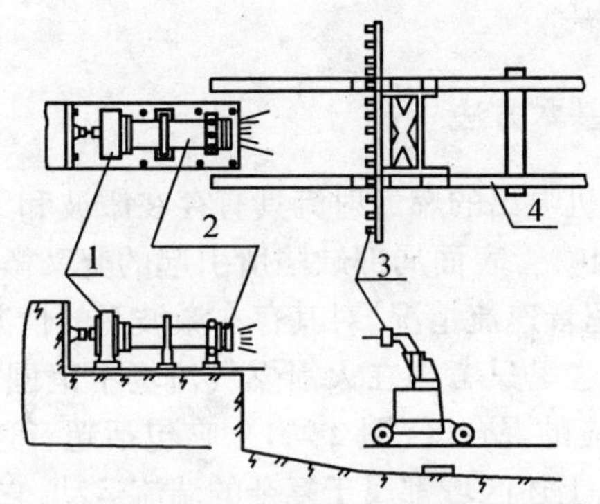

图 10－19　各实验研究装置的相关位置

1— 卧式高速旋转测试台;2— 火箭发动机;
3— 梳状测针可调装置;4— 导轨

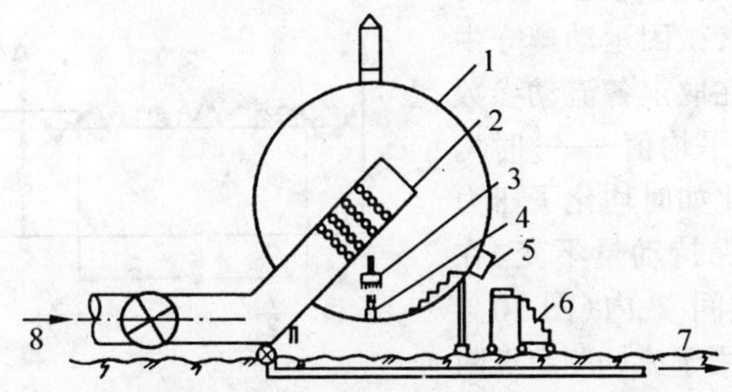

图 10－20　火箭羽流试验装置

1—ϕ15 m 球壳;2—ϕ2 m 多孔管;3— 羽流仪;4— 火箭;
5— 入口;6— 人梯;7— 真空泵;8— 排气

10.2 燃气射流实验特性参数的处理方法

10.2.1 基本方法

火箭发动机喷出的燃气射流具有存在激波和无激波(无强激波,至多具有因喷管表面局部缺陷所引起的交叉微弱压缩和膨胀波系)的两种超音速流情况。对其存在激波系的情况,我们已在第4章里讨论过。这里只考虑在火箭燃气流场中范围最大并可能出现最大冲击效应的混合区(图2-1)。它包括超音速湍流锥、亚音速湍流混合区。上述区域都属于复杂的湍流运动,它们在任意空间点上的速度、温度、压力等流动参数都是随时间无规律变化和脉动的。因此,我们不应以每一流动参数的瞬时值作研究,而要用统计的方法研究。

燃气射流仍是宏观的物理现象,微团运动遵守牛顿定律。在取定各流动参数对时间的平均值——时均值之后,比如时均化了压力之后,应保持动量不变。在时均化时间 T 内(图10-21),$\bar{p}$ 作用于流场测定点附近一小块面积 $\mathrm{d}F$ 上的法向力的冲量应等于在同一段时间 T 内作用于同一面积上的法向力的真实冲量,也就是

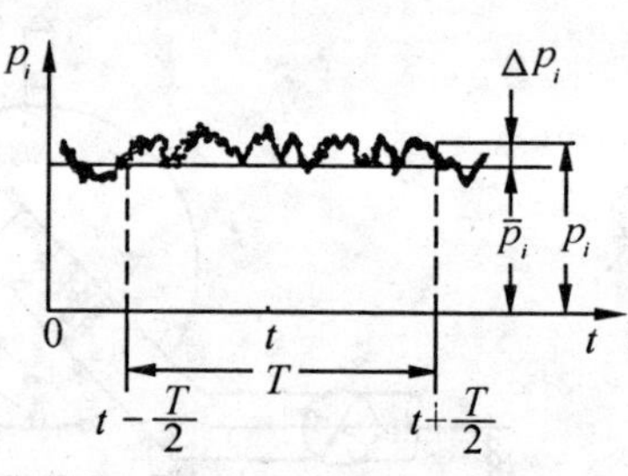

图10-21 皮托管压力时均值

$$\mathrm{d}F \cdot \int_{t-\frac{T}{2}}^{t+\frac{T}{2}} p_i \mathrm{d}t = \bar{p} \cdot \mathrm{d}F \cdot T \qquad (10-8)$$

因而,压力时均值

$$\bar{p}_i = \frac{1}{T}\int_{t-\frac{T}{2}}^{t+\frac{T}{2}} p_i \mathrm{d}t \tag{10-9}$$

式中 T 为火箭发动机稳定工作阶段的时间，即在燃烧室压力－时间曲线(图 10－22) 上除去压力上升段和下降段之外的相应的时间，燃气射流混合区的真实皮托管压力可以表示为

$$p_i = \bar{p}_i + \Delta p_i \tag{10-10}$$

式中，Δp_i 为脉动压力。

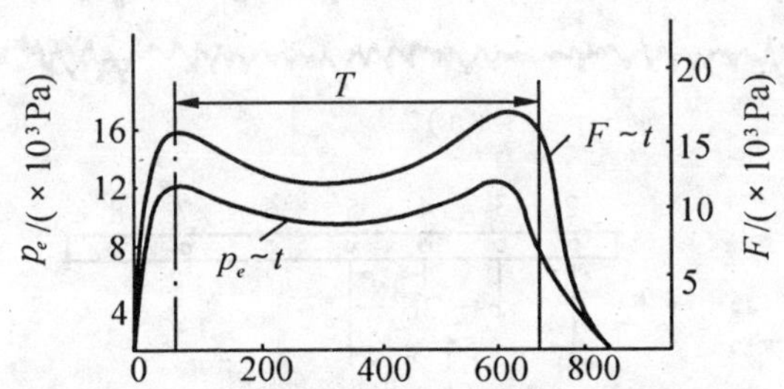

图 10－22 燃烧室压力、推力－时间曲线

1— 稳定工作段

实验观察表明(图 10－23)，虽然真实瞬时皮托管压力随时间迅速变化，看不出什么规律性来，但燃气射流流场内某一测定点的皮托管压力时均值大致不变。这种火箭燃气射流可以认为是准定型湍流。

压力时均值的具体确定方法是，首先选定发动机工作稳定段的时间，再按 $\Delta t = 0.01$ s 的间隔分成几个小区间(图 10－23)，在每一小区间内以矩形面积代替曲线下的面积，然后对各个小区间的矩形面积高度取平均值，即

$$\bar{p} = \frac{1}{\Delta\tau}\sum_{K=1}^{N}\int_{t_K-\frac{\Delta\tau}{2}}^{t_K+\frac{\Delta\tau}{2}} p_i \mathrm{d}t / N \tag{10-11}$$

因此，我们称之为时均法。

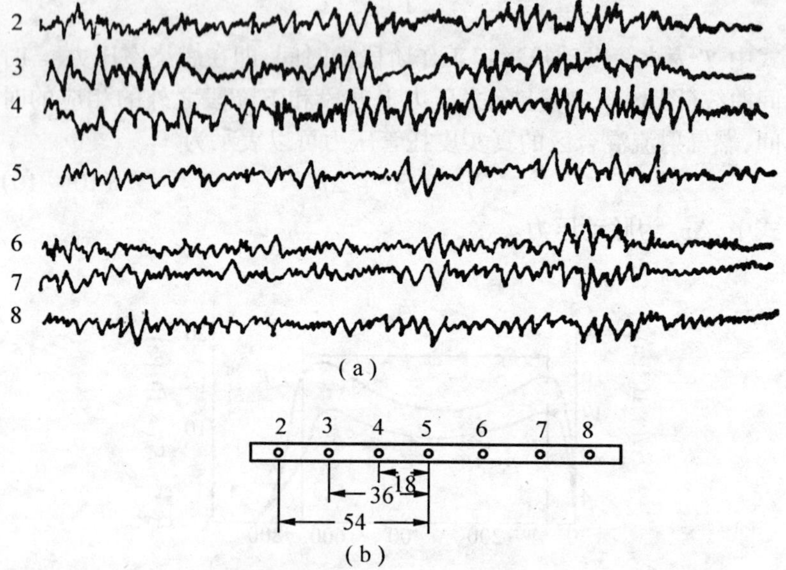

图 10－23 (a)皮托管压力记录曲线;(b)梳状测针分配位置编号

($x/r_e=28, Ma_e=2.38, p_e/p_a=3.50$,图中位置距离以 cm 为单位)

为了估计偶然因素对皮托管压力时均值的影响,我们对于流场内某一点上通过多次测试而得到的一组皮托管压力时均值,算出它们的数学预算 $\bar{p}$ 和标准偏差σ 的估计值,即

$$\bar{p}_{pt}=-\frac{1}{n}\sum_{i=1}^{n}\bar{p}_i \tag{10-12}$$

$$\sigma=0.6745\sqrt{\frac{1}{n-1}\sum_{i=1}^{n}(\bar{p}_i-\bar{p}_{pt})^2} \tag{10-13}$$

10.2.2 短时均对应法

事实上,上一节采用的采样方法是,取整个稳定工作段的时均压力值作为实验结果,藉以消除各种随机因素的影响,同时进行对

比分析。这种采样方法在燃气射流中场、远场测试中应用，可以用来分析流场的一些特性。但是就其结果分析来看，各次重复试验的测试值散布大，对火药重量、药温要求高。这给实验的处理和加工带来一定的困难。

然而，火箭燃气射流状态是与燃烧室压力 p_c 密切相关的。我们认为在同一工质的火箭定常燃气射流中，环境温度对流场近场的压力分布影响不大，可以忽略不计。实验表明皮托管压力对环境温度不敏感，因而可以认为燃气射流的近场特性只决定于环境压力、伴随流速度、燃烧室滞止压力和喷管几何特征。滞止压力对药温较为敏感(图 10－24)。

因为装药的加工误差，所以在现有条件下要保持大量实验的滞止压力时均值互相靠近是很困难的。然而，燃烧室压力 p_c 只在一定的范围内变化，我们近似认为在每一较短的时间间隔内是定常的。因此，可以提出一个新的采样方法——短时均对应法。其方法是：在燃气射流流场的二个测点 A 和 B 上作两次实验，取两次短时均燃烧室压力 $\tilde{p}_{CA}=\tilde{p}_{CB}$ 所对应的时间 $\Delta t_A,\Delta t_B$ 的短时均皮托管压力 $\tilde{p}_{pt_A}$ 和 $\tilde{p}_{pt_B}$ 为测量值，那么可以把它们看作同一次实验中流场两点 A 和 B 的测量值。

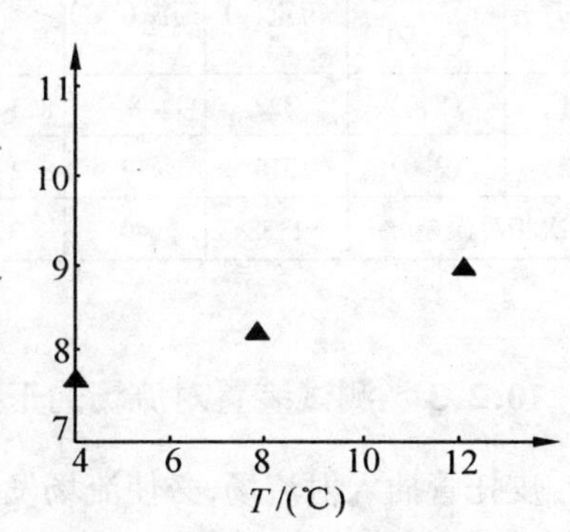

图 10－24　p_c 随药温的变化

在这里，我们仍用时均值 $\bar{p}_c$ 来消除随机扰动的影响。用短时间间隔的平均法来克服时均法不易控制时均值的缺点，以及药温、加工误差等因素的影响。只要把燃烧室压力控制在一定的范围内，

再取一适中的 $\bar{p}_c$ 为标准就可以使大量的实验结果有相同的滞止压力。由同一测点的重复实验表明，短时均对应法比原来时均法的一致性好。表 10－3 是一组实验结果，表中 $\bar{p}_c$ 和 $\bar{p}_{pt}$ 为时均值，$\tilde{p}_c$ 和 $\tilde{p}_{pt}$ 为短时均对应值。可见，两次实验的药重相对误差为 1.88%，要再提高药重精度十分困难，结果显然是短时均对应法的效果好。不论是在近场，还是在中场、远场实验，多次实验来模拟同一实验的标准参量，宜取用燃烧室压力，而不宜取药重。

表 10－3　时均值与短时均值

实验序号	测点坐标 (x,y)	药重(g)	药温(℃)	$\bar{p}_c$ (Pa)	$\bar{p}_{pt}$ (Pa)	$\tilde{p}_c$ (Pa)	$\tilde{p}_{pt}$ (Pa)
1	(3,0)	322	8	8.5×10^6	8.10×10^5	8.5×10^6	8.10×10^5
2	(3,0)	316	12	8.2×10^6	7.95×10^5	8.5×10^6	8.08×10^5
两次相对误差 %		1.88	40	3.64	1.82		0.25

10.2.3　测试装置对流场的干扰

皮托管插入射流场，必使流场发生变化，如图 10－25 所示。因为燃气射流的高温特性，近场测试不能采用普通的细直型皮托管，它

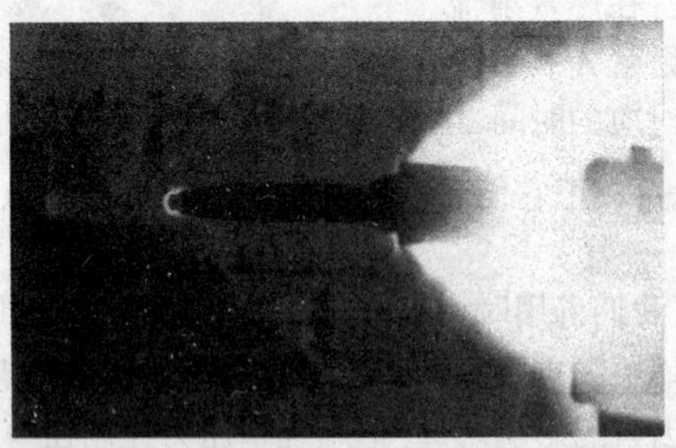

图 10－25　测压工作状态下的燃气射流流场

必须加一高温保护套,以致探头外形不规则。这就影响了测试精度。

(1) 不同类型测头的比较

取较极端的情况,即如平面型测头直径 $d_{pt}=20$ mm,球形测头直径 $d_{pt}=8$ mm。实验表明,在超音速区平面型测头所测表压高于球型测头所测表压。这说明平面型测头的激波脱体较球型测头的远(约远3～6 mm);在亚音速区则反之。无论在超音速区还是在亚音速区,平面型测头测得的管压径向分布波动都小。这是由于平面型测头插入流场后严重地破坏了自由射流场的激波结构而产生的现象。所以,对于大迎气平面的发射装置,我们不能简单地以皮托管压力来换算冲击力。对于一般笼式或筒式定向器,因为它们的迎气面较小,导流性好,所以可以利用由皮托管压力换算出的动压来近似计算冲击力。

由实验结果可见,球型测头所测值比平面型测头的测量值更接近自由射流中的特性分布。平面型测头插入流场可以抹平原流场的激波,它极强的"滤波效应"主要是由于在其前面有一很大的滞止区域和严重的激波脱体。

(2) 不同直径测头的比较

在超音速区和亚音速区中,测头直径 d_{pt} 对皮托管压力的影响如图10-26的实验曲线所示。实验表明,在超音速区,当 $d_{pt}<d_e/5$ 时,可以认为直径对测量的影响不大;当 $d_{pt}>d_e/5$ 时,在 $s_r>d_e$(其中 s_r 为皮托管口缘至喷口缘的距离)的区域中测量值正常。图10-27是几组实验皮托管压力曲线。它们都是用

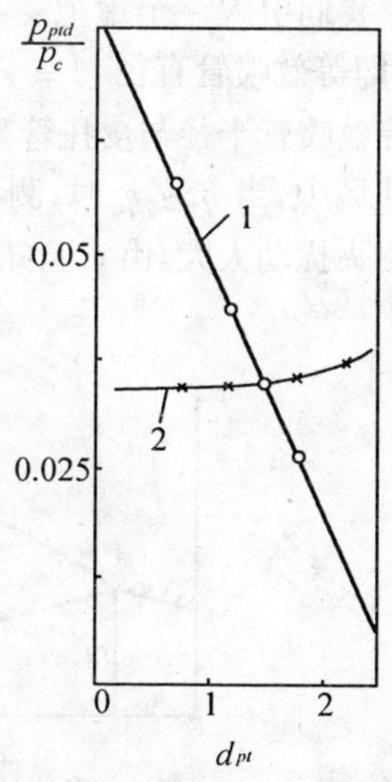

图10-26　d_{pt} 与 p_{pt} 的关系

1—$Ma<1$;2—$Ma>1$

d_{pt} = 8 mm 球型测头测得的。图 10 - 27 是 62 mm 火箭发动机的实验曲线。虽然各次实验的滞止压力不同，但实验曲线均在 $s \approx 2$ m 处突然上曲，偏离理论值。而 126 mm 火箭发动机的实验曲线直至喷口也未出现这一现象。这说明测量装置对实验结果的扰动是与测点位置、喷管特征以及测头的特征尺寸紧密相关的。

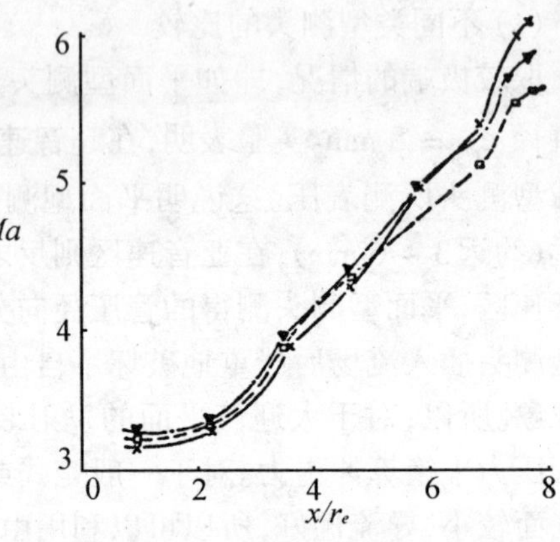

图 10 - 27　羽流近场轴心马赫数实验结果(62 mm 火箭)

—□— $p_c = 7.7 \times 10^6$(Pa)　—·▼·— $p_c = 8.5 \times 10^6$(Pa)　—*— $p_c = 9.0 \times 10^6$(Pa)

我们引入一个虚拟量，即等效喷管直径 $r_e^q = s_r$(图 10 - 28)，其中 $s_r = \overline{AB}$，$r_{pt} < r_e$。假定等效喷管半径与皮托管半径存在着一个临界比值 η。在近场超音速区中，当 $\eta \geqslant \eta_c$ 时，测量值可信；当 $\eta < \eta_c$ 时，测量值不可信，即测头扰动太大。由实验知，在低空无控火箭发动机测试中 $\eta_c \approx$

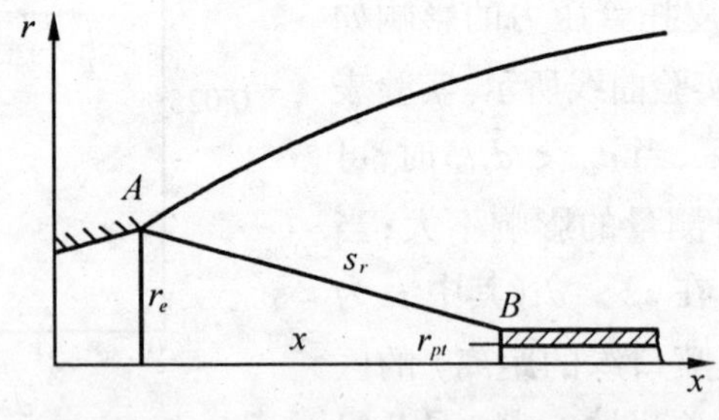

图 10 - 28　等效喷管半径相关图

5。经过变换,我们可以得出最小可信距离 $s_{\min}$ 的表达式

$$x_{\min} = \begin{cases} 0 & n_{ep} \geqslant 5 \\ r_{pt}\sqrt{25.1 - \eta_{eq}^2} & \eta_{ep} < 5 \end{cases} \tag{10-14}$$

式中
$$\eta_{eq} = \frac{r_e}{r_{pt}} - 1, \eta_{ep} = \frac{r}{r_{pt}}$$

这一经验式与实验结果符合较好,最大误差小于 4%。因此,在超音速区中,可信实验区域为 $x_{\min} \leqslant x < x_M$。有了这一关系,我们就可以正确地分析实验中出现的异常情况,也可以减少不必要的实验。

图 10－29(a)、(b) 和(c) 分别是无扰动情况下的流谱示意图。因为在欠膨胀射流中,近场流谱是膨胀的(图 10－29(a)),所以皮托管在 $x > x_{\min}$ 区域中对流线的干扰不大(图 10－29(b))。当 $x < x_{\min}$ 时(图 10－29(c)),测头使流场中相当多的流线严重地外折。这样,在脱体激波前靠近轴线的气流将比自由射流时的膨胀度大,从而 M_1 上升,致使激波总压下降,这同实验现象是一致的。

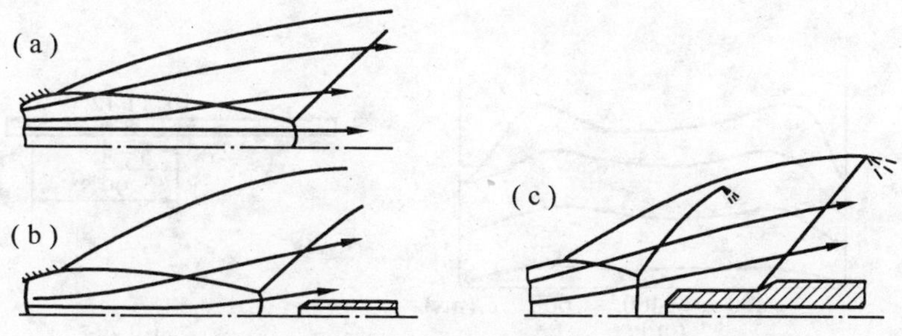

图 10－29　测头对射流流场的干扰

从实验结果来看,在 $M < 1$ 区域中 d_{pt} 与 p_{ptd} 几乎成线性关系。因此,本文采用直线拟合方法,外推出 d_{pt} 趋于零时的皮托管压力 p_{pt}(图 10－28)

$$p_{pt} = p_{ptd} + C_d \cdot d_{pt} \tag{10-15}$$

式中 p_{ptd} 为 $M < 1$ 区域中利用直径为 d 的测头测出的皮托管压力。亚音速区测量同超音速区测量有本质上的差别，其原因是，在亚音速区不存在音速禁讯法则，扰动会逆流上传。只有当扰动很小时，我们才可以忽略其影响，并可以利用摄动理论求解。建议对于 $p_e/p_a \leqslant 15, Ma_e = 2 \sim 5$ 的火箭燃气射流第一马赫盘后的亚音速区，经验式(10－15)中的经验系数 C_d 取为2.46。就一般情况而言，$C_d = C_d(x, M, \gamma, p, r_{pt})$。

10.2.4　等值线及湍流特性系数

表 10－4 列出了在火箭燃气射流流场的某一断面上任一测定点的压力时均值和标准偏差。

从燃气射流场任一空间点实测到的剩余温度曲线(图 10－30)来看，虽然已使热电偶测温传感器的热惯性尽量减小，但还没有反映出温度脉动量，然而已相当精确地反映了某测定点的温度平均值和最大值(见表 10－5)。

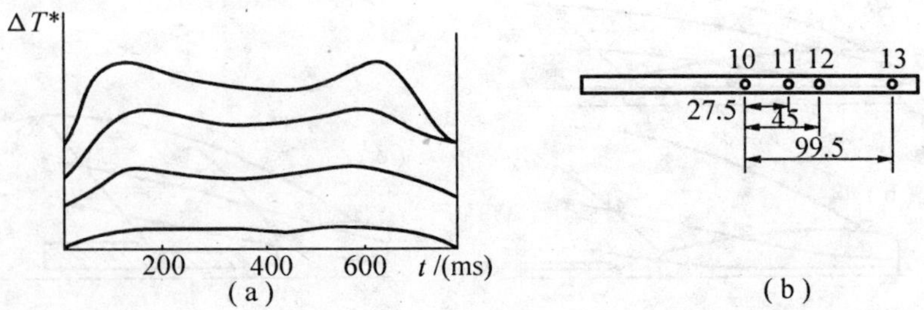

图 10－30　(a) 剩余滞止温度记录曲线；(b) 测针位置编号

($x/r_e = 28, Ma_e = 2.38, p_e/p_a = 3.56$，图中位置距离以 cm 为单位)

表 10－4 火箭燃气流皮托管压力测试数据

试验数据处理类别：时均值和标准偏差　　Ⅵ组别　　火箭发动机类型：多喷管试验发动机　　s = 620

NO			2	3	4	5	6	7	8	5	4(6)	3(7)	2(8)
r			－54	－36	－18	0	18	36	54	0	±18	±36	±54
r/s_m			－0.087	－0.058	－0.029	0	0.029	0.058	0.087	0	±0.029	±0.058	±0.087
总序号	1（实）	p	0.024	0.037	0.132	0.149	0.090	0.065	0.040				
		$\bar{p}$	0.16	0.25	0.89	1.00	0.60	0.44	0.27	$\bar{p}^r_{axe}$			
		$\bar{p}_m$				0.021				1	0.74	0.44	0.25
	2（实）	p	0.034	0.040	0.138	0.150	0.101	0.074	0.038				
		$\bar{p}$	0.23	0.27	0.92	1.00	0.67	0.49	0.25	σ			
		$\bar{p}_m$				0.021				0	0.078	0.085	0.057
	3（实）	p	0.031	0.54	0.108	0.174	0.121	0.085	0.049				
		$\bar{p}$	0.18	0.31	0.62	1.00	0.70	0.49	0.28	s_p		17.6	
		$\bar{p}_m$				0.024							
	8（试）	p		0.057	0.068	0.100	0.084	0.057		r		7.5	
		$\bar{p}$		0.57	0.068	1.00	0.84	0.57		$p(p)$		7.2	
		$\bar{p}_m$				0.014				s_m		602.4	
	10（试）	p		0.040	0.070	0.120	0.100	0.070		s_m/r_m		80.3	
		$\bar{p}$		0.33	0.58	1.00	0.83	0.58		s/r_m		82.7	
		$\bar{p}_m$				0.017				p^m/p		0.018	
	11（试）	p		0.060	0.080	0.100	0.070			σ_m		0.0 028	
		$\bar{p}$		0.60	0.80	1.00	0.70						
		$\bar{p}_m$				0.014							
	12（试）	p	0.036	0.056	0.070	0.100	0.090	0.050	0.010				
		$\bar{p}$	0.36	0.56	0.70	1.00	0.90	0.50	0.10				
		$\bar{p}_m$				0.014							

长度单位：cm

压力单位：$\times 10^5$ Pa

NO：测针序号

表 10－5　火箭燃气流剩余温度测定总表

（$r_e = 1.325, \theta = 12.0°, P_e/P_a = 3.56, Ma_e = 2.38$）

				NO	5	4;8	3;7	2;6
				r	0	±18	±36	±54
NO	s	s/r_p	s_m/r_p					
Ⅰ	60	8	5.65	r/s_m	0	0.34		
				Δp	2.15	0.14		
				$\Delta\bar{p}$	1	0.065		
Ⅱ	220	29.3	27.0	r/s_m	0	0.089		
				Δp	1.15	0.39		
				$\Delta\bar{p}$	1	0.34		
Ⅲ	320	42.7	40.3	r/s_m	0	0.06	0.12	0.18
				Δp	0.47	0.33	0.064	0.013
				$\Delta\bar{p}$	1	0.70	0.13	0.028
Ⅳ	420	56.0	53.7	r/s_m	0	0.045	0.09	0.14
				Δp	0.32	0.18	0.06	0.025
				$\Delta\bar{p}$	1	0.56	0.19	0.078
Ⅴ	520	69.3	67.0	r/s_m	0	0.036	0.072	0.108
				Δp	0.21	0.14	0.074	0.03
				$\Delta\bar{p}$	1	0.67	0.35	0.14
Ⅵ	620	82.7	80.3	r/s_m	0	0.039	0.058	0.087
				Δp	0.13	.096	0.057	0.033
				$\Delta\bar{p}$	1	0.74	0.44	0.25
Ⅶ	820	109	107	r/s_m	0	0.022	0.044	0.066
				Δp	0.072	0.061	0.053	0.03
				$\Delta\bar{p}$	1	0.85	0.74	0.42

长度单位：cm；压力单位：$\times 10^5$ Pa；Δp 和 $\Delta\bar{p}$ 为平均值；NO：测针序号。

表 10－5(续)

(r_e = 1.325 θ = 12.0° p_e/p_a = 3.56 Ma_e = 2.38)

NO					10	11	12	13
r					0	27.5	45.5	90.5
NO	s	s/r_p	s_m/r					
Ⅰ	400	53.3	51.0	r/s	0	0.069	0.11	0.23
				ΔT			1 192.5	537.3
				$\Delta\overline{T}$				
Ⅱ	420	56.0	53.7	r/s	0	0.065	0.11	0.22
				ΔT			1 178.0	481.0
				$\Delta\overline{T}$				
Ⅲ	520	69.3	67.0	r/s	0	0.053	0.088	0.17
				ΔT		1526.5	1 111.6	508.4
				$\Delta\overline{T}$				
Ⅳ	600	80.0	77.7	r/s	0	0.046	0.076	0.15
				ΔT	1 381.0	1 245.3	1 020.0	680.5
				Δ	1	0.90	0.74	0.49$\overline{T}$
Ⅴ	620	82.7	80.4	r/s	0	0.044	0.073	0.15
				ΔT		1 194.0	1 017.7	639.8
				$\Delta\overline{T}$				
Ⅵ	800	107	104	r/s	0	0.034	0.057	0.11
				ΔT	1 002.0	935.5	869.5	680.0
				$\Delta\overline{T}$	1	0.93	0.87	0.68
Ⅶ	820	109	107	r/s	0	0.034	0.055	0.11
				ΔT		1 013.3	916.7	621.8
				$\Delta\overline{T}$				
Ⅷ	1 000	133	131	r/s	0	0.028	0.046	0.091
				ΔT	832.0	818.3	781.0	616.0
				$\Delta\overline{T}$	1	0.98	0.94	0.74

长度单位:cm;温度单位:K;ΔT 和 $\Delta\overline{T}$ 取平均值。

这里，根据测定数据，绘出了等压线（图 10－31）和等温线（图 10－32）。它们充分表明了皮托管压力和剩余滞止温度随轴向和径向距离的变化。

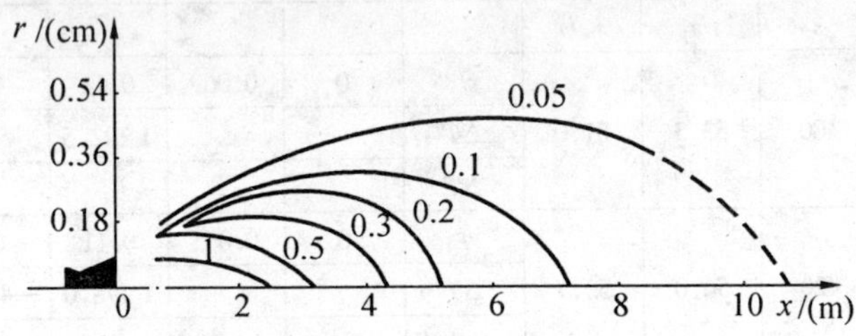

图 10－31　等压线（$Ma_e = 2.38, p_e/p_a = 3.56$）

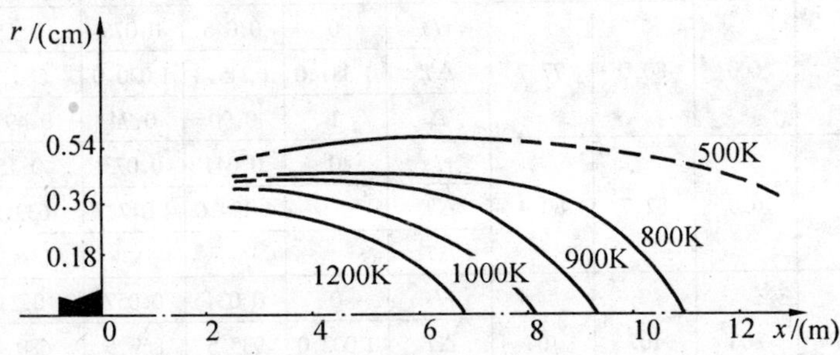

图 10－32　等温线（$Ma_e = 2.38, p_e/p_a = 3.56$）

此外，研究火箭燃气射流的湍流特性即流动参数的脉动特性具有重要意义，因为湍流本身的含义就是气体运动混乱而具有起伏。在这里我们仅讨论轴向压力脉动，其测量结果对应于无因次坐标可用时均方根特性系数表示

$$\varepsilon_T = \sqrt{\frac{1}{T}\int_{t-\frac{T}{2}}^{t+\frac{T}{2}} \Delta p_i^2 \mathrm{d}t} \Big/ \bar{p}_m = \sqrt{\frac{\Delta\tau}{T}\sum_{i=1}^{n} \Delta p_i^2} \Big/ \bar{p}_m \quad (10-16)$$

10.3　燃气射流工程模拟实验的相似分析

为高效率地研制火箭武器系统，节约人力和物力，我们可以利用小型实验模型来代替实弹射击时的原型，进行工程模拟实验。

我们知道，模型所代用的实物的性能越复杂，模型也就越复杂。当模型与实物一样复杂时，使用模型也便失去其意义。因此，怎样设计制做简单的工程模型，如何进行燃气射流的工程模拟实验才能达到代替实弹射击的实物试验，这是火箭武器系统设计工作者十分关切的问题。为此，应着重研究燃气射流压力场与温度场的相似可行性。在燃气射流远场，由自由湍流射流的自模性可知，近似存在普遍动压与剩余滞止温度剖面。现在主要分析燃气射流近场的相似问题。

10.3.1　燃气射流近场相似分析

(1) 压力场

燃气射流近场，尤其在接近于完全膨胀的情况下，可以近似看作势流场。通常

$$\delta u_e = \frac{u_{e\max} - u_{e\min}}{u_e} \leqslant 0.02 \qquad (10-17)$$

式中，$u_{e\max}$ 和 $u_{e\min}$ 为喷口可能出现的最大和最小流速。粘性系数 μ_e 约为 15×10^{-6} Pa·s，因而可知 $Re = \rho_e u_e d_e / \mu_e \gg 1$。一般，燃气射流近场可认为是无粘流。

此外，由 Froude 数 $F_r = u_e / \sqrt{gde} \gg 1$ 可知，重力影响十分微小。

因此，对于同种工质，在总压相同与几何条件相似的情况下，由流体力学方程可知，燃气射流近场的压力分布场相同。

(2) 温度场

下面再分析一下在上述情况下温度场与边界温度场的相似问题。

首先可以认为燃气射流近场基本上是等熵的。对于边界物面导热,必须考察 Nusselt 数,即表征物面热传导特性的无量纲参数:

$$N_u = \frac{L_0 q_{b0}}{\lambda_0 T_0} \tag{10-18}$$

式中 q_{b0}—— 边界特征热通量;

T_0—— 特征温度;

λ_0—— 特征热传导系数;

L_0—— 特征长度。

设 $N'u$ 和 $N''u$ 为真实和模拟发动机的 Nusselt 数。由定理知,若两种流场相似,则必须 $N'u = N''u$,即

$$\frac{L_0' q_{b0}'}{\lambda_0' T_0'} = \frac{L_0'' q_{b0}''}{\lambda_0'' T_0''} \tag{10-19}$$

给定条件 $T_0' = T_0'', \lambda_0' = \lambda_0'', L_0'/L_0'' = K_L$。可以得到

$$q_{b0}'/q_{b0}'' = K_L \tag{10-20}$$

式中,K_L 为几何线性尺度的比例。

10.3.2 局部动力相似验证

(1) 起始膨胀区

以 62 mm 和 126 mm 火箭为例。它们的喷口直径之比为 1 : 2.73。实验表明,沿燃气射流起始膨胀区的无因次轴心皮托管压力衰减十分一致(见图 10 - 33)。图 10 - 33 中的实验曲线在 $x/r_e \approx 2.35$ 处分离,仍是测头影响所致。

(2) 中场与完全发展流场

以 62 mm 和 68 mm 火箭为例。它们的喷口直径之比为 1 : 1.5。在燃气射流亚音速完全发展流场的轴向和径向相同几何比例位置处来测定皮托管压力值。由图 10 - 34 的轴心皮托管压力衰减曲线和图 10 - 35 的无因次皮托管压力分布型可见,燃气射流流场存在局部动力相似。

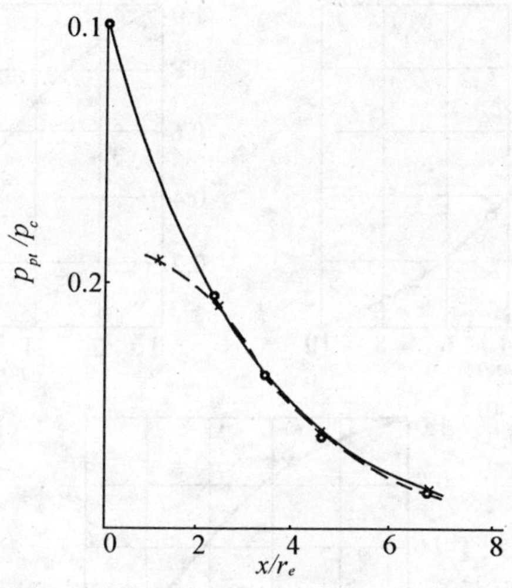

图 10－33　起始膨胀区无因次轴心皮托管压力衰减

—○—126 mm 火箭实验结果

-- ×--62 mm 火箭实验结果

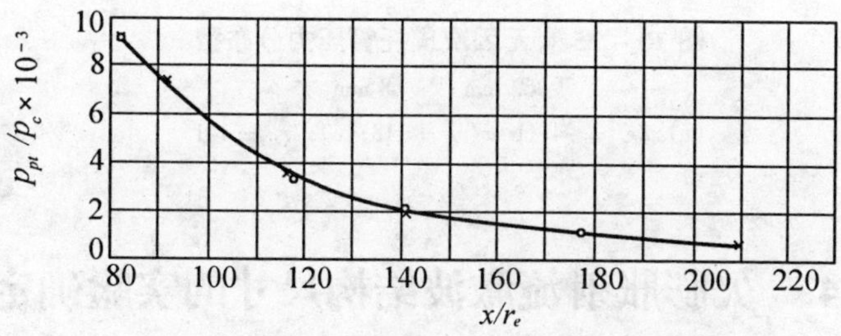

图 10－34　射流轴心皮托管压力衰减

○62 mm　× 68 mm

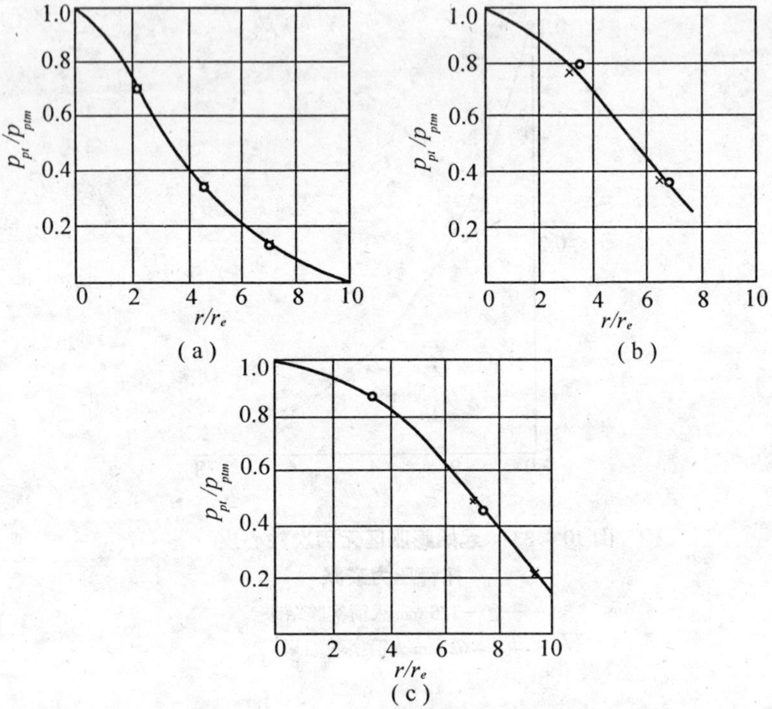

(a)

(b)

(c)

图 10－35　无因次皮托管压力分布型

○62 mm　×68 mm

(a) $x/r_e = 94$; (b) $x/r_e = 118$; (c) $x/r_e = 141$

10.4　欠膨胀射流激波结构尺寸的实验确定

在理论和实验研究轴对称超音速燃气射流中的膨胀、压缩和激波时，我们把重点放在射流起始扩散边界以及起始激波结构的强度和位置的确定上。本节利用半经验方法，对于超音速喷管喷入静止空气和超音速来流中的轴对称射流，确定射流马赫数、喷管扩

张角、射流静压比、射流比热比以及来流马赫数等对激波结构的影响。图 10－36 的纹影照片分别显示了静压比 p_e/p_a 和马赫数 Ma_e 对流谱的影响。

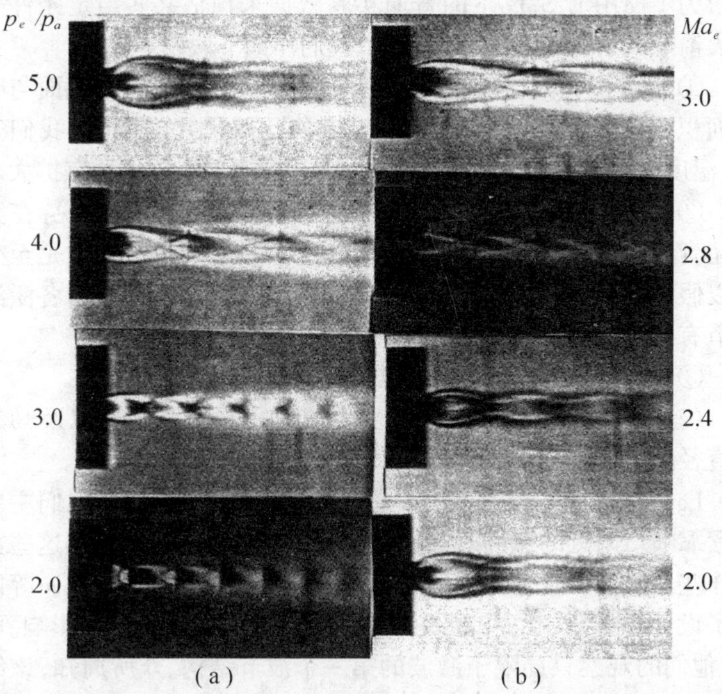

图 10－36 喷口静压比和马赫数对流谱的影响

(a) $Ma_e = 2.0, \alpha = 15°$；(b) $p_e/p_a = 3.0, \alpha = 15°$

10.4.1 Love 经验方法

到目前为止，超音速射流流谱的理论研究已加深了对超音速射流产生激波系机理的认识。欲计算真实射流中强剪切速度分布下的激波位置和形状是十分复杂的，然而我们可以先作些必要的假设,使问题简化,之后利用建立半经验方法来确定射流中的激波结构尺寸。

(1) 假设

为了使用 E.S.Love 的普遍实验数据来预估某些给定条件下的火箭燃气射流的激波结构尺寸,我们作如下假设。

① 激波形状只与射流静压比和设计马赫数(或喷口截面与喷喉面积之比)有关。不考虑温度对激波几何尺寸的影响。我们知道,温度对射流混合过程有些影响,使超音速射流边界稍有扩大。

② 激波内各个基本波节精确地呈周期变化,也就是说,在整个超音速流内波节的波长不变。我们知道这是不正确的,但是至少可以假设超音速区平均速度变化的惟一条件是势流核下游各激波波节有明显变形。

③ 射流激波结构与燃气比热比 γ 无关。

(2) 基本波节长度、激波相交点或第一马赫盘距离以及马赫盘直径的确定

Love 等进行了较为广泛的超音速射流的实验研究。他们主要对紧靠喷口附近的流场感兴趣,介绍了有价值的数据。根据这些数据作些适当假设,就有可能预估激波系的一般结构尺寸。Love 等研究了设计马赫数、喷管扩张角和燃气比热比对激波结构的影响。可惜,他们的观察只局限于激波的第一个波节结构。众所周知,该结构不是精确地呈周期性的。一般,它的非周期性随着压力比偏离设计值并增大。然而,在设计状态附近的诸压力比情况下,这种偏离很小,因而可以合理地认为第一个波节具有一定的代表性。

根据 E.S.Love 等对于扩张半角 $\alpha = 0°, 5°, 10°, 15°$ 和 $20°$ 的喷管喷出空气介质射流的实验结果,我们整理成图 10-37 中的若干条曲线。该图表示在若干喷管设计马赫数的情况下,基本波节长度对喷口直径之比随射流静压比的变化。这里的静压比是指喷口截面静压对大气压之比 p_e/p_a。在设计状态($p_e/p_a = 1$)下,从理论上来说激波波节消失了。但是,事实上仍然保留了因非理想工况而造

成的弱激波，所以还需继续确定波节长。从图 10 - 37 中的曲线可以得出以下计算式：

当 $p_e/p_a \leqslant 2$ 时，

$$\frac{w}{d_e} = 1.55\sqrt{Ma_e^2 n^2 - 1} - 0.55\beta_3 \tag{10-21}$$

当 $p_e/p_a \gtrsim 2$ 时，

$$\frac{w}{d_e} = 1.52n^{0.437} + 1.55\left(\sqrt{2Ma_e^2 - 1} - 1\right) - 0.55\beta_e + 0.5\left[\frac{1}{1.55}\sqrt{\left(\frac{p_e}{p_a} - 2\right)\beta_e} - 1\right] \tag{10-22}$$

式中，$\beta_e = \sqrt{Ma_e^2 - 1}$。由图 10 - 37 可见，当 $p_e/p_a \approx 2$ 时 w/d_e 对 p_e/p_a 的变化剧烈。这是与该静压比附近马赫盘重新出现有关。

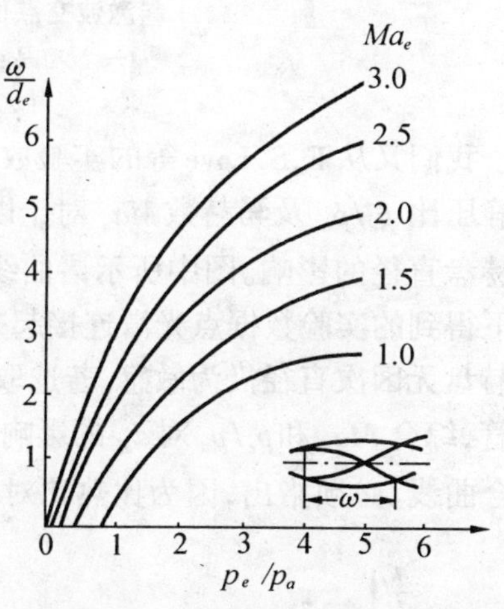

图 10 - 37　基本波节无因次长度对静压比的变化

虽然在较高静压比情况下低马赫数波长的预估值超过了实际值，而高马赫数波长的预估值又不足，但是，这些曲线在整个研究的 p_e/p_a 和 Ma_e 范围内给实验结果作出了可供参考的估计。在这里，还认为改变喷管扩张角对基本波节波长没有显著影响。

图 10 - 38 表示了在 Ma_e 一定的条件下激波交点或马赫盘位置对 P_e/p_a 的变化。在图中我们根据 Love 的实验结果还附加了不存在马赫盘的 p_e/p_a 和 Ma_e 的范围。

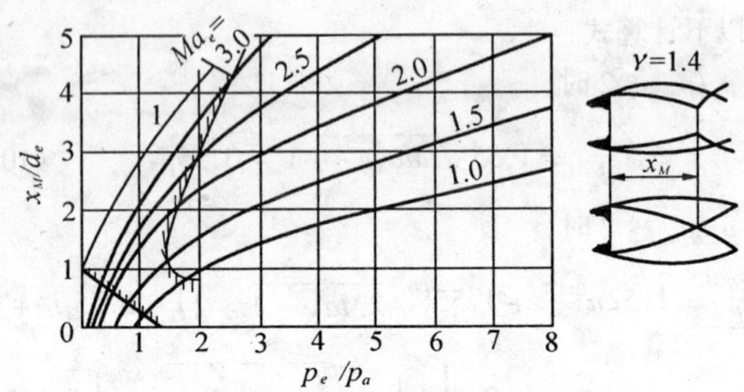

图 10 - 38　喷口静压比对起始马赫盘或斜激波交点位置的影响

1— 没有马赫盘

我们又从 E.S.Love 等的实验数据作出图 10 - 39。该图表示射流静压比 p_e/p_a 及马赫数 Ma_e 对于以喷口直径无因次化了的第一马赫盘直径的影响。图中所示诸曲线均是由理想膨胀喷管设计条件下得到的实验数据点光滑连接起来的。这里，喷管扩张角对第一马赫盘无因次直径极为敏感。若选取常用扩张半角 $\alpha=15°$ 的锥形喷管，综合 Ma_e 和 p_e/p_a 对 d_M 的影响曲线，则有如图 10 - 40 所示的组合曲线。必须指出，因为比热比对马赫盘直径有影响，所以利用

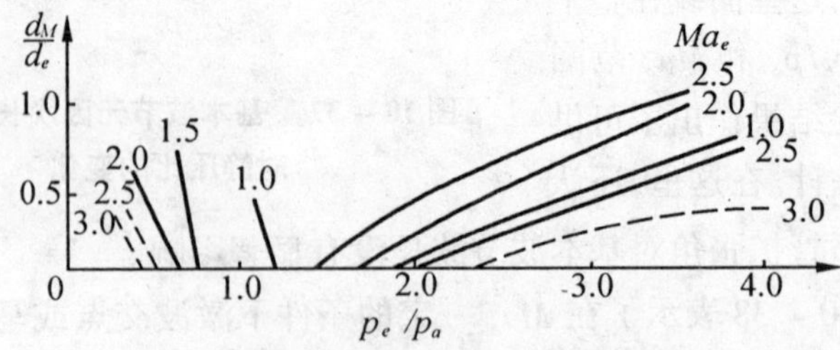

图 10 - 39　在理想膨胀喷管情况下马赫盘直径随静压比和设计马赫数的变化

图 10－40 曲线所决定的燃气射流 d_M 也就有一定的误差。

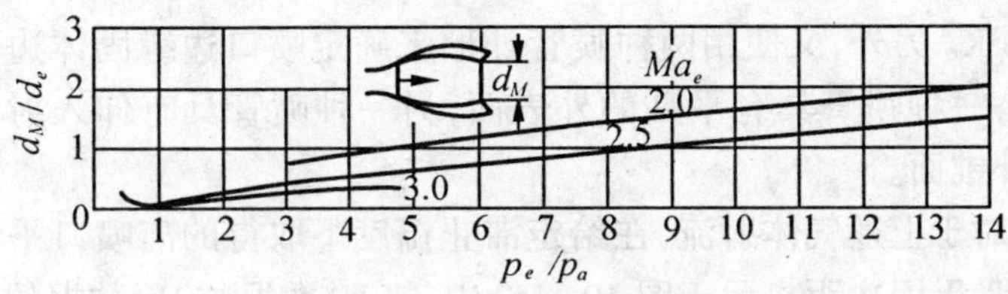

图 10－40　喷口静压比对马赫盘无因次直径的影响（$\gamma = 1.4, \alpha = 15°$）

10.4.2　Гинзбург 的马赫盘无因次距离曲线和公式

对于扩张角为零度的喷管，在 $Ma_e > 1.5$ 和 $P_e/P_a > 2$ 的情况下喷出空气介质射流，得到了一组第一马赫盘无因次距离随射流总压比变化的曲线，见图 10－41 所示。我们对他们的经验公式作一整理，得

$$\frac{x_M}{d_e} = 0.4\left[3.1Ma_e^{0.2}\left(\sqrt{nMa_e^2 - 1} - \beta_e\right) - 2\beta_e\right]\left(\frac{n}{2}\right)^{0.451-0.016Ma_e} \tag{10-23}$$

式中 $\beta_e = \sqrt{Ma_e^2 - 1}$。

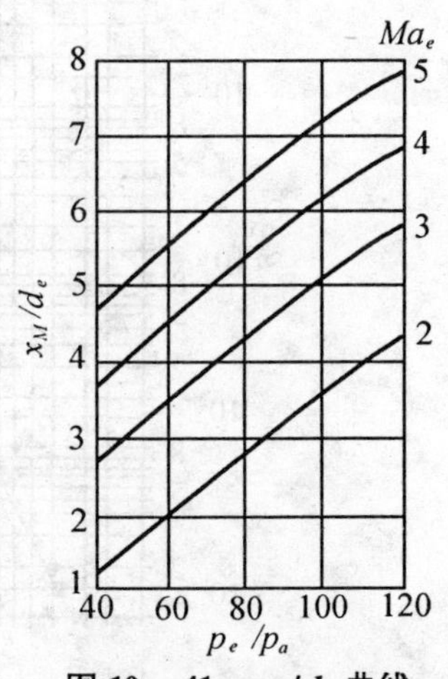

图 10－41　x_M/d_e 曲线

（$\gamma = 1.4, \alpha = 0$）

10.4.3　高度欠膨胀音速射流中马赫盘位置和直径的 Crist 半经验式

(1) 马赫盘无因次距离的确定

使用 N_2，Ar，He，He－Ar 混合以及 CO_2 等气体，从直径为 0.66

~ 3.02 mm 的音速喷管射入低压环境(降至 100μmHg)。充气室的滞止压力为 $1.03 \times 10^6 \sim 1.03 \times 10^7$ Pa,滞止温度为 300 K ~ 4 200 K。另外,又使用两种喷管外形来确定喷口边缘固体边界的影响。一种喷管具有平贴的外表面,另一种喷管具有伸入射流的 60° 外锥面。

对于上述气体射流,在给定滞止温度下取得的离喷口平面的马赫盘无因次距离示于图 10 – 42 中。热 N_2 数据与 He 数据的比较表明,比热比对马赫盘的影响可以忽略不计。He 数据与(He – Ar)

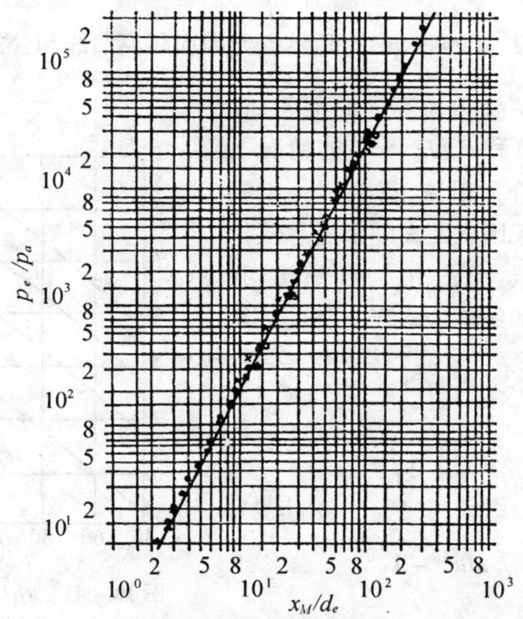

图 10 – 42 总压比对马赫盘距喷口截面的无因次距离的影响

● N_2 T_0 = 298 K ○ N_2 T_0 = 2 100 K ■ Ar T_0 = 298 K

⊙ N_2 T_0 = 4 200 K ▲ He T_0 = 298 K △ He T_0 = 1 400 K

× CO_2 T_0 = 298 K △ He – Ar T_0 = 1 400 K ▼ Freon22

混合或纯 Ar 数据比较也没有见到凝结作用的明显影响(Ar 的凝结可用肉眼看到)。使用两种不同切口形状的喷管并没有引起马赫盘位置的变化。在一定压力比下,改变 15 倍绝对压力的大小也没有发生相应的马赫盘位置的显著变化。真正决定马赫盘位置的参数是总压比。马赫盘位置对比热比、凝结、喷口边缘固体边界的几何形状和绝对压力的大小并不敏感。

如果假设马赫盘后方的压力 p_2 与周围环境压力 p_a 相等,沿射流轴心线的流动看作是绝热一维流,那么利用特征线法算得的值可以表示成图 10 – 42 中的直线。根据图中的数据和直线,我们可以得到马赫盘对喷口距离的近似式

$$\frac{x_M}{d_e} \approx 0.645\sqrt{\frac{p_e}{p_a}} \tag{10 - 24}$$

由图 10 – 42 可见,甚至在很高总压比的情况下,特征线解与实验数据仍然符合得很好。同时发现,比热比等于 1.3 时所绘出的曲线与比热比等于 1.67 的不能区分开来。因此,式(10 – 24) 中没有包含比热比 γ。

(2) 马赫盘无因次直径

当比热比减小时喷口边缘的 Prandtl – Meyer 角增大,并可以预计到射流边界、相交激波和马赫盘直径也增大。譬如,N_2(γ = 1.40) 和 He(γ = 1.67) 的比较表明,N_2 比 He 的射流有较大的马赫盘直径和射流直径。

图 10 – 43 表示了 He,Ar,N_2 和 CO_2 等气体射流以喷口直径无因次化了的马赫盘直径随总压比的变化。

值得注意,马赫盘直径对总压比的曲线斜率与马赫盘距离对总压比的曲线斜率相同,也就是 $d_M/d_e \approx \sqrt{p_e/p_a}$,或者,如果马赫盘直径用喷口到马赫盘的距离相除,那么这个比值在高总压比下应是常数。

虽然氮气射流中的马赫盘位置在低滞止温度(300 K) 下与在

高滞止温度(4 200 K)下近似一样，但是低温的数据表明，在射流膨胀角、射流直径和马赫盘直径方面有一定的增大，这与图10－43所示的数据是一致的。比较图中N_2和Ar的数据，在相同总压比下，这两种气体(比热比都为1.67)的马赫盘直径不同，试验结果N_2总是比Ar有较小的马赫盘直径，这或许是由氩气凝结所引起的，超音速流内的凝结会使滞止压力减小，静压增大。如果射流边界因凝结而使静压增高，那么射流边界的等压自由表面会加大直径以适应压力的增大。同时，从这一表面反射形成相交激波的压缩波可以使激波直径大于低静压的情况。因为马赫盘直径在相交激波处终止，所以马赫盘直径也加大。当然，马赫盘位置仍然保持不变。

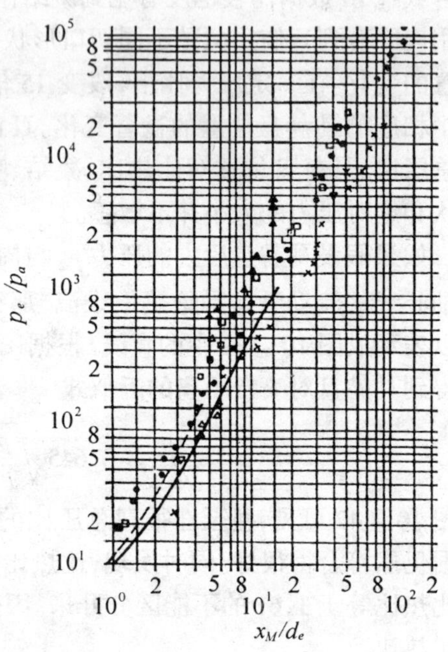

图10－43　总压比对马赫盘无因次直径的影响

——Bier实验N_2——Love实验He

▲He □Ar ●N_2 × CO_2 ▽ Freon22

10.4.4　气体－固体粒子两相射流中的马赫盘位置(考虑喷口气流方向角和伴随流情况)

C. H. Lewis和D. J. Carlson对于欠膨胀超音速喷管排出的纯气体射流中的马赫盘位置进行了实验研究。他们使用了两种半扩张角α都为15°的锥形喷管，其中一个面积比(喷口截面面积对喷喉

截面面积之比）为 1.385，另一个面积比为 3.818，并以 N_2，CO_2 和 He 作为工质。实验时变动的参数有喷口截面静压对环境压力之比 p_e/p_a，喷口马赫数 Ma_e 和比热比 γ。根据上述两种喷管和所有三种气体的数据绘制成如图 10－44 所示的直线，并得到下式

$$\frac{x_M}{d_e} = \alpha Ma_e \gamma^{1/2} \left(\frac{p_e}{p_a}\right)^{\beta} \tag{10-25}$$

式中，$\alpha = 0.69$ 和 $\beta = 1/2$。此式对冷射流和液体燃料火箭发动机试验的五种不同气体，以及在 $\gamma = 1.22 \sim 1.67$，$Ma_e = 1 \sim 3$ 与 $p_e/p_a = 1 \sim 550$ 范围内变化的实验结果作一比较，约有 90% 的数据点落在式(10－25) 预估值的 10% 的范围内。

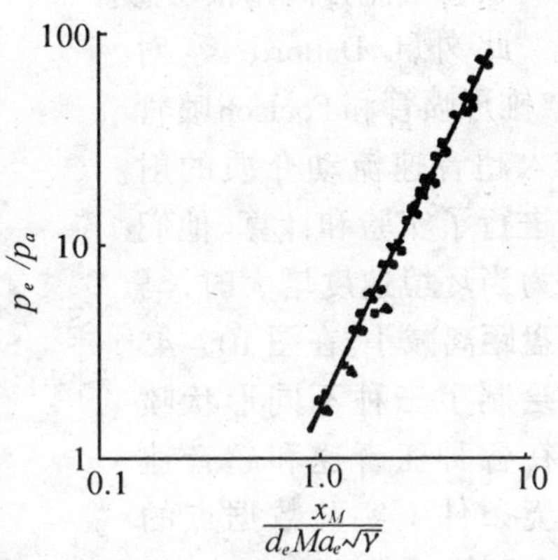

图 10－44　用 $d_e Ma_e \sqrt{\gamma}$ 规范化了的纯气体射流马赫盘距离

$A_e/A_t = 1.385$ ○N_2 □CO_2 △He

$A_e/A_t = 3.868$ ●N_2 ■CO_2 ▲He

L. D. Attorre 等认为喷口流动方向角对射流中马赫盘位置有影响。他们把 Foelsch 形状喷管设计成出口处为轴向流（即零流动角），采用两种比热比分别为 1.225 和 1.4 的不同气体作为工质；而具有 6° 和 15° 半扩张角的锥形喷管使用比热比为 1.225 的气体作为工质。实验结果列于图 10－45。可以发现，半扩张角 15° 的锥形喷管数据与 $\alpha = 0.69$ 和 $\beta = 1/2$ 的公式(10－18) 的关系符合良好，但是 Foelsch 喷管的数据却落在使用上述系数值的关系式的合理范围之外。如果取 $\alpha = 0.813$ 和 $\beta = 5/8$，那么式(10－18) 与 Foelsch 喷管的实验数据之间的关系相当好。至于半扩张角 6° 锥形喷管的一个数据点，明显地落在 15° 锥形喷管和 Foelsch 喷管的两个关系式的合理范围之外。因此，L. Dattorre 等的研究结果认为马赫盘位

置对喷口气流方向角很敏感。

此外，L. Dattorre 等对15°锥形喷管和Foelsch喷管排入超音速流动介质的射流进行了实验和计算。他们认为当环境速度增大时，马赫盘距离减小。在图10－45中绘制了三种不同形状喷管在各种亚音速和超音速环境条件下实验数据点的拟合直线，可知

$$\frac{x_M}{d_e} = \alpha Ma_e \gamma^{1/2} \left(\frac{p_e}{p_a} Ma_a^{-\delta/2} \right)^{\beta} \tag{10-26}$$

式中，Ma_a 为环境气流马赫数。当 $Ma_a = 0$ 时，$\delta = 0$；当 $Ma_a > 1$ 时 $\delta = 1$。由图10－45可见，数据点有些散布，这可能是由于实验工作条件以及从照片获取马赫盘实际位置的方法所造成的。但是不管散布怎样，在超音速环境条件下，用于所研究的两种形状喷管的式(10－26)可以获得相当好的结果。

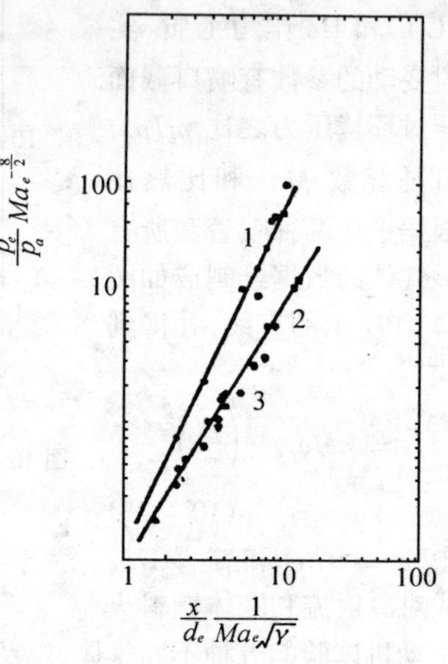

图10－45　由三种不同喷管形状得到的马赫盘轴向位置的实验数据

($Ma_a = 0, \delta = 0; Ma_a > 1, \delta = 1$)

1—15°锥形喷管；2—6°锥形喷管；3—Foelsch喷管

C. H. Lewis和D. J. Carlson进行纯气体射流实验是为了确定气体比热比对马赫盘位置的影响，这是通过使用各种不同比热比的气体来实现的。此外，他们还对与含金属的固体燃料火箭燃气射流有关的含有宏观凝结相粒子(0.2 ~ 10μ 的大小)的射流进行了实验研究。他们发现，若射流中的固体粒子重量增加，则马赫盘向喷口平面移近。图10－46表示了铝粒子悬浮于氮气射流的一些实验

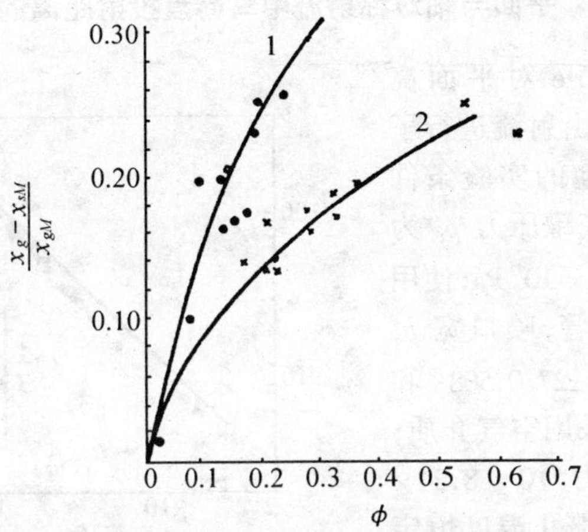

图 10 - 46　马赫盘距离变化的百分率随所含粒子质量比的变化

1—$A_e/A_t = 3.868, Ma_e = 2.905$;

2—$A_e/A_t = 1.385, Ma_e = 2.75$

结果(该图所示的出口马赫数是由纯气体取得的值)。实验表明,在加有固体粒子的射流中,马赫盘位置变化的百分率与静压比无关,也就是在给定固体粒子对气体质量百分比 ϕ 的情况下,两相射流中的马赫盘位置具有与纯气体射流对 p_e/p_a 的相同函数关系,并可用某一函数 $f(\phi)$ 取代之,即

$$f(\phi) = 1/(1 + 0.198 Ma_e^{1.45} \phi^{0.65}) \tag{10 - 27}$$

因此,对于气体 - 固体粒子两相射流,将上式代入式(10 - 26),马赫盘距离就可以表示为

$$\frac{x_M}{d_e} = \frac{\alpha Ma_e \gamma^{1/2}}{1 + 0.197 Ma_e^{1.45} \phi^{0.65}} \left(\frac{p_e}{p_a} Ma_a^{-\delta/2} \right)^{\beta} \tag{10 - 28}$$

实验数据与上式的最大偏差为 5%。实验和上式都表明,在含有金属的固体燃料火箭燃气射流中马赫盘距离显著减小。

10.4.5 平面与轴对称射流中马赫盘投射距离的综合表达式

M.J.Werle 对平面高度欠膨胀自由射流进行了实验研究。他的实验条件是:试验储气罐压力 p_c 为 $1.37 \sim 3.43 \times 10^4$ Pa;使用三种音速喷管,喷口宽 b_e 分别为 0.127,0.508 和 0.762 mm;采用空气介质;射流滞止压力为 $0 \sim 8.24 \times 10^6$ Pa;射流滞止温度恒定保持在 28 ℃。实验观察所得到的音速射流正激波在中心线上对喷口截面的距离示于图 10 - 47。图中还列出了 Sheeran 的实验结果以及特征线法的计算结果。两组实验数据可用下式表出

$$\frac{x_M}{b_e} = \frac{p_e}{p_a} \tag{10-29}$$

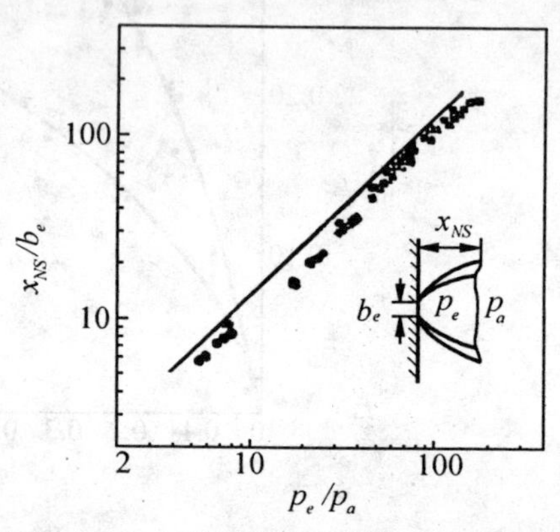

图 10 - 47 平面音速自由射流正激波位置

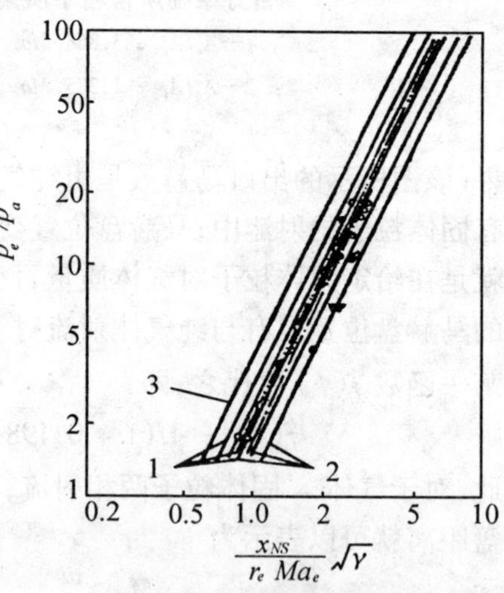

图 10 - 48 正激波位置随喷口静压对环境压力之比的变化

1—$Ma_e = 4, \gamma = 1.2, 1.4, 1.67$;2—$Ma_e = 2.05, \gamma = 1.2, 1.4, 1.67$;3—$Ma_e = 1.75, \gamma = 1.4$

图 10 - 47 的实验数据是空气通过音速喷管膨胀而得到的。我们应当考虑比热比 γ 和射流出口马赫数 Ma_e 的影响。由图 10 - 48 可见,自由

射流模型对射流出口马赫数极为敏感。我们把射流出口动压作为无因次化的特征压力，并将现有自由射流数据示于图 10－49。图中已列出了各射流的 Ma_e 和 γ。把这些实验结果简化后得出平面与轴对称自由射流的普适关系式为

$$\frac{x_{NS}}{d_e} \approx 0.7 Ma_e\left(\gamma \frac{p_e}{p_a}\right)^{\frac{1}{\delta+1}} \tag{10-30}$$

式中，对于平面射流，$\delta = 1$。图 10－50 表明在平面射

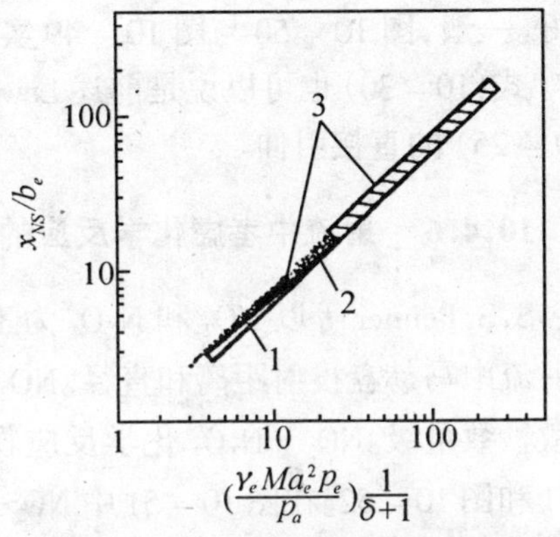

图 10－49　正激波距离实验结果综合

1— 轴对称流 $Ma_e = 1.75, \gamma_e = 1.3 \sim 1.67$

2— 轴对称流 $Ma_e = 1.0, \gamma_e = 1.3 \sim 1.67$

3— 平面流 $Ma_e = 1.0, \gamma_e = 1.4$

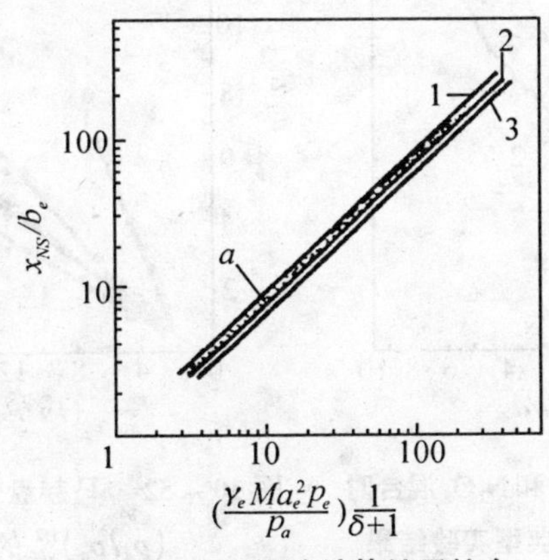

图 10－50　理论计算结果综合

与式(10－23)的比较

1—$Ma_e = 1.4$；2—$Ma_e = 3$；3—$Ma_e = 2$

—— 平面流 $Ma_e = 1,2,3,4$；$r_e = 1.4$

------ 平面流 $Ma_e = 1$，$r_e = 1.4$

流出口马赫数和轴对称射流比热比变化很宽的范围内，关系符合良好。一般，图 10－50 与图 10－49 实验值的差别只在于比例系数 0.7。式（10－30）也可以说是前述 Lewis 和 Carlson 轴对称问题的式（10－25）的直接引伸。

10.4.6　射流中考虑化学反应的马赫盘投射距离和直径

S.S.Penner 等以 NO_2 和 N_2O_4 为工质，使用高速摄影仪光学测量射流中马赫盘投射距离和直径。NO_2 和 N_2O_4 间的化学平衡时间为微秒数量级。NO_2—N_2O_4 化学反应物的典型实验结果示于图 10－51 和图 10－52。在图 10－51 中 NO_2—N_2O_4 与无化学反应气体射

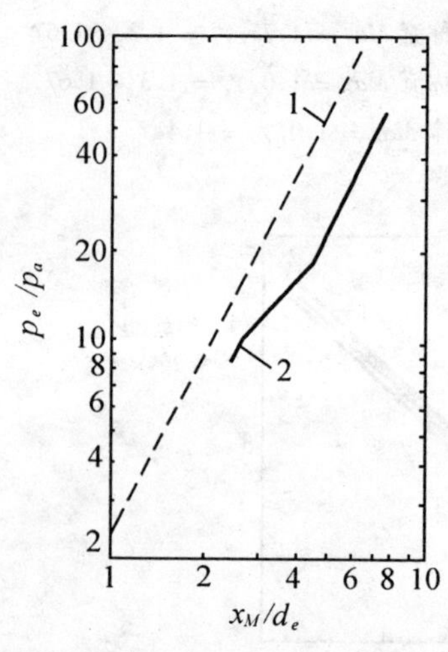

图 10－51　在 NO_2 和 N_2O_4 混合时随 P_e/P_a 变化的典型实验结果

1—$p_e/p_a = 2.4(x_M/d_e)^2$

或 $x_M/d_e \approx 0.645(p_e/p_a)^{1/2}$（无化学反应）

2— 实验曲线（有化学反应）

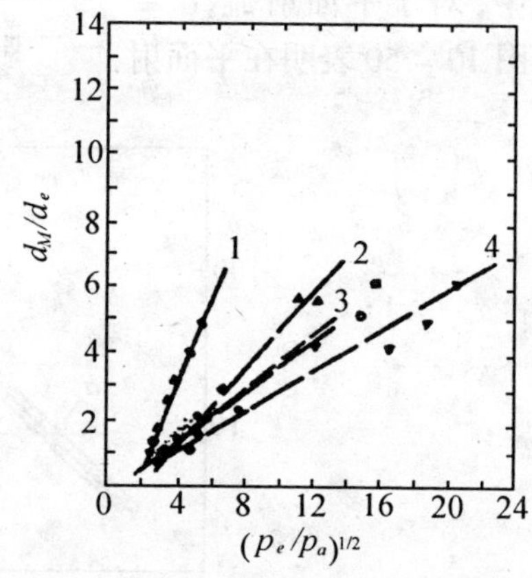

图 10－52　马赫盘无因次直径随 $(p_e/p_a)^{1/2}$ 的变化

1—NO_2－N_2O_4；2—Freon22；3—N_2；4—Ar

■CO_2 ▲Freon22，●N_2 ▽ Ar

流的马赫盘投射距离对总压比关系的差别是与 NO_2—N_2O_4 迅速进行化学反应产生的高温有关。在图10-52中一并列入了 N_2 和 $NO_2-N_2O_4$ 化学反应系的实验结果以及前述各节的实验数据。拟合了图10-52所给出的数据点之后，表明 $NO_2-N_2O_4$ 犹如比热比 $\gamma=1.12\pm0.02$ 的气体特性。图10-53绘出了 $NO_2-N_2O_4$ 化学反应气体射流的 d_M/d_e 随 x_M/d_e 变化的实验数据点。图中表明，这一实验结果与马赫盘直径精确地落在扩张锥内的结论是一致的。

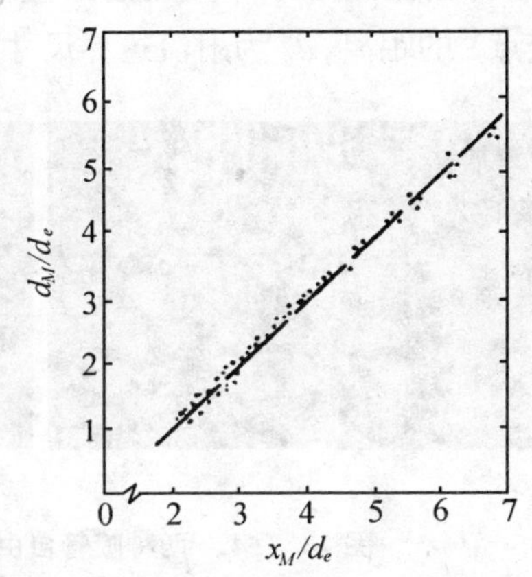

图10-53 在 NO_2 和 N_2O_4 混合时马赫盘无因次直径随无因次下游距离的变化

10.4.7 光学显示流场确定激波结构尺寸

以盛装双石-2箭药的发动机配置两种喷管做实验，喷管喉径 $d_t=8.5$ mm，扩张半角 $\alpha=15°$，扩张比分别为 $\zeta=1.6$ 和 $\zeta=2.0$，前者将产生高度欠膨胀燃气射流，后者为弱欠膨胀燃气射流。

火药气体的G-D常数已由10.1.7节所述方法定标为 $K=0.230\,8$，试验用光源为 H_e-N_e 激光，波长 $\lambda=623.8$ nm，功率20 mW。两光栅相距 $\Delta=46$ mm，光栅面尺寸120 mm×120 mm，采用可连拍的照相机同步拍摄，取快门1/4 000 s，拍速每秒3帧。两种喷管试验获得的莫尔条纹照片见图10-54，相应的激波结构简图见图10-55。

由照片的激波结构可见，当 $\zeta=1.6$ 时射流内有马赫盘，当 $\zeta=2.0$ 时则没有马赫盘。实测各幅照片的激波尺寸，计及实物与照片的比例，定量给出实际的激波结构尺寸列于表10-6中。表中 d_g

为鼓状激波直径，d_M 为马赫盘直径，x_M 为喷口到马赫盘（或激波交点）的距离，d_b 为射流边界尺寸。

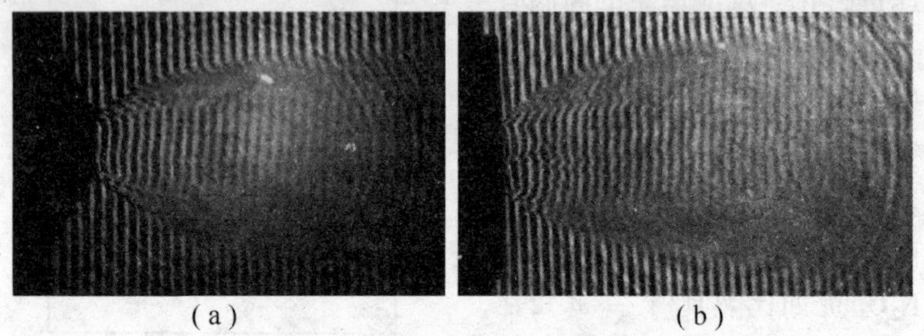
(a) (b)

图 10－54　两种喷管自由射流莫尔图（$\zeta = 1.6$）

(a) $\zeta = 1.6, p_e = 0.55$ MPa, $Ma = 2.36$; (b) $\zeta = 2.0, p_e = 0.29$ MPa, $Ma = 2.7$

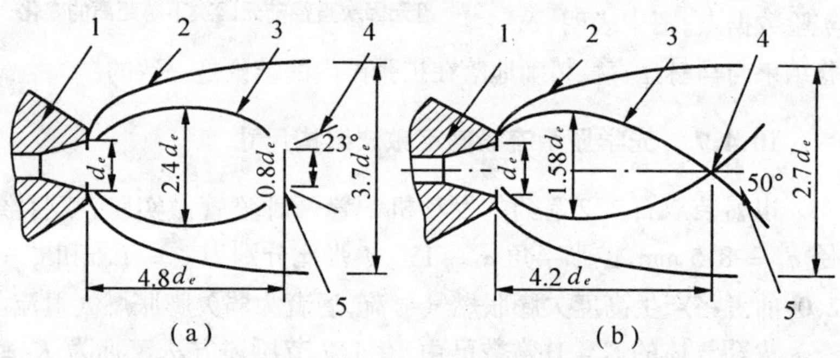

(a) (b)

图 10－55　自由射流激波结构

(a) 高度欠膨胀（$\zeta = 1.6$）：1— 喷口；2— 射流边界；3— 鼓状激波；4— 反射激波；5— 马赫盘

(b) 弱欠膨胀（$\zeta = 2.0$）：1— 喷口；2— 射流边界；3— 相交激波；4— 激波交点；5— 反射激波

表 10－6　$\zeta = 1.6$ 四幅照片激波结构尺寸　　长度单位：mm

ζ	实物 / 照片	d_g	d_M	x_M	d_b	p_e/p_a
1.6	1.25	28.75	11	57.5	45	5.3
2	1.25	26.4	51.6		68.4	3.15

10.5　欠膨胀燃气射流的衰减特性以及影响超音速流区的诸因素

在实验研究固体燃料火箭超音速欠膨胀燃气射流喷入静止空气的径向分布和轴向衰减时，我们取用三种典型固体燃料火箭测量射流下游的总压和总温，并且与两种热空气超音速射流（喷口马赫数分别为1.84和1.40）做比较。在射流的径向剖面上，q/q_m 对 $r/r_{0.5}$ 和 $\Delta T/\Delta T_m$ 对 $r/r_{0.5}$ 的变化曲线已分别示于图2-4和图2-5。图中剖面所取的最大距离为122.5倍喷口直径。实验表明，在所研究的温度范围内，温度（密度）对无因次剖面的影响可以忽略，燃气自由射流流场的速度剖面与普朗特动量传递剖面相符。

获得了压力和温度剖面，即可确定速度剖面，以及对应于各个剖面的 $r_{0.5}$。这些 $r_{0.5}$ 值除以 r_e，下游距离 x 除以 d_e，则可以得到 $r_{0.5}/r_e$ 对 x/d_e 的无因次曲线，即给出了喷口下游的射流扩散特性（见图10-56）。图10-56中表明，各条曲线在试验马赫数范围内随着马赫数的增大趋近于一条极限曲线。该图中对应于五个超音速试验马赫数的分布曲线都具有1.16的斜率值。图中1，2和3号为火箭完全膨胀喷管的燃气射流，而4和5号喷管的出口马赫数分别为1.40和1.84。

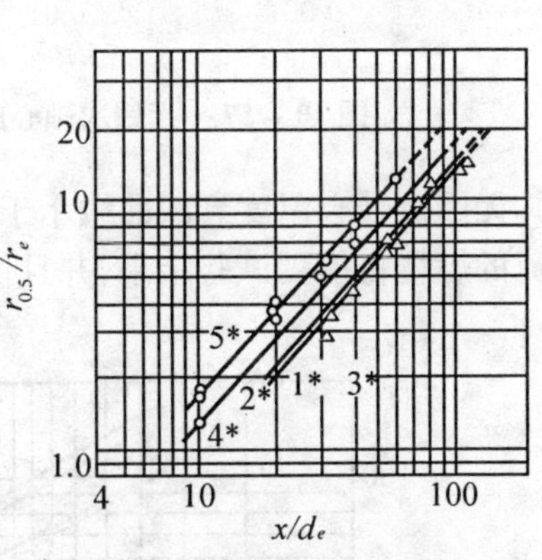

图10-56　射流扩散特性

在获得喷口下游轴心线上各点 q_m，ΔT_m 和 u_m 值之后，把它们绘制成随下游距离变化的曲线，即得燃气射流的轴向衰减特性。上

述各值分别除以喷口动压 q_e，温度 ΔT_e 和速度 u_e，得无因次比值。图 10－57 表示各超音速射流的无因次轴心压力衰减曲线。在对数坐标纸上绘制的轴向衰减具有良好的直线性。图中 1，2 和 3 号喷管与前图相同，而 4 号为欠膨胀喷管，其出口马赫数为 2.69，4 号喷管为完全膨胀喷管。

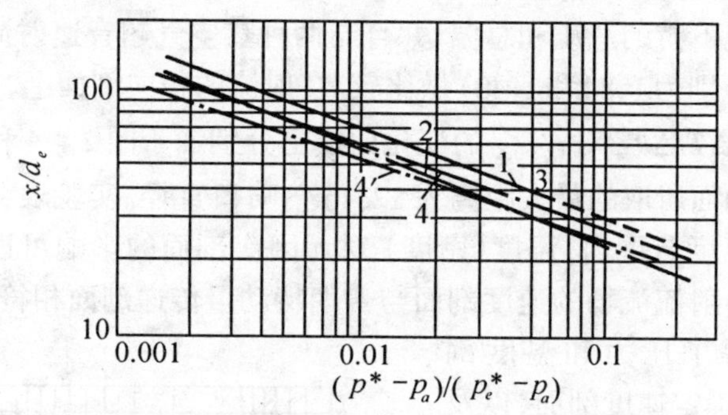

图 10－57　无因次轴心皮托管压力衰变曲线

无因次轴心温度衰减曲线示于图 10－58。火箭喷口下游燃气射流的燃烧将模糊试验结果，并且使温度衰减曲线向下游移动。

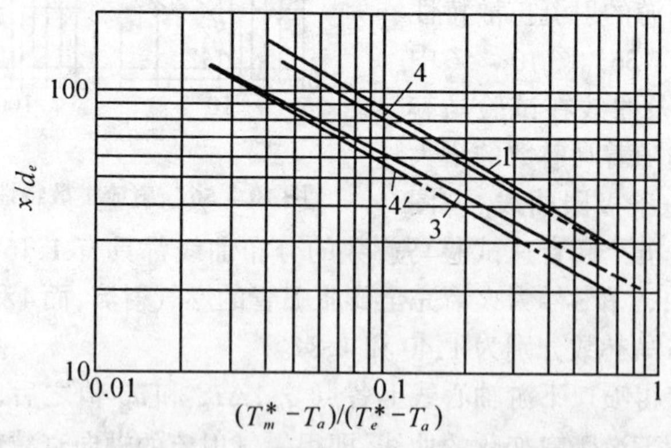

图 10－58　无因次轴心滞止温度衰变曲线

超音速燃气自由射流衰减到音速点之后,可以看作没有正激波的平行流射流。我们由实验确定了图10－59的 u_m/u_s 对 x/d_e 的无因次分布。图10－59的测试点表明,不管超音速出口马赫数、下游燃烧或者喷口直径如何,所有亚音速下游衰减点之值都紧靠实线。

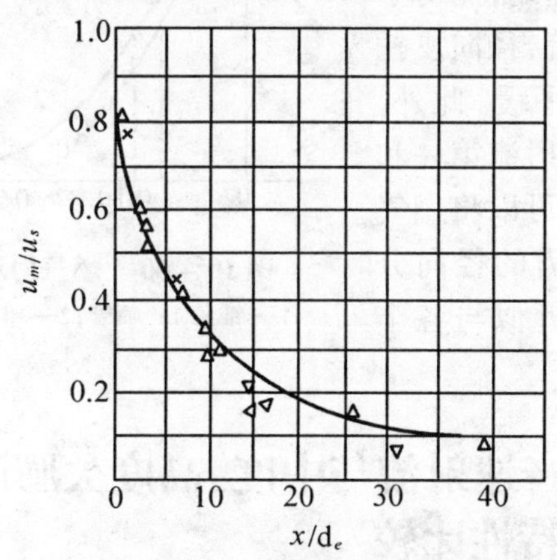

图10－59　燃气射流在超音速锥外的轴向衰减

+ $Ma_e=3.53$, ▷ $Ma_e=2.82$, △ $Ma_e=3.42$

燃气射流超音速流区(近场)受到喷管扩张半角的影响。如果假设空气对称卷入燃气射流,而且射流紧沿喷管轴线流动,那么从不同扩张半角欠膨胀喷管的燃气射流实测径向压力分布可知,扩张半角越小,在一定距离上的燃气射流越集中(见图10－60)。由图10－60可见,在离喷口下游的某一横截面上,小锥角喷管燃气射流轴心皮托管压力下降到峰值之半的径向距离比大锥角喷管燃气射流的要小。为方便起见,以喷口中心为参考点,利用对轴心线的角偏差(扩散角)代替对轴心线的径向距离来表示燃气射流的扩散。对于锥角为15°与30°喷管的燃气射流,扩散角分别为15°和2°。

喷管扩张比对燃气射流近场的影响最大,所以有必要对不同

扩张比喷管的燃气射流初始超音速区进行皮托管压力测量。实测表明，对于完全膨胀燃气射流，径向皮托管压力的变化陡峭，而对于欠膨胀燃气射流，径向皮托管压力的变化平缓。此外，还表明，在燃气射流第一和第二个波节内，可以将燃气射流皮托管压力的径向分布和轴向衰减近似与各个波节相对应。

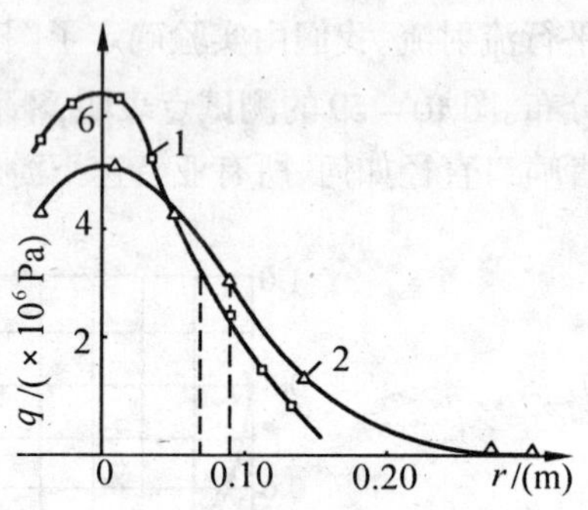

图 10 – 60　燃气射流的扩散

1— 锥角 15° 喷管；2— 锥角 30° 喷管

10.6　亚音速射流与中度、高度欠膨胀射流的内特性比较

为了突出比较亚音速射流和中度、高度欠膨胀射流内特性参数的变化，我们选用直径 d_e = 13 mm 的收敛喷管来进行实验。这些喷管的出口马赫数和静压比见表 10 – 6。对表中列出的各喷管燃气射流流场的若干轴向位置进行射流特性参数测量。我们所选择的位置代表了自由射流中不同基本流动结构的各个区域。这些位置以离开喷口下游的轴向距离对喷口直径的倍数来表示，见表 10 – 7。

表 10 – 6　若干喷口马赫数与静压比的组合

分　类	Ma_e	p_e/p_a
亚音速喷管	0.52	1
中度欠膨胀喷管	1	1.42
高度欠膨胀喷管	1	3.57

表 10 - 7　射流中典型区域的位置

x/d_e	射流中的典型区域
1.96	核心区
7.32	过渡区
23.5	湍流完全发展区
39.1	湍流完全发展区

10.6.1　静压特性

对于某一种典型射流，以当地静压值 p_j 对射流源稳压室压力 p_c 的百分率（又称为压力系数）来绘制曲线图 10 - 61 和图 10 - 62。图中各点的压力系数分布均由各压力测试数据的光滑曲线来估

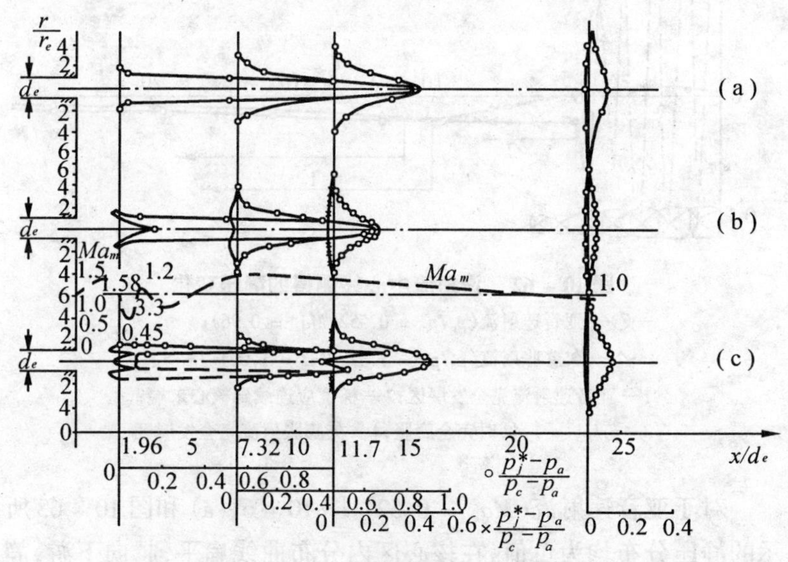

图 10 - 61　射流总压和静压分布

(a) $p_a/p_c = 0.834, p_e/p_a = 1.00$; (b) $p_a/p_c = 0.372, p_e/p_a = 1.42$;
(c) $p_a/p_c = 0.148, p_e/p_a = 3.57$

计。图 10－61 给出了无因次静压差$(p_j - p_a)/(p_c - p_a)$对无因次径向距离 r/r_e 的变化。图中以符号×点的光滑连线来表示,图下方标出了无因次静压差的尺度。图 10－62 为亚音速与中度欠膨胀射流沿中心线测得的无因次静压差的变化。图 10－63 为各种典型射流的静压 p_j 随 r 的变化。

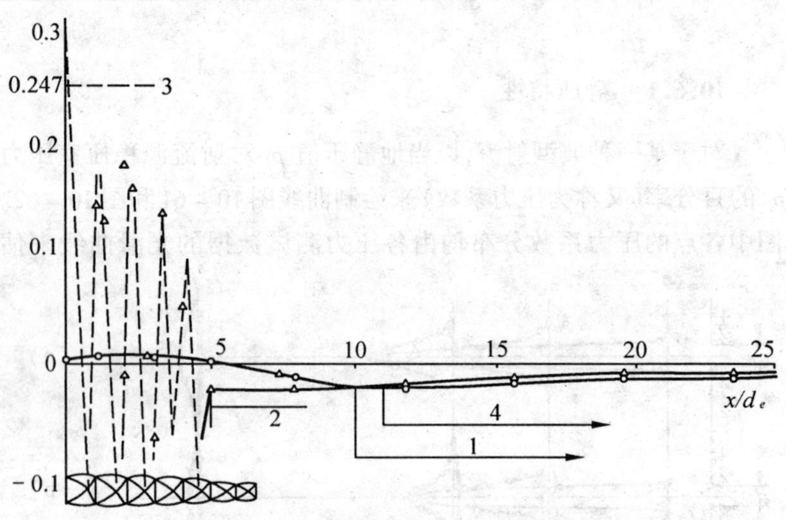

图 10－62　沿射流中心线测得的静压变化

—○— 亚音速射流($p_a/p_c = 0.552, Ma_e = 0.96$);

—△— 欠膨胀射流($p_e/p_a = 1.42, Ma_e = 1.00$)

1— 亚音速射流完全发展区;2— 梯度应连续到核心末端;

3—$p_e/p_a = 1.42$ 时完全膨胀;4— 欠膨胀射流完全发展区

对于亚音速射流($Ma_e = 0.52$),图 10－61(a) 和图 10－63 所示的静压分布均为负值,在核心区内分布曲线扁平,越向下游,静压绝对值越小,并趋近于环境压力。

在图 10－61(b) 所示的中度欠膨胀射流的静压分布中,我们

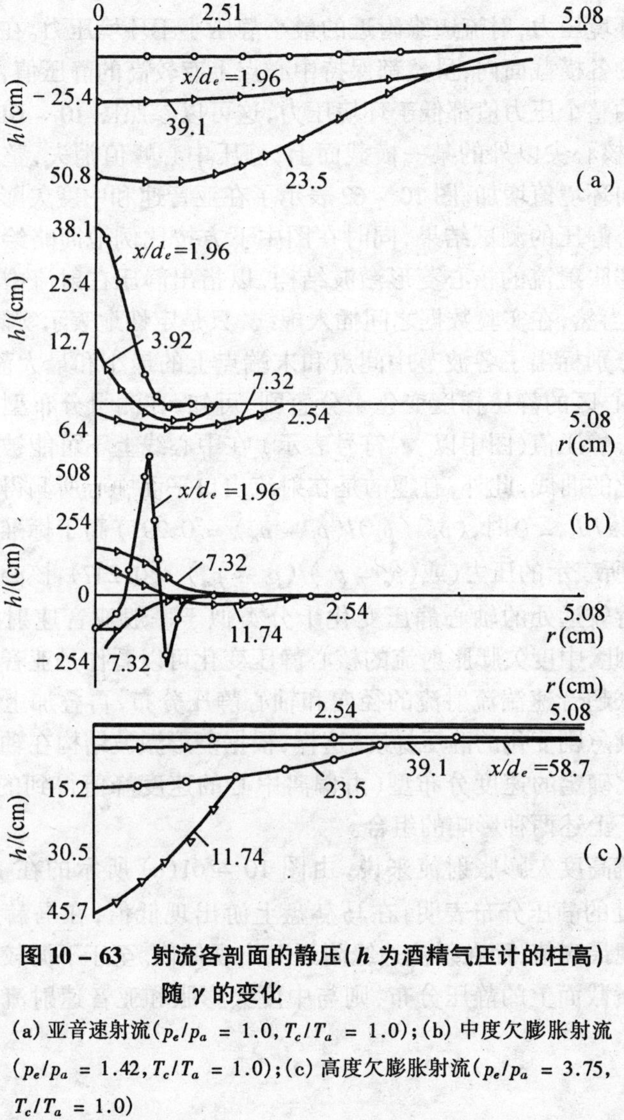

图 10 – 63　射流各剖面的静压（h 为酒精气压计的柱高）随 γ 的变化

(a) 亚音速射流($p_e/p_a = 1.0, T_c/T_a = 1.0$)；(b) 中度欠膨胀射流($p_e/p_a = 1.42, T_c/T_a = 1.0$)；(c) 高度欠膨胀射流($p_e/p_a = 3.75, T_c/T_a = 1.0$)

特别关心核心区的静压特性(还可以参看图 10－63(b))。在 $x/d_e = 1.96$ 处测得了较高的径向静压梯度。中心线上的最大静压大大高于环境压力,射流边缘附近的最小静压小于环境压力。在下游较远处的各横截面内,虽然都保持中心点上有较高的静压值,但是核心区的整个压力值都低于环境压力,这可以参照图 10－61(b)。最后,在核心尖以外的某一横截面上,静压中心峰值消失,整个压力逐渐向环境值增加。图 10－62 表示了在亚音速和中度欠膨胀射流内中心静压的测试结果,同时在图中下方按比例地简略绘制了中度欠膨胀射流的核心菱形激波结构,以指出静压在射流中的大致位置。当然,在实验数据之间插入虚线,只是定性地表示实际情况。图中分别标出了各波节中间点和末端点上的最小和最大静压。显然,核心区的静压梯度变化十分急剧。可知,在测量分布型中得到的中心静压值(图中以 ▼ 符号表示) 在中心线上不可能被画成光滑变化的曲线。此外,有趣的是在射流出口平面中心所测得的静压(即在 $x/d_e = 0$ 时,$(p_e - p_a)/(p_c - p_a) = 0.291$) 高于标准静压比 p_e/p_a 所表示的压力(或$(p_e - p_a)/(p_c - p_a) = 0.247$)。核心尖附近和下游较远处的轴心静压变化十分类似于一般亚音速射流的情况。因此,中度欠膨胀射流的核心静压变化可以看作是亚音速或完全膨胀超音速湍流射流的径向和轴心静压分布,再叠加上因激波促使其急剧变化的静压梯度。这样,根据菱形激波结构在轴心上的静压比确定的速度分布型(由偏离中心的速度峰值得到的) 应当反映了上述两种影响的组合。

就高度欠膨胀射流来说,由图 10－61(c) 所示的在 $x/d_e = 1.96$ 处的静压分布表明,在马赫盘上游出现低值,在马赫盘边缘外出现最高值,而在射流边缘附近又出现低值。至于下游较远处各射流横截面上的静压分布,则与中度欠膨胀和亚音速射流的情况类同。

10.6.2 皮托管压力分布型

图 10－61(a) 所示的亚音速射流的所有皮托管压力分布型都呈现了中心线附近的峰值向两边下降，只是近场的曲线较陡，越向下游越平坦。图 10－61(b) 所示的中度欠膨胀射流的皮托管压力分布型则与上面的稍有不同，即在菱形激波区域内，如在 $x/d_e = 7.32$ 处的中心线附近稍有下凹的高峰。至于在图 10－61(c) 所示的高度欠膨胀射流中 $x/d_e = 1.96$ 处的皮托管压力分布型与第4章所讨论的一样。但是在 $x/d_e = 7.32$ 处的皮托管压力分布型中，在高峰区域的中心线附近出现更为凹陷的情况。

图 10－64 给出了在高度欠膨胀射流中心线上测量皮托管压力的详尽结果。图中 p_f 指平板中心压力，其他符号意义同前。该图表示了核心区存在的马赫盘及其后面的菱形激波所引起的局部影

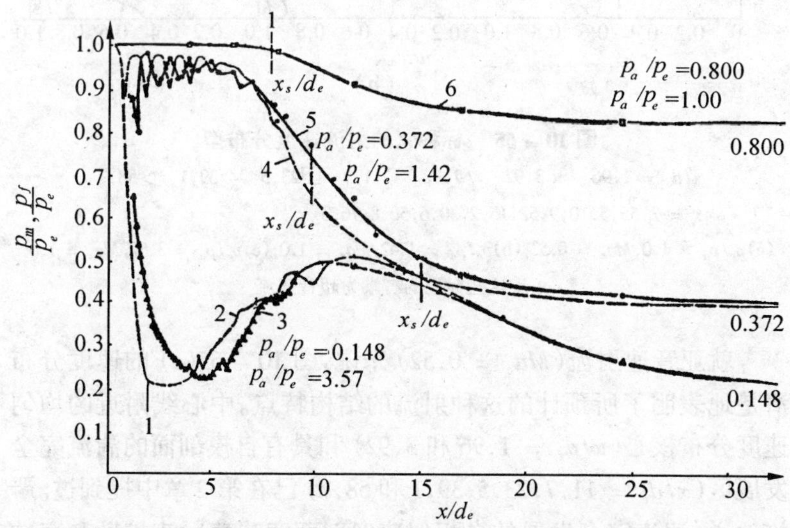

图 10－64 平板模型中心压力与自由射流中心线皮托管压力的比较

1—第一个马赫盘;2—自由射流;3—平板;4—自由射流;5—平板;6—自由射流和平板

响。尤应注意的是，在下游较远处皮托管压力基本复原。此外，该图还比较了射流冲击平板之后的中心压力与自由射流的轴心皮托管压力。图中表明，上述两者在整个亚音速射流内，以及在中度或高度欠膨胀射流的湍流完全发展区域内基本一致。

10.6.3 速度剖面和衰减特性

速度分布和衰减特性示于图 10 - 65 和图 10 - 66。

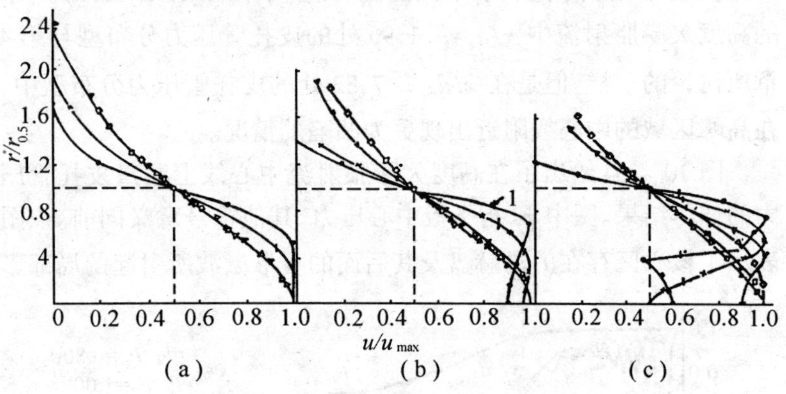

图 10 - 65 标称化的射流速度分布型

x/d_e = 1.96 × 3.92 ▽7.32 ◇11.7 □23.5 △39.1 ▷58.7

x = 2.55,5.10,9.52,15.2,30.6,50.8,76.3

(a)$p_e/p_a = 1.0$, $Ma_e = 0.52$;(b)$p_e/p_a = 1.42$, $Ma_e = 1.0$;(c)$p_e/p_a = 3.57$, $Ma_e = 1.0$

1— 这些标记的右端为超音速流

就亚音速射流($Ma_e = 0.52$)来说，图 10 - 65(a) 的速度分布清楚地表明了所预计的这种射流的结构特点。中心线附近的均匀速度分布核心(x/d_e = 1.96 和 3.92) 和具有自模剖面的湍流完全发展区(x/d_c = 11.7,23.5,39.1 和 58.7) 已在第 2 章中提到过。严格地说，湍流完全发展的自相似速度剖面意味着射流扩散和衰减速率间的确定关系。在 x/d_e = 7.32 测试截面上的速度分布并没有表示出任何显著的核心影响。这表明该截面或许在过渡区内。在

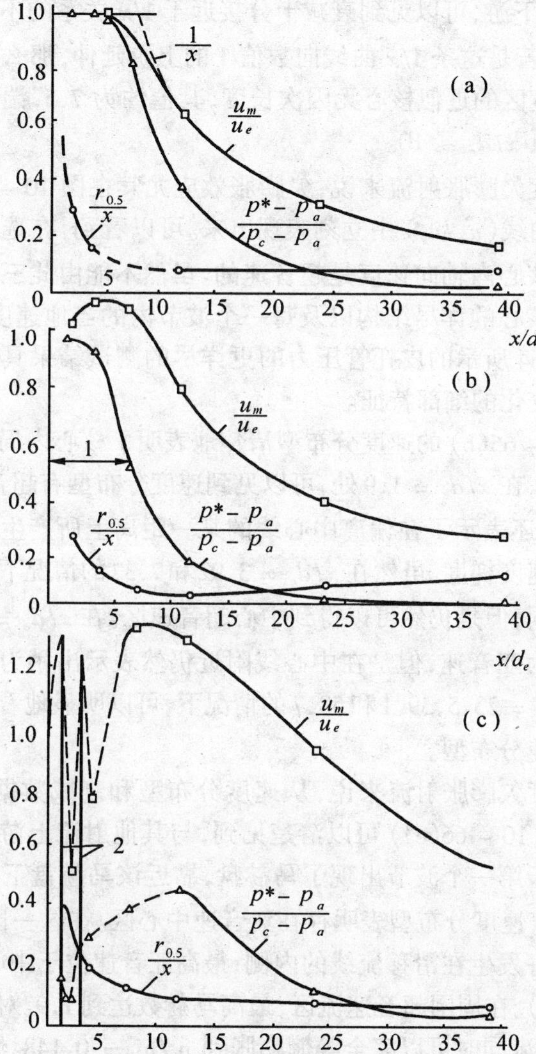

图 10－66 射流轴向衰减和扩散特性

$\square u_m/u_e$ $\triangle(p_m^*-p_e)/(p_e-p_a)$ $\bigcirc \gamma_{0.5}/x$

1— 此区域细节见图 10－44;2— 马赫盘

$x/d_e \approx 11$ 下游,可以见到衰减十分接近于 $1/x$ 关系的不可压缩射流的性质。若是这条 $1/x$ 曲线向数值 1 的上游延伸,那么可以得到忽略了过渡区的近似核心无因次长度,其值约为 7.5,湍流完全发展的开始点 $x/d_e \approx 10$。

就中度欠膨胀射流来说,欠膨胀效应尤其在图 10 – 66(b) 的轴向衰减曲线(u_m/u_e) 中立刻表现出来。可以看到,在选测的中心线三点的核心内轴向速度是超音速的。虽然不能由此三点充分表示和预计核心的详尽结构以及每一个波节内的当地速度变化,但是图 10 – 64 所示的皮托管压力的更详尽的测试结果具有可预计到的轴向变化的细部特征。

图 10 – 65(b) 的速度分布型清楚地表明了核心内局部膨胀的影响。例如,在 $x/d_e = 1.9$ 处,可以见到速度分布型有超音速流段。此外,该图还表示了在偏离中心线的某一距离上所产生的峰值速度与径向速度梯度。虽然在 $x/d_e = 3.92$ 和 7.32 的情况下最高速度的位置不同,但是仍然可以得到中心超音速区。在 $x/d_e = 11.7$ 时,分布型全为亚音速,但是在中心线附近仍然表示出稍为扁平的形状。在 $x/d_e = 23.5$,39.1 和 58.7 的情况下,可以明显地看到完全形成了亚音速分布型。

就高度欠膨胀射流来说,从速度分布型和衰减数据(图 10 – 65(c) 和图 10 – 66(c)) 可以清楚见到,与其他射流上游结构特征的区别在于第一个波节出现了马赫盘,靠近该马赫盘下游的 $x/d_e = 1.96$ 处,速度分布型表明存在亚音速中心区。在这一区域内,最小速度恰好发生在滑移流线的内侧,最高亚音速位于中心线(见图 10 – 65(c))。在周围超音速流区,最高马赫数达到 1.9。对应于这个马赫数,气流同时可以完全等熵膨胀到 $p_e/p_a = 0.148$。然而,我们认为在该处稍向上游之点,还应有更高的过膨胀状态的马赫数。在稍向下游 $x/d_e = 3.92$ 处,速度分布型又出现亚音速中心区,说明离开该处稍向上游的地方存在第二个马赫盘。然而,上述第二个亚

音速中心区的半径范围更小于 $x/d_e = 1.96$ 处的半径范围。在 $x/d_e = 7.32$ 的截面上，整个中心区为超音速流，但最大速度仍然不发生在中心线上。这时，此速度分布型与中度欠膨胀射流核心所得到的速度分布型相同。虽然在 $x/d_e = 11.7$ 处基本上仍然位于超音速核内，但是最高速度已在中心线上。在最后一个马赫盘与核心尖之间的菱形激波结构与中度欠膨胀情况下得到的一样。可是，不会出现像中度欠膨胀射流内见到的轮廓分明的菱形激波波节，其结构更像是完全膨胀超音速射流带有马赫波的核心。只要激波足够强，上述区间所存在的任何激波都很有可能使速度分布型呈周期性变化。因此，根据这一区间列出的数据不可能得到各分布型平滑变化的结果。在较远的下游处，可以测得在 $x/d_e = 23.5$ 处的轴心速度恰为亚音速。由 $x/d_e = 23.5, 39.1$ 和 58.7 各测定截面的速度分布型表明，至少在下游达到 30 或 40 倍喷口直径时，才实现湍流射流的完全发展。

我们按照第 5 章的动量平均特性方法计算各典型射流的 u_m/u_e 曲线。它们与实验数据的比较见图 10 – 67 所示。图中实线是在相同出口静压比和等效马赫数（起始膨胀段终止截面中心的最佳马赫数）Ma_p 的情况下，根据完全膨胀射流的动量平均特性方法算得的。由图可见，符合尚好。

最后，欲验证第二个波节内存在有小马赫盘。我们可以在关心的区域内，在选定的中心线各点进行皮托管压力和静压的补充测量。在图 10 – 61(c) 中给出了通过上述测量获得的马赫数分布。紧挨马赫盘的亚音速区是很明显的。值得注意，第二个马赫盘上游的马赫数在本情况下可以由 0.45 急剧增加到至少 1.2。我们已从第 4 章中知道，这是由于马赫盘后面收敛 – 扩张的喉形滑移流线所造成的。

10.6.4　扩散特性

最好利用 $r_{0.5}/r_e$ 对 x/d_e 的变化曲线来观察射流的扩散特性。

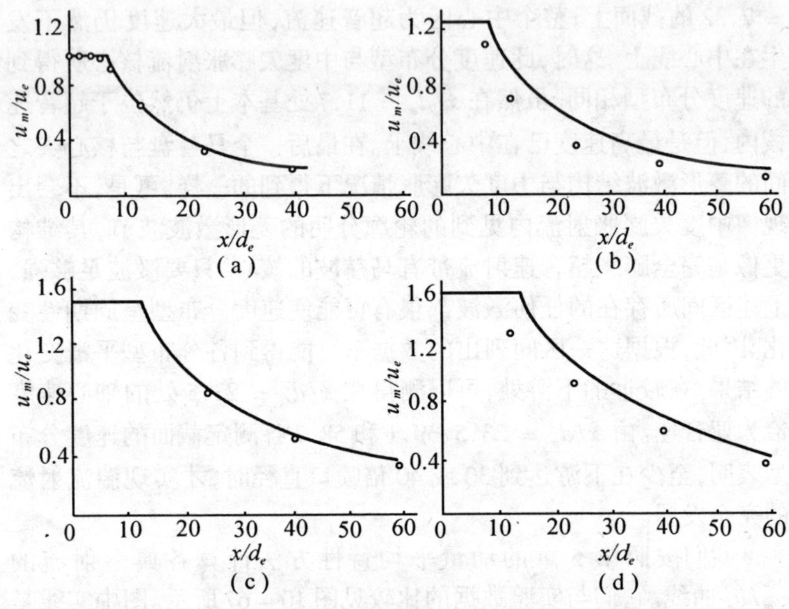

图 10-67　测定的速度衰减与应用动量平均特性方法算得的速度衰减的比较

(a) $p_e/p_a = 1.0, Ma_e = 0.515$; (b) $p_e/p_a = 1.42, Ma_e = 1.28$

(c) $p_e/p_a = 2.88, Ma_e = 1.77$; (d) $p_e/p_a = 3.57, Ma_3 = 1.91$

由图 10-68 可见，音速射流在下游的最初四倍和五倍喷口直径距离内，起始扩散速度稍有减小，之后增大，直至 $x/d_e \approx 11$ 之后才变为常数。显见，在扩散速率变化最迅速的区间所定义的过渡段十分接近于衰减曲线所定义的区段，即 $5 < x/d_e < 11$。湍流完全发展段 ($x/d_e > 11$) 表明实验数据与实际线性扩散稍有偏离。同时，基于所测静压得到的扩散速率要稍高于根据不变环境静压得到的扩散速率。假若用下游最远的三点 ($x/d_e = 23.5$, 39.1 和 58.7) 连成的直线来确定恒扩散速率的话，那么所得到的扩散角为 5.5°；当用环

境静压确定时,此角度为 5.2°。

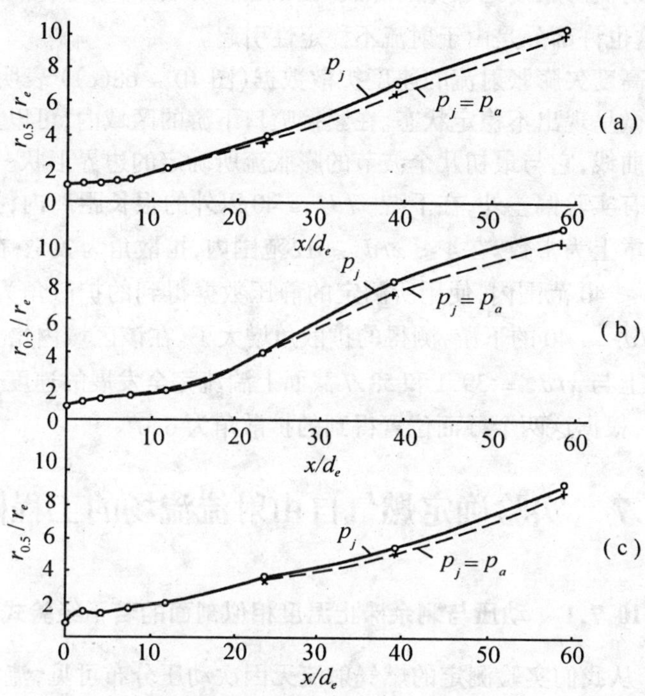

图 10－68　亚音速和欠膨胀自由射流的径向扩散(P_j 为测定曲线)

(a)p_e/p_a = 1.0;(b)p_e/p_a = 1.42;(c)p_e/p_a = 3.57

在中度欠膨胀射流中测得的扩散参数 $r_{0.5}/r_e$ 的特性与亚音速射流内测得的不同,这可参见图 10－68(b)。从下游 $20d_e$ 距离处,该射流扩散速率基本上都在增高,而在下游更远处此速率则减小。作为明显比较射流不同区域扩散速率变化的一种方法,应是算出若干个扩散角。在 $4 \leqslant x/d_e \leqslant 20$ 范围内,扩散角仅为 3.0°;但在 $20 \leqslant x/d_e \leqslant 40$ 之内它为 7.4°。在 $39.1 \leqslant x/d_e \leqslant 58.7$ 中,由所测静压数据得到的扩散角为 4.8°,由环境静压得到的扩散角为 4.5°。可

以认为最靠近喷口($x/d_e < 4$)的扩散速率的增高,是由于喷离喷管的射流膨胀使之加宽的缘故。在 $x/d_e = 4$ 以外,整个扩散速率较高,这也许部分是由于射流不稳定性引起。

高度欠膨胀射流的速度扩散数据(图 10－68(c))表明,该射流稍微呈现出不稳定状态。在紧接喷口下游的区域内,可以见到波浪形曲线,它与最初几个波节的膨胀流所确定的边界形状一致。除了稍有实验偏差外,在下游 $x/d_e \approx 40$ 以外的很长距离内,扩散速率基本上为常数。在 $4 \leqslant x/d_e \leqslant 12$ 范围内,扩散角为 2.5°;在 $12 < x/d_e \leqslant 40$ 范围内,使用所测定的静压数据得到的扩散角为 3.9°。在 $x/d_e \approx 40$ 的下游,测得的扩散角增大了。在该区域内增大扩散基本上与 $x/d_e = 39.1$ 和 58.7 截面上湍流完全发展的速度分布型一致,根据这两个截面位置得到的扩散角为 6.0°。

10.7 实验确定燃气自由射流流场的工程模型

10.7.1 动压与剩余滞止温度相似剖面的若干经验式

从我们实验测定的燃气射流无因次动压分布可见,流场存在自模性,其相似剖面十分接近于高斯分布

$$\bar{q} = e^{-A\left(\frac{r}{x}\right)^2} \tag{10－31}$$

即位流核心外的动量分布模型为正态曲线形状。

对实验数据作处理,得出 $A \approx 240$(单喷管)和 140(多喷管)。实验还证实,无因次剩余滞止温度剖面也具有高斯分布的相似性。

$$\Delta\bar{T}^* = e^{-B\left(\frac{r}{x}\right)^2} \text{ 或 } \Delta\bar{T}^* = e^{-\eta^2/2.5} \tag{10.32}$$

式中,$B \approx 55$(单喷管)和 70(多喷管)。

无因次皮托管压力有(图 10－69)

$$\bar{p}_m^* = \frac{p_m^* - p_a}{p_e^* - p_a} = C\left(\frac{x}{r_e}\right)^{-n} \tag{10－33}$$

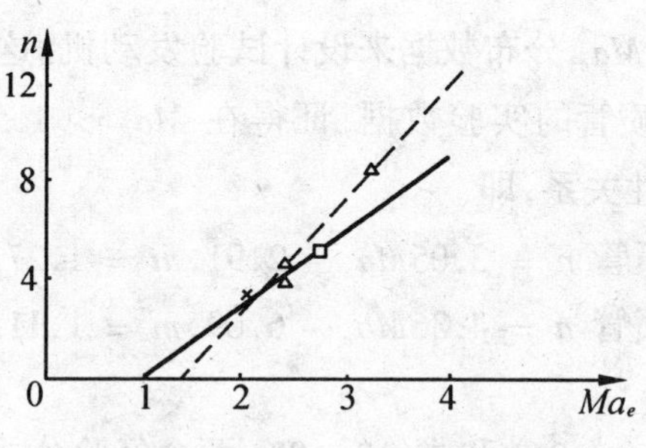

图 10 - 69　轴心压力衰减指数

× △□▽ 单喷管　× △□▽ 多喷管

同样有(图 10 - 70)

$$\Delta\bar{T}_m^* = \frac{T_m^* - T_a}{T_e^* - T_a} = D\left(\frac{x}{r_e}\right)^{-m} \tag{10 - 34}$$

式中，C 和 D 由位流核尖端的边界条件来确定，即

$$\bar{p}_m^* = \Delta\bar{T}_m^* = 1$$

因而

$$C = \left(\frac{x_t}{r_e}\right)^n$$

$$D = \left(\frac{x_t}{r_e}\right)^m \tag{10 - 35}$$

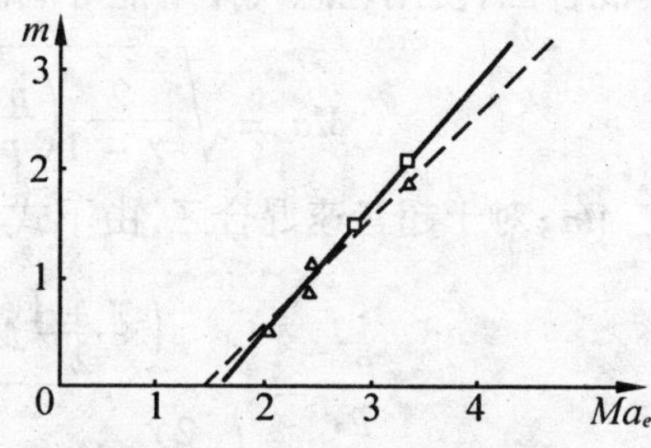

图 10 - 70　轴心温度衰减指数

× △□▽ 单喷管　× △□▽ 多喷管

代入式(10 - 33) 和式(10 - 34) 得

$$\bar{p}_m^* = \left(\frac{x_t}{x}\right)^n, \Delta\bar{T}_m^* = \left(\frac{x_t}{x}\right)^m \tag{10 - 36}$$

式中

$$x_t = 6.9(1 + 0.38Ma_e)^2 r_e$$

为了取得 n 和 m 对 Ma_e 的最佳拟合曲线，我们可以利用计算机选定最少的 Ma_e 分布数据来设计试验发动机。这里根据某一发动机的四种多喷管的实验数据，证得在 $Ma_e > 1.5$ 时，n 和 m 与 Ma_e 近似呈线性关系，即

$$\begin{cases}\text{对于单喷管 } n = 3.05Ma_e - 2.91, m = 1.27Ma_e - 1.90 \\ \text{对于多喷管 } n = 4.36Ma_e - 6.09, m = 1.11Ma_e - 1.64\end{cases} \tag{10-37}$$

显然，式(10－31)和式(10－33)两个经验公式为直接计算燃气流对发射装置的最大冲击力创造了方便条件。

10.7.2 混合区马赫数

实验确定了混合区任一空间点的皮托管压力和剩余滞止温度之后，就可以很方便地研究这一广阔区域的流动特性了。实验表明，火箭燃气射流流场初始段后一点的静压约等于大气压。对于亚音速混合区，使用理想气体绝能等熵流动关系式

$$Ma = \sqrt{\frac{2}{\gamma - 1}\left(\frac{p^*}{p_e}\right)^{\frac{\gamma-1}{\gamma}} - 1} \tag{10-38}$$

确定 Ma；对于超音速混合区，由下式

$$\frac{p^*}{p_a} = \frac{\left(\dfrac{\gamma + 1}{2}Ma^2\right)^{\frac{\gamma}{\gamma-1}}}{\left(\dfrac{2\gamma}{\gamma + 1}Ma^2 - \dfrac{\gamma - 1}{\gamma + 1}\right)^{\frac{1}{\gamma-1}}} \tag{10-39}$$

确定 Ma。在这里，我们绘制了不同情况下的马赫数轴向衰减曲线(图 10－71)和 $Ma_e = 2.38, p_e/p_a = 3.56$ 时的等马赫数线(图 10－72)。前者还附有 $Ma_e = 2.38$ 和 2.41 情况下的实验马赫数轴向衰减曲线，以与理论曲线相比较。顺便指出，这里凡是由实测皮托管压力和剩余滞止温度推得的参量均称为"实验参量"。

现在由实验总温和马赫数，可以得到流场内某一点上的实验

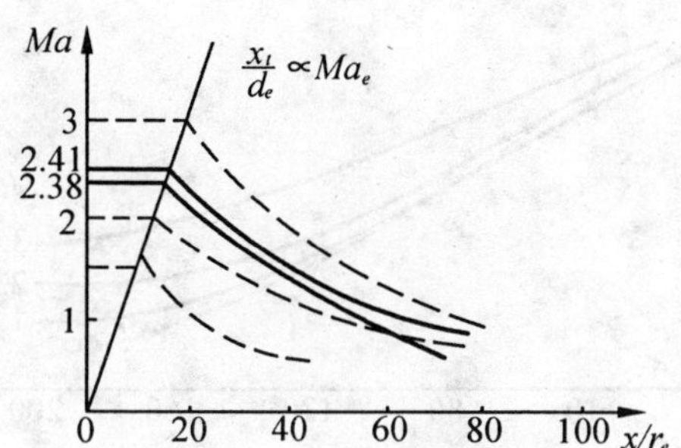

图 10－71　轴心马赫数衰减

——本实验　－－－－理论曲线

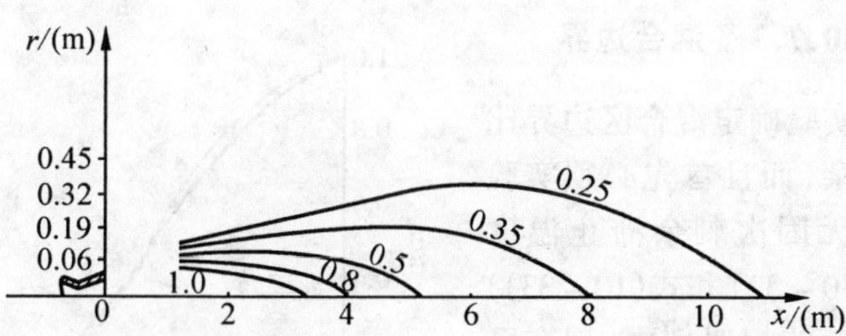

图 10－72　等 Ma 图（$Ma_e = 2.38, p_e/p_a = 3.56$）

静温、当地音速和流速

$$T = \frac{T^*}{1 + \frac{\gamma - 1}{2}Ma^2}, \quad a = \sqrt{\gamma RT}, \qquad u = Ma \cdot a$$

喷口马赫数 Ma_e 为 2.38 的实验曲线 $\frac{u_m}{u_e} \sim \frac{x}{r_e}$ 和不同情况下的计算曲线绘于同一幅图上（图 10－73）。由此我们可以明显看到 u_m/u_e 随 Ma_e 增大的幅度。

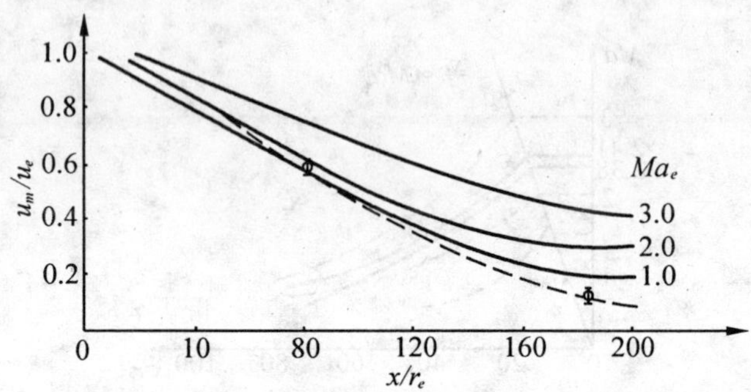

图 10－73　不同 Ma_e 的轴向速度衰减(Ma_e = 2.38, p_e/p_a = 3.56)

——本实验；－－－－理论曲线

10.7.3　混合边界

实验确定混合区边界比较复杂，而且首先必须实验求得无因次剩余滞止温度(式(10－32)和式(10－33))和流速的相似剖面。现在已经求得实验无因次流速剖面(图 10－74)。为便于计算边界，该剖面取成如下形式

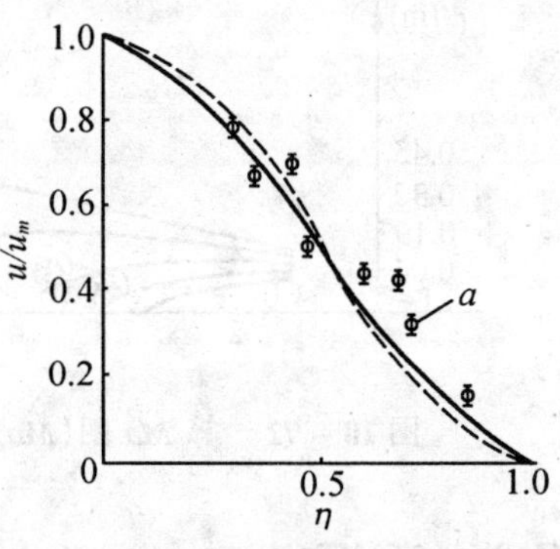

图 10－74　径向无因次速度剖面

——平均特性模型；－－－－ $e^{-\eta^2/2}$

⊗平均值　σ 标准偏差

$$\frac{u}{u_m} = e^{-\eta^2/2} \tag{10-40}$$

对于理想气体绝能流动过程

$$u^2 = \frac{Ma^2 a^{*2}}{1 + \frac{\gamma - 1}{2} Ma^2}$$

得

$$\frac{u_m}{u_e} = \frac{Ma_m}{Ma_e}\sqrt{\frac{1 + \frac{\gamma - 1}{\gamma}Ma_e^2}{1 + \frac{\gamma - 1}{\gamma}Ma_m^2} \cdot \frac{T_m^*}{T_e^*}} \tag{10-41}$$

由于燃气流混合区轴向总动量等于喷口总动量，因此有

$$2\pi\int_0^b \rho u^2 r\mathrm{d}r = \rho_e u_e^2 \pi r_e^2 \tag{10-42}$$

或

$$\eta_e^2 = 2\int_0^1 \frac{\rho}{\rho_e}\frac{u^2}{u_e^2}\eta\mathrm{d}\eta \tag{10-43}$$

由状态方程知

$$\frac{\rho}{\rho_e} = \frac{T_e}{T} \tag{10-44}$$

定压比热的完全气体在绝能流动过程中，有

$$c_p T + \frac{u^2}{2} = c_p T^*$$

或

$$T^* - T = \frac{u^2}{2c_p}$$

得

$$\frac{T^* - T}{T_e^* - T_e} = \frac{u^2}{u_e^2}$$

或

$$\frac{T}{T_e} = \frac{T^*}{T_e} - \left(\frac{T_e^*}{T_e} - 1\right)\frac{u^2}{u_e^2} = \frac{T^*}{T_a}\frac{T_a}{T_e} - \left(\frac{T_e^*}{T_e} - 1\right)\frac{u^2}{u_m^2}\frac{u_m^2}{u_e^2} \tag{10-45}$$

由式(10－32)知

$$\frac{T^* - T_a}{T_m^* - T_a} = \frac{\frac{T^*}{T_a} - 1}{\frac{T_m^*}{T_a} - 1} = \mathrm{e}^{-\eta^2/2.5}$$

或

$$\frac{T^*}{T_a} = \left(\frac{T_m^*}{T_a} - 1\right)e^{-\eta^2/2.5} + 1 \tag{10-46}$$

把式(10 - 40)、(10 - 46) 代入式(10 - 45) 得

$$\frac{T}{T_e} = \left[\left(\frac{T_m^*}{T_a} - 1\right)e^{-\eta^2/2.5} + 1\right]\frac{T_a}{T_e} - \left(\frac{T_e^*}{T_e} - 1\right)e^{-\eta^2}\frac{u_m^2}{u_e^2} \tag{10-47}$$

再将式(10 - 40) 代入式(10 - 36) 和(10 - 37),整理后得

$$\eta_e^2 = \left(\frac{r_e}{b}\right)^2 = 2\int_0^1 \frac{\eta d\eta}{\left(\frac{\Delta T_m^*}{T_e}e^{-\eta^2/2.5} + 1\right)\frac{T_a}{T_e}\frac{u_e^2}{u_m^2}e^{\eta^2} - \frac{\gamma - 1}{2}Ma_e^2}$$

显见,混合区边界半厚度随燃气射流轴向各点位置的变化而变化,它与喷口气流特性参数和结构参数 Ma_e, $T_e(T_e^*)$, $p_e(p_e^*)$ 和 r_e 有关。这里仍按上例绘制出 b 随 $\bar{x}$ 变化的关系曲线(图 10 - 75)。

最后,值得指出,在测得气射流混合区皮托管压力和剩余滞止温度的条件下,若经过上述流程,掌握了整个流场的特性,以及它对不同喷口条件的响应等,则可以通过系统程序更完善地开展火箭燃气射流的实验研究。

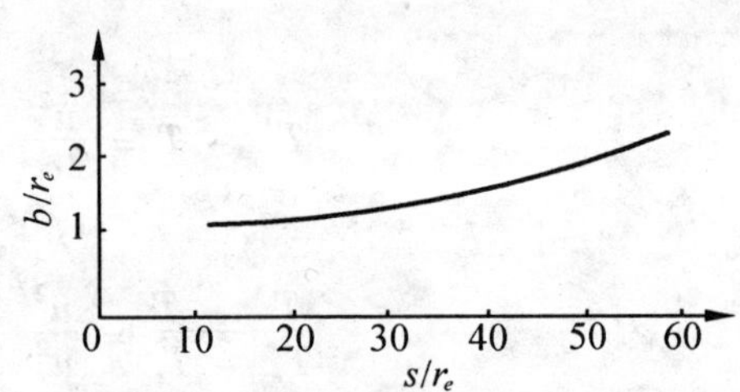

图 10 - 75　b/r_e 的轴向变化

($Ma_e = 2.41, p_e/p_a = 3.65$)

10.8　实验与数字模拟技术相结合

计算机数字模拟技术以及电子计算机具有为大家所熟悉的贮

存量大、能快速运算繁杂问题的优点，使之为火箭燃气射流的各项实验研究拓展了良好前景。

对于新设计的火箭试验发动机，欲实验确定它们的燃气射流流场参数，在实验之前务须选定被测断面到喷口的距离，各断面间的合适间距，每一断面配置测针的总数和径向间距(即所谓 $P-T$ 表)，以及各种传感器在各测试点的需用量程等。然而，目前不是靠实际试验来确定，而是利用专门软件来预估上述各项内容。它除了能够实现以上要求之外，还可以达到几乎一次即可确定的较好的效果。当然，这也需要考虑传感器的测试精度和模型的合理性。

为了达到预定的实验目的，我们还可以利用专门软件来选定实验装置的设计方案指标。比如，我们知道燃气射流的无因次轴心皮托管压力 $\bar{p}_m^* = (p^* - p_e)/(p_e^* - p_a)$ 与 x/r_e 成指数关系，即 $\bar{p}_m^* \propto (x/r_e)^n$，而指数 n 又与 Ma_e 有关(图 10 - 70)，这里试通过燃气射流实验求取这一关系。明确了这一实验目的后，首先应根据制式火箭的 Ma_e 范围，确定多个 Ma_e 的分布点。运用专门软件算出不同 Ma_e 相应于 x/r_e 的各个 $\bar{p}_m^*$ 值的 n 预估值，再预计 $n \sim Ma_e$ 的曲线形状。接着为了保证测试所得曲线的精度或 $n \sim Ma_e$ 关系式的待定系数精度，最终应确定所取 Ma_e 点的最少个数和相应分布值。然后，以这些 Ma_e 值作为指标来设计小尺寸试验发动机。这样，既避免了设计实验研究装置的盲目性，又提高了实验质量。所以，实验与数字模拟技术相结合，可以加快我们探究客观现象的规律的速度，达以获得符合实际的物理模型的目的。

事实上，在火箭排气羽流实验时，我们只要测定了主要四个或五个断面的一系列有效气动参数之后，就可以利用专门软件来模拟完整的混合流场。例如，当我们测得基本段某几个断面(最好选在出现最大冲击力附近的流场) 内的轴心动压、动压剖面和边界坐标时，若输入计算机某些起始数据和实验等效系数，则可以进行与所测动压剖面、温度剖面和边界半厚度相符合的运算，从而确定

火箭燃气射流的整个流场，获得预期的结果。反之，也可以根据这几个主要断面上的测试结果，检验物理数学模型的可靠性和精确程度。诸如，火箭燃气射流混合区的自模性，以及某些系数和近似处理结果与实际的符合程度等。当然，经过实验又可以修正已有物理数学模型或寻求更严谨的数学方法，以进一步发展火箭燃气射流数字模拟技术。

显然，实验与数字模拟技术相结合，既可以使火箭燃气射流实验节省时间、人力和昂贵的弹药，又可以达到多种实验的目的。

附　　录

$$\frac{p_j^*}{p_{cj}} \cdot \frac{p_j^*}{p_j} \cdot \frac{p_{ej}}{p_a} \sim M \text{ 曲线图}$$

1.计算式

(1) 在马赫盘上游确定 Ma 的计算式

$$\frac{p_j^*}{p_{cj}} = \left[\frac{(\gamma+1)Ma^2}{2+(\gamma-1)Ma^2}\right]^{\frac{\gamma}{\gamma-1}} \Big/ \left[\frac{2\gamma}{\gamma+1}Ma^2 - \frac{\gamma-1}{\gamma+1}\right]^{\frac{1}{\gamma-1}}$$

(2) 在相交激波下游(或马赫盘远下游) 超音速区内确定 Ma 的计算式

$$\frac{p_j^*}{p_j} = \left(\frac{\gamma+1}{2}Ma^2\right)^{\frac{\gamma}{\gamma-1}} \Big/ \left(\frac{2\gamma}{\gamma+1}Ma^2 - \frac{\gamma-1}{\gamma+1}\right)^{\frac{1}{\gamma-1}}$$

(3) 在紧挨马赫盘上游处确定 Ma 的计算式

$$\frac{p_{cj}}{p_a} = \left(1 + \frac{\gamma-1}{2}Ma^2\right)^{\frac{\gamma}{\gamma-1}} \Big/ \left(\frac{2\gamma}{\gamma+1}Ma^2 - \frac{\gamma-1}{\gamma+1}\right)$$

2.曲线图

为快速估算起见,我们绘制了 $p_j^*/p_{cj} \sim Ma$(附图 1) 和 $p_j^*/p_j \sim Ma$(附图 2) 曲线图,图中取 $\gamma = 1.257$。

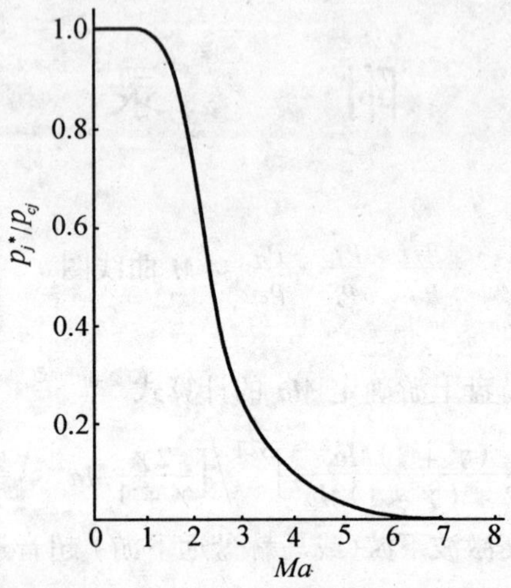

附图1　p_j^*/p_{cj} ~ Ma 曲线($\gamma = 1.257$)

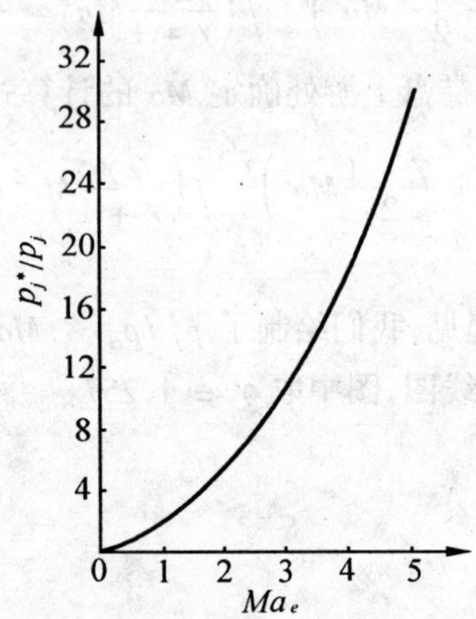

附图2　p_j^*/p_j ~ Ma 曲线

($\gamma = 1.257$)

符 号 说 明

a, c	音速,热扩散系数
a_t	冻结音速
A	面积,等离粒子
A_p	凝固粒子阻力函数
b	射流边界层厚度,矩形喷口宽
B	桶状(相交)激波
B_p	凝固粒子热传导函数
c	浓度
C	特征线
C_D	凝固粒子阻力系数,射流阻力系数
C_D^+	$= C_D / C_{D,\mathrm{stocks}}$
C_i	i 组分气体的质量百分比
c_p	定压比热
c_{pt}	冻结定压比热
c_{pi}	i 组分气体的定压比热
CS	控制体表面
CV	控制体
c_v	定容比热
d	直径
e	比内能
E	总能量,内能
F	射流中燃料质量的百分率,描述火箭发射装置迎气正面几何形状不规则性的系数

f_{drag}	单位质量气体所受凝固粒子的阻力
F	力函数,无因次热量,推力
h	比焓,平面喷管高
h_i	i 组分气体比焓
H	热焓
I	撞击激波,每个粒子相对低能级的电离能
k	化学反应速率,Boltzmann 常数
m	质量
l	沿流线的切线方向,混合长度
$\dot{m}$	质量流量
Ma	马赫数
n	沿流线的法线方向,电离粒子浓度
N	马赫盘,正激波,粒子总数
Na	Nusself 数
N_u^+	$= N_u / N_{u,\text{stocks}}$
p	压力,冲击表面静压(冲击压力)
p_{cj}	喷口射流总压
Δp	压差
Pr	Prandtl 数
q	动压,单位时间流过单位面积的热量
Q	热量,电离能
r, y	射流中任一点至中心线的垂直距离,直角坐标系的坐标轴之一,柱坐标系的径向坐标
R	普适气体常数,半径,反射激波,再压缩激波
s	熵
t	时间
T	温度
u	轴向速度,每单位质量的系统总能量
u_s	被引射流流速

v 横向速度

V 体积,速度大小

w 垂直于水平面的速度分量,产物的生成速率

w_t 当地燃料燃尽速率

x 直角坐标系的坐标轴之一,火舌长度

$\bar{x}_1$ 卷吸大量空气耗尽了燃料的无因次位置

$\bar{x}_c$ 卷吸足够空气而不能完全烧尽燃料的无因次位置

$y_a(O_2)$ 氧气的质量百分率

Z 电子分布函数

希腊字母

α 卷吸系数,喷管扩张半角,攻角

β 激波角

γ 比热比

$\Delta\gamma$ 飞行弹道角

δ 气流转折角,坐标系变换因子,狄拉克函数

ε 运动粘性系数,湍流强度

ξ_e 喷管扩张比

θ 温度比,流动方向角,气流膨胀总角度

$\dot{\theta}$ 角速度

λ 射流波节长度,无因次速度,激波上、下游静压比

μ 马赫角,动力粘性系数(湍流交换系数)

ν Prandtl-Meyer 角

ξ 相继发射火箭弹之间的时间间隔

ρ 密度

σ 中间偏差,扩散参数,质量生成率

τ 剪应力

τ_0 控制体体积

ϕ 射流中固体粒子对气体质量的百分比,位函数,剩余燃料

	燃烧时剩余燃料与氧气的质量比
Ψ	射流边界切线与中心线的夹角,流函数,火箭弹横向角偏差
Ψ_p	凝固粒子的流函数
ω	涡量

下　标

a	大气条件,环境介质
avg	平均值
b	射流边界
c	燃烧室,等速核心
cl	中心线
cr	临界状况
crs	被引射流流动壅塞
ds 或 2	激波下游
e	喷口截面,电子,实验值
f	射流膨胀到大气压,冲击平板,燃料,冻结
F	表面
g	传感器
i	射流边界层的内边界,射流内部,坐标 x、y 和 z 之一,点火,冲击,组分气体标志
j	射流流场
l	极限值
L	发射装置
m	最大值
M	混合流,马赫盘
n	发射第 n 发火箭弹
NL	喷口至发射装置迎气正面
o	起始值,极点,流线
p	起始膨胀段终止截面,平板

pt	皮托管
r	第 *r* 组分,电离级
R	反射面,火箭弹
s	音速点,激波,等压流线,被引射流
ss	滑移流线
t	湍流,喷喉
TP	三波交点
us	激波上游
W	迎气型面的润湿区
Ⅰ, +	左伸特征线
Ⅱ, −	右伸特征线

上　标

D	下限
u	上限
′	脉动值
—	时均值,无因次量
∞	自由来流

参考文献

1 Frauenberger J H, Forbister J G. The Axial Decay and Radial Spread of a Supersonic Jet Exhausting into Air at Rest. The Aeronautical Quarterly, 1961, 12(5)

2 Anderson A R, Johns F R. Characteristics of Free Supersonic Jets Exhausting into Quiescent Air. Journal of the American Rocket Society, 1955, 25

3 Woodroffe J A. One-Dimensional Model for Low-Altitude Rocket Exhaust Plums. AIAA Paper 75 – 244, 1975

4 Witze P O. Centerline Velocity Decay of Compressible Free Jets. AIAA J, 1974, 12

5 Hubbard E W. Approximate Calculation of Highly Underexpanded Jets. AIAA J, 1966, 4

6 Love E S, Grigsby C E, Lee L P. Experimental and Theoretical Studies of Axisymmetric Free Jets. NACA TR – R6, 1959

7 Vick A R and Andrews Jr E H. Comparisons of Experimental Free-Jet Boundaries with Theoretical Results Obtained with the Method of Characteristics. NASA TN D – 2327, 1964

8 Andrews Jr E H, Vick A R. Theoretical Boundaries and Internal Characteristics of Exhaust Plumes from Three Different Supersonic Nozzles. NASA TN D – 2650, 1965

9 Adamson Jr T C, Nicholls J A. On the Structure of Jets from Highly Underexpanded Nozzles into Still Air. J Aero/Space Sciences, 1959, 26

10 Eastman D W, Radtke L P. Location of the Normal Shock Wave in the Exhaust Plume of a Jet. AIAA J, 1963, 1

11 Lewis Jr D H, Carlson D J. Normal Shock Location in Underexpanded Gas and Gas Particle Jets. AIAA J, 1964, 2

12 Eggers J M. Velocity Profiles and Eddy Viscosity Distributions Downstream of a Mach 2.22 Nozzle exhausting into Quiescent Air. NASA TN D – 3601, 1966

13 Sheeran W J, Dosanjh D S. Observations on Jet Flows from a two-Dimensional, Underexpanded, Sonic Nozzle. AIAA J, 1968, 6

14 Wilcox D E, Weir A, Nicholls J A etc. Location of Mach Discs and Diamonds in

Supersonic Air Jets. J Aero Sci., 1957, 24

15 Abdelhamid A N, Dosanjh D S. Mach Disc and Rieman Wave in Underexpanded Jet Flows. AIAA Paper 69 - 665, 1969

16 Peters C E, Phares W J. The Structure of Plumes from Moderately Underexpanded Supersonic Nozzles. AIAA Paper 70 - 229, 1970

17 Pack D C. On the Formation of shock-Waves in Supersonic Gas Jets(Two-Dimensional Flow), Part Ⅱ: Interfermetric Studies of Faster than Sound Phenomena. Physical Review, 1949, 76

18 Ladenburg R, Voorhis C C, Winckler J. analysis of Supersonic Air Jets, Part Ⅱ: Interferometric Studies of Faster than Sound Phenomena. Physical Review, 1949, 76

19 Ashrator E A. Calculations of Axisymmetric Jet Leaving a Nozzle at Jet Pressure Lower than Pressure in Medium. Fluid Dynamics, 1966, 1

20 Abbett M. Mach Disk in Underexpanded Exhaust Plumes. AIAA J, 1971, 9

21 Bleakney W, Taub A H. Interaction of Shock Waves. Review of Modern Physics, 1949, 21

22 Sternberg J. Triple-Shock-Wave Interactions. The Physics of Fluids, 1959, 2

23 Chow W L, Chang I S. Mach Reflection from Overexpanded Nozzle Flows. AIAA J, 1972, 10

24 Moe M M, Troesch B A. Jet Flows with Shocks. ARS J, 1960, 30

25 Fox J H. On the Structure of Jet Plumes. AIAA J, 1974, 12

26 Chow W L, Addy A L. Interaction between Primary and Secondary Streams of Supersonic Ejector Systems and Their Performance Characteristics. AIAA J, 1964, 2

27 Peters C E. Turbulent Mixing and Burning of Coaxial Streams Inside a Duct of Arbitrary Shape. AEDC - TR - 68 - 270, 1969

28 Peters C E, Phares W J and Cunningham T H M. Theoretical and Experimental Studies of Ducted Mixing and Burning of Coaxial Streams. JSR, 1969, 6

29 Lord W T. On Axi-symmetrical Gas Jets With Application to Rocket Jet Flow Fields at High Altitudes. Aeronaut Research Council Repts and Memo. R & M 3235, 1961.

30 Boynton F P. Highly Underexpanded Jet Structure Exact and Approximate

Calculations. AIAA J, 1967, 5

31 Simons G A. Effect of Nozzle Boundary Layers on Rocket Exhaust Plumes. AIAA J, 1972, 10

32 Boynton F P. Exhaust Plumes from Nozzles with Wall Boundary Layers. JSR, 1968, 5

33 Sibulkin M, Gallaber W H. Far-Field Approximation for a Nozzle Exhausting into a Vacuum. AIAA J, 1963, 1

34 Hill J A F, Draper J S. Analytical Approximation for the Flow from a Nozzle into a Vacuum. JSR, 1966, 3

35 Greenwald G F. Approximate Far-Field Description for a Nozzle Exhausting into a Vacuum. JSR, 1970, 7

36 Love Eugene S. An Approximation of the Boundary of a Supersonic Axisymmetric Jet Exhausting into a Supersonic Steam. J Aero Sci, 1958, 25

37 Love Eugene S and Grigsby C E. Some Studies of Axisymmetric Free Jets Exhausting from Sonic and Supersonic Nozzle into Still Air and into Supersonic Streams. NACA, RML54L31, 1955

38 Vatsa V N, Werle M I, Hankings G B. Solutions for Slightly Over-or Under-Expanded Hot Supersonic Jets Exhausting into Cold Subsonic Mainstreams. AIAA Paper 81 – 0257, 1981

39 Seiner M J, Norum T D. Experiments of Shock Associated Noise on Supersonic Jets. AIAA Paper 79 – 1526, 1979

40 Schlichting H. Boundary-Layer Theory. McGraw-Hill, 1968

41 Hinze J O. Turbulence. McGraw-Hill, 1975

42 Bradbury L J S. Simple expressions for the Spread of Turbulent Jets. Aeronautical Quarterly, 1967, 18

43 Wygnanski I, Fiedler H. Some measuremaents in the Self-Preserving Jet. Journal of Fluid Mechanics, 1969, 38

44 Bradbury L J S. The Impact of an Axisymmetric Jet onto a Normal Ground. Journal of Fluid Mechanics, 1971, 41

45 Chang L S, Chow W L. Mach Disk from Underexpanded Axisymmetric Nozzle Flow. AIAA J, 1974, 12

46 Bertin, J J, Sutter Jr S J and Dannemiller D P. A Comparison of Theoretical and

Experimental Flow Fields for an Underexpanded Rocket Exhaust. AIAA Paper 79 – 1340, 1979

47 Herron R D. Investigation of the Jet Boundary Simulation Parameters for Underexpanded Jets in a Quiescent Atmosphere. AEDC-TR – 68 – 108, 1968

48 Leng J, Osontsch C W, Lacinski T M. Effects of Oblique Shock Waves in the Near Field of Rocket Plumes. JSR, 1969, 6

49 Pope A, Goin K L. High-Speed Wind Tunnel Testing. New York: J Wiley and Sons, 1965

50 Salas M D. The Numerical Calculation of Inviscid Plume Flow Fields. AIAA Paper 74 – 532, 1974

51 Courant R, Friedrichs K O. Supersonic Flow and Schock Waves. New York, : Interscience Publication, 1948

52 D'Attorre L and Harshbarber F. Further Experimental and Thcoretical Studies of Underexpanded Jets Near the Mach Disc. GDA-DBE6 – 684 – 01, 1984

53 Sutton J W. Laboratory Studies of Rocket Plume Radiation at Reduced Pressure. AD 273 – 435, 1961

54 Piesik E T, Roberts D J. A method to Define Low-Altitude Rocket Exhaust Characteristics and Impingement Effects. J Spacecraft, 1990, 7

55 Reis R J, Aucoin P J, Stechman R C. Prediction of Rocket Exhaust Flowfields. JSR, 1970, 7

56 Vasiliu J. Turbulent Mixing of a Rocket Exhaust Jet With a Supersonic Stream Including Chemical Reactions. J. Aero. Sci., 1962, 29

57 Sheeran W J, Dosanjh D S. Observations on Jet Flows from a Two-Dimensional, Underexpanded, Sonic Nozzle. AIAA J, 1968, 6

58 Farmer R. Verification of a mathematical Model which Represents Large, Liquid Rocket-Engine Exhaust Plumes. AIAA Paper 66 – 650, 1966

59 Crist S, Sherman P M, Glass D R. Study of the Highly Underexpanded Sonic Jet. AIAA J, 1996, 4

60 Owen P L. Thornhill M A. The Flow in an Axially-Symmetric Supersonic Jet from a Nearly Sonic Orifice into a Vacuum. ARC Tech Rept RM-2616, 1948

61 Latvala E K. Spreading of Rocket Exhaust Jets at High Altitudes. AEDC TR 59 – 11, 1959

62 Dash S M, Wilmoth R G, Pergament H S. Overlaid Viscous/Inviscid Model for the Prediction of Near-Field Jet Entrainment. AIAA J, 1979, 17

63 D'Attorre L and Harsh Barger F C. Validity of Triple-Point Calculation Applied to Jet Mach Disk. AIAA J, 1965, 3

64 Wang C J, Peterson J B. Spreading of Supersonic Jets from Axially Symmetric Nozzles. Jet Propulsion, 1958, 28

65 Ehlers F E. The Method of Characteristics for Isoenergetic Supersonic Flows Adapted to High Speed Digital Computers. J Soc Ind, Appl Math, 1959, 7

66 Shapiro A H. The Dynamics and Thermodynamics of Compressible Fluid Flow. Ronald Press, 1953

67 Pack D C. A Note on Prandtl's Formula for the Wave Length of a Supersonic Gas Jet. Quart J Mech And Appl Math, 1951, 3

68 Hair L M and Somers R E. Test Data from Small Solid Propellent Rocket Moter Plume Measurements. N77 – 28212, 1976

69 谢象春.湍流射流理论与计算.第1版.北京:科学出版社,1975

70 Абрам о вич Г Н. Теориа Турбулентный Струй. Физматтиэ, 1960

71 新井光雄.多連装SSRの性能確認試験(そろの1)第1報](45～46年度技術試験).防衛厅技術本部技報,技–521,昭和48年

72 Bolick R G. Pressure and Temperature in the Exhaust of Sidewinder MK 31 Mod O Rocket Motor. AD 265025, 1961

73 Northrop Services and Army Missible Command. Artillery Research Missile Launcher Development Program, 1972

74 Christensen D E. A Multiple Rocket Launcher Simulation-Report Ⅱ. AD AO41269, 1977

75 John E, Cuchran Jr. Investigation of Factors which Contribute to Mallaunch of Free Rockets. AD AO 24570, 1976

76 Lee S K, Wilms E V. Four Degree of Freedom Multiple Launcher. AD 268435, 1961

77 Cullen D. Analysis of a Multiple Rocket Launcher. AD 285162, 1962

78 Bertin J J, Garms G M, Idar Ed S. Effect of the Constrictive Area Ratio on the Rocket Exhaust Flow-Field in the Launcher. AD-AO24657, 1981

79 Bertin J J, Cribbs D W. Onest of Massive Blow-by, A Comparison of Cold-Gas

Simulations and Flight Tests. AIAA Paper 78 – 16, 1978

80 Appich W H and Tipping D E. Plume-Induced Loading During a Tube Launch of a Free Rocket. AIAA Paper 77 – 81, 1977

81 И П Гинзбург. Азрогаздинамика. 1966

82 В Г 马科利夫等. 导弹地面设备. 第 1 版. 北京：国防工业出版社，1976

83 姚昌仁等. 导弹发射装置设计. 第 1 版. 北京：国防工业出版社，1981

84 Petrozzi D J. Design of Cooled Jet Deflectors. ARS436 – 57, 1957

85 Schlenker G J. An Approach to Dimensional Analysis Applied to the Dynamics of a Rocket Launcher under Aerodynamic Load. PB 200112, 1955

86 Zucrow M J and Hoffman J D. Gas Dynamics. New York: John Wiley and Sons, 1977

87 Fox J H. Axially Symmetric, Inviscid, Real Gas, Non-Isoenergetic Flow Solution by the Method of Characteristics. AEDC – TR – 69 – 184, 1969

88 Bertin J J and Batson J L. Experimentlly Determined Rocket-Exhaust Flowfield in a Constrictive Tube Launcher. JSR, 1975, 12

89 Back L H and Cuffel R F. Detection of Oblique Shocks in a Conical Nozzle with a Circular-Arc Throat. AIAA J, 1966, 4

90 Bertin J J, Morris R R and Faria H T. Experimental Study of an Underexpanded, Supersonic Nozzle exhausting into a Constractive Launch Tube. The University of Texas, AER 75001, 1975

91 Bertin J J and Galanski S R. The Analysis of Launch Tube Flow-Field for Arrow Firings. The University of Texas, AER 75004, 1975

92 Back L H and Cuffel R F. Viscous Slipstream Flow Downstream of a Centerline Mach Reflection. AIAA J, 1971, 9

93 Hinze J O. Turbulence. McGraw-Hill, 1975

94 Г Ю 斯捷潘诺夫，В 戈格希. 火箭发动机喷管的准一维气体动力学. 北京：国防工业出版社，1973

95 Tompson P A. A One-Dimensional Treatment of Inviscid Jet or Duct Flow. AIAA J, 1965, 3

96 Charwat A F. Boundary of Underexpanded Axisymmetric Jets Issuing into Still Air. AIAA J, 1964, 2

97 苗瑞生，居贤铭. 火箭气体动力学. 第 1 版. 北京：国防工业出版社，1982

98 张福祥.火箭超音速燃气自由射流动量均化特性模型.兵工学报弹箭分册,1985,总(2)

99 Lian W Y (廉闻宇) and Zhang F X (张福祥).The Structures and Internal Properties of Underexpanded Exhaust Jets. International Symposium on Refined Flow Modelling and Turbulence Measurments, Iowa USA, 1985

100 Dash S M and Wolf D E. Interactive Phenomena in Supersonic Jet Mixing Problems, Part Ⅰ: Phenomenology and Numerical Modeling Techniques. AIAA J, 1984, 22

101 Dash S M and Wolf D E. Interactive Phenomena in Supersonic Jet Mixing Problems, Part Ⅱ: Numerical Studies. AIAA J, 1984, 22

102 Armes W F. Numerical Method for Partical Differential Equations. Academic Press Inc, 1977.

103 廉闻宇,张福祥.气体动力学系统新 Godunov 模拟.力学学报,1988,20(6):1 ~ 5

104 张福祥,廉闻宇.火箭射流激波系的计算.兵工学报,1988,(2):9 ~ 16

105 马大为,张福祥.二维非均匀射流遇障碍时波系的变化.空气动力学学报,1991,9(4):465 ~ 468

106 杨勇,张福祥等.喷流对钝头体冲击流场的研究.弹箭与制导学报,1995,总(60):11 ~ 16

107 杨勇,张福祥等.TVD 有限体积法在二维超音速流计算中的应用.弹道学报,1996,8(3):38 ~ 42

108 李军.多组分含化学反应火箭燃气射流的数值模拟.宇航学报,1998,19(2):48 ~ 54

109 李军.非平衡反应流的有限体积 TVD 法及其应用.弹道学报,1997,9(4):63 ~ 65

110 徐强,张福祥.发动机射流起始冲击波超压的实验研究.实验力学,1999,14(4):505 ~ 508

111 徐强,张福祥,廖光煊.封闭状态储运发射箱箱壁压力的子波分析.流体力学实验与测量,2001,25(3):79 ~ 83

112 徐强,张福祥,廖光煊.起始冲击波抑制器抑制效率的比较实验研究.流体力学实验与测量,2001,25(4):364 ~ 368

113 贺安之,阎大鹏.激光瞬态干涉度量学.第1版.北京:机械工业出版社,

1992

114 张福祥,李开明,方毅.真实火箭燃气羽流密度场的定量显示.宇航学报,1994,15(2):58 ~ 63

115 陈瑞禧.流动显示.第1版.杭州:浙江大学出版社,1983

116 Somerscales E F C. Tracer Methods, Fluid Dynamics, Methods of experimental Physics. Academic New York, 1981, 18:1 ~ 92

117 Mueller T J. Recent development in smoke flow visualization, Flow Visualization Ⅲ. Hermisphere New York, 1985

118 Batill S. M, Nelson R C and Mueller T J. High speed smoke flow visualization. U S Air Forec Report, AFWAL – TR – 81 – 3002, 1981

119 Hale R W, Tan P and Ordway D E. Experimental investigation of several neutrally-bouyant bobble generators for aerodynamic flow visualization. Sage Action Inc, Ithaca NY Rpt SAI – RR – 6901, 1969

120 Veret C. Flow visualization by light sheet. Flow Visualization Ⅲ, Hermisphere New York, 1985

121 Settles G S and Teng H Y. Flow Visualization methods for separated three-dimensional shock wave/ Turbulent boundary-layer interactions. AIAA J, 1983, 21:390 ~ 397

122 Sorcide D, Douglas G and Brandt Boeing W. Pulsed laser light shoet flow visualization. International Congress on Instrumention in Aerospace Simulation Facilities, ICIASF'85. Stanford University, 1985

123 Mcdaniel J C. Quantitative measurement of density and velocity in compressible flow using laser-induced iodine fluorescence. AIAA J, 1983:83 ~ 94

124 Kychakoff G, Howe R D and Hanson R K. Quantitative flow visualization technique for measurements in combustion gases. Applied Optics, 1984, 23: 704 ~ 712

125 Zimmermann M and Miles R B. Spatially resolved flow visualization of a wake using laser induced fluorescence. Flow visnalization Ⅲ, Hermisphere, 1985

126 小宮小正治,宮藤章.しーり散乱画像流速測定法とOHレーザ誘起荧光法による乱流擴散火炎内の局所挙動に关する研究.日本機學會論文集(B),1995(5):1779 ~ 1785

127 林田和宏,天谷賢兒.KrFエキシマレ－ザを用いたレ－ザ誘起荧光法によるプロパン擴散火炎内のOH計測.日本機學會論文集(B),1995(5):1793 ~ 1799

128 Frungel F. High-frequency spark tracing and application in engineering and aerodynamics. Proc. 12th International congress on High Speed Photography, SPIE, 1977

129 Frish M B and Webb W W. Direct measurement of vorticity by optical probe. Journal of Fluid Mechanics, 1981, 107:291 ~ 301

130 Schmidt E M and Shear D D. Optical measurements of muzzle. AIAA J, 1975, 13(8):1086 ~ 1091

131 Merzkirch W. Flow Visualization. Academic Press, 1984

132 Davies T P. Schlioren photography-short bibliography and review. Optics and laser technology, 1981, 21:37 ~ 41

133 陈朝选,陈瑜,杨惠星等.适用于化学动力学研究的激光纹影系统.光学学报,1991,11(1):66 ~ 69

134 夏生杰,吴根宝,谢帮力.用于流场显示的双镜干涉仪.空气动力学学报,1985,(2):74 ~ 82

135 Hdyward B M. Combustion Science and Technology. 1976, 12:183

136 Stricker J, Kafri O. A New Methods for Density Gradient Measurements in Compressible Flows. AIAA J, 1982, 20(6):820 ~ 823

137 Stricker J, Keren E, Kafri O. Axisymmetric density field measurements by Moire deflectometry. AIAA J, 1983, 21(12):1767 ~ 1769

138 Kafri O and Glatt I. Moire deflectometry: a ray deflection approach to optical testing. Optical Engineering, 1985, 24(6):944 ~ 964

139 倪刚.莫尔条纹术光学流场显示装置.气动实验测控技术,1985,(4):53 ~ 55

140 阎大鹏,贺安之.用大口径高灵敏度莫尔偏折法测量高超音速激波风洞中非对称场.光学学报,1990,10(6):533 ~ 539

141 阎大鹏,王海林,贺安之等.高超音速流场中模型边界转捩区的莫尔偏折显示.量子电子学,1990,8(1):32

142 廉闻宇,张福祥.真实火箭射流冲击流场中激波结构的实验研究.力学学报,1990,22(6):737 ~ 741

143　阎大鹏,贺安之,李开明等.火箭燃气射流中颗粒衍射散射对莫尔偏折图的影响.中国激光,1993,A20(11):837 ~ 841

144　徐强,李开明,张福祥等.火箭发射箱内燃气流场的激光莫尔偏折显示.测试技术学报,1996,(4):27 ~ 29